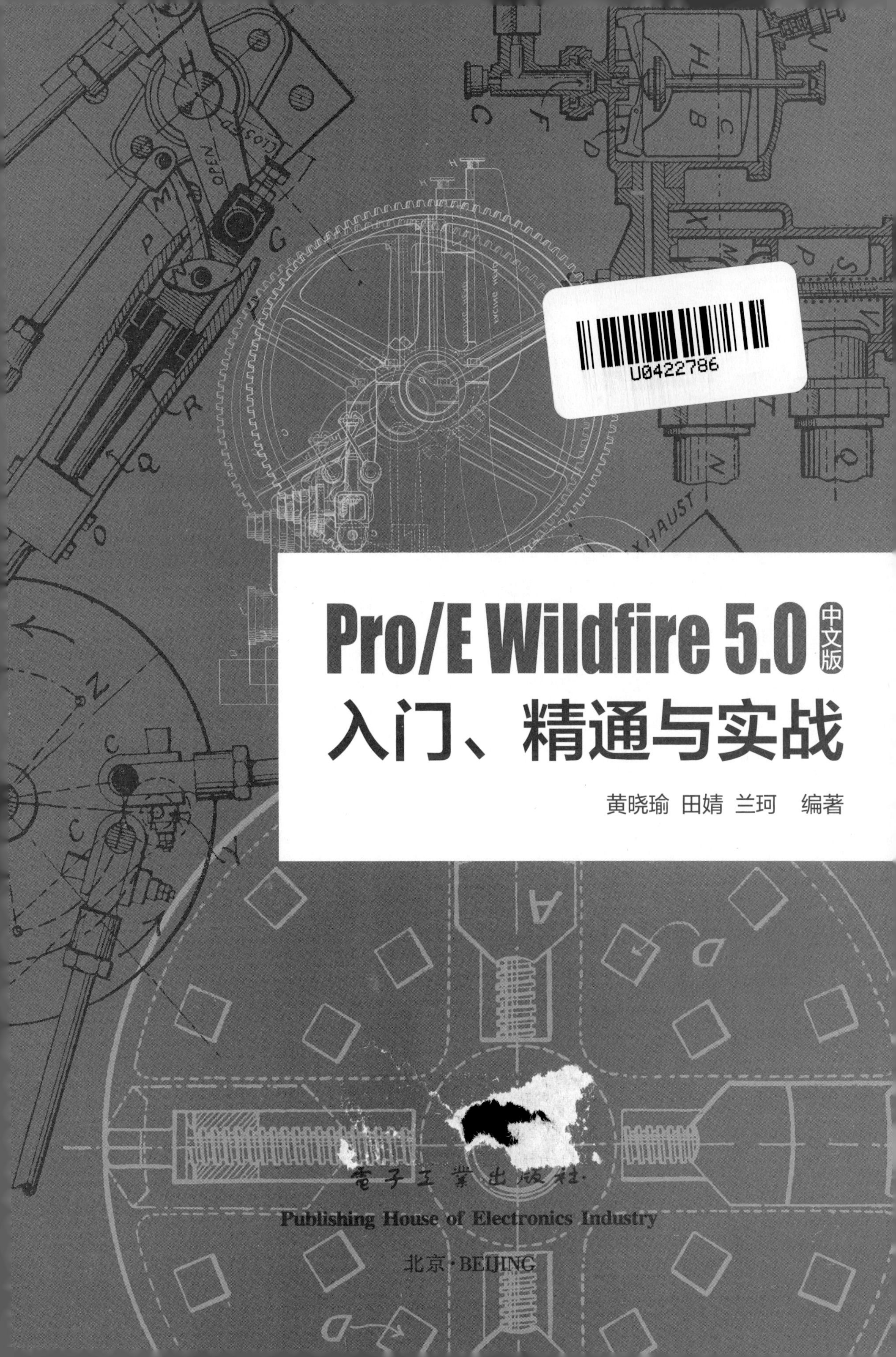

U0422786
Pro/E Wildfire 5.0 中文版
入门、精通与实战
黄晓瑜 田婧 兰珂 编著
電子工業出版社
Publishing House of Electronics Industry
北京·BEIJING

内 容 简 介

Pro/ENGINEER（简称 Pro/E）是美国 PTC 公司的标志性软件，该软件已逐渐成为当今世界最为流行的 CAD/CAM/CAE 软件之一，被广泛应用于电子、通信、机械、模具、汽车、自行车、航天、家电、玩具等各制造行业的产品设计。

本书基于 Pro/E Wildfire 5.0 来做全面细致的功能模块讲解。本书由浅到深、循序渐进地介绍了 Pro/E Wildfire 5.0 的基本操作及命令的使用，并配合讲解了大量的制作实例。全书共分 11 章，从 Pro/E 的安装和启动开始，详细介绍了 Pro/E 的基本操作与设置、草图绘制、基本实体特征设计、构造特征设计、特征编辑与操作、曲面功能、曲面编辑与操作、工程图设计、装配设计等内容。

本书结构严谨，内容翔实，知识全面，可读性强，设计实例实用性强，步骤明确，是广大读者快速掌握 Pro/E Wildfire 5.0 中文版的自学实用指导书，也可作为大专院校计算机辅助设计课程的指导教材。

图书在版编目（CIP）数据

Pro/E Wildfire 5.0 中文版入门、精通与实战 / 黄晓瑜，田婧，兰珂编著 .—北京：电子工业出版社，2020.1

ISBN 978-7-121-37163-9

Ⅰ. ① P… Ⅱ. ①黄… ②田… ③兰… Ⅲ. ①机械设计－计算机辅助设计－应用软件 Ⅳ. ① TH122

中国版本图书馆 CIP 数据核字（2019）第 155393 号

责任编辑：田　蕾
印　　刷：三河市华成印务有限公司
装　　订：三河市华成印务有限公司
出版发行：电子工业出版社
　　　　　北京市海淀区万寿路173信箱　　邮编：100036
开　　本：787×1092　1/16　　印张：24　　字数：691.2千字
版　　次：2020年1月第1版
印　　次：2020年1月第1次印刷
定　　价：79.00元

凡所购买电子工业出版社图书有缺损问题，请向购买书店调换。若书店售缺，请与本社发行部联系，联系及邮购电话：（010）88254888，88258888。

质量投诉请发邮件至 zlts@phei.com.cn，盗版侵权举报请发邮件至dbqq@phei.com.cn。

本书咨询联系方式：（010）88254161～88254167转1897。

Pro/ENGINEER（简称 Pro/E）是美国 PTC 公司的标志性软件，该软件能将设计至生产的过程集成在一起，让所有的用户同时进行同一产品的设计制造工作，它提出的参数化、基于特征、单一数据库、全相关及工程数据再利用等概念改变了 MDA（Mechanical Design Automation）的传统观念，这种全新的概念已成为当今世界 MDA 领域的新标准。自问世以来，由于其强大的功能，现已逐渐成为当今世界最为流行的 CAD/CAM/CAE 软件之一，被广泛应用于电子、通信、机械、模具、汽车、自行车、航天、家电、玩具等各制造行业的产品设计。

本书内容

本书基于 Pro/E Wildfire 5.0 来做全面细致的功能模块讲解。本书由浅到深、循序渐进地介绍了 Pro/E Wildfire 5.0 的基本操作及命令的使用，并配合讲解了大量的制作实例。全书分为 11 章。章节内容安排如下：

第 1 章：主要介绍 Pro/E Wildfire 5.0 的界面、基本操作与设置、文件管理、视图操控及建模基准的创建等内容。这些内容可以帮助用户熟练操作 Pro/E 软件。

第 2 章：Pro/E 的多数特征是通过草绘平面建立的，本章将详细介绍草绘环境中的绘图命令及尺寸约束功能。

第 3 章：本章将详解 Pro/E 基础特征的功能指令、用法及实例操作，并用于机械零件建模。

第 4 章：工程特征指令是 Pro/E 帮助用户建立复杂零件模型的高级工具。常见的工程特征、构造特征及折弯特征统称为高级特征。本章详解高级特征应用，来进行零件结构和产品造型的设计。

第 5 章：特征的编辑与修改是基于工程特征、构造特征的模型来操作的，可以直接在模型上选择面进行拉伸、偏移等操作。本章将详细讲解这些特征的编辑与修改命令。巧用这些命令能帮助用户快速建模，提高工作效率。

第 6 章：本章将详细介绍基于基础曲面的产品造型设计全流程。基础曲面是造型的基础。

第 7 章：自由形式曲面简称 ISDX。造型曲面特别适用于设计特别复杂的曲面，如汽车车身曲面、摩托艇或其他船体曲面等。巧用造型曲面，可以灵活地解决外观设计与零部件结构设计之间可能存在的脱节问题。

第 8 章：使用 Pro/E 的曲面功能进行造型时，有时需要一些编辑工具进行适当的操作，以顺利完成造型工作。本章要介绍的这些曲面编辑功能包括曲面的修剪、延伸、合并、加厚等。

第 9 章：本章主要介绍装配模块中的装配约束设置、装配的设计修改、分解视图等内容。通过本章的学习，初学者可基本掌握装配设计的实用知识和应用技巧，为以后的学习和应用打下扎实的基础。

第 10 章：在机械制造行业的生产一线常用工程图来指导生产过程。Pro/E 具有强大的工程图设计功能，在完成零件的三维建模后，使用工程图模块可以快速方便地创建工程图。本章将介绍工程图设计的一般过程。

第 11 章：本章将以几个典型的产品设计实战案例，讲解如何利用 Pro/E 的零件设计及曲面设计功能来进行实体造型及曲面造型设计。

本书特色

本书突破了以往 Pro/E 书籍的写作模式，主要针对使用 Pro/E 的广大初、中级用户，同时本书还配有交互式多媒体教学资源包，将案例制作为多媒体进行讲解，讲解形式活泼，方便实用。同时下载资源包中还提供了所有实例及练习的源文件，按章节存放，以便读者练习使用。

通过对本书内容的学习、理解和练习，读者能真正具备工程设计者的水平和素质。

作者信息

本书由桂林电子科技大学信息科技学院的黄晓瑜、田婧和兰珂老师共同编著。

感谢您选择了本书，希望我们的努力对您的工作和学习有所帮助，也希望您把对本书的意见和建议告诉我们。

由于时间仓促，本书难免有不足和错漏之处，还望广大读者批评和指正！

读者服务

读者在阅读本书的过程中如果遇到问题，可以关注 “有艺”公众号，通过公众号与我们取得联系。此外，通过关注“有艺”公众号，您还可以获取更多的新书资讯、书单推荐、优惠活动等相关信息。

扫一扫关注“有艺”

资源下载方法：关注“有艺”公众号，在“有艺学堂”的“资源下载”中获取下载链接，如果遇到无法下载的情况，可以通过以下三种方式与我们取得联系：

1. 关注“有艺”公众号，通过“读者反馈”功能提交相关信息；
2. 请发邮件至 art@phei.com.cn，邮件标题命名方式：资源下载+书名；
3. 读者服务热线：（010）88254161~88254167 转 1897。

投稿、团购合作：请发邮件至 art@phei.com.cn。

视频教学

随书附赠 65 集实操教学视频，扫描下方二维码关注公众号即可在线观看全书视频（扫描每一章章首的二维码可在线观看相应章节的视频）。

全书视频

目　录

CHAPTER 1

Pro/E Wildfire 5.0 入门

本章导读

本章主要简单介绍 Pro/ENGINEER（简称 Pro/E）的发展和行业应用，以及中文版 Pro/E Wildfire 5.0 中窗口的种类、菜单栏的功能、文件以及窗口的基本操作等内容，并讲解控制三维视角的方法，使读者对 Pro/E 有初步的了解。

知识要点

- ☑ Pro/E Wildfire 5.0 软件界面
- ☑ 环境设置与选项配置
- ☑ Pro/E 文件管理
- ☑ 视图操控方法
- ☑ Pro/E 的建模基准

扫码看视频

1.1 Pro/E Wildfire 5.0 软件界面

Pro/ENGINEER 是美国参数技术公司（Parametric Technology Corporation，简称 PTC）的重要产品，于 1989 年成功开发，在目前的三维造型软件领域中占有重要地位，并作为当今世界机械 CAD/CAE/CAM 领域的新标准而得到业界的认可和推广，是现今最成功的 CAD/CAM/ CAE 软件之一。

Pro/E Wildfire 5.0 的工作界面如图 1-1 所示，主要由菜单栏、工具栏、特征工具栏、导航器、工作窗口等组成。除此之外，对于不同的功能模块还可能出现【菜单管理器】（如图 1-2 所示）和特征对话框（如图 1-3 所示），本节将详细介绍这些组成部分的功能。

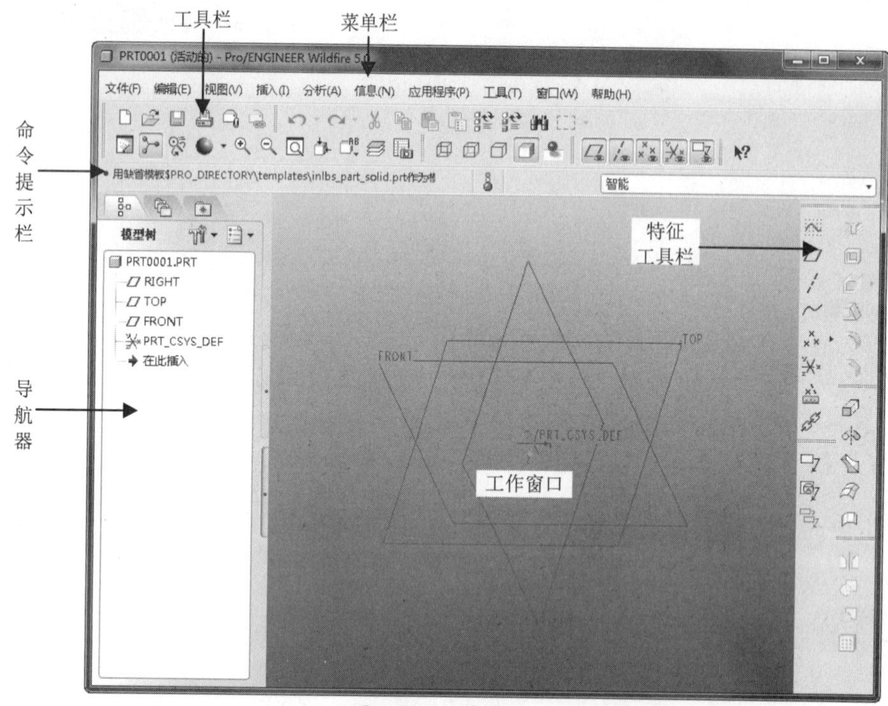

图 1-1 工作界面

图 1-2 菜单管理器

图 1-3 特征对话框

1.2 环境设置与选项配置

下面介绍 Pro/E 环境设置与选项配置的相关内容。

1.2.1　环境设置

① 选择【工具】|【环境】菜单命令，打开如图 1-4 所示的【环境】对话框。

② 在【显示】选项组中启用【基准平面】【点符号】【旋转中心】等复选框，选中【中心线电缆】单选按钮。

技巧点拨

在【基准显示】和【视图】工具栏中通过单击相应的按钮，如图 1-5 和图 1-6 所示，可控制基准特征和视图的显示情况。

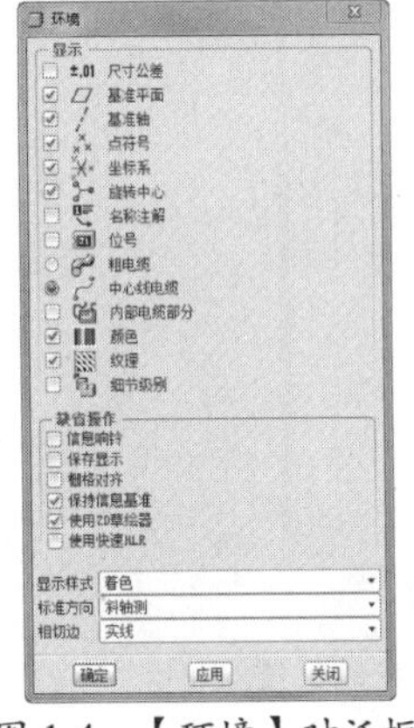

图 1-4　【环境】对话框

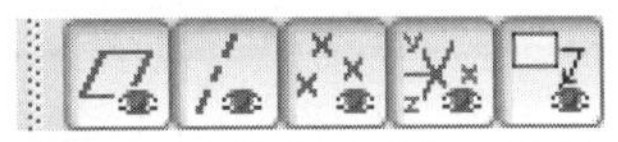

图 1-5　【基准显示】工具栏

图 1-6　【视图】工具栏

③ 在【缺省操作】选项组中启用【保持信息基准】【使用 2D 草绘器】复选框。在【显示样式】下拉列表中选择【着色】选项，选择【标准方向】下拉列表中的【斜轴测】选项，选择【相切边】下拉列表中的【实线】选项，单击【确定】按钮，关闭【环境】对话框。

④ 选择【工具】|【定制屏幕】菜单命令，打开如图 1-7 所示的【定制】对话框。

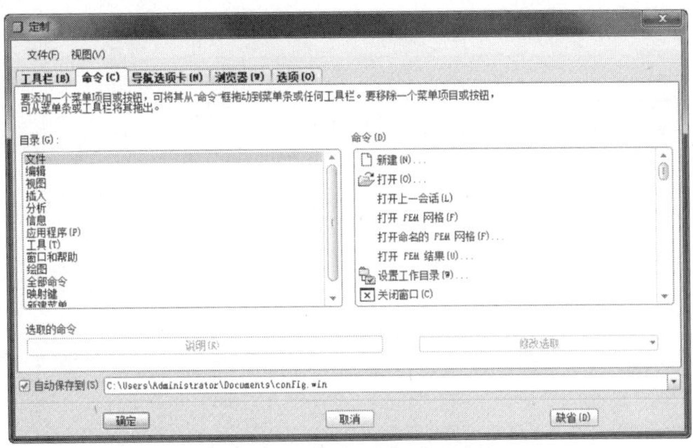

图 1-7　【定制】对话框

⑤ 单击【命令】标签，切换到【命令】选项卡，选择【目录】视图下的【渲染窗口】命令，用鼠标左键按住该命令，拖动至合适的位置后松开鼠标，如图 1-8 所示，在【视图】工具栏中添加了【渲染窗口】按钮。

图 1-8 添加【渲染窗口】按钮

技巧点拨

删除某按钮的方法是，拖动要删除的按钮，将其拖动至工作窗口任意位置后，松开鼠标。

⑥ 单击【工具栏】标签，切换到【工具栏】选项卡，选择【模型显示】，在【位置】下拉列表中选择【右】选项，可以看到【模型显示】工具栏移动到了右侧的【特征】工具栏中，如图 1-9 所示。

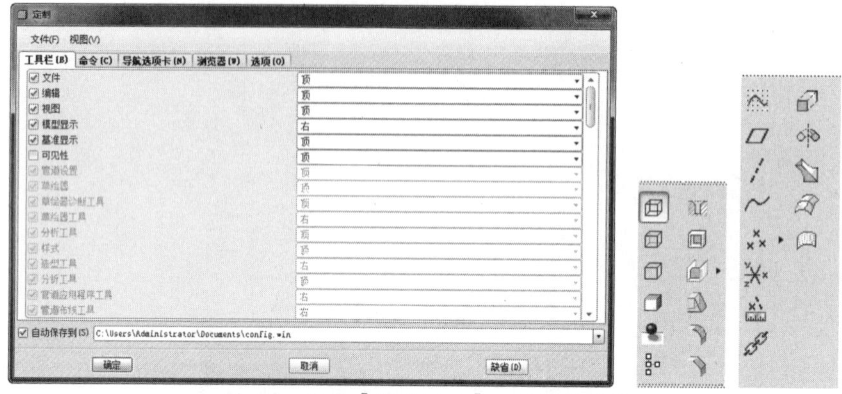

图 1-9 定义【模型显示】工具栏的位置

⑦ 单击【浏览器】标签，切换到【浏览器】选项卡，取消启用【缺省情况下，加载 Pro/ENGINEER 时展开浏览器】复选框，单击【确定】按钮，如图 1-10 所示。设置之后再打开 Pro/E 软件，将不加载浏览器。

技巧点拨

该设置将自动保存到【自动保存到】文本框后显示的地址中，在默认情况下，将保存到启动目录中，这里是“E:\proeWildfire 5.0 M060\proeWildfire 5.0\bin\config.win”。

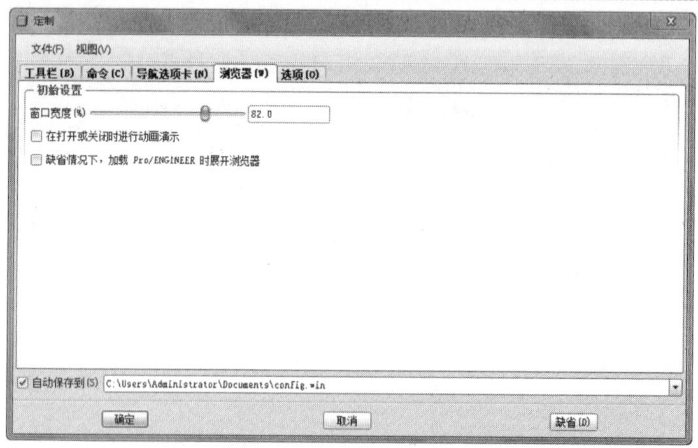

图 1-10 取消启用浏览器

1.2.2 选项配置

① 启动 Pro/E 5.0，进入其工作界面。

② 选择【工具】|【选项】菜单命令，打开如图 1-11 所示的【选项】对话框。

③ 在【显示】文本框中选择【当前会话】选项，取消启用【仅显示从文件加载的选项】复选框，在列表中选择【menu_translation】选项，在【值】下拉列表中选择“both”，如图 1-12 所示。

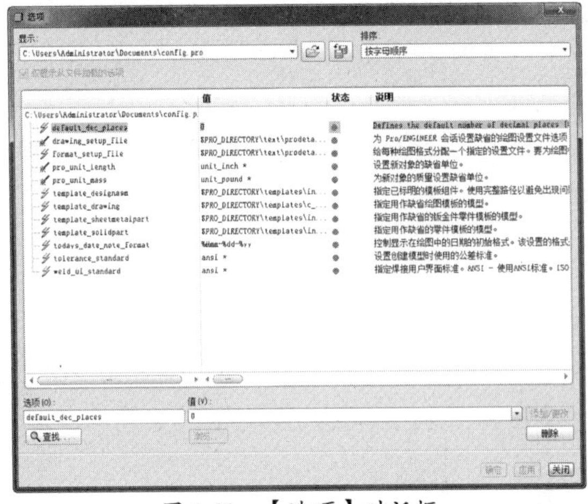

图 1-11 【选项】对话框

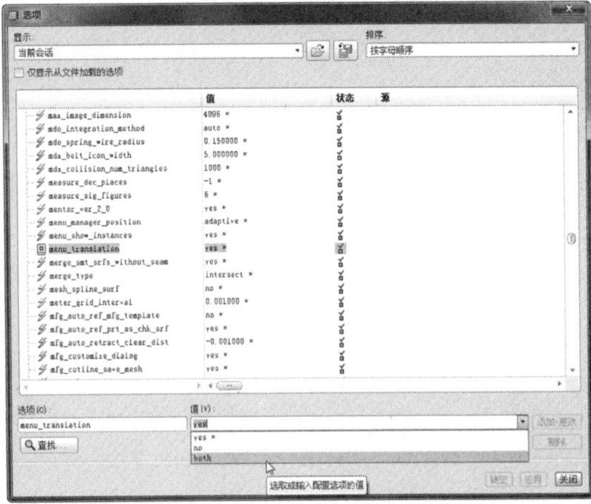

图 1-12 设置参数

④ 单击【添加/更改】按钮，然后在对话框中单击【确定】按钮，关闭对话框。

技术拓展

yes 后面带有*号，带有该符号的均为系统默认值。

- ：表示选项设置后要重新运行 Pro/E 后才生效（即关闭 Pro/E 再重新打开）。
- ：表示修改后立即生效。
- ：只对新建的模型、工程图等有效。这点很重要，也就是说，修改的选项不作用于已有的模型，只对新建的模型有效。

⑤ 单击【新建】按钮，打开【新建】对话框，按照如图 1-13 所示的设置参数，单击【确定】按钮，打开【新文件选项】对话框。

⑥ 选择如图 1-14 所示的模板，单击【确定】按钮。

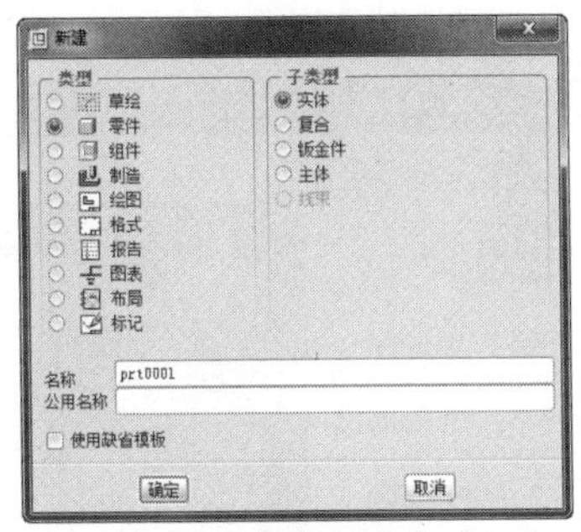

图 1-13 设置【新建】对话框

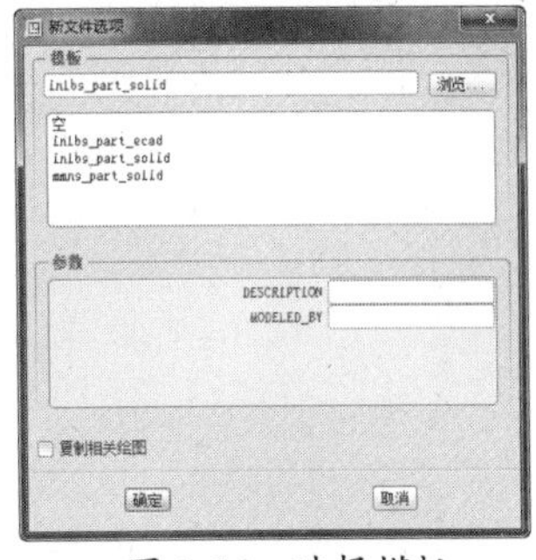

图 1-14 选择模板

⑦ 选择【插入】|【扫描】|【伸出项】菜单命令，弹出如图 1-15 所示的【伸出项：扫描】对话框和【扫描轨迹】菜单管理器，为中英文双语显示。

技巧点拨

笔者电脑中安装的是简体中文版 Pro/E 而非英文版，只有出现菜单管理器时才会有中英文双语显示。如果想还原为原来的中文显示菜单，可以关闭该文件，再重新开启，设置【menu_translation】选项的【值】为“yes”。

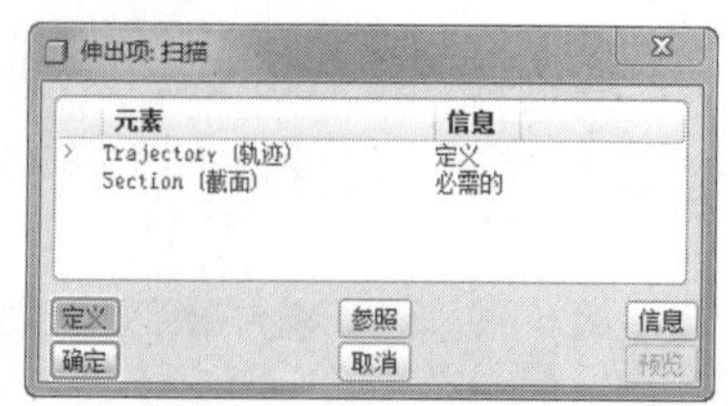

图 1-15　【伸出项：扫描】对话框和【扫描轨迹】菜单管理器

⑧ 单击【伸出项：扫描】对话框中的【取消】按钮，按照前面介绍的步骤打开【选项】对话框。

⑨ 在【选项】文本框中输入“web”，在【选项】对话框中单击【查找】按钮，打开如图 1-16 所示的【查找选项】对话框。

⑩ 选择【web_browser_homepage】选项，在【设置值】文本框中输入“about:blank”，单击【添加/更改】按钮，再单击【关闭】按钮。

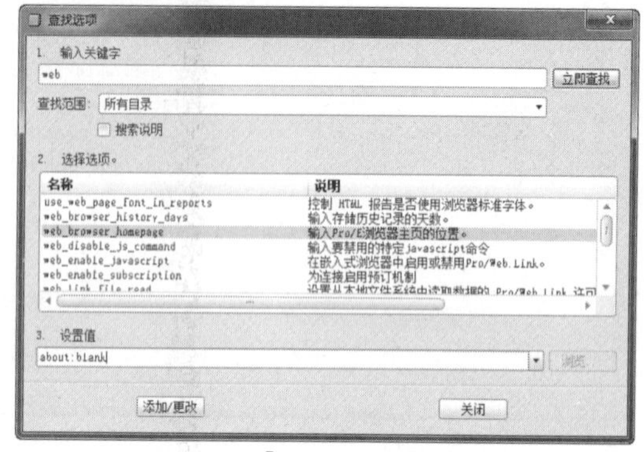

图 1-16　【查找选项】对话框

注意事项

该选项用于设置浏览器主页的位置。

⑪ 在【选项】对话框中单击【确定】按钮，关闭对话框。

⑫ 展开浏览器，单击【主页】按钮，可以看到其浏览器主页为空白页，如图 1-17 所示。

⑬ 再次进入【查找选项】对话框，选择【web_browser_homepage】选项，在【设置值】文本框中输入“ptc.com”，单击【添加/更改】按钮，然后关闭两个对话框。

⑭ 在展开的浏览器中单击【主页】按钮，可以看到系统已连接到 PTC 的官方网站，如图 1-18 所示。

图 1-17　浏览器主页为空白页

图 1-18　重新设置后的浏览器主页

1.3 Pro/E 文件管理

Pro/E Wildfire 5.0 中对文件的操作都集中在【文件】菜单下，包括新建、打开、保存、保存副本和备份等操作命令。

1. 文件扩展名

在 Pro/E 中，常用的扩展名有 4 种。在各个文件保存的时候，系统会自动赋予相应的扩展名：

- *.PRT：是由多个特征组成的三维模型的零件文件。
- *.ASM：在装配模式中创建的模型组件和具有装配信息的装配文件。
- *.DRW：输入了二维尺寸的零件或装配体的制图文件。
- *.SEC：在草绘模式中创建的非关联参数的二维草绘文件。

2. 新建文件

在 Pro/E Wildfire 5.0 中，新建不同的文件类型，操作上略有不同。下面以最为常用的零件文件的新建过程为例，讲述新建文件的操作步骤。

① 选择菜单栏中的【文件】|【新建】命令，或者单击【文件】工具栏中的【新建】按钮，系统弹出如图 1-19 所示的【新建】对话框。

② 点选【类型】选项组中的【零件】单选按钮，点选【子类型】选项组中的【实体】单选按钮。

③ 在【名称】文本框中键入新建文件的名称，取消勾选【使用缺省模板】复选框，单击【确定】按钮，系统弹出如图 1-20 所示的【新文件选项】对话框。

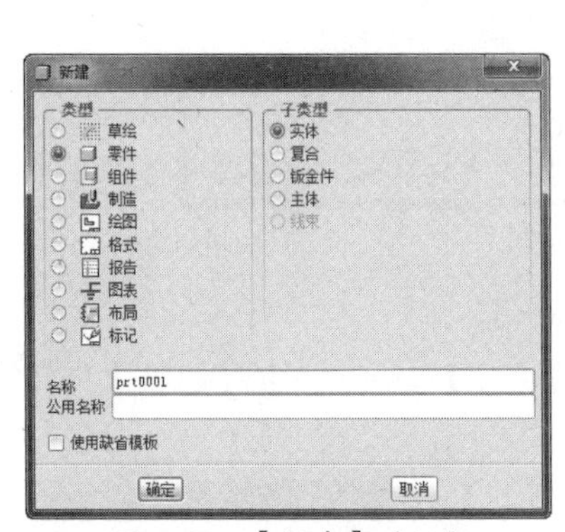

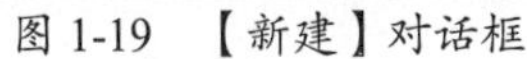
图 1-19 【新建】对话框

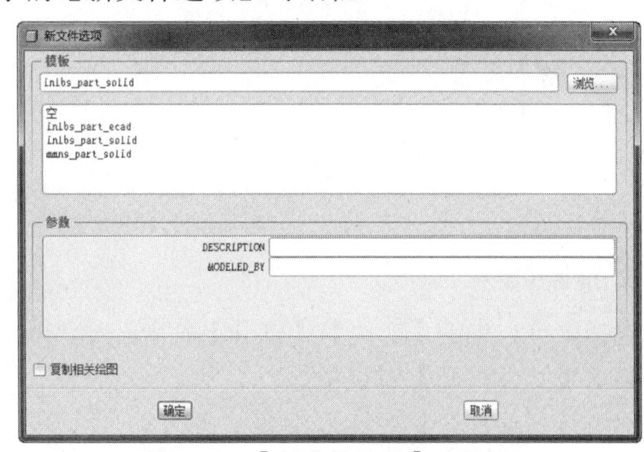

图 1-20 【新文件选项】对话框

④ 在【模板】选项组的列表框中单击选取公制模板“mmns_part_solid”选项，或者单击【浏览】按钮，选取其他模板，单击【确定】按钮，进入零件设计平台。

3. 打开文件

选择菜单栏中的【文件】|【打开】命令，或者单击【文件】工具栏中的【打开】按钮，系统弹出如图 1-21 所示的【文件打开】对话框。

单击“查找范围”下拉列表，选取要打开的文件目录，在列表中单击选中要打开的文件。再单击【文件打开】对话框中的【打开】按钮，完成文件的打开。

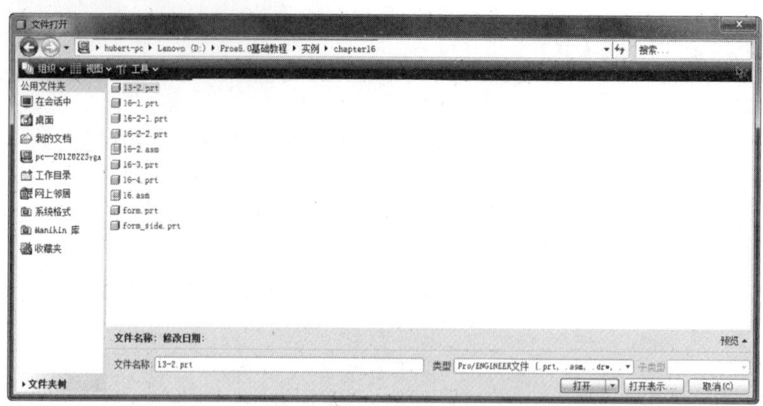

图 1-21 【文件打开】对话框

4. 保存文件

选择菜单栏中的【文件】|【保存】命令，或者单击【文件】工具栏中的【保存】按钮，系统弹出如图 1-22 所示的【保存对象】对话框。单击“查找范围”下拉列表，选取当前文件的保存目录。单击【确定】按钮，保存文件并关闭对话框。

图 1-22 【保存对象】对话框

5. 镜像文件

选择菜单栏中的【文件】|【打开】命令，或者单击【文件】工具栏中的【打开】按钮，系统弹出【文件打开】对话框。

选中【文件打开】对话框中要镜像的文件，单击【打开】按钮，完成文件的打开。

选择菜单栏中的【文件】|【镜像零件】命令，系统弹出如图 1-23 所示的【镜像零件】对话框。

设置对话框中相应的参数，单击【确定】按钮，打开一个镜像文件，完成镜像文件的创建。

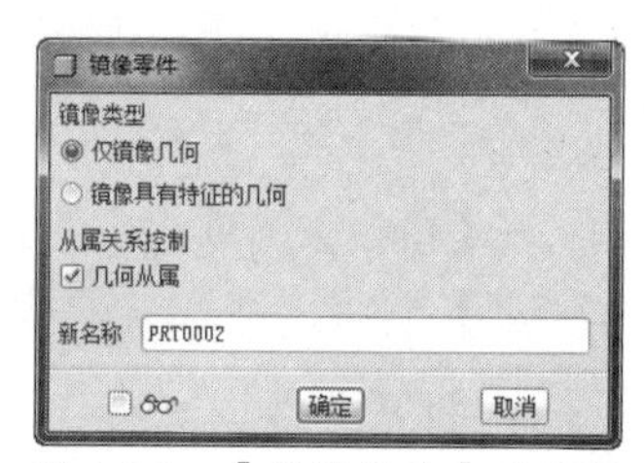

图 1-23 【镜像零件】对话框

- 仅镜像几何：创建原始零件几何的镜像的合并。
- 镜像具有特征的几何：创建原始零件的几何和特征的镜像副本，镜像零件的几何不会从属于源零件的几何。

1.4　视图操控方法

在 Pro/E Wildfire 5.0 野火版中，大部分的操作都是采用三键式鼠标（左键、中键和右键）完成的。目前，常用的是滚轮式鼠标，在此可用滚轮代替三键鼠标的中键。通过鼠标的三键操作，再配合键盘上的特殊控制键 Ctrl 和 Shift，可以进行图形对象的选取操作，以及视图的缩放、平移等操作。

1. 鼠标左键

用于选择菜单、工具按钮、明确绘制图形的起始点与终止点，确定文字的注释位置、选择模型中的对象等。在选取多个特征或零件时，与控制键 Ctrl 和 Shift 配合，用鼠标左键选取所需的特征或零件。

2. 鼠标右键

选取在工作区的对象、模型树中的对象、图标按钮等；在工作区中，单击鼠标右键，显示相应的快捷菜单。

技巧点拨

本书中所提及的“在工作区，单击鼠标右键”是指长按鼠标右键大约 1 秒。

3. 鼠标中键

单击鼠标中键可以结束当前的操作，一般情况下与菜单中的【完成】按钮、对话框中的【确定】按钮功能相同。另外，鼠标中键还可用于控制视图方位、动态缩放显示模型及动态平移显示模型等。具体操作如下：

- 旋转视图：按住鼠标中键+移动鼠标，如图 1-24a 所示。
- 平移视图：按住鼠标中键+Shift 键+移动鼠标，如图 1-24b 所示。
- 缩放视图：按住鼠标中键+Ctrl 键+垂直移动鼠标，如图 1-24c 所示。
- 翻转视图：按住鼠标中键+Ctrl 键+水平移动鼠标，如图 1-24d 所示。
- 动态缩放视图：转动中键滚轮。

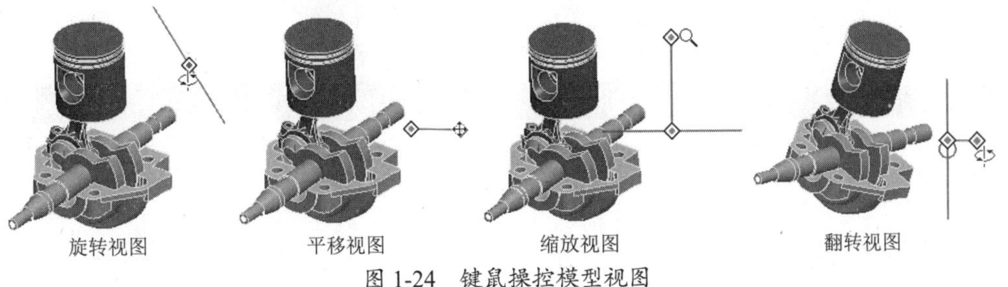

图 1-24　键鼠操控模型视图

1.5　Pro/E 的建模基准

Pro/E 的基准包括基准平面、基准轴、基准坐标系、基准点和基准曲线，下面详解基准的创建方法。

1.5.1 创建基准点

在几何建模时，可将基准点用作构造元素，或用作进行计算和模型分析的已知点。可随时向模型中添加点，即便在创建另一特征的过程中也可执行此操作。

基准点的创建方法有许多种，下面仅介绍使用“基准点”工具来创建基准点的过程。

上机实践——创建基准点

① 打开下载资源包中的文件“上机实践\源文件\Ch01\ 1-1.prt”。

② 单击【基准】工具栏中的【点】按钮，系统弹出【基准点】对话框。

③ 在参考模型上，选取边或顶点或面作为基准点的放置参照，如图 1-25 所示。

④ 接着，在参考模型上选择 FRONT 基准平面与 RIGHT 基准平面（按 Ctrl 键依次选取）作为偏移参照，如图 1-26 所示。

图 1-25 选取放置平面

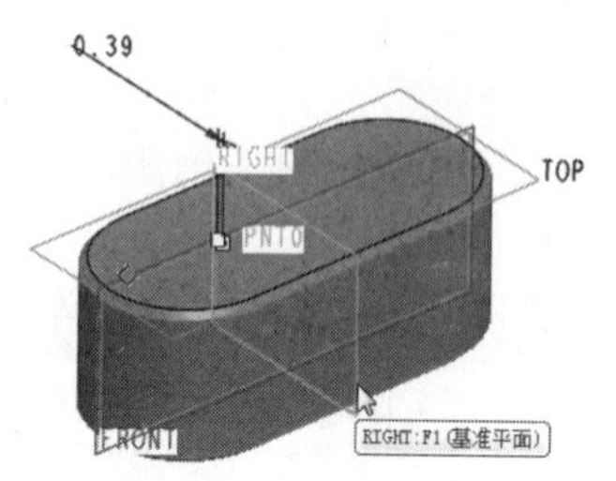

图 1-26 选取偏移参照

⑤ 在【基准点】对话框的【偏移参照】列表下设置偏移距离，最后单击【基准点】对话框中的【确定】按钮，完成基准点的绘制，如图 1-27 所示。

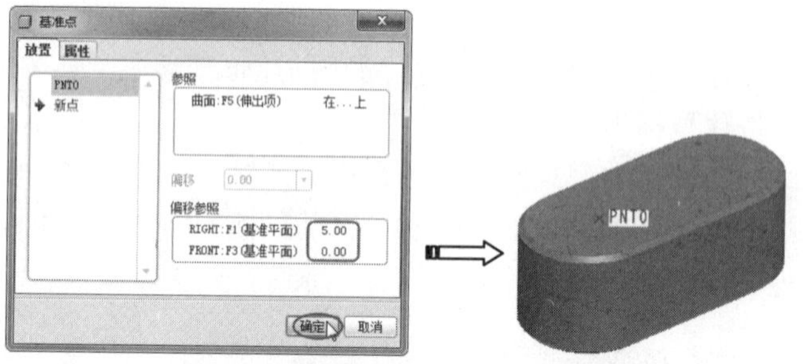

图 1-27 设置偏移距离创建基准点

技巧点拨

在线段上定位基准点，只需要在“基准点”对话框中设置比率和实数：比率是指基准点分线段的比例；实数是指基准点到线段的基准端点的距离。

1.5.2 创建基准轴

基准轴的创建方法有很多，例如：通过相交平面、使用两参照偏移、使用圆曲线或边等方法。

上机实践——通过相交平面创建基准轴

通过相交平面创建基准轴的操作步骤如下。

① 选择菜单栏中的【插入】|【模型基准】|【轴】命令，或者单击【基准】工具栏中的【轴】按钮，系统弹出【基准轴】对话框。

② 按住 Ctrl 键不放，在工作区选取新基准轴的两个放置参照，这里选择 TOP 和 FRONT 基准平面。

③ 从【参照】列表框的约束列表中选取所需的约束选项，这里不用选择。

技巧点拨

在选择基准轴参照后，如果参照能够完全约束基准轴，系统自动添加约束，并且不能更改。

④ 单击【基准轴】对话框中的【显示】选项卡，勾选【调整轮廓】复选框，在【长度】文本框中键入 500。

技巧点拨

基准轴的长度要求不精确，可以拖动工作区中轴的两端点进行调整长度。

⑤ 单击【基准轴】对话框中的【确定】按钮，完成基准轴的创建，效果如图 1-28 所示。

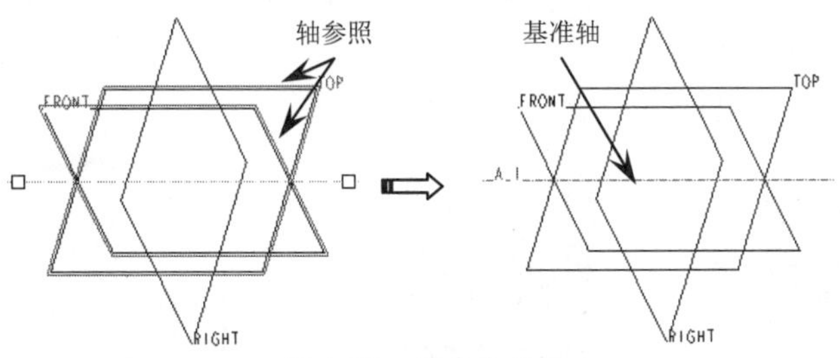

图 1-28 创建基准轴

1.5.3 创建基准曲线

除了输入的几何，Pro/E 中所有 3D 几何的建立均起始于 2D 截面。基准曲线是有形状和大小的虚拟线条，但是没有方向、体积和质量。基准曲线可以用来创建和修改曲面，也可以作为扫描轨迹线或创建其他特征。

1. 通过点创建基准曲线

上机实践——通过点创建基准曲线

① 选择菜单栏中的【插入】|【模型基准】|【曲线】命令，或者单击【基准】工具栏中的【曲线】按钮，系统弹出如图 1-29 所示的菜单管理器。

② 选择菜单管理器中的【通过点】|【完成】命令，系统弹出如图 1-30 所示的【曲线：通过点】对话框，同时菜单管理器更新为如图 1-31 所示的状态。

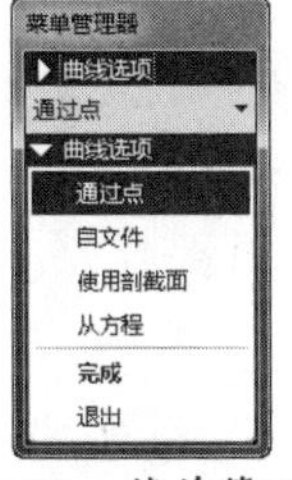

图 1-29 菜单管理器

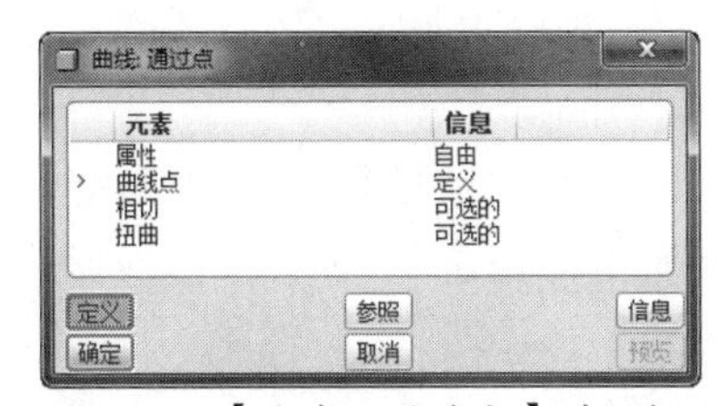

图 1-30 【曲线：通过点】对话框

- 属性：指出该曲线是否应该位于选定的曲面上。
- 曲线点：选取要连接的曲线点。
- 相切：（可选）设置曲线的相切条件。

技巧点拨

在曲线至少有一条终止线段是样条时，才能定义“相切”元素。

- 扭曲：（可选）通过使用多面体处理来修改通过两点的曲线形状。

③ 从菜单管理器中选择连接类型：样条、单一半径、多重半径、单个点、整个阵列、添加点等。完成工作区中点的选取，选择菜单管理器中【完成】命令，完成曲线点的定义，或选择【退出】命令中止该步骤。

④ 要定义相切条件，可选取对话框中的“相切”元素，单击【定义】按钮，系统弹出如图 1-32 所示的菜单管理器。使用【定义相切】菜单中的选项，在曲线端点处定义相切。

⑤ 通过从【方向】菜单中选择【反向】或【确定】命令，在相切位置指定曲线的方向，系统在曲线的端点处显示一个箭头。

⑥ 如果创建通过两个点的基准曲线，可以在三维空间中“扭曲”该曲线并动态更新其形状。要处理该曲线，选择对话框中的【扭曲】选项，并单击【定义】按钮，系统弹出如图 1-33 所示的【修改曲线】对话框，定义扭曲特征。

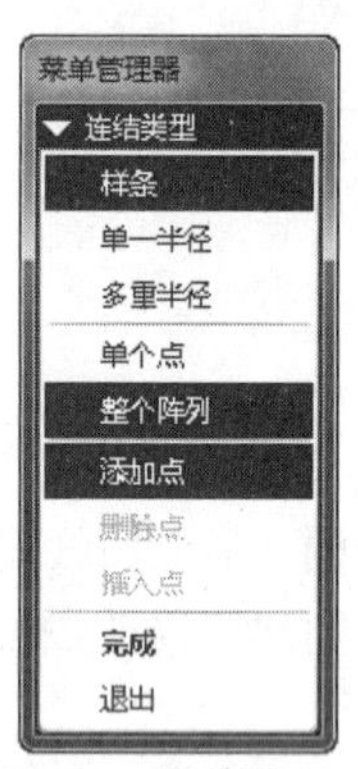

图 1-31 菜单管理器

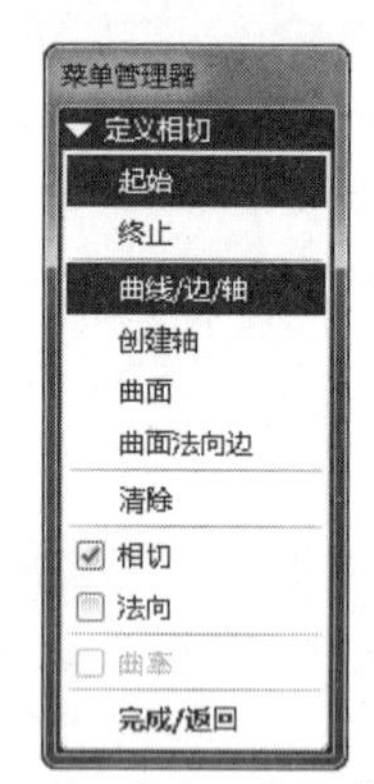

图 1-32 【定义相切】菜单

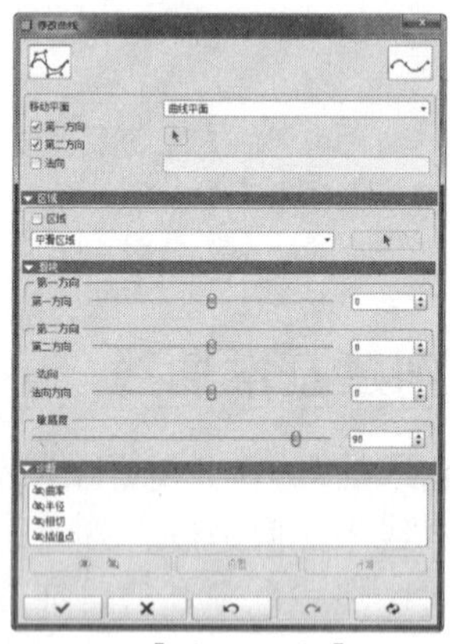

图 1-33 【修改曲线】对话框

⑦ 单击【曲线：通过点】对话框中的【确定】按钮，完成基准曲线的创建，效果如图 1-34 所示。

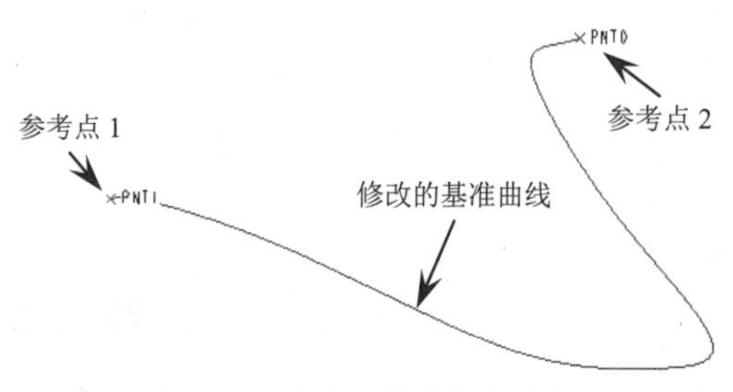

图 1-34 通过点创建基准曲线

2. 从方程创建基准曲线

上机实践——“从方程”创建基准曲线

① 选择菜单栏中的【插入】|【模型基准】|【曲线】命令，或者单击【基准】工具栏中的【曲线】按钮，系统弹出菜单管理器。

② 选择菜单管理器中的【从方程】|【完成】命令，菜单管理器更新为如图 1-35 所示的状态，同时系统弹出如图 1-36 所示的【曲线：从方程】对话框。

图 1-35 菜单管理器

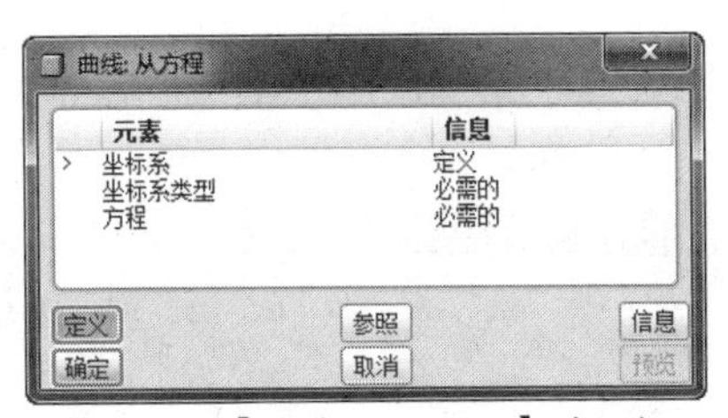

图 1-36 【曲线：从方程】对话框

- 坐标系：定义坐标系。
- 坐标系类型：指定坐标系类型。
- 方程：输入方程。

③ 选取“模型树”中或工作区中的坐标系，更新后的菜单管理器如图 1-37 所示。

④ 使用【设置坐标类型】菜单中的选项指定坐标类型：笛卡尔、圆柱、球坐标系，这里选择球坐标系，系统弹出如图 1-38 所示的“曲线方程输入”记事本。

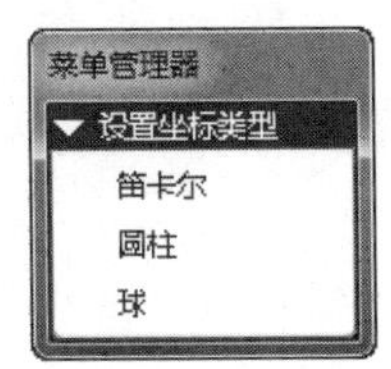

图 1-37 菜单管理器

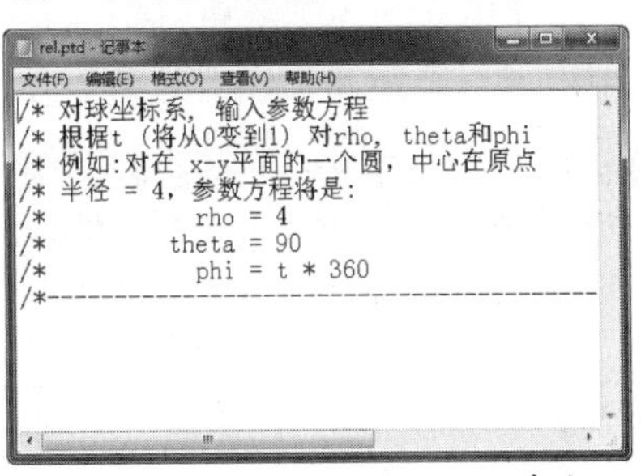

图 1-38 “曲线方程输入”记事本

⑤ 在记事本中输入曲线方程作为常规特征关系，如图 1-39 所示。

⑥ 保存编辑器窗口中的内容，单击【曲线：从方程】对话框中的【确定】按钮，完成的效果如图 1-40 所示。

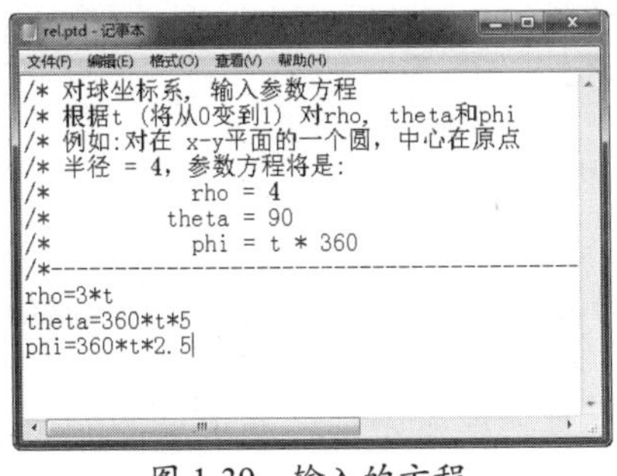

图 1-39 输入的方程

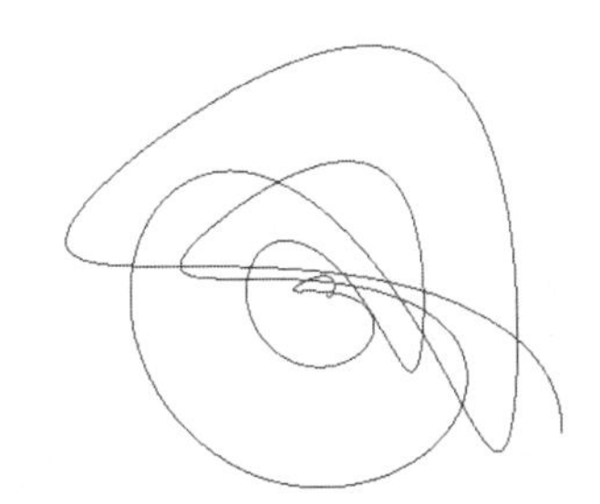

图 1-40 从方程创建基准曲线

1.5.4 创建基准坐标系

基准坐标系分为笛卡尔、圆柱和球坐标系三种类型。坐标系是可以添加到零件和组件中的参照特征，一个基准坐标系需要六个参照量，其中三个相对独立的参照量用于原点的定位，另外三个参照量用于坐标系的定向。

上机实践——创建坐标系

① 选择菜单栏中的【插入】|【模型基准】|【坐标系】命令，或者单击【基准】工具栏中的【坐标系】按钮，系统弹出如图 1-41 所示的【坐标系】对话框。

② 在图形窗口中选取一个坐标系作为参照，这时“偏移类型”列表变为可用状态，如图 1-42 所示，从下拉列表中选取偏移类型：笛卡尔、圆柱、球坐标或者自文件。

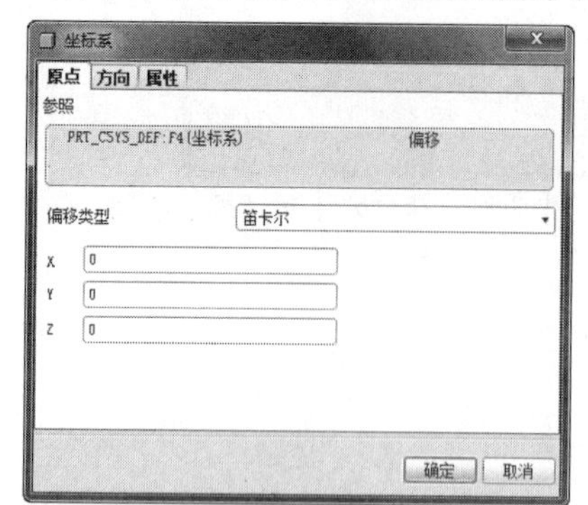

图 1-41 【坐标系】对话框

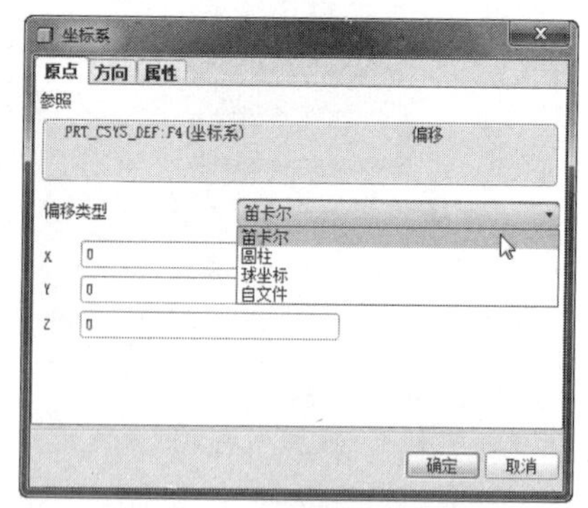

图 1-42 选取偏移类型

③ 在图形窗口中，使用拖动控制滑块将坐标系手动定位到所需位置。也可以在“X”“Y”“Z”文本框中键入一个距离值，或从最近使用值的列表中选取一个值。

提示

位于坐标系中心的拖动控制滑块允许沿参照坐标系的任意一个轴拖动坐标系。要改变方向，可将光标悬停在拖动控制滑块上方，然后向着其中的一个轴移动光标。在朝向轴移动光标的同时，拖动控制滑块会改变方向。

④ 单击【坐标系】对话框中的【方向】选项卡，在该选项卡中设置坐标系的位置，如图 1-43 所示。

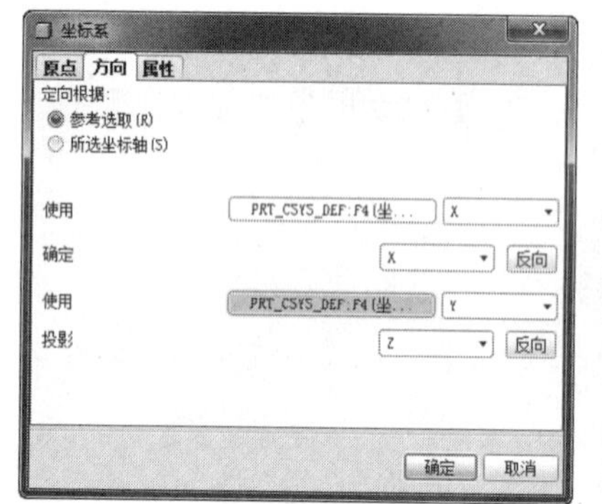

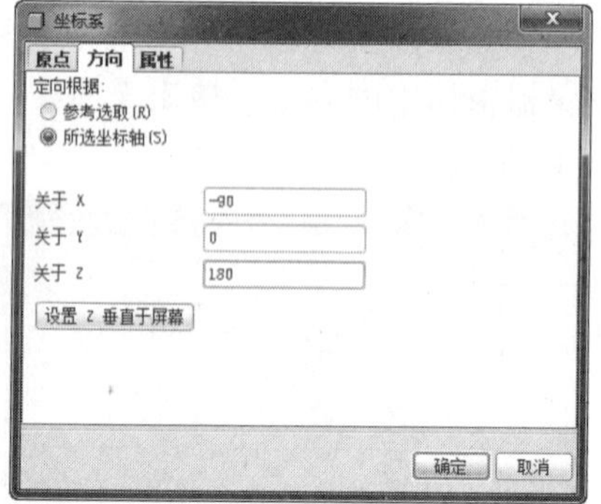

图 1-43 【方向】选项卡

- 点选“参照选取”单选按钮，通过选取坐标系中任意两根轴的方向参照定向坐标系。
- 点选“所选坐标轴”单选按钮，在“关于 X”“关于 Y”“关于 Z”文本框中键入与参照坐标系之间的相对距离，用于设置定向坐标系。
- 单击“设置 Z 垂直于屏幕”按钮，快速定向 *Z* 轴使其垂直于当前屏幕。

⑤ 单击【坐标系】对话框中的【属性】选项卡，在【名称】文本框中修改基准轴的名称，如图 1-44 所示。

⑥ 单击【名称】文本框后面的🛈按钮，弹出如图 1-45 所示的浏览器，其中显示了当前基准坐标系的特征信息。

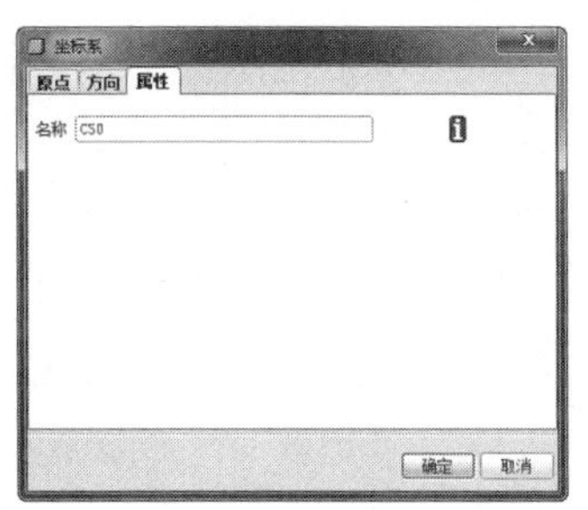

图 1-44　【属性】选项卡

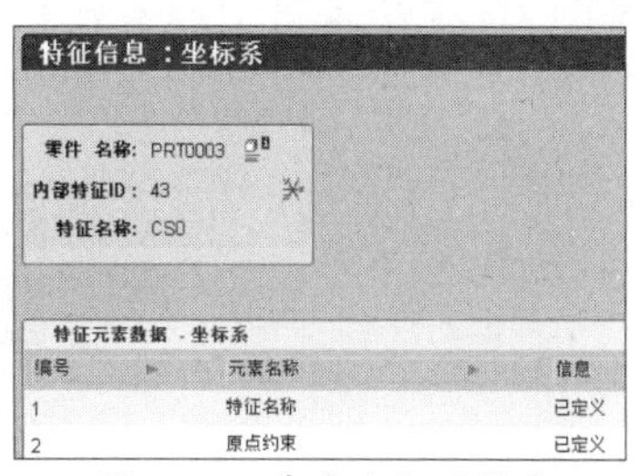

图 1-45　基准坐标系信息

1.5.5　创建基准平面

基准平面在实际中虽然不存在，但在零件图和装配图中都具有很重要的作用。基准平面主要用来作为草绘平面或者作为草绘、镜像、阵列等操作的参照，也可以用来作为尺寸标注的基准。

1. 通过空间三点创建基准平面

上机实践——通过空间三点创建基准平面

① 打开下载资源包中的文件“上机实践\源文件\Ch01\1-6.prt”。

② 单击【基准】工具栏中的【平面】按钮▱，或者选择菜单栏中的【插入】|【模型基准】|【平面】命令，系统弹出如图 1-46 所示的【基准平面】对话框。

③ 按住 Ctrl 键，在绘图区中选择如图 1-47 所示的三点，选中的点被添加到【放置】选项卡的【参照】列表框中。

图 1-46　【基准平面】对话框

图 1-47　选择三点

④ 展开如图 1-48 所示的【显示】选项卡，设置基准平面的方向、大小。

技巧点拨

平面是无限大的，这里的大小是显示效果。

⑤ 展开如图 1-49 所示的【属性】选项卡，设置基准平面的名称和查看基准平面的信息。

图 1-48　【显示】选项卡

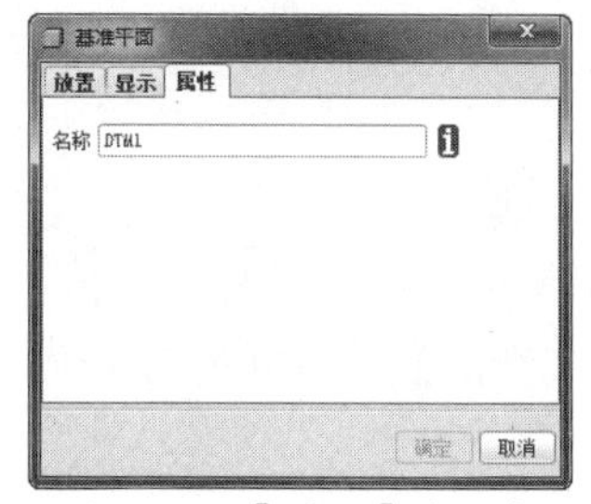

图 1-49　【属性】选项卡

⑥ 单击【基准平面】对话框中的【确定】按钮，完成基准平面的创建，效果如图 1-50 所示。

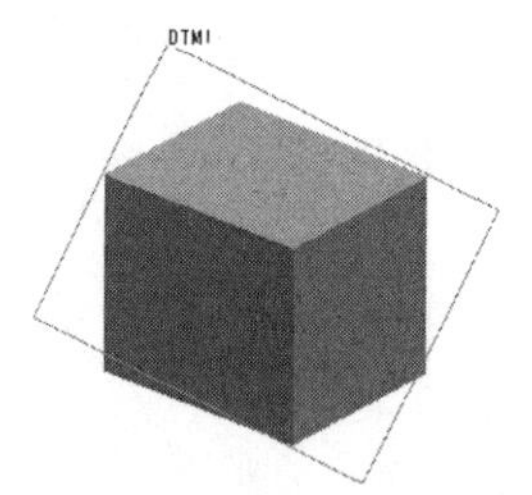

图 1-50 创建的基准平面

2. 通过空间点线创建基准平面

上机实践——通过空间点线创建基准平面

① 打开下载资源包中的文件“上机实践\源文件\Ch01\1-7.prt”。

② 单击【基准】工具栏中的【平面】按钮，或者选择菜单栏中的【插入】|【模型基准】|【平面】命令，系统弹出【基准平面】对话框。

③ 按住 Ctrl 键，在绘图区中选择如图 1-51 所示的轴线和点，选中的轴线和点被添加到【放置】选项卡的【参照】列表框中。

④ 单击【基准平面】对话框中的【确定】按钮，完成基准平面的创建，效果如图 1-52 所示。

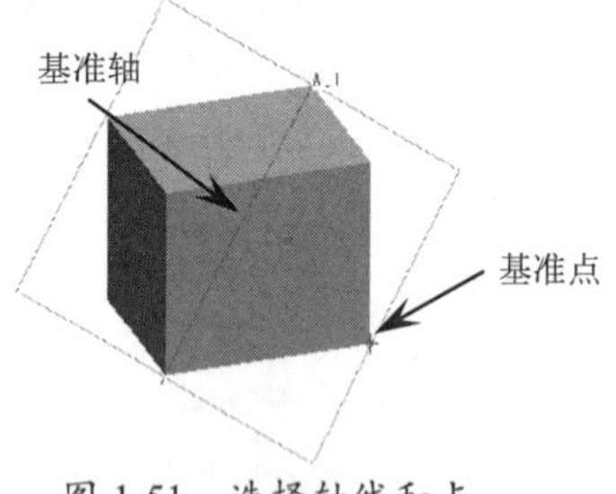

图 1-51 选择轴线和点

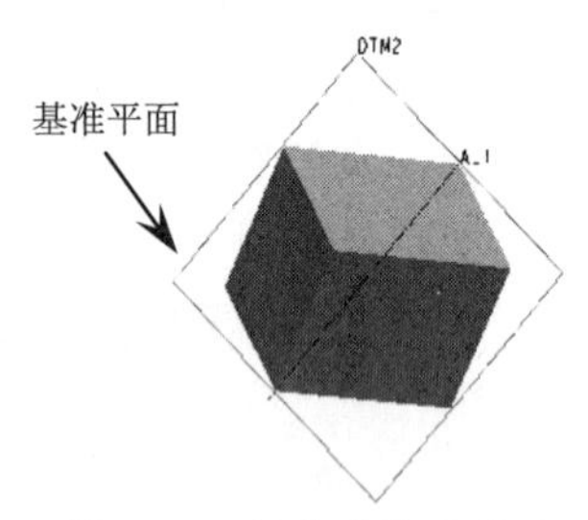

图 1-52 创建的基准平面

3. 偏移平面

上机实践——偏移平面

① 打开下载资源包中的文件“上机实践\源文件\ Ch01\1-8.prt”。

② 单击【基准】工具栏中的【平面】按钮，或者选择菜单栏中的【插入】|【模型基准】|【平面】命令，系统弹出【基准平面】对话框。

③ 选取现有的基准平面或曲面，所选参照及其约束类型均添加到【放置】选项卡的【参照】列表框中。

④ 从【参照】列表框的约束列表中选取约束类型，分别是穿过、偏移、平行、法向，如图 1-53 所示。

⑤ 这里选择“偏移”约束类型，在【平移】文本框中输入偏移距离，或者拖动控制滑块将基准曲面手动平移到所需距离处，如图 1-54 所示。

⑥ 单击【基准平面】对话框中的【确定】按钮，完成偏移基准平面的创建，效果如图 1-55 所示。

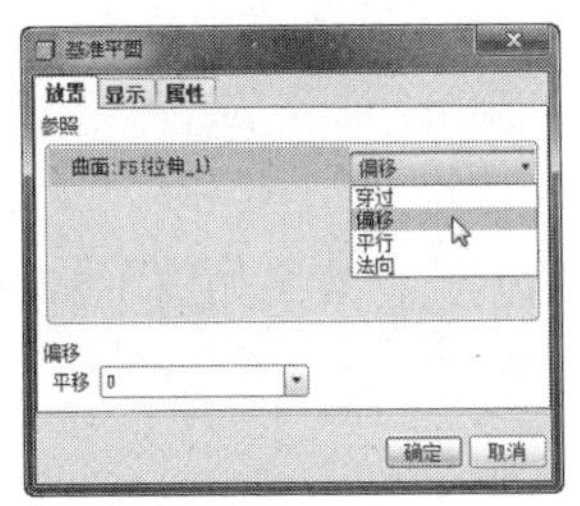

图 1-53 【基准平面】对话框

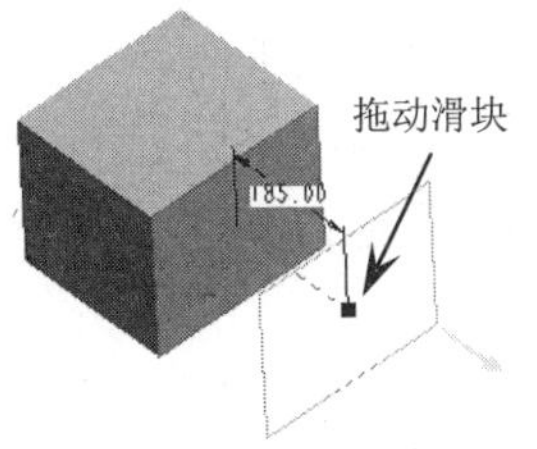

图 1-54 拖动控制滑块

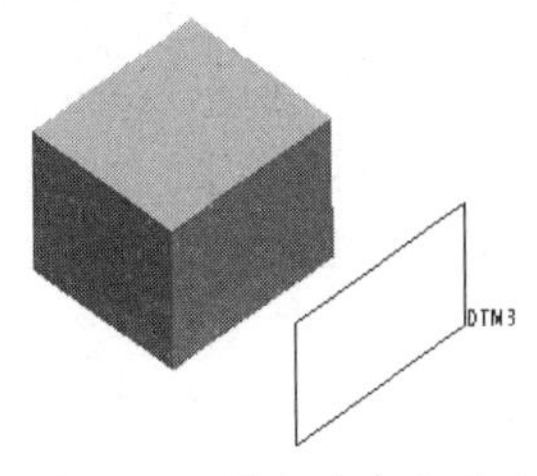

图 1-55 创建的基准平面

4. 创建具有角度偏移的基准平面

上机实践——创建具有角度偏移的基准平面

① 打开下载资源包中的文件“上机实践\源文件\Ch01\1-9.prt”。

② 单击【基准】工具栏中的【平面】按钮，或者选择菜单栏中的【插入】|【模型基准】|【平面】命令，系统弹出【基准平面】对话框。

③ 首先选取现有基准轴、直边或直曲线，所选取的参照添加到【基准平面】对话框中的【参照】列表框中。

④ 从【参照】列表框中的约束列表中选取“穿过”约束方式。

⑤ 按住 Ctrl 键，从绘图区中选取垂直于参照的基准平面，在【偏移旋转】文本框中输入偏移角度，或者拖动控制滑块将基准曲面手动旋转到所需角度处。

⑥ 单击【基准平面】对话框中的【确定】按钮，完成创建，效果如图 1-56 所示。

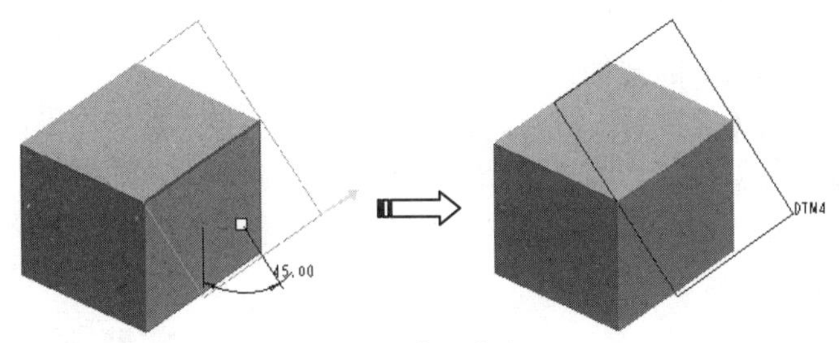

图 1-56 创建的基准平面

5. 通过基准坐标系创建基准平面

上机实践——通过基准坐标系创建基准平面

① 单击【基准】工具栏中的【平面】按钮，或者选择菜单栏中的【插入】|【模型基准】|【平面】命令，系统弹出【基准平面】对话框。

② 选取一个基准坐标系作为放置参照，选定的基准坐标系添加到【放置】选项卡的【参照】列表框中。

③ 从【参照】列表框中的约束列表中选取约束类型，分别是偏移、穿过。

④ 如果选择“偏移”约束类型，在【偏移平移】列表框中选择偏移的轴，在其后文本框中输入偏移距离，拖动控制滑块将基准曲面手动平移到所需距离处；如果选择穿过，在【穿过平面】列表框中选择穿过平面。

- X：表示将 *YZ* 基准平面在 *X* 轴上偏移一定距离创建基准平面。
- Y：表示将 *XZ* 基准平面在 *Y* 轴上偏移一定距离创建基准平面。
- Z：表示将 *XY* 基准平面在 *Z* 轴上偏移一定距离创建基准平面。

- XY：表示通过 *XY* 平面创建基准平面。
- YZ：表示通过 *YZ* 平面创建基准平面。
- XZ：表示通过 *XZ* 平面创建基准平面。

⑤ 单击【基准平面】对话框中的【确定】按钮，完成基准平面的创建，效果如图 1-57 所示。

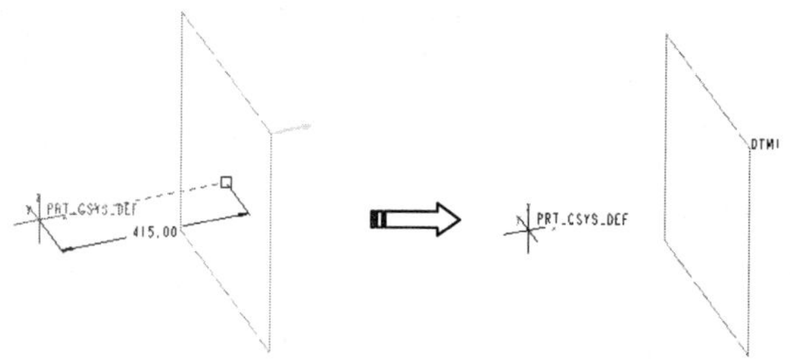

图 1-57 通过基准坐标系创建基准平面

1.6 综合案例——羽毛球设计

本例以一个羽毛球的造型设计，详解基准工具（包括基准点、基准曲线和基准平面）及其他 Pro/E 基本操作工具的应用技巧。羽毛球模型如图 1-58 所示。

图 1-58 羽毛球

操作步骤

① 新建名为“yumaoqiu”的文件。

② 在右工具栏中单击【旋转】按钮，弹出旋转操控面板。然后在操控面板的【放置】选项卡中单击【定义】按钮，弹出【草绘】对话框。选择 TOP 基准平面作为草绘平面，单击【草绘】按钮，进入草绘模式中，如图 1-59 所示。

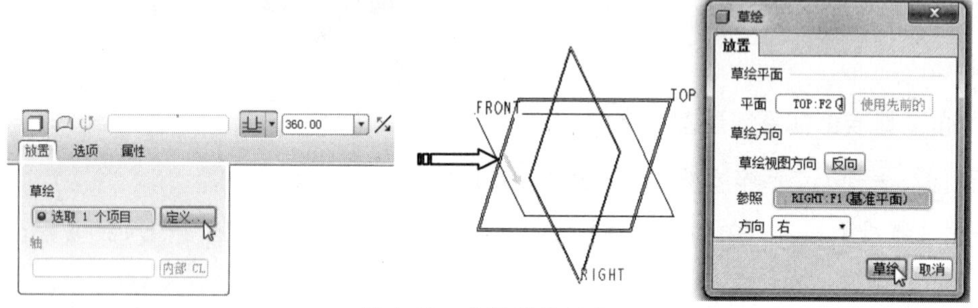

图 1-59 选择草绘平面

③ 进入草绘模式后绘制如图 1-60 所示的草图截面。

④ 绘制草图后单击【完成】按钮退出草绘模式，保留操控面板上其余选项的默认设置，再单击操控面板中的【应用】按钮，完成旋转特征 1 的创建，如图 1-61 所示。

技巧点拨

在旋转特征的草绘中必须要绘制几何中心线，而非草绘中心线。这两个中心线将在后面章节详解。

⑤ 同理，再利用【旋转】工具，在 TOP 基准平面上绘制草图，并创建出如图 1-62 所示的旋转特征 2。

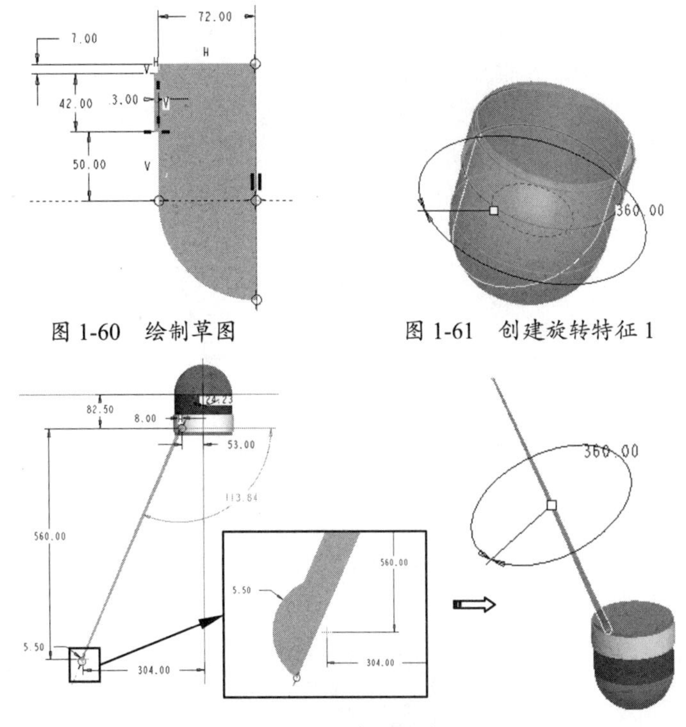

图 1-60　绘制草图　　　图 1-61　创建旋转特征 1

图 1-62　创建旋转特征 2

⑥　单击【点】按钮，打开【点】对话框。然后按 Ctrl 键选择轴和旋转特征 2 的顶部曲面作为参考，创建基准点 1，如图 1-63 所示。

⑦　在【点】对话框没有关闭的情况下，单击【新点】按钮，然后选择旋转特征 2 的底边作为参考，创建基准点 2，如图 1-64 所示。

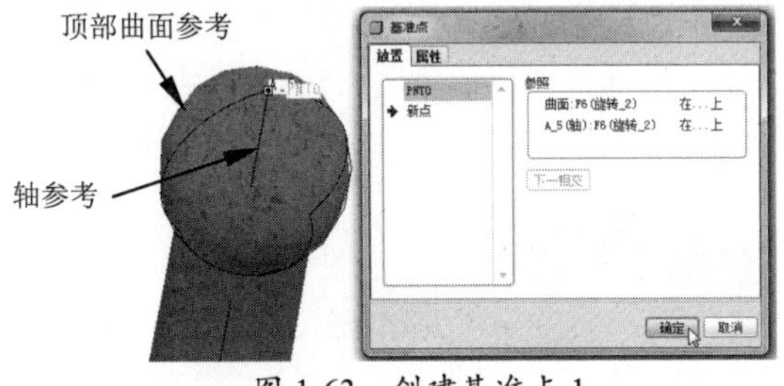

图 1-63　创建基准点 1

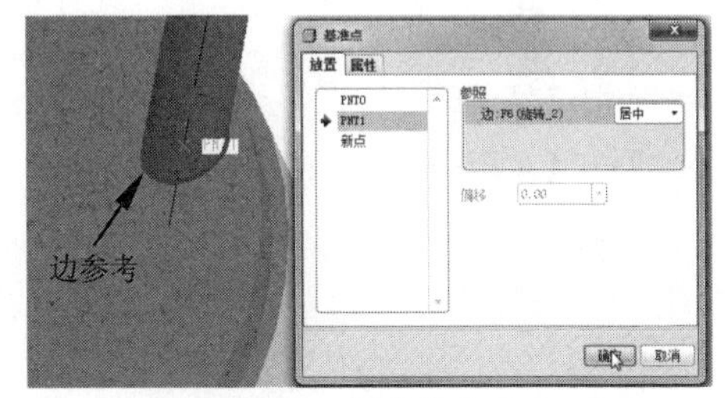

图 1-64　创建基准点 2

⑧　单击【曲线】按钮，打开【曲线选项】菜单管理器。按如图 1-65 所示的操作步骤，创建基准曲线。

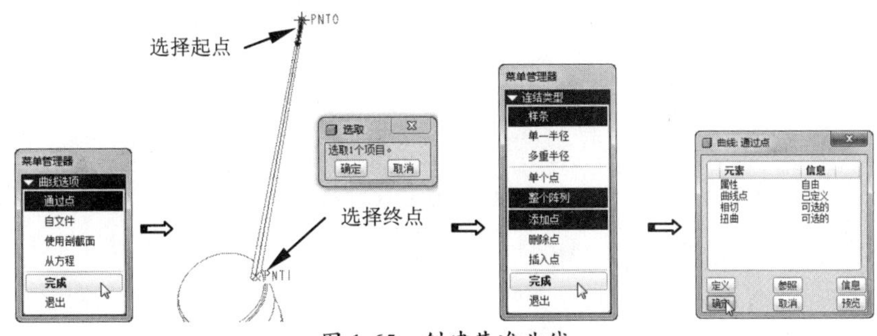

图 1-65　创建基准曲线

⑨ 单击【平面】按钮，弹出【基准平面】对话框。按 Ctrl 键选择旋转特征 2 的旋转轴和 TOP 基准平面作为参考，创建新参考平面 DTM1，如图 1-66 所示。

⑩ 同理，再利用【平面】工具，选择 TOP 基准平面和旋转特征 2 的旋转轴作为参考，创建 DTM2 基准平面，如图 1-67 所示。

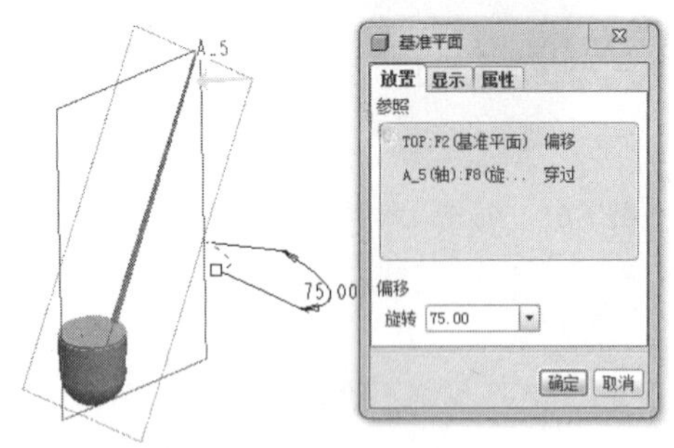

图 1-66 创建 DTM1 基准平面

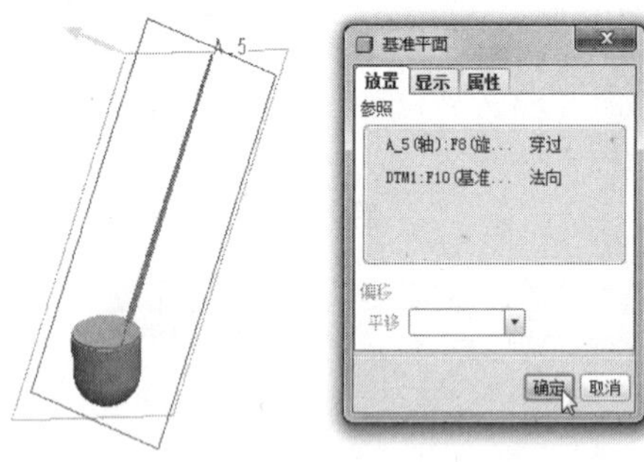

图 1-67 创建 DTM2 基准平面

⑪ 单击【拉伸】按钮，然后在 DTM1 上绘制拉伸截面，并完成拉伸特征的创建，结果如图 1-68 所示。

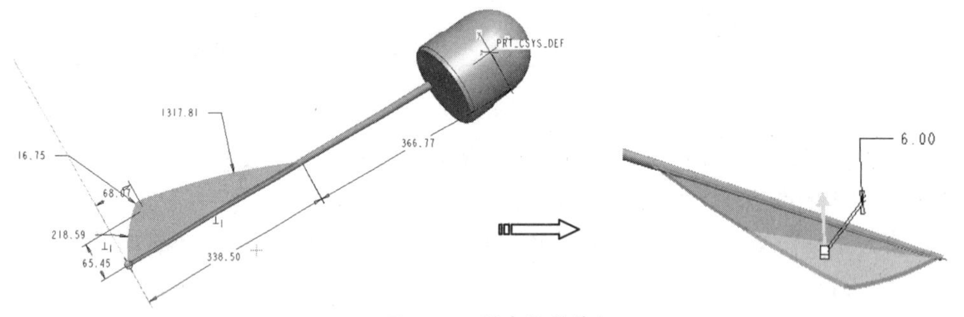

图 1-68 创建拉伸特征

⑫ 单击【拔模】按钮，弹出操控面板。选择拔模曲面、拔模枢轴，输入拔模值 2，最后单击【应用】按钮完成拔模，如图 1-69 所示。

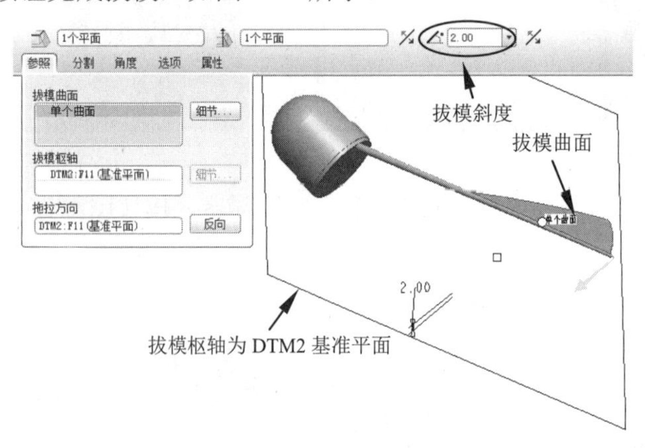

图 1-69 创建拔模特征

⑬ 同理，对另一侧也创建拔模，如图 1-70 所示。

⑭ 在模型树中按 Ctrl 键选中拉伸特征和两个拔模特征，然后单击【镜像】按钮，打开操控面板。选择 DTM2 基准平面作为镜像平面，单击【应用】按钮完成镜像，结果如图 1-71 所示。

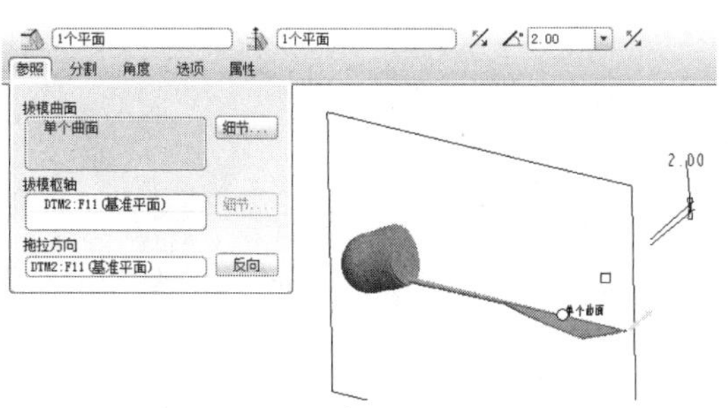

图 1-70　创建另一侧的拔模

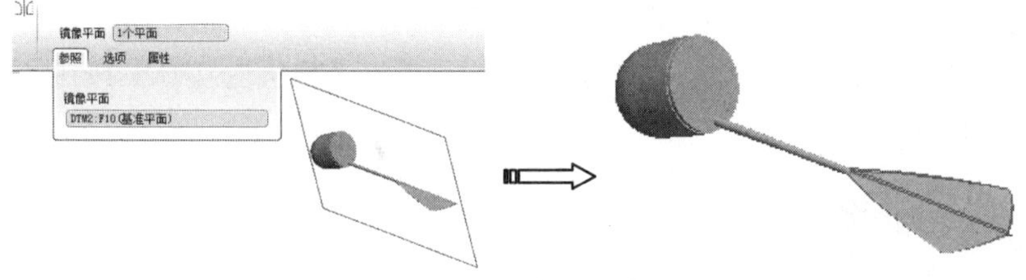

图 1-71　创建镜像特征

⑮　将前面除第 1 个旋转特征外的其他特征创建组，如图 1-72 所示。

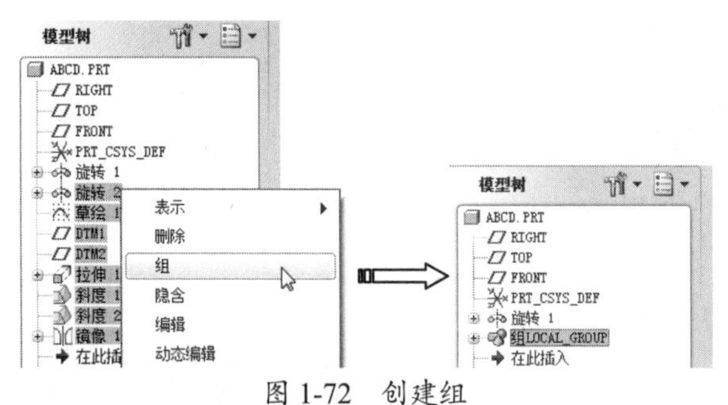

图 1-72　创建组

⑯　在模型树中选中创建的组，然后单击【阵列】按钮，打开阵列操控面板。选择阵列方式为“轴”，选取旋转特征 1 的旋转轴为参考，然后设置阵列参数，最后单击【应用】按钮完成阵列，结果如图 1-73 所示。

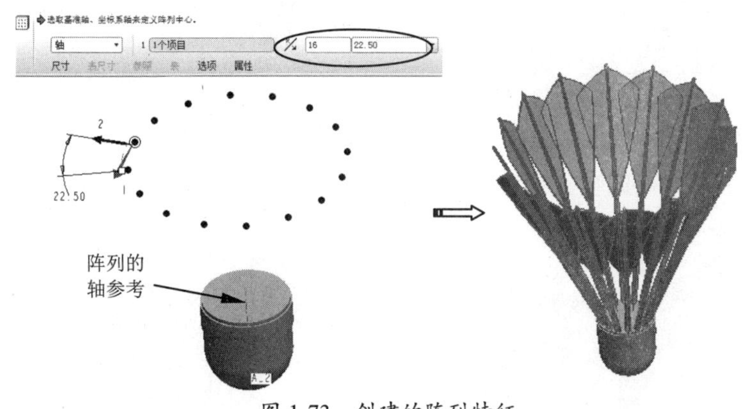

图 1-73　创建的阵列特征

⑰　单击【平面】按钮，然后以 FRONT 基准平面为偏移参考，创建 DTM3 基准平面，如图 1-74 所示。

⑱　单击【点】按钮，选择 DTM3 和曲线 1 作为参考，创建基准点，如图 1-75 所示。

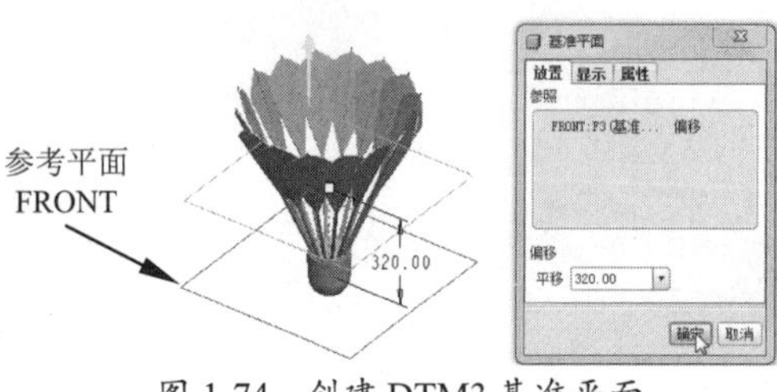

图 1-74　创建 DTM3 基准平面

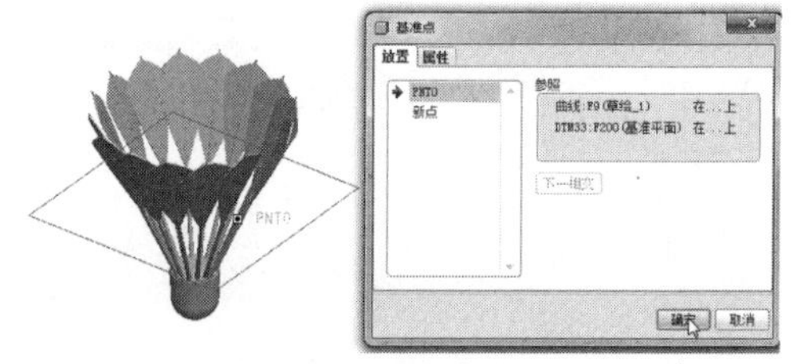

图 1-75　创建基准点

⑲ 单击【草绘】按钮，打开【草绘】对话框。选择 DTM3 作为草绘平面，创建如图 1-76 所示的曲线。

⑳ 单击【可变截面扫描】按钮，打开操控面板。单击【扫描为实体】按钮，然后选择上一步创建的曲线作为扫描轨迹，如图 1-77 所示。

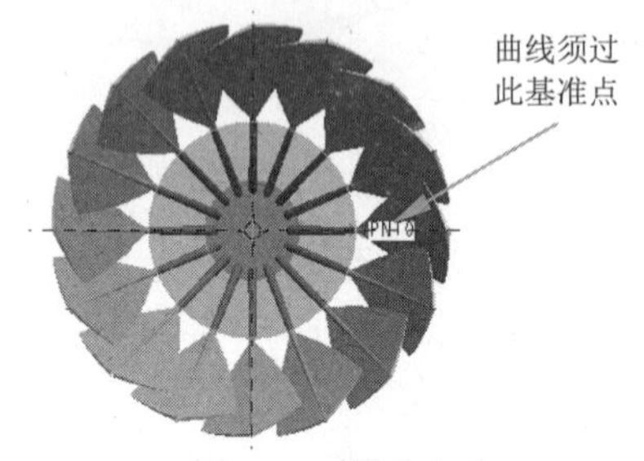

图 1-76　草绘曲线

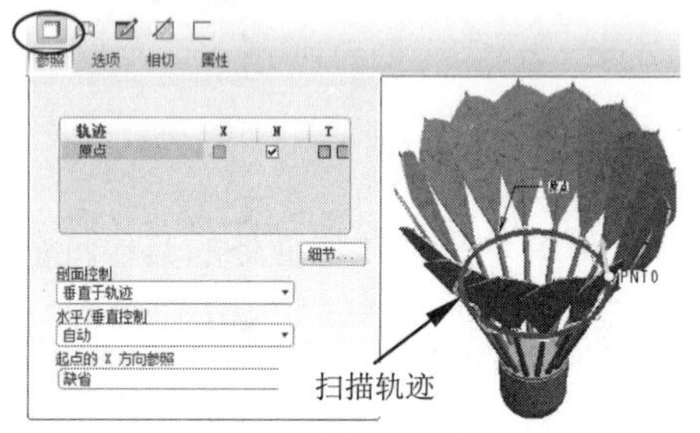

图 1-77　选择扫描轨迹

㉑ 在操控面板单击【创建或编辑扫描剖面】按钮，进入草绘模式，绘制如图 1-78 所示的截面。

㉒ 在草绘模式中，执行菜单栏的【工具】|【关系】命令，打开【关系】对话框。然后输入两个尺寸的驱动关系式，如图 1-79 所示。

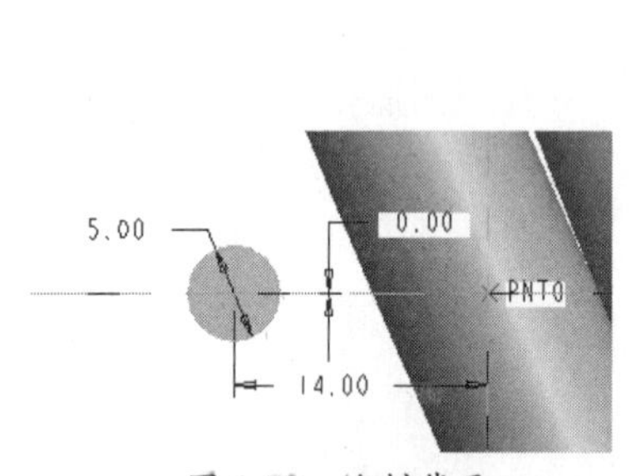

图 1-78　绘制截面

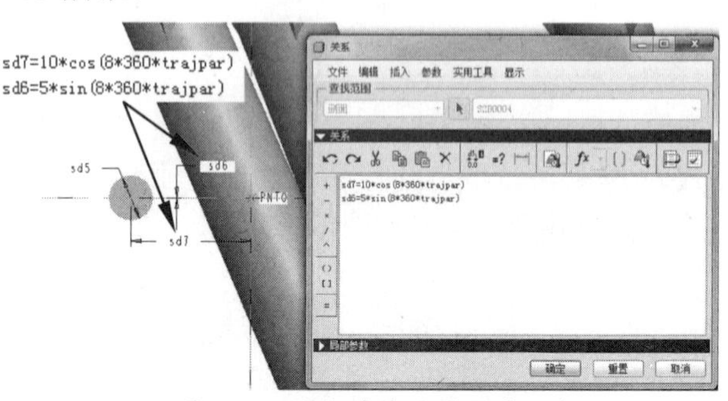

图 1-79　添加关系设置驱动尺寸

㉓ 退出草绘模式后，保留默认设置，单击【应用】按钮完成可变截面扫描特征的创建，如图 1-80 所示。

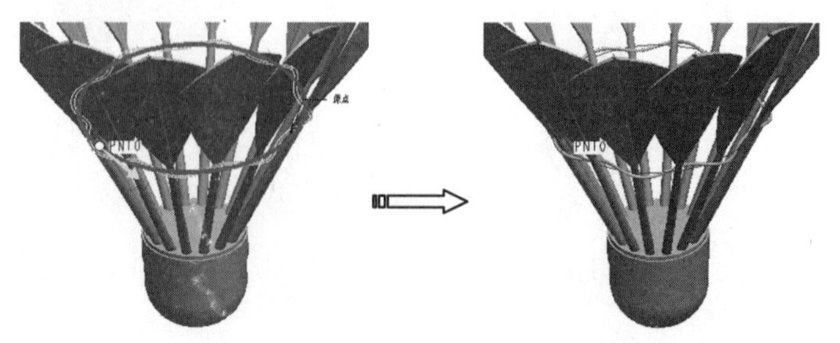

图 1-80　创建可变截面扫描

㉔ 在模型树中选中上一步创建的可变截面扫描特征，然后在工具栏中单击【复制】按钮和【选择性粘贴】按钮，打开【选择性粘贴】对话框，然后勾选【对副本应用移动/旋转变换】复选框，再单击【确定】按钮，如图 1-81 所示。

㉕ 随后弹出复制操控面板。单击【相对选定参照旋转特征】按钮，然后选择旋转特征 1 的旋转轴作为阵列参考轴，输入旋转角度后，单击【应用】按钮完成特征的复制。结果如图 1-82 所示。

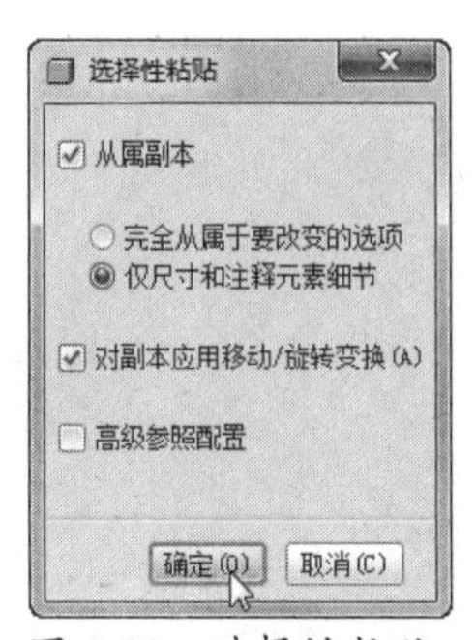

图 1-81　选择性粘贴

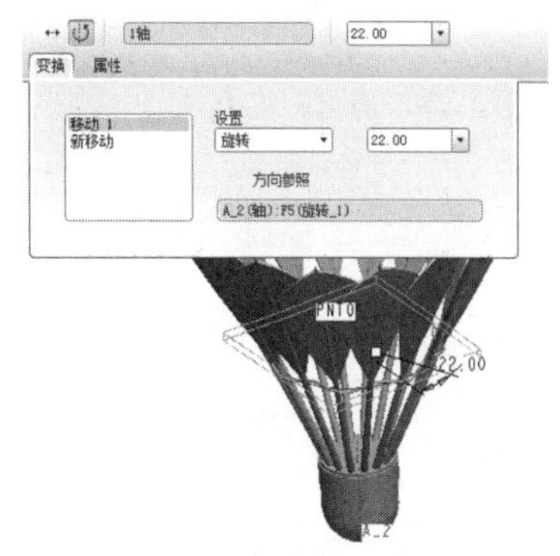

图 1-82　创建复制特征

㉖ 利用【平面】工具，以 FRONT 平面为参考，创建如图 1-83 所示的参考平面 DTM4。

㉗ 利用【点】工具，选择曲线 1 与 DTM4 为参考，创建新的基准点，如图 1-84 所示。

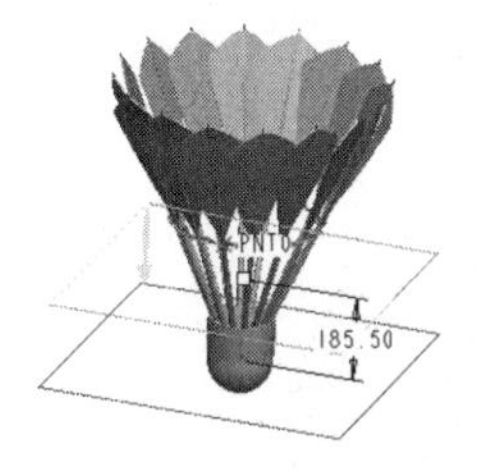

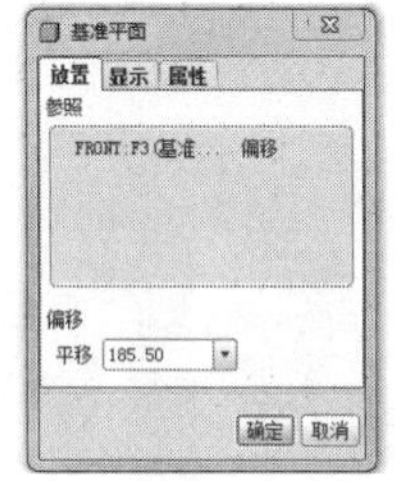

图 1-83　创建参考平面 DTM4

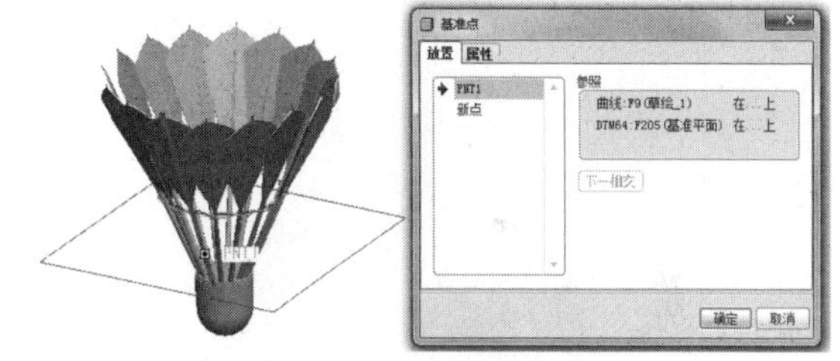

图 1-84　创建新基准点

㉘ 利用【草绘】工具，在 DTM4 基准平面上草绘如图 1-85 所示的曲线，曲线须过上一步创建的点。

㉙ 利用【可变截面扫描】工具，打开操控面板。选择扫描轨迹，如图 1-86 所示。

图 1-85　草绘曲线

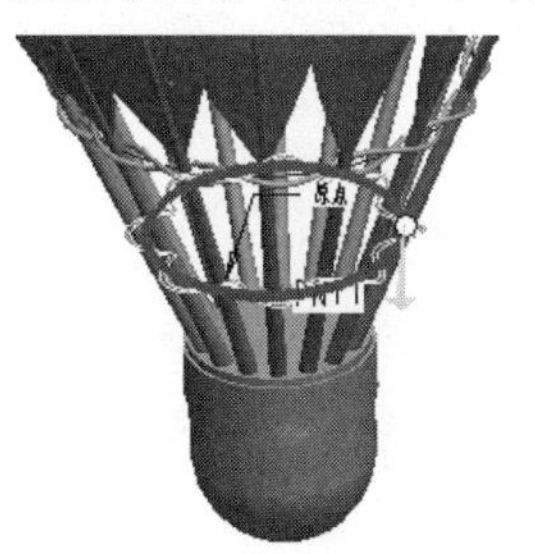

图 1-86　选择扫描轨迹

㉚ 进入草绘模式，绘制如图 1-87 所示的截面。然后为相关尺寸添加关系式，如图 1-88 所示。

㉛ 退出草绘模式后，单击操控面板中的【应用】按钮完成可变截面扫描特征的创建，如图 1-89 所示。

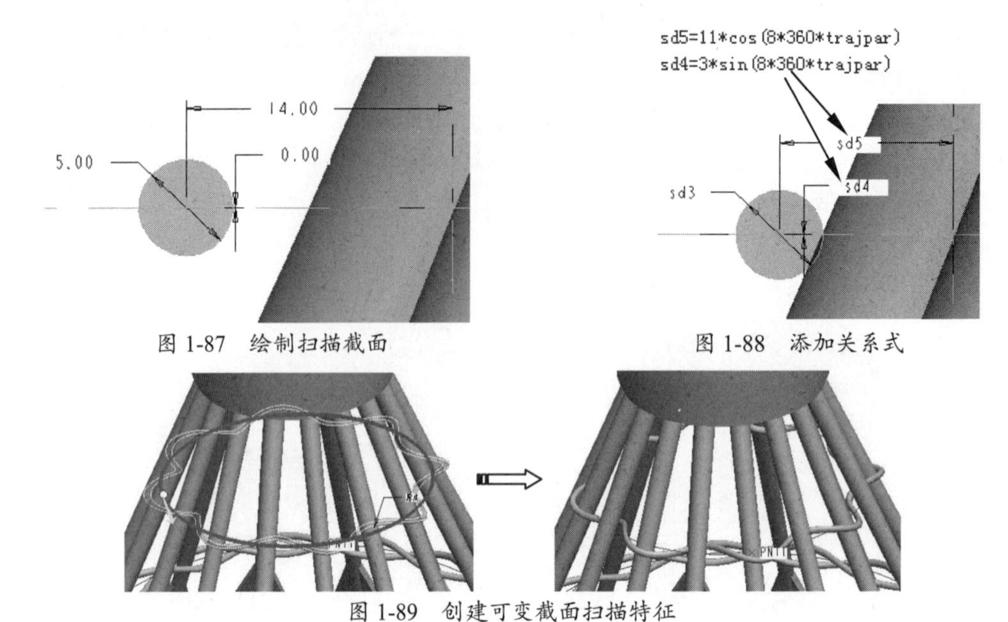

图 1-87　绘制扫描截面　　　　图 1-88　添加关系式

图 1-89　创建可变截面扫描特征

㉜ 同理，按照步骤 24、25 的复制、选择性粘贴方法，对上一步所创建的可变截面扫描特征进行旋转复制，结果如图 1-90 所示。

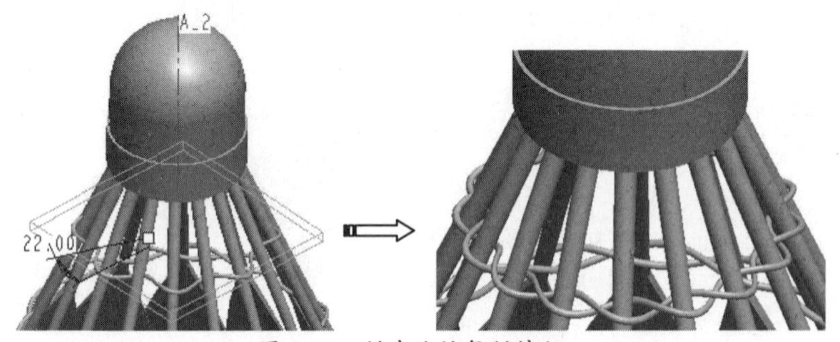

图 1-90　创建旋转复制特征

㉝ 至此，完成了羽毛球的造型设计。

CHAPTER 2

草图绘制与编辑

本章导读

Pro/E 的多数特征是通过草绘平面建立的，本章将详细介绍草绘的基本操作。有两种方法可以进入草绘界面，一是在创建零件特征时定义一个草绘平面，二是直接草绘。事实上，前者首先在内存中建立草绘，然后把它包含在特征中，而后者直接建立草绘文件，并将它保存在硬盘上，在创建特征时可直接调用该文件。

知识要点

- ☑ 草绘概述
- ☑ 基本图元的绘制
- ☑ 草绘图形编辑
- ☑ 尺寸标注
- ☑ 图元的约束

扫码看视频

2.1 草绘概述

在 Pro/E 草绘模块中，用户可以创建特征的截面草图、轨迹线、草绘的基准曲线等。该部分的内容是创建特征的基础。

2.1.1 Pro/E 草绘环境中的术语

下面列出了 Pro/E 软件草绘中经常使用的术语。

- 图元：指截面几何的任何元素，如直线、圆弧、圆、样条线、点或坐标系等。
- 参照图元：指创建特征截面或轨迹时，所参照的图元。
- 尺寸：图元之间关系的量度。
- 约束：定义图元几何或图元间关系的条件。约束定义后，其约束符号会出现在被约束的图元旁边。例如，可以约束两条直线垂直，完成约束后，垂直的直线旁边会出现一个垂直约束符号。
- 参数：草绘中的辅助元素。
- 关系：关联尺寸和/或参数的等式。例如，可使用一个关系将一条直线的长度设置为另一条直线的两倍。
- 弱尺寸或弱约束："弱"尺寸或"弱"约束是由软件自动建立的尺寸或约束，在没有用户确认的情况下软件可以自动删除它们。用户在增加尺寸时，可以在没有任何确认的情况下删除多余的弱尺寸或弱约束。弱尺寸和弱约束以灰色显现。
- 强尺寸或强约束：是指软件不能自动删除的尺寸或约束。由用户创建的尺寸和约束总是强尺寸和强约束。如果几个强尺寸或强约束发生冲突，则会要求删除其中几个。强尺寸和强约束以较深的颜色显现。
- 冲突：两个或多个强尺寸或强约束产生矛盾或多余条件。出现这种情况时，必须删除一个不需要的约束或尺寸。

2.1.2 草绘环境的进入

进入模型截面草绘环境的操作方法如下：

① 单击【新建】按钮，弹出如图 2-1 所示的【新建】对话框。

② 在该对话框中选择【草绘】类型。

③ 在【名称】文本框中输入草图名，如 s1。

④ 单击【确定】按钮即可进入草绘环境。

技巧点拨

还有一种进入草绘环境的方法，就是使用特征命令进入草绘环境，在创建某些特征时，如拉伸特征，系统会出现操控面板，在操控面板中单击"草绘"按钮，也可进入草绘环境。

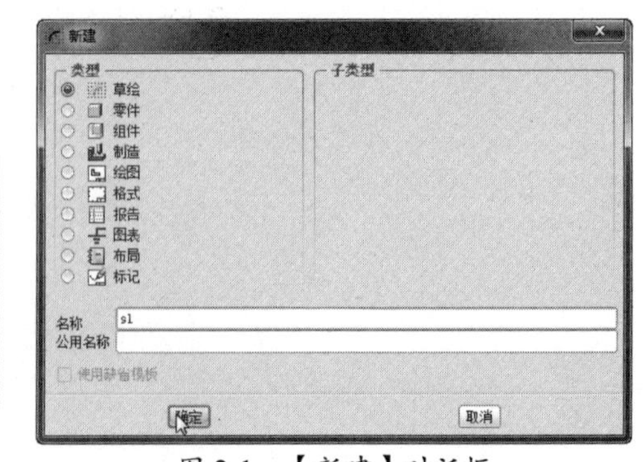

图 2-1 【新建】对话框

2.1.3 草绘环境中的工具栏图标

进入草绘环境后，会出现草绘时所需要的各种工具图标，其中常用工具图标如图 2-2、图 2-3 所示。

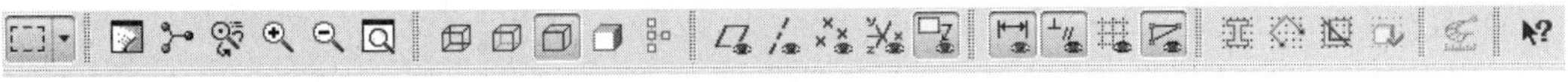

图 2-2 常用工具

1. 草绘下拉菜单

草绘下拉菜单是草绘环境中的主要菜单，如图 2-4 所示，它的功能主要包括草图的绘制、标注、添加约束和关系等。单击该下拉菜单，即可弹出其中的命令，绝大部分命令都以快捷图标方式出现在屏幕的工具栏中。

2. 编辑下拉菜单

编辑下拉菜单是在草绘环境中对草图进行编辑的菜单，如图 2-5 所示。单击该下拉菜单，即可弹出其中的命令，绝大部分命令以快捷图标方式出现在屏幕的工具栏中。

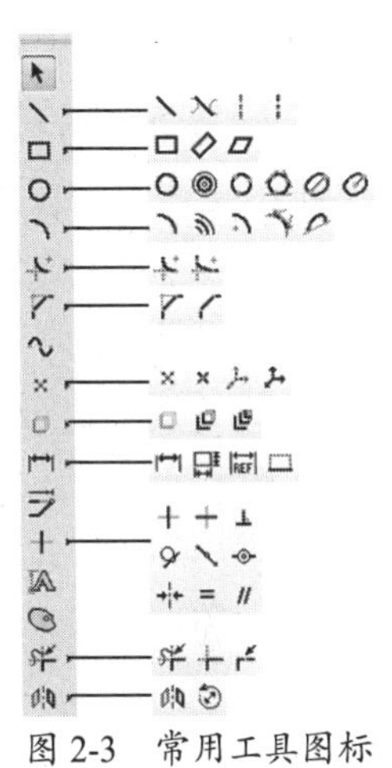

图 2-3 常用工具图标

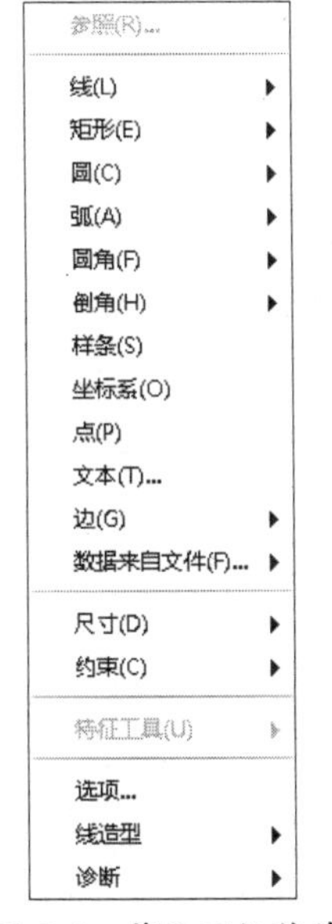

图 2-4 草绘下拉菜单

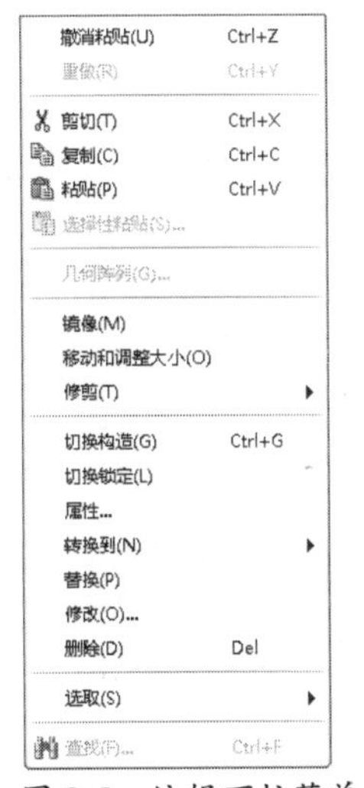

图 2-5 编辑下拉菜单

2.1.4 草绘前的必要设置和草图区的调整

根据模型的大小，可设置草绘环境中的网格大小。

在菜单栏中选择【草绘】|【选项】命令，弹出【草绘器首选项】对话框，如图 2-6 所示。

单击其中的【参数】标签，在【栅格间距】下拉列表中选择【手动】选项，在【X】和【Y】文本框中输入间距值，单击【确定】按钮，结束网格设置。

技巧点拨

Pro/E 软件支持笛卡尔坐标和极坐标网格。当第一次进入草绘环境时，系统显示笛卡尔坐标网格。通过【草绘器首选项】对话框，可以修改网格间距和角度。当第一次开始草绘时（创建任何几何形状之前），使用网格命令可以控制截面的近似尺寸。其中，*X* 间距仅设置 *X* 方向的间距，*Y* 间距仅设置 *Y* 方向的间距，角度设置的是相对于 *X* 轴的网格线的角度。

1. 设置优先约束命令

单击【草绘器首选项】对话框中的【约束】选项卡，可以设置草绘环境中的优先约束命令，如图 2-7 所示。通过这样的设置，才可以自动创建有关的约束。

图 2-6 【草绘器首选项】对话框

2. 设置优先显示

单击【草绘器首选项】对话框中的【其他】选项卡，可以设置草绘环境中的优先显示项目，如图 2-8 所示，通过这样的设置，可自动显示草绘几何的尺寸、约束符号、顶点等项目。

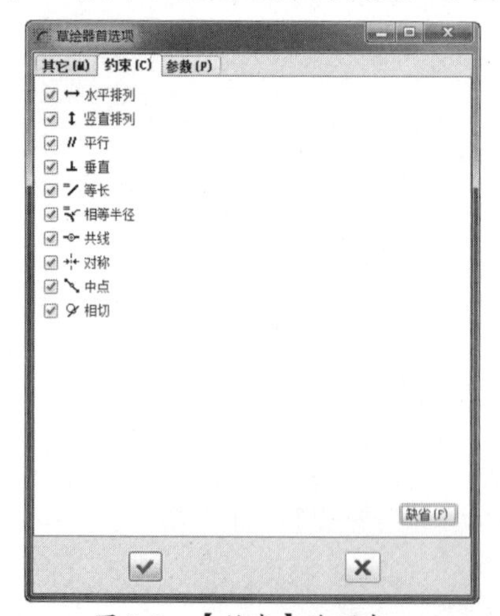

图 2-7 【约束】选项卡

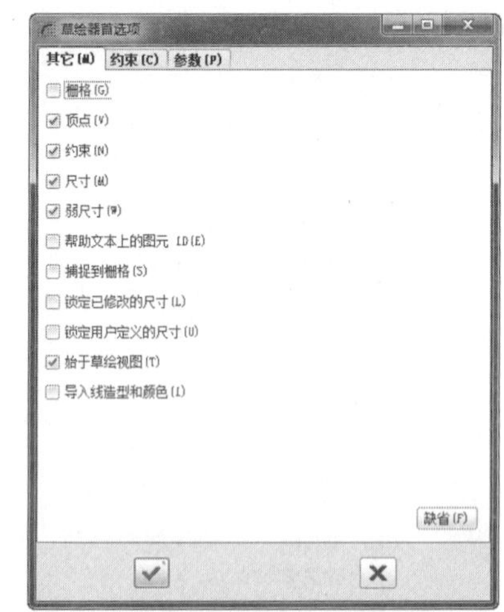

图 2-8 【其他】选项卡

提示

如果选择了【捕捉到栅格】复选框，前面已设置好的网格就会起到捕捉定位的作用。

3. 草绘区的快速调整

在图形区上方的【草绘器】工具栏上单击【网格显示】按钮，如果看不到网格，或者网格太密，可以缩放草绘区；如果想调整草绘区的上下、左右的位置，可以移动草绘区。下面介绍操作方法。

- 中键滚轮（缩放草绘区）：滚动鼠标中键滚轮，向前滚可看到图形在缩小；往后滚可看到图形在变大。
- 按住中键（移动草绘区）：按住鼠标中键，移动鼠标，可看到图形跟着鼠标移动。

提示

草绘区的调整不会改变图形的实际大小和空间实际位置，它的作用是方便用户查看和操作图形。

2.2 基本图元的绘制

在大多数情况下，使用【目的管理器】来绘制二维图形，操作简便、设计效率高。在绘图时，能动态地标注尺寸和约束。同时，在用户更改了图元的参数信息后，能够自动再生图元。

2.2.1 绘制点和坐标系

在菜单栏中选择【草绘】|【点】命令，或在右工具栏中单击【点】按钮，可以选中点工具，如图 2-9 所示。

在菜单栏中选择【草绘】|【坐标系】命令，或单击【坐标系】按钮，则能创建参照坐标系，坐标系主要在三维建模时作为公共参照使用。在图 2-10 中创建了两个点和一个参照坐标系。

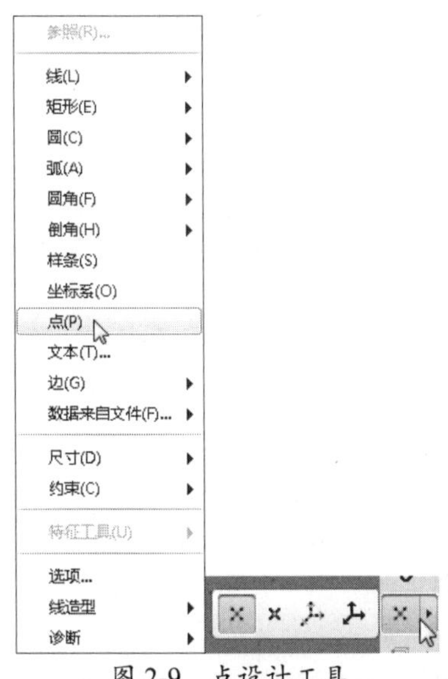

图 2-9 点设计工具

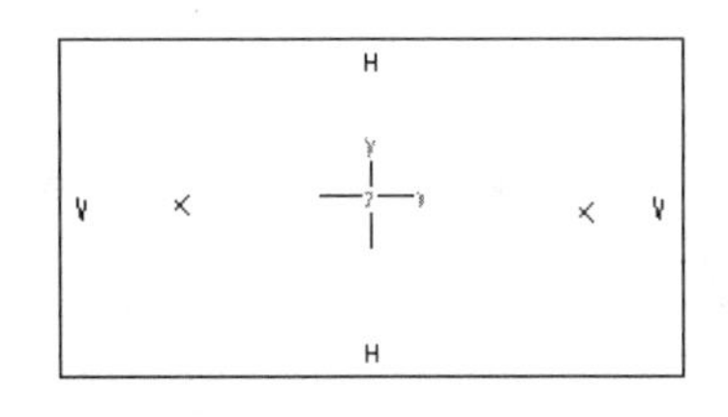

图 2-10 创建点和参照坐标系

技巧点拨

大多数绘制工具都可以通过两种方法来选中：

- 在【草绘】菜单中选取相应的工具。
- 在右工具栏中选取相应的工具按钮。

2.2.2 绘制直线

在菜单栏中选择【草绘】|【线】命令，或在右工具栏中单击绘制线的工具按钮，即可绘制直线，如图 2-11 所示。

可以使用以下 4 种方法绘制直线。

- 通过两点绘制直线：在菜单栏中选择【草绘】|【线】|【线】命令或者单击【线】按钮，可以使用鼠标在设计工作区内任意选取两点来绘制一条直线。
- 绘制相切直线：在菜单栏中选择【草绘】|【线】|【直线相切】命令或者单击【直线相切】按钮，选定两个图元后，自动创建与这两个图元都相切的直线。
- 绘制中心线：在菜单栏中选择【草绘】|【线】|【中心线】命令或者单击【中心线】

按钮，可以经过两点绘制中心线。中心线一般用作剖面或模型的旋转中心和对称中心。

- 绘制几何中心线：在菜单栏中选择【草绘】|【线】|【中心线相切】命令，或者单击【几何中心线】按钮，然后选定两个图元，可以创建与这两个图元相切的中心线。

在绘制直线时，单击鼠标左键确定直线所通过的点，单击鼠标中键能结束本次直线的绘制，并可以继续绘制下一条直线。重复单击鼠标中键则退出直线工具。

如图 2-12 所示是通过以上 4 种方法绘制的直线。

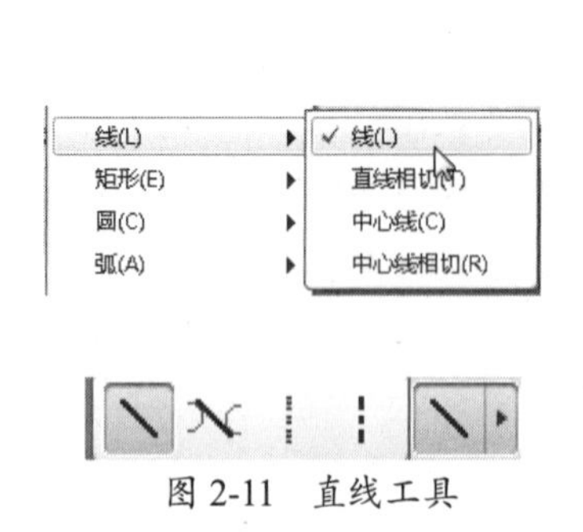

图 2-11 直线工具

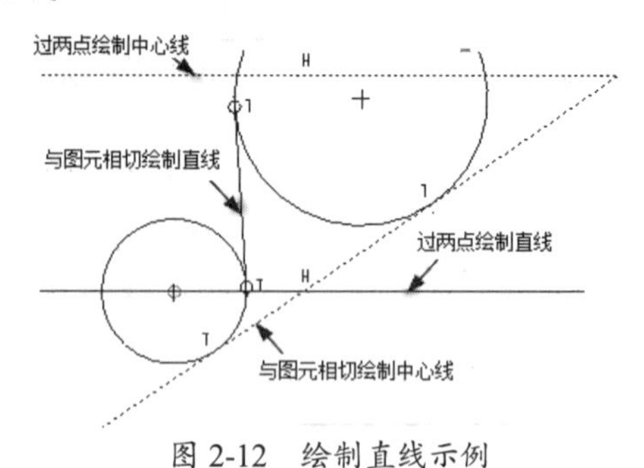

图 2-12 绘制直线示例

2.2.3 绘制圆

在菜单栏中选择【草绘】|【圆】命令，或在右工具栏中单击绘制圆的工具按钮，都可以选中画圆工具，如图 2-13 所示。

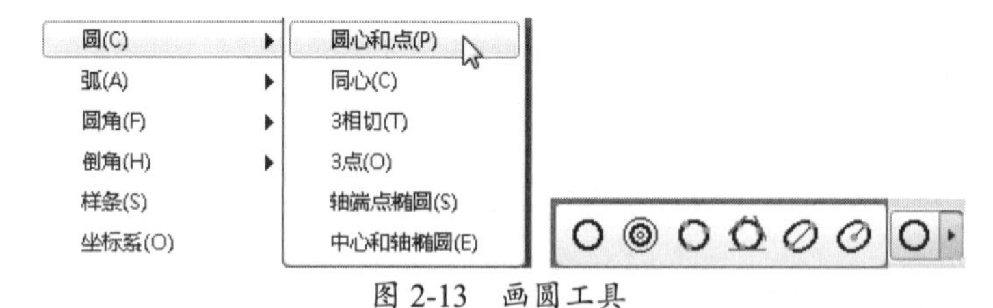

图 2-13 画圆工具

可以使用以下 6 种方法绘制圆：

- 过圆心和圆上一点画圆：在菜单栏中选择【草绘】|【圆】|【圆心和点】命令或者单击【圆心和点】按钮，单击鼠标左键确定一点作为圆心，拖动鼠标到适当位置（在拖动过程中按不按下鼠标左键均可）再次单击鼠标左键确定圆上一点，完成圆的创建。
- 绘制同心圆：在菜单栏中选择【草绘】|【圆】|【同心】命令或者单击【同心】按钮，在已知圆的圆弧或圆心处单击鼠标左键，拖动鼠标到适当位置再次单击鼠标左键，即可创建一个与该圆或圆弧同心的圆，单击鼠标中键结束圆的创建。
- 绘制与 3 个对象相切的圆：在菜单栏中选择【草绘】|【圆】|【3 相切】命令或者单击【3 相切】按钮，依次选取 3 个参考图元，创建与这 3 个图元均相切的圆。
- 绘制过 3 点的圆：在菜单栏中选择【草绘】|【圆】|【3 点】命令或者单击【3 点】按钮，依次用鼠标单击选取 3 个点，即可创建经过这 3 个点的圆。
- 绘制椭圆：在菜单栏中选择【草绘】|【圆】|【轴端点椭圆】命令或者单击【轴端点椭圆】按钮，使用鼠标左键选择一点作为椭圆的中心，然后拖动鼠标适当地调节椭圆的长轴和短轴长度，即可完成椭圆的创建。

提示

需要说明的是，在草绘状态下绘制的椭圆以 X 轴和 Y 轴来定位，其长轴和短轴只能位于 X 轴和 Y 轴上。

- 绘制中心和轴椭圆：在菜单栏中选择【草绘】|【圆】|【中心和轴椭圆】命令或者单击【中心和轴椭圆】按钮，先确定椭圆的中心，然后分别确定椭圆长轴和短轴的端点，进而得到椭圆。

如图 2-14 所示的是用各种方法绘制的圆和椭圆。

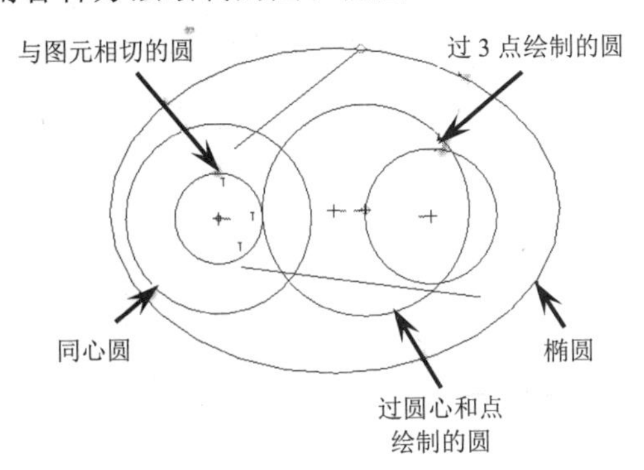

图 2-14 绘制各种圆

2.2.4 绘制圆弧

在菜单栏中选择【草绘】|【弧】命令或在右工具栏中单击【弧】按钮，都可以选中圆弧绘制工具，如图 2-15 所示。

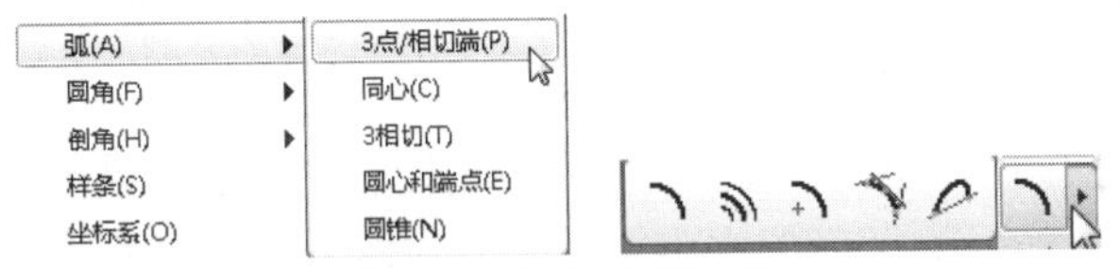

图 2-15 圆弧绘制工具

可以使用以下 5 种方法绘制圆弧。

- 绘制过 3 点或在端点相切于图元的圆弧：在菜单栏中选择【草绘】|【弧】|【3 点/相切端】命令或者单击【3 点/相切端】按钮，选取第一点作为圆弧的起点，选取第二点作为圆弧的终点，选取第三点作为圆弧上一点即可绘制通过这 3 点的圆弧。

技巧点拨

如果起点和终点选择在图元上，通过选择适当的第三点可以创建与该图元相切的圆弧。

- 绘制同心圆弧：在菜单栏中选择【草绘】|【弧】|【同心】命令或者单击【同心】按钮，首先在已知圆或圆弧上选取一点，将显示一个与该圆或圆弧同心的虚线圆，移动鼠标确定圆弧的半径，然后在该虚线圆上选择两点截取一段圆弧即可。
- 绘制与 3 个图元相切的圆弧：在菜单栏中选择【草绘】|【弧】|【3 相切】命令或者单击【3 相切】按钮，首先选取第一个图元，其上将放置圆弧的起点，然后选取第二个图元，其上将放置圆弧的终点，最后选取第三个图元，将创建与这 3 个图元均相切的圆弧。
- 使用圆心和端点画弧：在菜单栏中选择【草绘】|【弧】|【圆心和端点】命令或单击【圆心和端点】按钮，首先选取一点，将产生一个以该点为圆心的虚线圆，

移动鼠标调整圆的半径后，在虚线圆上选取两点来截取一段圆弧。

- 创建锥圆弧：在菜单栏中选择【草绘】|【弧】|【圆锥】命令或单击【圆锥】按钮，先指定锥圆弧的第一个端点，再指定锥圆弧的第二个端点，用一条中心线将两端点连接起来，最后选取锥圆弧的一个肩点（锥圆弧上重要的控制点，位于圆弧的“肩”部），通过这 3 个点确定一段锥圆弧。

技巧点拨

在绘制图元时，若选择的参考图元并不理想，只要单击鼠标中键放弃此次选择，重新选取新的参考图元即可。

如图 2-16 所示是用以上 5 种方法创建的各种圆弧。

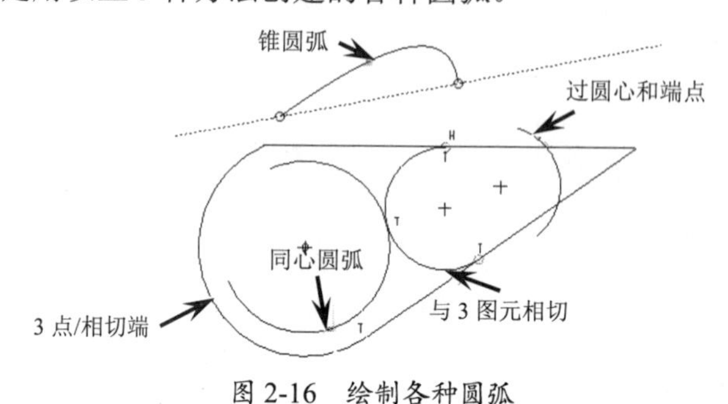

图 2-16 绘制各种圆弧

2.2.5 绘制矩形

在菜单栏中选择【草绘】|【矩形】命令或在右工具栏中单击【矩形】按钮，都能选中矩形绘制工具，如图 2-17 所示。

矩形的创建方法很简单，选中矩形工具后，在工作区任意位置单击鼠标左键确定矩形的一个对角点，再移动鼠标调整矩形的大小，在合适的位置单击鼠标左键即可，该点即为矩形的第二个对角点，如图 2-18 所示。

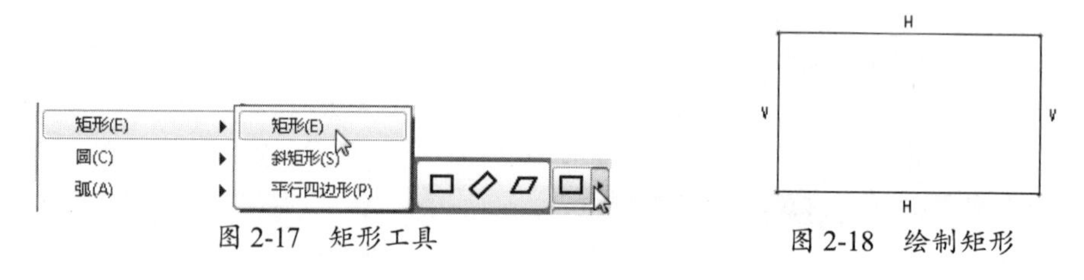

图 2-17 矩形工具

图 2-18 绘制矩形

2.2.6 绘制圆角

在菜单栏中选择【草绘】|【圆角】命令或在右工具栏中单击【圆角】按钮，都能选中圆角绘制工具，如图 2-19 所示。

使用圆角工具能绘制出两种样式的圆角。

- 创建圆形圆角：在菜单栏中选择【草绘】|【圆角】|【圆形】命令或者单击按钮，依次选取两个图元便能创建连接选定图元的圆角。
- 创建椭圆形圆角：在菜单栏中选择【草绘】|【圆角】|【椭圆形】命令或者单击按钮，依次选取两个图元便能创建连接选定图元的椭圆角。

除了不能在平行的两个图元间创建圆角，其他的图元之间都可以创建圆角。在创建圆角时，会通过选取图元时用鼠标在其上的单击位置来确定圆角的大小，如图 2-20 所示。

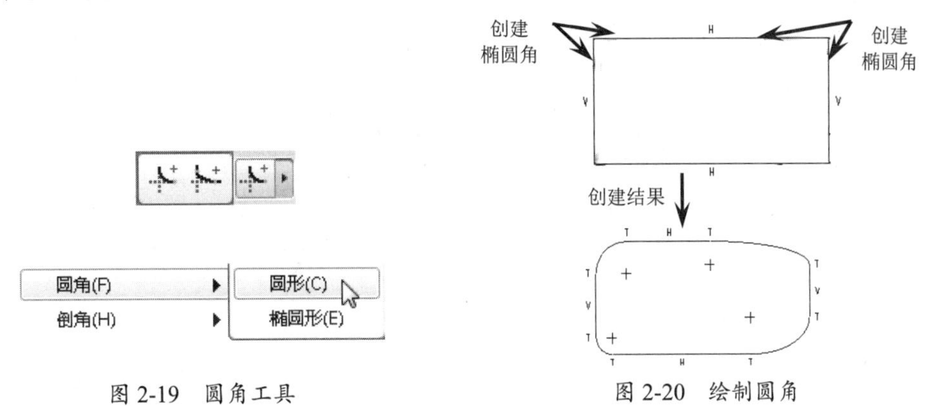

图 2-19 圆角工具

图 2-20 绘制圆角

2.2.7 绘制样条曲线

在菜单栏中选择【草绘】|【样条】命令或在右工具栏中单击【样条】按钮，都能选中样条曲线绘制工具，如图 2-21 所示。

在选中绘制样条曲线的工具后，先在工作区内确定样条曲线的起点，然后移动鼠标，在适当位置单击鼠标确定样条曲线经过的第二点，再根据需要来确定第三点以及更多点，直到绘制出符合要求的样条曲线为止，如图 2-22 所示。鼠标单击的点为样条曲线的控制点。

技巧点拨

绘制完成的样条曲线并不是一成不变的，可以先绘制出样条曲线的大致形状，然后再根据需要拖动相应的控制点，从而达到修改样条曲线的目的。

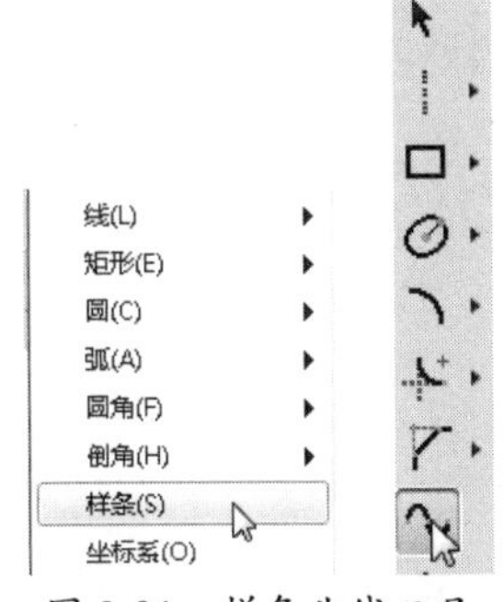

图 2-21 样条曲线工具

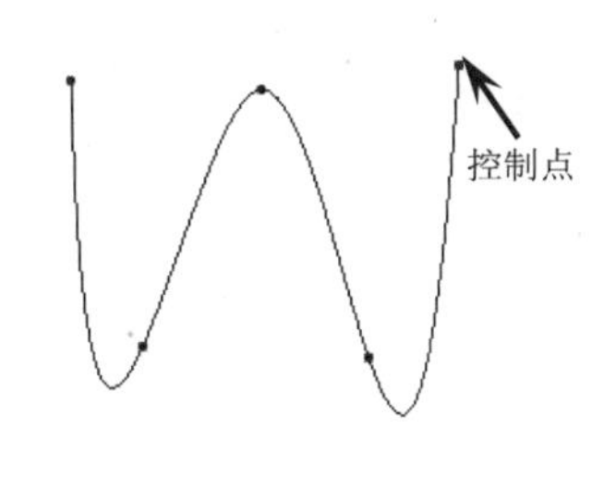

图 2-22 绘制样条曲线

2.2.8 创建文本

在菜单栏中选择【草绘】|【文本】命令或在右工具栏中单击【文本】按钮，都能选中文本创建工具，如图 2-23 所示。

选中文本创建工具后，会要求用户在工作区内指定两点并用一条直线将这两点连接起来，通过直线的方向及其长度判断所要创建文本的放置方向以及文字的高度。随后打开如图 2-24 所示的【文本】对话框来设置文本内容和样式。

【文本】对话框中各参数用途如下。

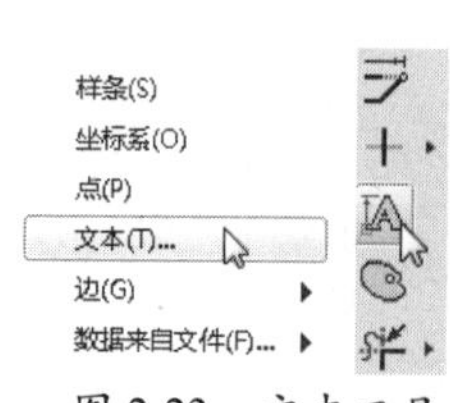

图 2-23 文本工具

图 2-24 【文本】对话框

1. 【文本行】分组框

在【文本行】分组框中设置以下两项内容。

- 文本框用于输入文本内容。
- 单击【文本符号】按钮，会弹出如图 2-25 所示的【文本符号】面板，选中欲添加到文本中的符号，即可将该符号添加到文本内容中。

图 2-25 【文本符号】面板

2. 【字体】分组框

【字体】分组框用于设置文本样式。

- 字体：从【字体】下拉列表中选取需要的字体。
- 位置：可以设置水平位置和垂直位置。
- 长宽比：通过滑动滑块或在【长宽比】文本框中输入比例值完成文字长宽比例的设置。
- 斜角：通过滑动滑块或在【斜角】文本框中输入角度值完成斜角的设置。当角度为正时，文字向顺时针方向倾斜；角度为负时，文字向逆时针方向倾斜。

3. 沿曲线放置文本

如果勾选【沿曲线放置】复选框，可以沿指定的曲线放置文本，单击 按钮将改变文本的放置侧。

如图 2-26 和图 2-27 所示是创建文本的示例。

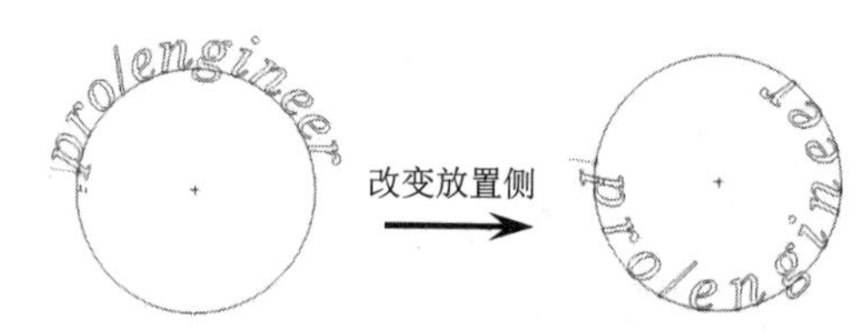

图 2-26 创建文本

图 2-27 沿曲线放置文本

技巧点拨

在完成以上参数的设置后，如果想修改文本内容和文字样式，可以先选中文本，再单击鼠标右键，在弹出的快捷菜单中选中【修改】选项，回到【文本】对话框进行参数的修改。

上机实践——编辑支架草图

本练习中所采用的绘制步骤，读者可以作为参考，并非要严格按照这样的绘制顺序。支架草图如图 2-28 所示。

① 启动 Pro/E，新建名为“zhijia”的草图文件，然后设置工作目录。

② 选择默认的草绘基准平面进入草绘模式。

③ 单击【创建两点中心线】按钮，依次草绘两条相互垂直的中心线，如图 2-29 所示。

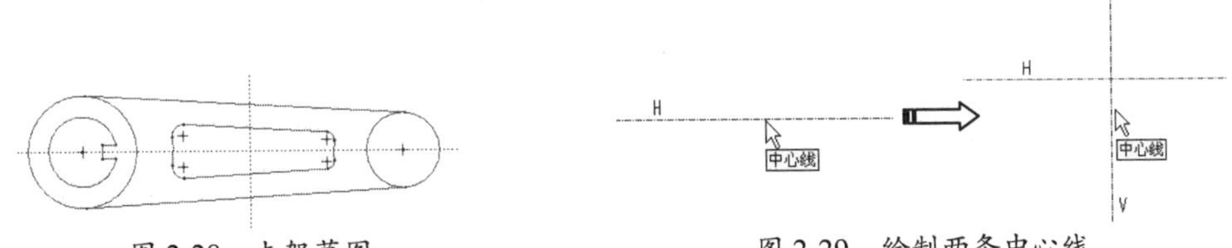

图 2-28 支架草图　　图 2-29 绘制两条中心线

④ 单击【圆心和点】按钮，将水平方向的中心线作为圆心的参考线，绘制两个大小不相等的圆，如图 2-30 所示。

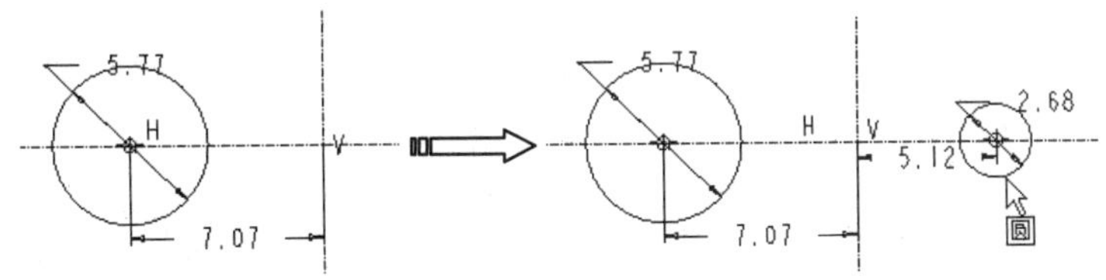

图 2-30 绘制两个圆

⑤ 双击程序自动标注的尺寸值，依次修改全部尺寸，进行初始定位，如图 2-31 所示。

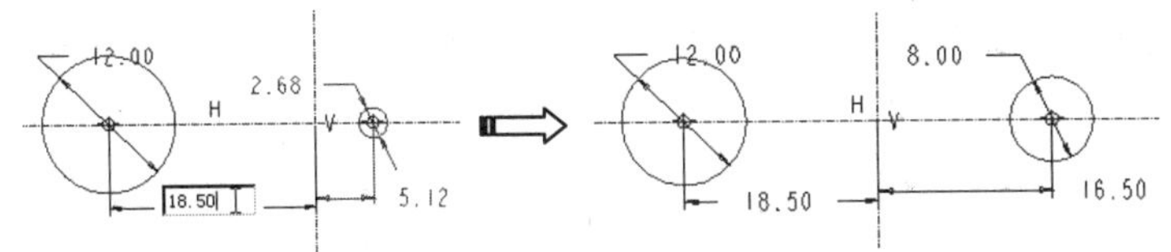

图 2-31 修改尺寸值

⑥ 单击【直线相切】按钮，依次选取两个圆的上半部分，绘制第一条相切线，然后依次选取两个圆的下半部分绘制第二条相切线，如图 2-32 所示。

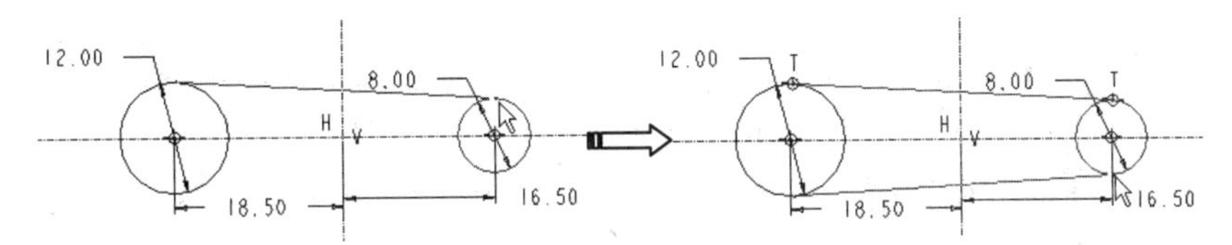

图 2-32 绘制相切线

⑦ 以刚才绘制的圆的圆心作为内轮廓圆的圆心再绘制两个圆，如图 2-33 所示。

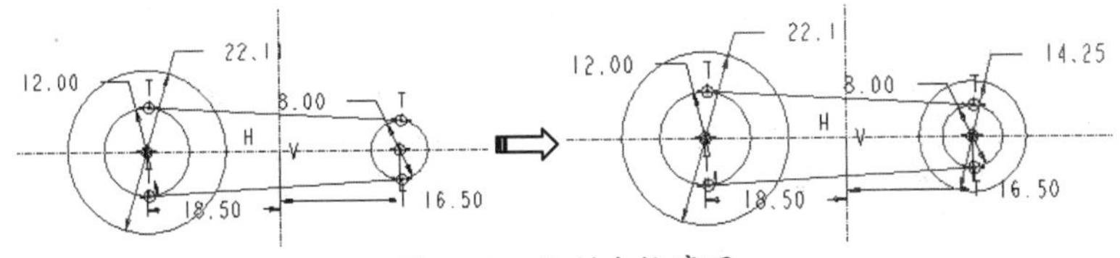

图 2-33 绘制内轮廓圆

⑧ 内轮廓圆绘制完成后，双击尺寸值，修改圆的大小，如图 2-34 所示。

⑨ 使用【直线】命令绘制两条与切线平行的直线，如图 2-35 所示。平行线的两个端点必须超出内轮廓圆或与其相交。

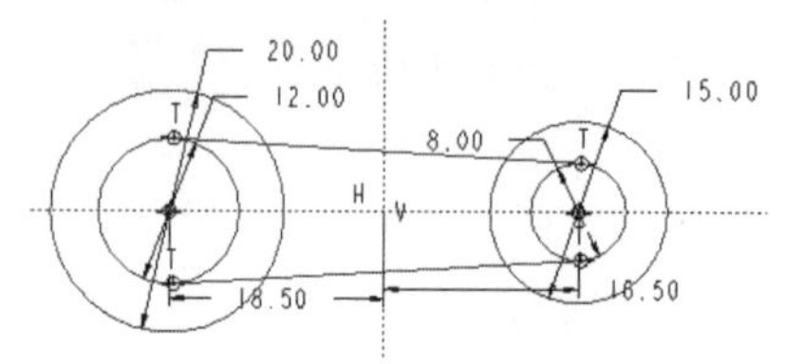

图 2-34 修改圆的大小

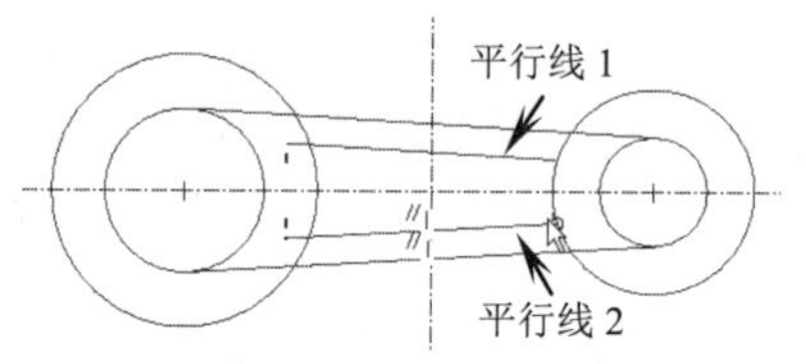

图 2-35 绘制平行线

⑩ 双击平行线尺寸，将其修改为 2.5，修改完成后按 Enter 键确认，如图 2-36 所示。

⑪ 单击【删除段】按钮，按住鼠标左键移动光标，在图形外部拖出一条轨迹线，如图 2-37 所示，轨迹线接触到的线段将加亮显示，释放鼠标左键后这些线段将被修剪。

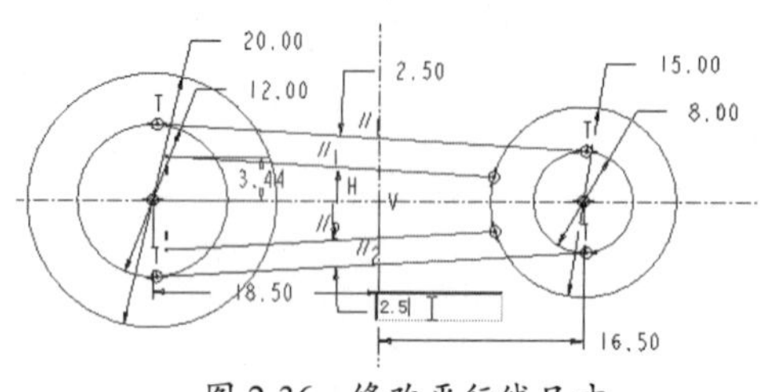

图 2-36 修改平行线尺寸

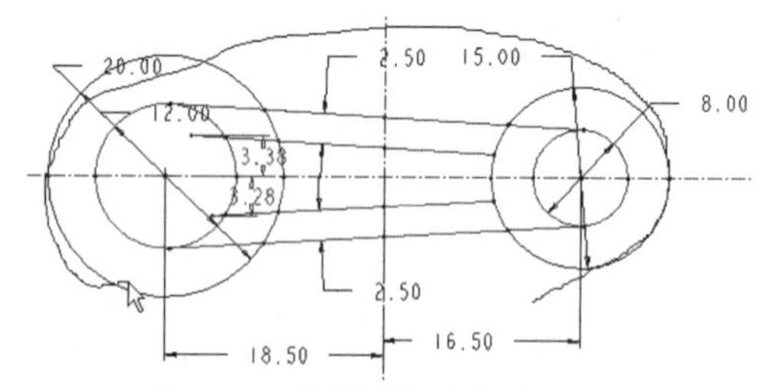

图 2-37 修剪外部多余线段

⑫ 使用同样的方法，将内部多余的线段修剪掉，如图 2-38 所示。

⑬ 单击【在两图元间创建一个圆角】按钮，在平行线与圆弧之间创建 4 个圆角，如图 2-39 所示。此时的圆角大小不需要精确，大致相等即可。

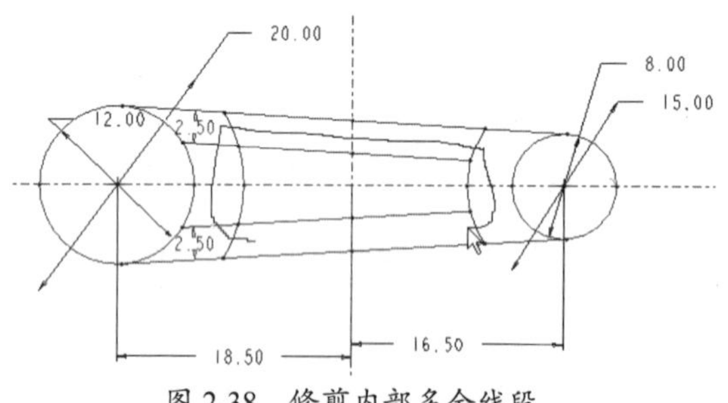

图 2-38 修剪内部多余线段

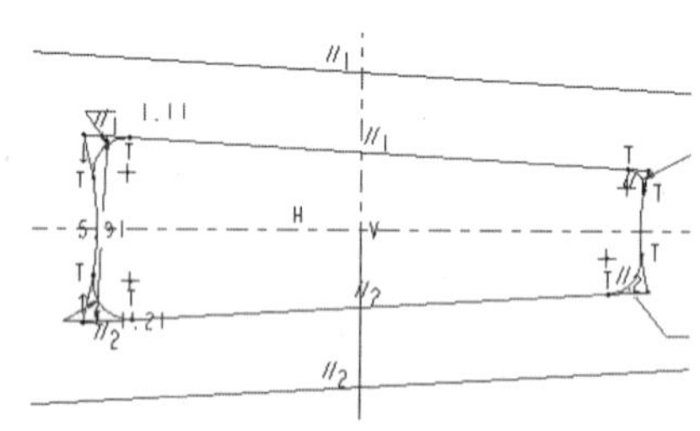

图 2-39 创建圆角

⑭ 在【约束】面板中单击【相等】按钮 = ，然后依次选取左侧的两个圆角，将其进行半径相等的约束，如图 2-40 所示。

⑮ 使用同样的方法，在内部轮廓上依次选取右侧的两个圆角进行等半径约束，如图 2-41 所示。

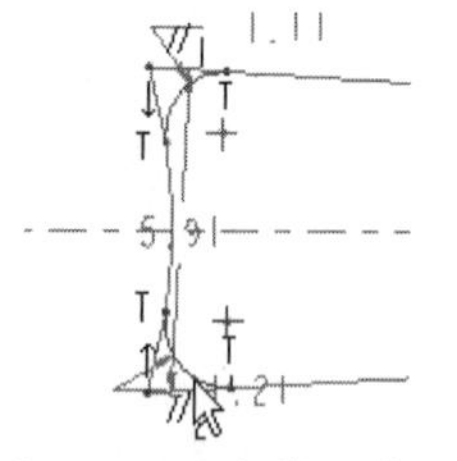

图 2-40 约束第一对圆角

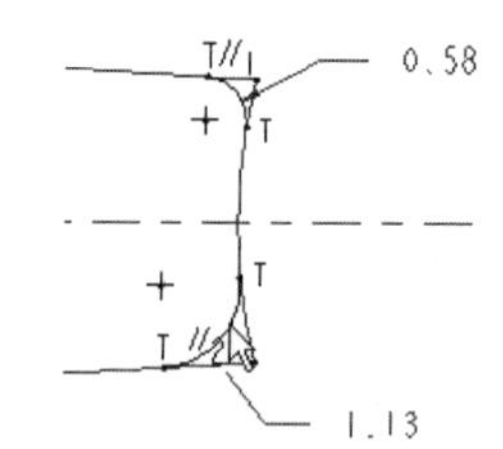

图 2-41 约束第二对圆角

⑯ 单击【删除段】按钮，按住左键移动光标，拖出一条轨迹线，修剪圆角处多余的线段，如图 2-42 所示。

⑰ 双击圆角的尺寸值，修改尺寸，左端圆角半径为“1.2”，右端半径为“0.8”，如图 2-43 所示。

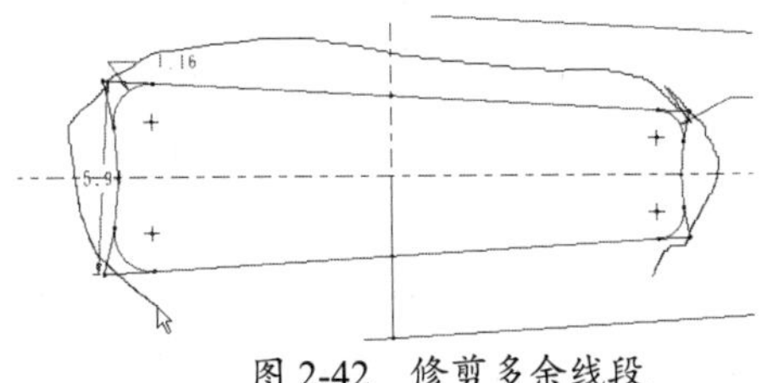

图 2-42　修剪多余线段

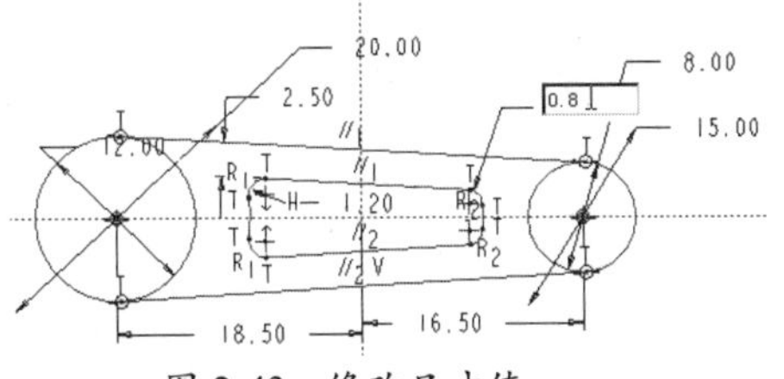

图 2-43　修改尺寸值

⑱ 在图形左端绘制一个圆，圆心与已有的圆的圆心重合，绘制完成后双击其尺寸值，输入尺寸值 7.5，输入完成后按 Enter 键重新生成，如图 2-44 所示。

⑲ 单击【矩形】按钮，在图形左侧绘制一个矩形，矩形的中心线与水平参照线重合，如图 2-45 所示。矩形绘制完成后，将矩形的左侧边与圆心进行尺寸标注，如图 2-46 所示。

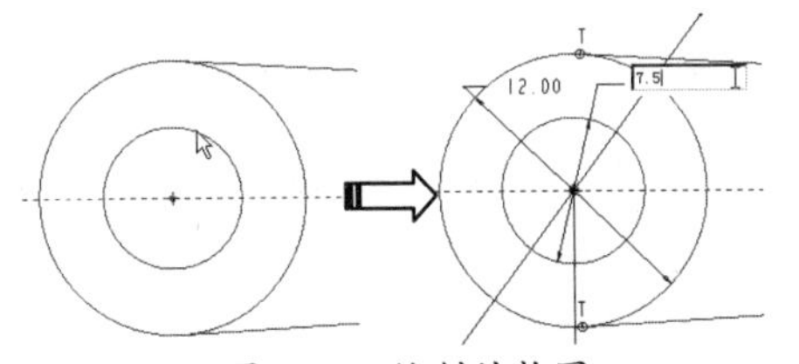

图 2-44　绘制结构圆

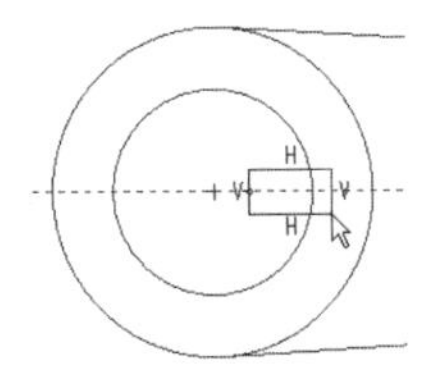

图 2-45　绘制矩形

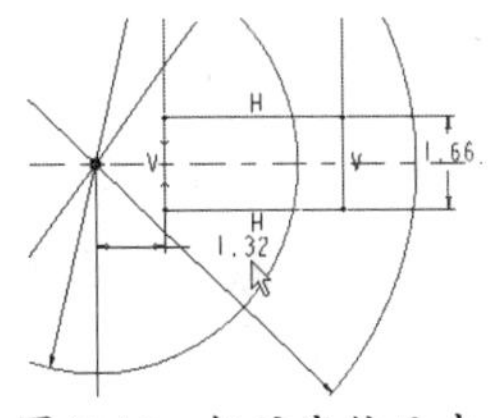

图 2-46　标注定位尺寸

⑳ 双击矩形的定位尺寸和轮廓尺寸，修改其尺寸值，如图 2-47 所示。其中矩形的长度方向尺寸不是关键尺寸，不需要修改。

㉑ 单击【删除段】按钮，按住鼠标左键移动光标，拖出一条轨迹线，修剪矩形中多余的部分，如图 2-48 所示。

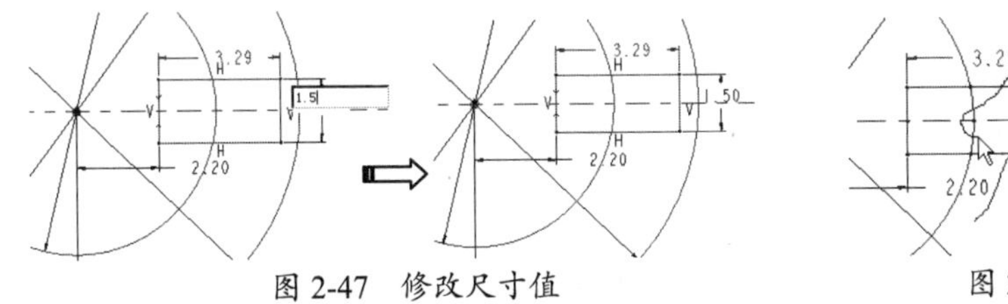

图 2-47　修改尺寸值

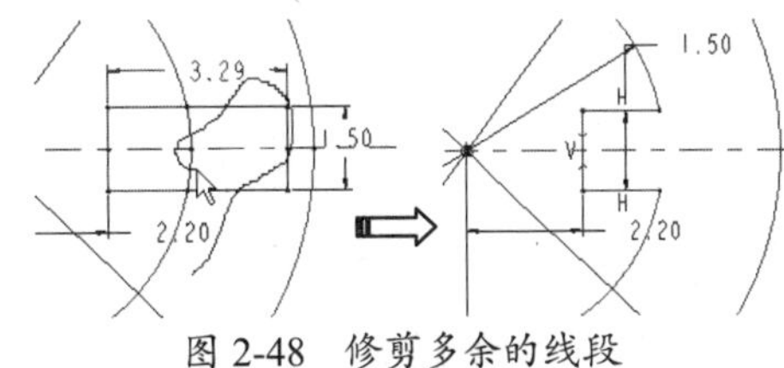

图 2-48　修剪多余的线段

㉒ 在【草绘器】工具栏中关闭尺寸和约束的显示，完成后的草图如图 2-49 所示。最后将结果保存在工作目录中。

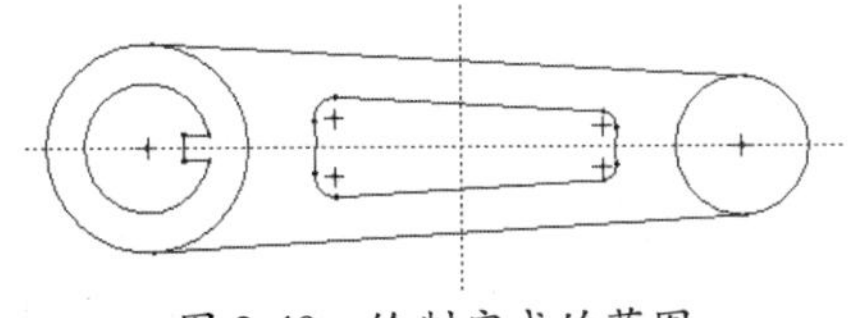

图 2-49　绘制完成的草图

2.3　草绘图形编辑

使用基本设计工具创建各种图元后，还需要使用图元编辑工具编辑图元。借助图元编辑工具可以提高设计效率，同时还可以对已经存在的图元进行修剪或拼接，以获得更加完整的二维图形。

2.3.1 选取操作对象图元

在编辑图元之前，必须首先选中要编辑的对象。Pro/E 提供了丰富的图元选取方法，可以根据需要选择使用。

最简单的图元选取方法是直接使用鼠标进行选择。首先在右工具栏中单击【选中】按钮，然后直接使用鼠标单击要选取的图元，被选中的图元将显示为红色。这种选择方式一次操作只能选中一个图元，效率较低。这时可以使用另一种高效的选择方法，使用鼠标在绘图区内画一个矩形框，可以选中所有整体位于矩形框内的图元，但如果某一图元仅有部分位于矩形框内，则不会被选中。

在菜单栏中选择【编辑】|【选取】命令，弹出如图 2-50 所示的下层菜单，这里提供了更加丰富的图元选择工具。

下面介绍这些选择工具的基本用法。

- 首选项：打开【首选项】对话框，配置基本参数。在二维模式下，这里的大部分配置参数不可更改。
- 依次：每次选中一个图元，相当于普通的选取方式。
- 链：选中首尾相接的一组图元。
- 所有几何：选中视图中的所有几何图元，但不包括尺寸和约束等非几何对象。
- 全部：选取视图中的全部内容。该命令包括几何图元、标注和约束等内容。

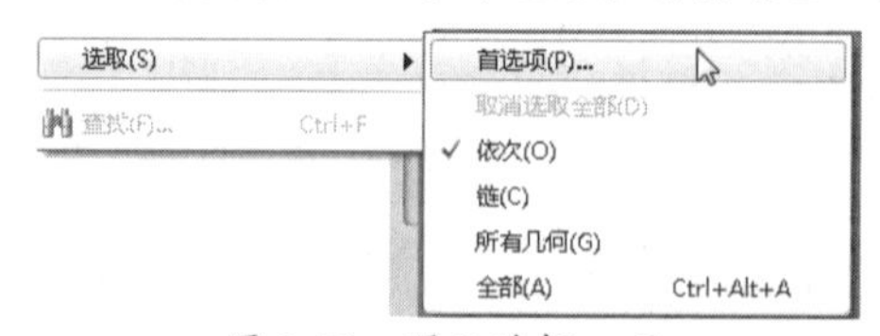

图 2-50 图元选择工具

2.3.2 图元的复制与镜像

当一个二维图形中包含多个形状且大小完全相同的图元时，怎样绘图才会更加简便？这时我们自然会想到复制的方法。下面介绍图元的复制和镜像操作。

1. 图元的复制

在菜单栏中选择【编辑】|【复制】|【粘贴】命令后在绘图区中复制，此时弹出如图 2-51 所示的【移动和调整大小】对话框，在该对话框中用户可对图元副本的大小和放置角度进行设置。而在工作区内出现一个带有虚线方框的图元副本。单击副本的旋转轴，移动鼠标即可将图元拖动到合适位置，再次单击鼠标放置图元。最后再单击【移动和调整大小】对话框中的【确定】按钮，完成复制工作。

提示

只有先在绘图区选中要复制的图元，复制工具才能被激活。

在对图元进行缩放和旋转时都需要指定一个旋转轴，在默认情况下，旋转轴位于虚线方框的几何中心处，单击旋转轴并拖动图形可以移动图形的位置。在旋转轴上单击鼠标右键，可以将旋转轴拖放到新的位置，如图 2-52 所示。

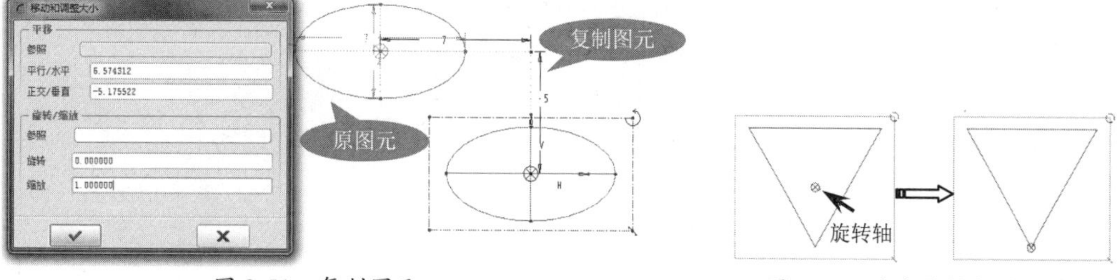

图 2-51　复制图元　　　　图 2-52　改变旋转轴的位置

除了通过设置【移动和调整大小】对话框的参数可以改变图元的大小和旋转角度，还可以通过拖动如图 2-53 和图 2-54 所示的缩放句柄和旋转句柄来缩放和旋转图形。

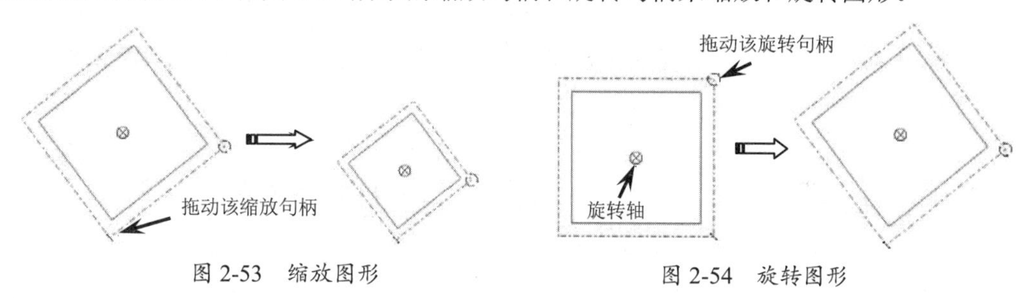

图 2-53　缩放图形　　　　图 2-54　旋转图形

2. 图元的镜像复制

镜像复制就如同照镜子，以镜面为基准在另一侧产生一个影像。镜像复制就是以用户所选的中心线为基准，在中心线的另一侧与源图元等距的位置产生一个与源图元完全一致的图元副本。

首先在绘图区选中镜像复制的图元，然后在菜单栏中选择【编辑】|【镜像】命令或在右工具栏中单击【镜像】按钮，弹出如图 2-55 所示的【选取】对话框来提示选取参照中心线，选取一条中心线后即可获得镜像结果，如图 2-56 所示。

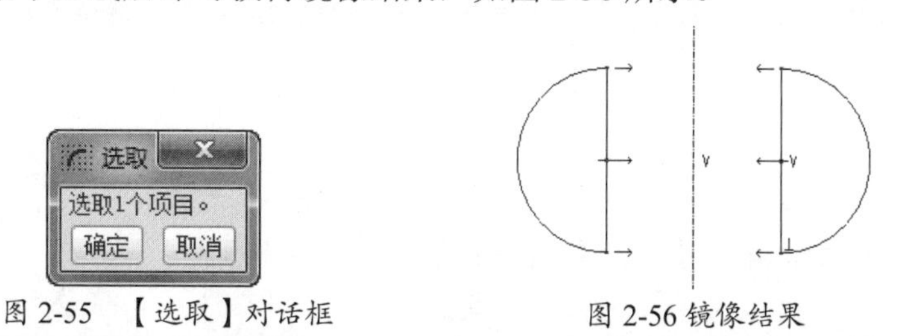

图 2-55　【选取】对话框　　　　图 2-56 镜像结果

提示

对于镜像复制的图元系统会自动为其标注上对称符号。

2.3.3　图元的缩放与旋转

在复制图元时打开【移动和调整大小】对话框，通过对其中的参数进行设置能完成图元的缩放与旋转操作，但并不是对选定的图元进行缩放与旋转，而是对其图元副本进行缩放与旋转。下面说明对选定图元进行缩放与旋转的方法。

使用以下两种方法都可以打开图元的缩放与旋转工具。

- 单击旁的按钮，在滑动工具栏中单击【缩放和旋转】按钮。
- 在菜单栏中选择【编辑】|【缩放和旋转】命令。

在选取了缩放和旋转工具后，会弹出【缩放旋转】对话框，设置相应的旋转角度和缩放比例参数即可，如图 2-57 所示。

与复制图元的操作类似，这里也可以通过拖动图形上的图柄来缩放和旋转图形，这样操作更加直观灵活，具体不再赘述。

图 2-57　缩放旋转结果

2.3.4　图元的修剪

修剪图元包括删除图元上选定的线段、将单一图元分割为多个图元，以及延长图元到指定参照等操作。在菜单栏中选择【编辑】|【修剪】|【删除段】命令或在右工具栏中单击【删除段】按钮，都可以选中图元修剪工具，如图 2-58 所示。

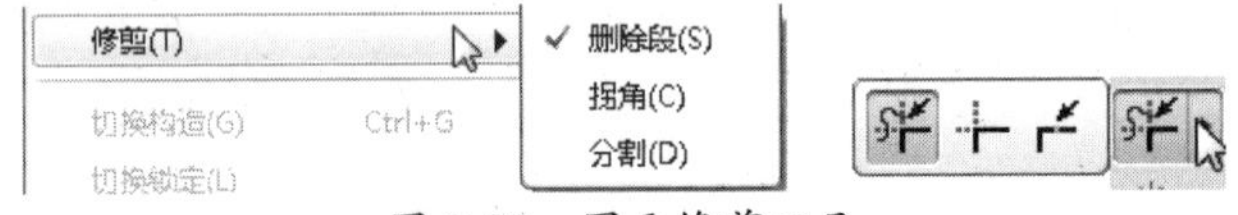

图 2-58　图元修剪工具

1. 删除段

删除图元段是指从一组图元中选择一部分并将其从视图中删除。依次在菜单栏中选择【编辑】|【修剪】|【删除段】命令或在右工具栏单击按钮都可以选中删除段工具。选中删除段工具后，根据提示单击选取要删除的图元，即可将其删除。如果需要删除的图元较多，可以按住鼠标左键，拖动鼠标画出一条曲线，与该曲线相交的图元都将被删除，如图 2-59 所示。

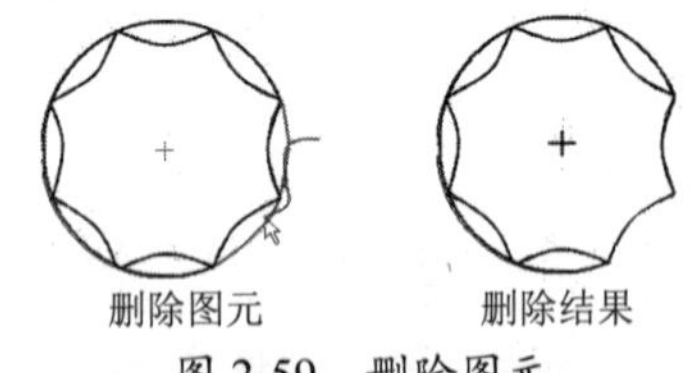

图 2-59　删除图元

技巧点拨

选取图元后，直接按键盘上的 Delete 键也可以删除图元。

2. 拐角

拐角操作是指裁剪或者延伸两个图元以获得顶角的形状。依次在菜单栏中选择【编辑】|【修剪】|【拐角】命令或在右工具栏中单击按钮，都可以选中图元拐角工具。

选取图元拐角工具后，根据提示选取两个图元，如果这两个图元已经相交，则以交点为界，删除选取位置另一侧的图元，如图 2-60 所示。

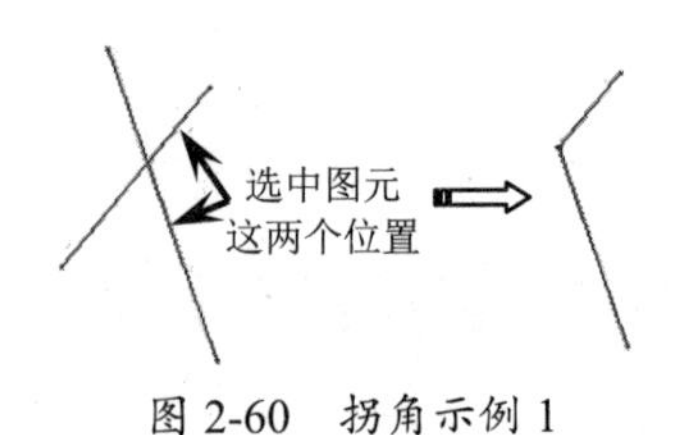

图 2-60　拐角示例 1

如果选中的拐角的两个图元并不相交，则会延长其中一个图元使之与另一图元相交后，再按照前述方法进行拐角操作，如图 2-61 所示。如果延长一个图元不能获得交点，则同时延长两个图元以获得交点，如图 2-62 所示。

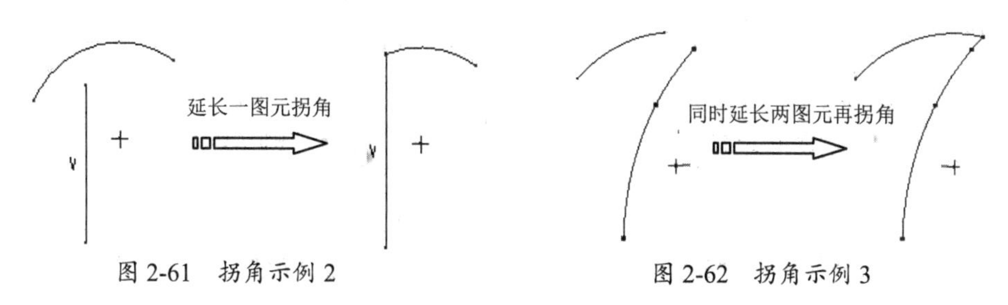

图 2-61 拐角示例 2　　　　图 2-62 拐角示例 3

3. 分割

有时并不需要对整个图元进行编辑操作，而是只编辑其中某一部分，例如删除图元的某一段，这时需要用到图元分割工具。使用分割的方法可以把一个图元分成多个段，以便分别对每段实施不同的操作。依次在菜单栏中选择【编辑】|【修剪】|【分割】命令或在右工具栏单击按钮，都能选中图元分割工具。

在选取需要分割的图元后，使用分割工具在图元上插入分割点即可。在如图 2-63 所示的圆弧上插入了 4 个分割点，将圆弧分为 5 段。

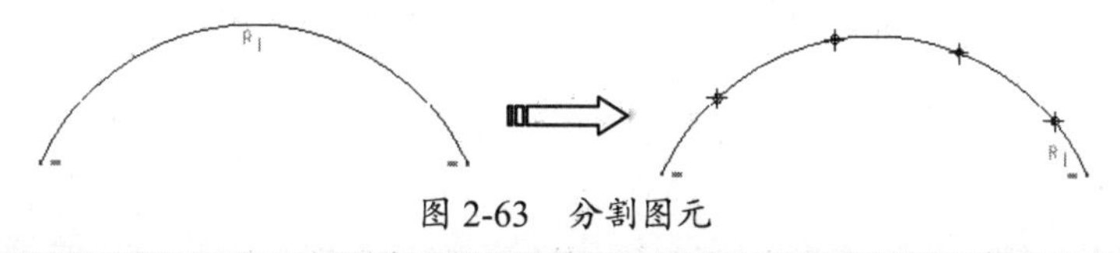

图 2-63 分割图元

提示

在实际设计中常常综合使用图元分割、图元拐角以及删除图元段等多种修剪工具来编辑图形。

上机实践——绘制吊钩草图

下面以吊钩的绘制为例，介绍二维图形的一般设计方法。

① 在菜单栏中选择【文件】|【新建】命令，打开【新建】对话框，新建名为“diaogou”的草绘文件。

② 在右工具栏中单击【中心线】按钮，绘制如图 2-64 所示的 3 条中心线。

③ 单击【圆心和点】按钮绘制 2 个同心圆，如图 2-65 所示。然后分别双击每个圆的弱尺寸并修改尺寸值，结果如图 2-66 所示。

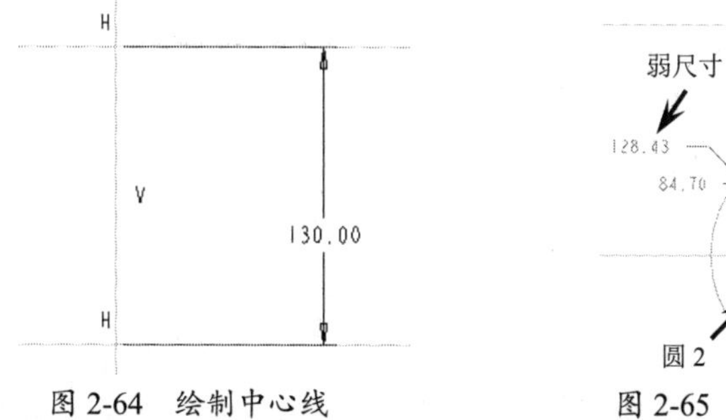

图 2-64 绘制中心线　　　　图 2-65 绘制 2 个同心圆

技巧点拨

对于强弱尺寸的显示，可以在菜单栏中选择【草绘】|【选项】命令，打开【草绘器首选项】对话框，然后勾选相关的设置选项即可。

④ 以上方的水平中心线为基准绘制如图 2-67 所示的矩形。

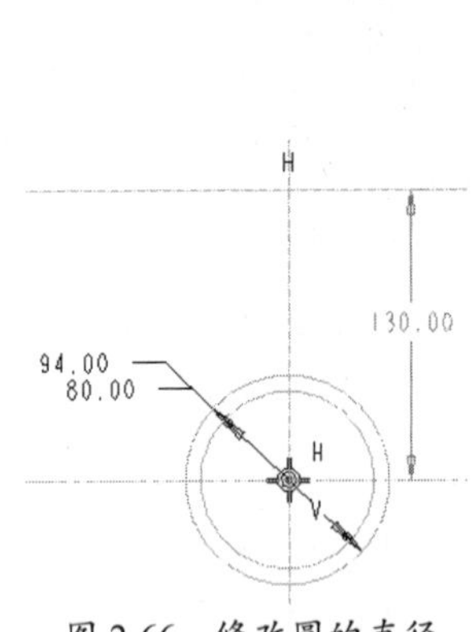

图 2-66　修改圆的直径

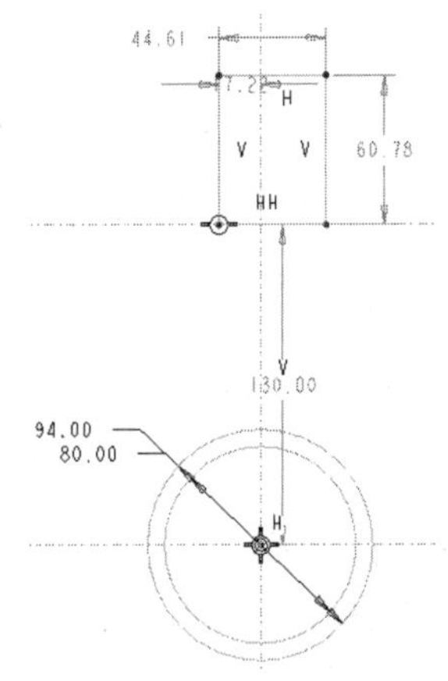

图 2-67　绘制矩形

⑤ 打开【约束】工具栏，单击【对称】按钮 ，为矩形的两条竖直边添加对称约束，然后修改弱尺寸，结果如图 2-68 所示。

⑥ 绘制一条向左倾斜且过圆心的中心线，修改其倾斜角度，结果如图 2-69 所示。

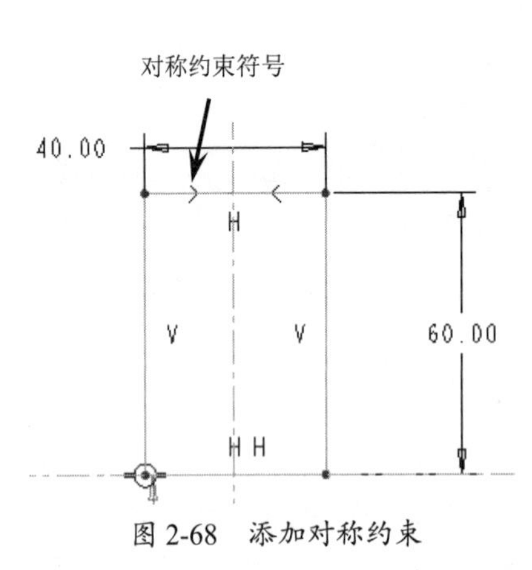

图 2-68　添加对称约束

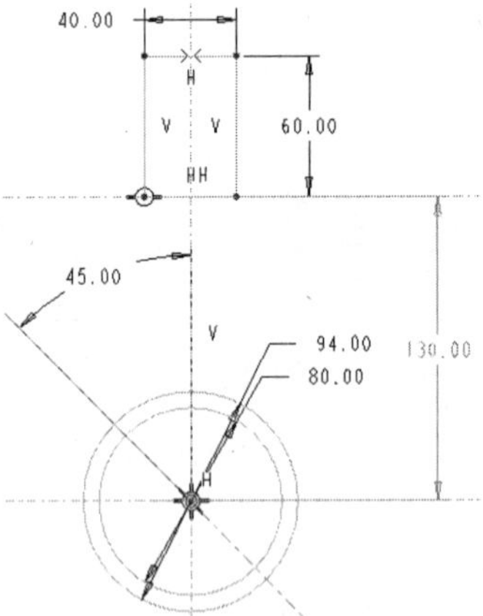

图 2-69　绘制中心线

⑦ 在该中心线右下方选取一点为圆心，绘制如图 2-70 所示的直径为 180 的圆。

⑧ 接着再绘制该圆的一个同心圆，如图 2-71 所示。然后修改同心圆尺寸，如图 2-72 所示。

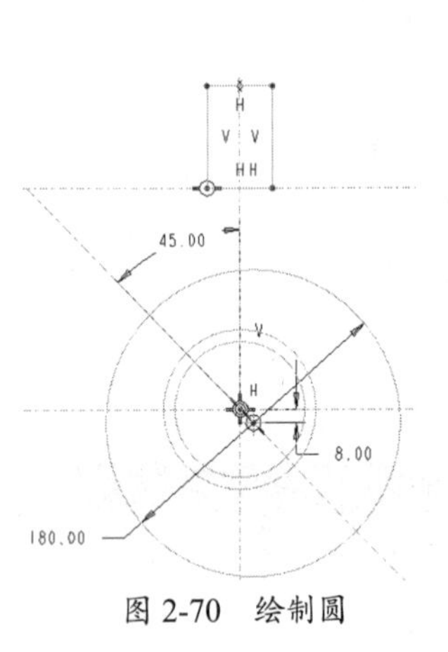

图 2-70　绘制圆

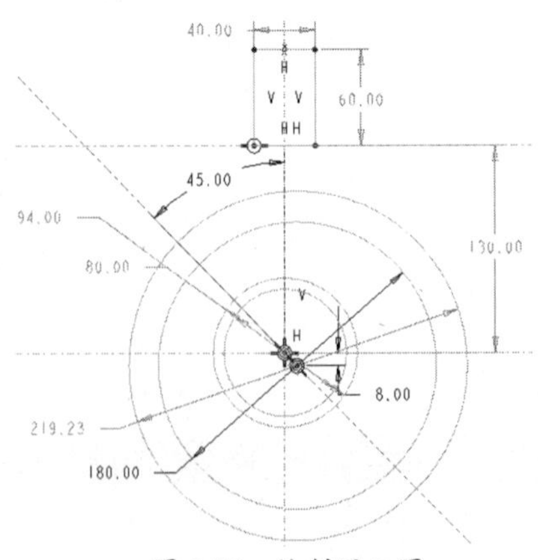

图 2-71　绘制同心圆

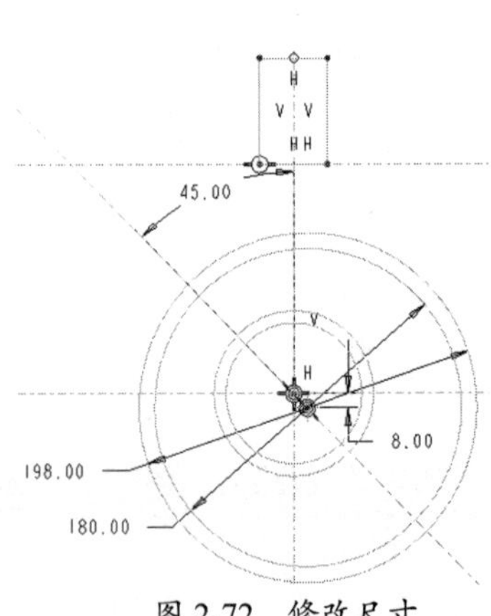

图 2-72　修改尺寸

⑨ 单击右工具栏中的【圆形】按钮，然后选择如图 2-73 所示的创建圆角的图元，创建如图 2-74 所示的圆角。

技巧点拨

为了便于观察视图，在图 2-73 中关闭了尺寸和约束显示。另外，在创建圆角 2 时，所选图元的尺寸可能会与圆角的尺寸发生冲突，此时系统会弹出消息：不能用当前尺寸圆角化。删除尺寸否？ 否 是 否，此时单击【是】按钮。

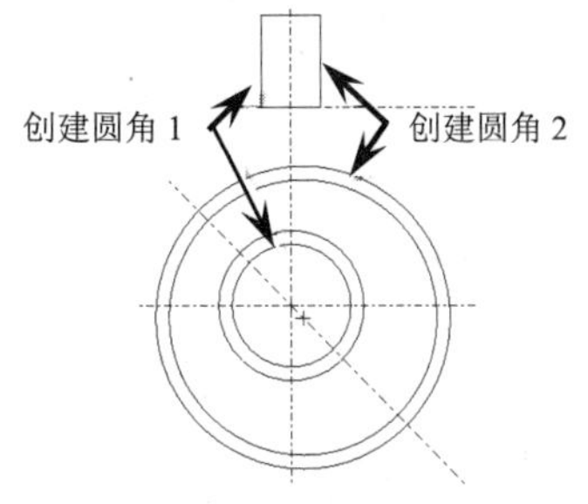

图 2-73 选择图元

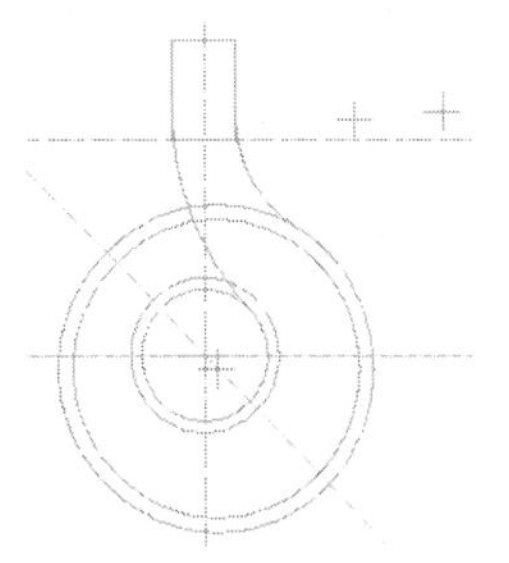
图 2-74　创建圆角

⑩ 单击【3 点】按钮，选中如图 2-75 所示的圆所经过的三点（假想的 3 个点），即图中用黑色标记出的点，其中一个点位于圆上，然后在新绘制的圆和直径为 198 的圆之间添加相切约束条件，结果如图 2-76 所示。

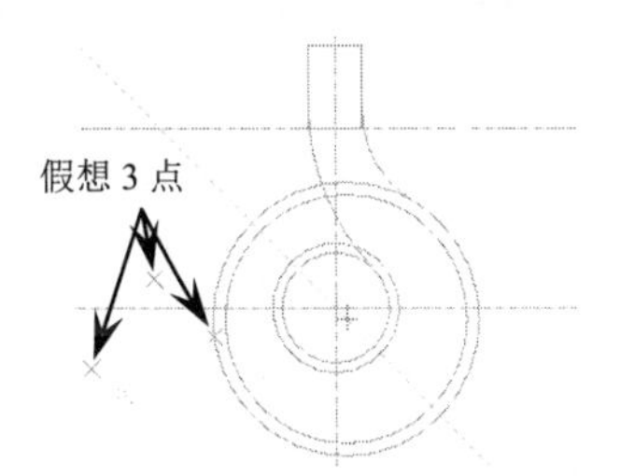

图 2-75　选取参照点

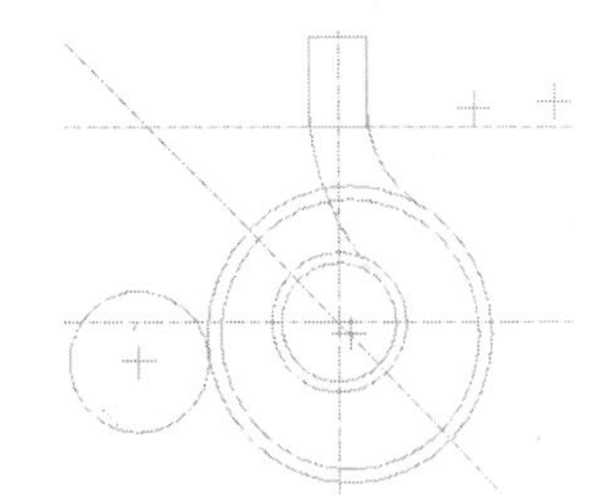
图 2-76　绘制的圆

⑪ 同理，如图 2-77 所示，选择圆所经过的三点（图中用黑点标出）绘制圆，其中一点位于圆上，注意在图示中两个圆之间添加相切约束条件，结果如图 2-78 所示。

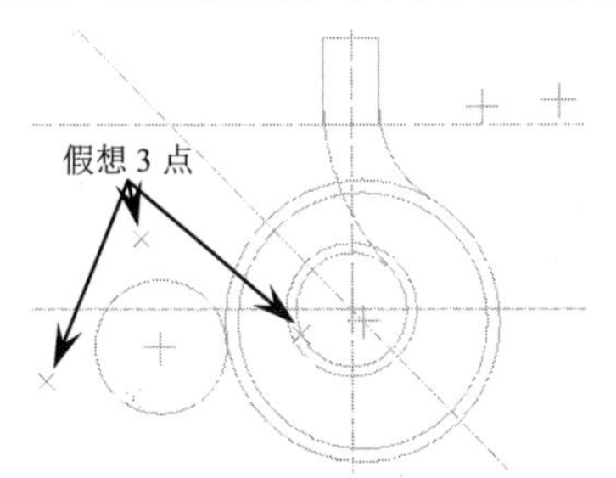

图 2-77　选取参照点

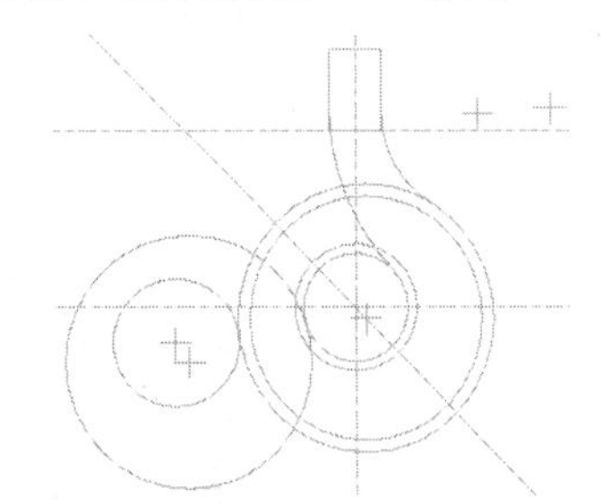
图 2-78　绘制的圆

技巧点拨

上面两个圆用于确定图形的轮廓形状，放置位置不用太精确。

⑫ 单击右工具栏中的【法向】按钮，为前面新建的两个圆标注直径尺寸，结果如图 2-79 所示。

⑬ 单击右工具栏中的【修改】按钮，打开【修改尺寸】对话框，选取前面创建的两个圆的直径尺寸，并按照如图 2-80 所示的修改其值。

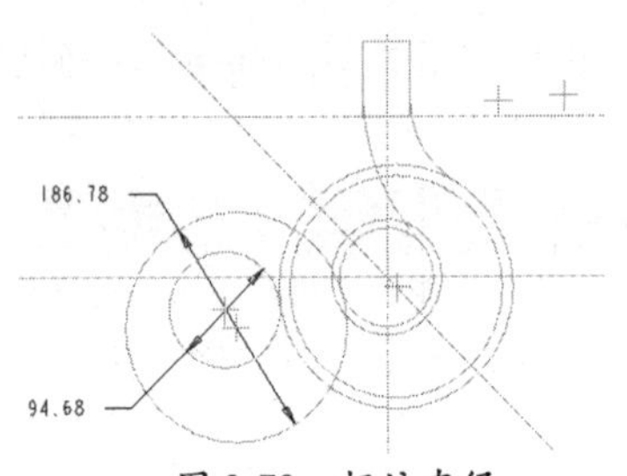

图 2-79 标注直径

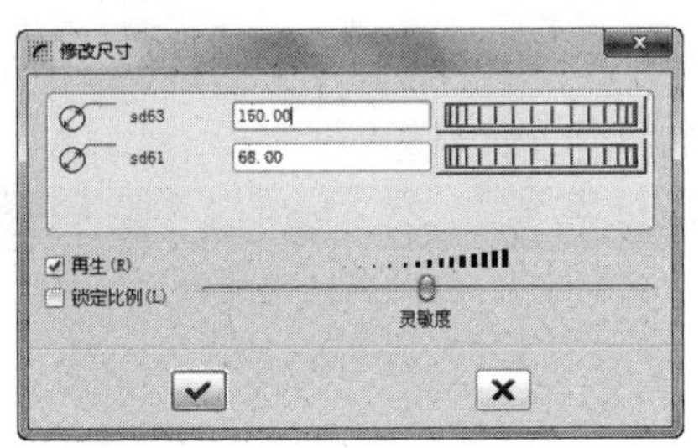

图 2-80 【修改尺寸】对话框

⑭ 结果如图 2-81 所示。

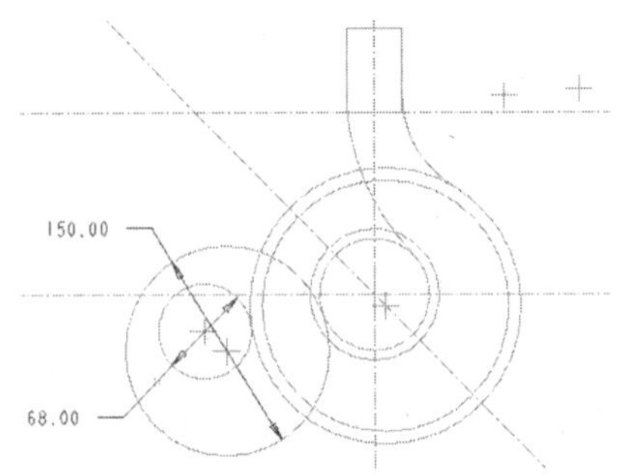

图 2-81 修改后的图元

⑮ 单击【3 相切】按钮，选取如图 2-82 所示的 3 个图元，创建如图 2-83 所示的圆。

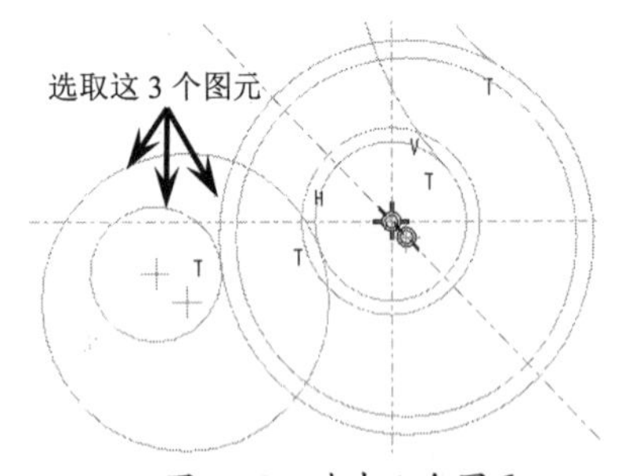

图 2-82 选中 3 个图元

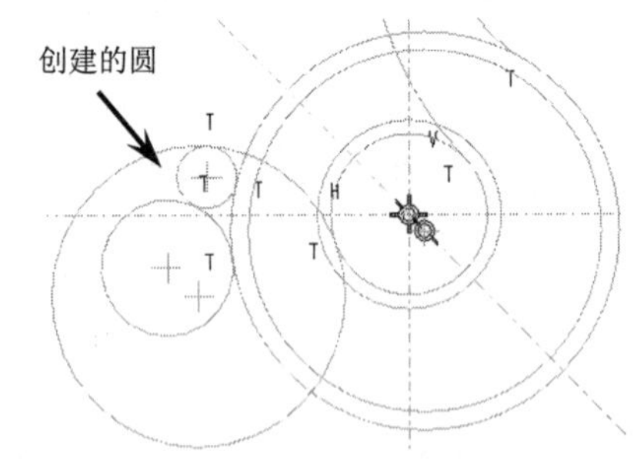

图 2-83 创建相切圆

⑯ 对绘制的 3 个圆的圆心分别定义尺寸，如图 2-84 所示。

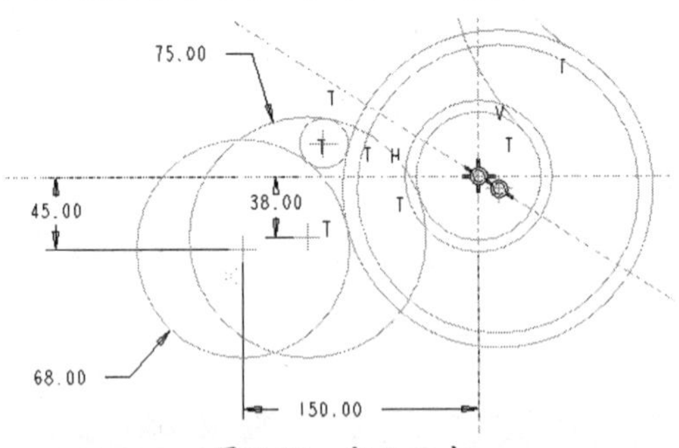

图 2-84 定义尺寸

⑰ 单击【3 相切】按钮，创建如图 2-85 所示的圆。此时可以暂时不用考虑圆的准确位置和大小，稍后将使用约束条件来对其进行调整。

⑱ 单击【3 点】按钮，在如图 2-86 所示的位置绘制一个圆，然后对圆进行相切约束。

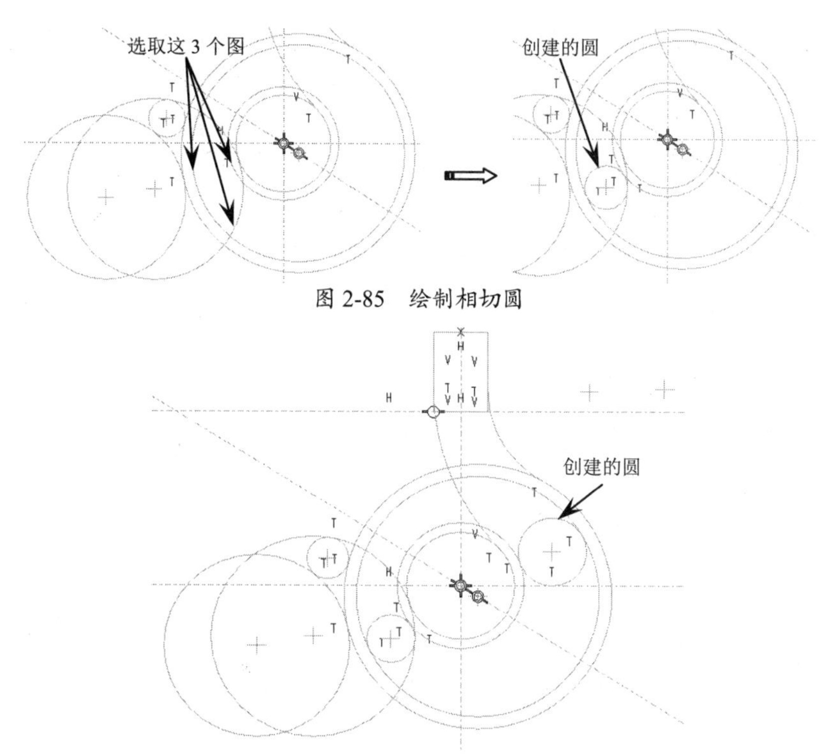

图 2-85　绘制相切圆

图 2-86　绘制圆并添加相切约束

⑲　在右工具栏中单击按钮，对图元进行修剪，修剪时要注意图 2-87 中标注出的细节部分，修剪时适当放大图形，裁去多余线条。

⑳　修剪结果如图 2-88 所示。

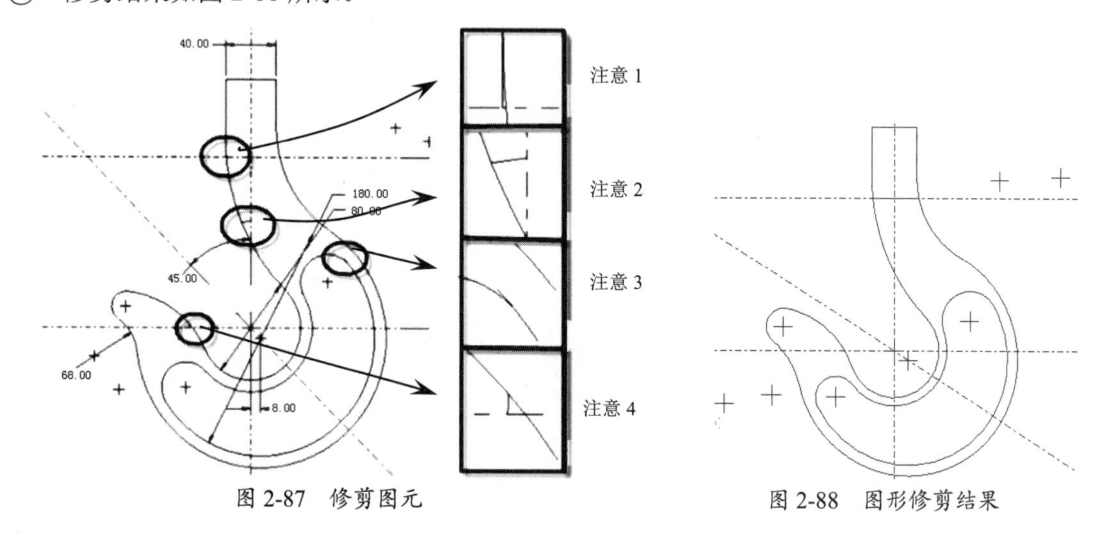

图 2-87　修剪图元

图 2-88　图形修剪结果

2.4　尺寸标注

在二维图形中，尺寸是图形的重要组成部分之一。尺寸驱动的基本原理就是根据尺寸数值的大小来精确确定模型的形状和大小。尺寸驱动简化了设计过程，增加了设计自由度，让设计者在绘图时不必为精确的形状斤斤计较，而只需画出图形的大致轮廓，然后通过尺寸来再生准确的模型。本节主要介绍在图形上创建各种尺寸标注的方法。

在菜单栏中选择【草绘】|【尺寸】命令或者在右工具栏中单击【法向】按钮，都能打开尺寸标注工具，如图 2-89 所示。

在讲述如何标注尺寸之前先了解一下尺寸的组成。如图 2-90 所示，一个完整的尺寸一般包括尺寸数字、尺寸线、尺寸界线和尺寸箭头等部分。

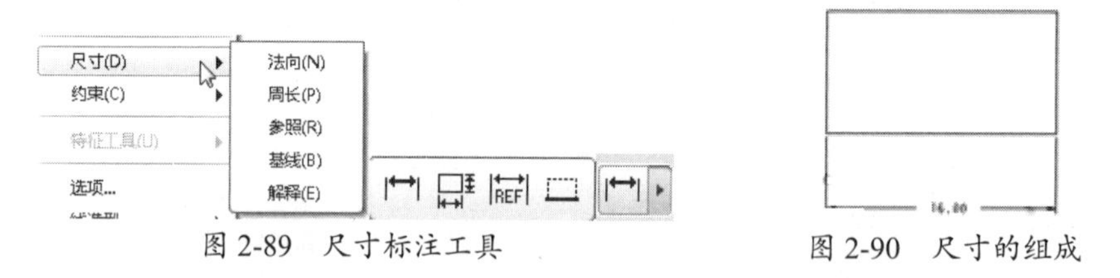

图 2-89　尺寸标注工具　　图 2-90　尺寸的组成

2.4.1　标注长度尺寸

长度尺寸常用于标记线段的长度或图元之间的距离等线性尺寸，其标注方法有以下 3 种。

1. 标注单一线段的长度

首先选中该线段，然后在放置尺寸的线段侧单击鼠标中键，完成该线段的尺寸标注，如图 2-91 所示。

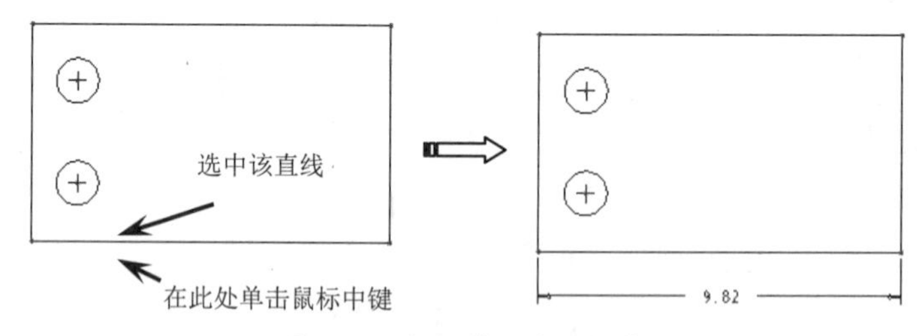

图 2-91　标注单一线段长度

2. 标注平行线之间的距离

首先单击第一条直线，再单击第二条直线，最后在两条平行线之间的适当位置单击鼠标中键，即可完成尺寸标注，如图 2-92 所示。

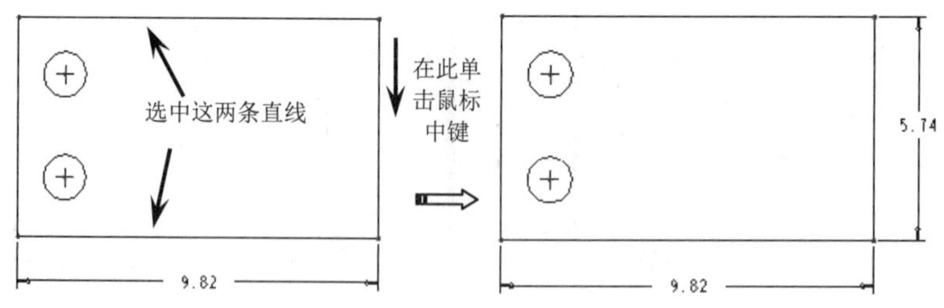

图 2-92　标注平行线之间的距离

3. 标注两图元中心距

首先单击第一中心，然后单击第二中心，最后在两中心之间的适当位置单击鼠标中键，即可完成尺寸标注，如图 2-93 所示。

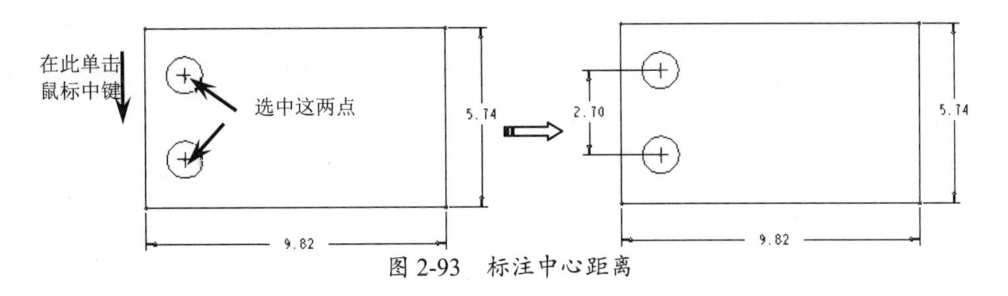

图 2-93 标注中心距离

2.4.2 标注半径和直径尺寸

下面分别介绍直径和半径的标注方法。

1. 半径的标注

单击选中圆弧，在圆弧外适当位置单击鼠标中键，即可完成半径尺寸的标注。通常对小于 180°的圆弧进行半径标注。

2. 直径的标注

直径标注的方法和半径稍有区别。双击圆弧，在圆弧外适当位置单击鼠标中键，即可完成直径尺寸的标注。通常对大于 180°的圆弧进行直径标注。

两种标注的示例如图 2-94 所示。

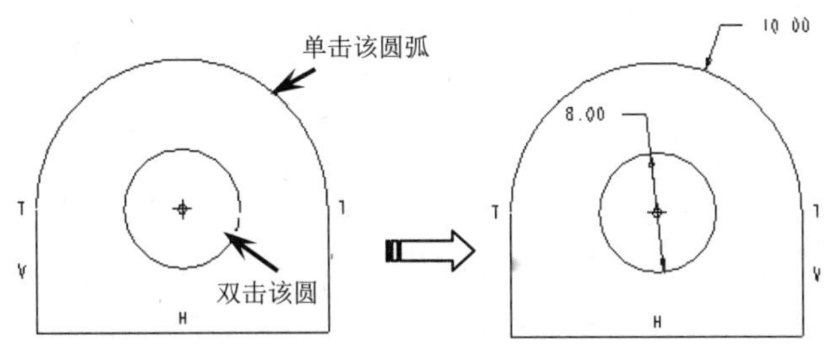

图 2-94 标注半径、直径尺寸

2.4.3 标注角度尺寸

在标注角度尺寸时，先单击选中组成角度的两条边的其中一条，然后再单击另一条边，接着根据要标注的角度是锐角还是钝角选择放置角度尺寸的位置，如图 2-95 所示。

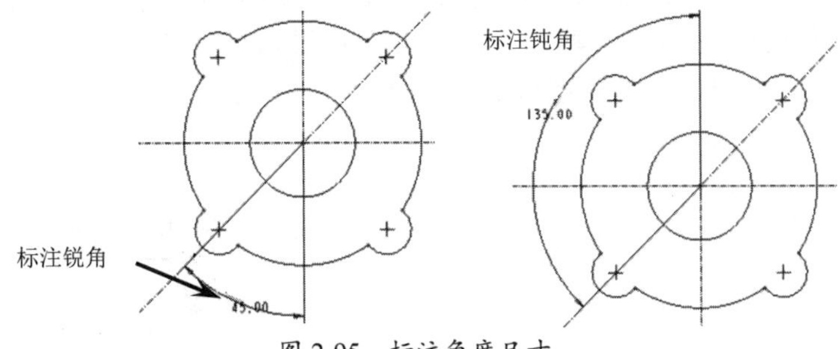

图 2-95 标注角度尺寸

在放置尺寸时不必一步到位，可以在创建完所有尺寸后，再根据全图对部分尺寸的放置位置进行调整，具体的方法如下。

单击选中工具箱上的【选择工具】按钮，然后再单击选中需要调整的尺寸，拖动尺寸数字到合适位置，重新调整视图中各尺寸的位置，使图面更加整洁，如图 2-96 所示。

技巧点拨

如果不希望显示由系统自动标注的弱尺寸，可以选择【草绘】|【选项】选项，打开【草绘器首选项】对话框，在【显示】选项卡中关闭【弱尺寸】选项。

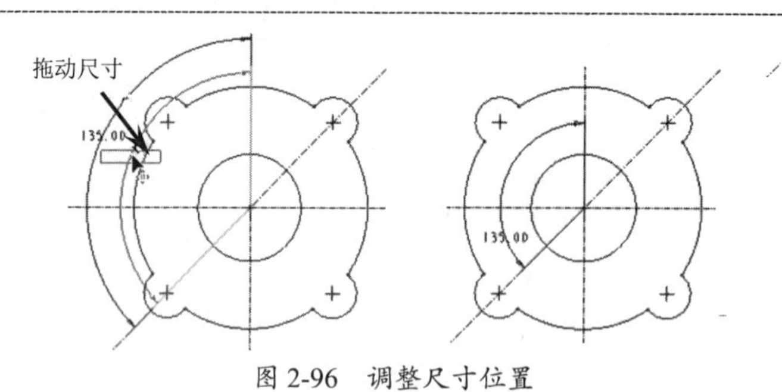

图 2-96 调整尺寸位置

2.4.4 其他尺寸的标注

在菜单栏中选择【草绘】|【尺寸】命令，在其下层菜单中提供了 4 种尺寸标注形式。

1. 法向标注

使用该命令并运用前面所介绍的方法创建基本尺寸标注，如图 2-97 所示。

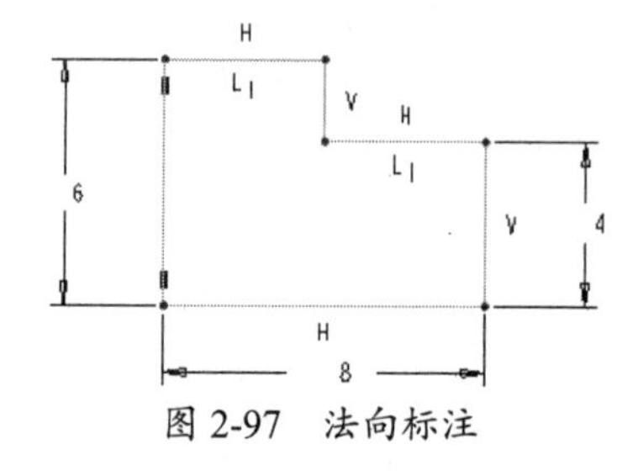

图 2-97 法向标注

2. 【参照】命令

使用该命令可以创建参照尺寸。参照尺寸仅用于显示模型或图元的尺寸信息，而不能像基本尺寸那样用作驱动尺寸，且不能直接修改该尺寸，但在修改模型尺寸后参照尺寸将自动更新。参照尺寸的创建方法与基本尺寸类似，为了同基本尺寸相区别，在参照尺寸后添加了“REF”符号，如图 2-98 所示。

3. 【基线】命令

基线用来作为一组尺寸标注的公共基准线，一般来说基准线都是水平或竖直的。在直线、圆弧的圆心以及线段几何端点处都可以创建基线，方法是选择直线或参考点后，单击鼠标中键，对于水平或竖直的直线，直接创建与之重合的基线；对于参考点，弹出如图 2-99 所示的【尺寸定向】对话框，该对话框用于确定是创建经过该点的水平基线还是竖直基线。基线上有“0.00”标记，图 2-100 是创建基线的示例。

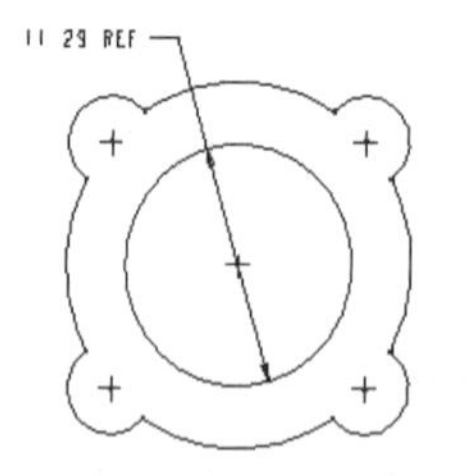

图 2-98 参照尺寸示例

图 2-99 【尺寸定向】对话框

4. 【解释】命令

单击某一尺寸标注后，在消息区给出关于该尺寸的功能解释。例如单击如图 2-101 所示的直径后，在消息区给出解释："此尺寸控制加亮图元的直径"。

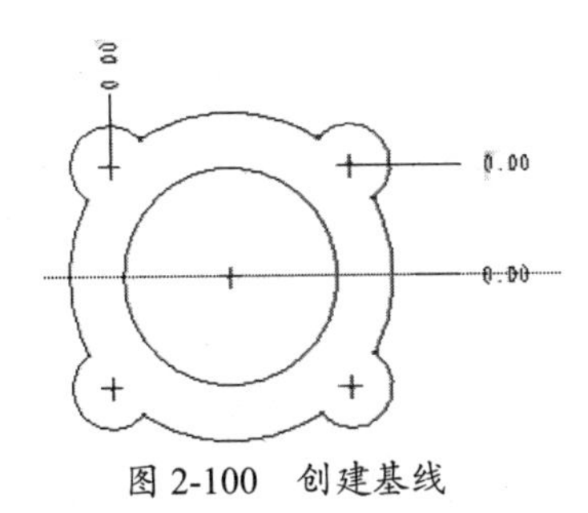

图 2-100 创建基线

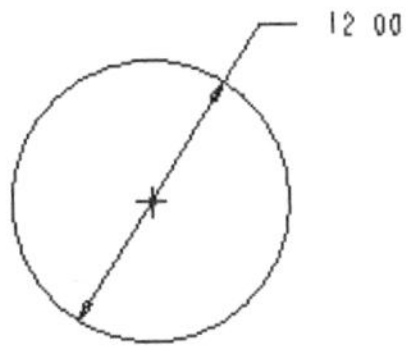

图 2-101 直径尺寸示例

2.4.5 修改标注

参数化设计方法是 Pro/E 的核心设计理念之一，其中最明显的体现就在于，当设计者在初步创建图元时可以不用过多地考虑图元的尺寸精确性，而通过对创建好的尺寸的修改完成图元的最终绘制。

下面介绍修改图形尺寸的方法，提供了以下 4 条修改尺寸的途径。

1. 使用修改工具

在右工具栏中单击【修改工具】按钮，弹出如图 2-102 所示的【修改尺寸】对话框，在该对话框中可以同时对多个尺寸进行修改。

【修改尺寸】对话框中各选项含义如下：

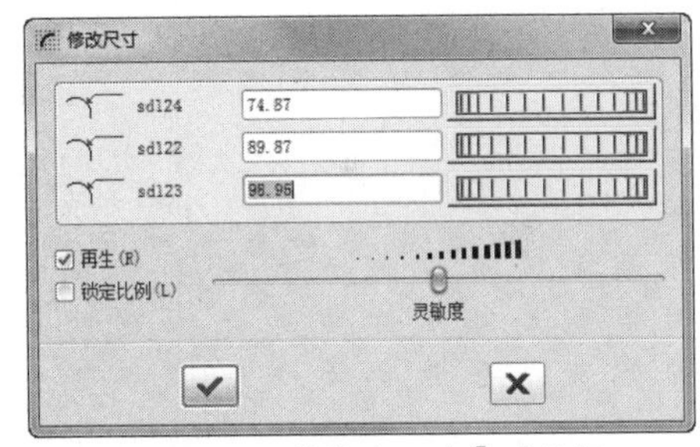

图 2-102 【修改尺寸】对话框

- 修改尺寸数值：通过在尺寸文本框中输入新的尺寸值或调节尺寸修改滚轮对尺寸值进行修改。
- 调节灵敏度：通过对灵敏度的调节可以改变滚动尺寸、修改滚轮尺寸数值增减量的大小。
- 【再生】：选中该复选框，会在每次修改尺寸标注后立即使用新尺寸动态再生图元，否则将在单击【确定】按钮关闭【修改尺寸】对话框后再生图元。
- 【锁定比例】：选中该复选框后，则在调整一个尺寸的大小时，图形上其他同种类型的尺寸同时自动以同等比例进行调整，从而使整个图形上的同类尺寸被等比例缩放。

技巧点拨

在实际操作中，动态再生图元既有优点也有不足，优点是修改尺寸后可以立即查看修改效果，但是当一个尺寸修改前后的数值相差太大时，几何图元再生后变形严重，这不便于对图元的进一步操作。

2. 双击修改尺寸

直接在图元上双击尺寸数值，然后在打开的尺寸文本框中输入新的尺寸数值，再按下 Enter 键即可完成尺寸的修改，同时立刻对图元进行再生，如图 2-103 所示。

3. 使用右键快捷菜单

在选定的尺寸上单击鼠标右键，然后在如图 2-104 所示的快捷菜单中选中【修改】命令，也可以打开【修改尺寸】对话框。

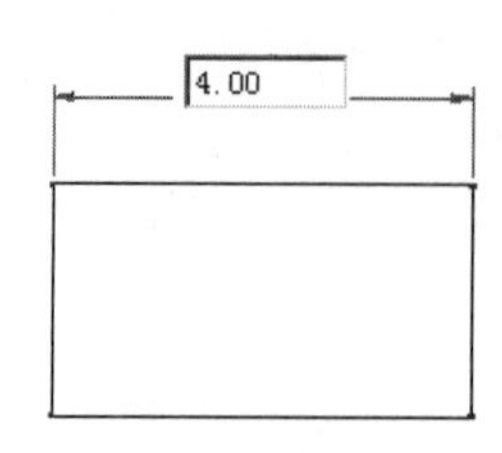

图 2-103　尺寸文本框

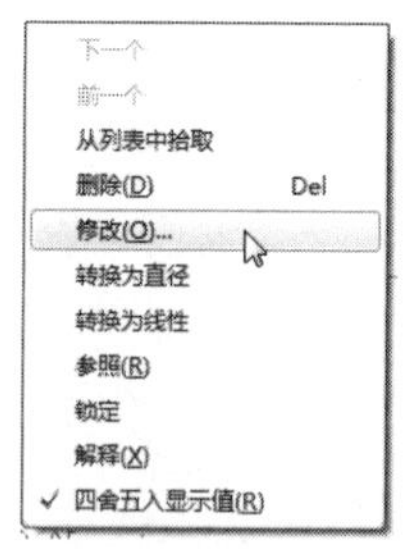

图 2-104　快捷菜单

4. 使用【编辑】主菜单中的【修改】命令

在菜单栏中选择【编辑】|【修改】命令，然后再选中要修改的尺寸标注，也可以打开【修改尺寸】对话框。

上机实践——绘制弯钩草图

下面以绘制如图 2-105 所示的弯钩的二维图为例，来讲述草图的绘制步骤及操作方法，使用户进一步加深理解。

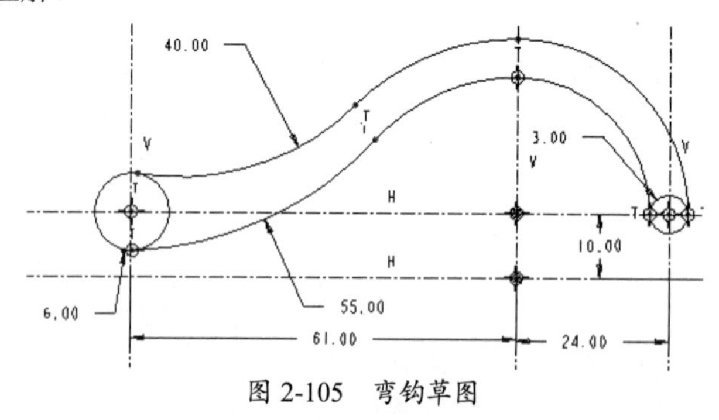

图 2-105　弯钩草图

① 新建名为“wangou”的草图文件。单击【草绘器】工具栏中的【中心线】按钮，绘制如图 2-106 所示的中心线。

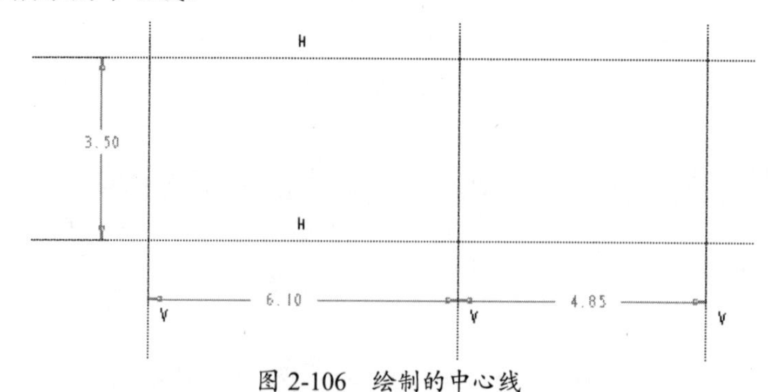

图 2-106　绘制的中心线

② 双击图形中的尺寸，并修改为如图 2-107 所示的尺寸。

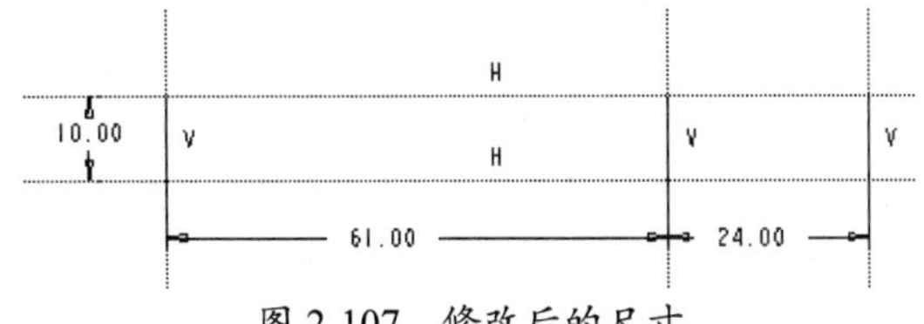

图 2-107 修改后的尺寸

③ 单击【草绘器】工具栏中的【圆心和点】按钮，绘制如图 2-108 所示的圆。

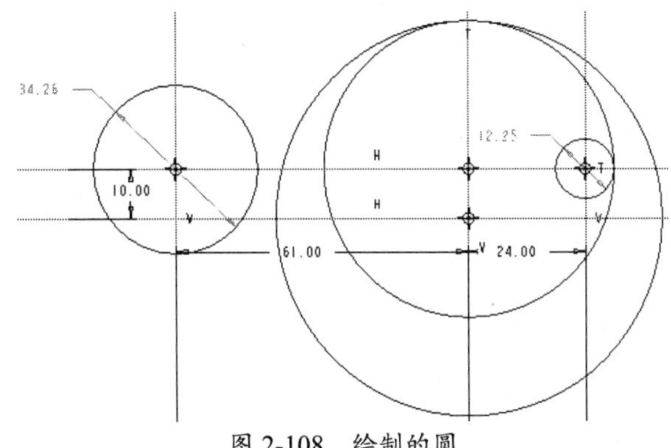

图 2-108 绘制的圆

④ 单击【草绘器】工具栏中的【删除段】按钮，将图形修剪为如图 2-109 所示的图形。

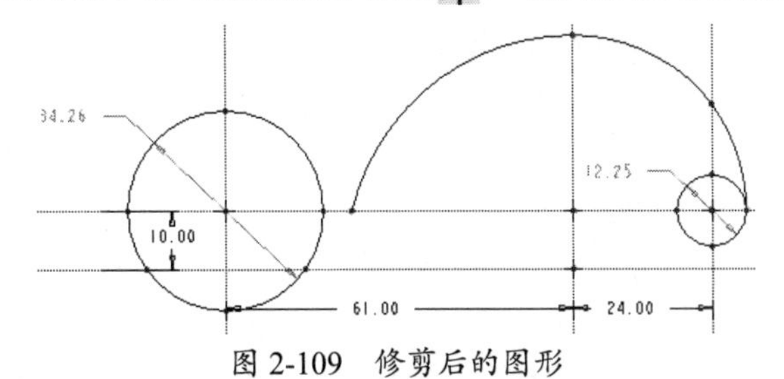

图 2-109 修剪后的图形

⑤ 单击【草绘器】工具栏中的【修改】按钮，弹出【修改尺寸】对话框，修改两圆的半径为 6 和 3。

⑥ 单击【草绘器】工具栏中的【圆形】按钮，绘制如图 2-110 所示的圆弧并修改半径为 55。

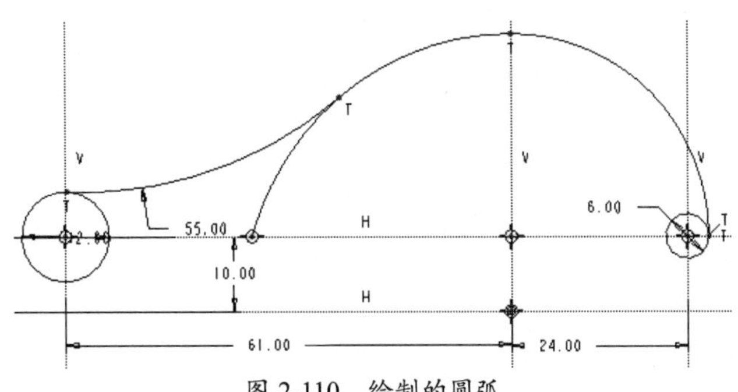

图 2-110 绘制的圆弧

⑦ 单击【草绘器】工具栏中的【圆心和点】按钮，绘制如图 2-111 所示的中心线。

⑧ 单击【草绘器】工具栏中的【删除段】按钮，将图形修剪为如图 2-112 所示的图形。

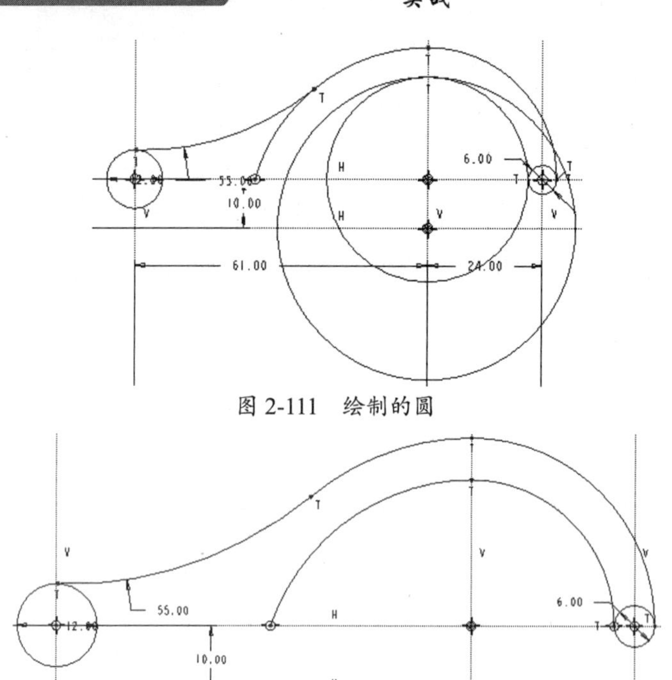

图 2-111 绘制的圆

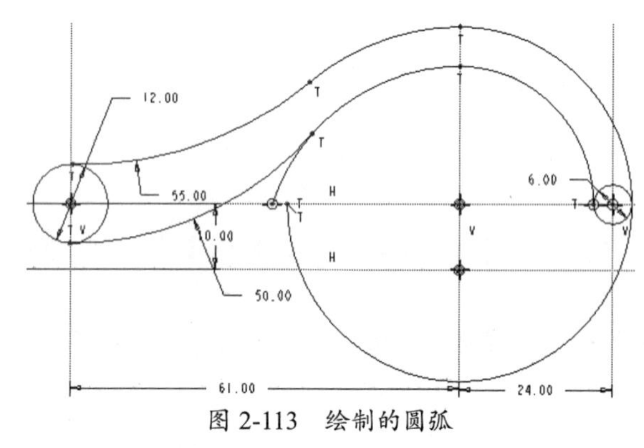

图 2-112 修剪后的图形

⑨ 单击【草绘器】工具栏中的【圆形】按钮，绘制如图 2-113 所示的圆弧并修改半径为 50。

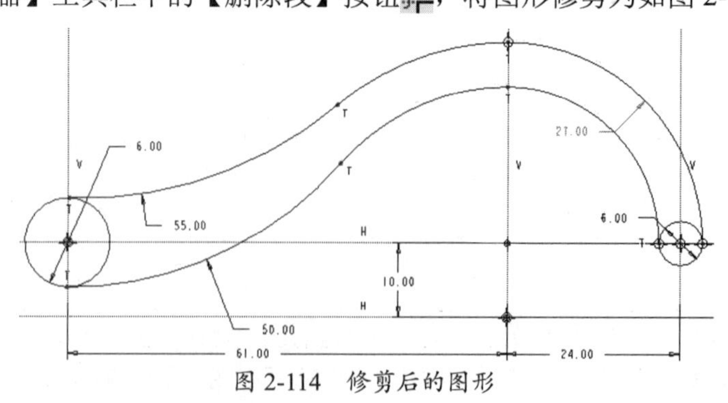

图 2-113 绘制的圆弧

⑩ 单击【草绘器】工具栏中的【删除段】按钮，将图形修剪为如图 2-114 所示的图形。

图 2-114 修剪后的图形

⑪ 最后将弯钩草图保存在工作目录中。

2.5 图元的约束

在草绘环境下，程序有自动捕捉一些“约束”的功能，用户还可以人为地控制约束条件来实现草绘意图。这些约束大大地简化了绘图过程，也使绘制的剖面准确而简洁。

建立约束是编辑图形必不可少的一步。选择菜单栏中【草绘】|【约束】命令或者在【草绘器工具】工具栏中单击按钮旁边的右三角按钮，弹出多种约束类型，如图 2-115 所示。下面将分别介绍每种约束的建立方法。

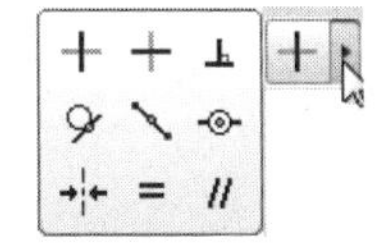

图 2-115　约束的类型

2.5.1 建立竖直约束

单击【竖直】按钮，再选择要设为竖直的线，被选取的线成为竖直状态，线旁标有“V”标记，如图 2-116 所示。另外，也可以选择两个点，让它们处于竖直状态。

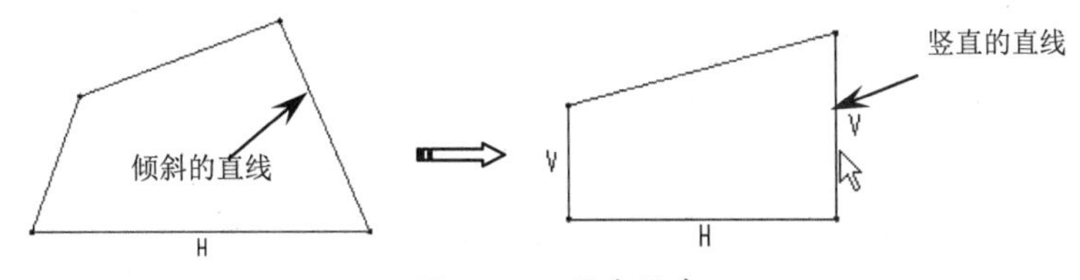

图 2-116　竖直约束

2.5.2 建立水平约束

单击【水平】按钮后，再选择要设为水平的线，被选取的线成为水平状态，线旁标有“H”标记，如图 2-117 所示。另外，也可以选择两个点，使它们处于水平状态。

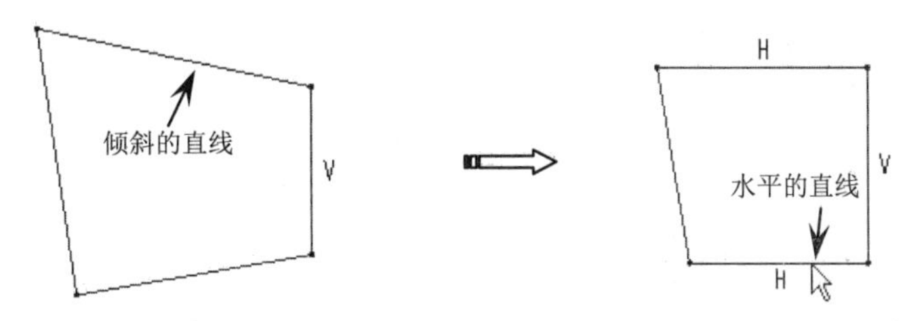

图 2-117　水平约束

2.5.3 建立垂直约束

单击【垂直】按钮后，再选择要建立垂直约束的两条线，被选取的两线则相互垂直。交叉垂直的两线旁标有“$\perp_1$”标记，以拐角形式垂直则标有“⊥”标记，如图 2-118 所示。

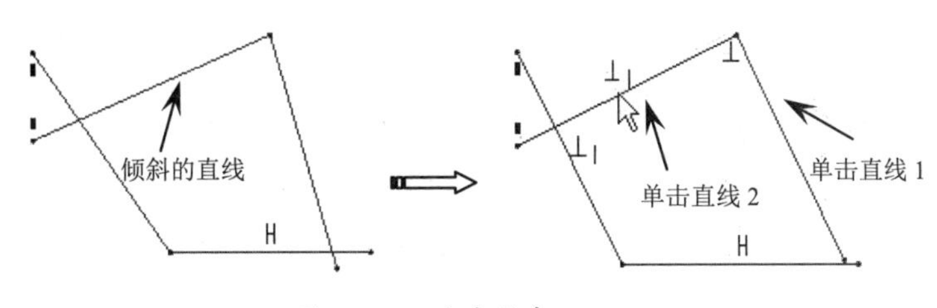

图 2-118　垂直约束

2.5.4 建立相切约束

单击【相切】按钮后，选择要建立相切约束的两个图元，被选取的两个图元建立相切关系，并在切点旁标有“T”标记，如图 2-119 所示。

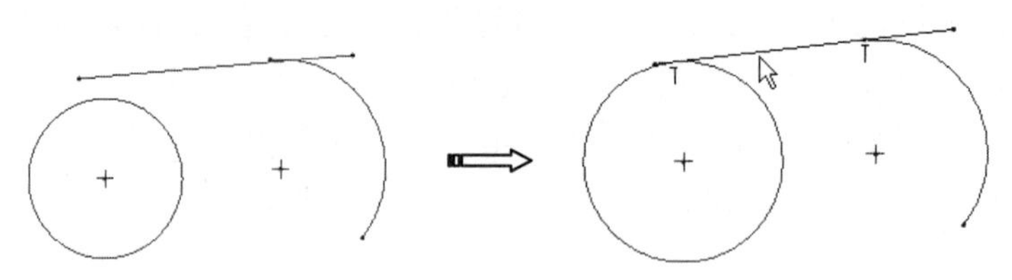

图 2-119 相切约束

2.5.5 对齐线的中点

单击【中点】按钮后，选择直线和要对齐在此线中点上的图元点，也可以先选择图元点再选取线。这样，所选择的点就对齐在线的中点上了，并在中点旁标有“*”标记，如图 2-120 所示。这里的图元点可以是端点、中心点，也可以是绘制的几何点。

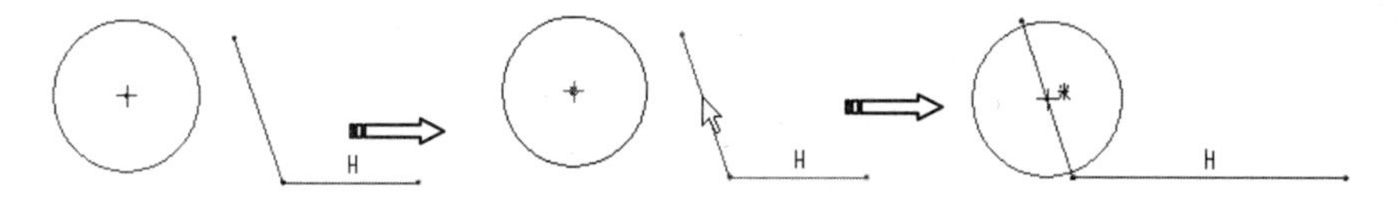

图 2-120 对齐到中点

2.5.6 建立重合约束

1. 图元的端点或者中心对齐在图元的边上

单击【重合】按钮，选择要对齐的点和图元，即建立起对齐关系，并在对齐点上出现“⊙”标记，如图 2-121 所示。

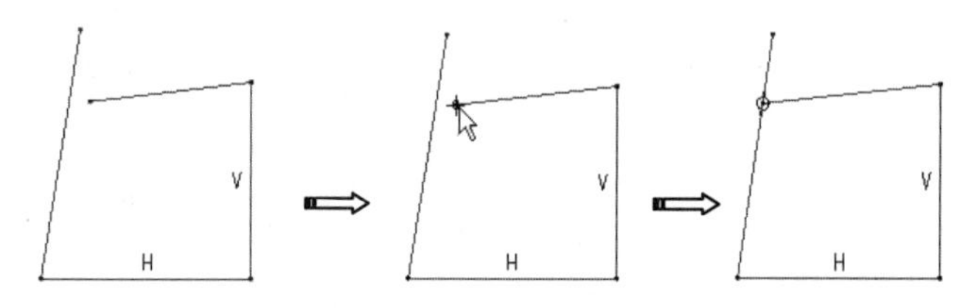

图 2-121 对齐在图元上

2. 对齐在中心点或者端点上

单击【重合】按钮，选择两个要对齐的点，即建立起对齐关系，如图 2-122 所示。

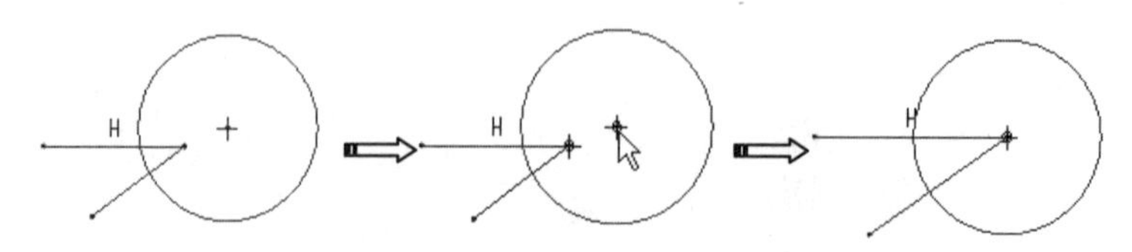

图 2-122 对齐在图元端点上

3. 共线

单击【重合】按钮，选择要共线的两条线，则所选取的一条线会与另一条线共线，或者与另一条线的延长线共线，如图 2-123 所示。

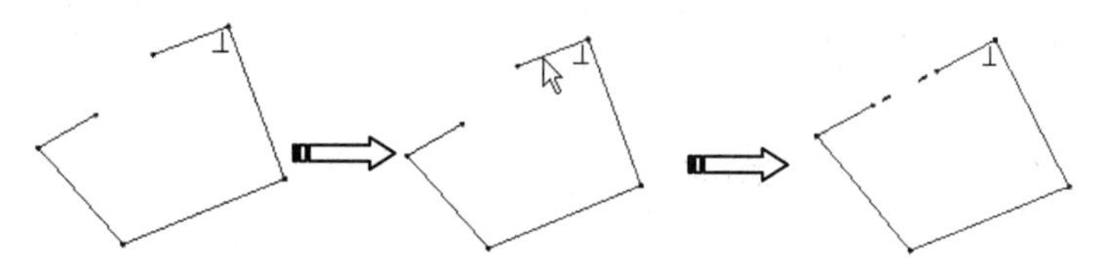

图 2-123　建立共线约束

2.5.7　建立对称约束

单击【对称】按钮后，程序会提示选取中心线和两顶点来使它们对称，选择顺序没有要求，选择完毕后被选两点即建立关于中心线的对称关系，对称两点上有“＞＜”标记符号，如图 2-124 所示。

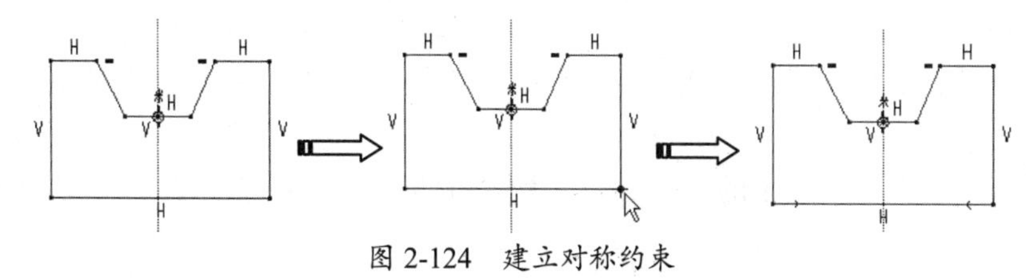

图 2-124　建立对称约束

2.5.8　建立相等约束

单击【相等】按钮后，可以选取两条直线令其长度相等；或选取两个圆弧/圆/椭圆令其半径相等；也可以选取一个样条与一条线或圆弧，令它们曲率相等，如图 2-125 所示。

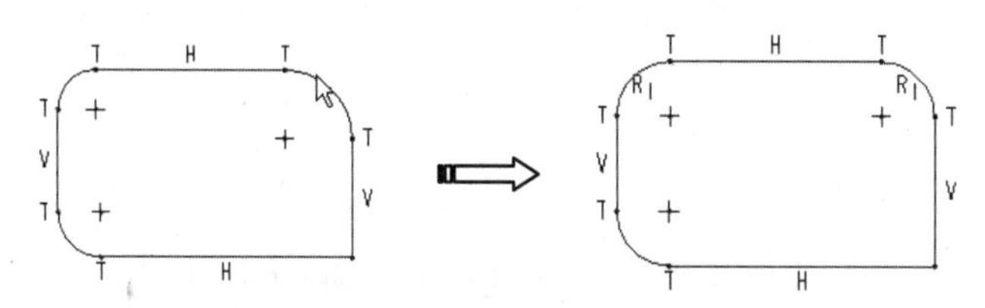

图 2-125　建立相等约束

2.5.9　建立平行约束

单击【使两线平行】按钮后，选取要建立平行约束的两条线，相互平行的两条线旁都有一个相同的“$||_1$”（1 为序数）标记，如图 2-126 所示。

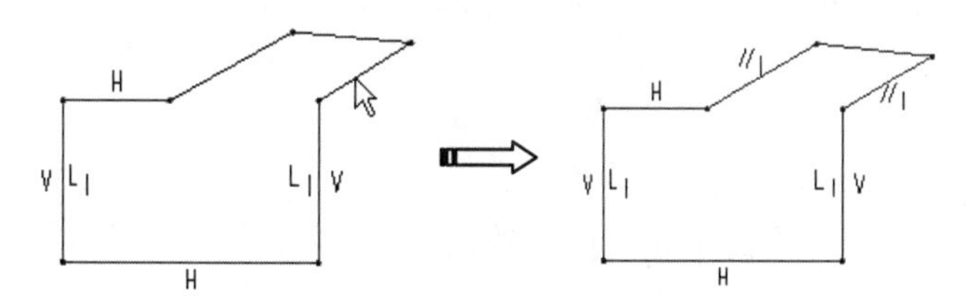

图 2-126　建立平行约束

上机实践——绘制调整垫片草图

下面以绘制如图 2-127 所示的调整垫片的二维图为例，来讲述草图的绘制步骤及操作方法，使用户进一步加深理解。

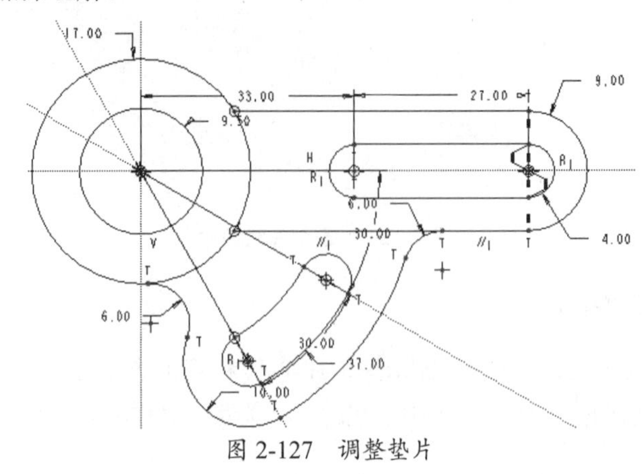

图 2-127 调整垫片

① 新建名为“dianpian”的草图文件。设置工作目录，并进入草绘模式。

② 单击【草绘器】工具栏中的【中心线】按钮，绘制如图 2-128 所示的中心线并修改角度尺寸。

③ 单击【草绘器】工具栏中的【圆心和点】按钮，绘制如图 2-129 所示的圆并修改半径尺寸。

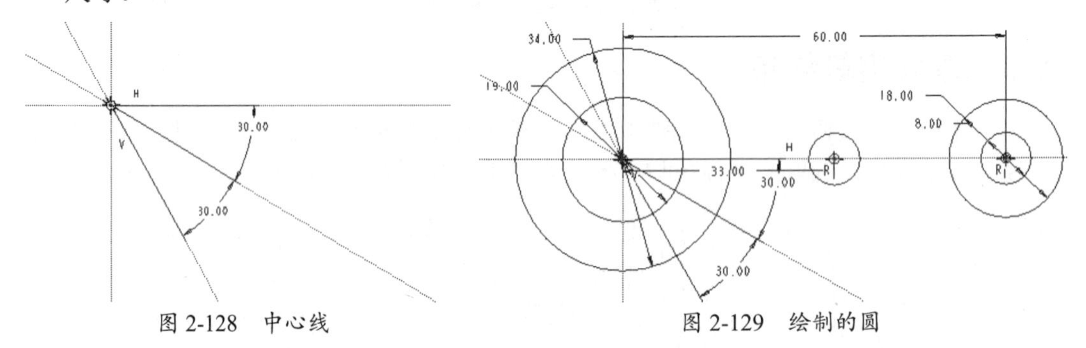

图 2-128 中心线

图 2-129 绘制的圆

④ 单击【草绘器】工具栏中的【线】按钮，绘制如图 2-130 所示的直线段。

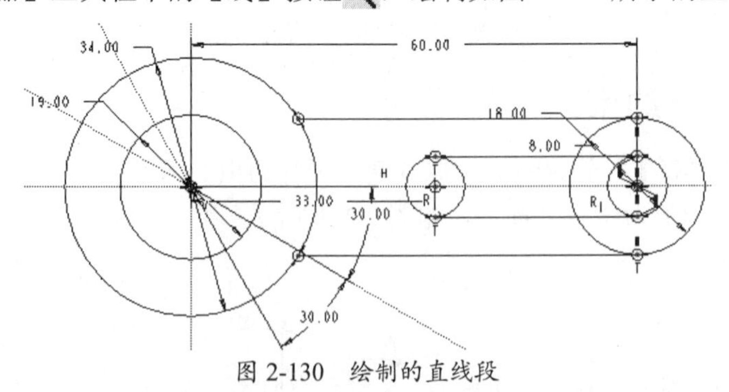

图 2-130 绘制的直线段

⑤ 单击【草绘器】工具栏中的【删除段】按钮，将图形修剪为如图 2-131 所示的效果。

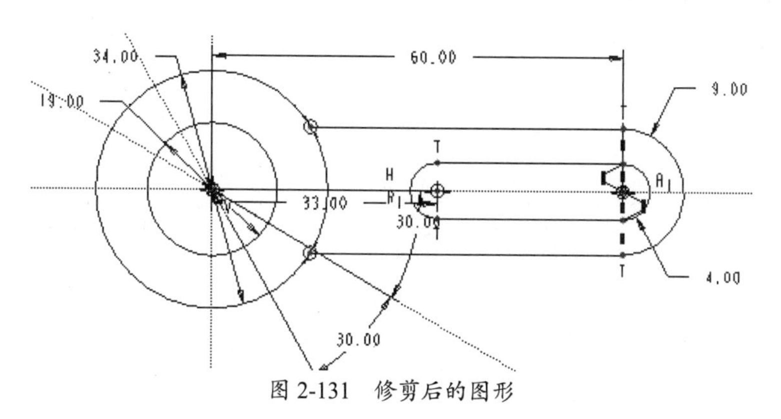

图 2-131 修剪后的图形

⑥ 单击【草绘器】工具栏中的【圆心和点】按钮，绘制如图 2-132 所示的圆并修改半径尺寸。

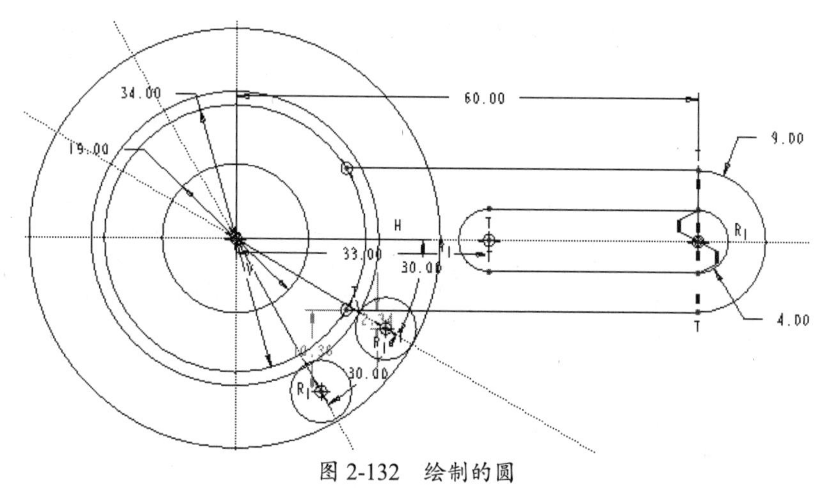

图 2-132 绘制的圆

⑦ 单击【草绘器】工具栏中的【相切】按钮，将刚才绘制的圆与已知圆进行相切约束，效果如图 2-133 所示。

⑧ 单击【草绘器】工具栏中的【删除段】按钮，将图形修剪为如图 2-134 所示的样子。

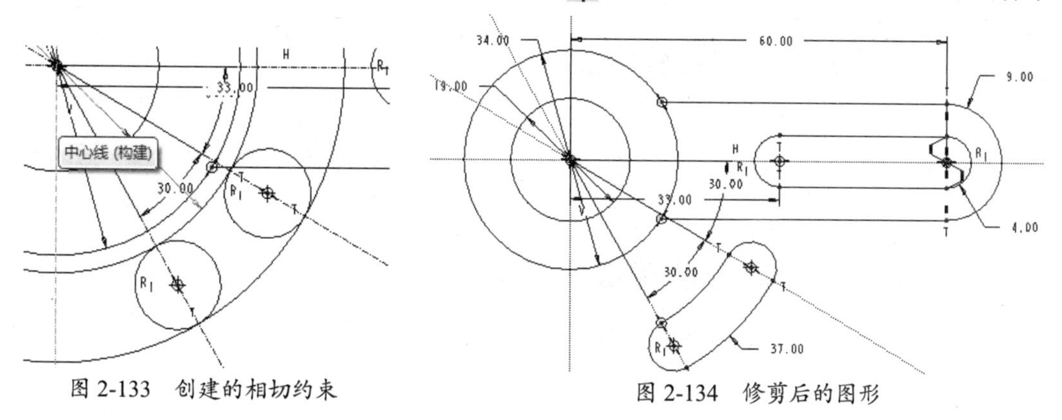

图 2-133 创建的相切约束

图 2-134 修剪后的图形

⑨ 单击【草绘器】工具栏中的【圆心和点】按钮，绘制如图 2-135 所示的圆并修改半径尺寸。

⑩ 单击【草绘器】工具栏中的【圆形】按钮，绘制如图 2-136 所示的圆弧。

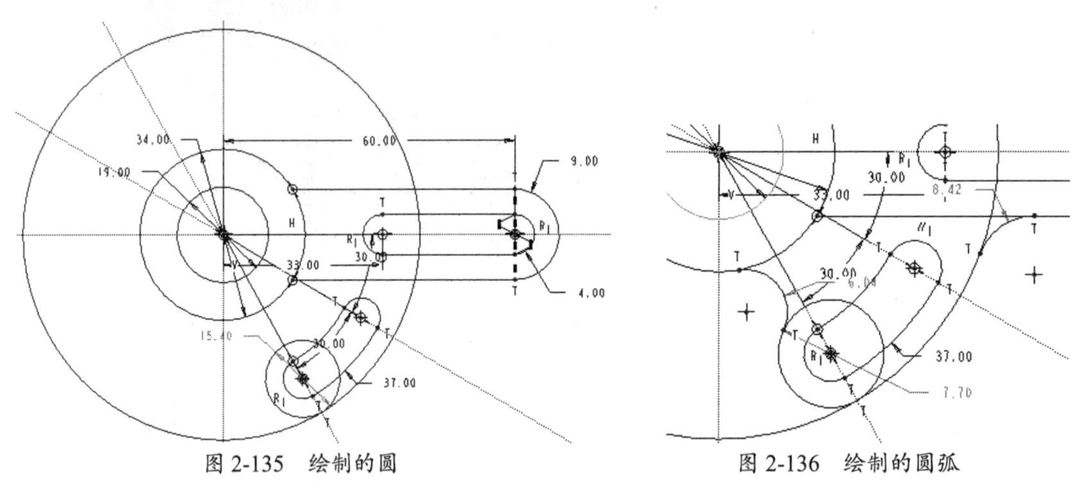

图 2-135　绘制的圆　　　　图 2-136　绘制的圆弧

⑪　单击【草绘器】工具栏中的【删除段】按钮，将多余的线段修剪掉，最终效果如图 2-137 所示。

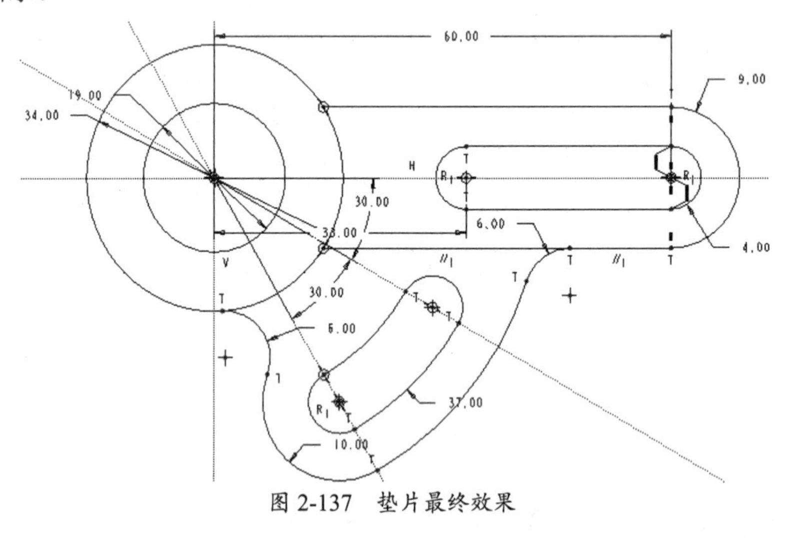

图 2-137　垫片最终效果

2.6　综合实例——草图绘制

下面以两个草图绘制案例，来熟悉、熟练利用草图功能绘制较为复杂的草图，温习前面的草图命令讲解。

2.6.1　实例一：绘制变速箱截面草图

本练习的变速箱截面草图如图 2-138 所示。

操作步骤

①　启动 Pro/E，新建名为“biansuxiang”的草图文件。然后设置工作目录。

②　选择默认的草绘基准平面进入草绘模式中。

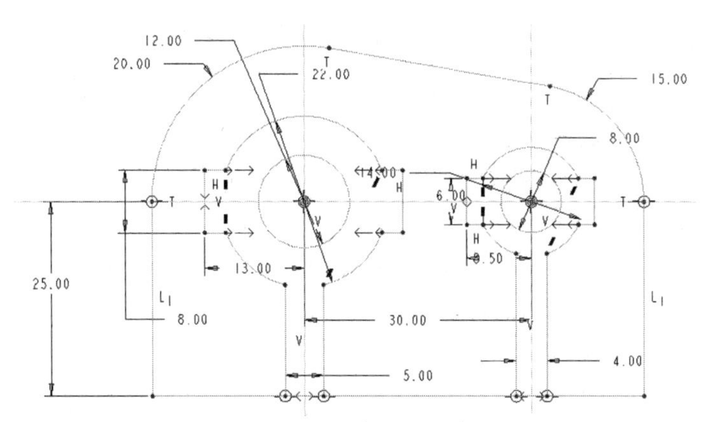

图 2-138　变速箱截面草图

③　单击【中心线】按钮，依次绘制一条水平中心线和两条垂直中心线，如图 2-139 所示。此时绘制的垂直中心线之间的距离没有要求。

④　单击【圆心和点】按钮，以中心线的交点作为圆心点，绘制两个圆，如图 2-140 所示。

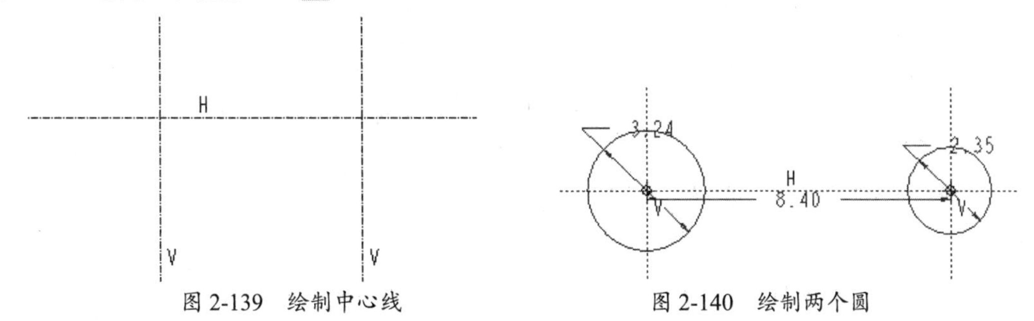

图 2-139　绘制中心线　　图 2-140　绘制两个圆

⑤　双击程序自动标注的尺寸，修改尺寸值，修改完成后程序将自动重新生成图形，结果如图 2-141 所示。

⑥　单击【直线相切】，依次选取两个圆的上半部分，绘制一条相切线，如图 2-142 所示。

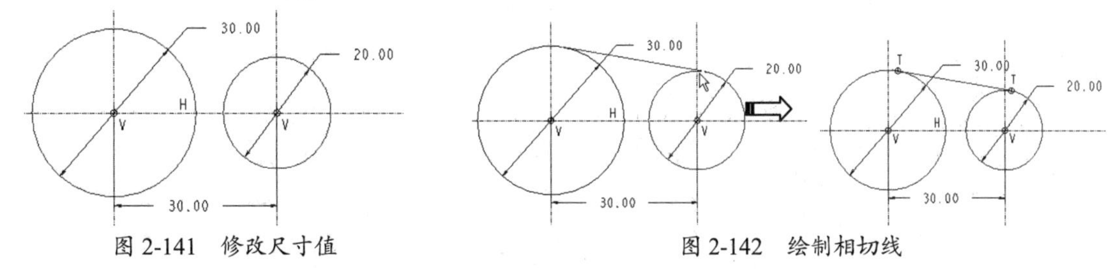

图 2-141　修改尺寸值　　图 2-142　绘制相切线

⑦　在图形的两侧分别绘制两条长度相等的竖直线，起点在圆上，绘制完成后再绘制一条水平直线将其连接起来，如图 2-143 所示。直线绘制完成后，双击其尺寸值，修改为“25”，修改完成后按 Enter 键再生图形，如图 2-144 所示。

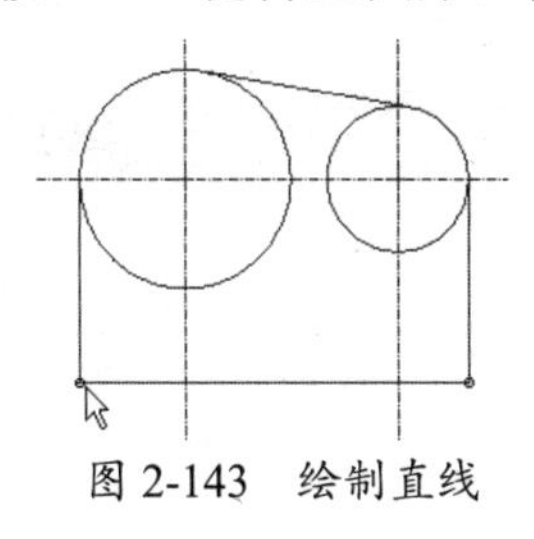

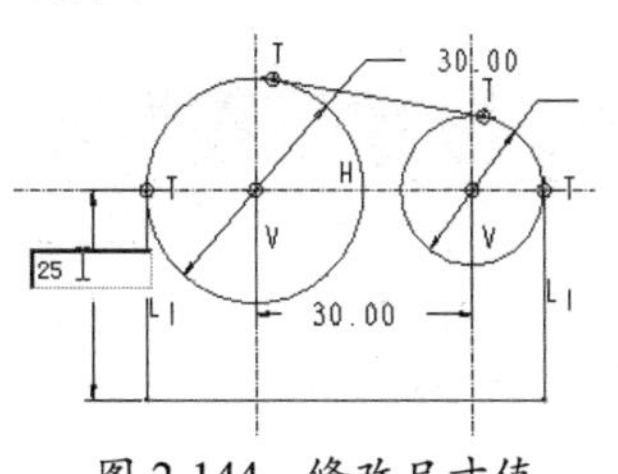

图 2-143　绘制直线　　图 2-144　修改尺寸值

⑧ 单击【删除段】按钮，按住鼠标左键移动光标，在图形外部拖出一条轨迹线，将多余的轨迹线修剪掉，如图 2-145 所示。

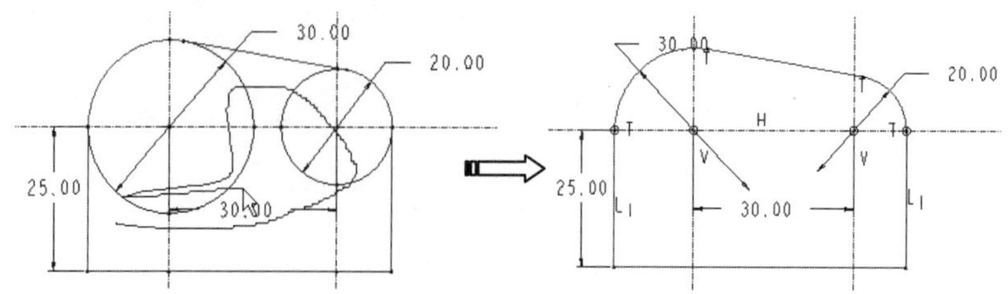

图 2-145　修剪多余线段

⑨ 单击【法向】按钮，选取一段圆弧后在合适的位置单击鼠标中键，此时将弹出【解决草绘】对话框，选取其中的尺寸值为“35.00”，单击【修剪】按钮，修剪该尺寸，如图 2-146 所示。使用同样的方法标注另一侧的圆弧半径。

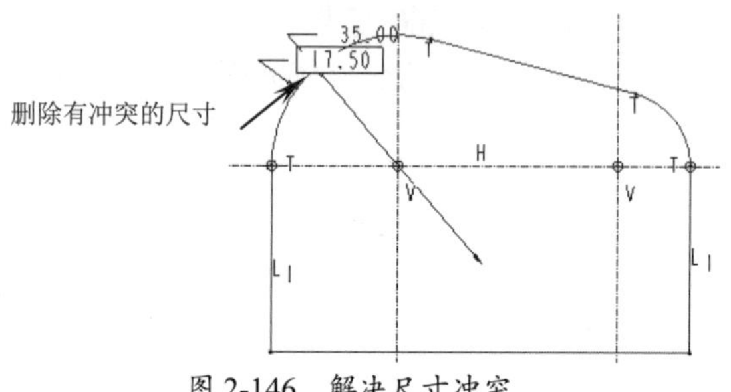

图 2-146　解决尺寸冲突

⑩ 双击圆弧半径值，修改其尺寸，左侧圆弧半径为“20”，右侧圆弧半径为“15”，完成后的结果如图 2-147 所示。

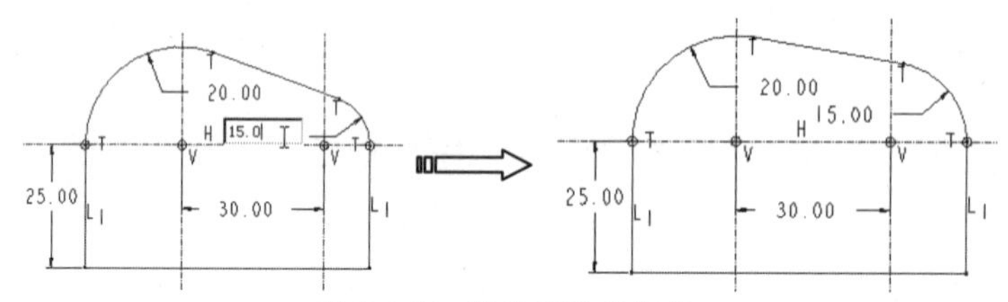

图 2-147　修改圆弧半径值

⑪ 单击【同心】按钮，绘制与圆弧同心的 4 个同心圆，如图 2-148 所示。

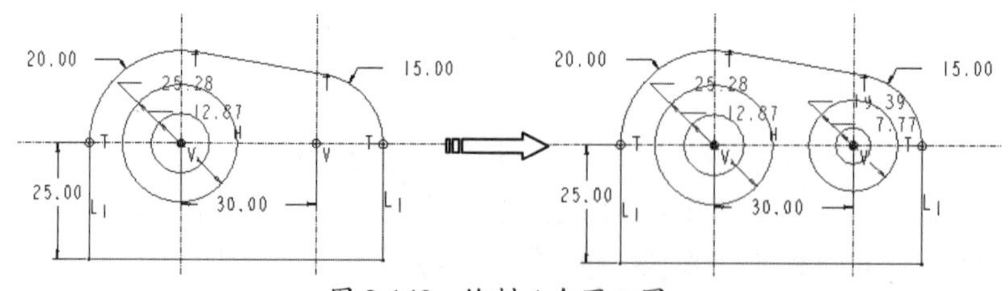

图 2-148　绘制 4 个同心圆

技巧点拨

在绘制时需要注意的是，拖动光标时不能让程序自动捕捉为等半径约束的方式，否则不便于后面进行尺寸标注。

⑫ 单击鼠标中键退出绘制同心圆的命令后，依次双击 4 个圆的尺寸值，修改其尺寸，修改完成后如图 2-149 所示。

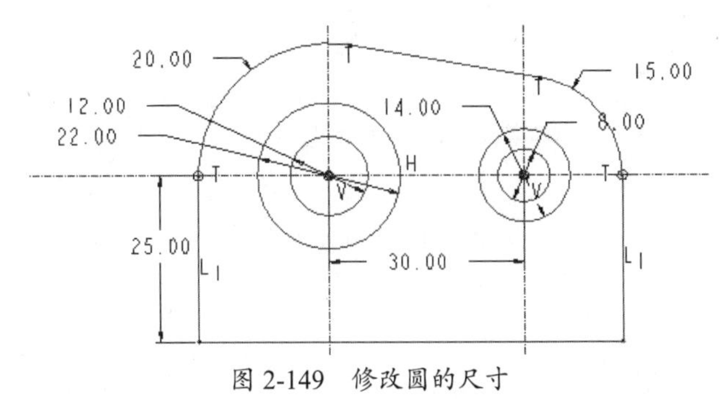

图 2-149 修改圆的尺寸

⑬ 使用绘制直线的命令，在结构圆的左侧绘制 3 条连接的直线，起始点和结束点均在圆上，如图 2-150 所示。

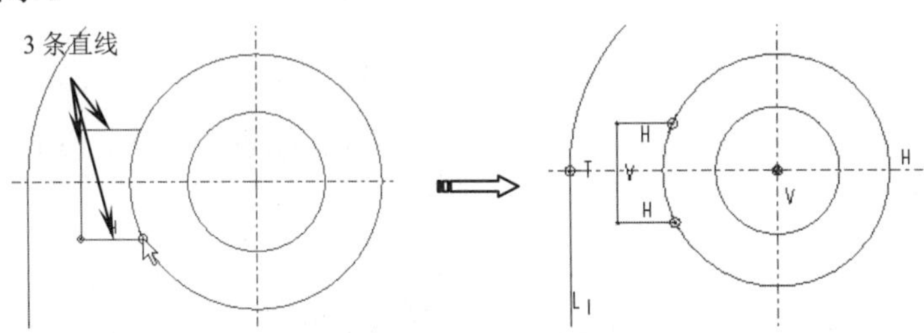

图 2-150 绘制直线

⑭ 在【约束】面板中使用【对称】的约束方式，将绘制的竖直方向直线沿中心线对称，如图 2-151 所示。

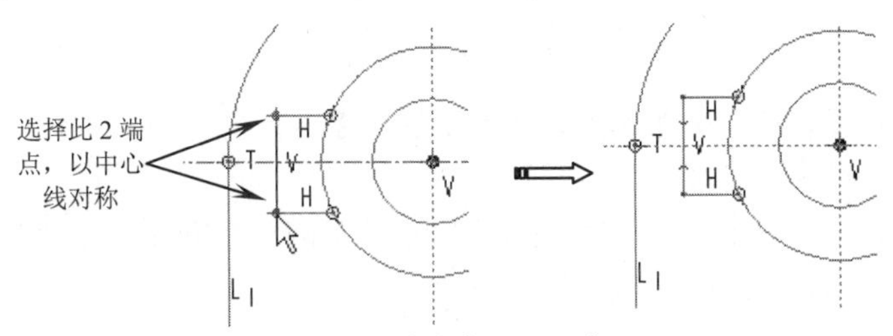

图 2-151 对直线添加约束

⑮ 单击【法向】按钮，将刚才创建的直线重新标注尺寸，如图 2-152 所示。尺寸标注完成后，双击尺寸值，修改尺寸，完成后如图 2-153 所示。

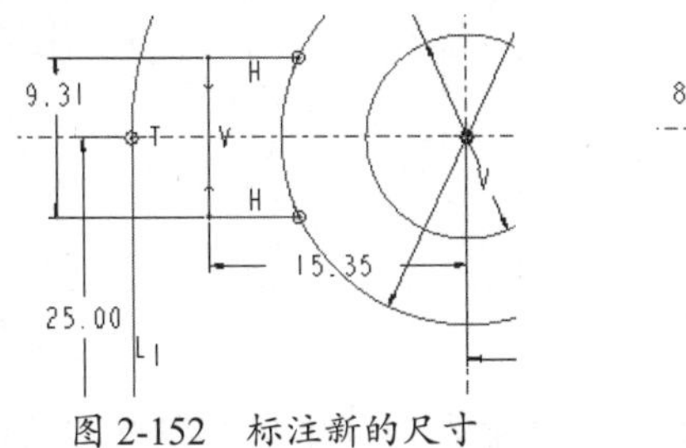

图 2-152 标注新的尺寸

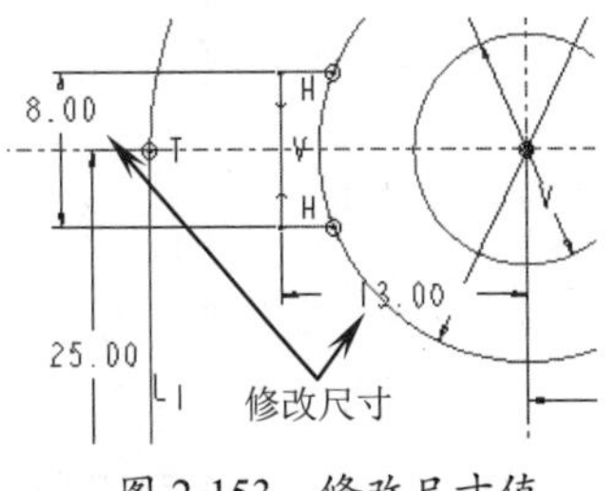

图 2-153 修改尺寸值

⑯ 选取刚才绘制的 3 条直线，选取完成后单击【镜像选定的图元】按钮，再单击竖直方向的中心线，随即完成镜像操作，如图 2-154 所示。

⑰ 使用同样的方法，在右侧的同心圆上绘制相同形状的直线，并将其镜像到另一侧，如图 2-155 所示。

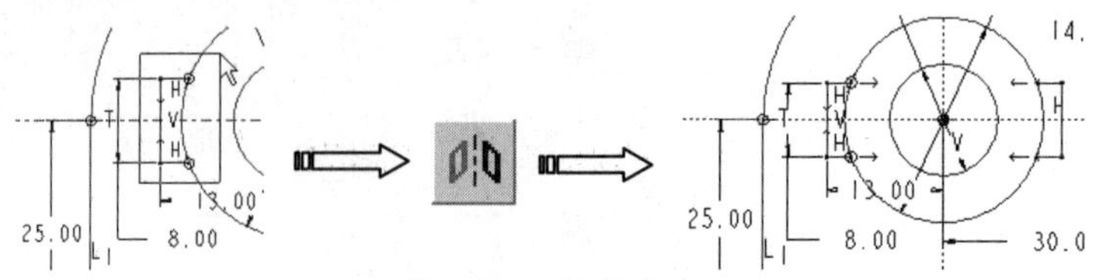

图 2-154 镜像直线

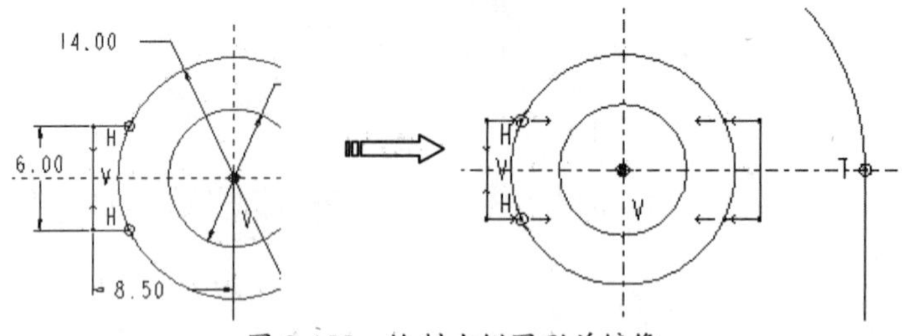

图 2-155 绘制右侧图形并镜像

⑱ 使用绘制直线的命令，在同心圆的下方绘制直线，起点在圆上，终点在下方直线上，如图 2-156 所示。

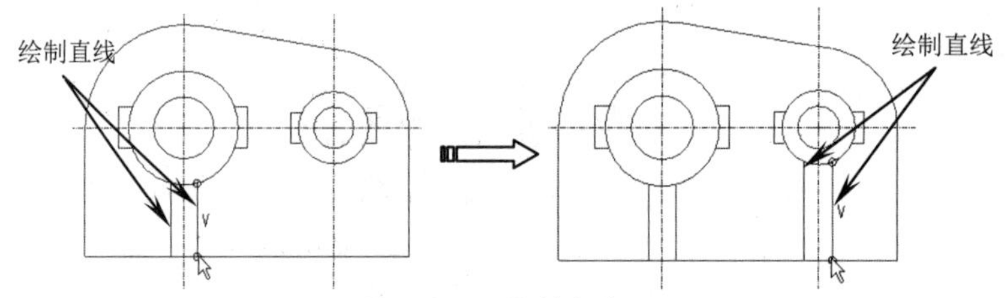

图 2-156 绘制直线

⑲ 将尺寸标注隐藏起来。在【约束】面板中使用【对称】的约束方式，将绘制的竖直方向直线沿中心线对称，如图 2-157 所示。

⑳ 约束添加完成后，双击其尺寸值，修改尺寸，左侧直线间距离为“5.0”，右侧直线间距离为“4.0”，如图 2-158 所示。

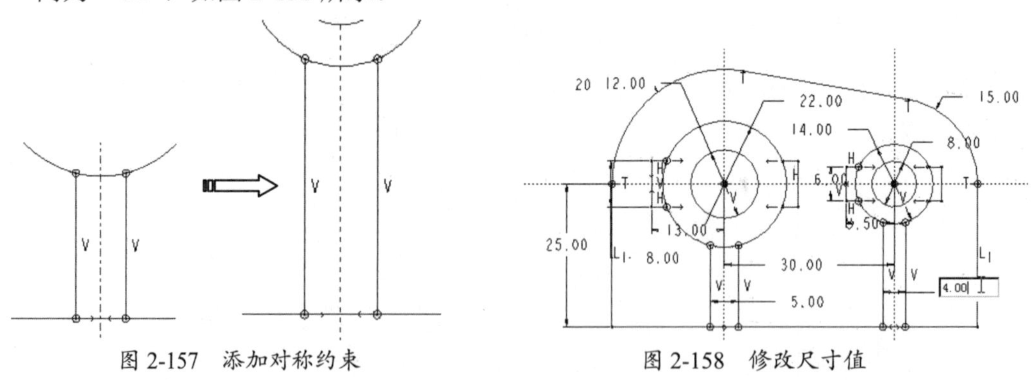

图 2-157 添加对称约束

图 2-158 修改尺寸值

㉑ 关闭尺寸和约束的显示。单击【删除段】按钮，按住鼠标左键移动光标，在左侧圆拖出一条轨迹线，将多余的轨迹线修剪掉，再在右侧圆拖出一条轨迹线，修剪多余线段，如图 2-159 所示。

㉒ 在【草绘器】工具栏中关闭尺寸和约束的显示，完成后的草图如图 2-160 所示。

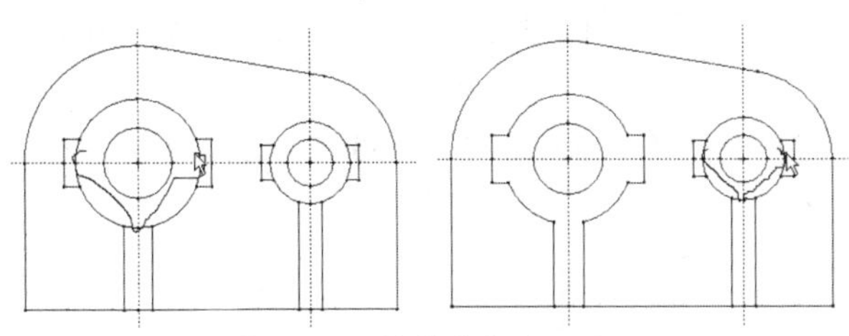

图 2-159　修剪多余线段

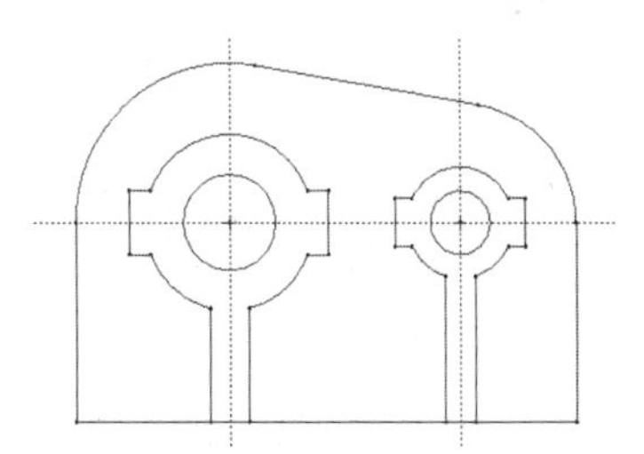

图 2-160　绘制完成的草图

2.6.2　实例二：绘制摇柄零件草图

下面以绘制如图 2-161 所示的摇柄轮廓图为例，来讲述草图的绘制步骤及操作方法，使用户进一步加深理解。

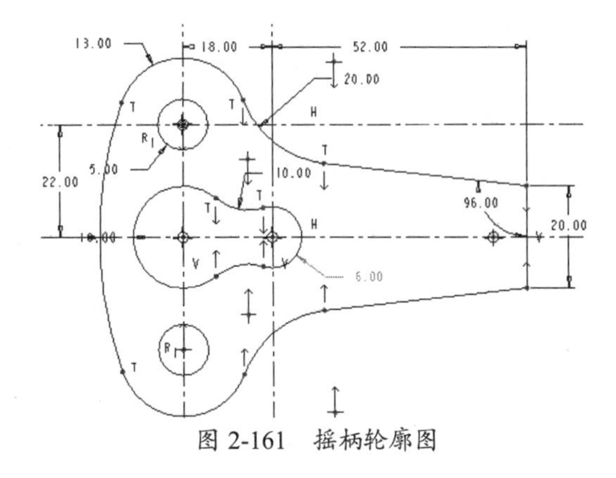

图 2-161　摇柄轮廓图

① 新建名为“yaobing”的草图文件。设置工作目录，并进入草绘模式。

② 单击【草绘器】工具栏中的【中心线】按钮，绘制如图 2-162 所示的中心线，并修改距离为 22 和 18。

③ 单击【草绘器】工具栏中的【圆心和点】按钮，绘制如图 2-163 所示的圆并修改半径尺寸。

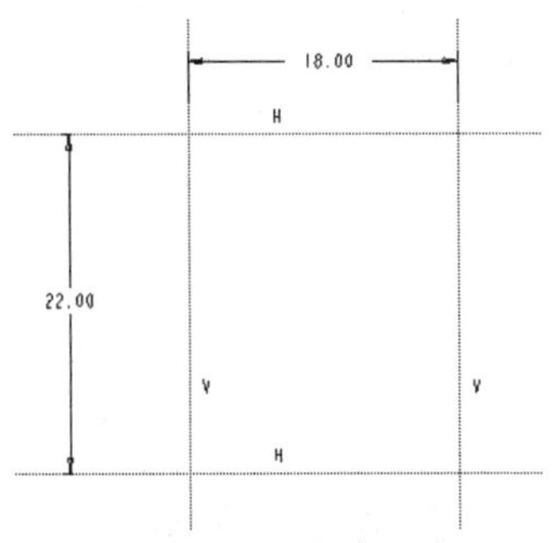

图 2-162　绘制中心线

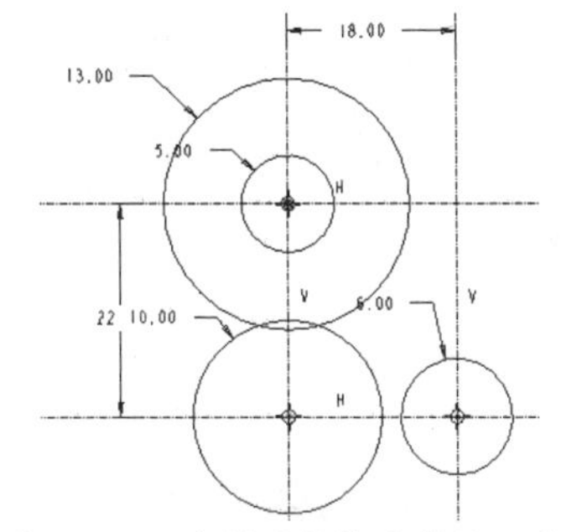

图 2-163　绘制圆并修改半径尺寸

④ 单击【草绘器】工具栏中的【线】按钮，绘制如图 2-164 所示的直线段，并修改其定位尺寸和长度尺寸。

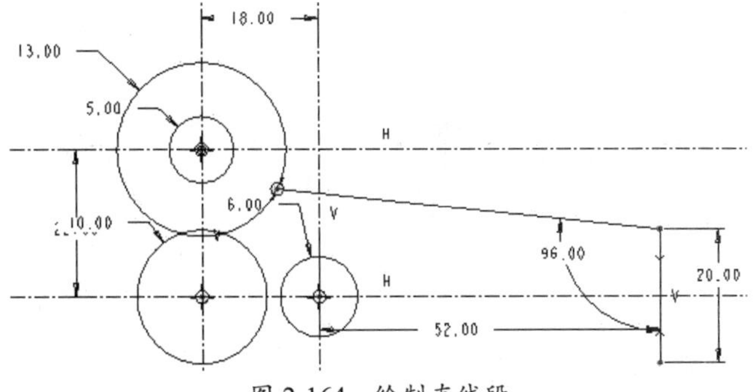

图 2-164　绘制直线段

⑤ 单击【草绘器】工具栏中的【圆形】按钮，绘制如图 2-165 所示的两个圆弧并修改其半径为 20 和 10。

⑥ 单击【草绘器】工具栏中的【删除段】按钮，按照如图 2-166 所示的修剪图形。

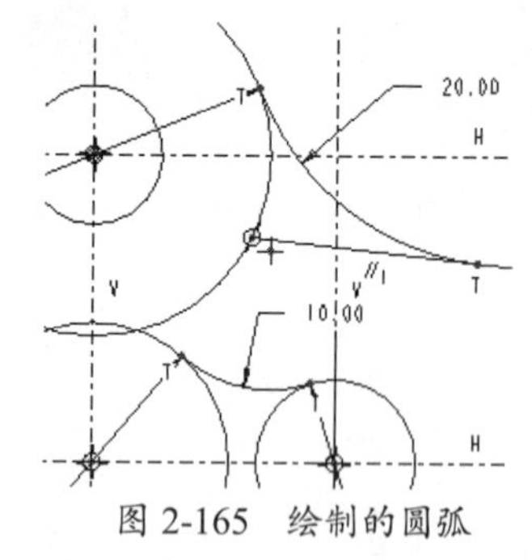

图 2-165 绘制的圆弧

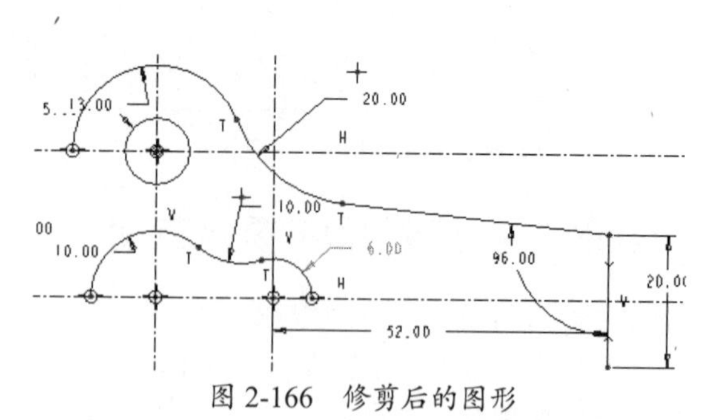

图 2-166 修剪后的图形

⑦ 选择前面绘制的圆弧和直线段，单击【草绘器】工具栏中的【镜像】按钮，从绘图区中选择水平轴线为镜像轴线，完成镜像操作，效果如图 2-167 所示。

⑧ 单击【草绘器】工具栏中的【圆心和点】按钮，绘制与左上左下两圆弧相切的圆，并修改其半径为 80，效果如图 2-168 所示。

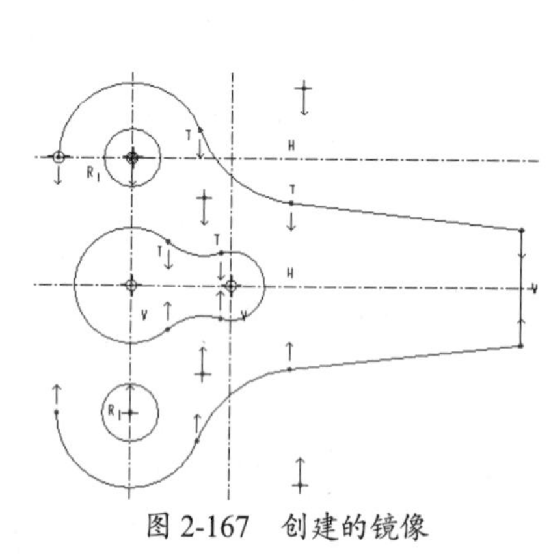

图 2-167 创建的镜像

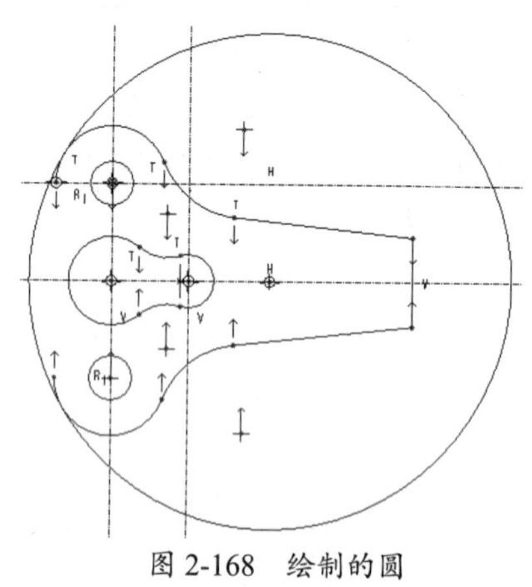

图 2-168 绘制的圆

⑨ 单击【草绘器】工具栏中的【删除段】按钮，将多余的线段修剪掉，效果如图 2-169 所示。

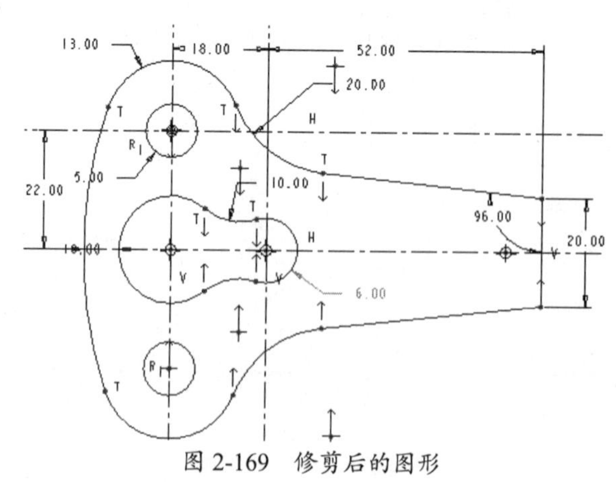

图 2-169 修剪后的图形

CHAPTER 3

建立基础特征

本章导读

基础特征命令是构建模型的基本功能命令。在国内外流行的三维设计软件中都具有通用功能。

建立一个模型，基础特征是主要特征，也是父特征，包括常见的拉伸、旋转、扫描、混合等。本章将详解基础特征的含义、用法及实例操作。

知识要点

☑ 零件设计过程
☑ 拉伸特征
☑ 旋转特征
☑ 扫描特征
☑ 螺旋特征
☑ 混合特征
☑ 扫描混合特征

扫码看视频

3.1 特征建模

其实，使用 Pro/E 创建实体模型的过程和在生产上通过各类加工设备制造产品的过程有许多共同之处，因此可以通过二者的对比来理解三维实体建模的基本原理和建模方法。

3.1.1 三维建模的一般过程

在机械加工中，为了保证加工结果的准确性，首先需要画出精确的加工轮廓线。与之相对应的是，在创建三维实体特征时，需要绘制二维草绘剖面，通过该剖面来确定特征的形状和位置。在第 1 章中曾经讲过，Pro/E 使用特征作为实体建模的基本单位，图 3-1 说明了三维实体建模的一般过程。

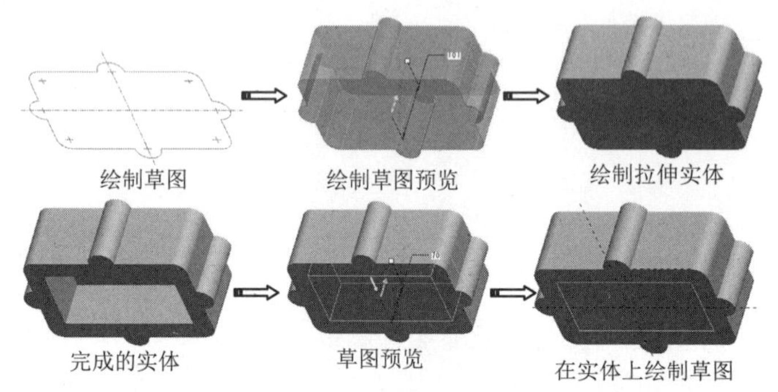

图 3-1 三维实体建模示例

在 Pro/E 中，在草绘平面内绘制的二维图形被称作草绘剖面或草绘截面。在完成剖（截）面图的创建工作之后，使用拉伸、旋转、扫描、混合以及其他高级方法创建基础实体特征，然后在基础实体特征之上创建孔、圆角、拔模以及壳等放置实体特征。

使用 Pro/E 创建三维实体模型时，实际上是以“搭积木”的方式依次将各种特征添加到已有模型之上，从而构成具有清晰结构的设计结果。图 3-2 表达了一个“十字接头”零件的创建过程。

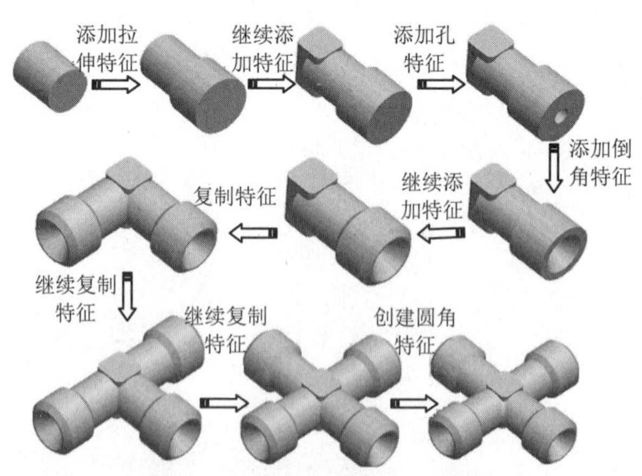

图 3-2 三维实体建模的一般过程

使用 Pro/E 创建零件的过程中实际上也是一个反复修改设计结果的过程。Pro/E 是一个人性化的大型设计软件，其参数化的设计方法为设计者轻松修改设计意图打开了方便之门，使用软件丰富的特征修改工具可以轻松更新设计结果。此外，使用特征复制、特征阵列等工具可以毫不费力地完成特征的“批量加工”。

3.1.2 特征建模技术分享

对于新手而言，快速有效地建立三维模型是一大难题，其实归纳一下无非有以下几点：

- 软件中的建模指令不熟悉；
- 视新手掌握工程制图知识的程度，看图纸有一定难度；
- 模型建立的先后顺序模糊不清，无从着手。

对于同样的一个模型，我们可以用不同的建模思路（思路不同，所利用的指令也会不同）去建立，“条条道路通罗马”就是这个意思。

基于以上列出的 3 点，前 2 点可以在长期的建模训练中得到解决或加强。最关键的就是第 3 点：建模思路的确定。接下来谈谈相关的基本建模思路。

目前，建模手段分 3 种：参照图纸建模、参照图片建模和逆向点云构建曲面建模。其中，参照图片建模和逆向点云建模主要在曲面建模中得到完美体现，故本节不做重点讲解，下面仅讲解参照图纸建模的建模手段。

1. 参照一张图纸建模

当我们需要为一张机械零件图纸进行三维建模时，图纸是唯一的参照，举例说明看图分析方法。模型建立完成的方式也分两种：叠加法和消减法。

（1）叠加法建模

如图 3-3a 所示，是一个典型的机械零件立体视图，立体视图中标清、标全了尺寸。

虽然只有一个视图，但尺寸一个都没有少，据此是可以建立三维模型的。问题是如何一步一步去实现呢？叠加法建模思路如下。

- 首先查找建模的基准，也就是建模的起点。此零件（或者说此类零件）都是有“座”的，我们称为底座。凡是有底座的零件，一律从底座开始建模。
- 找到建模起点，那么就可以遵循“从下往上”“从上往下”“由内向外”或者“由外向内”的原则依次建模。
- 在遵循建模原则的同时，还要判断哪些是主特征（软件中称为“父特征”）、哪些是附加特征（软件中称为“子特征”）。先有父特征，再有子特征（不过有些子特征可以和父特征一起建立，操作步骤省略），千万要记住！
- 对于此零件，我们可以给出一个清晰的建模流程，如图 3-3b 所示。

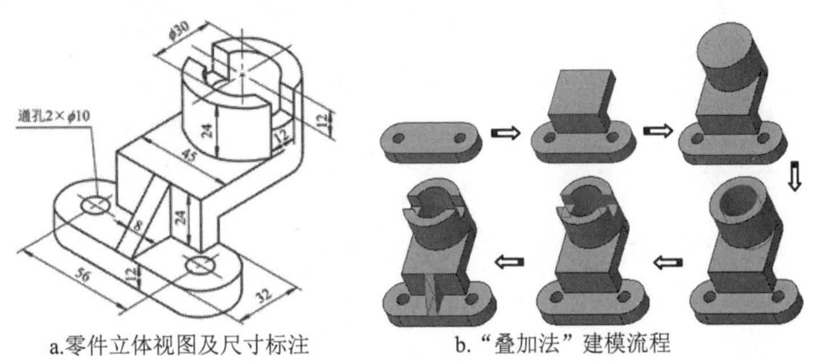

a.零件立体视图及尺寸标注　　b.“叠加法”建模流程

图 3-3　叠加法建模

（2）消减法建模

消减法建模与叠加法建模恰恰相反，此方法应用的案例要少于叠加法。主要原因是建模的逻辑思维是逆向的，不便于掌握。

如图 3-4a 所示的机械零件，仅仅是一个立体视图。观察模型得知，此零件有底座，那么建模从底座开始，但由于采用了消减法建模，所以我们必须首先就要建立出基于底座底面至模型的顶面之间的高度模型，然后才逐一按照从上到下的顺序依次减除多余部分的体积，直至得到最终的零件模型。如图 3-4b 所示为消减法的建模流程分解图。

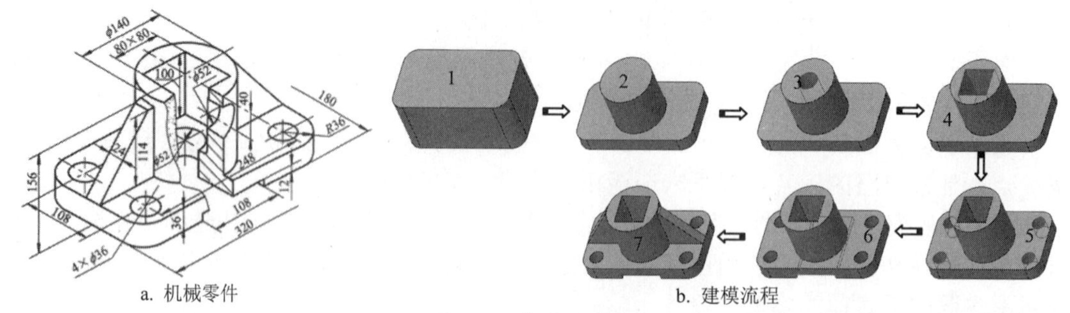

a. 机械零件　　b. 建模流程

图 3-4　消减法建模

建模方法总结

前面介绍的两种建模方法从建模流程的图解中可以看出，并非完全都是叠加或消减，而是两者相互融合使用。比如“叠加法”中第 4 步和第 5 步就是消减步骤，而“消减法”建模流程中的第 7 步就是叠加法建模的特征。这说明建模时，不能单纯靠某一种方式去解决问题，而是多方面去分析，当然能够单独用某一种建模方法解决的，也不必再使用另一种方式，总之，以“最少步骤”完成设计为依据。

2. 参照三视图建模

如果图纸是多视图的，能完整清晰地表达出零件各个视图方向及内部结构的情况，那么建模就变得相对容易多了。

如图 3-5a 所示为一幅完整的三视图及模型立体视图（轴侧视图）。图纸中还直接给出了建模起点，也就是底座所在平面。这个零件属于对称型的零件，用【拉伸】命令即可完成，结构还是比较简单的。如图 3-5b 所示为建模流程图解。

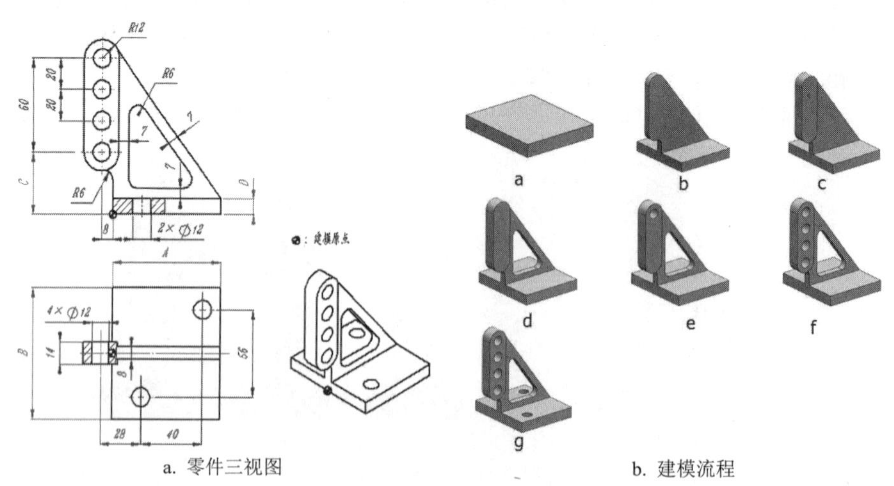

a. 零件三视图　　b. 建模流程

图 3-5　参照零件三视图建模一

再接着看如图 3-6a 所示的零件三视图。此零件的建模起点虽然在底部，但是由于底座由 3 个小特征组合而成，那么就要遵循由大到小、由内向外的建模原则，以此完成底座部分的创建，然后才是从下往上、由父特征到子特征地依次建模。如图 3-6b 所示为建模流程图解。

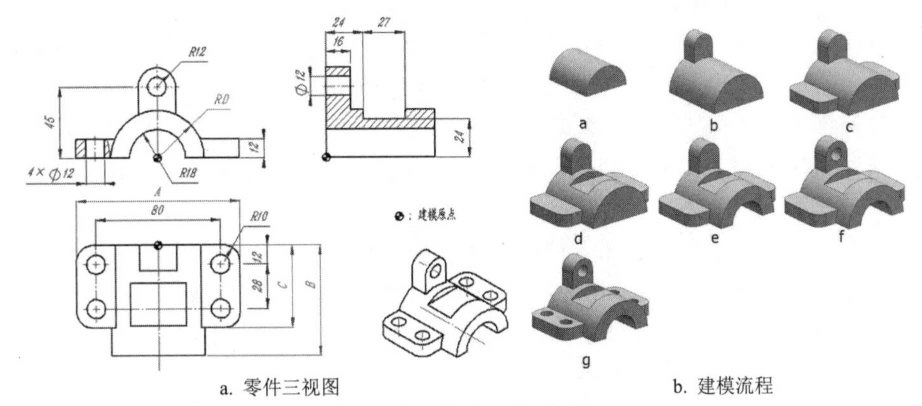

a. 零件三视图　　b. 建模流程

图 3-6　参照零件三视图建模二

最后我们再看一张零件的三视图，如图 3-7a 所示。此零件与图 3-4 的模型结构是类似的。不过在本零件中我们可以采用从上往下进行建模，理由是顶部的截面是圆形的，圆形在二维图纸中通常充当的是尺寸基准、定位基准。此外，顶部的这个特征是圆形的，是可以独立创建出来的，无须参照其他特征来完成，在 Creo 软件中通常可以使用 3 种不同的命令来创建【拉伸】【旋转】或者【扫描】。

如图 3-7b 所示为零件的建模流程图解。

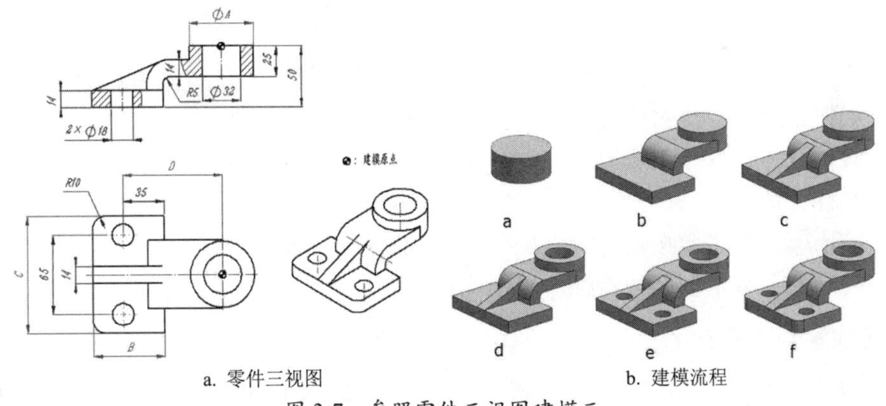

a. 零件三视图　　b. 建模流程

图 3-7　参照零件三视图建模三

3.2　拉伸特征

拉伸是定义三维几何的一种方法，通过将二维截面延伸到垂直于草绘平面的指定距离处来实现。

拉伸特征虽然简单，但它是常用的、最基本的创建规则实体的造型方法，工程中的许多实体模型都可看作是多个拉伸特征互相叠加或切除的结果。拉伸特征多用于创建比较规则的实体模型。

3.2.1 拉伸操控面板

在右工具栏中单击【拉伸工具】按钮，可以打开如图 3-8 所示的操控面板，基本实体特征的创建是配合操控面板完成的。

【拉伸】命令操控面板中各选项含义如下：

- 拉伸为实体：选择此项，用以生成实体特征。
- 拉伸为曲面：选择此项，拉伸后的特征为曲面片体。
- 拉伸深度类型列表：下拉列表中列出了几种特征拉伸的方法：从草绘平面以指定的深度值拉伸，在各方向上以指定深度值的一半，拉伸至点、曲线、平面或曲面，等等。
- 深度值输入文本框：选择一种拉伸深度类型后，在此文本框内输入深度值。如果选择【拉伸至点、曲线、平面或曲面】类型，此框变为收集器。
- 更改拉伸方向：单击此按钮，拉伸方向将与现有方向相反。

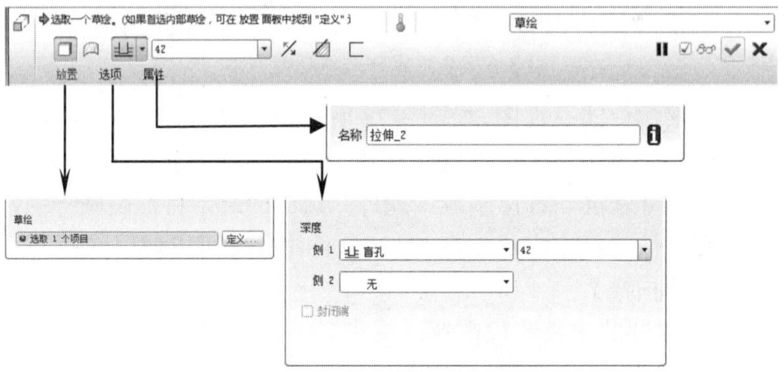

图 3-8 【拉伸】操控面板

- 移除材料：单击此按钮，将创建拉伸切除特征，即在实体中减除一部分实体。
- 加厚草绘：单击此按钮，将创建薄壁特征。
- 暂停：暂停此工具以访问其他对象操作工具。
- 特征预览：单击此按钮，将不预览拉伸。
- 应用：单击此按钮，接受操作并完成特征的创建。
- 关闭：取消创建的特征，退出当前命令。

1. 【放置】选项卡

【放置】选项卡主要定义特征的草绘平面。在草绘平面收集器激活的状态下，可直接在图形区中选择基准平面或模型的平面作为草绘平面。也可以单击【定义】按钮，在弹出的【草绘】对话框中编辑、定义草绘平面的方向和参照等，如图 3-9 所示。

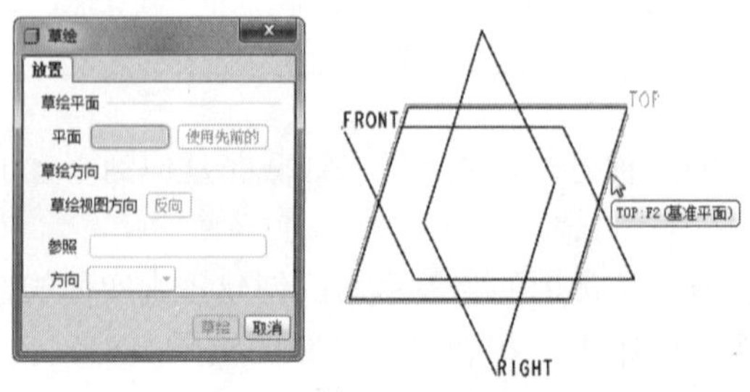

图 3-9 草绘平面的定义

当选取创建第一个实体特征时，一般会使用程序所提供的 3 个标准的基本平面：RIGHT 面、FRONT 面和 TOP 面的其中之一来作为草绘平面。

在选择草绘平面之前，要保证【草绘】对话框中的草绘平面收集器处于激活状态（文本框背景色为黄色）。然后在绘图区中单击 3 个标准基本平面中任意一个平面，程序会自动将信息在草绘对话框中显示出来。

技巧点拨

如果选择的模型平面可能会因为缺少参考而无法完成草绘时，或者在草绘过程中误操作删除了参考（基准中心线），那么即将退出草图环境时，会弹出警告对话框，单击【否】按钮后弹出【参照】对话框，如图 3-10 所示。最好的解决办法是：选择零件坐标系作为参照即可。

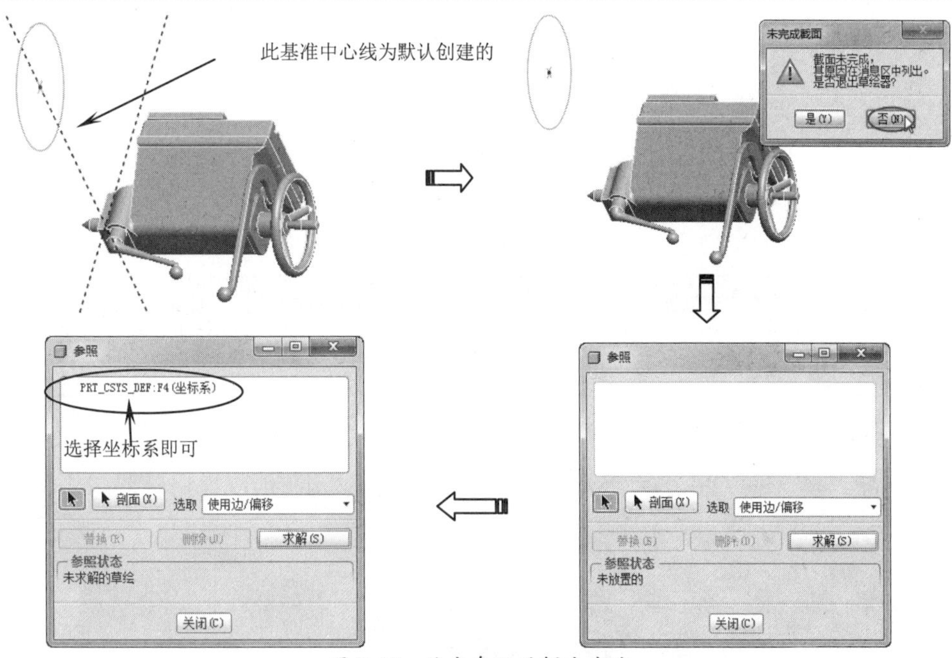

图 3-10 缺少参照的解决办法

2. 【选项】选项卡

此选项卡用来设置拉伸深度类型、单侧或双侧拉伸及拔模等选项，如图 3-11 所示。

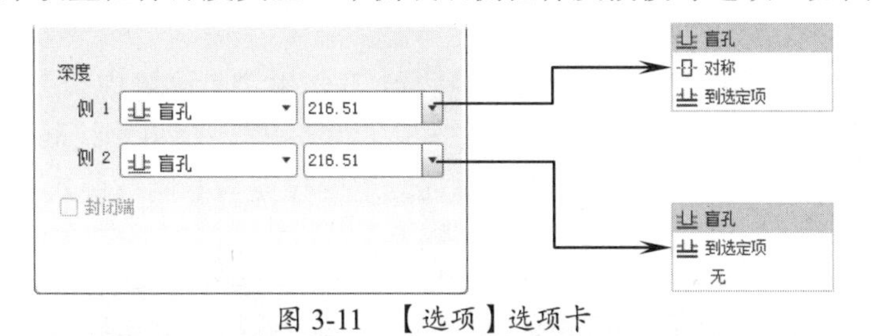

图 3-11 【选项】选项卡

提示

【侧 1】和【侧 2】下拉列表中的选项并非固定，这些选项根据用户以何种形式来创建拉伸特征而做出选择：是初次创建拉伸，还是在已有特征上再创建拉伸特征。

【封闭端】选项主要用来创建拉伸曲面时封闭两端以生成封闭的曲面。勾选【封闭端】复选框，可以创建闭合的曲面特征，如图 3-12 所示。

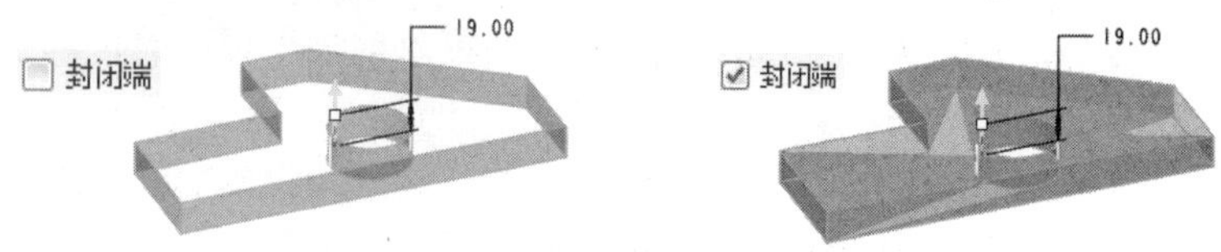

图 3-12　创建闭合的曲面特征

3.2.2　拉伸深度类型

特征深度是指特征生长长度。在三维实体建模中，确定特征深度方法主要有 6 种，如图 3-13 所示的拉伸深度类型。

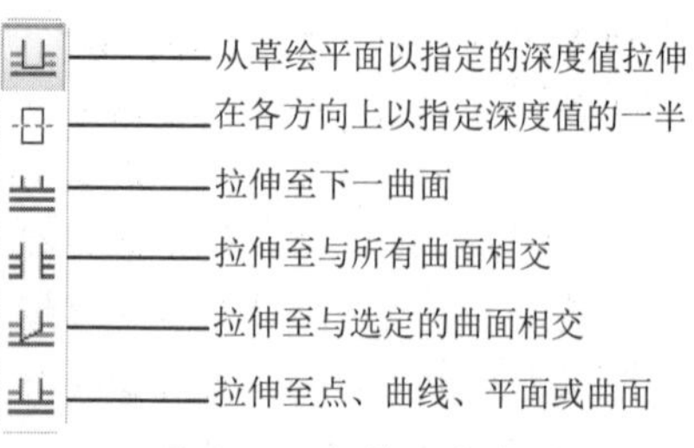

图 3-13　拉伸深度类型

提示

如果是创建第一次拉伸实体，拉伸深度类型仅有前 3 种。如果是在已有特征上创建拉伸特征，就会显示全部 6 种拉伸深度类型。

1. 从草绘平面以指定的深度值拉伸

如图 3-14 所示为 a、b、c 三种不同方法从草绘平面以指定的深度值拉伸。

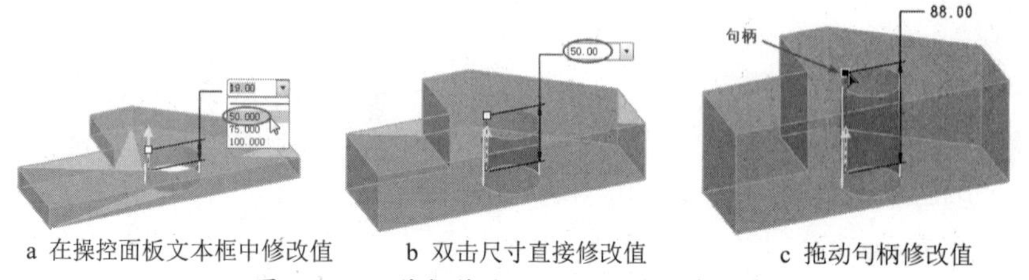

a 在操控面板文本框中修改值　　b 双击尺寸直接修改值　　c 拖动句柄修改值

图 3-14　3 种数值输入方法设定拉伸深度

2. 在各方向上以指定深度值的一半

此类型是在草绘截面两侧分别拉伸实体特征。在深度类型列表中单击【在各方向上以指定深度值的一半】按钮，然后在文本框中输入数值，程序会将草绘截面以草绘基准平面往两侧拉伸，深度各为一半。如图 3-15 所示的为单侧拉伸与双侧拉伸效果。

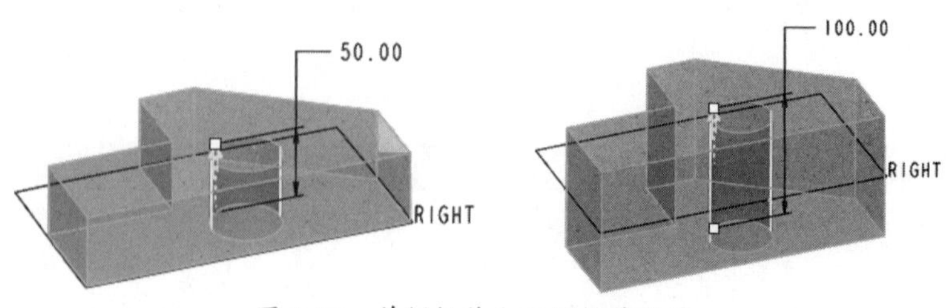

图 3-15　单侧拉伸和双侧拉伸效果

3. 拉伸至下一曲面

单击【拉伸至下一曲面】按钮后，实体特征拉伸至拉伸方向上的第一个曲面，如图3-16所示。

4. 拉伸至与所有曲面相交

选择【拉伸至与所有曲面相交】按钮后，可以创建穿透所有实体的拉伸特征，如图3-17所示。

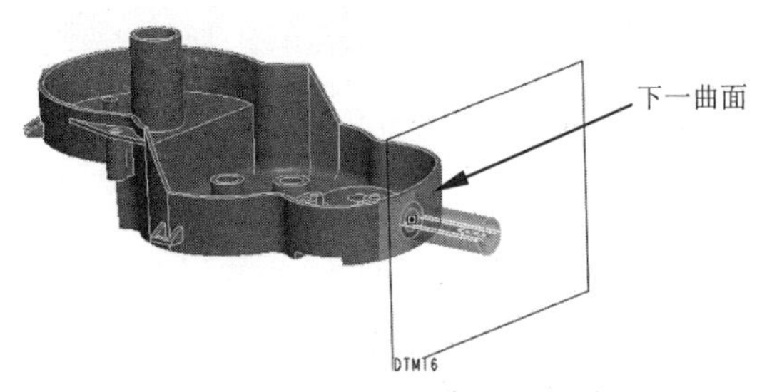

图3-16 拉伸至下一个曲面

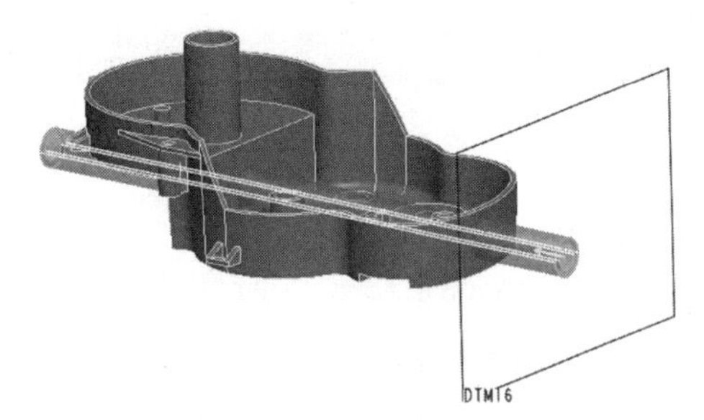

图3-17 拉伸至与所有曲面相交

5. 拉伸至与选定的曲面相交

如果单击【拉伸至与选定的曲面相交】按钮，根据程序提示选定要相交的曲面，即可创建拉伸实体特征，如图3-18所示。

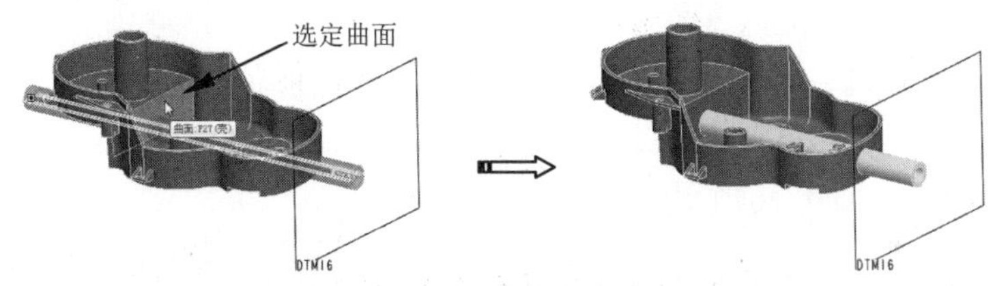

图3-18 拉伸至与选定的曲面相交

技巧点拨

此深度选项，只能选择在截面拉伸过程中所能相交的曲面，否则不能创建拉伸特征。如图3-19所示，选定没有相交的曲面，不能创建拉伸特征，并且强行创建特征会弹出【故障排除器】对话框。

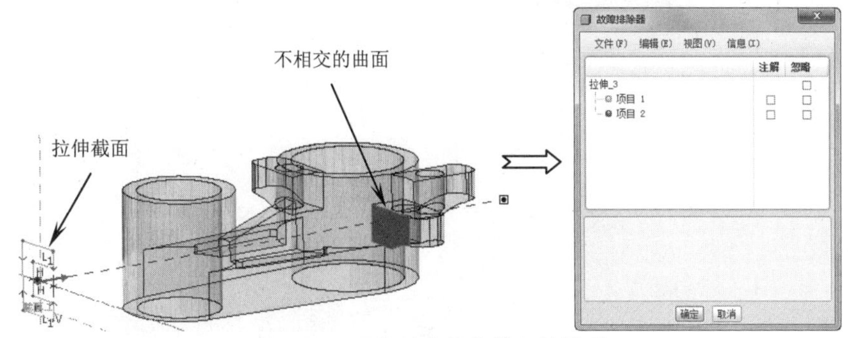

图3-19 不能创建拉伸特征的情形

6. 拉伸至点、曲线、平面或曲面

选中【拉伸至点、曲线、平面或曲面】按钮，将创建如图3-20所示的指定点、线、面为参照的实体模型。

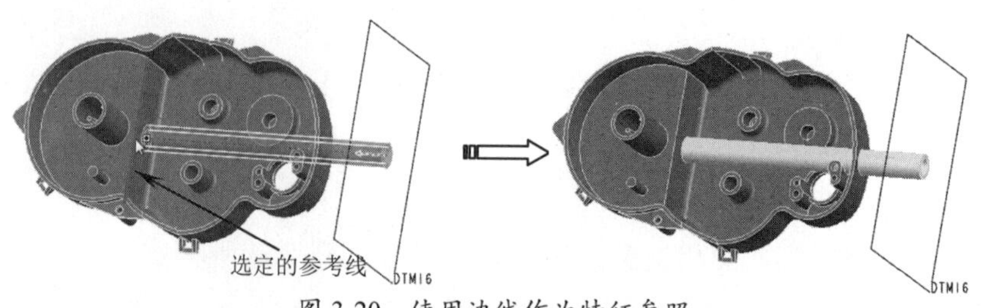

图 3-20　使用边线作为特征参照

提示

【拉伸至点、曲线、平面或曲面】选项，当选定的参考是点、曲线或平面时，只能拉伸至与所选参考接触，拉伸特征端面为平面。若是选定的参考为曲面，那么拉伸的末端形状与曲面参考相同。

3.2.3　减材料实体特征

减材料实体特征是指在实体模型上移除部分材料的实体特征。减材料拉伸与加材料拉伸的操作过程类似，区别在于创建减材料特征时还需要指定材料侧的参数，而加材料则由程序自动确定材料边侧。下面介绍用拉伸命令创建减材料实体特征的操作。

上机实践——创建心形实体特征

操作步骤如下：

① 打开本例源文件"3-1.prt"。

② 在右工具栏中单击【拉伸】按钮，弹出拉伸操控面板。在【放置】选项卡中单击【定义】按钮，打开【草绘】对话框。选择实体特征上表面为草绘平面。单击【草绘】按钮进入草绘环境，如图 3-21 所示。

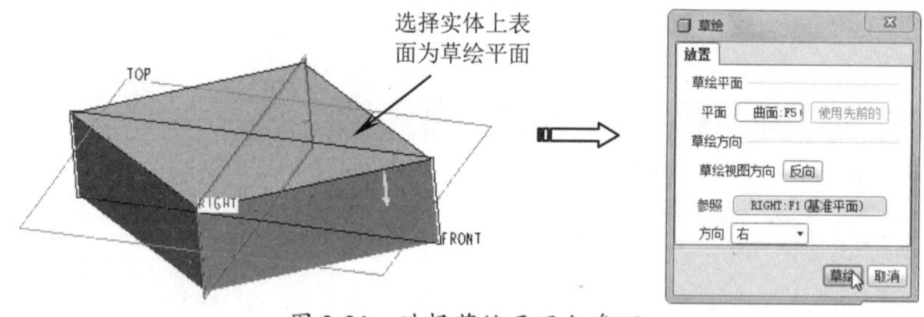

图 3-21　选择草绘平面与参照

③ 在草绘模式中绘制出如图 3-22 所示的截面轮廓，验证无误后单击【应用】按钮完成草绘。

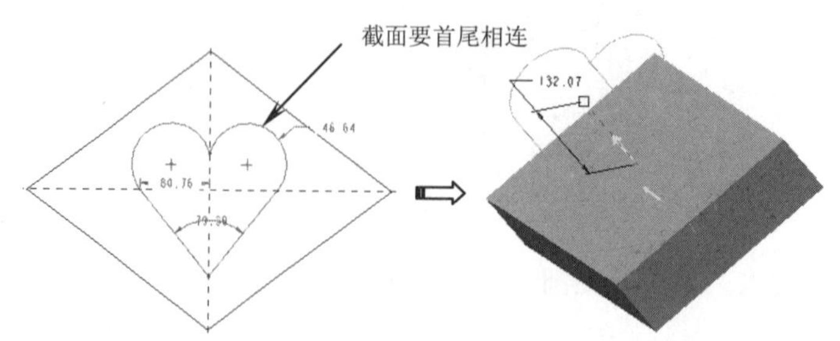

图 3-22　绘制拉伸截面

④ 绘制截面以后就可以进行拉伸方向和截面移除方向的设定了。单击操控面板上【去除材

料】按钮，绘图区中的图形上显示两个控制方向的箭头，垂直于草绘平面方向的箭头是截面拉伸方向。由于本例是减材料实体创建，需要单击【反向】按钮，改变拉伸方向，预览无误后单击【应用】按钮，结束特征创建，如图 3-23 所示。

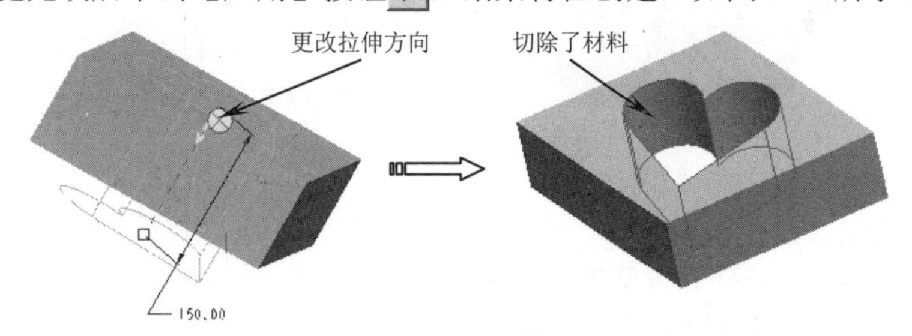

图 3-23　创建减材料特征

技巧点拨

在移除材料的拉伸中，如果将拉伸方向指向了无材料可移除的那一侧，则不能进行操作，所以特征的创建会失败。在建立切口类型的特征时，若最后程序提示有错误产生，注意查看是否缘于此因。

⑤ 平行于草绘平面的箭头控制截面材料的移除方向，它的设定方法与添加材料拉伸方向的设定方法相同，单击操控面板上【去除材料】按钮右侧的【反向】按钮，使截面材料移除方向与先前所创建特征的显示方向相反，会有不同结果显示，如图 3-24 所示。

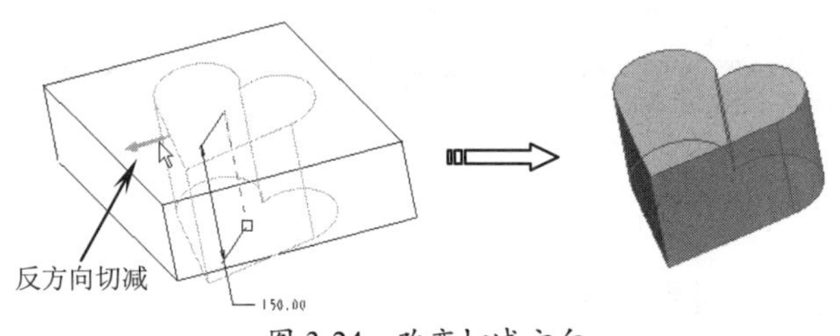

图 3-24　改变切减方向

3.2.4　拉伸薄壁特征

薄壁特征又称为加厚草绘特征。薄壁特征为草绘截面轮廓指定一个厚度以此拉伸得到薄壁。适于创建具有相同厚度的特征。创建草绘截面后，单击操控面板上的【加厚草绘】按钮，在右侧的文本框中输入截面加厚值，默认情况下加厚截面内侧。单击最右端的【反向】按钮可以更改加厚方向，并加厚截面外侧，再次单击则加厚截面两侧，每侧加厚厚度各为一半。如图 3-25 所示为拉伸操控面板上特征加厚的选项设置。

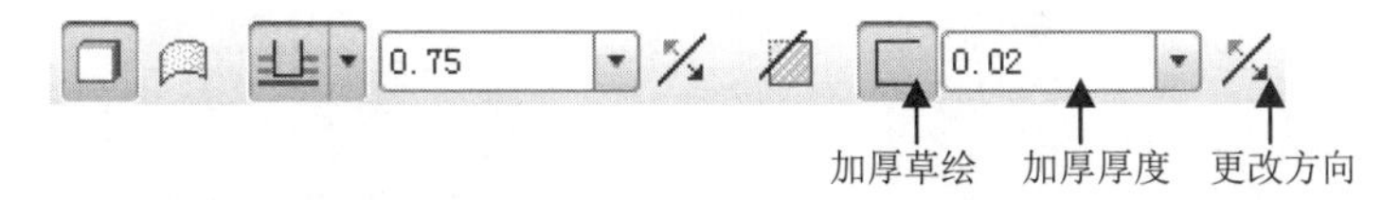

图 3-25　特征加厚的选项设置

上机实践——创建薄壁特征

① 打开本例源文件“3-2.prt”。

② 单击右工具栏中的【拉伸】按钮，弹出拉伸操控面板。在操控面板的【放置】选项卡上单击【定义】按钮，打开【草绘】对话框。然后选择实体特征表面为草绘平面的默认参照，进入草绘状态，绘制如图 3-26 所示的截面轮廓。

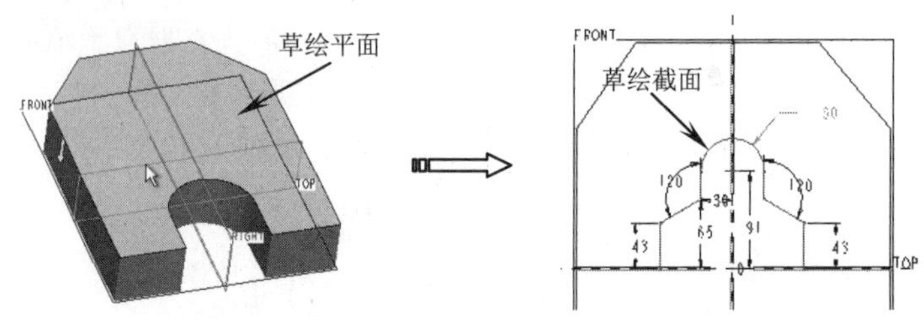

图 3-26　草绘截面轮廓

③ 草绘截面绘制完并确认无误后，单击【应用】按钮 进入操控面板。首先单击【加厚草绘】按钮，在拉伸深度值输入框中输入数值 115，在草绘截面加厚参数值输入框中输入数值 2，并改变草绘截面加厚方向，按【Enter】键预览，再次单击【应用】按钮完成薄壁特征的创建，如图 3-27 所示。

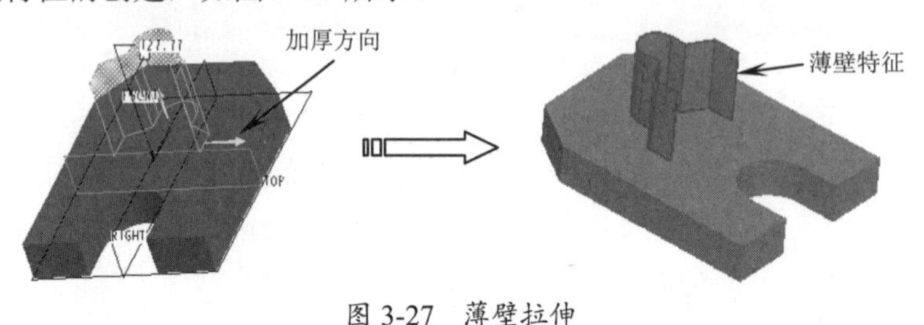

图 3-27　薄壁拉伸

提示

在使用开放截面创建薄壁特征时，一定要先在操控面板中选择【加厚草绘】按钮，才能进行开放截面的特征创建，否则程序会出现错误提示信息。

3.2.5　【暂停】与【特征预览】功能

【暂停】就是暂停当前的工作。单击【暂停】按钮，即为暂停当前正在操作的设计工具，该按钮为二值按钮，单击后转换为【继续使用】 按钮，继续单击该按钮可以退出暂停模式，接着进行暂停前的工作。

【特征预览】是指在模型草绘图创建完成后，为了检验所创建的特征是否满足设计的需要，运用此工具可以提前预览特征设计的效果，如图 3-28 所示。

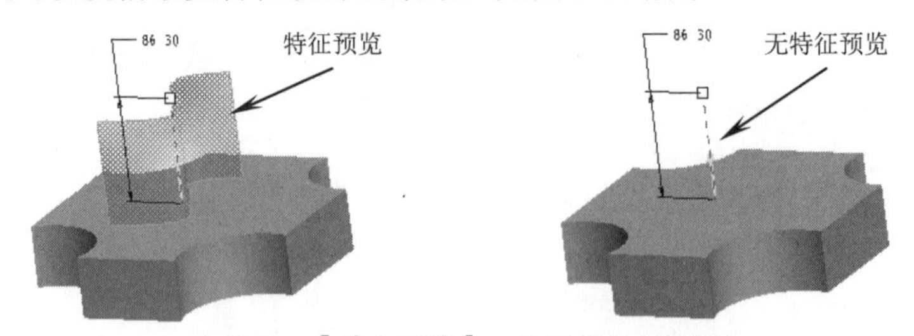

图 3-28　【特征预览】工具运用与否比较

上机实践——支座设计

① 新建名为“zhizuo”的零件文件。

② 在右工具栏中单击【拉伸】按钮打开拉伸操控面板，单击【放置】选项卡的【定义】按钮打开【草绘】对话框，如图 3-29 所示。选取标准基准平面 FRONT 作为草绘平面，直接单击【草绘】按钮使用程序默认的设置参照进入草绘模式。

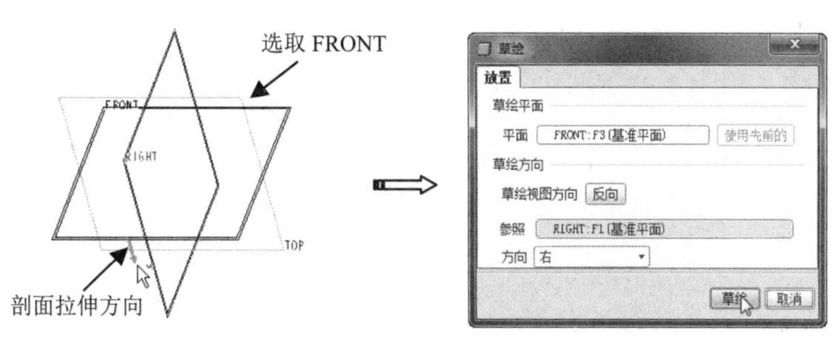

图 3-29 选取草绘平面

③ 绘制如图 3-30 所示的草绘剖面轮廓。特征预览确认无误后，单击【确定】按钮完成第一个拉伸实体特征的创建。

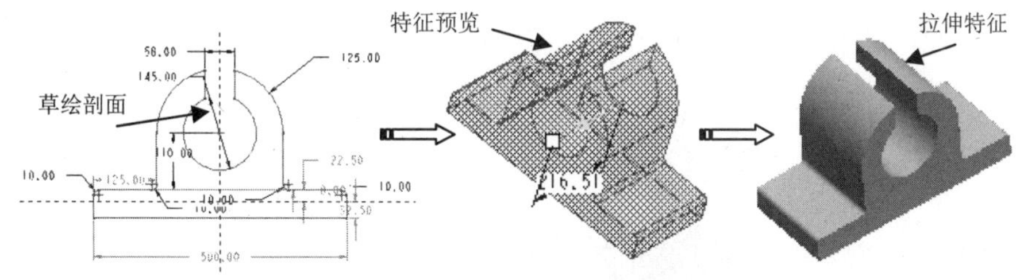

图 3-30 创建支座主体

④ 在右工具栏中单击【基准平面工具】按钮，打开【基准平面】对话框，选取 TOP 平面为参照平面往箭头所指定方向偏移 285，单击【确定】按钮，完成新基准平面的创建，如图 3-31 所示。

图 3-31 新建 DTM1 基准平面

⑤ 再次单击【拉伸工具】按钮，设置新创建的 DTM1 为草绘平面，使用程序默认设置参照平面与方向，进入草绘模式中。单击【通过边选取图元】按钮，选取如图 3-32 所示的实体特征边线为选取的图元，再绘制如图 3-32 所示的草绘剖面。

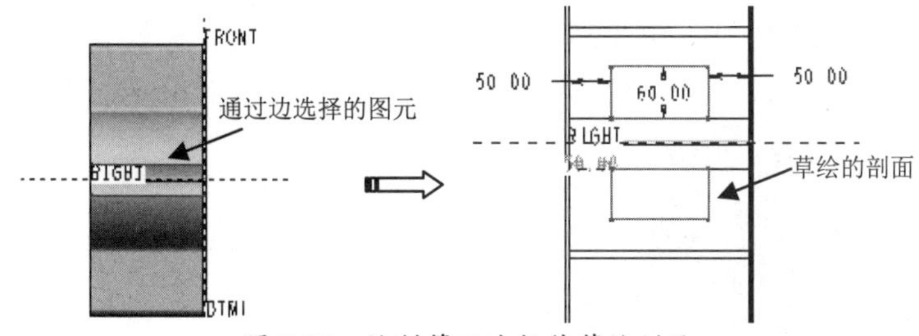

图 3-32 绘制第二次拉伸草绘剖面

⑥ 单击【应用】按钮，在操控面板上拉伸类型选项中选择【拉伸至下一曲面】选项。并单

击【反向】按钮，改变拉伸方向，预览无误后单击【应用】按钮结束第二次拉伸实体特征的创建，如图 3-33 所示。

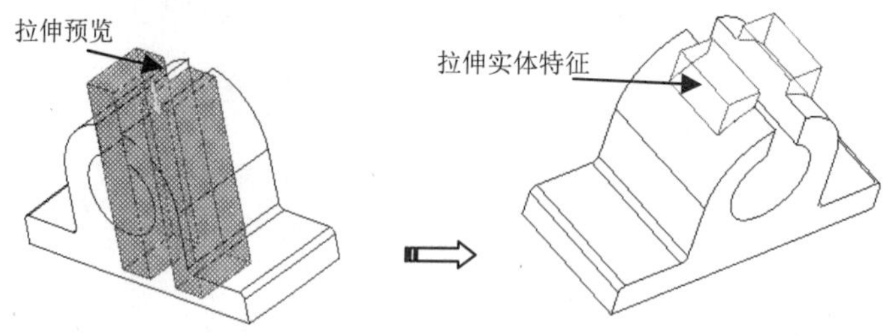

图 3-33　拉伸至支座主体

⑦ 运用同样的方法创建第 3 个拉伸实体特征，在实体特征上选取草绘平面，采用程序默认的设置参照，进入草绘模式并绘制如图 3-34 所示的剖面轮廓。

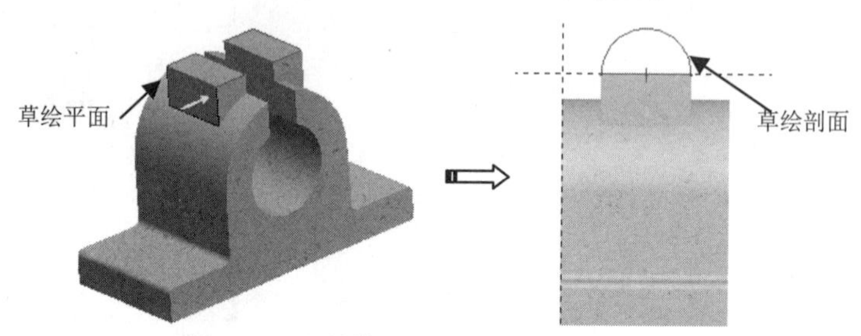

图 3-34　绘制第三次拉伸草绘剖面

⑧ 在操控面板拉伸深度类型中单击【拉伸至选定的点、曲线、曲面】按钮，在实体特征上选取一个面作为选定曲面。确认无误后单击【应用】按钮结束拉伸实体特征的创建，如图 3-35 所示。

⑨ 用类似方法创建对称位置的第四个拉伸实体特征，如图 3-36 所示。

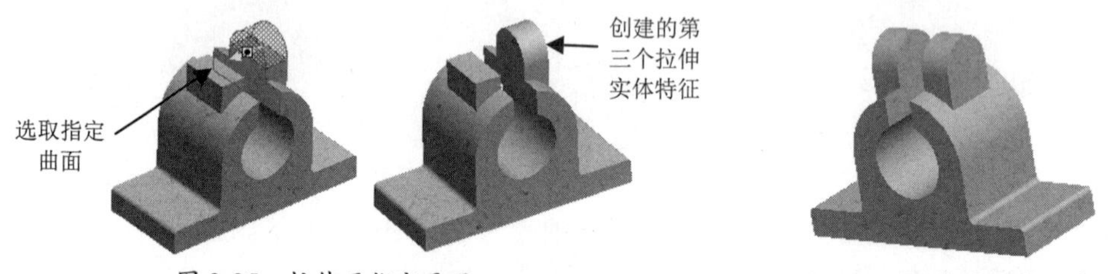

图 3-35　拉伸至指定平面　　图 3-36　创建对称实体特征

⑩ 选取实体特征上的一个平面作为草绘平面，使用程序默认的设置参照，进入草绘模式，使用【同心圆】工具绘制如图 3-37 所示的草绘剖面。

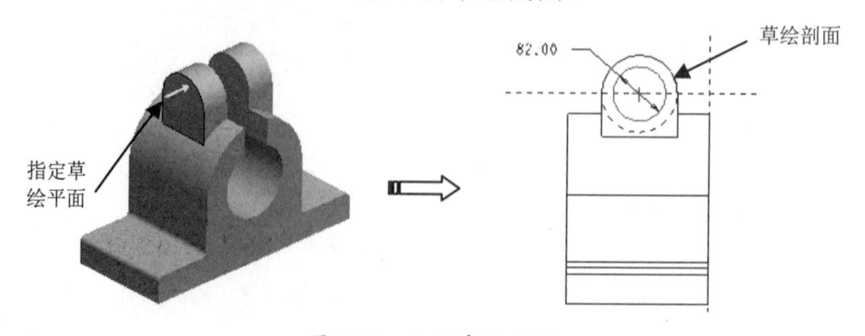

图 3-37　绘制穿孔剖面

⑪ 创建第五个拉伸实体特征。在操控面板上单击【拉伸至与所有曲面相交】按钮，单击【反向】按钮，最后单击【去除材料】按钮，预览无误后单击【应用】按钮结束第五个拉伸实体特征的创建，如图 3-38 所示。

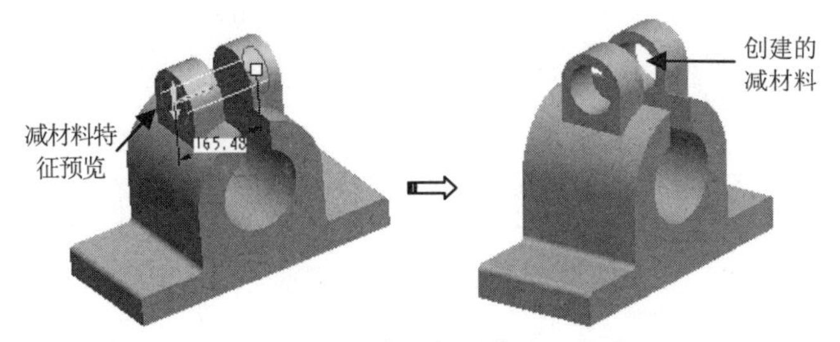

图 3-38 拉伸至与所有曲面相交

⑫ 支座的 4 个固定孔，则同样用拉伸减材料实体特征的方法来创建。选取底座上的一个平面作为草绘平面，绘制如图 3-39 所示的草绘剖面，在操控面板上单击【拉伸至与所有曲面相交】按钮，单击【反向】按钮，最后单击【去除材料】按钮。

⑬ 确认无误后，单击【应用】按钮完成整个支座零件的创建，如图 3-40 所示。

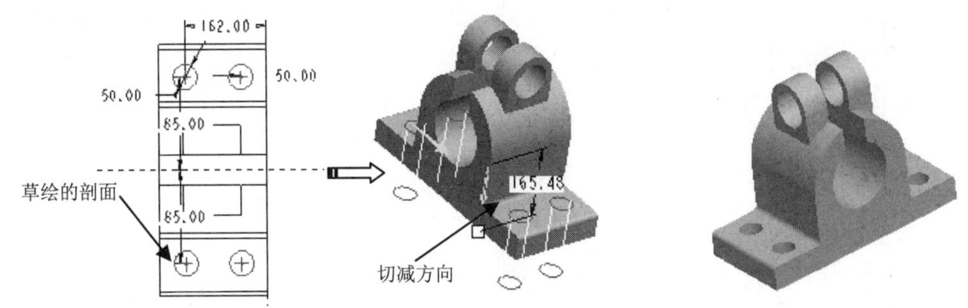

图 3-39 创建支座底部的 4 个固定孔　　图 3-40 支座零件

3.3 旋转特征

旋转实体特征是指将草绘截面绕指定的旋转中心线转一定的角度后所创建的实体特征，如图 3-41 所示。

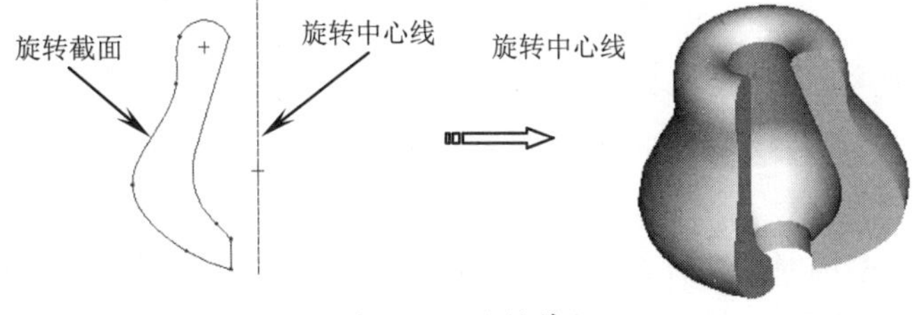

图 3-41 旋转特征

3.3.1 旋转操控面板

创建旋转实体特征与创建拉伸实体特征的步骤基本相同。在右工具栏中单击【旋转】按钮，弹出如图 3-42 所示的旋转操控面板。

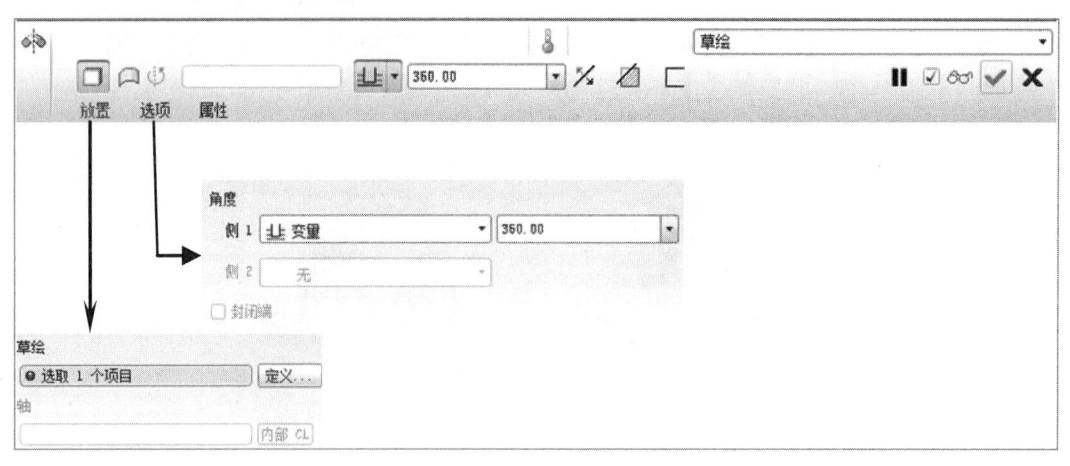

图 3-42 【旋转】操控面板

3.3.2 旋转截面的绘制

在构建旋转特征的草绘截面时应注意以下几点：

- 在草绘截面时须绘制一条旋转中心线，此中心线不能利用基准中心线来创建，只能利用草绘的中心线工具；
- 截面轮廓不能与中心线形成交叉；
- 若创建实体类型，其截面必须是封闭的；
- 若创建薄壁或曲面类型，其截面可以是封闭的，也可以是开放的。

1. 旋转截面

正确设置草绘平面与参照以后，接着在二维草绘环境下绘制旋转截面图。旋转实体特征的截面绘制与拉伸实体特征有相同的要求：旋转特征为实体时，截面必须是闭合的，当旋转特征为薄壁时截面可以是开放的，如图 3-43 a、b 图所示。

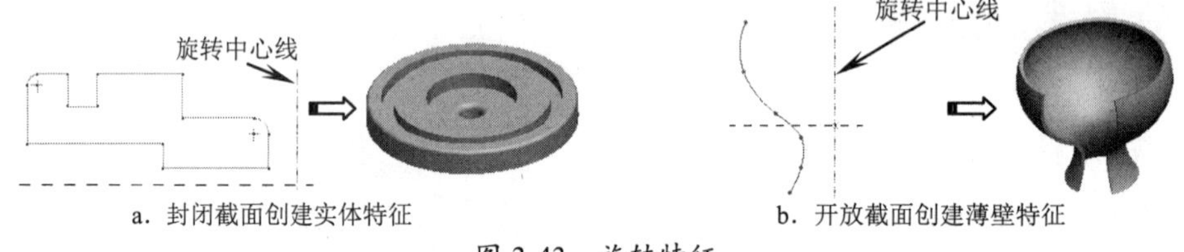

a．封闭截面创建实体特征　　b．开放截面创建薄壁特征

图 3-43 旋转特征

2. 确定旋转中心线

确定旋转中心线的方法有两种：在草绘平面中绘制旋转中心线、指定基准轴或实体边线。

在绘制旋转闭合截面时，允许截面的一条边线压在旋转中心线上，注意不要漏掉压在旋转中心线上的线段。另外不允许使用与旋转中心线交叉的旋转截面，否则程序无法确定旋转中心线，这时需要在截面外添加一条旋转中心线即可。如图 3-44 所示，图中 a 为正确的中心线表达方法，但截面部分与中心线重合不能忽略（意思是不能以截面的某条曲线作为中心线）。b 和 c 为错误的中心线表达方法。

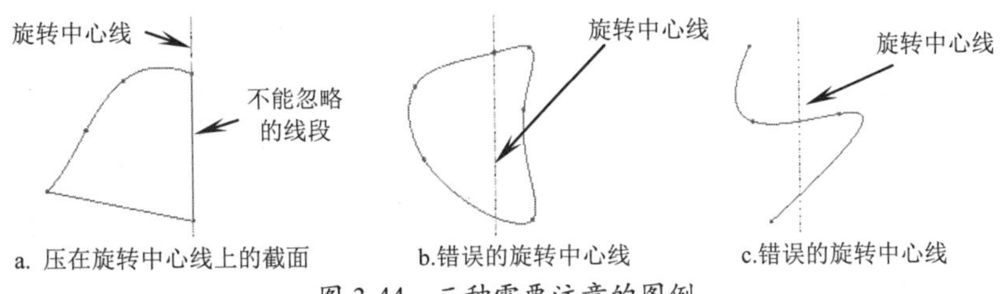

图 3-44 三种需要注意的图例

此外，若需要指定基准中心线或实体边线作为旋转中心线，绘制完旋转截面后直接单击【应用】按钮，当操控面板上左侧文本框中显示【选取一个项目】时，在绘图区中就可以选取实体模型里的中心轴线作为旋转轴了，如图 3-45 所示。

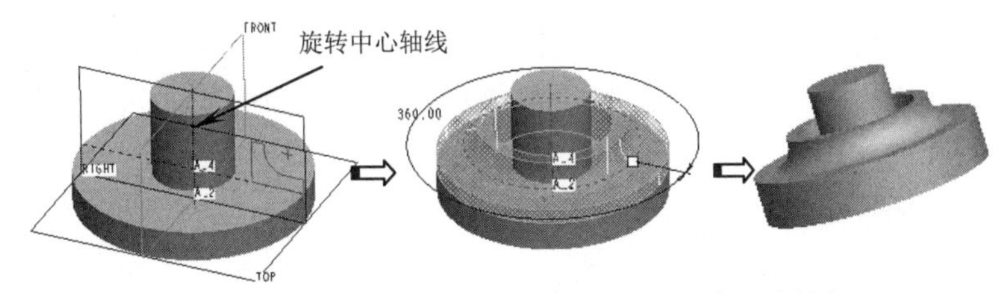

图 3-45 用实体特征的中心轴线或边线作为旋转轴

3.3.3 旋转类型

在旋转特征创建中，指定旋转角度的方法与拉伸深度的方法类似，旋转角度的方式有三种，如图 3-46 所示。

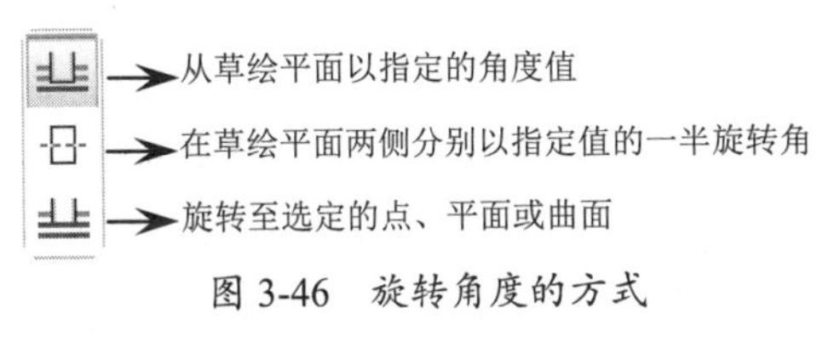

图 3-46 旋转角度的方式

- 设定旋转的方向：单击操控面板上的【反向】按钮，也可以用鼠标接近图形上表示方向的箭头，当指针标识改变时单击鼠标左键。
- 设定旋转的角度：在操控面板上输入数值，或者双击图形区域中的深度尺寸并在尺寸框中键入新的值进行更改；也可以用鼠标左键拖动此角度图柄调整数值。

如图 3-47 所示，在默认情况下，特征沿逆时针方向转到指定角度。单击操控面板上的【反向】按钮，可以更改特征生成的方向，草绘旋转截面完成后，在角度值输入框中输入角度值。

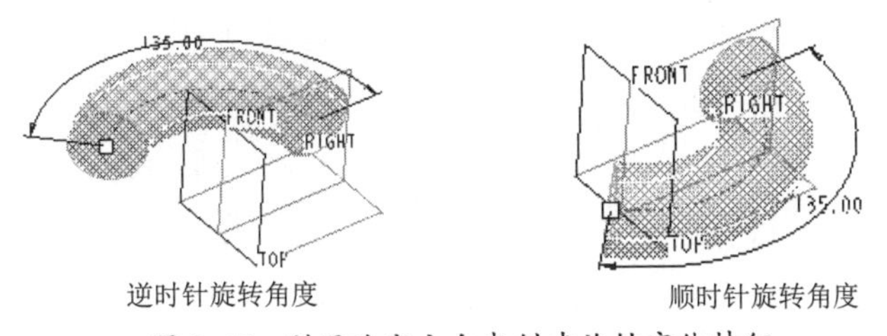

图 3-47 利用改变方向来创建旋转实体特征

如图 3-48 所示是在草绘两侧均产生旋转体以及使用参照来确定旋转角度的示例，特征旋转到指定平面位置。

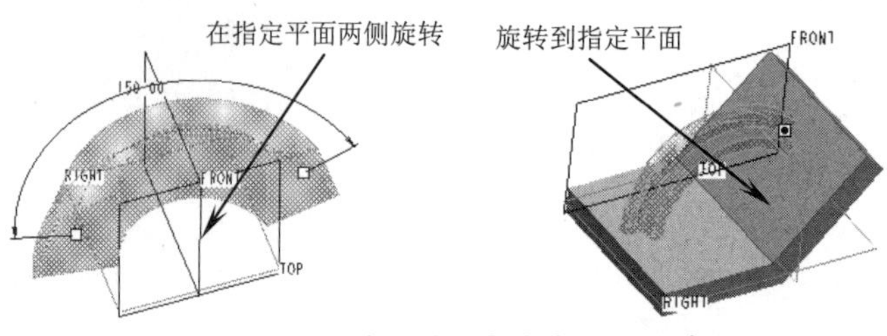

图 3-48　用两种旋转方式生成的旋转特征

3.3.4　其他设置

与拉伸实体特征类似，在创建旋转体特征时还可以用到以下几种工具，如单击【作为曲面旋转】按钮可以创建旋转曲面特征，单击【移除材料】按钮可以创建减材料旋转特征，单击【加厚草绘】按钮可以创建薄壁特征。由于这些工具的用法与拉伸实体类似，这里就不赘述了。

上机实践——创建旋转薄壁特征

① 新建名为“xuanzhuanbaobi”的零件文件。

② 在右工具栏单击【旋转】按钮，打开旋转操控面板。

③ 操控面板上默认设置特征属性类型为【实体】，在绘制草图前先单击【加厚草绘】按钮，然后在【草绘】对话框打开的情况下选择 FRONT 基准平面为草绘平面，参照为程序默认设置，单击【草绘】按钮进入草绘环境，如图 3-49 所示。

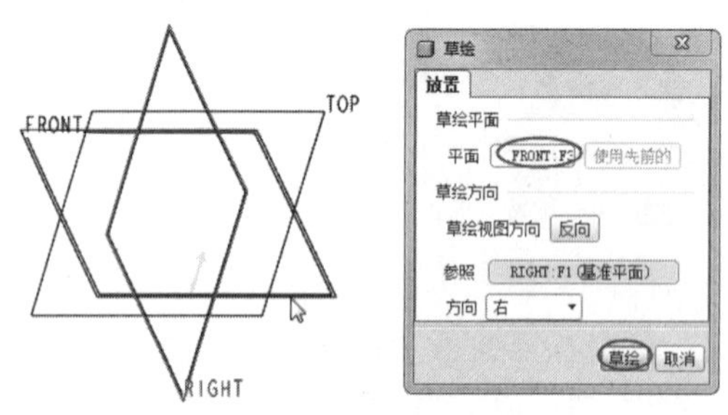

图 3-49　设置草绘平面和参照

④ 进入草绘环境，绘制如图 3-50 所示的截面。完成后单击【应用】按钮，进入操控面板设置参数。

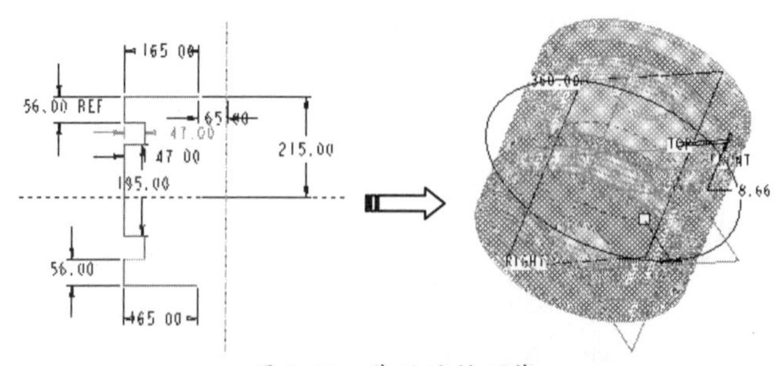

图 3-50　截面旋转预览

⑤ 在操控面板旋转角度数值框中输入 245，在截面加厚值框中输入 10，完成预览，单击【应用】按钮，结束旋转薄壁特征的创建，如图 3-51 所示。

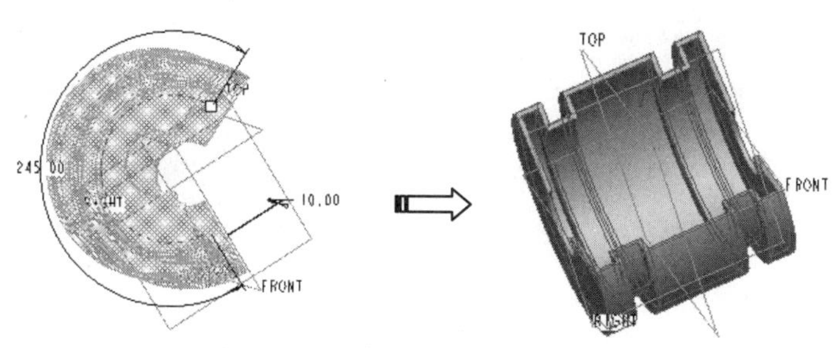

图 3-51　创建完成的旋转薄壁特征

3.4　扫描特征

扫描实体特征的创建原理比拉伸和旋转实体特征更具有一般性，它是通过将草绘截面沿着一定的轨迹（导引线）做扫描处理后，由其轨迹包络线所创建的自由实体特征。

扫描实体特征是将绘制的截面轮廓沿着一定的扫描轨迹线进行扫描后所生成的实体特征。也就是说，要创建扫描特征，需要先创建扫描轨迹线，创建扫描轨迹线的方式有两种：草绘扫描轨迹线和选取扫描轨迹线。如图 3-52 所示为草绘轨迹创建扫描特征的示例。

掌握了扫描实体的创建过程，其他属性类型扫描实体特征，如薄壁特征、切口（移除材料）、薄壁切口、扫描曲面等的创建也就容易了。因各种类型的扫描特征创建过程大致相同，扫描轨迹的设定方法和所遵循的规则也是相同的，在这里也就不再做一一介绍了。读者可多加练习，以便能熟练掌握扫描实体特征的创建过程与方法。

在菜单栏中选择【插入】|【扫描】命令后，在弹出的子菜单中有多种特征创建工具命令，选择其中一项工具命令即可进行扫描实体特征的创建，如图 3-53 所示。

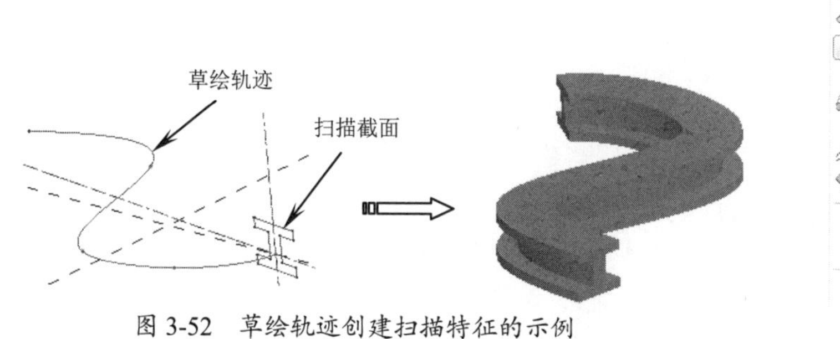

图 3-52　草绘轨迹创建扫描特征的示例

拉伸(E)...
旋转(R)...
扫描(S)
混合(B)
扫描混合(S)...
螺旋扫描(H)
边界混合(B)...
可变截面扫描(V)...
模型基准(D)
注释(A)
修饰(E)
伸出项(P)...
薄板伸出项(T)...
切口(C)...
薄板切口(T)...
曲面(S)...
曲面修剪(S)...
薄曲面修剪(T)...

图 3-53　扫描工具选项

定义扫描轨迹

创建扫描实体特征的轨迹线可以草绘，也可在已创建实体特征上选取。在菜单栏中选择【插入】|【扫描】|【伸出项】命令，程序弹出【伸出项：扫描】对话框和【扫描轨迹】菜单管理器，如图 3-54 所示。可以看到两种扫描轨迹的定义方式。

1. 草绘轨迹

选取【草绘轨迹】选项，则程序进入草绘平面设置对话框，在绘图区中选择一个基准平面作为草绘轨迹线平面，接着选择【确定】命令，最后选择【缺省】选项进入草绘环境中，如图 3-55 所示。

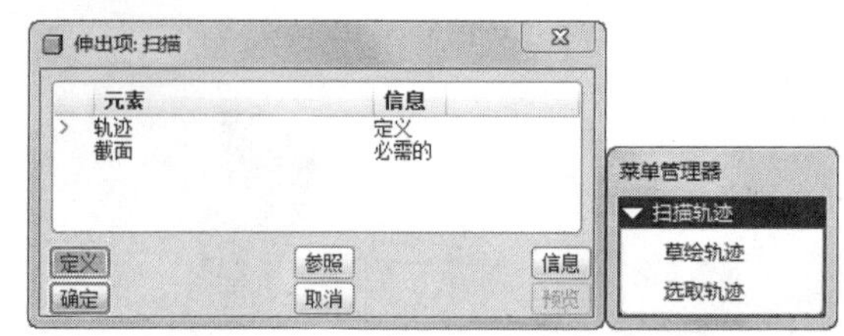

图 3-54　对话框与菜单管理器

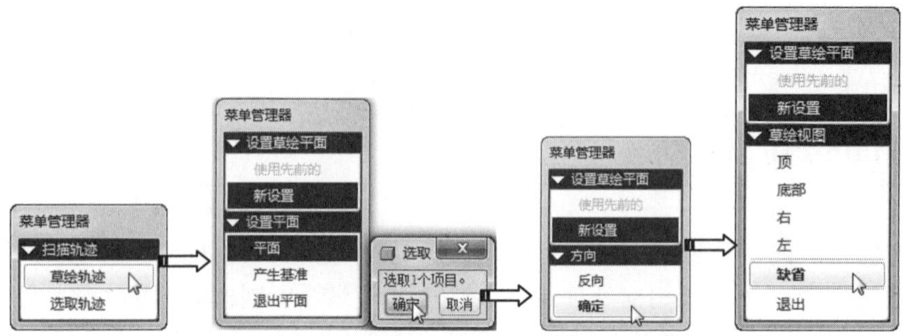

图 3-55　选取【草绘轨迹】选项及依次选取的菜单

菜单管理器中【设置平面】子菜单下有三个选项：

- 平面：从当前图形区中选择一个平面作为草绘平面。
- 产生基准：建立一个基准平面作为草绘平面。
- 退出平面：不做定义，放弃草绘平面的指定。

一般情况下，程序把草绘开始的第一点认为扫描的起始点，同时会出现箭头标识。用户可以重新定义起始点，方法是：选择结束点，单击鼠标右键，从快捷菜单中选取“起点”选项，所选的点被重新指定为起始点，箭头移至此处，如图 3-56 所示。

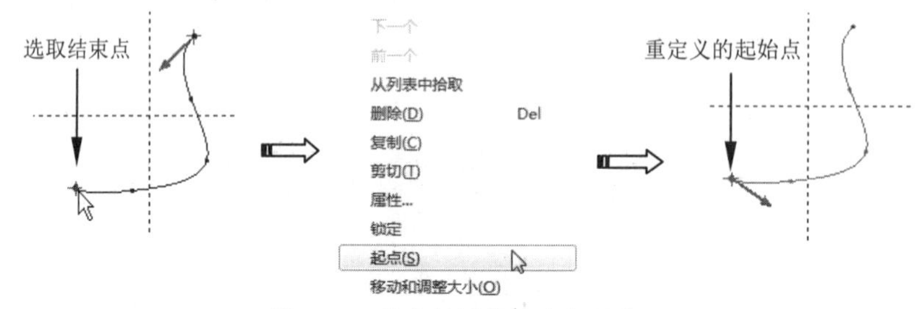

图 3-56　改变扫描轨迹线起始点

2. 选取轨迹

若以“选取轨迹”方式指定扫描轨迹，则选择【选取轨迹】选项，然后在绘图区中选取轨迹线，再选择【完成】命令结束轨迹的选取，进入到草绘环境中，如图 3-57 所示。

【链】菜单选取轨迹线的方式包括以下选项：

- 依次：逐个选取现有的实体边界或基准曲线作为轨迹线。
- 相切链：选择一条边线，与此线相切的边线同时自动被选取。

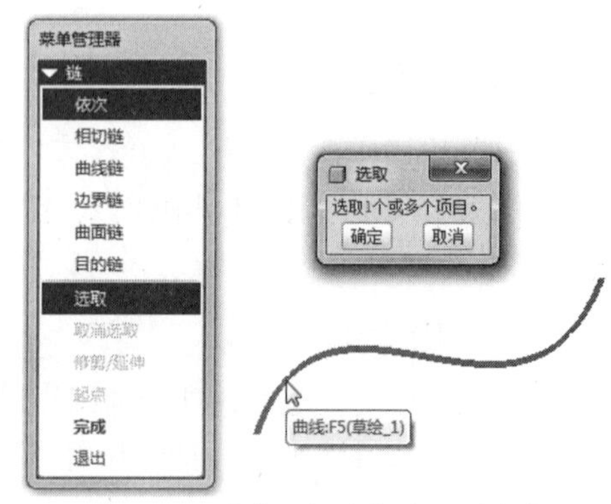

图 3-57　“选取轨迹”的设置方式

- 曲线链：选择基准曲线作为轨迹线。
- 边界链：选取面组并使用其单侧边来定义轨迹线。
- 曲面链：选取一个曲面并使用它的边来定义轨迹线。
- 目的链：选取模型中预先定义的边集合来定义轨迹线。
- 选取：用【链】菜单中指定的选择方式来选取一个链作为轨迹线。
- 取消选取：从链的当前选择中去掉曲线或边。
- 修剪/延伸：修剪或延伸链的端点。
- 起点：选取轨迹的起始点。

3. 绘制扫描截面

当扫描轨迹定义完成时，程序会自动进入到草绘扫描截面的环境。在没有旋转视图的情况下，看不清楚扫描截面与轨迹的关系，可将视图旋转。草绘截面上相互垂直的截面参照线经过轨迹起始点，并且与此点的切线方向垂直。可以回到与屏幕平行的状态绘制截面，也可在这种经旋转不与屏幕平行的视角状态下进行草绘。

扫描的截面可以是封闭的，也可以是开放的。创建扫描曲面或薄壁时，截面可以闭合也可开放。但是当创建扫描实体时，截面必须是闭合的，否则不能创建特征，会弹出【未完成截面】警告对话框，如图 3-58 所示。

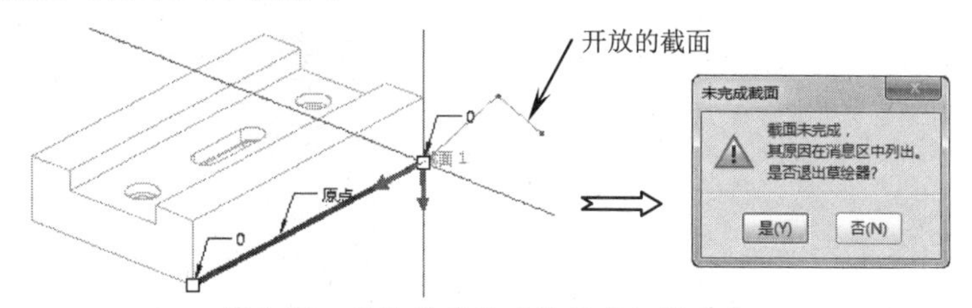

图 3-58　开放的截面不能创建扫描实体

上机实践——创建开放轨迹扫描实体特征

用选取轨迹的方式创建茶瓶的外壳。茶瓶的外壳设计将用到前面介绍的创建旋转实体特征过程并结合本节的扫描实体特征的创建方法共同完成。

① 新建名为“saomiao”的零件文件。

② 选取 FRONT 基准面作为草绘平面，运用旋转特征命令创建如图 3-59 所示的草绘剖面，旋转生成实体特征。

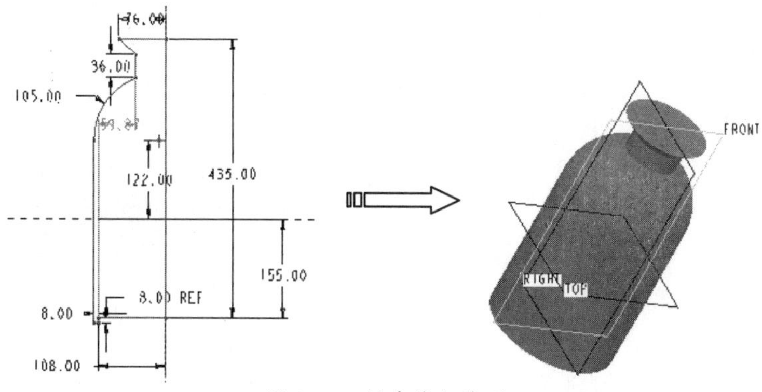

图 3-59　创建茶瓶外形

③ 创建旋转减材料实体特征。选择第一次绘制剖面时所选取的草绘平面作为草绘平面，绘制如图 3-60 所示的剖面并创建旋转减材料特征。

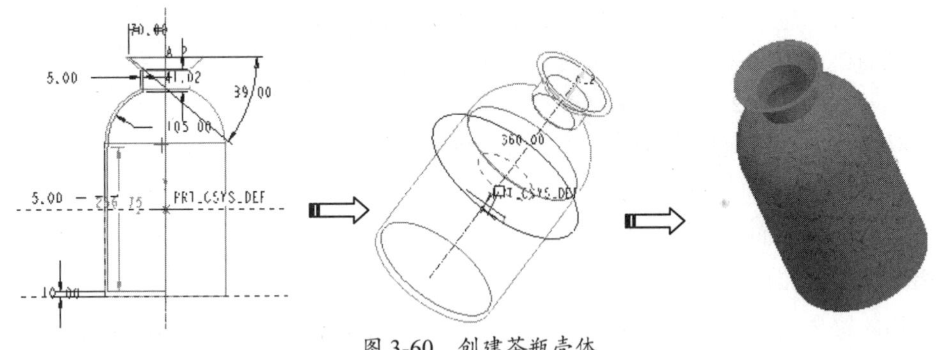

图 3-60　创建茶瓶壳体

④ 在草绘区右工具栏中单击【草绘】按钮，弹出【草绘】对话框，选择 FRONT 基准面为草绘平面，程序默认设置参照平面 RIGHT 进入草绘环境。单击草绘命令工具栏中的【通过边创建图元】按钮，选取旋转特征上的一条边作为参照，绘制如图 3-61 所示的草绘剖面，草绘剖面完成后删掉选取的参照边，进入下一步操作。

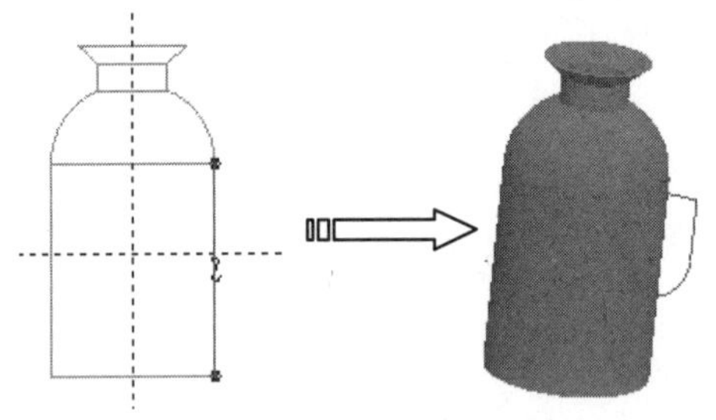

图 3-61　绘制手柄曲线

⑤ 在菜单栏中选择【插入】|【扫描】|【伸出项】命令，在弹出的菜单管理器中选择【选取轨迹】方式，在绘图区中绘制如图 3-62 所示的扫描剖面轮廓，绘制完成后单击【应用】按钮以继续操作。

⑥ 在【伸出项：扫描】对话框中单击【确定】按钮，完成创建茶瓶的手柄，如图 3-63 所示。

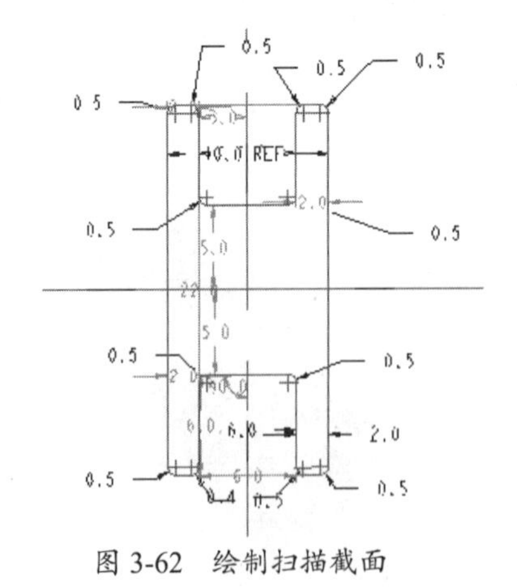

图 3-62　绘制扫描截面

图 3-63　创建茶瓶外壳

3.5 可变截面扫描

使用【可变截面扫描】命令可以沿轨迹创建可变或恒定截面的扫描特征。

3.5.1 可变截面扫描操控面板

在右工具栏中单击【可变截面扫描】按钮，弹出【可变截面扫描】操控面板，如图3-64所示。

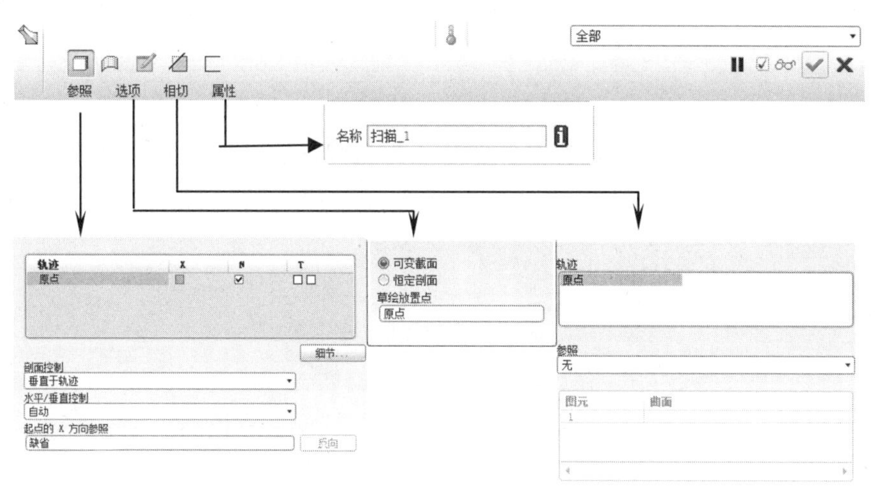

图3-64 【可变截面扫描】操控面板

3.5.2 定义扫描轨迹

创建扫描实体特征的轨迹线可以草绘，也可在已创建实体特征上选取。仅当创建了扫描轨迹后，操控面板中的【创建扫描截面】【加厚草绘】【移除材料】等命令才被激活。

1. 草绘轨迹

Pro/E 提供了独特的草绘轨迹的命令方式，单击操控面板中的【暂停】按钮，然后在右工具栏单击【草绘】按钮，弹出【草绘】对话框，在图形区选择基准平面或者模型上的平面作为草绘平面后，即可进入草绘环境中绘制扫描轨迹，如图3-65所示。

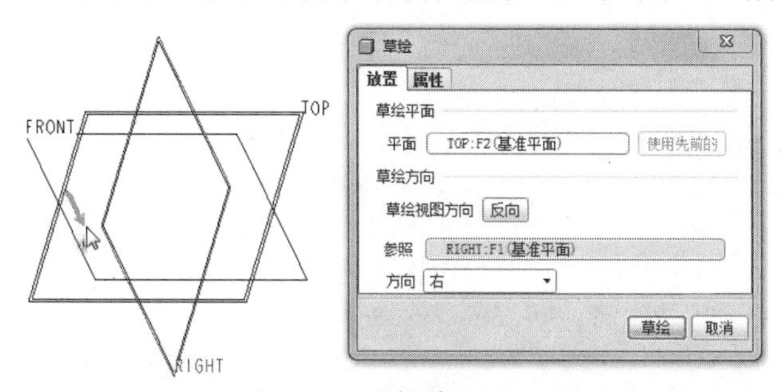

图3-65 选择草绘平面

绘制了扫描轨迹后退出草绘环境，随后在操控面板上单击【退出暂停模式】按钮，返回到【扫描】操控面板激活状态，然后继续操作，如图3-66所示。

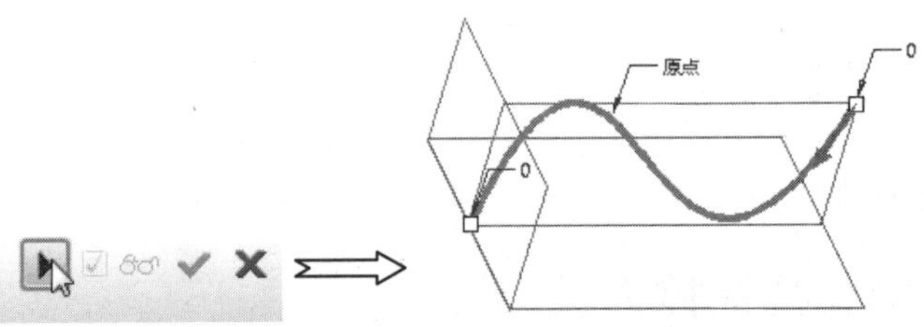

图 3-66　完成扫描轨迹的创建

提示

在创建扫描轨迹线时，相对扫描截面来说，轨迹线的弧或样条半径不能太小，否则截面扫描至此时，创建的特征与自身相交，导致特征创建失败。

2. 选取轨迹

若要选取轨迹，当弹出【扫描】操控面板时即可选取已有的曲线或者模型的边作为扫描轨迹，如图 3-67 所示。

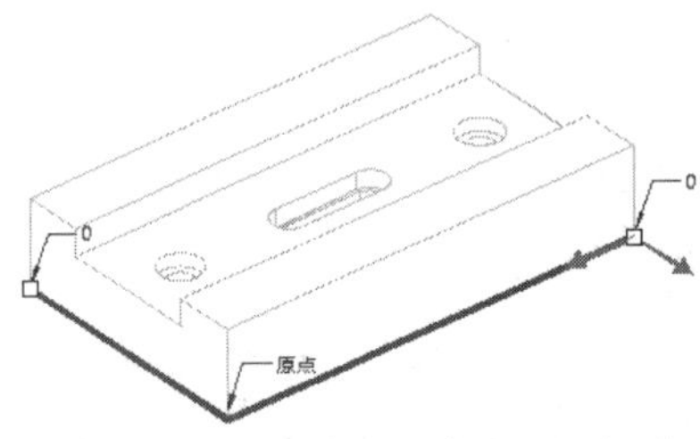

图 3-67　选取模型边作为扫描轨迹

提示

要选取模型边作为轨迹，不能间断选取。而且连续选取多条边时，须按住 Shift 键。

3.5.3　扫描截面

当扫描轨迹定义完成时，单击操控面板上的【创建或编辑扫描截面】按钮，程序会自动确定草绘平面在轨迹起点，并且草绘平面与扫描轨迹垂直。

进入草绘扫描截面的环境后，在没有旋转视图的情况下，看不清扫描截面与轨迹的关系，可将视图旋转，如图 3-68 所示。

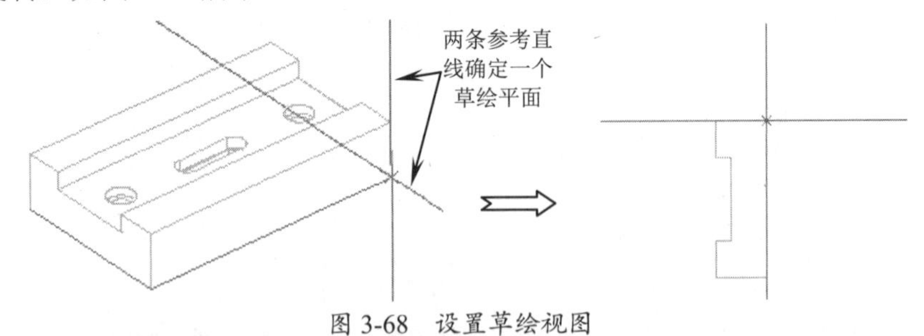

图 3-68　设置草绘视图

技巧点拨

扫描的截面可以是封闭的，也可以是开放的。创建扫描曲面或薄壁时，截面可以闭合也可开放。但是当创建扫描实体时，截面必须是闭合的，否则不能创建特征，会弹出【故障排除器】对话框，如图 3-69 所示。

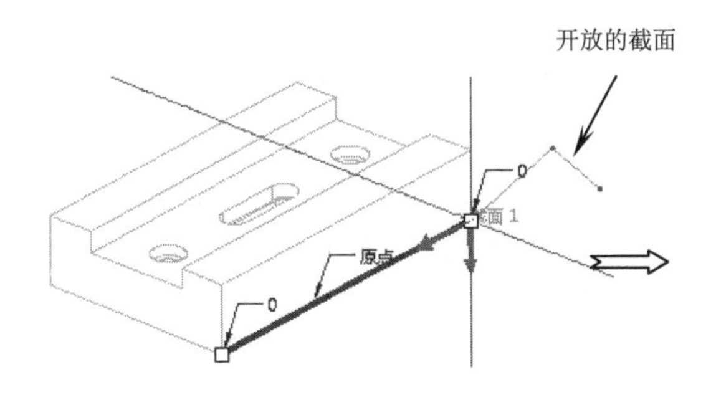

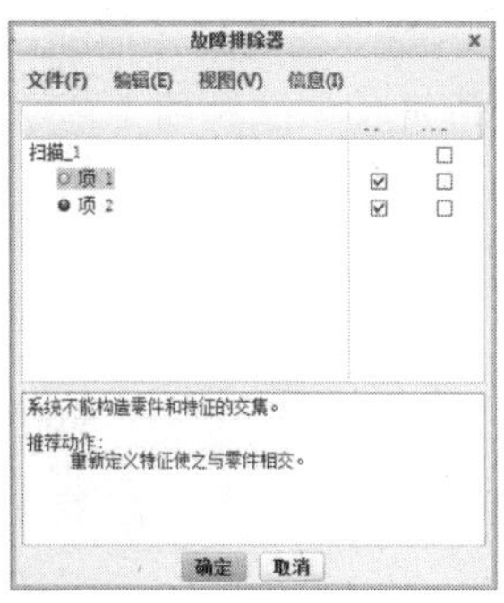

图 3-69 开放的截面不能创建扫描实体

截面有 2 种，包括：恒定截面和可变截面。

1. 恒定截面

【恒定截面】是在沿轨迹扫描的过程中草绘的形状不变，仅截面所在框架的方向发生变化。如图 3-70 所示为创建恒定截面的扫描特征范例。

2. 可变截面

在扫描特征操控面板中，单击创建可变截面扫描，这会将草绘图元约束到其他轨迹（中心平面或现有几何），使草绘可变。草绘所约束到的参考可更改截面形状。草绘在轨迹点处重新生成，并相应更新其形状。

如图 3-71 所示为创建可变截面的扫描特征范例。

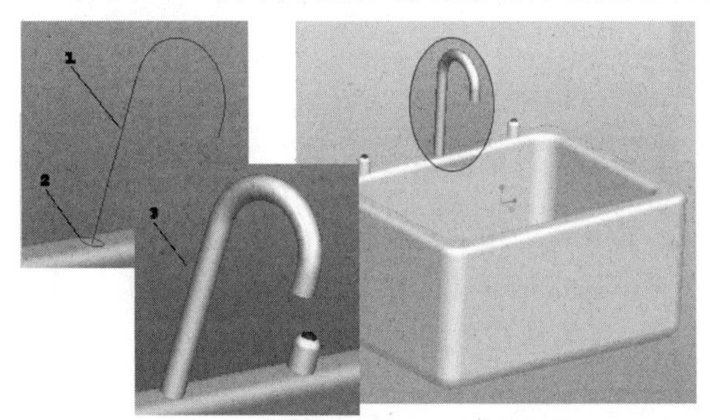

1-轨迹 2-截面 3-扫描特征

图 3-70 创建基于恒定截面的扫描特征

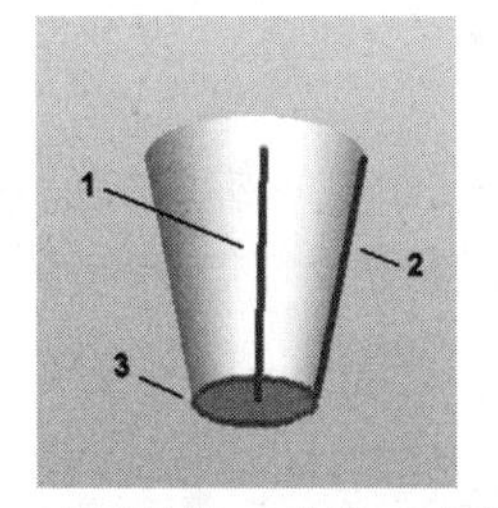

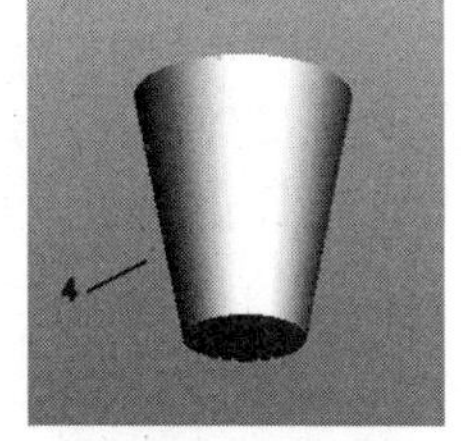

1-原点轨迹 2-轨迹 3-扫描起点的截面 3-扫描特征

图 3-71 创建基于可变截面的扫描特征

上机实践——创建圆轨迹的可变截面扫描特征

① 新建一个名为“kebianjiemiansaomiao”的文件。

② 在右工具栏中单击【可变截面扫描】按钮，打开【可变截面扫描】操控面板。

③ 首先在【选项】选项卡中单击【可变截面】单选按钮。而后单击右工具栏的【草绘】按钮，选择 TOP 基准平面进入草绘环境中，如图 3-72 所示。

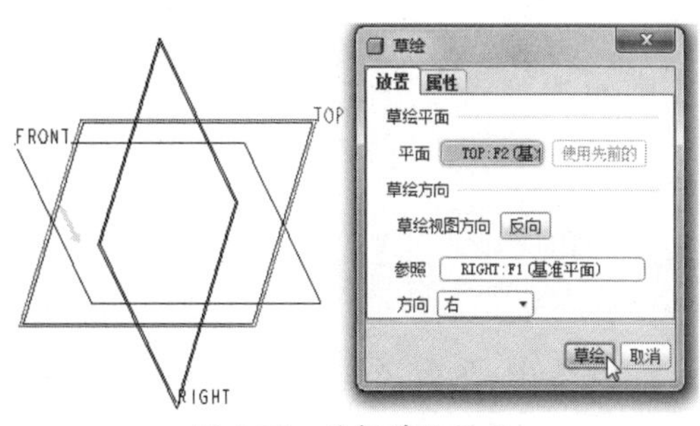

图 3-72 选择草绘平面

④ 绘制原点轨迹。利用【圆】命令绘制如图

3-73 所示的不规则封闭曲线，完成后退出草绘环境。

⑤ 绘制轨迹链。再次利用【草绘】命令，以相同的草绘平面进入草绘环境，绘制如图 3-74 所示的封闭样条曲线。完成后退出草绘环境。

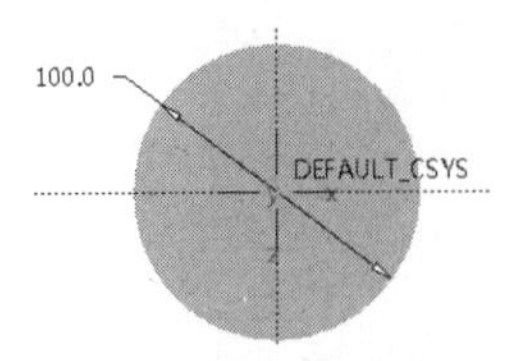

图 3-73　绘制原点轨迹

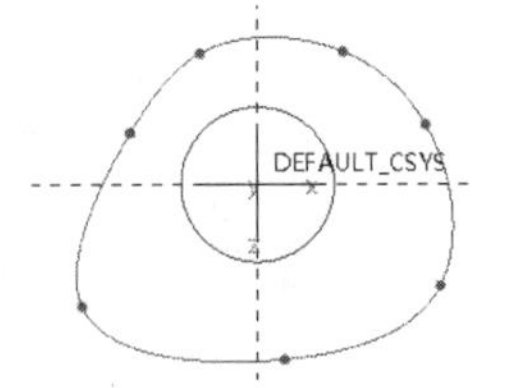

图 3-74　绘制封闭的轨迹链

⑥ 创建曲面顶点的投影点。利用基准工具栏的【点】命令，在坐标系原点创建一个参考点，如图 3-75 所示。

提示

这里说说为什么要创建参考点。这个参考点是可变截面扫描成功的关键，也就是说当绘制了截面后，如果选择基准平面，当轨迹扫描到一定的角度后，此基准平面不再和截面法向，自然也就不会有参考点存在了，所以会失败。

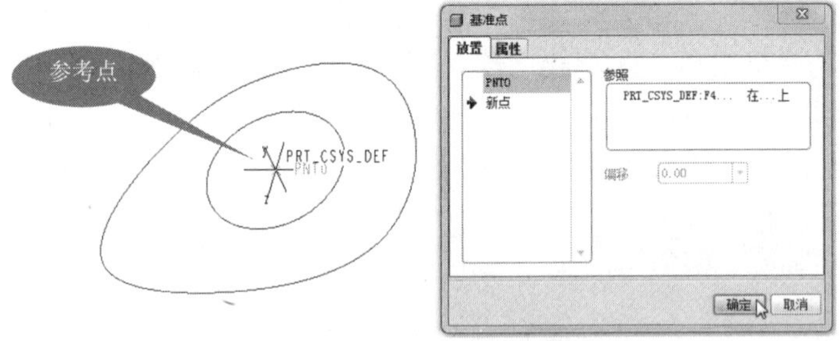

图 3-75　创建参考点

⑦ 在操控面板单击【创建或编辑扫描截面】按钮，然后进入草绘环境。上面的“提示”已经说明了，需要更改草绘参考点。在菜单栏中选择【草绘】|【参照】命令打开【参照】对话框，然后添加上一步创建的参考点作为新参考点，如图 3-76 所示。

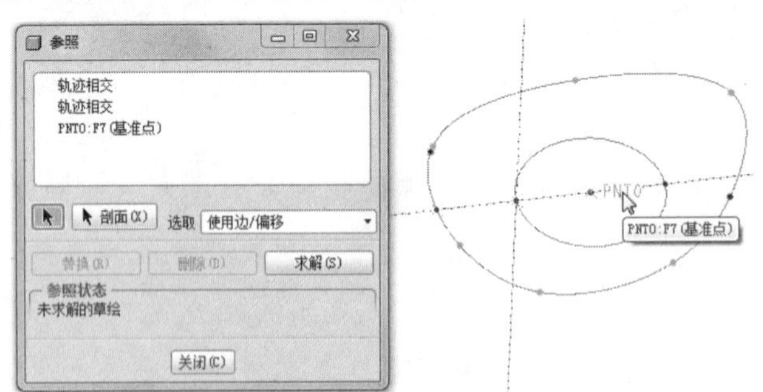

图 3-76　添加参考点

⑧ 使用【中心线】工具，在参考点上绘制竖直的中心线，如图 3-77 所示。

⑨ 接下来是创建截面，根据所要创建的弧面的不同，用户可以选择圆弧、圆锥曲线或样条曲线作为截面的图元，但不管用什么图元，都要注意绘制方法。利用【样条】命令绘制如图 3-78 所示的曲线。

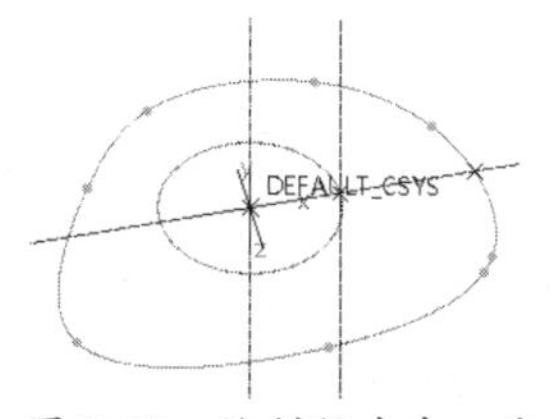

图 3-77 绘制竖直中心线

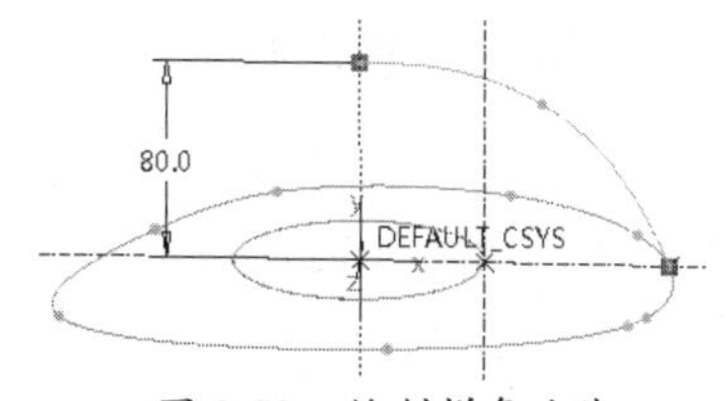

图 3-78 绘制样条曲线

技巧点拨

在一般情况下，圆轨迹只是用来辅助确定截面的法向的，以保证扫描过程中草绘平面始终通过中心轴，因此圆轨迹的参考点一般是不会参与截面的约束的，如果用户不小心自动捕捉上了，就要想清楚是否确实需要。其次，截面图元的最高点必须在中心轴上并且图元要法向于中心轴，这样才能保证将来的可变扫描结果的最高点是光滑的，而不是出现尖点或窝点；最后需要注意的是，必须要固定草绘截面在中心轴上的最高点的高度，而最妥当的方法当然是直接标注这一点的高度。但有的用户在使用圆弧作为截面的时候，往往不注意这一点，虽然注意到了圆弧的中心要在中心轴上，但直接保留默认的圆弧半径标注，从而导致将来可变扫描结果曲面在最高点处不重合，形成一个螺旋形状。仔细想想轮廓轨迹交点到中心轴的交点距离并不是不变的，就不难明白其中的原因了。

⑩ 退出草绘环境，Pro/E 自动生成扫描预览。最后单击【确定】按钮，完成可变截面的扫描特征的创建，如图 3-79 所示。

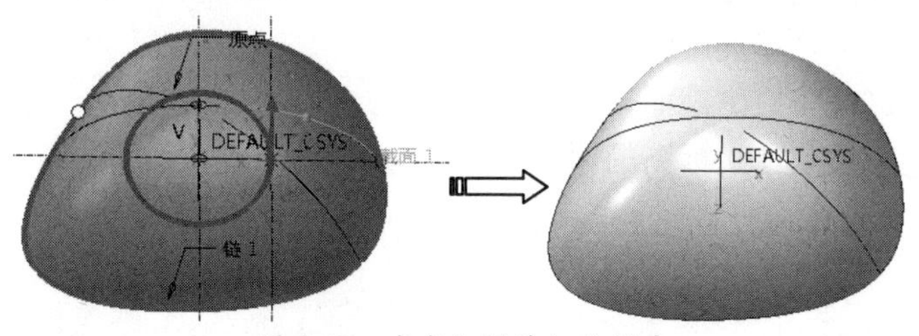

图 3-79 完成扫描特征的创建

⑪ 最后将结果保存。

3.6 螺旋扫描

螺旋扫描是扫描的一种特例，如图 3-80 所示。所谓螺旋扫描即一个剖面沿着一条螺旋轨迹扫描，产生螺旋状的扫描特征。特征的建立需要有旋转轴、轮廓线、螺距、剖面四要素。

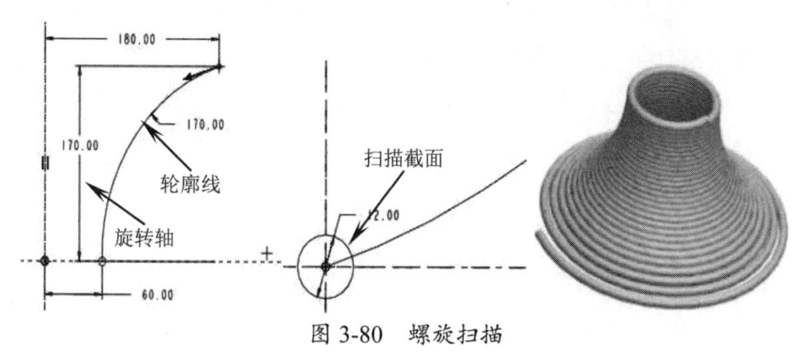

图 3-80 螺旋扫描

3.6.1 螺旋扫描操控面板

在菜单栏中执行【插入】|【螺旋扫描】|【伸出项】命令，弹出【伸出项：螺旋扫描】对话框和菜单管理器，如图 3-81 所示。创建螺旋扫描特征的顺序是：草绘扫描轨迹线→指定或草绘旋转轴→草绘扫描截面→指定螺距→创建螺旋扫描特征。

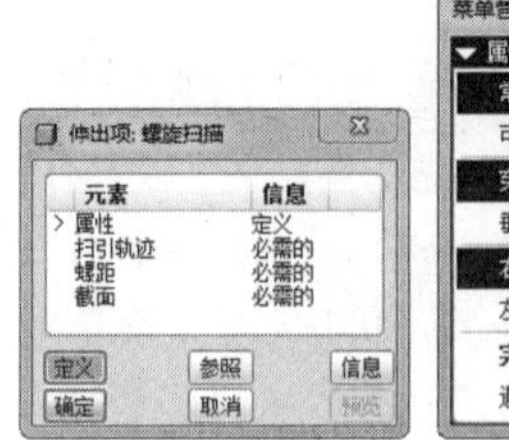

图 3-81 【伸出项：螺旋扫描】对话框和菜单管理器

3.6.2 截面方向

螺旋扫描特征的截面方向有 2 种：穿过轴和垂直于轨迹。

- 穿过轴：选择此选项，扫描截面与旋转轴同面或平行，如图 3-82 所示。当螺旋扫描轨迹的起点没有在坐标系原点时，无论选择“穿过轴”或“垂直于轨迹”，其截面方向始终是“穿过旋转轴”。
- 垂直于轨迹：即扫描截面与扫描轨迹垂直，如图 3-83 所示。要使用此选项，扫描轨迹的起点必须是坐标系的原点。

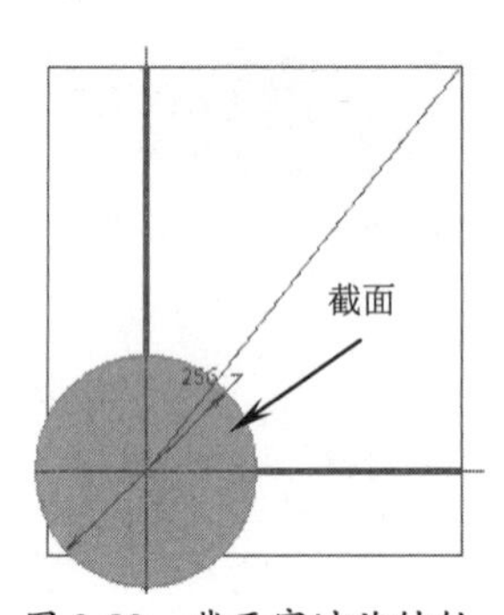

图 3-82 截面穿过旋转轴

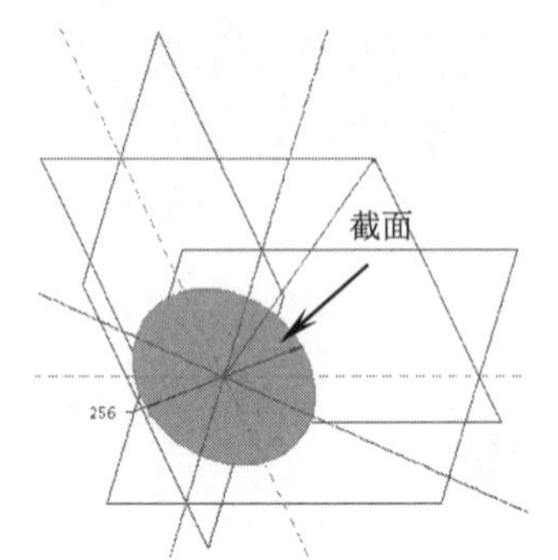

图 3-83 截面垂直于轨迹

3.6.3 螺旋扫描轨迹

螺旋扫描轨迹是确定外形的引导曲线。在菜单管理器单击【完成】选项，弹出【设置草绘平面】子菜单。选择草绘平面后即可进入草图环境来绘制螺旋扫描轨迹。螺旋扫描轨迹一定是开放的曲线，可以是直线、圆弧或样条曲线，如图 3-84 所示。

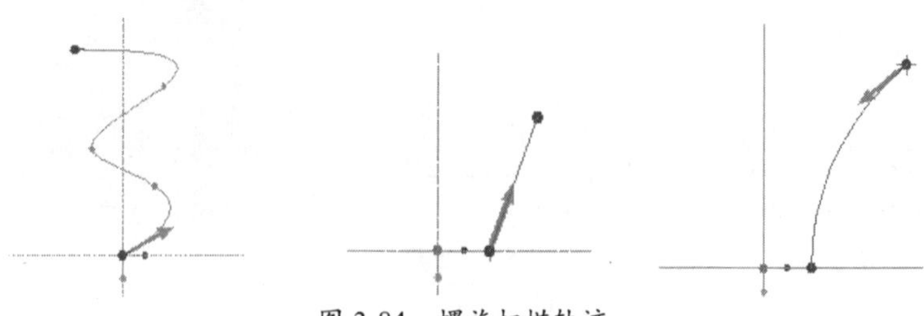

图 3-84 螺旋扫描轨迹

用户还可以选取模型的边或已有的开放曲线作为扫描轨迹。如果绘制了闭合的曲线作为轮廓，退出草图环境时会弹出如图 3-85 所示的【未完成截面】对话框。说明螺旋扫描轨迹只能是开放的曲线，封闭的截面是错误的。

技巧点拨

草绘扫描轨迹后，会自动生成扫描的起点方向。选取另一个端点并执行右键快捷菜单的【起点】命令，改变扫描起点位置。

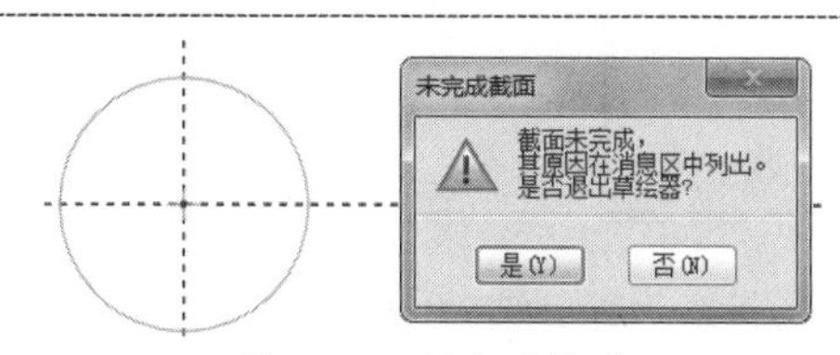

图 3-85　闭合的轮廓

3.6.4　旋转轴

螺旋扫描特征的旋转轴必须在绘制扫描轨迹时一起完成绘制，利用【中心线】命令绘制旋转轴，如图 3-86 所示。

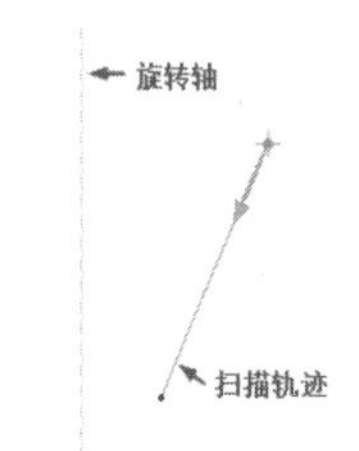

图 3-86　绘制旋转轴

3.6.5　螺旋扫描截面

要创建螺旋扫描实体，截面都必须是闭合的。若是创建薄板伸出项或曲面，扫描截面可以是开放的。

上机实践——创建弹簧

① 新建名为“tanhuang”的零件文件。

② 在菜单栏执行【插入】|【螺旋扫描】|【伸出项】命令，弹出【伸出项：螺旋扫描】对话框与菜单管理器。

③ 在菜单管理器中依次选择【常数】|【穿过轴】|【右手定则】|【完成】选项，弹出【设置草绘平面】子菜单，然后指定 FRONT 基准平面为草绘平面，如图 3-87 所示。

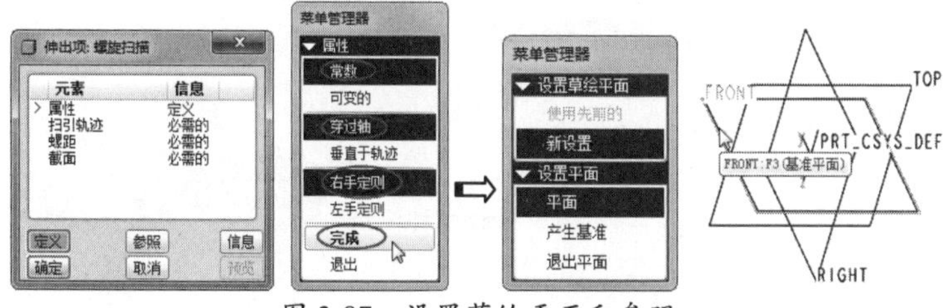

图 3-87　设置草绘平面和参照

④ 随后再选择菜单管理器中的【确定】|【缺省】选项，进入草绘环境，如图 3-88 所示。

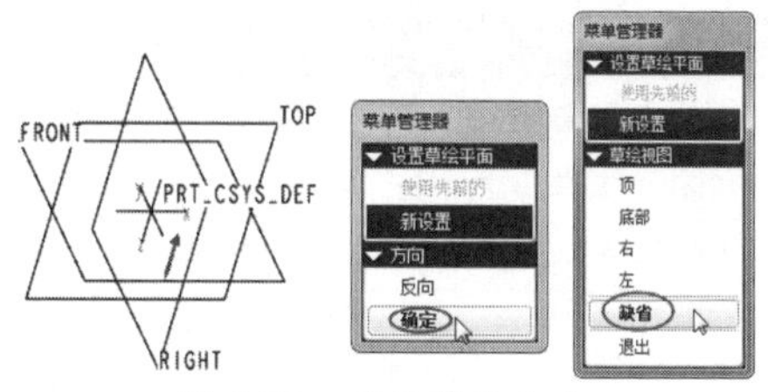

图 3-88　确定草绘方向

⑤ 绘制如图 3-89 所示的截面和旋转轴。完成后单击【应用】按钮✔退出草绘环境。

⑥ 在图形区顶部弹出的【输入节距值】文本框中输入 100，如图 3-90 所示。

图 3-89 绘制螺旋扫描轨迹和旋转轴　　　　图 3-90 输入节距值

⑦ 设置节距后再进入草绘模式，来绘制如图 3-91 所示的扫描截面。

⑧ 退出草绘模式，在【伸出项：螺旋扫描】对话框中单击【确定】按钮，完成螺旋扫描特征的创建，如图 3-92 所示。

图 3-91 草绘截面　　　　图 3-92 创建螺旋扫描特征

3.7 混合特征

混合实体特征就是将一组草绘截面的顶点顺次相连进而创建的三维实体特征。如图 3-93 所示，依次连接截面 1、截面 2、截面 3 的相应顶点即可获得实体模型。在 Pro/E 中，混合特征包括一般混合、平行混合与旋转混合 3 种。

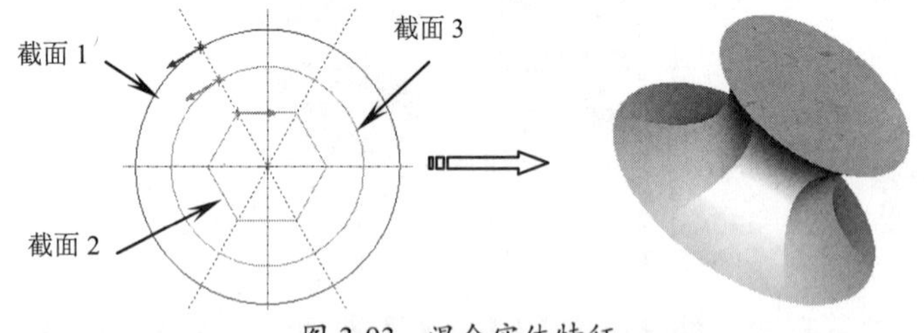

图 3-93 混合实体特征

提示

对不同形状的物体做进一步的抽象理解不难发现：任意一个物体总可以看成是由多个不同形状和大小的截面按照一定顺序连接而成的（这个过程在 Pro/E 中称为混合）。使用一组适当数量的截面来构建一个混合实体特征，既能够最大限度地准确表达模型的结构，又尽可能地简化建模过程。

3.7.1 混合概述

混合实体特征的创建方法多种多样且灵活多变，是设计非规则形状物体的有效工具。在创建混合实体特征时，首先根据模型特点选择合适的造型方法，然后设置截面参数构建一组截面图，程序将这组截面的顶点依次连接生成混合实体特征。

在菜单栏中选择【插入】|【混合】命令，可以创建混合实体、混合曲面、混合薄板等特征。当用户创建了混合特征与混合曲面后，菜单中的其余灰显命令变为可用。

在菜单栏中选择【插入】|【混合】|【伸出项】命令，弹出如图 3-94 所示的【混合选项】菜单管理器。

下面解释一下相应的菜单命令可以创建何种特征：

- 伸出项：创建实体特征。
- 薄板伸出项：创建薄壁的实体特征。
- 切口：创建减材料的实体特征。
- 薄板切口：创建减材料的薄壁特征。
- 曲面：创建混合曲面特征。
- 曲面修剪：创建混合曲面来修剪其他实体或曲面。
- 薄曲面修剪：创建一定厚度的混合特征来修剪曲面。

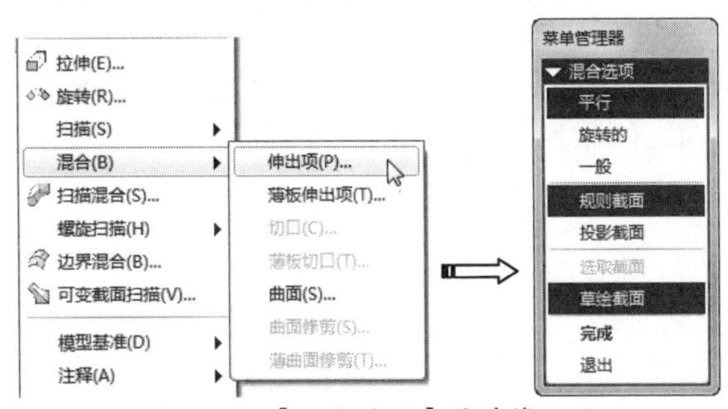

图 3-94 【混合选项】菜单管理器

根据建模时各截面之间相互位置的关系不同，将混合实体特征分为以下 3 种类型，如图 3-95 所示。

- 平行：所有混合截面都相互平行，在一个截面草绘中绘制完成。
- 旋转：混合截面绕 Y 轴旋转，最大角度可达 120°。每个截面都单独草绘，并用截面坐标系对齐。
- 常规：常规混合截面可以绕 X 轴、Y 轴和 Z 轴旋转，也可以沿这 3 个轴平移。每个截面都单独草绘，并用截面坐标系对齐。

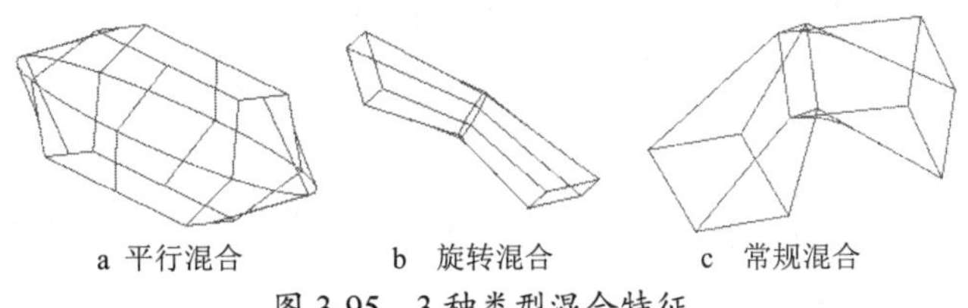

a 平行混合　　b 旋转混合　　c 常规混合

图 3-95 3 种类型混合特征

1. 生成截面的方式

在【混合选项】菜单管理器中可以看见，生成截面的选项有以下 2 种。

- 规则截面：特征使用草绘平面获得混合的截面。
- 投影截面：特征使用选定曲面上的截面投影。该选项只用于平行混合。

提示

需要说明的是，【投影截面】选项只有在用户创建平行混合特征时才可用。当创建旋转混合和常规混合特征时，此选项不可用，而用户只能创建【规则截面】。

如果以平行的方式混合、采用规则的截面并以草绘方式生成截面，即认可如图 3-96 所示菜单上的当前选项，单击【完成】按钮，打开【伸出项：混合，平行，规则截面】对话框和【属性】菜单管理器。

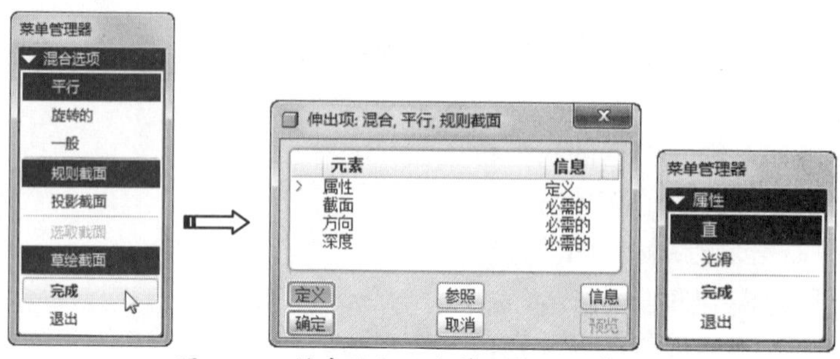

图 3-96　创建平行混合特征执行的命令

2. 指定截面属性

在如图 3-96 所示的【属性】菜单管理器上可以看到有两种截面过渡方式：

- 直：各混合截面之间采用直线连接。当前程序默认设置为【直】选项。
- 光滑：各混合截面之间采用曲线光滑连接。

3. 设置草绘平面

完成属性设置后，再进行草绘平面的设置，选取标准基准平面中的一个平面为草绘平面，在【方向】菜单中选取【正向】，在【草绘视图】菜单中选择【缺省】选项，一般情况下使用默认设置方式放置草绘平面。依次选取的菜单命令如图 3-97 所示。

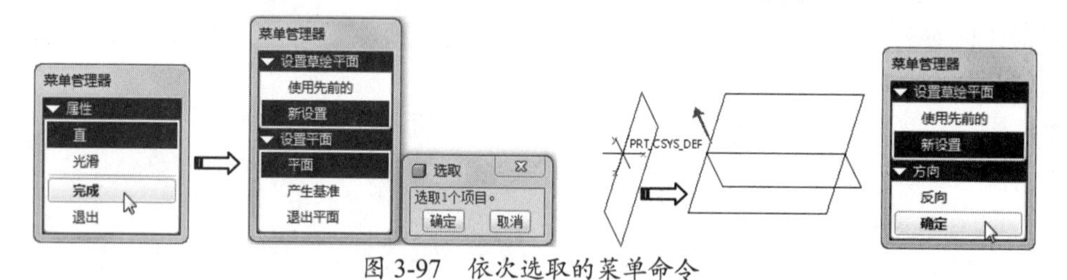

图 3-97　依次选取的菜单命令

3.7.2　创建混合特征需要注意的事项

混合截面的绘制是创建混合特征的重要步骤，是混合特征创建成败的关键，有以下几点需要注意。

1. 各截面的起点要一致，且箭头指示的方向也要相同（同为顺时针或逆时针）

程序是依据起始点各箭头方向判断各截面上相应的点逼近的。若起始点的设置不同，得到的特征也会不同，比如使用如图 3-98 所示的混合截面上起始点的设置，得到一个扭曲的特征。

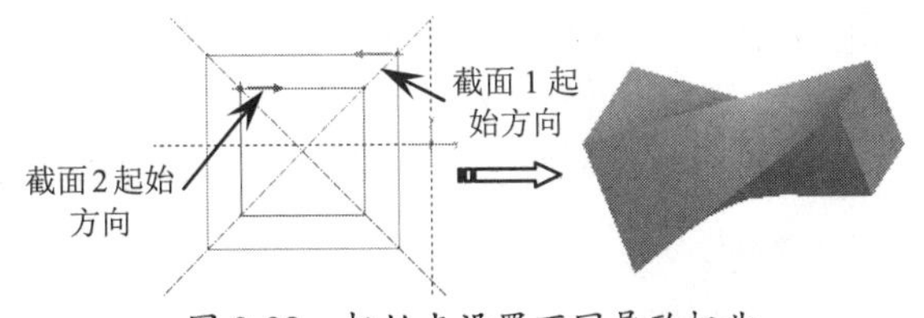

图 3-98　起始点设置不同导致扭曲

2. 各截面上图元数量要相同

有相同的顶点数，各截面才能找到对应逼近的点。如果截面是圆形或者椭圆形，需要将它分割，使它与其他截面的图元数相同，如图 3-99 所示，将图形中的圆分割为四段。

提示

单独的一个点可以作为混合的一个截面，可以把点看作是具有任意图元数的几何。但是单独的一个点不可以作为混合的中间截面，只能作为第一个或者最后一个截面。

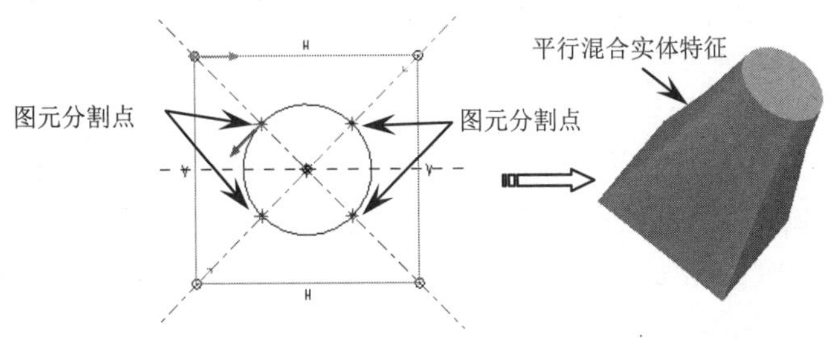

图 3-99　图元数相同

上机实践——利用“混合”命令创建苹果造型

本次任务将利用混合工具来设计一个苹果造型，如图 3-100 所示。

图 3-100　苹果造型

① 按 Ctrl+N 组合键弹出【新建】对话框。新建名为“pingguo”的零件文件，并进入建模环境。

② 在菜单栏中选择【插入】|【混合】|【伸出项】命令，打开【混合选项】菜单。然后依次选择菜单管理器中的命令，进入草绘模式，如图 3-101 所示。

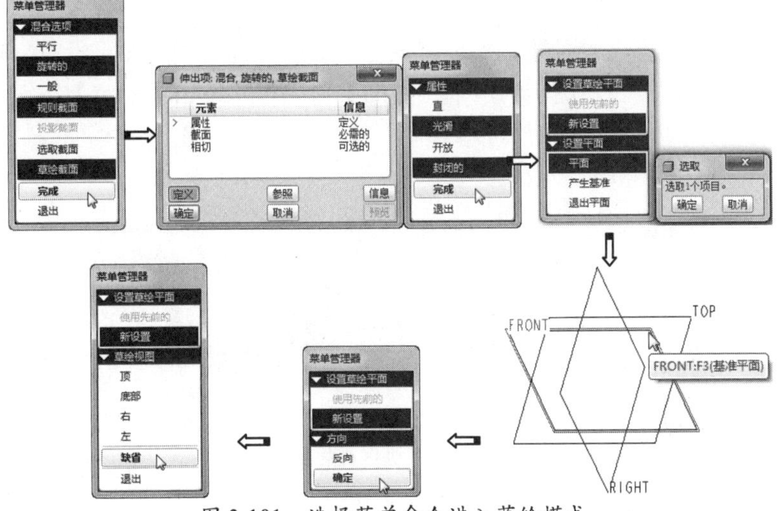

图 3-101　选择菜单命令进入草绘模式

③ 进入草绘环境绘制如图 3-102 所示的截面（由直线和样条曲线构成）。

④ 退出草绘环境后在【截面】选项卡单击【插入】按钮，并输入“90”的旋转角度，然后单击【草绘】按钮，进入草绘环境绘制第 2 个截面，如图 3-103 所示。

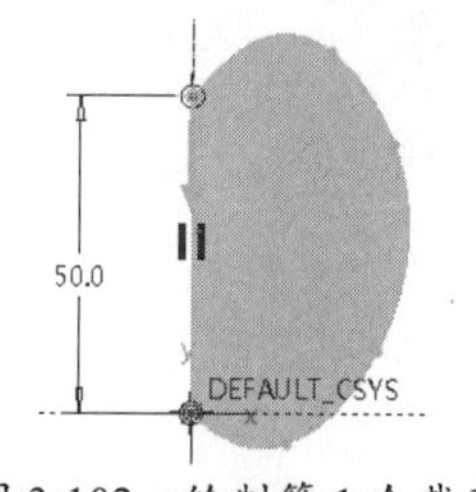

图 3-102 绘制第 1 个截面

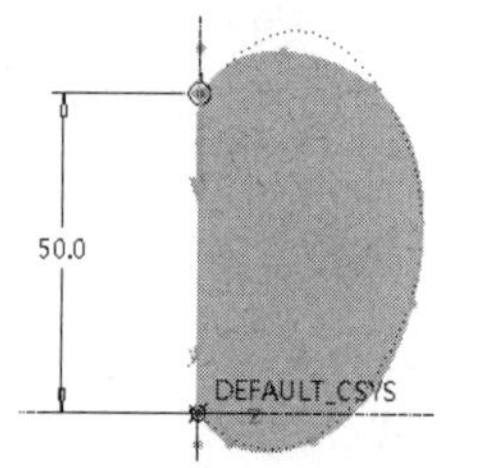

图 3-103 绘制第 2 个截面

技巧点拨

进入草绘模式中后，首先要创建基准坐标系作为截面的参考。当然，在创建截面 2、截面 3 时也应在草绘模式中创建各自的基准坐标系。在绘制第 2 个截面时，直线一定要与第 1 个截面中的直线相等并重合。此外，在绘制第 2 个截面的样条曲线时，可参照虚线表示的截面 1 来绘制和编辑。当然，苹果的每个截面不应该是相等的，所以这里的旋转截面尽量不要一致，这样使创建的特征更具有真实性。

⑤ 绘制完成 2 个截面后，程序会提示：“继续下一截面吗？”，单击【是】按钮，并输入截面 3 的旋转角度“90”，再进入草绘环境绘制如图 3-104 所示的第 3 个截面。

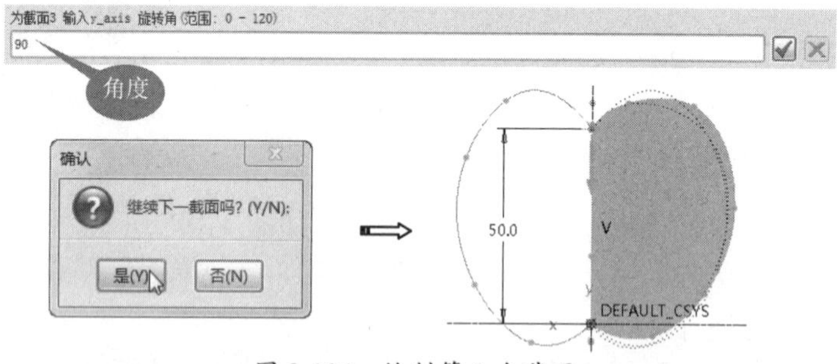

图 3-104 绘制第 3 个截面

技巧点拨

在 3 个截面草图中，注意截面轮廓的起始方向要一致，否则会使混合特征扭曲。另外，每个截面中的旋转轴默认统一。

⑥ 退出草绘环境。可以查看预览，如果有预览，说明截面正确，如果没有，则需要更改截面。在【伸出项：混合，旋转的，草绘截面】对话框中单击【确定】按钮，完成旋转混合特征的创建，如图 3-105 所示。

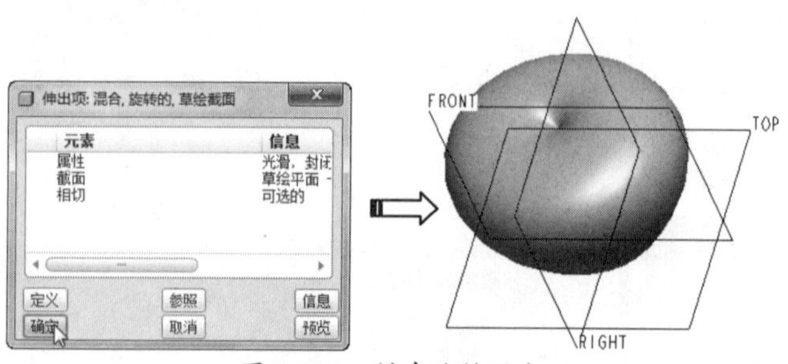

图 3-105 创建旋转混合

⑦ 在菜单栏中选择【插入】|【扫描混合】命令，打开【扫描混合】操控面板。利用基准工具栏的【草绘】命令，选择 RIGHT 基准平面作为草绘平面，如图 3-106 所示。

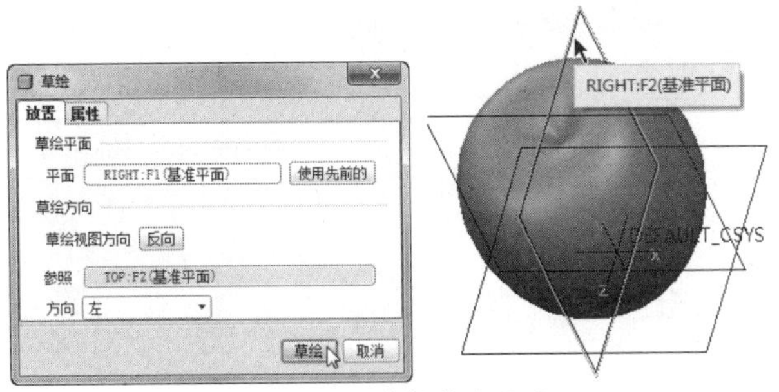

图 3-106 选择草绘平面

⑧ 进入草绘环境，绘制如图 3-107 所示的样条曲线，完成后退出草绘环境。

⑨ 在操控面板的【截面】选项卡中单击【草绘】按钮，进入草绘环境，绘制如图 3-108 所示的半径为“5”的截面草图。

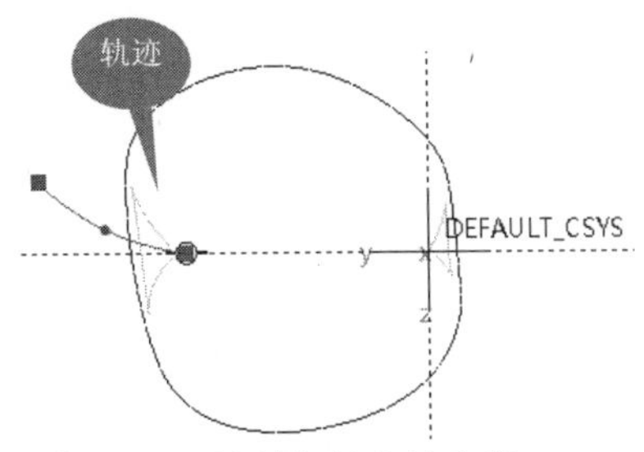

图 3-107 绘制扫描轨迹曲线

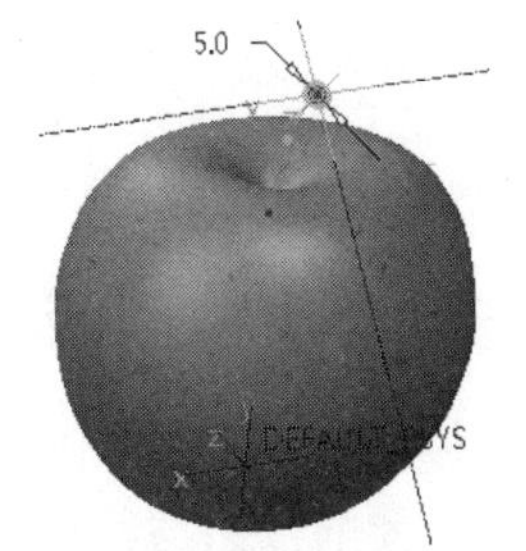

图 3-108 绘制扫描截面草图

⑩ 退出草图后，在【截面】选项卡中单击【插入】按钮，再单击【草绘】按钮进入草绘环境绘制第 2 个截面，此截面是半径为 2 的小圆，如图 3-109 所示。

⑪ 退出草绘环境，单击操控面板上的【应用】按钮，完成扫描混合特征的创建，结果如图 3-110 所示。

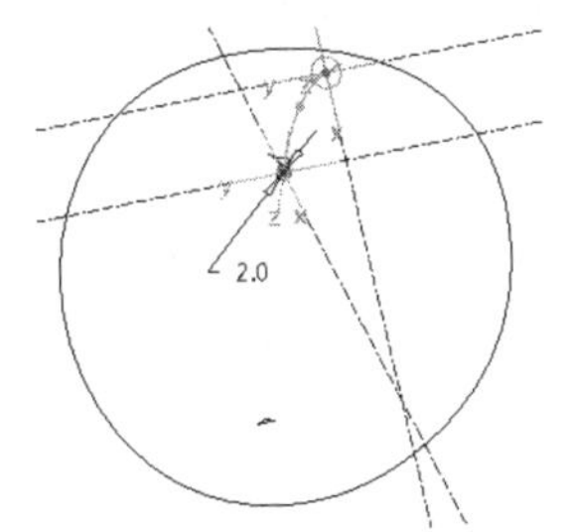

图 3-109 绘制第 2 个截面草图

图 3-110 完成扫描混合特征的创建

⑫ 至此，苹果的造型设计工作结束。

3.8 扫描混合特征

扫描混合特征同时具备扫描和混合两种特征。在建立扫描混合特征时，需要有一条轨迹线和多个特征剖面，这条轨迹线可通过草绘曲线或选择相连的基准曲线或边来实现。

不难发现，扫描混合命令与扫描命令的共同之处：都是扫描截面沿着扫描轨迹创建出扫描特征。它们的不同之处在于，扫描命令仅仅扫描一个截面，即扫描特征的每个横截面都是相等的。而扫描混合可以扫描多个不同形状的截面，如图 3-111 所示。

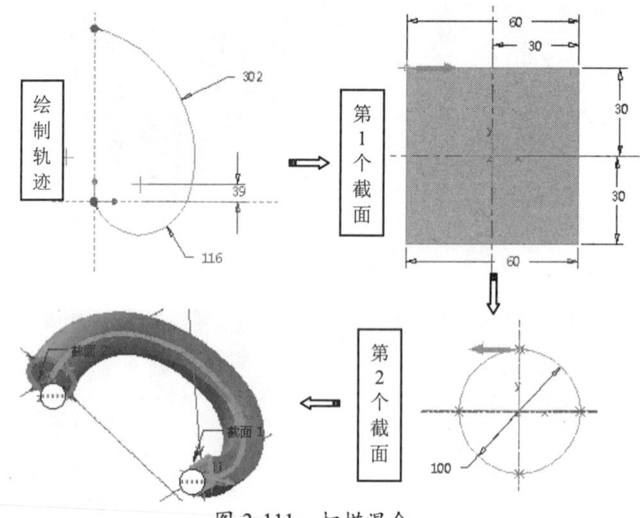

图 3-111　扫描混合

3.8.1　扫描混合操控面板

在【插入】菜单栏中选择【扫描混合】命令，弹出【扫描混合】操控面板，如图 3-112 所示。

操控面板中主要的按钮与其他操控面板是相同的。操控面板上有 5 个选项卡：参照、截面、相切、选项和属性。下面重点介绍【扫描混合】操控面板中主要的 4 个选项卡。

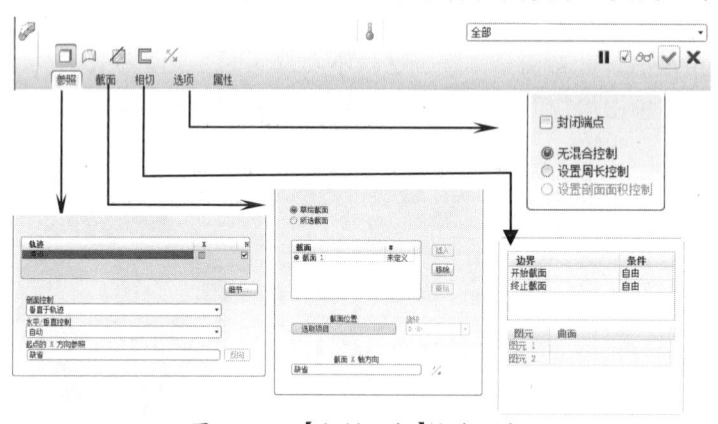

图 3-112　【扫描混合】操控面板

3.8.2　【参照】选项卡

1. 轨迹

打开【扫描混合】操控面板时，默认情况下【参照】选项卡中【轨迹】收集器处于激活状态，可以选择已有的曲线或模型边作为扫描轨迹，也可以在基准工具栏的下拉菜单中选择【草绘】命令来草绘轨迹。

单击【细节】按钮，弹出【链】对话框，如图 3-113 所示。通过此对话框来完成轨迹线链的添加。对话框的【参照】选项卡用于链选取规则的确定：标准和基于规则。【选项】选项卡用来设置轨迹的长度、添加链或删除链，如图 3-114 所示。

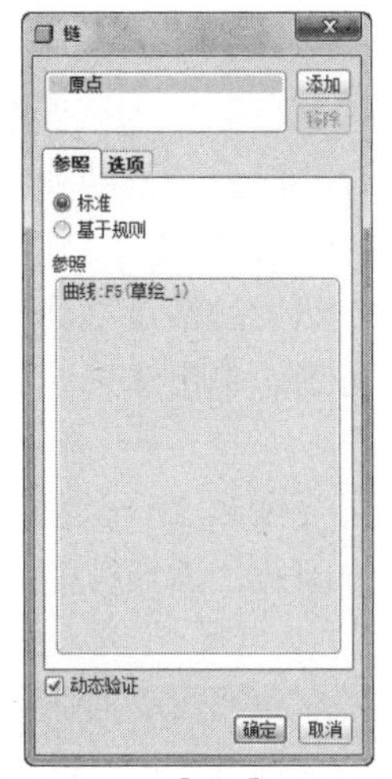

图 3-113 【链】对话框

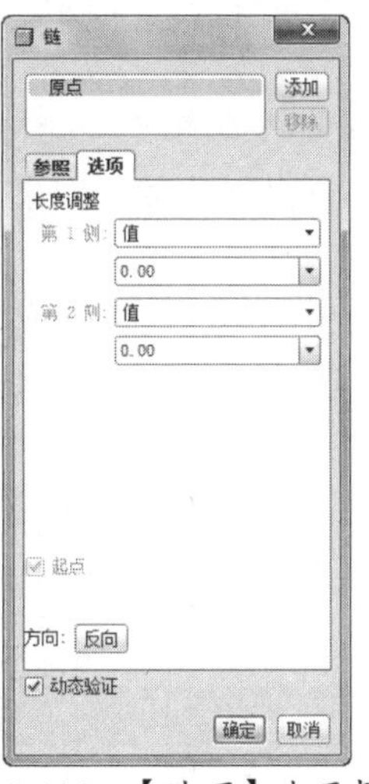

图 3-114 【选项】选项卡

2. 剖面控制

【剖面控制】下拉列表包含 3 种方法：垂直于投影、恒定法向、垂直于轨迹。

- 垂直于投影：截面垂直于轨迹投影的平面，如图 3-115 所示。

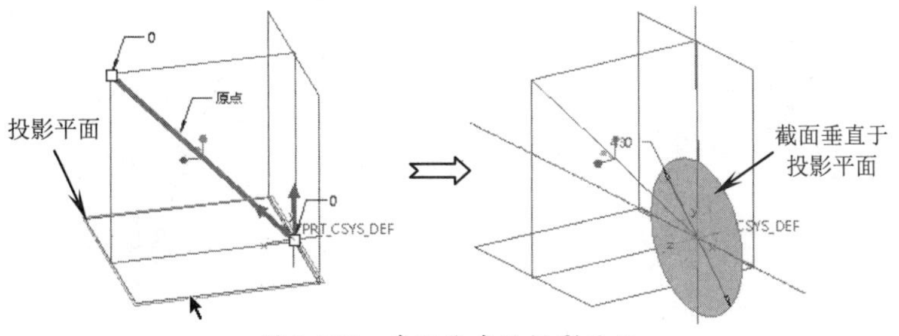

图 3-115 截面垂直于投影平面

- 恒定法向：选定一个参考平面，截面则穿过此平面，如图 3-116 所示。
- 垂直于轨迹：截面始终垂直于轨迹，如图 3-117 所示。

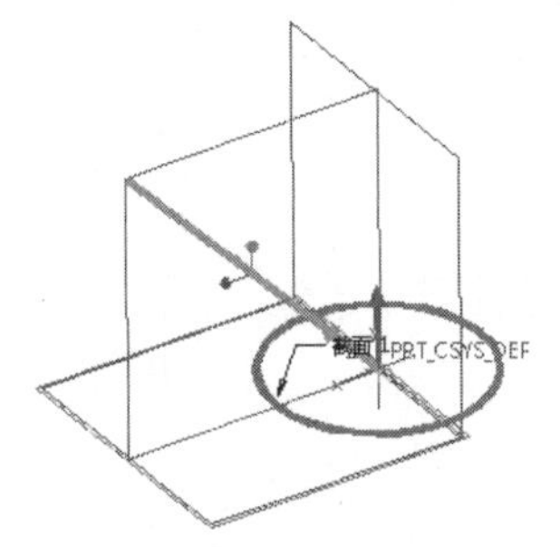

图 3-116 恒定法向

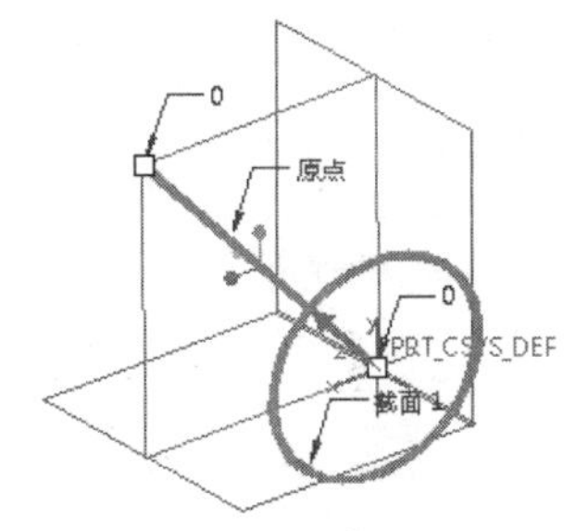

图 3-117 垂直于轨迹

3. 水平/垂直控制

此选项用于控制垂直或法向的方向参考，一般为默认设置，即自动选择与水平或竖直的平面参考。

3.8.3 【截面】选项卡

【截面】选项卡有 2 种定义截面的方式：草绘截面和所选截面。草绘截面，也可以在基准工具栏中选择【草绘】命令进入草绘环境绘制截面。

如果已经创建了曲线或者模型，选取曲线或模型边也可以作为截面来使用。要创建扫描混合的实体，截面必须是封闭的。如果是创建扫描混合曲面或扫描薄壁特征，截面可以是开放的。

在【截面】选项卡中单击【草绘截面】单选按钮，然后激活【截面位置】收集器，并选择轨迹线的端点作为参照，此时【草绘】按钮才变为可用。单击【草绘】按钮并选择草绘平面，即可绘制截面，如图 3-118 所示。

扫描混合特征至少需要 2 个截面或更多截面。如果要绘制 3 个截面或更多，则需要在基准工具栏中通过利用【域】命令在轨迹上创建多个点。因此，添加截面位置参考点的工作必须在绘制截面之前完成。

技巧点拨

第 2 个截面及后面的截面，其截面图形的段数必须相等。也就是说，若第 1 个截面是矩形，自动分 4 段，第 2 个截面是圆形，那么圆形必须用【分割】命令分割成 4 段（3 段或 5 段都不行），如图 3-119 所示，否则不能创建出扫描混合特征。

同理，若第 1 个截面是圆形，第 2 个截面是矩形或其他形状，则必须返回第 1 个截面中将圆形打断。

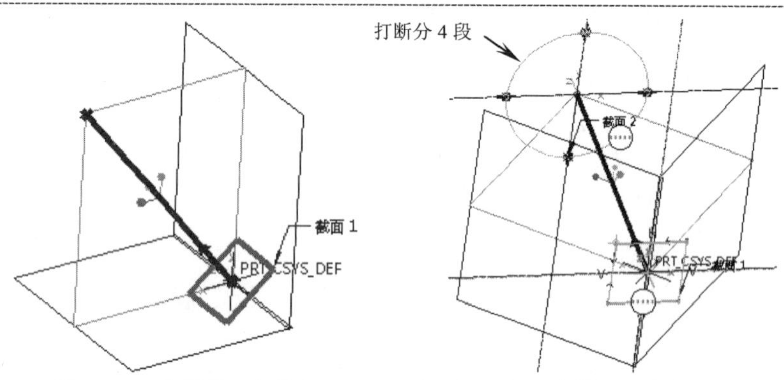

图 3-118　绘制第 1 个截面　　图 3-119　将第 2 个截面分段

要绘制第 2 个截面，在【截面】选项卡中单击【插入】按钮，再单击【草绘】按钮即可，如图 3-120 所示。再绘制截面亦是如此。

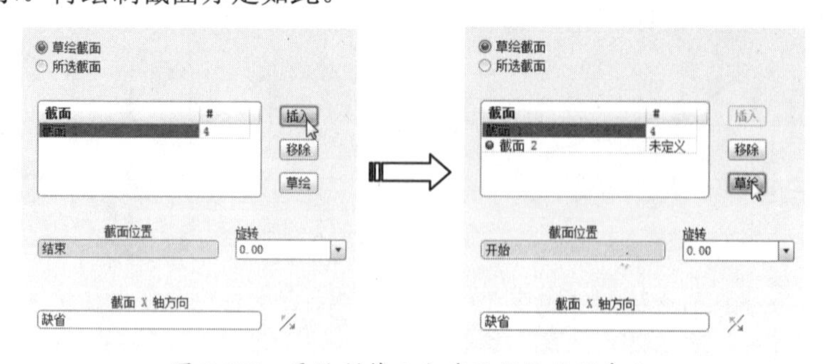

图 3-120　要绘制第 2 个截面所执行的命令

在实体造型工作中，我们时常用扫描混合工具来创建锥体特征，比例棱锥、圆锥或者是圆台、棱台等。这就需要将第 2 个截面进行设定。

- 第 1 个截面为圆形、第 2 个截面为点，创建圆锥，如图 3-121 所示。
- 第 1 个截面为圆形、第 2 个截面也是圆形，则创建圆台，如图 3-122 所示。

技巧点拨

对于同样是圆形的多个截面，无须打断分段。

- 第 1 个截面为多边形、第 2 个截面为点，创建多棱锥，如图 3-123 所示。
- 第 1 个截面为三角形（多边形）、第 2 个截面也是三角形（多边形），则创建棱台，如图 3-124 所示。

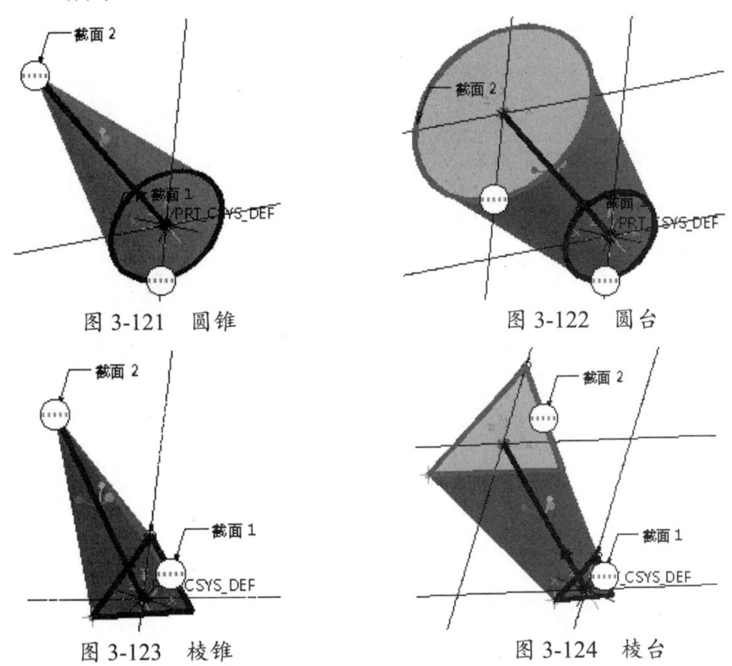

图 3-121　圆锥　　图 3-122　圆台

图 3-123　棱锥　　图 3-124　棱台

绘制了截面后，可以在【截面】选项卡中选择截面来更改旋转角度，使扫描混合特征产生扭曲。

3.8.4　【相切】选项卡

仅当完成了扫描轨迹和扫描截面的绘制后，【相切】选项卡才被激活可用。它主要用来控制截面的与轨迹的相切状态，如图 3-125 所示。

3 种状态的含义如下：

- 自由：自由状态是随着截面的形状来控制的，是连续状态。例如多个截面相同，则轮廓形状一定是连续的，如图 3-126 所示。

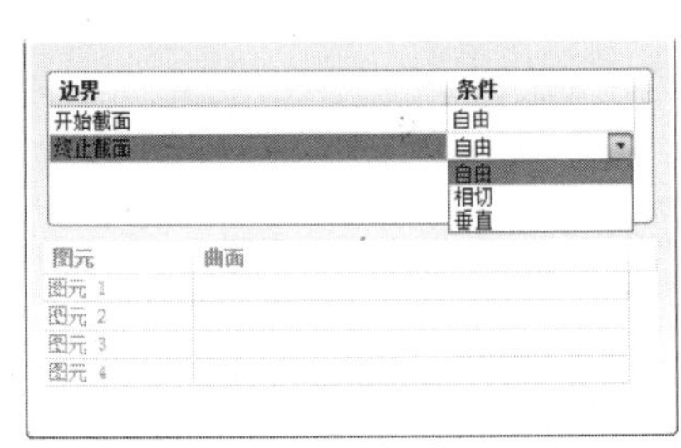

图 3-125　【相切】选项卡

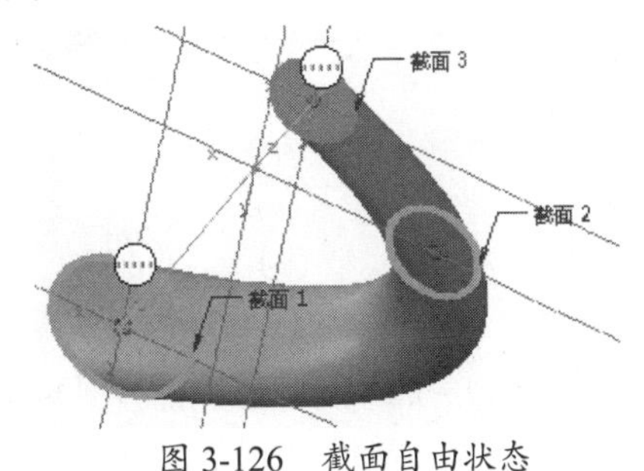

图 3-126　截面自由状态

- 相切：仅仅是轨迹与截面之间的夹角较小时，可以将截面与轨迹设置相切。
- 垂直：选择此选项，截面与轨迹线呈垂直关系，可以从轮廓来判断。

3.8.5 【选项】选项卡

此选项卡用来控制截面的形态。选项卡中各选项含义如下：

- 封闭端点：勾选此复选框，创建扫描混合曲面时将创建两端的封闭曲面。
- 无混合状态：表示扫描混合特征随着截面的形状而改变，不产生扭曲。
- 设置周长控制：通过在图形区中拖动截面曲线来改变周长，如图 3-127 所示。

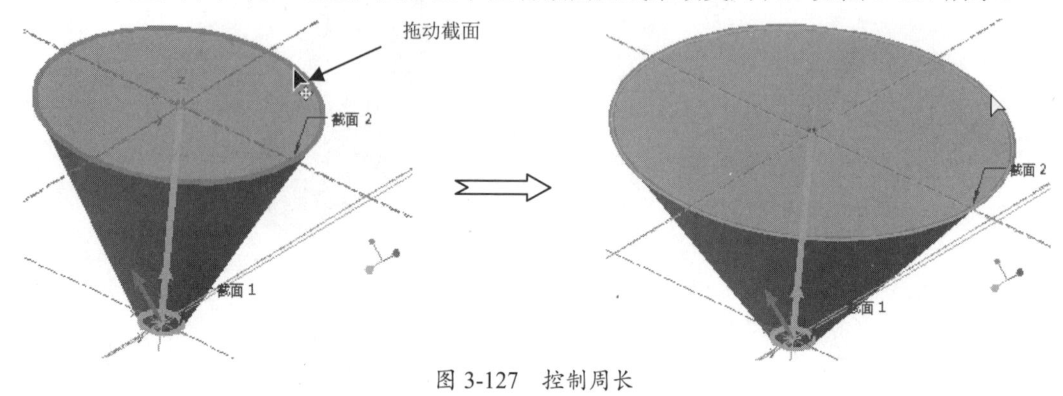

图 3-127 控制周长

- 设置横截面面积控制：此选项与【设置周长控制】类似，也是通过拖动截面来改变截面面积的。

3.9 综合案例——座椅设计

在本节中，以一个工业产品——小座椅设计实例，来详解实体建模与直接建模相结合的应用技巧。座椅设计造型如图 3-128 所示。

图 3-128 座椅渲染效果

操作步骤

① 在主菜单栏中选择【文件】|【新建】命令，打开【新建】对话框，新建文件名为“zuoyi”，使用公制模板，然后进入三维建模环境中。

② 首先创建坐垫。在【插入】菜单中依次选取【扫描】|【伸出项】选项，程序弹出【扫描轨迹】菜单，选取【草绘轨迹】选项，程序弹出【设置草绘平面】菜单，选择 FRONT 基准平面为草绘平面，在【方向】菜单中选取【确定】命令，以程序默认设置方式放置草绘平面。

③ 在二维草绘模式中草绘剖面，绘制完成后，在随后弹出的【属性】菜单中选择【添加内表面】选项，然后选择【完成】命令，进入草绘模式，绘制扫描截面，如图 3-129 所示。

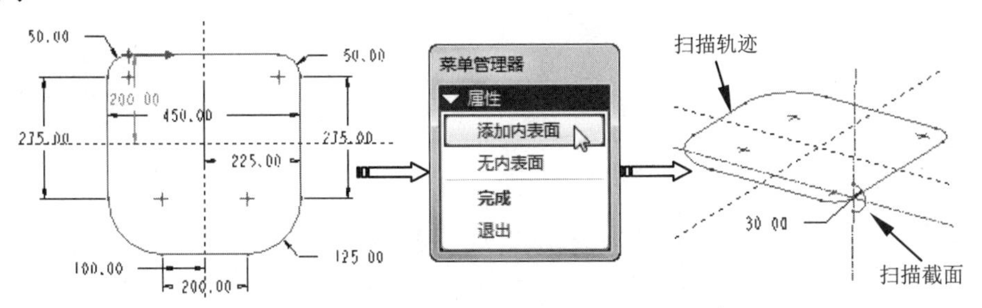

图 3-129 绘制扫描轨迹和扫描截面

④ 当所有元素都定义好后，单击【模型参数对话框】中的【应用】按钮结束坐垫的创建，效果如图 3-130 所示。

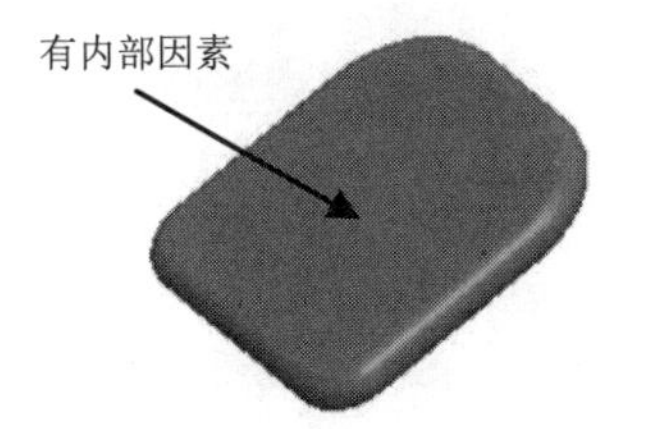

图 3-130 坐垫

⑤ 在菜单栏中选择【插入】|【扫描】|【伸出项】命令，弹出【扫描轨迹】对话框。选取【草绘轨迹】选项，程序弹出【设置草绘平面】菜单，选择 RIGHT 基准平面为草绘平面，在【方向】菜单中选取【确定】命令，以程序默认设置方式放置草绘平面，绘制椅靠支架的扫描轨迹，如图 3-131 所示。

⑥ 绘制封闭扫描截面，然后在对话框中单击【确定】按钮，完成椅靠支架的创建，如图 3-132 所示。

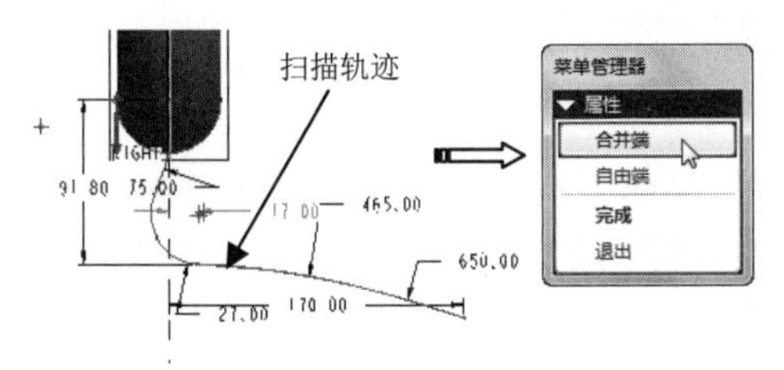

图 3-131 绘制椅靠支架的扫描轨迹

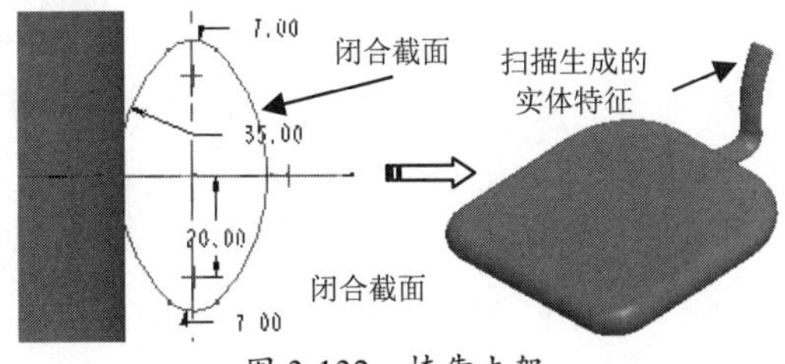

图 3-132 椅靠支架

⑦ 单击【拉伸工具】按钮，在操控面板上选取【放置】|【定义】选项，程序弹出【草绘】对话框，选取 RIGHT 基准平面为草绘平面，使用程序默认的参照和方向设置，单击【草绘】按钮进入草绘模式，绘制座椅靠背剖面，如图 3-133 所示。

⑧ 在操控面板【深度设置工具栏】选项中单击【两侧拉伸】选项按钮，输入拉伸值 350，预览无误后单击【应用】按钮，结束椅靠的创建。并对靠背棱角进行倒角，倒角值为 100，效果如图 3-134 所示。

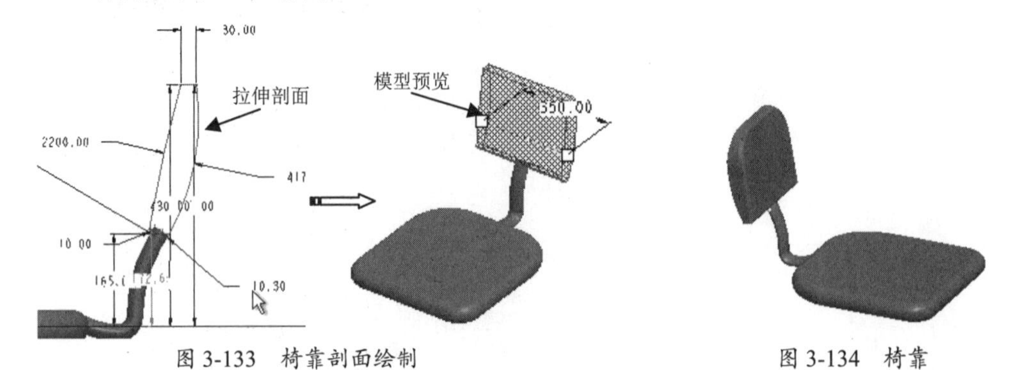

图 3-133 椅靠剖面绘制　　图 3-134 椅靠

⑨ 在【插入】菜单中依次选取【扫描】|【伸出项】选项，程序弹出【扫描轨迹】对话框，选取【草绘轨迹】选项，程序弹出【设置草绘平面】菜单，选择 RIGHT 基准平面为草绘平面，在【方向】菜单中选取【正向】命令，以程序默认的设置方式放置草绘平面，进入草绘模式，绘制如图 3-135 所示的扫描轨迹。

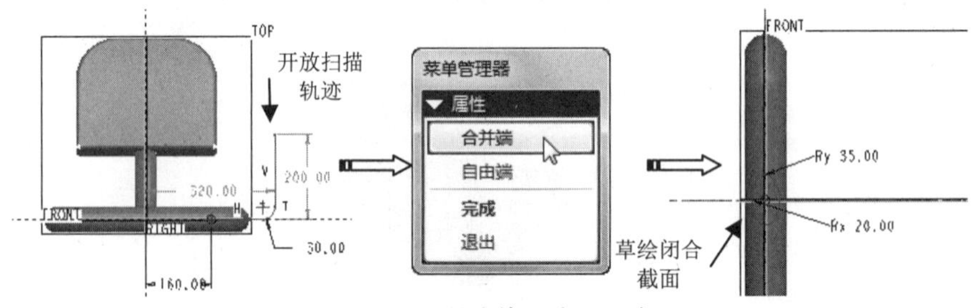

图 3-135 绘制座椅扶手扫描截面

⑩ 预览无误后，单击【应用】按钮结束座椅扶手部分构件的创建，如图 3-136 所示。

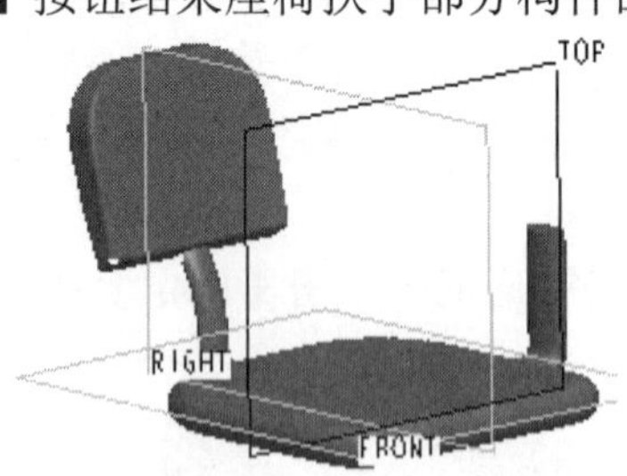

图 3-136 创建的扶手部分构件

⑪ 单击工具栏中【基准平面】按钮，弹出【基准平面】对话框，在绘图区中直接选取 RIGHT 为新基准平面的参照，并偏移 320。在【基准平面】对话框中单击【确定】按钮，完成新基准平面的创建，如图 3-137 所示。

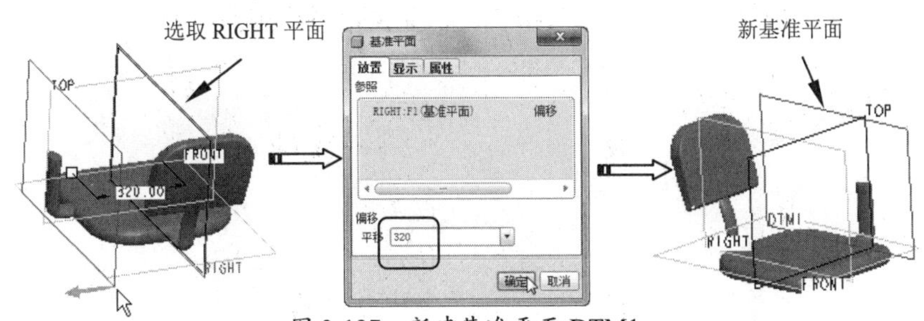

图 3-137　新建基准平面 DTM1

⑫　在菜单栏中选择【插入】|【扫描】|【伸出项】选项，程序弹出【扫描轨迹】菜单，选取【草绘轨迹】选项，程序弹出【设置草绘平面】菜单，选择新基准平面 DTM1 为草绘平面，在【方向】菜单中选取【确定】命令，以程序默认的设置方式放置草绘平面，绘制如图 3-138 所示的扫描轨迹和扫描截面。

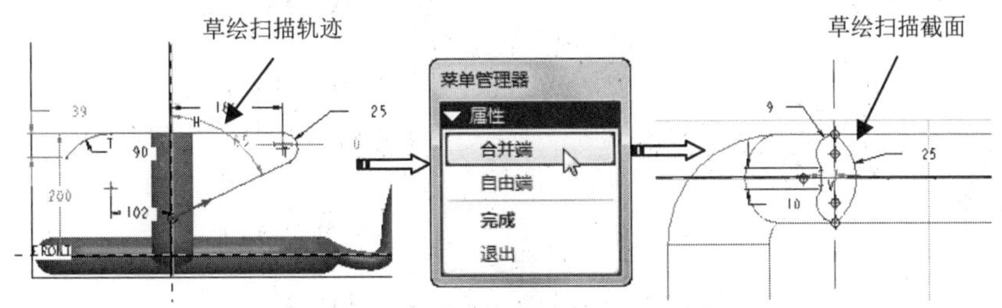

图 3-138　绘制的扫描轨迹和扫描截面

⑬　预览无误后，单击【确定】按钮结束座椅左边扶手的创建，如图 3-139 所示。

⑭　利用镜像来复制特征，在绘图区中选取整个左边扶手构件，然后在【编辑】菜单中选取【镜像】选项，程序提示要选取镜像参照平面，选取 RIGHT 作为镜像平面，单击【应用】按钮✔完成实体特征的镜像创建，如图 3-140 所示。

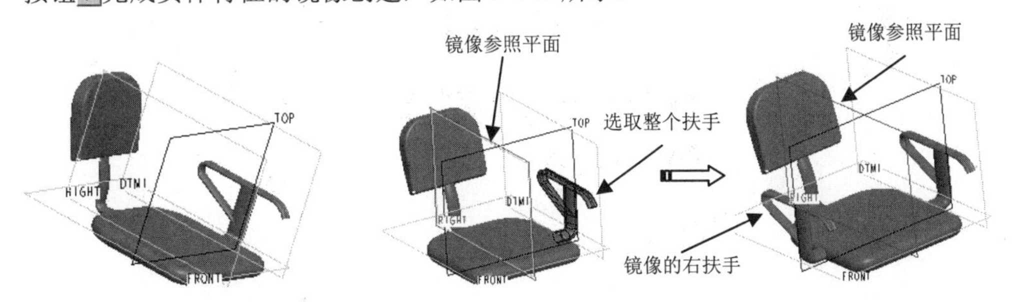

图 3-139　创建的左边扶手　　　　图 3-140　镜像右边扶手

⑮　运用旋转特征命令来创建座椅的底座，单击【旋转】按钮，在操控面板上选择【放置】|【定义】选项，程序弹出【草绘】对话框，选取 RIGHT 基准平面为草绘平面，使用程序默认的设置，单击【草绘】按钮进入草绘模式，绘制如图 3-141 所示的旋转剖面。完成后退出草绘模式，在操控面板上设置旋转角度为 360，预览无误后单击【应用】按钮✔，完成最后的设计操作。

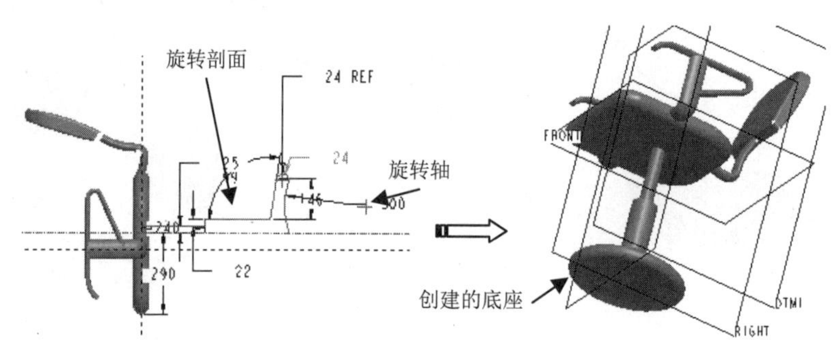

图 3-141　座椅底座

⑯　最终设计完成的座椅，如图 3-142 所示。

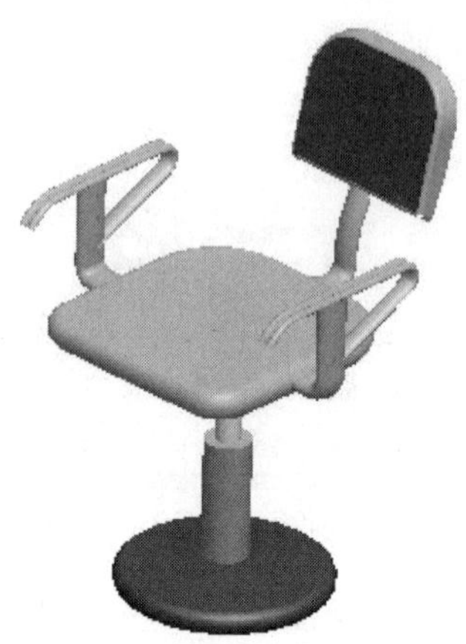
图 3-142　座椅最终效果

CHAPTER

建立工程特征

本章导读

工程特征指令是 Pro/E 帮助用户建立复杂零件模型的高级工具。常见的工程特征、构造特征及折弯特征统称为高级特征。高级特征常用来进行零件结构和产品造型的设计。

知识要点

☑ 工程特征

☑ 折弯特征

扫码看视频

4.1 工程特征

Pro/E 的工程特征主要是基于父特征而创建的实体造型，例如孔、筋、拔模、抽壳圆角及倒角等。

4.1.1 孔特征

利用“孔”工具可向模型中添加简单孔、自定义孔和工业标准孔。Pro/E 中的孔工具可以通过定义放置参考、设置偏移参考及定义孔的具体特性来添加孔。

单击右工具栏中的【孔】按钮，打开【孔】操控面板，操控面板中各图标的功能如图 4-1 所示。

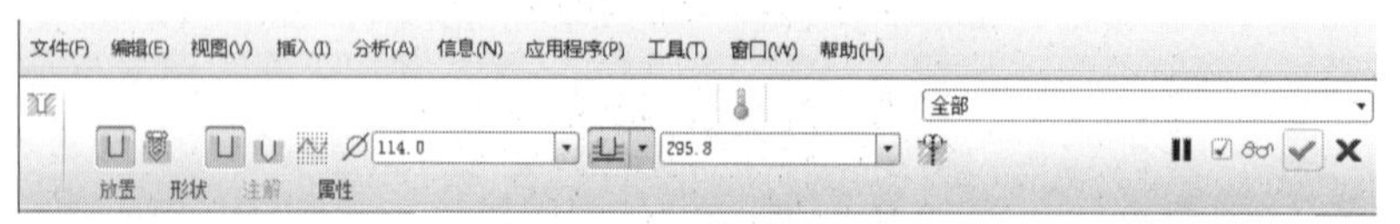

图 4-1 【孔】操控面板

在【孔】操控面板中常用选项功能如下：

- 按钮：创建简单孔。
- 按钮：创建标准孔。
- 按钮：定义标准孔轮廓。
- 按钮：创建草绘孔。
- 140.0 列表框：显示或修改孔的直径尺寸。
- 按钮：选择孔的深度定义形式。
- 295.8 列表框：显示或修改孔的深度尺寸。

1. 孔的放置方法

【放置】选项卡用来设置孔的放置方法、类型，以及放置参考等选项，如图 4-2 所示。

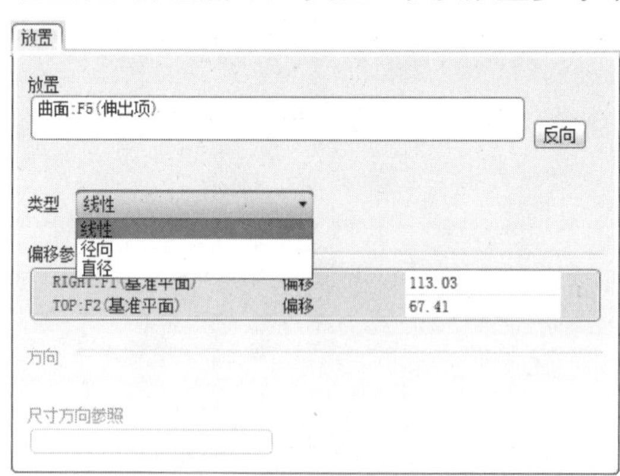

图 4-2 【放置】选项卡

孔放置类型有 6 种，分别是：线性、径向、直径、线性参考轴、同轴、在点上。

选择放置参考后，可定义孔放置类型。孔放置类型允许定义孔放置的方式。表 4-1 列出了 5 种孔的放置示例。

表 4-1 孔的放置类型

孔放置类型	说明	示例
线性	使用两个线性尺寸在曲面上放置孔。 如果选择平面、圆柱体或圆锥实体曲面，或是基准平面作为主放置参考，可使用此类型。 如果选择曲面或基准平面作为主放置参考，Pro/E 默认选择此类型	
径向	使用一个线性尺寸和一个角度尺寸放置孔。 如果选择平面、圆柱体或圆锥实体曲面，或是基准平面作为主放置参考，可使用此类型	
直径	通过绕直径参考旋转孔来放置孔。此放置类型除了使用线性和角度尺寸，还将使用轴。 如果选择平面实体曲面或基准平面作为主放置参考，可使用此类型	
线性参考轴	通过参考基准轴或位于同一曲面上的另一个孔的轴来放置孔。轴应垂直于新创建的孔的主放置参考	1 正交尺寸 2 新创建的孔 3 选择作为次参考的轴
同轴	将孔放置在轴与曲面的交点处。注意，曲面必须与轴垂直。此放置类型使用线性和轴参考。 如果选择曲面、基准平面或轴作为主放置参考，可使用此类型	
在点上	将孔与位于曲面上的或偏移曲面的基准点对齐。此放置类型只有在选择基准点作为主放置参考时才可用。 如果主放置参考是一个基准点，则仅可用该放置类型	

技巧点拨

因所选的放置参考不同，放置类型显示不同。

2. 孔的放置参考

在设计中放置孔特征要求选择放置参考来放置孔，并选择偏移参考来约束孔相对于选定参考的位置。【放置】选项卡中有 2 种参考：放置参考和偏移参考。

方法一：放置参考

利用放置参考，可在模型上放置孔。可通过在孔预览几何中拖动放置控制滑块，或将控制滑块捕捉到某个参考上来重定位孔。也可单击控制滑块，然后选择主放置参考。孔预览几何便会进行重定位，如图 4-3 所示。

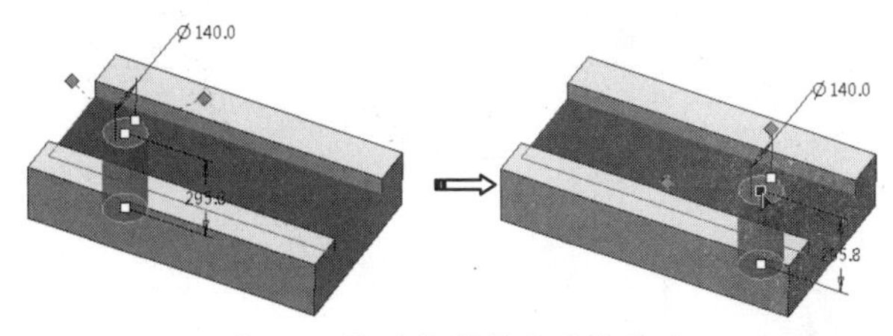

图 4-3 拖动控制滑块重定位孔

单击【反向】按钮，可改变孔的放置方向。放置参考也是孔放置的主参考，而偏移参考是次参考。

方法二：偏移参考

偏移参考可利用附加参考来约束孔相对于选定的边、基准平面、轴、点或曲面的位置。可通过将次放置控制滑块捕捉到参考来定义偏移参考，如图 4-4 所示。

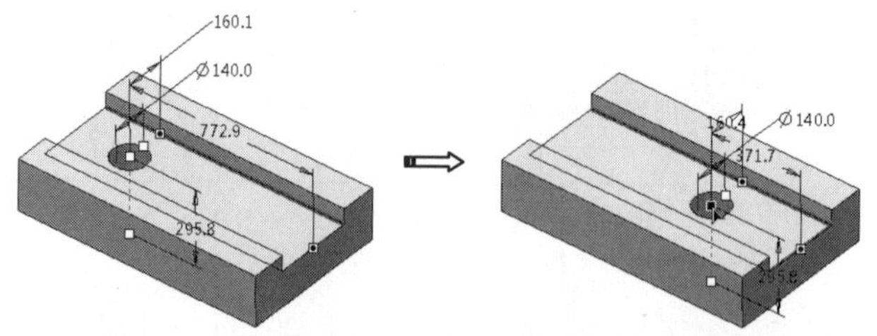

图 4-4　拖动次参考的控制滑块来定义偏移参考

技巧点拨

不能选择与放置参考垂直的边作为偏移参考。偏移参考必须是 2 个，可以是曲线、边、基准平面或者模型的边。

3. 孔的形状设置方法

在【形状】选项卡中可以设置孔的形状参数，如图 4-5 所示。单击该选项卡中的孔深度文本框，即可从打开的深度下拉列表的 6 个选项中选取所需选项（如图 4-6 所示），进行孔深度、直径以及锥角等参数的设置，从而确定孔的形状。

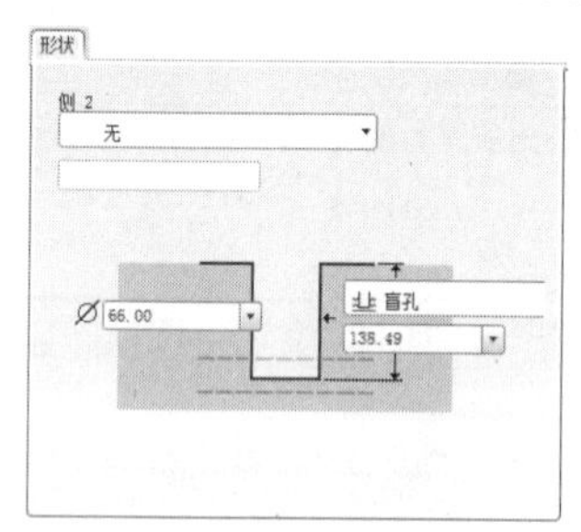

图 4-5　【形状】选项卡

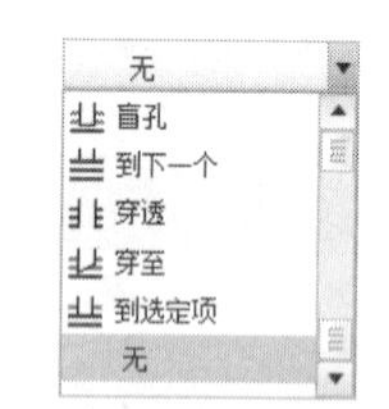

图 4-6　6 个孔深度选项

这 6 个选项与拉伸特征的深度选项是相同的。孔也是拉伸特征的一种特例，是移除材料的拉伸特征。

4. 孔类型

在 Pro/E 中，可创建的孔的类型有简单孔、草绘孔和标准孔，见表 4-2。

表 4-2　孔类型

简 单 孔	草 绘 孔	标 准 孔
由带矩形剖面的旋转切口组成。可使用预定义矩形或标准孔轮廓作为孔轮廓，也可以为创建的孔指定埋头孔、扩孔和角度	使用草绘器创建不规则截面的孔	创建符合工业标准螺纹孔。对于标准孔，会自动创建螺纹注释

技巧点拨

在草绘孔时，旋转轴只能是基准中心线，不能是草图曲线中的中心线，否则不能创建孔特征。

4.1.2　壳特征

壳特征就是将实体内部掏空，变成指定壁厚的壳体，主要用于塑料和铸造零件的设计。单击右工具栏中的【壳】按钮，打开【壳】操控面板，如图 4-7 所示。

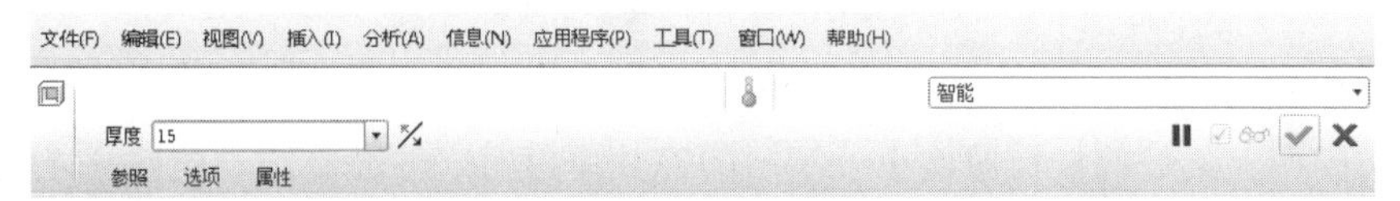

图 4-7　【壳】操控面板

1. 选择实体上要移除的表面

在模型上选取要移除的曲面，当要选取多个移除曲面时需按住 Ctrl 键。选取的曲面将显示在操控面板的【参照】选项卡中。

当要改变某个移除面侧的壳厚度时，可以在【非默认厚度】收集器中选取该移除面，然后修改厚度值，如图 4-8 所示。

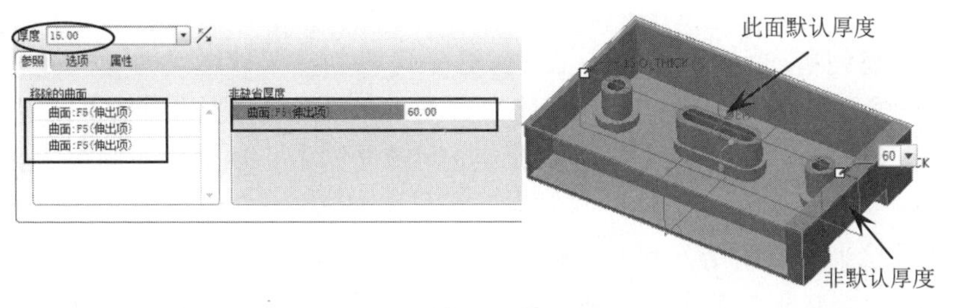

图 4-8　选取要移除的曲面

技巧点拨

要改变某移除面的厚度，也可以执行右键快捷菜单【非默认厚度】命令。在模型上选择该曲面，如图 4-9 所示，曲面上会出现一个控制厚度的图柄和表示厚度的尺寸数值，双击图形上的尺寸数值，更改其厚度值即可。

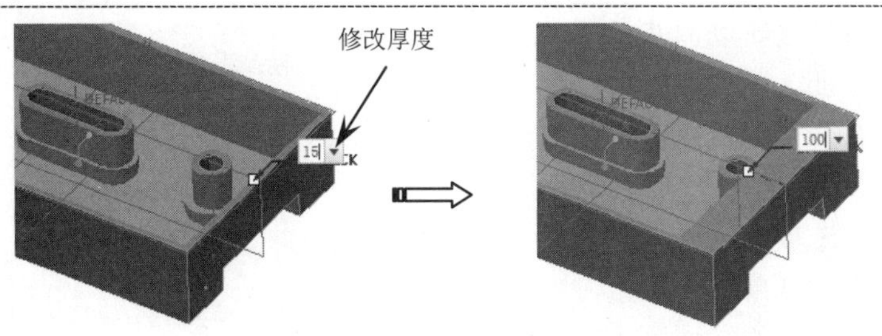

图 4-9　执行右键快捷菜单命令来修改壳厚度

2. 其他设置方法

在【壳】操控面板中还可以将厚度侧设为反向，也就是将壳的厚度加在模型的外侧。方法是厚度数值输入负数，或者单击操控面板上的【更改厚度方向】按钮。

如图 4-10 所示，深色线为实体的外轮廓线，左图为薄壳的生成侧在内侧，右图为薄壳的生成侧在外侧。

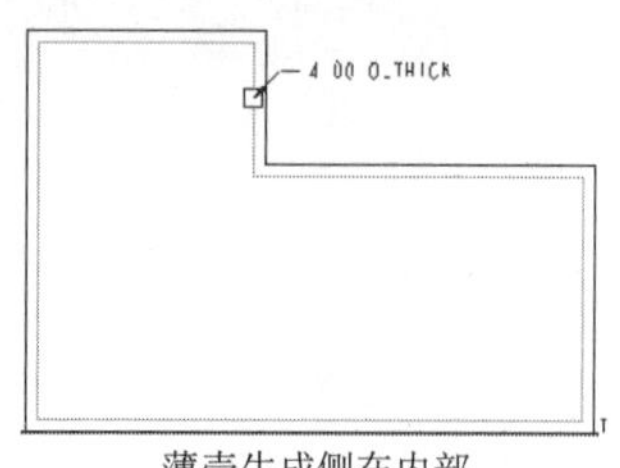

薄壳生成侧在内部

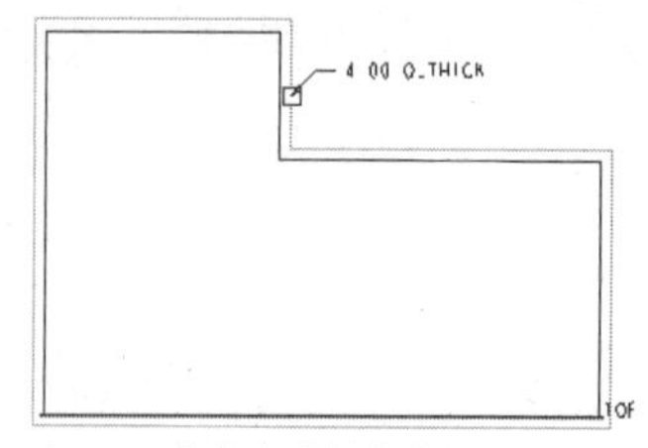

薄壳生成侧在外部

图 4-10　不同的薄壳生成侧

薄壳特征创建过程中的注意事项如下所述：

- 当模型上某处的材料厚度小于指定的壳体厚度时，薄壳特征不能建立。
- 建立壳特征时选取要移除的曲面不可以与邻接的曲面相切。
- 建立壳特征时选取要移除的曲面不可以有一顶点是由三个曲面相交所形成的交点。
- 若实体有一顶点是由四个以上的实体表面所形成的交点，壳特征可能无法建立，因为四个相交于一点的曲面在偏距后不一定会再相交于一点。
- 所有相切的曲面都必须有相同的厚度值。

4.1.3　筋特征

筋在零件中起到增加刚度的作用。在 Pro/E 中可以创建两种形式的筋特征：直筋和旋转筋。当相邻的两个面均为平面时，生成的筋为直筋，即筋的表面是 1 个平面；当相邻的两个面中有 1 个为回转面时，草绘筋的平面必须通过回转面的中心轴生成的筋为旋转筋，其表面为回转面。

筋特征从草绘平面的两个方向上进行拉伸，筋特征的截面草图不封闭，筋的截面只是一条链，而且链的两端必须与接触面对齐。直筋特征的草绘只要线端点连接到曲面上，形成一个要填充的区域即可；而对旋转筋，必须在通过旋转曲面的旋转轴的平面上创建草绘，并且其线端点必须连接到曲面，以形成一个要填充的区域。

Pro/E 提供了 2 种筋的创建工具：轨迹筋和轮廓筋。

1. 轨迹筋

轨迹筋是沿着草绘轨迹，并且可以创建拔模、圆角的实体特征。单击右工具栏中的【轨迹筋】按钮，打开【轨迹筋】操控面板，如图 4-11 所示。

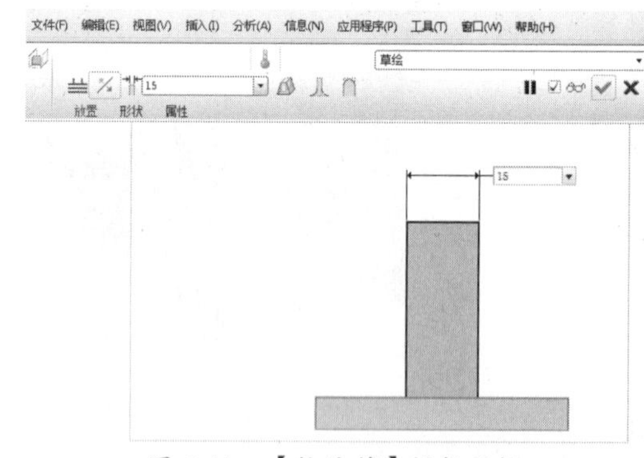

图 4-11　【轨迹筋】操控面板

操控面板上各选项作用如下：

- 添加拔模：单击此按钮，可以创建带有拔模角度的筋。拔模角度可以在图形区中单击尺寸进行修改，如图 4-12a 所示。
- 在内部边上添加倒圆角：单击此按钮，在筋与实体相交的边上创建圆角。圆角半径可以在图形区中单击尺寸进行修改，如图 4-12b 所示。
- 在暴露边上添加倒圆角：单击此按钮，在轨迹线上添加圆角，如图 4-12c 所示。
- 【参照】选项卡：用于指定筋的放置平面，并进入草绘环境进行截面绘制。

- 按钮：改变筋特征的生成方向，可以更改筋的两侧面相对于放置平面之间的厚度。在指定筋的厚度后，连续单击按钮，可在对称、正向和反向 3 种厚度效果之间切换。
- 5.06 文本框：设置筋特征的厚度。
- 【属性】选项卡：在【属性】上滑菜单栏中，可以通过单击按钮预览筋特征的草绘平面、参照、厚度以及方向等参数信息，并且能够对筋特征进行重命名。

技巧点拨

有效的筋特征草绘必须满足如下规则：单一的开放环；连续的非相交草绘图元；草绘端点必须与形成封闭区域的连接曲面对齐。

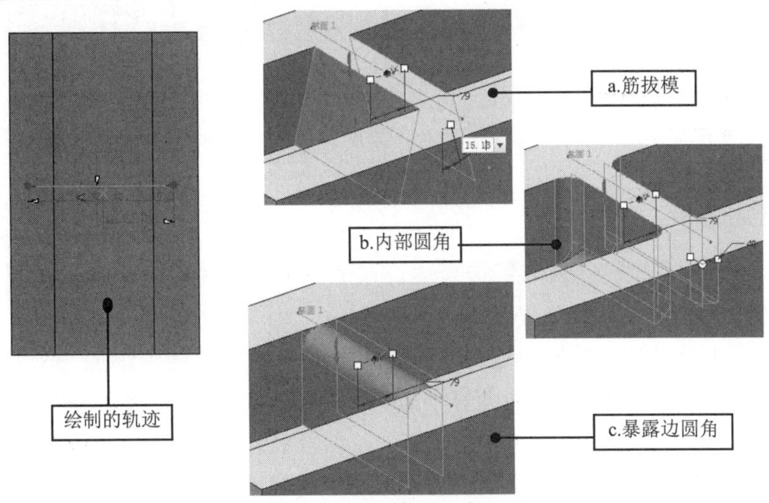

图 4-12 筋的附加特征

2. 轮廓筋

轮廓筋与轨迹筋不同的是，轮廓筋是通过草绘筋的形状轮廓来创建的。轨迹筋则是通过草绘轨迹来创建的扫描筋。

单击右工具栏中的【轮廓筋】特征按钮，打开【轮廓筋】操控面板，如图 4-13 所示。

图 4-13 【轮廓筋】操控面板

定义筋特征时，可在进入筋工具后草绘筋，也可在进入筋工具之前预先草绘筋。在任意一种情况下，参考收集器一次将只接受一个有效的筋草绘。

有效的筋特征草绘必须满足以下标准：

- 单一的开放环。
- 连续的非相交草绘图元。
- 草绘端点必须与形成封闭区域的连接曲面对齐。

虽然对于直的筋特征和旋转筋特征而言操作步骤都是一样的，但是每种筋类型都具有特殊的草绘要求。表 4-3 列出了直的筋与旋转筋的草绘要求。

表 4-3 直的筋与旋转筋的草绘要求

筋类型	直　的	旋　转
草绘要求	可以在任意点上创建草绘，只要其线端点连接到曲面，从而形成一个要填充的区域。	必须在通过旋转曲面的旋转轴的平面上创建草绘。其线端点必须连接到曲面，从而形成一个要填充的区域
有效草绘实例	25.00	

技巧点拨

无论是创建内部草绘，还是用外部草绘生成筋特征，用户均可轻松地修改筋特征草绘，因为它在筋特征的内部。对原始种子草绘所做的任何修改（包括删除）都不会影响到筋特征，因为草绘的独立副本被存储在特征中。为了修改筋草绘几何，必须修改内部草绘特征，在“模型树”中，它是筋特征的一个子节点。

4.1.4 拔模特征

在塑料拉伸件、金属铸造件和锻造件中，为了便于加工脱模，通常会在成品与模具型腔之间引入一定的倾斜角，称为“拔模角”。

拔模特征就是为了解决此类问题，将单独曲面或一系列曲面中添加一个介于-30°和+30°之间的拔模角度。可以选择的拔模曲面有平面或圆柱面，并且当曲面为圆柱面或平面时，才能进行拔模操作。曲面边界周围有圆角时不能拔模，但可以先拔模，再对边进行圆角操作。

在 Pro/E 中，拔模特征有 4 种创建方法：基本拔模、可变拔模、可变拖拉方向拔模和分割拔模。

1. 基本拔模

基本拔模就是创建一般的拔模特征。

在右工具栏中单击【拔模】按钮，打开【拔模】操控面板，如图 4-14 所示。

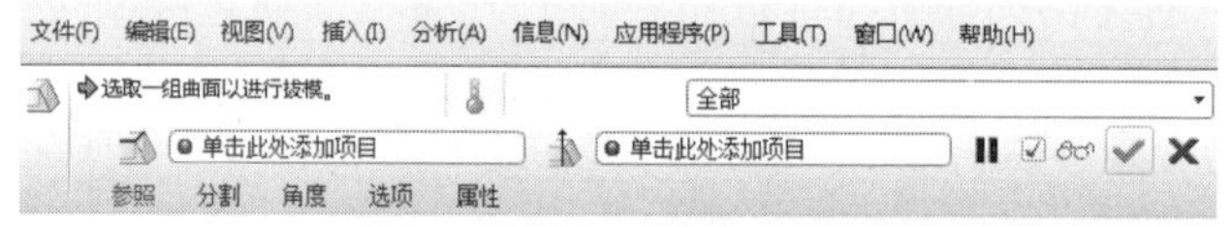

图 4-14 【拔模】操控面板

要使用拔模特征，需先了解拔模的几个术语。如图 4-15 所示为拔模术语的图解表达。图中所涉及的拔模概念解释如下：

- 拔模曲面：要拔模的模型的曲面。可以拔模的曲面有平面和圆柱面。
- 拔模枢轴：曲面围绕其旋转的拔模曲面上的线或曲线（也称作中立曲线）。可通过选取平面（在此情况下拔模曲面围绕它们与此平面的交线旋转）或选取拔模曲面上的单个曲线链来定义拔模枢轴。
- 拖动方向（拔模方向）：用于测量拔模角度的方向。通常为模具开模的方向。可通过选取平面（在这种情况下拖动方向垂直于此平面）、直边、基准轴或坐标系的轴来定义它。
- 拔模角度：拔模方向与生成的拔模曲面之间的角度。如果拔模曲面被分割，则可为拔模曲面的每侧定义两个独立的角度。拔模角度必须在-30° 到 +30° 度范围内。

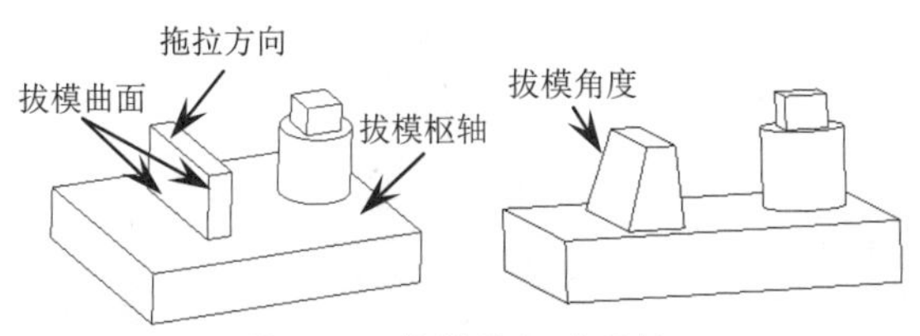

图 4-15　拔模特征的图解

下面介绍两种基本拔模的特殊处理方法。

方法一：排除曲面环

如图 4-16 所示的模型，所选的拔模面其实是单个曲面，而非 2 个曲面组合。因为它们是由一个拉伸切口得到的。但此处仅拔模其中一个凸起的面，那么就需要在【拔模】操控面板的【选项】选项卡中激活“排除环”，并选择要排除的面，如图 4-17 所示。

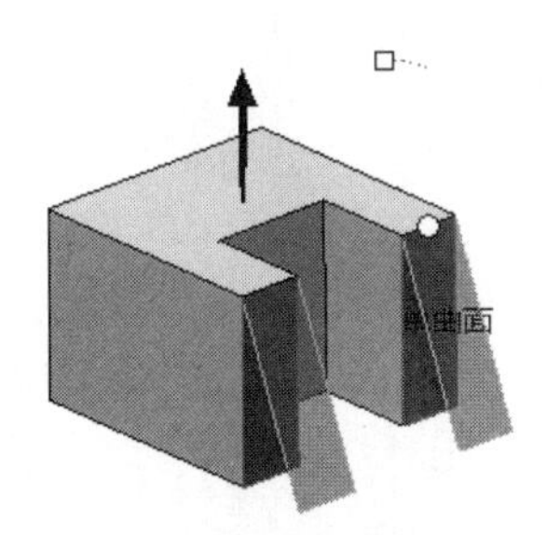

图 4-16　要拔模的面

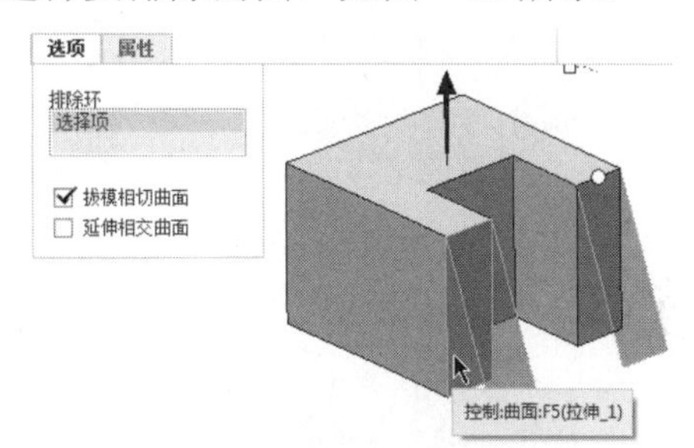

图 4-17　选择要排除的曲面

选择要排除的面后，只能对其中一个面进行拔模，如图 4-18 所示。

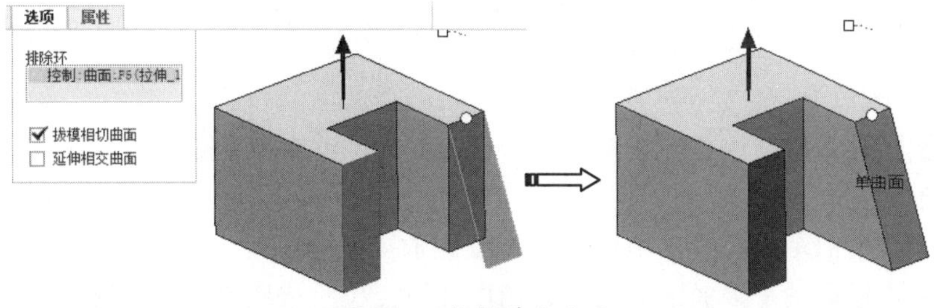

图 4-18　拔模单个曲面

技巧点拨

按 Ctrl 键连续选择的多个曲面是不能使用“排除曲面环”方法的。因为程序只能识别单个曲面中的环。

方法二：延伸相交曲面

当要拔模的曲面拔模后与相邻的曲面产生错位时，可以使用【选项】选项卡中的【延伸相交曲面】复选框，使之与模型的相邻曲面相接触。

如图 4-19 所示，需要对图中的圆形凸台进行拔模。但未使用【延伸相交曲面】选项进行拔模。

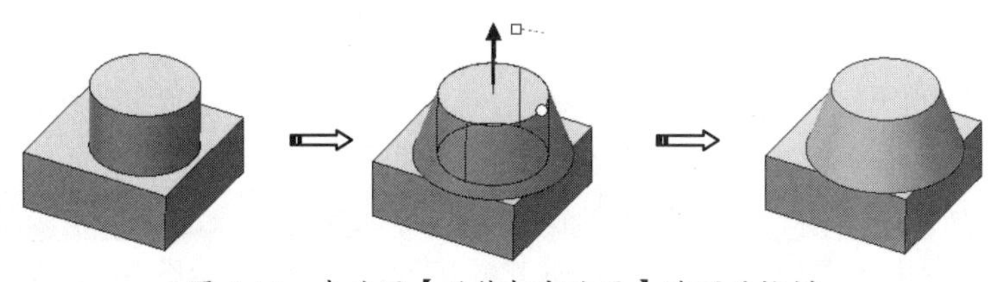

图 4-19　未使用【延伸相交曲面】选项的拔模

如果使用了【延伸相交曲面】选项进行拔模，其结果如图 4-20 所示。

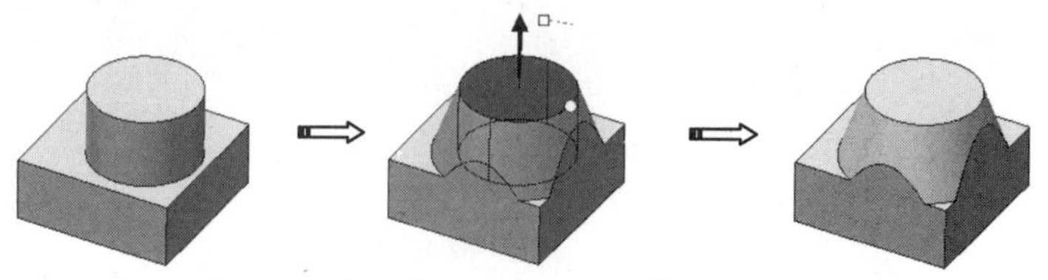

图 4-20　使用【延伸相交曲面】选项的拔模

如图 4-21 所示为对图中的矩形实体进行拔模的情况，包括未使用和使用了【延伸相交曲面】选项的 2 种情形。

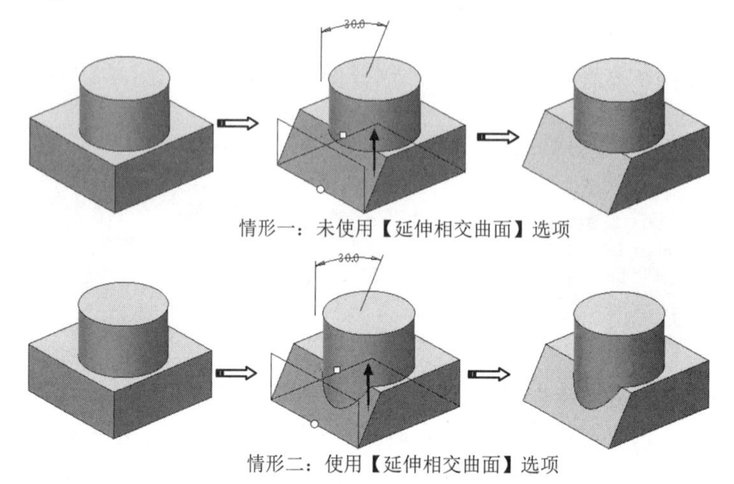

情形一：未使用【延伸相交曲面】选项

情形二：使用【延伸相交曲面】选项

图 4-21　延伸至相交曲面的两种情形

2. 可变拔模

上面介绍的基本拔模属于恒定角度的拔模。但在“可变”拔模中，可沿拔模曲面将可变拔模角应用于各控制点：

- 如果拔模枢轴是曲线，则角度控制点位于拔模枢轴上。
- 如果拔模枢轴是平面或面组，则角度控制点位于拔模曲面的轮廓上。

可变拔模的关键在于角度的控制。例如，当选择了拔模曲面、拔模枢轴及拖拉方向后，通过在【拔模】操控面板的【角度】选项卡上添加角度来控制拔模的可变性。如图 4-22 所示为恒定拔模与可变拔模的范例。

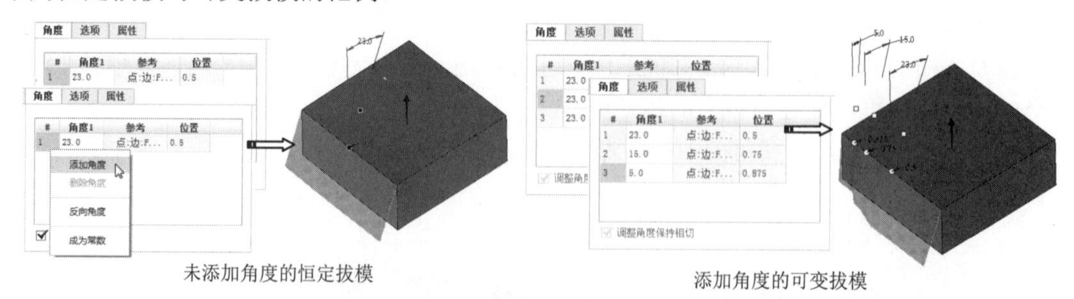

未添加角度的恒定拔模

添加角度的可变拔模

图 4-22　恒定拔模与可变拔模

技巧点拨

可以按住 Ctrl 键然后拖动拔模的圆形滑块，将控制点移至所需位置，如图 4-23 所示。

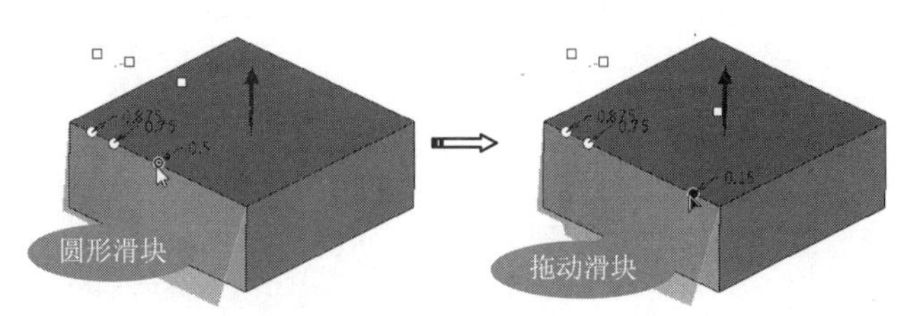

图 4-23 拖动圆形滑块改变控制点

3. 可变拖拉方向拔模

可变拖拉方向拔模与基本拔模、可变拔模的不同点是，拔模曲面不再仅仅是平面，曲面同样可以拔模。此外，拔模曲面不用再选择，而是定义拔模曲面的边——也是拔模枢轴（拔模枢轴是拔模曲面的固定边）。

在菜单栏中选择【插入】|【高级】|【可变拖拉方向拔模】命令，打开【可变拖拉方向拔模】操控面板，如图 4-24 所示。

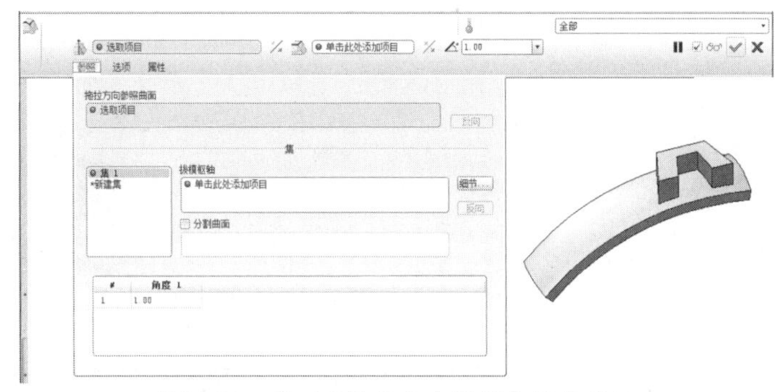
图 4-24 【可变拖拉方向拔模】操控面板

下面用一个零件的拔模来说明可变拖拉方向拔模的用法。

方法一：拔模枢轴的选取

可变拖拉方向拔模的参考曲面，也是拖拉方向（有时也叫拔模方向）的参考曲面。如图 4-25 所示为选择的拖拉方向参考曲面。

激活拔模枢轴的收集器。然后为拔模选取拔模枢轴（即拔模曲面上固定不变的边），如图 4-26 所示。

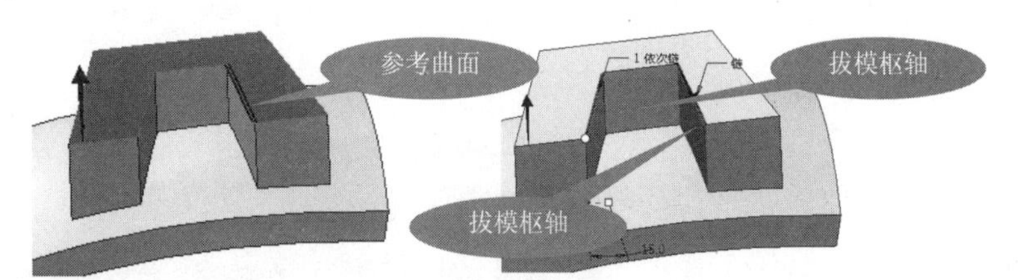

图 4-25 选择拖拉方向参考曲面　　图 4-26 选择拔模枢轴

技巧点拨

选取拔模枢轴时，可以按 Ctrl 键连续选取多个枢轴。当然，也可以在远离拖拉方向参考曲面的单独位置设置拔模枢轴。

拔模枢轴选择好后，可以看见拔模的预览。拖动圆形控制滑块可以手动改变拔模的角度，如图 4-27 所示。如果需要精确控制拔模角度，须在【参照】选项卡最下面的选项区域中设置角度。

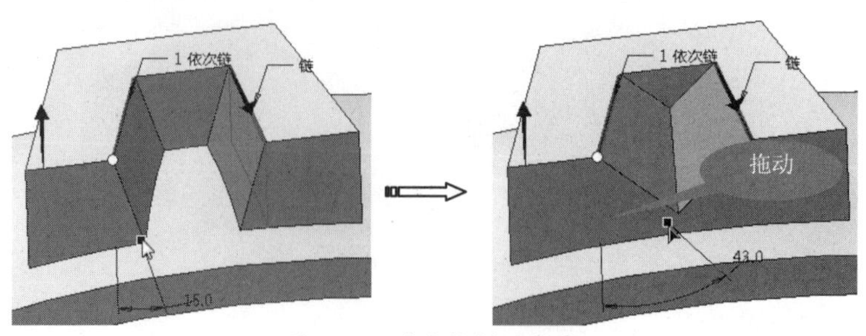

图 4-27 改变拔模的角度

方法二：使拔模角度成为变量

在默认情况下，拔模角度是恒定的，可以选择右键快捷菜单中的【成为变量】命令，将拔模角度设为可变。如图 4-28 所示，设为变量后，可以在【参考】选项卡最下方编辑每个控制点的角度，也可以手动拖动方形滑块来改变拔模角度。

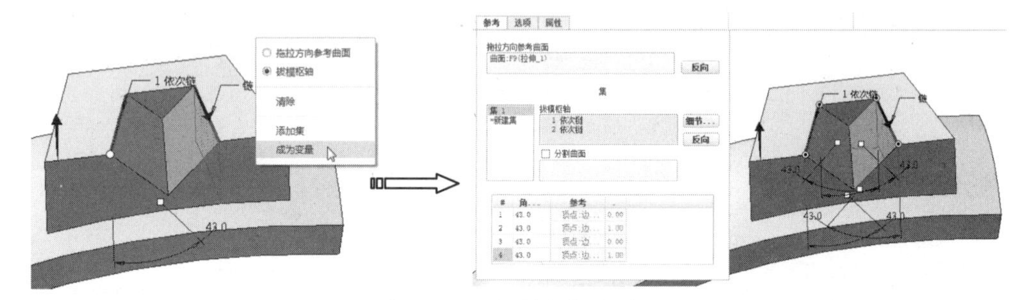

图 4-28 使拔模角成为变量

技巧点拨

要恢复为恒定拔模，可用鼠标右键单击并选取快捷菜单上的【成为常数】命令。这将删除第一个拔模角以外的所有拔模角。

4. 分割拔模

分割拔模不仅仅在这里可以操作，其他类型的拔模方式也可以创建分割拔模特征。当选择了拖拉方向参考曲面和拔模枢轴后，在【参考】选项卡勾选【分割曲面】复选框，然后选择分割曲面，此曲面可以是平面、基准平面、曲面，如图 4-29 所示。

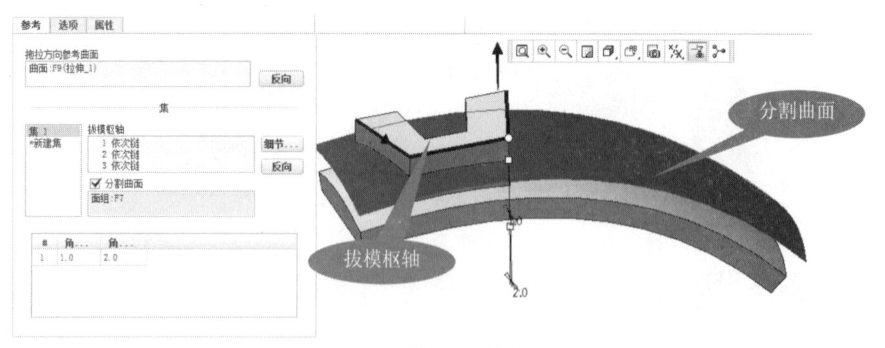

图 4-29 选择分割曲面

如果将图形放大，即可看见预览中有 2 个拔模控制滑块，其中一个控制滑块是控制整体拔模角度的，另一个滑块则控制被曲面分割后的拔模角度，如图 4-30 所示。通过调整 2 个拔模控制滑块的位置，可以任意改变拔模角度。

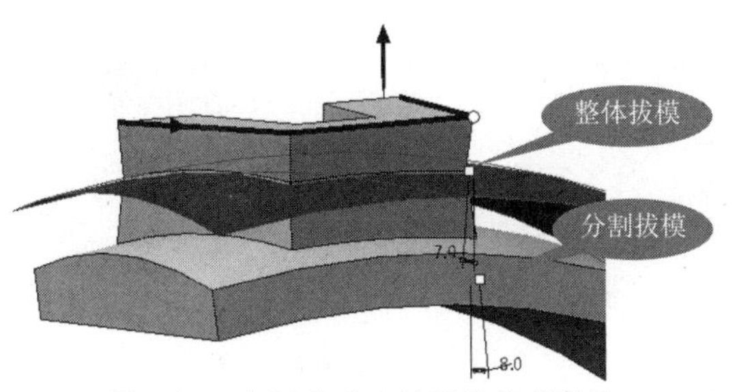

图 4-30 分割曲面后的拔模控制滑块

4.1.5 倒圆角

圆角特征是在一条或多条边、边链或在曲面之间添加半径创建的特征。在机械零件中，圆角用来完成表面之间的过渡，增加零件强度。

单击右工具栏中的【倒圆角】按钮，打开【倒圆角】操控面板，如图 4-31 所示。

图 4-31 【倒圆角】操控面板

1. 倒圆角类型

使用倒圆角命令可以创建以下类型的倒圆角：

- 恒定倒圆角：一条边上倒圆角的半径数值为恒定常数，如图 4-32 所示。
- 可变倒圆角：一条边的倒圆角半径是变化的，如图 4-33 所示。

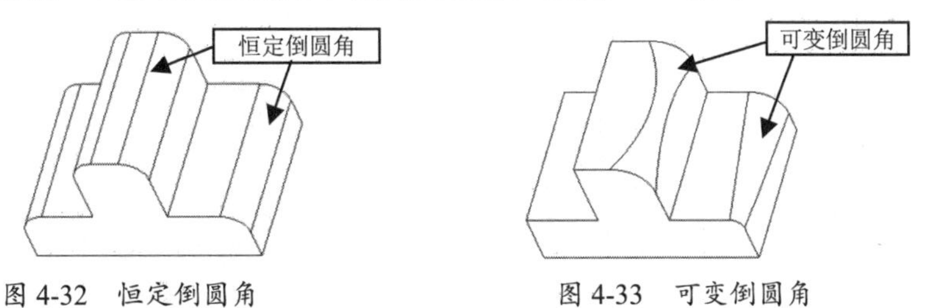

图 4-32 恒定倒圆角　　图 4-33 可变倒圆角

- 曲线驱动倒圆角：由基准曲线来驱动倒圆角的半径，如图 4-34 所示。

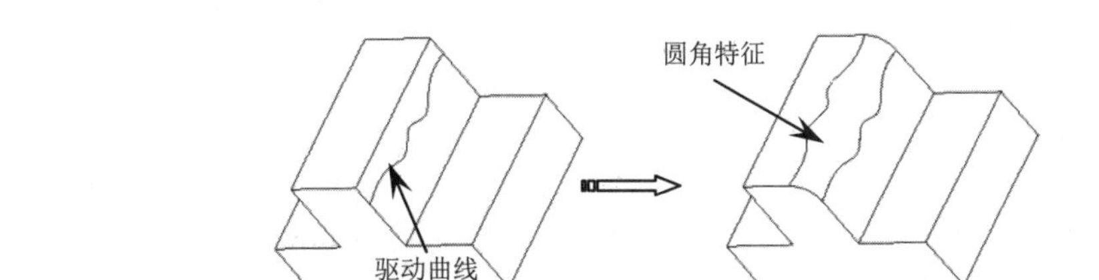

图 4-34 曲线驱动倒圆角

2. 倒圆角参照的选取方法

方法一：边或者边链的选取

直接选取倒圆角放置的边或者边链（相切边组成链），如图 4-35 所示。可以按住 Ctrl 键一次性选取多条边。

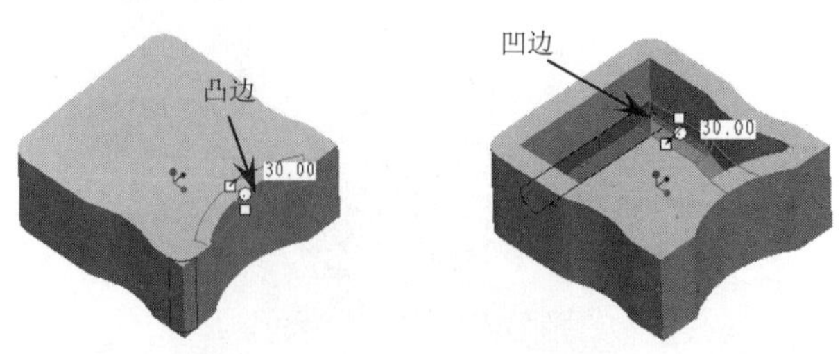

图 4-35　选取单个边

技巧点拨

如果有多条边相切，在选取其中一条边时，与之相切的边链会同时被全部选中，进行倒圆角，如图 4-36 所示。

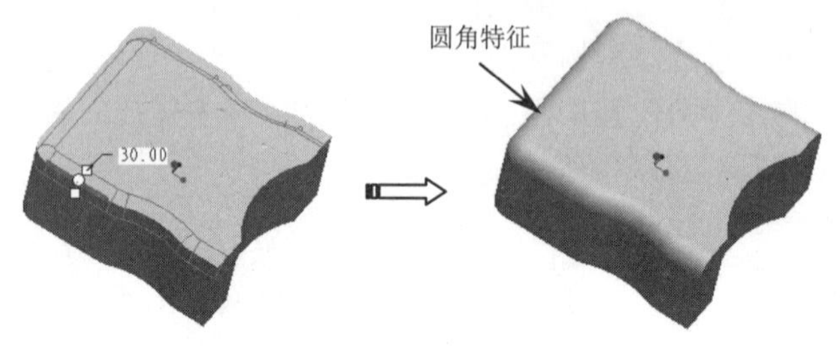

图 4-36　相切边链同时被选取

方法二：曲面到边

按住 Ctrl 键，依次选取一个曲面和一条边来放置倒圆角，创建的倒圆角通过指定的边与所选曲面相切，如图 4-37 所示。

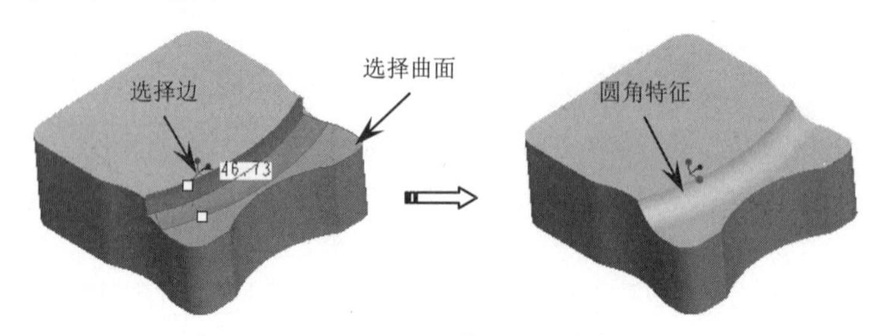

图 4-37　曲面到边的倒圆角

方法三：两个曲面

按住 Ctrl 键，依次选取两个曲面来确定倒圆角的放置，创建的倒圆角与所选取的两个曲面相切，如图 4-38 所示。

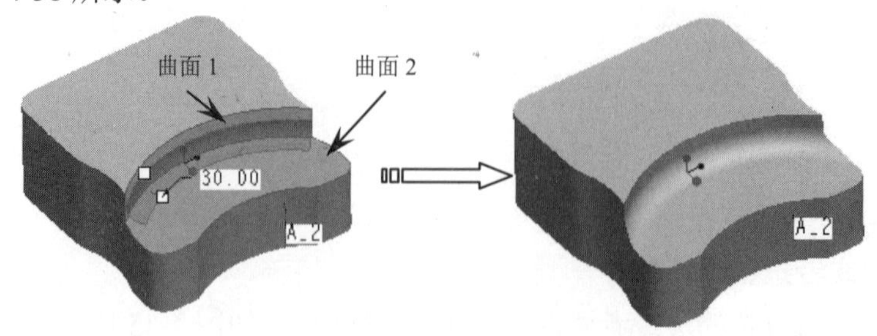

图 4-38　两个曲面的倒圆角放置参照

3. 自动倒圆角

自动倒圆角工具是针对图形区中所有实体或曲面进行自动倒圆的工具。当需要对模型统一的尺寸倒圆角时，此工具可以快速地创建圆角特征。在菜单栏中执行【插入】|【自动倒圆角】命令，打开【自动倒圆角】操控面板，如图 4-39 所示。

图 4-39 【自动倒圆角】操控面板

如图 4-40 所示为对模型中所有凹边进行自动倒圆角的范例。

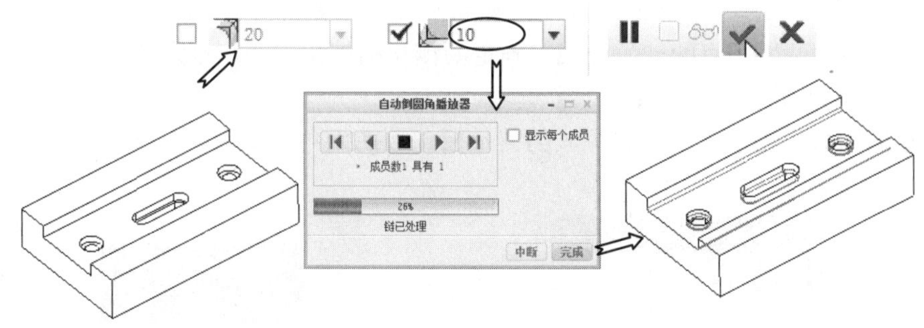

图 4-40 自动倒圆角的操作过程

4.1.6 倒角

倒角是处理模型周围棱角的方法之一，操作方法与倒圆角基本相同。Pro/E 提供了边倒角和拐角倒角 2 种倒角类型，边倒角沿着所选择边创建斜面，拐角倒角在 3 条边的交点处创建斜面。

1. 边倒角

单击右工具栏中的【倒角】按钮，打开【边倒角】操控面板，如图 4-41 所示。

图 4-41 【边倒角】特征操控

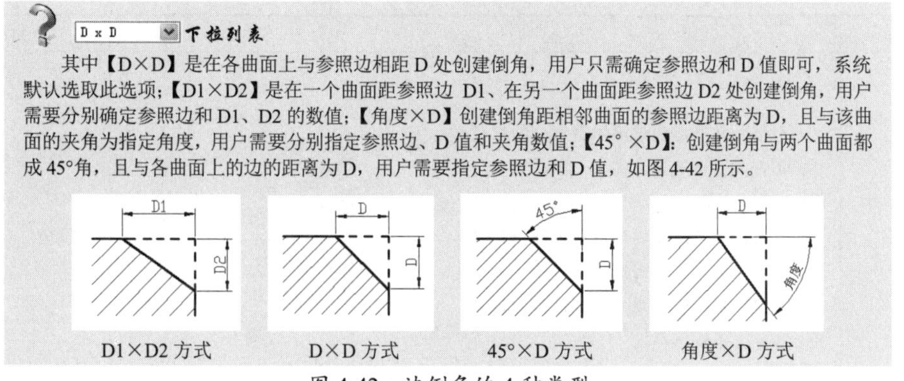

D x D 下拉列表

其中【D×D】是在各曲面上与参照边相距 D 处创建倒角，用户只需确定参照边和 D 值即可，系统默认选取此选项；【D1×D2】是在一个曲面距参照边 D1、在另一个曲面距参照边 D2 处创建倒角，用户需要分别确定参照边和 D1、D2 的数值；【角度×D】创建倒角距相邻曲面的参照边距离为 D，且与该曲面的夹角为指定角度，用户需要分别指定参照边、D 值和夹角数值；【45°×D】：创建倒角与两个曲面都成 45°角，且与各曲面上的边的距离为 D，用户需要指定参照边和 D 值，如图 4-42 所示。

图 4-42 边倒角的 4 种类型

【边倒角】操控中各选项的作用及操作方法介绍如下：

- 按钮：激活【集】模式，可用来处理倒角集，Pro/E 默认选取此选项。
- 按钮：打开圆角过渡模式。
- 【集】选项卡、【段】选项卡、【过渡】选项卡及【属性】选项卡内容及使用方法与建立圆角特征的内容相同。

2. 拐角倒角

利用【拐角倒角】工具，可以从零件的拐角处去除材料，从而形成拐角处的倒角特征。拐角倒角的大小是以每条棱线上开始倒角处和顶点的距离来确定的，所以通常要输入 3 个参数。

拐角倒角的创建过程如下：

（1）在菜单栏中执行【插入】|【倒角】|【拐角倒角】命令，打开【倒角（拐角）：拐角】对话框，如图 4-43 所示。

（2）在模型中选取顶点的一条边线，确定要倒角的拐角，并在打开的【菜单管理器】对话框中（如图 4-44 所示）选择【输入】选项，在信息栏中输入倒角距离。

（3）根据信息栏提示依次设置亮显的其他拐角边的倒角参数后，完成拐角倒角的创建，如图 4-45 所示。

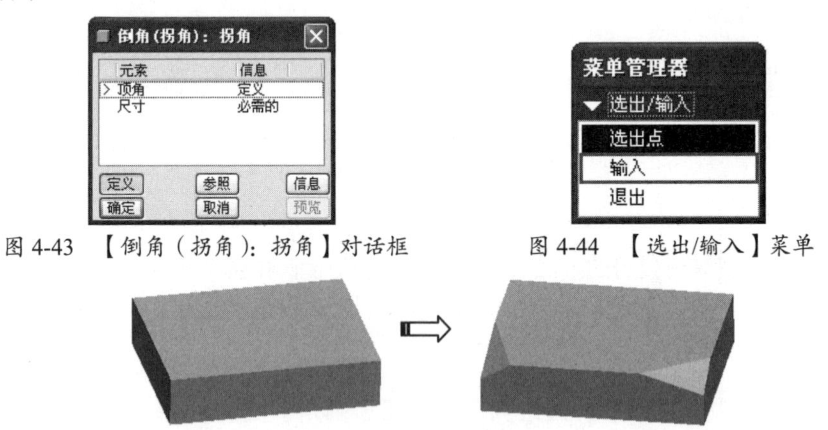

图 4-43 【倒角（拐角）：拐角】对话框　　图 4-44 【选出/输入】菜单

图 4-45 创建拐角倒角

在 Pro/E 中可创建不同的倒角，能创建的倒角类型取决于选择的放置参考类型。表 4-4 说明了倒角类型和使用的放置参考。

表 4-4　倒角类型和使用的放置参考

参考类型	定　义	示　例	倒角类型
边或边链	边倒角从选定边移除平整部分的材料，以在共有该选定边的两个原曲面之间创建斜角曲面。 注意：倒角沿着相切的邻边进行传播，直至在切线中遇到断点。但是，如果使用“依次”链，则倒角不沿着相切的邻边进行传播	两个边	边倒角
		边链	

续表

参考类型	定　义	示　例	倒角类型
一个曲面和一个边	通过先选择曲面，然后选择边来放置倒角。 该倒角与曲面保持相切。边参考不保持相切	曲面和边	曲面到边的倒角
两个曲面	通过选择两个曲面来放置倒角。 倒角的边与参考曲面仍保持相切	两个曲面	曲面到曲面的倒角
一个顶点参考和三个沿三条边定义顶点的距离值	拐角倒角从零件的拐角处移除材料，以在共有该拐角的三个原曲面间创建斜角曲面	三条边	拐角倒角

上机实践——电机座设计

电机座用来固定定子铁心与前后端盖以支撑转子，并起防护、散热等作用。机座通常为铸铁件，大型异步电动机机座一般用钢板焊成，微型电动机的机座采用铸铝件。封闭式电机的机座外面有散热筋以增加散热面积，防护式电机的机座两端端盖开有通风孔，使电动机内外的空气可直接对流，以利于散热。

设计完成的电机座如图 4-46 所示。

① 创建一个名为“dianjizuo”的零件文件，并选择“mmns_part_solid”公制模板进入零件设计环境。

② 在右工具栏中单击【拉伸】按钮，弹出【拉伸】操控面板，选择 FRONT 基准面作为草绘平面，创建“拉伸 1”，如图 4-47 所示。

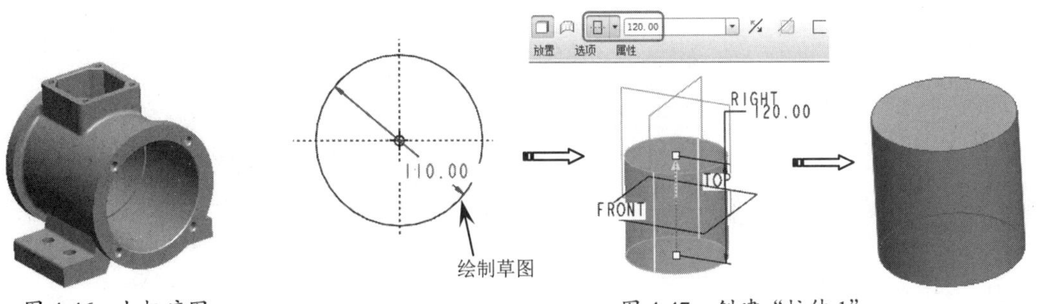

图 4-46　电机座图

图 4-47　创建“拉伸 1”

③ 在右工具栏中单击【旋转】按钮，弹出【旋转】操控面板，选择 TOP 基准面作为草绘平面，创建“旋转 1”，如图 4-48 所示。

④ 单击【拉伸】按钮，弹出【拉伸】操控面板，在“拉伸 1”上选择一个面作为草绘平面，创建“拉伸 2”，如图 4-49 所示。

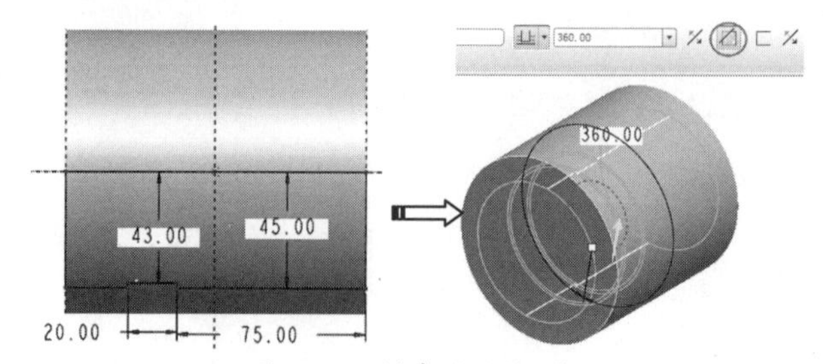

图 4-48 创建“旋转 1”

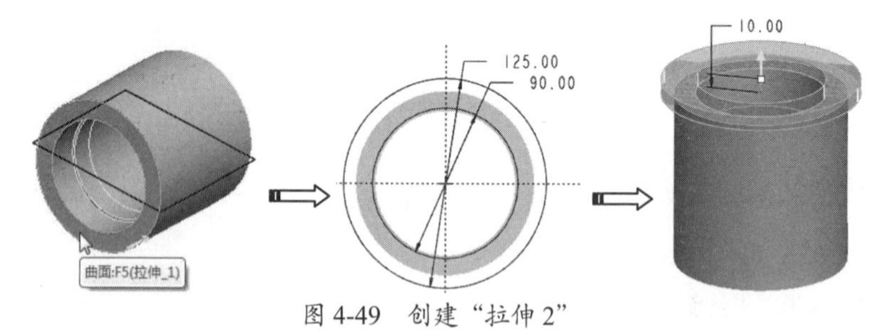

图 4-49 创建“拉伸 2”

⑤ 在模型树中选择“拉伸 2”，在功能区【模型】选项卡的【编辑】菜单栏中单击【镜像】按钮，创建“镜像 1”，如图 4-50 所示。

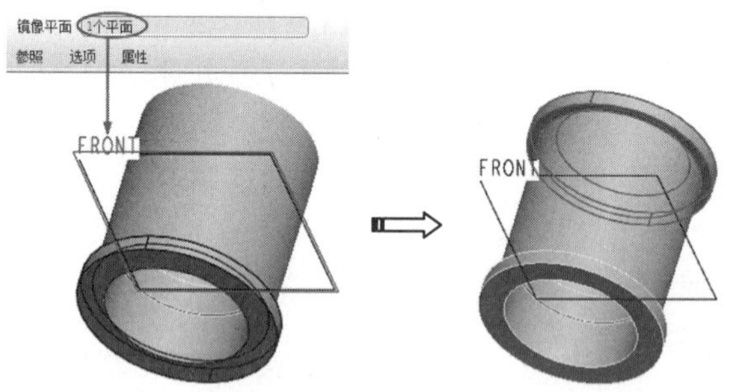

图 4-50 创建“镜像 1”

⑥ 单击【拉伸】按钮，弹出【拉伸】操控面板，选择 FRONT 基准面作为草绘平面，创建“拉伸 3”，如图 4-51 所示。

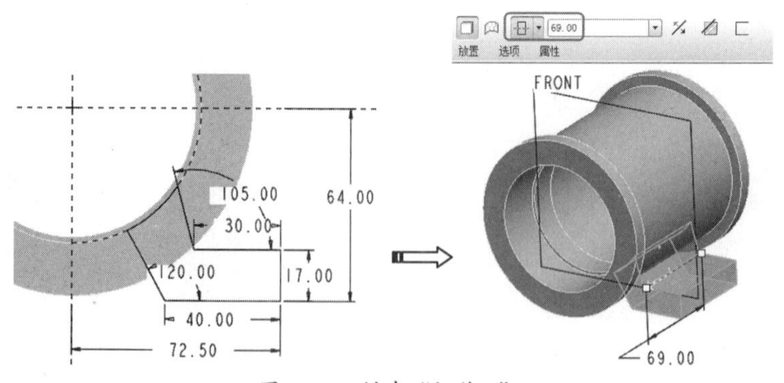

图 4-51 创建“拉伸 3”

⑦ 在模型树内选择“拉伸 3”，在功能区【模型】选项卡的【编辑】菜单栏中单击【镜像】按钮，创建“镜像 2”，如图 4-52 所示。

⑧ 单击【平面】按钮，弹出【基准平面】对话框，创建“DTM1”，如图 4-53 所示。

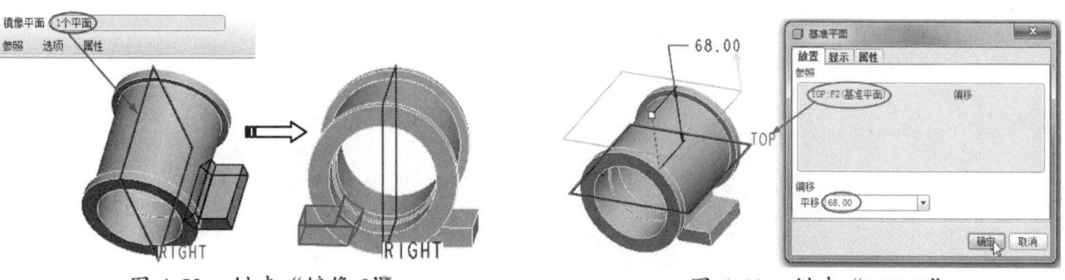

图 4-52　创建“镜像 2”　　图 4-53　创建“DTM1”

⑨　单击【拉伸】按钮，弹出【拉伸】操控面板，选择“DTM1”基准平面作为草绘平面，创建“拉伸 4”，如图 4-54 所示。

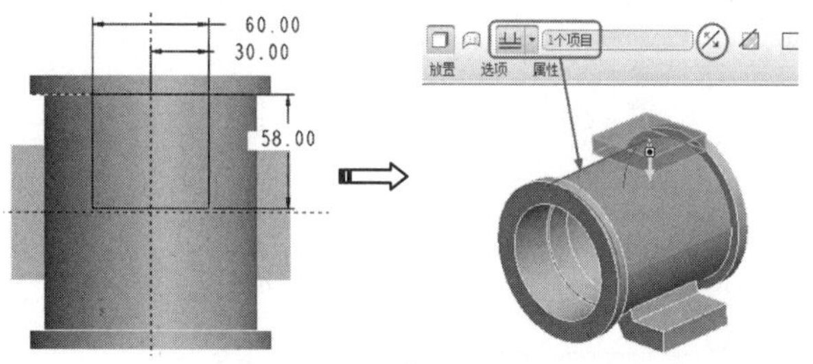

图 4-54　创建“拉伸 4”

⑩　单击【拉伸】按钮，弹出【拉伸】操控面板，选择“DTM1”基准平面作为草绘平面，创建“拉伸 5”，如图 4-55 所示。

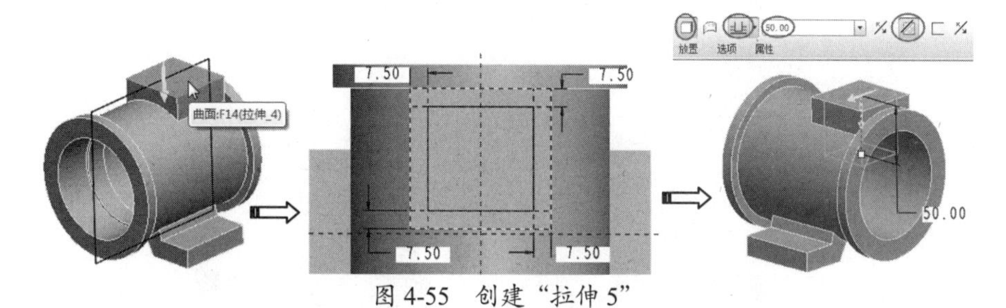

图 4-55　创建“拉伸 5”

⑪　单击【边倒角】按钮，创建“倒角 1”，其操作过程如图 4-56 所示。

⑫　单击【孔】按钮，弹出【孔】操控面板，创建“孔 1”，如图 4-57 所示。

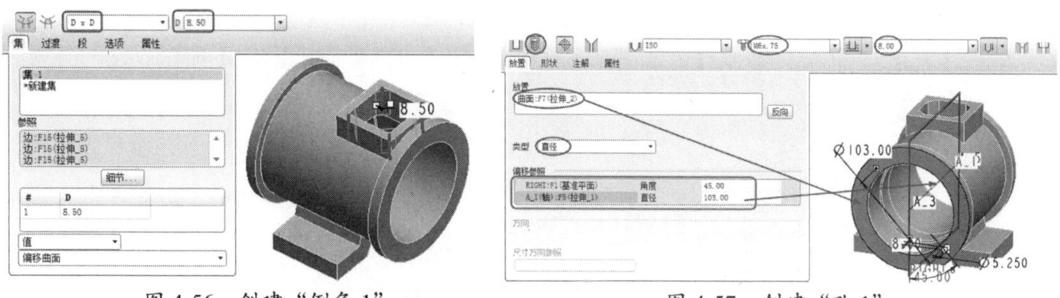

图 4-56　创建“倒角 1”　　图 4-57　创建“孔 1”

⑬　在模型树内选择“孔 1”，在功能区【模型】选项卡的【编辑】菜单栏中单击【镜像】按钮，创建“镜像 3”，如图 4-58 所示。

⑭　在模型树内选择“孔 1”和“镜像 3”，单击鼠标右键，在弹出的快捷菜单中选取【组】选项，其操作过程如图 4-59 所示。

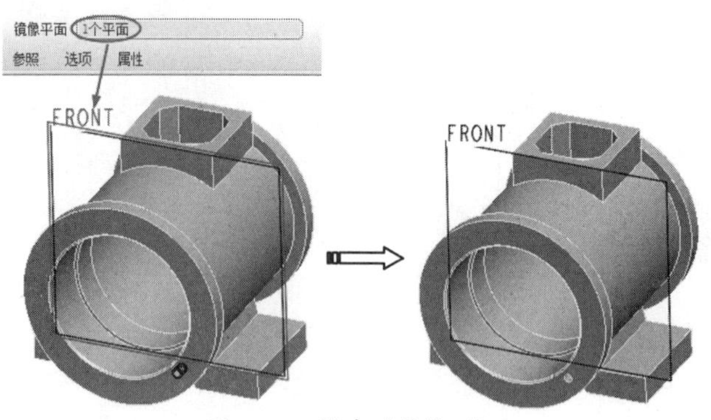

图 4-58 创建“镜像 3”

图 4-59 创建组

⑮ 在【模型树】内选中新建的组，在功能区【模型】选项卡的【编辑】菜单栏中单击【阵列】按钮，创建“阵列 1”，其操作过程如图 4-60 所示。

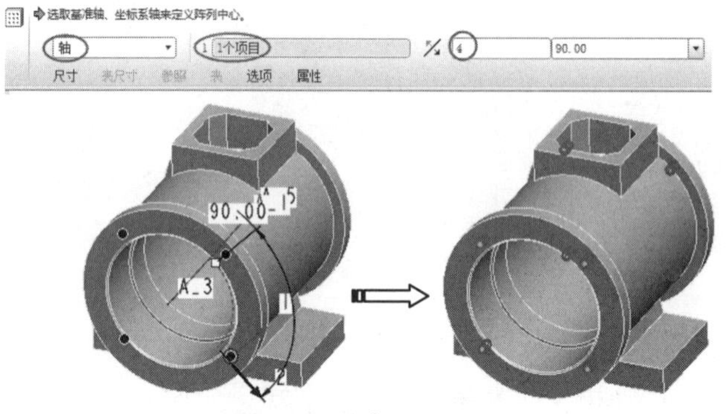

图 4-60 创建“阵列 1”

⑯ 单击【孔】按钮，弹出【孔】操控面板，创建“孔 8”，如图 4-61 所示。

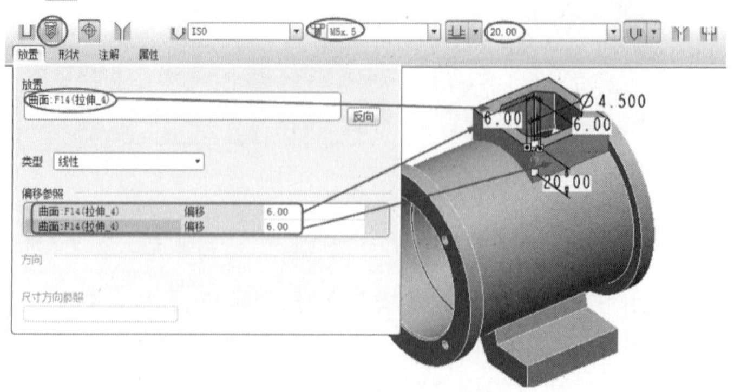

图 4-61 创建“孔 8”

⑰ 在模型树内选中“孔 8”，单击【阵列】按钮，创建“阵列 2”，其操作过程如图 4-62 所示。

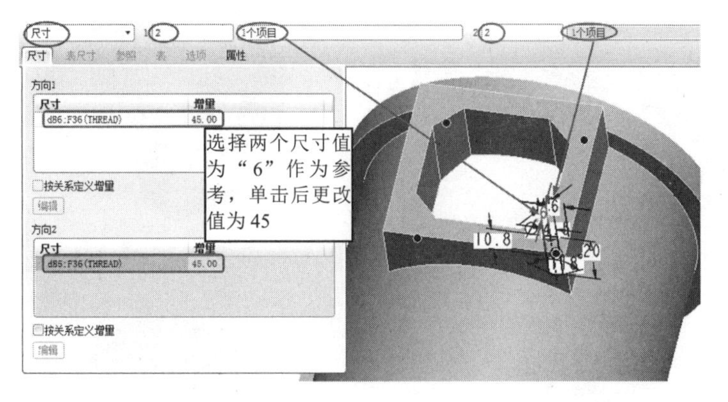

图 4-62 创建“阵列 2”

⑱ 单击【孔】按钮，弹出【孔】操控面板，创建“孔 9”，如图 4-63 所示。

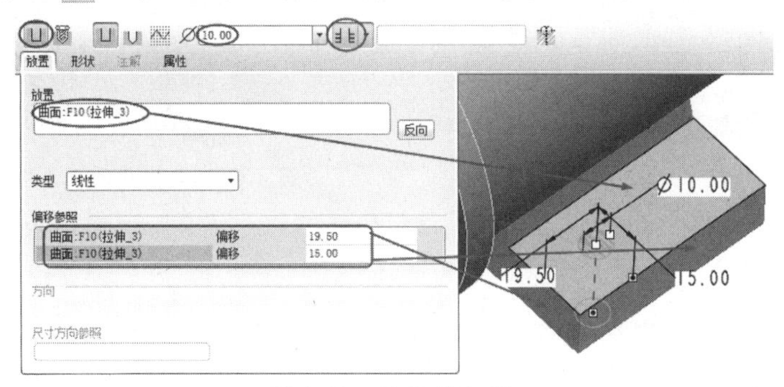

图 4-63 创建“孔 9”

⑲ 在模型树内选中“孔 9”，单击【阵列】按钮，创建“阵列 3”，其操作过程如图 4-64 所示。

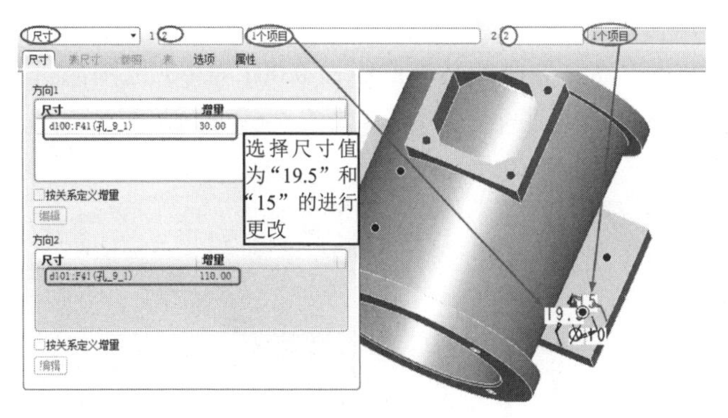

图 4-64 创建“阵列 3”

⑳ 单击【圆角】按钮，创建“圆角 1”，其操作过程如图 4-65 所示。

㉑ 单击【圆角】按钮，创建“圆角 2”，其操作过程如图 4-66 所示。

㉒ 单击【边倒角】按钮，创建“倒角 2”，其操作过程如图 4-67 所示。

㉓ 到此整个电机座的设计已经完成，单击【保存】按钮，将其保存，其最终效果如图 4-68 所示。

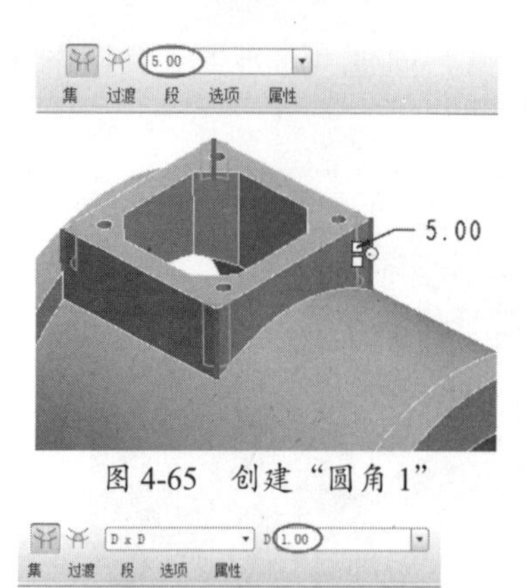

图 4-65 创建“圆角 1”

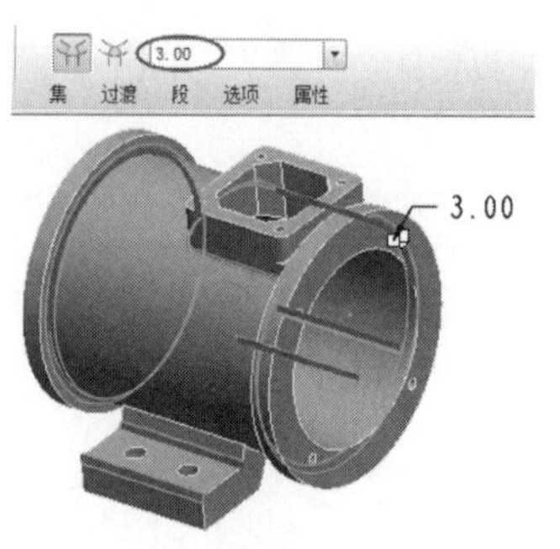

图 4-66 创建“圆角 2”

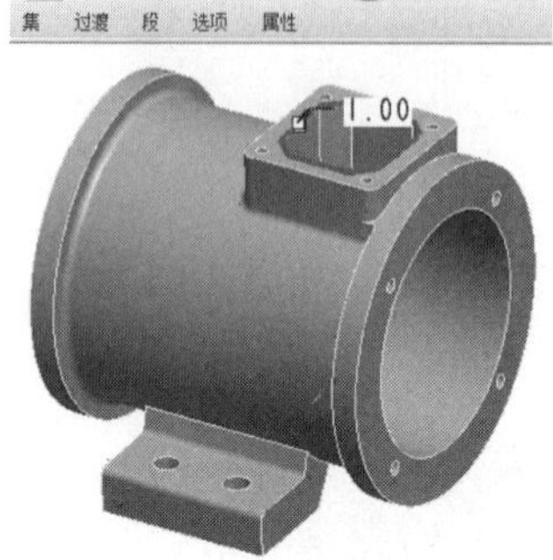

图 4-67 创建“倒角 2”

图 4-68 电机座的效果图

4.2 折弯特征

所谓“折弯”就是将实体按指定的形状（草绘截面或轨迹）进行变换，得到新的折弯实体。Pro/E 折弯特征命令包括环形折弯和骨架折弯。

4.2.1 环形折弯

【环形折弯】操作将实体、曲面或基准曲线在 0.001°~360°范围内折弯成环形，可以使用此功能从平整几何创建成汽车轮胎、瓶子等，如图 4-69 所示。

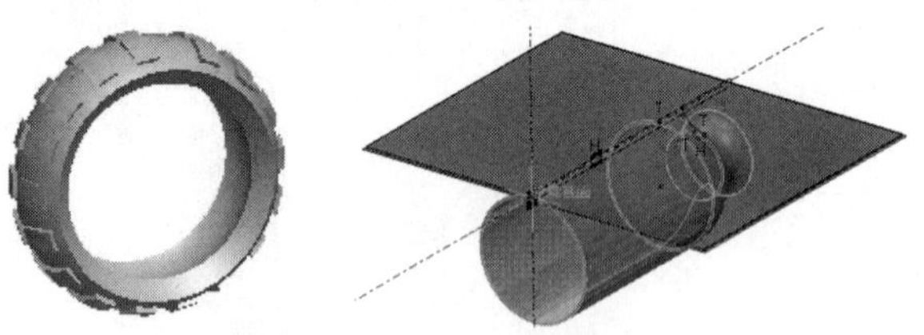

图 4-69 环形折弯的范例

用于定义环形折弯特征的强制参数包括截面轮廓、折弯半径以及折弯几何。

在菜单栏中选择【插入】|【高级】|【环形折弯】命令，打开【环形折弯】操控面板进行环形折弯操作，如图 4-70 所示。

图 4-70 【环形折弯】操控面板

1. 折弯参考

要创建折弯特征，必须满足【参照】选项卡中的选项设置，如图 4-71 所示，如果是折弯实体，必须指定“面组”和指定（或草绘）“轮廓截面”。

“面组”就是要折弯的实体表面，可以采用复制、粘贴的办法来获取参考面组。

如果要草绘“轮廓截面”，须指定草绘平面，并进入草绘环境绘制截面。绘制截面有以下几点要求：

- 截面可以是一条平直的直线，如图 4-72 所示。

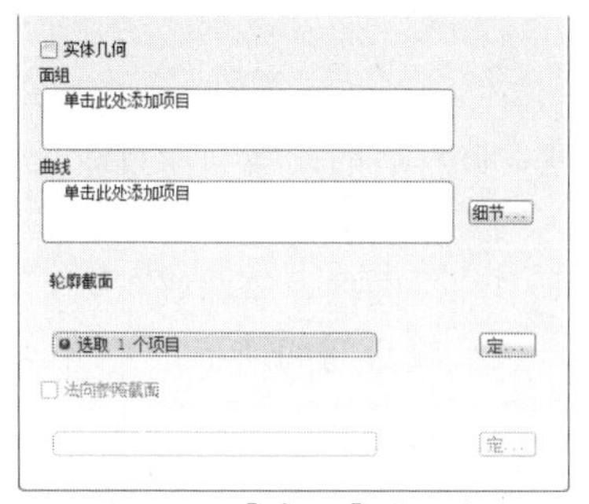

图 4-71　【参照】选项卡

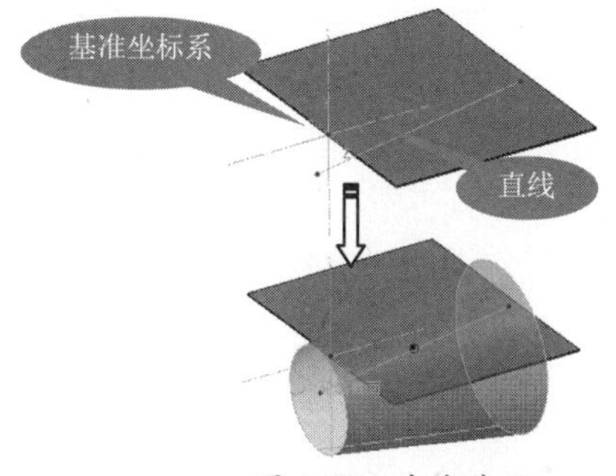

图 4-72　直线截面

提示

在【参照】选项卡中，若勾选【实体几何】复选框，将创建折弯的实体特征。若取消勾选，则创建折弯的曲面。【曲线】收集器用于收集所有属于折弯几何特征的曲线。

- 截面必须是相切连续的曲线，如图 4-73 所示。

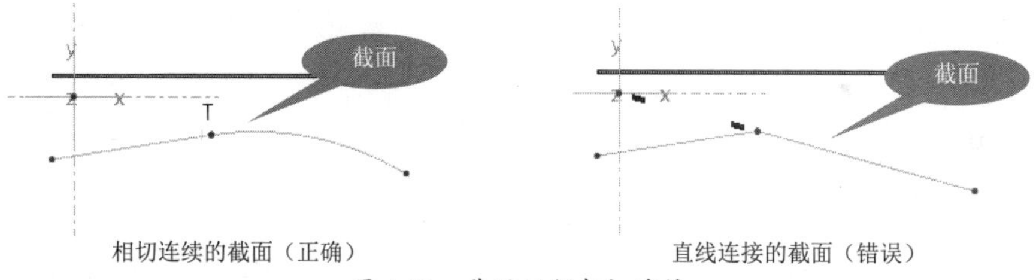

图 4-73　截面必须相切连续

- 截面曲线的起点必须超出要折弯的实体或曲线，否则不能创建折弯，如图 4-74 所示。

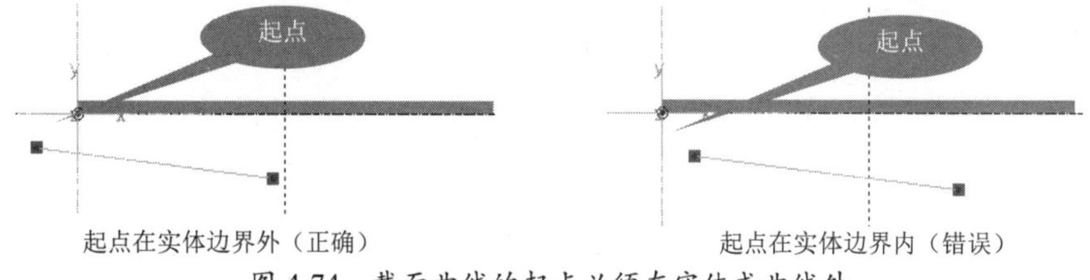

图 4-74　截面曲线的起点必须在实体或曲线外

- 截面草图中必须创建基准坐标系，但【草绘】菜单栏中的【坐标系】命令不可以。
- 截面轮廓的起点决定了折弯的旋转中心轴，所以截面轮廓的起始位置要确定。

2. 曲线折弯

当用于折弯曲线时，操控面板的【选项】选项卡中可以设置曲线折弯的多个选项，如图 4-75 所示。

各选项含义如下：

- 标准：根据环形折弯的标准算法对链进行折弯，如图 4-76 所示。

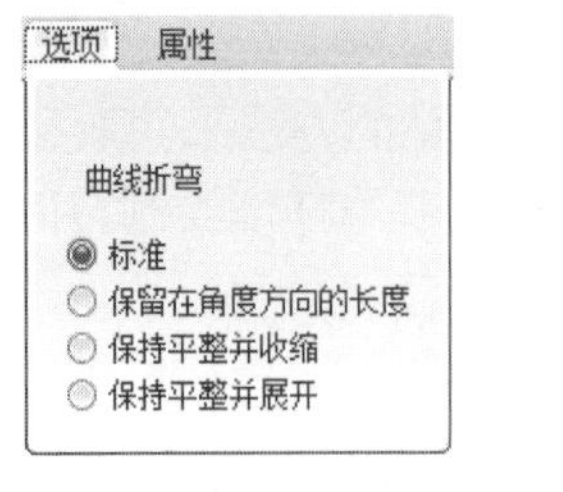

图 4-75 【选项】选项卡

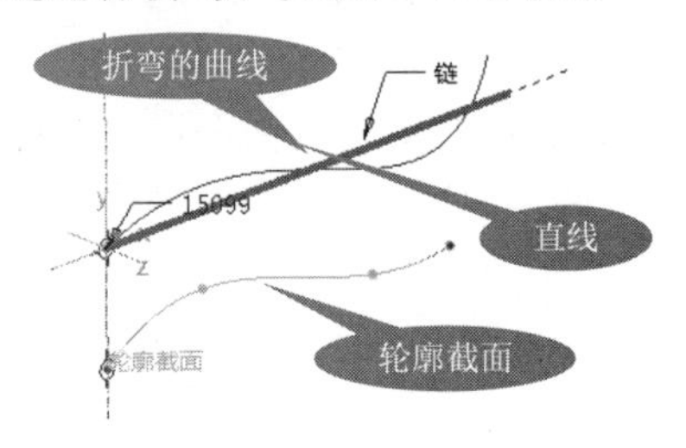

图 4-76 “标准”的折弯

- 保留在角度方向的长度：对曲线链进行折弯，折弯后的曲线与原直线长度相等，如图 4-77 所示。
- 保持平整并收缩：使曲线链保持平整并位于中性平面内，原曲线（链）上的点到轮廓截面平面的距离收缩。此选项主要针对多条直线折弯的情形，如图 4-78 所示，只有这样，第 2 条直线才会产生距离收缩现象。

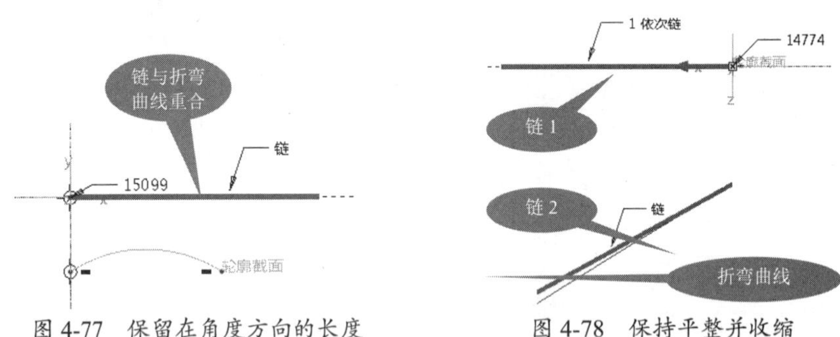

图 4-77 保留在角度方向的长度　　图 4-78 保持平整并收缩

- 保持平整并展开：使曲线链保持平整并位于中性平面内。曲线上的点到轮廓截面平面的距离增加。

技巧点拨

如果使用“标准”选项创建另一个环形折弯，则其结果等效于使用“保留在角度方向的长度”选项创建单个环形折弯。

3. 折弯方法

操控面板的折弯方法列表中包含 3 种：折弯半径、折弯轴和 360° 折弯。

方法一：折弯半径

折弯半径是通过设置折弯的半径值来折弯实体或曲面的。在默认情况下，Pro/E 给定最大的折弯半径值，用户修改半径值即可，如图 4-79 所示。

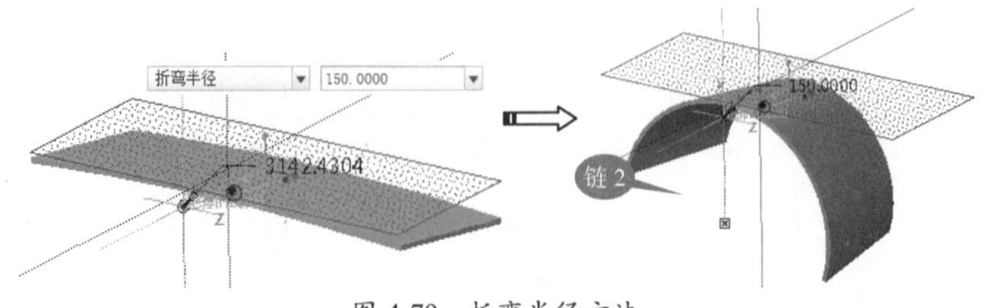

图 4-79 折弯半径方法

技巧点拨

折弯半径的值最小为 0.0524，最大不超过 1000000。

方法二：折弯轴

折弯轴方法是参考选定的轴来折弯曲面的。此方法对实体无效。如图 4-80 所示，旋转轴应在曲面一侧，轴必须是基准轴，内部草绘的中心线不可用。

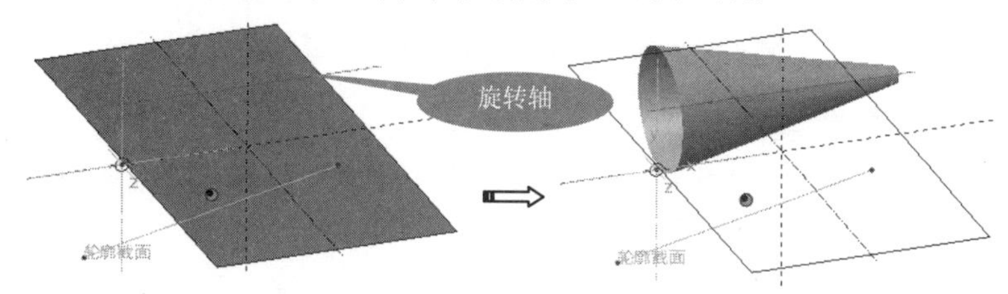

图 4-80　折弯轴方法

技巧点拨

折弯的旋转轴不能与轮廓截面重合，而且轴不能在曲面上，否则会使折弯变形。

方法三：360° 折弯

此方法可以折弯实体或曲面。要创建 360° 的折弯特征，除了参考面组、截面轮廓，还必须指定平面、曲面或基准平面来确定折弯特征的长度。

如果是实体，须指定实体的 2 个侧面平面，如图 4-81 所示。

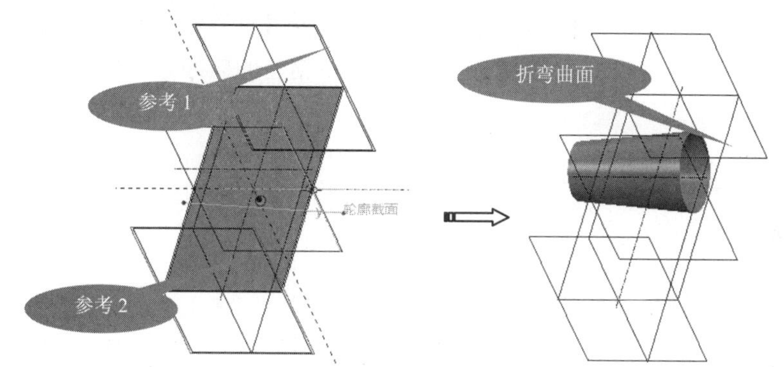

图 4-81　确定曲面折弯长度的 2 个参考平面

如果是创建 360° 折弯实体，则必须指定实体的侧面，如图 4-82 所示。

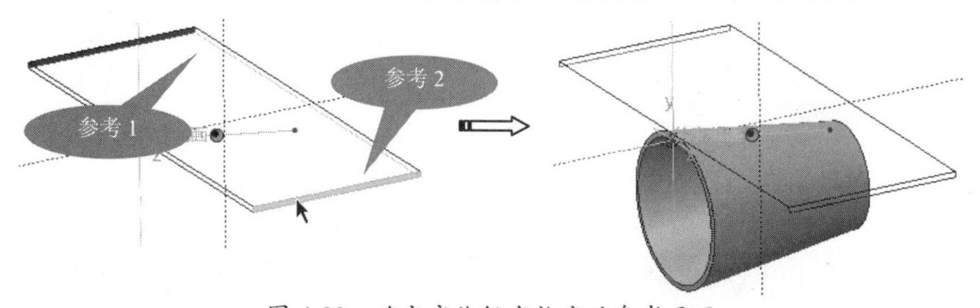

图 4-82　确定实体折弯长度的参考平面

技巧点拨

如果确定长度的参考平面在实体边界内，或者在边界外，同样可以折弯，但长度发生了变化，如图 4-83 所示。

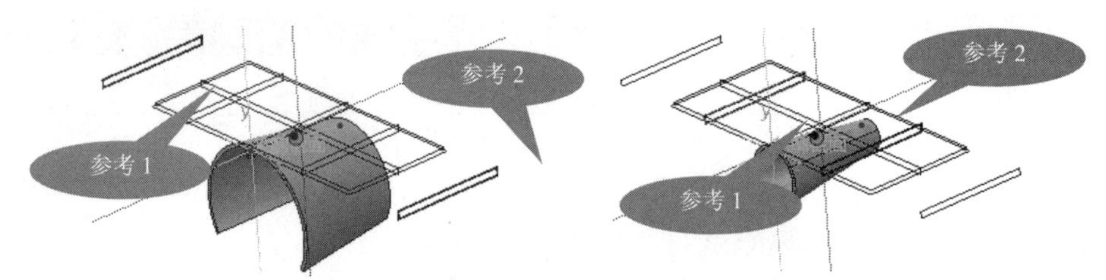

图 4-83　确定长度的参考平面的位置情况

上机实践——环形折弯应用案例

利用环形折弯功能，通过进行适当的设置完成轮胎模型的创建。创建的汽车轮胎模型如图 4-84 所示。

① 打开本例源文件 4-1.prt 模型，如图 4-85 所示。

图 4-84　轮胎模型

图 4-85　零件模型

② 创建曲面。选择图 4-85 中箭头所指表面，进行复制和粘贴操作，创建一个曲面。

③ 选择【插入】/【高级】/【环形折弯】命令，打开【环形折弯】操控面板。在【环形折弯】操控面板中选择【几何实体】，选择上一步创建的曲面作为面组参照。单击定...按钮，进入草绘模式。

④ 绘制轮廓截面。草绘平面及草绘参照如图 4-86 所示。

⑤ 绘制如图 4-87 所示的轮廓。选择基准特征工具栏上的按钮，然后创建几何坐标系。

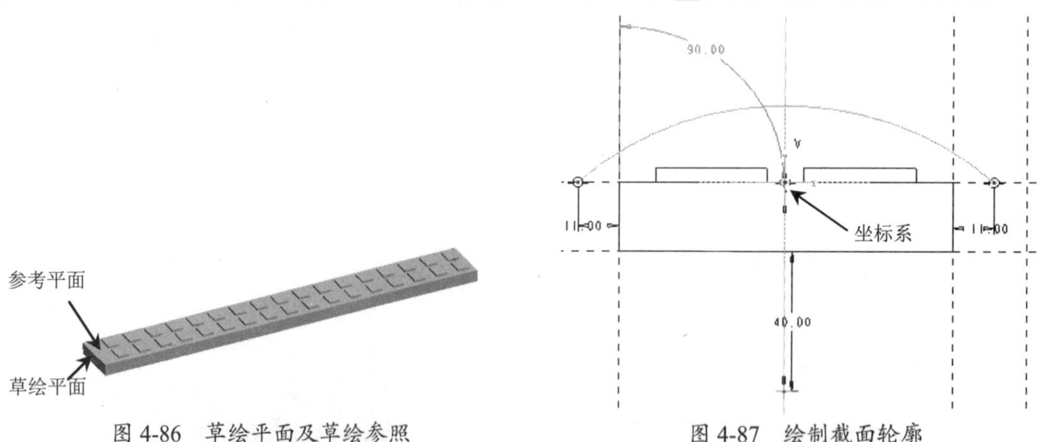

图 4-86　草绘平面及草绘参照　　图 4-87　绘制截面轮廓

技巧点拨

在绘制轮廓截面时必须草绘坐标系，否则不能构建折弯特征，坐标系一般位于几何图元上，否则草绘轮廓应该具有切向图元。

⑥ 设置折弯角度为 360° 折弯，选择如图 4-88 所示的两个面定义折弯长度。

⑦ 单击【应用】按钮，完成环形折弯操作，结果如图 4-89 所示。

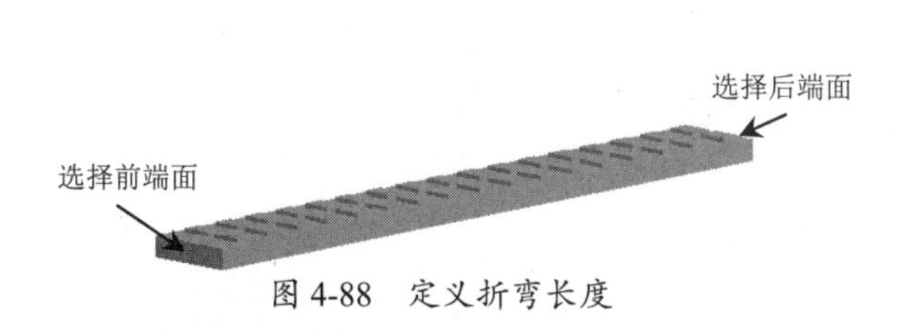

图 4-88　定义折弯长度

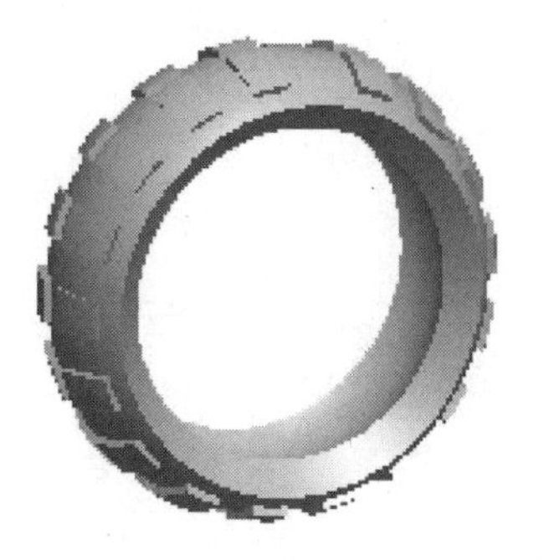

图 4-89　环形折弯结果

4.2.2　骨架折弯

骨架折弯以具有一定形状的曲线作为参照，将创建的实体或曲面沿着曲线进行弯曲，得到所需要的造型。

在菜单栏中选择【插入】|【高级】|【骨架折弯】命令，打开【选项】菜单管理器，如图 4-90 所示。

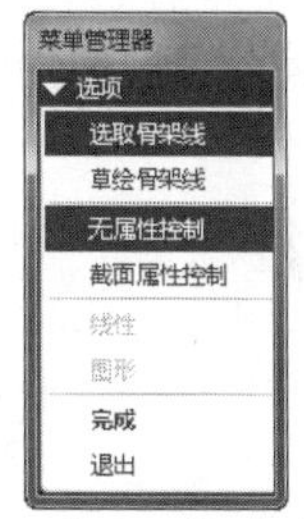

图 4-90　【选项】菜单管理器

【选项】选项卡中的内容含义如下：

- 选取骨架线：选取已有的曲线作为骨架线。
- 草绘骨架线：选取草绘曲线作为骨架线。
- 无属性控制：弯曲效果不受骨架线控制。
- 截面属性控制：弯曲效果受骨架线控制。
- 线性：配合截面属性控制选项，骨架线线性变化。
- 图形：配合截面属性控制选项，骨架线随图形变化。

骨架线可以选择现有的，也可以进入草绘环境绘制。要草绘骨架线，须执行如图 4-91 所示的选项命令及操作。

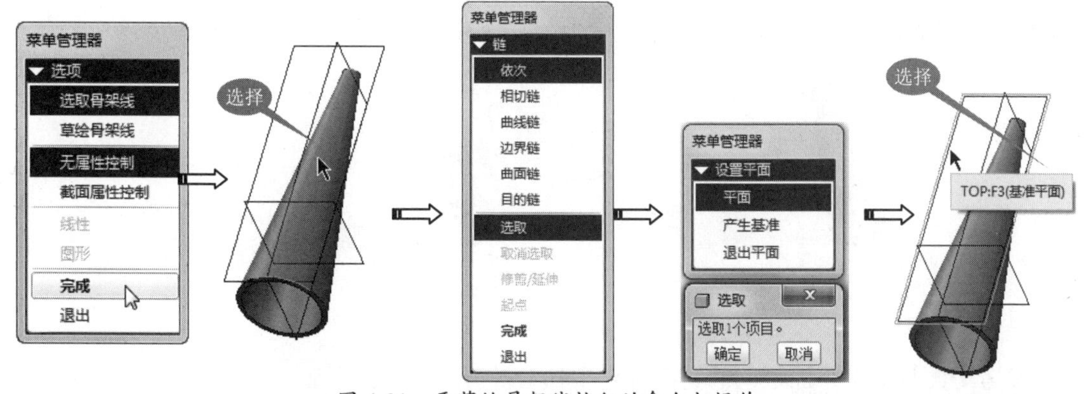

图 4-91　要草绘骨架线执行的命令与操作

技巧点拨

选择要折弯的实体或面组，都可以将实体或曲面按用户绘制的骨架曲线进行骨架折弯。骨架折弯主要用于各种钣金件设计。

草绘的骨架线必须是开放的，而且还必须注意骨架线的起点。如图 4-92 所示，同一条骨架曲线因起点方向不同，产生的结果也会有所不同。

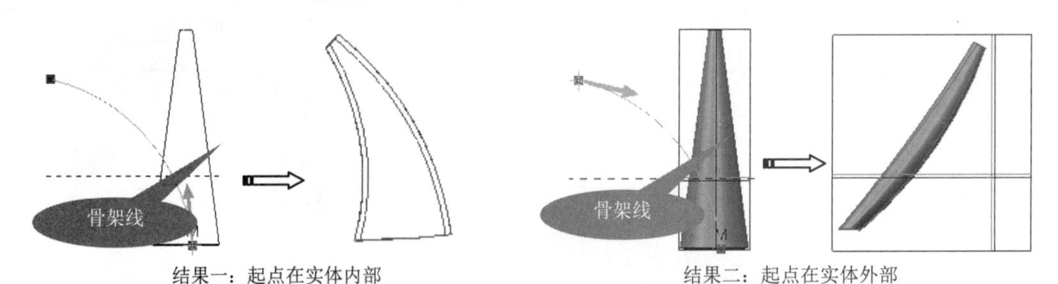

图 4-92　骨架线的起点

技巧点拨

多段曲线构成的骨架线要求是相切连续的，否则不能正确创建特征。

草绘骨架线完成后退出草绘环境，弹出如图 4-93 所示的【设置平面】菜单管理器。需要为折弯指定一个折弯长度的参考平面。平面可以是模型平面，也可以是基准平面。【平面】选项用来选择现有的平面或基准平面。【产生基准】选项可以通过一系列的方式来创建，选择此选项，弹出如图 4-94 所示的【基准平面】子菜单。

图 4-93　参考平面的选项

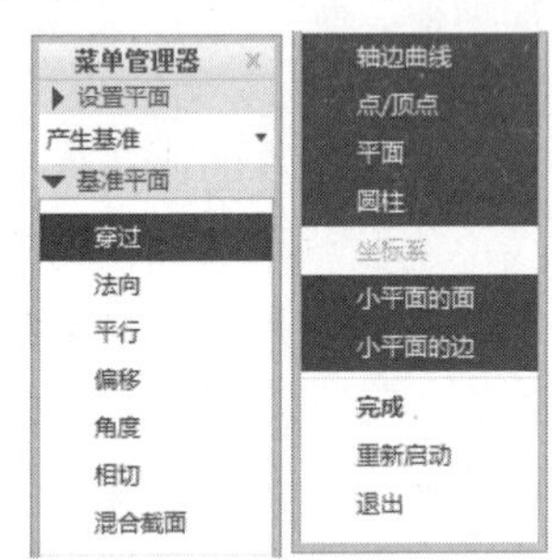

图 4-94　【基准平面】子菜单

子菜单中包括 7 种基准平面的创建方法，这些创建方法也适用于外部环境下的基准平面的创建。在通常情况下，应用最多的方法就是“偏移”，因为草绘骨架线退出草绘环境后，Pro/E 会自动在骨架线的起点位置创建一个垂直于骨架线的基准平面，如图 4-95 所示。

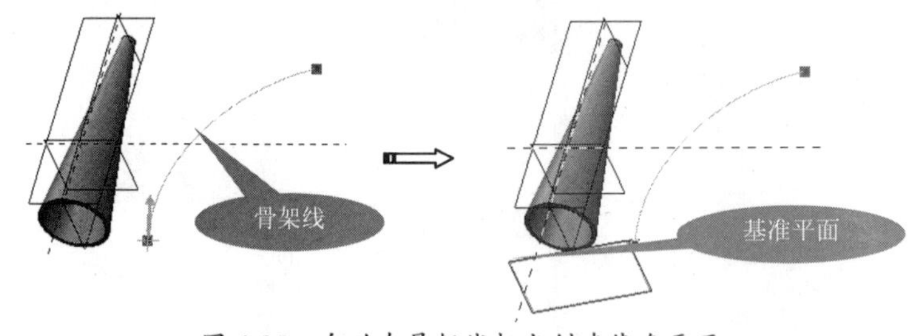

图 4-95　自动在骨架线起点创建基准平面

参考平面与基准平面之间的距离决定了骨架折弯的形状，正常情况下，这个距离必须超出实体的长度，特殊情况除外。

技巧点拨

参考平面与骨架线的起点平面必须平行，否则不能正确创建骨架折弯特征。

下面以一个折弯实例加以说明，当参考平面距离骨架线起点平面越远时，折弯实体变短，如图 4-96 所示。

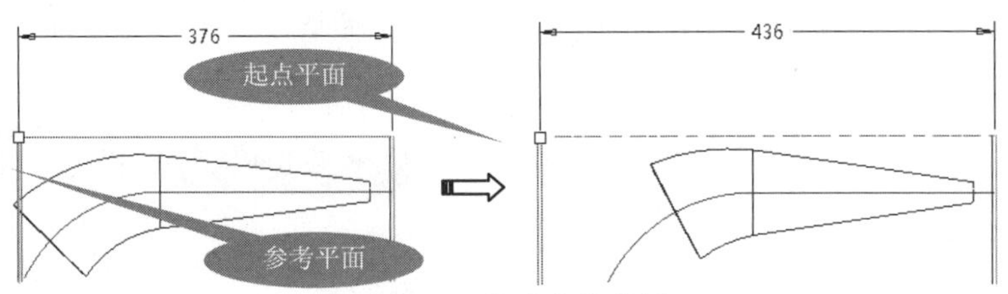

图 4-96 折弯实体变短

当参考平面在折弯弯头近端位置时折弯实体变长，如图 4-97 所示。

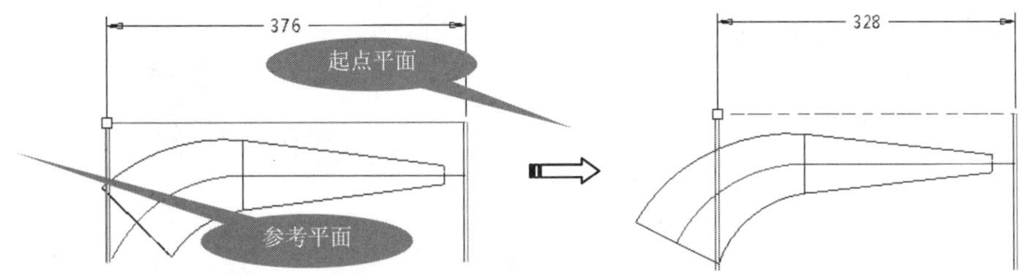

图 4-97 折弯实体变长

当参考平面与起点平面间的距离越来越短时，折弯实体变细且变短，如图 4-98 所示。

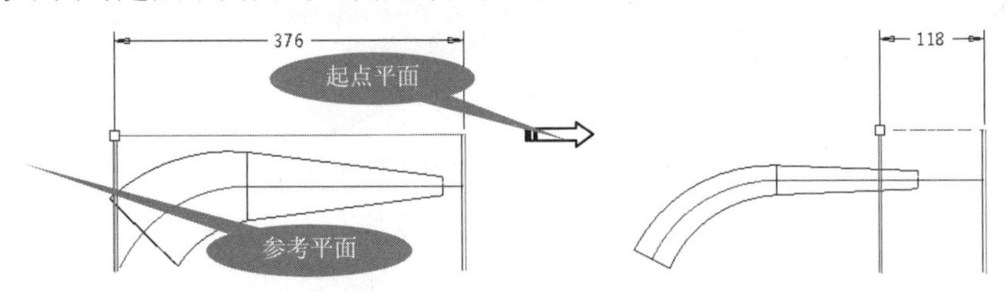

图 4-98 折弯实体变细且变短

上机实践——骨架折弯应用案例

本例设计中主要涉及骨架折弯和凹槽功能，采用先创建骨架折弯特征，然后创建凹槽等特征的顺序进行设计。创建的铭牌模型如图 4-99 所示。

图 4-99 铭牌模型

① 新建零件文件。单击工具栏中的【新建】按钮，建立名为“mingpai”的新零件，如图 4-100 所示。

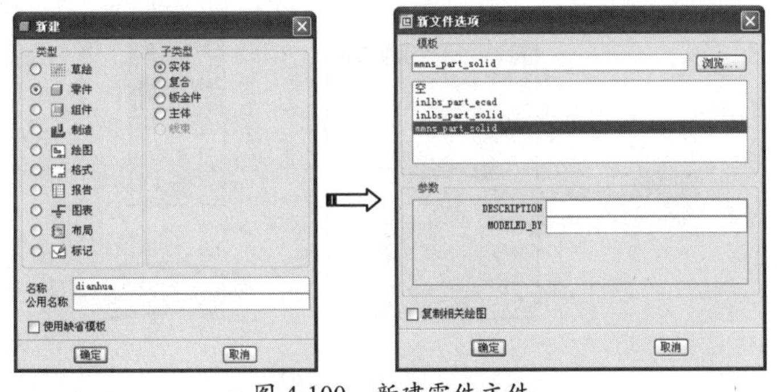

图 4-100 新建零件文件

② 创建拉伸特征。按照如图 4-101 所示的尺寸创建拉伸特征，结果如图 4-102 所示。

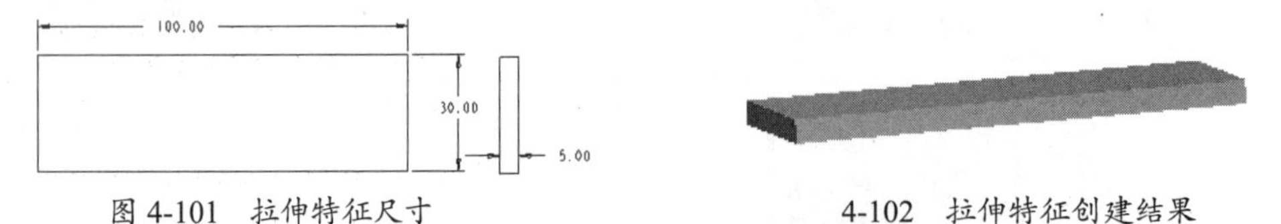

图 4-101　拉伸特征尺寸　　　　4-102　拉伸特征创建结果

③ 绘制骨架折弯特征。在菜单栏中选择【插入】/【高级】/【骨架折弯】命令，按照系统提示进行骨架折弯特征的创建，操作过程如图 4-103 所示。

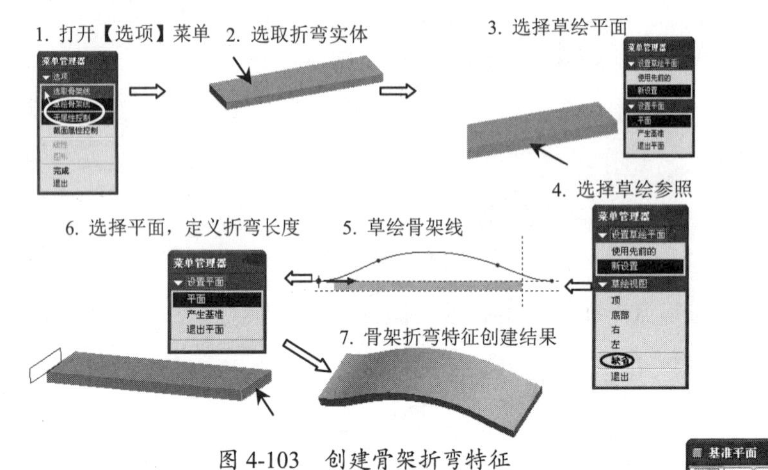

图 4-103　创建骨架折弯特征

④ 单击【平面】按钮，选择 TOP 面作为参照，在【基准平面】对话框中输入平移距离 25，单击【确定】按钮创建基准面，如图 4-104 所示。

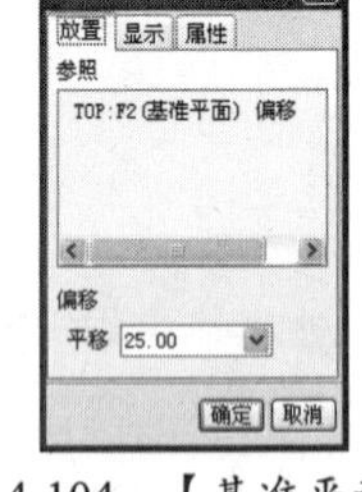

图 4-104　【基准平面】对话框设置

⑤ 创建凹槽特征。选择【插入】/【修饰】/【凹槽】命令，开始创建凹槽特征，操作过程如图 4-105 所示。

⑥ 至此，完成了铭牌的设计。

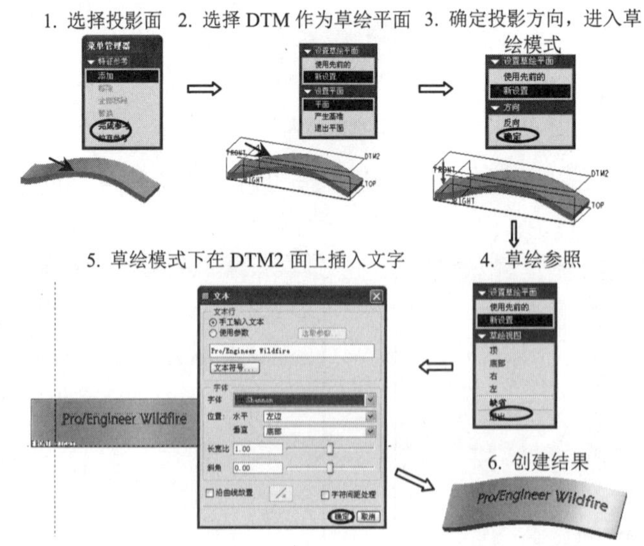

图 4-105　创建骨架折弯上的凹槽

4.3 综合案例——汽车轮胎设计

本次任务是设计汽车轮胎，主要利用拉伸、环形折弯等功能进行设计，如图 4-106 所示。

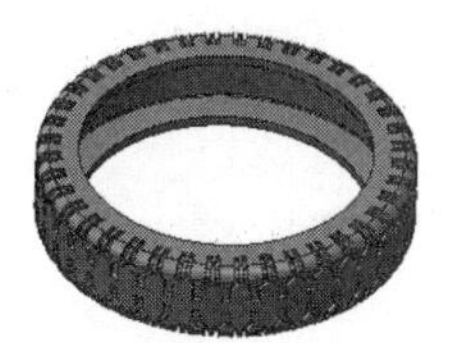

图 4-106 轮胎设计

① 新建一个名为“luntai”的零件文件。

② 使用【拉伸】工具，选择 FRONT 基准平面作为草绘平面，进入草绘环境，绘制如图 4-107 所示的截面。

③ 退出草绘环境，然后创建出拉伸深度为“2200”的拉伸实体，如图 4-108 所示。

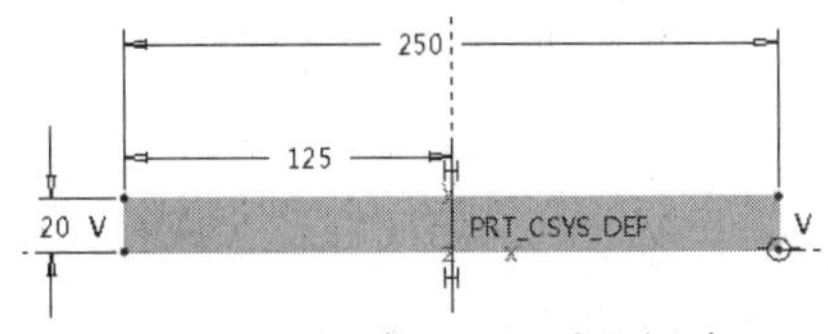

图 4-107 选择草绘平面并绘制截面

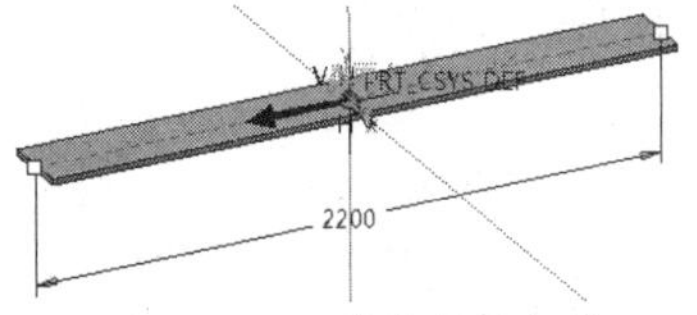

图 4-108 创建拉伸实体

④ 再使用【拉伸】工具，在上一步创建的拉伸特征表面上，以切除材料的方式，创建如图 4-109 所示的拉伸移除材料特征。

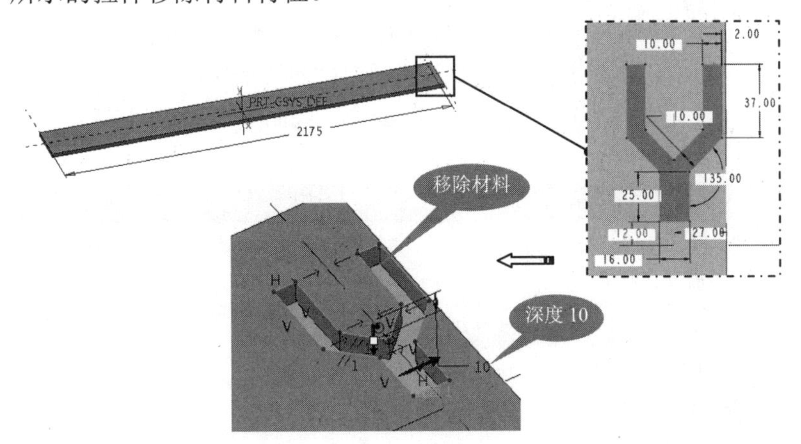

图 4-109 创建拉伸移除材料特征

⑤ 阵列移除材料特征。在右工具栏中单击【阵列】按钮，打开【几何阵列】操控面板，然后选择拉伸实体的一条长边作为参考，并输入阵列个数及间距，完成的阵列如图 4-110 所示。

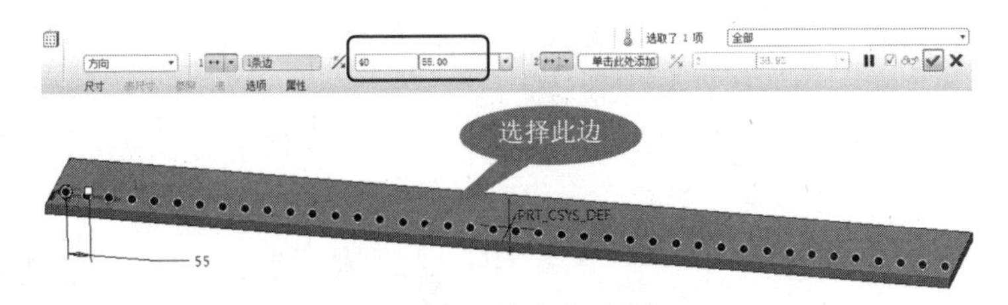

图 4-110 创建阵列特征

⑥ 阵列特征后，单击【镜像】按钮，将所有阵列的特征全部镜像至 RIGHT 基准平面的另一侧。方法是先选择要镜像的所有阵列特征，然后再执行【镜像】命令，最后选择镜像平面——RIGHT 基准平面，即可创建镜像特征，如图 4-111 所示。

技巧点拨

【阵列】命令和【镜像】命令将在下一章中详细讲解。这里仅仅是调用这2个命令来创建所需的特征。

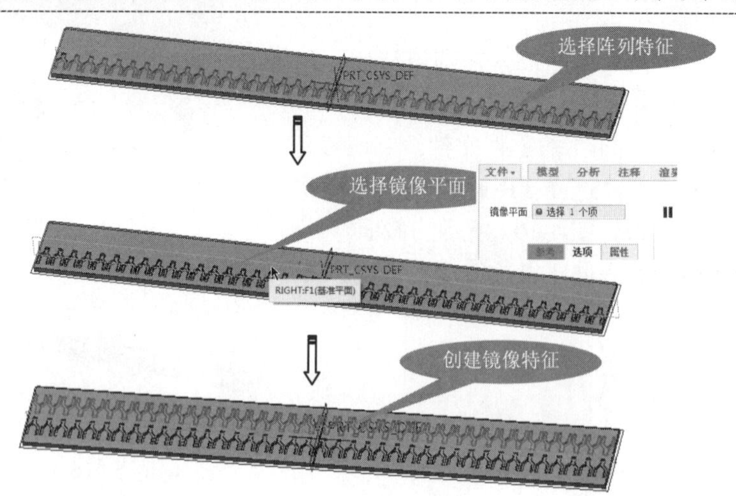

图 4-111　创建镜像特征

⑦ 在菜单栏中选择【插入】|【高级】|【环形折弯】命令，打开【环形折弯】操控面板。在操控面板的【参照】选项卡中勾选【实体几何】复选框，单击【定义内部草绘】按钮，弹出【草绘】对话框，并选择如图 4-112 所示的拉伸特征端面作为草绘平面。

⑧ 进入草绘环境，绘制如图 4-113 所示的轮廓截面。截面中必须绘制基准坐标系。此坐标系不是草图中的坐标系。

技巧点拨

只需保证直线尺寸长度为 140。竖直方向的长度尺寸只要超出拉伸实体范围即可，无须精确。草图必须在实体下方，否则不能正确创建折弯。

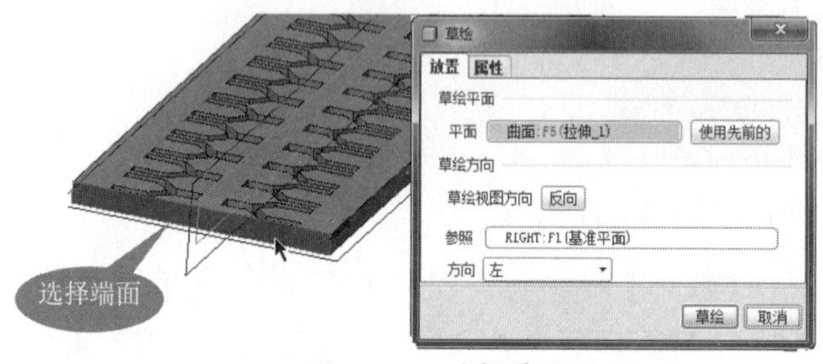

图 4-112　选择草绘平面

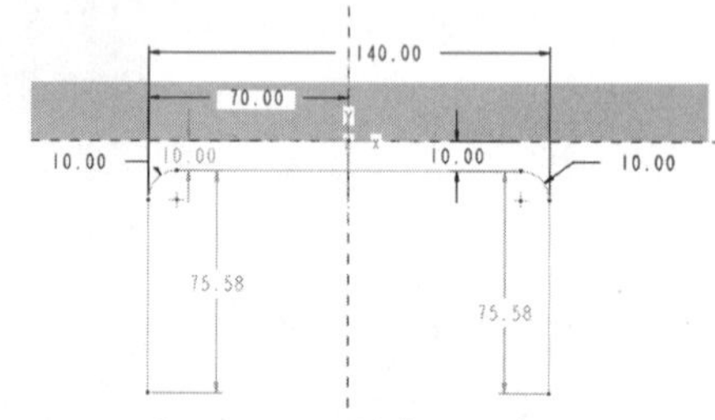

图 4-113　绘制截面轮廓

⑨ 退出草绘环境后，在操控面板中选择【360° 折弯】方法，然后选择如图 4-114 所示的拉伸实体的 2 个端面作为折弯长度参考。

⑩ 随后 Pro/E 自动生成环形折弯的预览，最后单击操控面板中的【确定】按钮，完成轮胎的设计，如图 4-115 所示。

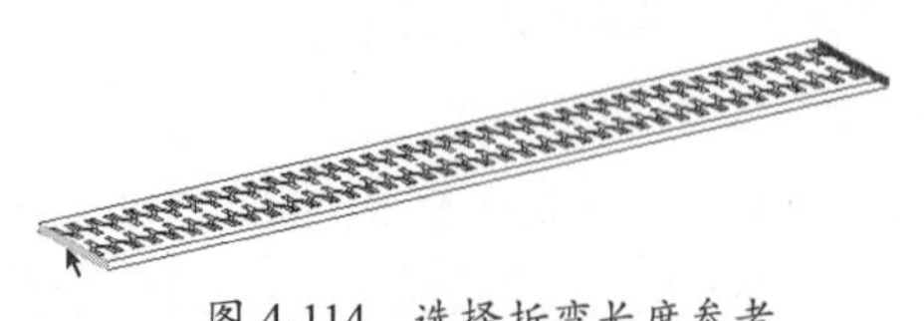

图 4-114　选择折弯长度参考

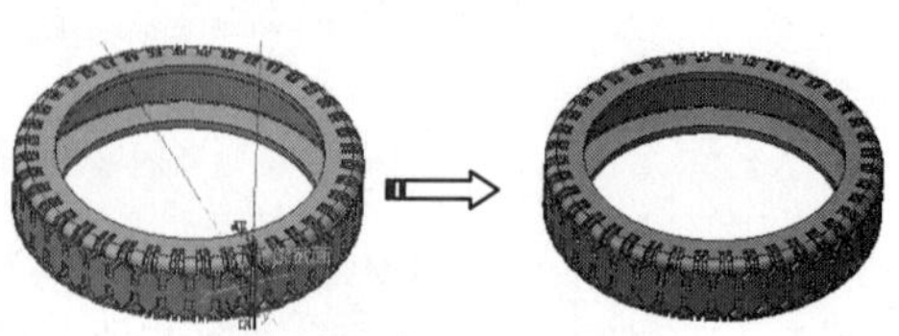

图 4-115　完成轮胎设计

特征操作与编辑

本章导读

特征的编辑与修改是基于工程特征、构造特征的模型来操作的，可以直接在模型上选择面进行拉伸、偏移等操作。本章将详细讲解这些特征的编辑与修改命令。巧用这些命令能帮助用户快速建模，提高工作效率。

知识要点

☑ 常用编辑特征指令
☑ 复杂编辑特征的一般用法
☑ 高级编辑特征的操作方法
☑ 实体编辑特征与曲面编辑特征的不同用法

扫码看视频

5.1 常用编辑特征

特征是 Pro/E 中模型的基本单元在创建模型时，按照一定的顺序，将特征组成拼装起来，就可以得到模型；而在对模型进行修改时，也只是修改需要修改的特征。在 Pro/E 中，提供了丰富的特征编辑方法，设计者可以使用移动、镜像、方法快速创建与模型中已有特征相似的新特征，也可以使用阵列的方法大量复制已经存在的特征。这些常用的编辑特征是对以特征为基础的 Pro/E 实体建模技术的一个极大补充，合理地使用特征编辑操作，可以大大简化设计过程、提高效率，掌握这些常用编辑特征是完成建模的基本要求。

5.1.1 镜像

利用镜像工具，可以产生一个相对于对称平面对称的特征。在该操作之前，必须先选中所要镜像的特征，然后单击特征工具栏中的【镜像】按钮（或在主菜单中选取【编辑】|【镜像】命令），弹出如图 5-1 所示的【镜像】操控面板，其各项含义如下。

- 镜像平面 [• 选取 1 个项目] 按钮：显示镜像平面状态。
- 【参照】选项卡：定义镜像平面。
- 【选项】选项卡：选择镜像的特征与原特征间的关系，即独立或从属关系。

关于基准面镜像的例子如图 5-2 所示。

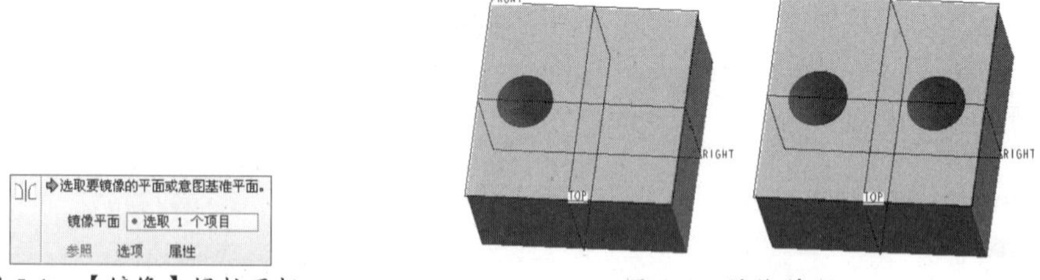

图 5-1 【镜像】操控面板

图 5-2 镜像特征

5.1.2 阵列

阵列是一种特殊的特征复制方法，可以通过某个特征来创建与其相似的多个特征，适用于“规则性重复”造型，且在数量较大的情况下使用。阵列是对排列复制原特征后的一组特征（含原特征）总称。首先，选中要阵列的对象，选择主菜单【编辑】|【阵列】命令或单击右工具栏中的【阵列】按钮，弹出【阵列】操控面板，如图 5-3 所示。

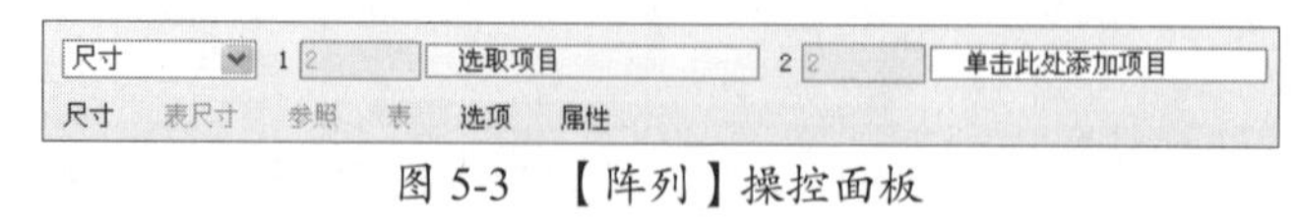

图 5-3 【阵列】操控面板

其中，[尺寸] 下拉列表用于选择阵列类型，主要包括以下类型。

- 【尺寸】：通过使用驱动尺寸并指定阵列的增量变化来创建阵列。
- 【方向】：通过指定方向并使用拖动控制滑块设置阵列的增长方向和增量来创建阵列。
- 【轴】：通过使用拖动控制滑块设置阵列的角增量和径向增量来创建径向阵列，也可将阵列拖动成螺旋形。
- 【填充】：通过根据选定栅格用实例填充区域来创建阵列。

- 【表】：通过使用阵列表并为每一阵列实例指定尺寸值来创建阵列。
- 【参照】：通过参照另一阵列来创建阵列。
- 【曲线】：通过指定阵列成员的数目或阵列成员间的距离来沿草绘曲线创建阵列。

在操控面板中单击【选项】菜单，其面板中的内容随着阵列类型的不同而略有不同，但均包括“相同”“可变”和“一般”3 个阵列再生选项。

相同阵列是最简单的一种类型，使用这种阵列方式建立的全部实例都具有完全相同的尺寸，必须位于同一个表面且此面必须是一个平面，阵列的实例不能和平面的任何一边相交，彼此之间也不能相交。使用相同阵列系统的计算速度是 3 种类型中最快的。可变阵列的每个实例可以有不同的尺寸，每个实例可以位于不同的曲面上，可以和曲面的边线相交，但实例彼此之间不能交截。可变阵列系统先分别计算每个单独的实例，最后统一再生，所以它的运算速度比相同阵列慢。一般阵列和可变阵列大体相同，最大的区别在于阵列的实例可以互相交截且交截的地方系统自动实行交截处理以使交截处不可见，这种方式的再生速度最慢，但是最可靠，Pro/E 系统默认采用这种方式。

3 种阵列方式的差别如图 5-4 所示。

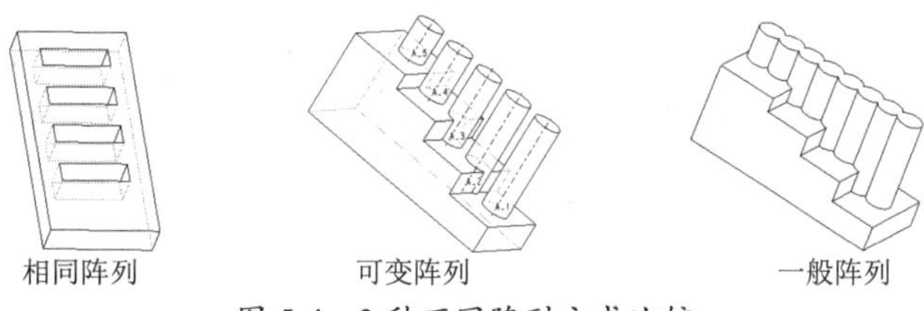

图 5-4　3 种不同阵列方式比较

不同阵列方式的例子如图 5-5 所示。

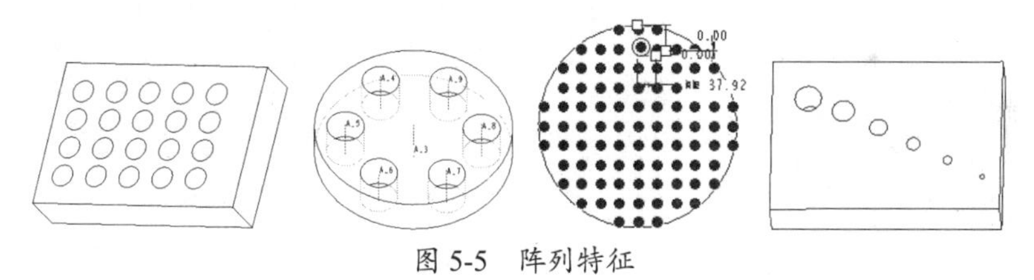

图 5-5　阵列特征

5.1.3 填充

使用填充工具可创建和重定义平整曲面特征，填充特征只是通过其边界定义的一种平整曲面封闭环特征，多用于加厚曲面。

在主菜单中单击【编辑】|【填充】命令，弹出如图 5-6 所示的【填充】操控面板，利用其中的【参照】选项卡可以打开【草绘图形】对话框，可以对草绘图形进行绘制或编辑。

- 草绘 内部 S2D0002 草绘收集器：显示草绘图形状态。
- 【参照】选项卡：对草绘图形进行绘制或编辑。

在使用该项功能时，通常利用已创建的草绘图形创建填充特征。首先在图形窗口或模型树中选取平整的封闭环草绘特征（草绘基准曲线），此时 Pro/E 加亮该选项，如果有效的草绘特征不可用，可使用草绘器创建一个。然后，在主菜单中单击【编辑】|【填充】命令，此时 Pro/E 创建填充特征。

使用草绘图形创建填充特征的例子如图 5-7 所示。

图 5-6 【填充】操控面板

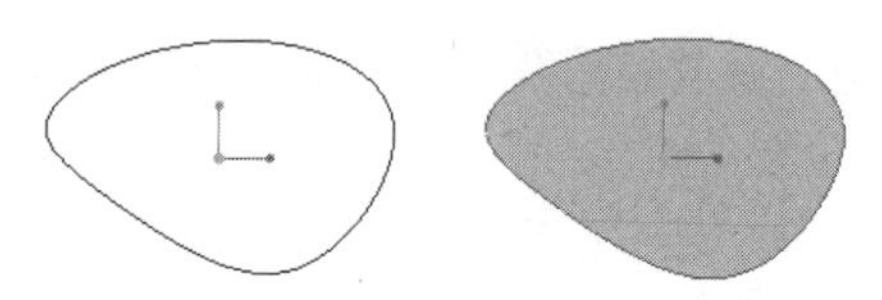
图 5-7 填充特征

注意，曲面可以通过草绘曲面进行拉伸创建。

5.1.4 合并

合并特征多用于曲面操作，即将两个已创建的曲面进行合并，产生一个曲面组的过程。首先选中要合并的曲面，在主菜单中单击【编辑】|【合并】命令，弹出如图 5-8 所示的【合并】操控面板。

- 【参照】选项卡：调整选中的曲面。
- 【选项】选项卡：设置曲面合并方式为相交或连接。

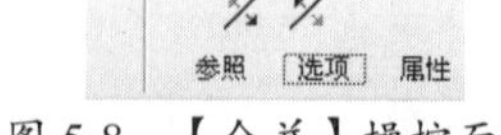

图 5-8 【合并】操控面板

曲面合并的主要步骤如下。

（1）选取两个面，然后单击工具栏上的曲面合并按钮。选取的第一个面组成默认的主面组。

（2）选取合并方法，在【选项】选项卡中选择【相交】或【连接】选项。

（3）单击改变要包括的面组的侧。

（4）单击按钮，即产生新的曲面。

对两个曲面进行合并操作的例子如图 5-9 所示。

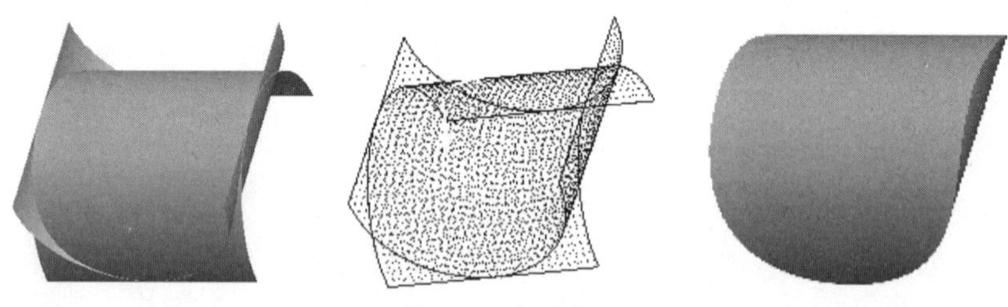
图 5-9 曲面合并

5.1.5 相交

可使用相交工具创建曲线，在该曲线处，曲面与其他曲面或基准平面相交。也可在两个草绘或草绘后的基准曲线（被拉伸后成为曲面）相交的位置创建曲线。

通常可以通过下列方式使用相交特征。

- 创建可用于其他特征（如扫描轨迹）的三维曲线。
- 显示两个曲面是否相交，以避免可能出现的间隙。
- 诊断不成功的剖面和切口。

选取两个面，在主菜单中单击【编辑】|【合并】命令，弹出如图 5-10 所示的【相交】操控面板。

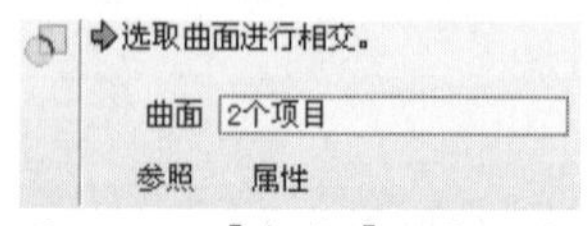

图 5-10 【相交】操控面板

将两个曲面进行相交创建曲线操作的例子如图 5-11 所示。

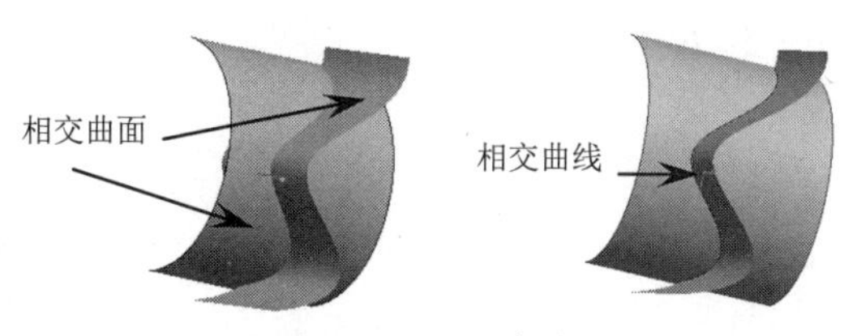

图 5-11 曲面相交

注意，偏移特征同样用于曲线特征操作，曲线偏移操作相对较为简单。

5.1.6 反向法向

反向法向特征主要用于对已创建的曲面进行操作，用以改变曲面的法向。该指令在结构设计中应用较少，主要用于结构分析，例如在壳体表面添加载荷时，可以通过对曲面进行反向法向改变载荷方向。

在操作过程中，首先选取曲面，然后在主菜单中单击【编辑】|【反向法向】命令，即可改变该曲面的法向。

5.2 复杂编辑特征

曲面建模在 Pro/E 的建模中占有非常重要的地位，利用常用的一些编辑特征，可以完成一些基本建模工作，而通过灵活运用一些复杂编辑特征则可以创建较为复杂的特征。下面对一些常用的复杂编辑特征进行介绍。

5.2.1 偏移

使用偏移工具，可以通过将实体上的曲面或曲线偏移恒定的距离或可变的距离来创建一个新特征。可以使用偏移后的曲面构建几何或创建阵列几何，也可以使用偏移曲线构建一组曲线，以便以后用来构建曲面。

在主菜单中单击【编辑】|【偏移】命令，系统将打开如图 5-12 所示的【偏移】操控面板。

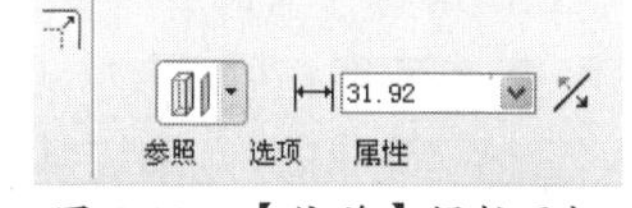

图 5-12 【偏移】操控面板

偏移工具中提供了各种选项，操作者可以创建多种偏移类型。

- 标准偏移：偏移一个面组、曲面或实体面。它是默认偏移类型，所选曲面以平行于参照曲面的方式进行偏移，如图 5-13 所示。
- 拔模偏移：偏移包括在草绘内部的面组或曲面区域，并拔模侧曲面，拔模角度范围为 0°~60°，还可以使用此选项来创建直的或相切侧曲面轮廓。拔模偏移效果如图 5-14 所示。
- 展开曲面偏移：在封闭面组或实体草绘的选定面之间创建一个连续体积块，当使用【草绘区域】选项时，将在开放面组或实体曲面的选定面之间创建连续的体积块。偏移后曲面与周边的曲面相连，偏移效果如图 5-15 所示。

- 替换曲面偏移：用面组或基准平面替换实体面，常用于切除超过边界的多余特征，偏移效果如图 5-16 所示

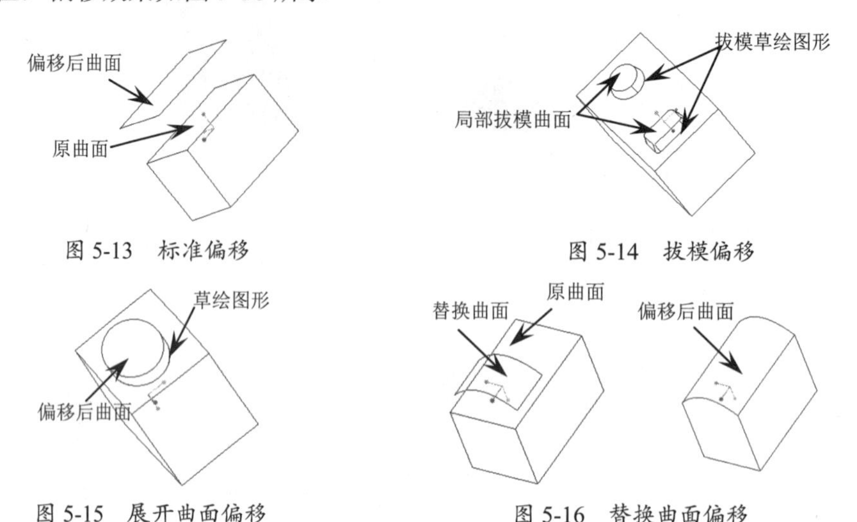

图 5-13　标准偏移

图 5-14　拔模偏移

图 5-15　展开曲面偏移

图 5-16　替换曲面偏移

5.2.2　延伸

延伸操作同样主要用于曲面的延伸，延伸曲面可以将曲面所有或特定的边延伸到指定的距离，或者延伸到所选参照。当所创建的曲面的边界不够长时，通过延伸曲面的边界，让曲面的边界更长。若在两个需要合并的曲面中两个边界都没有超出对方边界时，就需要将边界延长。

要延伸曲面，必须先选取要延伸的边界边，然后单击主菜单中【编辑】|【偏移】命令，系统弹出【曲面延伸】操控面板，如图 5-17 所示。

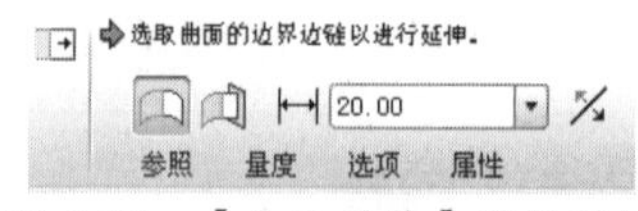

图 5-17　【曲面延伸】操控面板

系统提供了两种延伸曲面的方法。

- （沿曲面）：沿原始曲面延伸曲面边界边链。
- （到平面）：在与指定平面垂直的方向延伸边界边链至指定平面。

使用（沿曲面）创建延伸特征时，可以选取的延伸选项有如下 3 种。

- 相同：（默认）创建相同类型的延伸作为原始曲面（例如，平面、圆柱、圆锥或样条曲面）。通过其选定边界边链延伸原始曲面。
- 相切：创建延伸作为与原始曲面相切的直纹曲面。
- 逼近：创建延伸作为原始曲面的边界边与延伸的边之间的边界混合。当将曲面延伸至不在一条直边上的顶点时，此方法是很有用的。

延伸面组时，主要应考虑以下情况。

- 可表明是要沿延伸曲面还是沿选定基准平面测量延伸距离。
- 可将测量点添加到选定边，从而更改沿边界边的不同点处的延伸距离。
- 延伸距离可输入正值或负值。如果配置选项 show_dim_sign 设置为 no，输入负值则会反转延伸的方向。否则，输入负值会使延伸方向指向边界边链的内侧。
- 输入负值会导致曲面被修剪。

曲面的延伸操作步骤如下所述。

（1）选择要进行延伸的曲面的边。

（2）单击主菜单中【编辑】|【偏移】命令，系统弹出【曲面延伸】操控面板。

（3）根据需要选择延伸类型为“沿曲面”或“到平面”。

（4）在图形窗口中拖动尺寸手柄设置延伸距离，或在延伸特征操控面板的数值文本框中输入延伸距离值。如果选择“到平面”方式进行延伸，则应选择一个平面，使曲面延伸至该平面。

（5）预览创建的延伸特征，完成曲面延伸特征的创建。

两种不同曲面延伸方式的例子如图 5-18、图 5-19 所示。

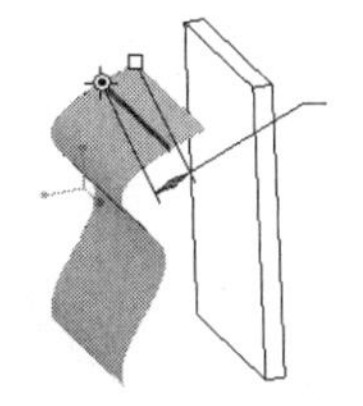

图 5-18 沿曲面延伸

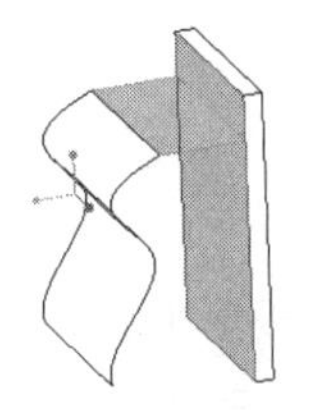

图 5-19 延伸到平面

5.2.3 修剪

使用修剪工具可以完成对曲面的剪切或分割，可通过在曲线与曲面、其他曲线或基准平面相交处修剪或分割曲线来修剪该曲线。可通过以下方式修剪面组。

- 在与其他面组或基准平面相交处进行修剪。
- 使用面组上的基准曲线修剪。

要修剪面组或曲线，可选取要修剪的面组或曲线，单击按钮或在主菜单中单击【编辑】|【修剪】命令，弹出【修剪】操控面板，激活【修剪】工具，如图 5-20 所示。然后指定修剪对象，并可在创建或重定义期间指定和更改修剪对象。在修剪过程中，可指定被修剪曲面或曲线中要保留的部分。另外，在使用其他面组修剪面组时，可使用【薄修剪】，允许指定修剪厚度尺寸及控制曲面拟合要求。

利用 TOP 基准平面对曲面进行修剪的例子如图 5-21 所示。

图 5-20 【修剪】操控面板

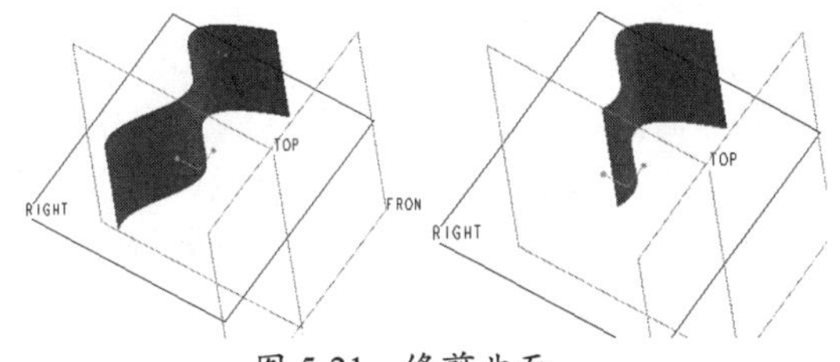

图 5-21 修剪曲面

5.2.4 投影

使用投影工具可在实体上和非实体曲面、面组或基准平面上创建投影基准曲线，所创建的投影基准曲线，可用于修剪曲面、作为扫描轨迹等。

投影曲线的方法有两种。

- 投影草绘：创建草绘或将现有草绘复制到模型中以进行投影。
- 投影链：选取要投影的曲线或链。

要修剪面组或曲线，可选取要修剪的面组或曲线，单击按钮或在主菜单中单击【编辑】

|【投影】命令，弹出【投影】操控面板，如图 5-22 所示。在该操控面板中，主要可以选取投影曲面、指定或绘制投影曲线并指定投影方向，即可完成曲线在曲面上的投影。

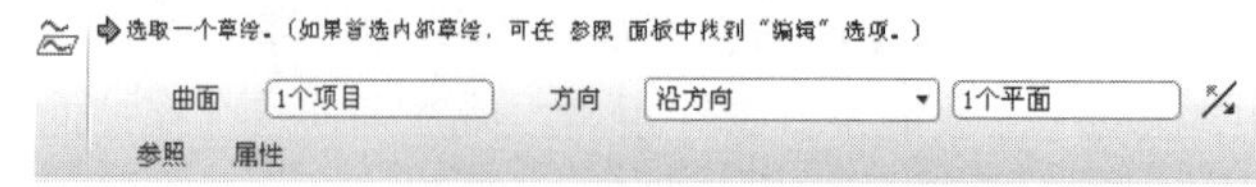

图 5-22 【投影】操控面板

曲面上进行曲线投影操作的主要步骤如下。

（1）打开模型后，单击【编辑】|【投影】命令，弹出【投影】操控面板。

（2）在【参照】面板中，选择投影类型为【投影草绘】或【投影链】。

（3）然后在图形窗口中选取草绘曲线或绘制投影草绘曲线。

（4）选取要向其中投影曲线的投影曲面。

（5）指定投影方式及投影方向参照。

（6）预览投影曲线，完成投影特征的创建。

在曲面上投影曲线的例子如图 5-23 所示。

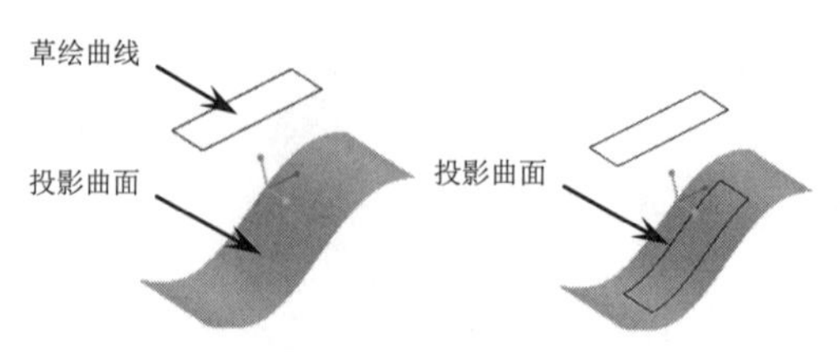

图 5-23 投影曲线

5.2.5 加厚

曲面在理论上是没有厚度的，曲面加厚就是以曲面作为参照，生成薄壁实体的过程。在 Pro/E 中，不仅可以利用曲面加厚生成薄壁实体，还可以通过该命令切除实体。

加厚特征使用预定的曲面特征或面组几何将薄材料部分添加到设计中，或从中移除薄材料部分。设计时，曲面特征或面组几何可提供非常大的灵活性，并允许对该几何进行变换，以更好地满足设计需求。通常，加厚特征被用来创建复杂的薄几何，使用常规的实体特征创建这些几何会更困难。要进入加厚工具，必须已选取了一个曲面特征或面组，并且只能选取有效的几何。进入该工具时，系统会检查曲面特征选取。设计加厚特征要求执行以下操作：

- 选取一个开放的或闭合的面组作为参照。
- 确定使用参照几何的方法：添加或移除薄材料部分。
- 定义加厚特征几何的厚度方向。

首先选择曲面，再通过单击工具栏中的按钮或单击主菜单中的【编辑】|【加厚】命令，打开【加厚】操控面板，如图 5-24 所示。在该操控面板里可以选择加厚方式、调节加厚生成实体的方向、设定加厚厚度。

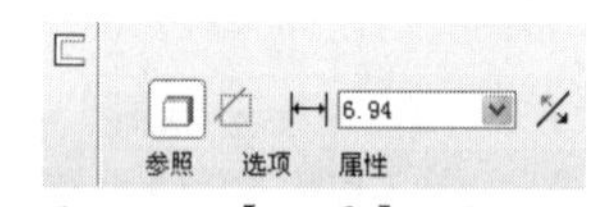

图 5-24 【加厚】操控面板

加厚特征操作的主要步骤如下。

（1）选取要加厚的面组和曲面几何。

（2）单击主菜单中的【编辑】|【加厚】命令，打开【加厚】操控面板，在图形窗口中出现默认预览几何。

（3）定义要创建的几何类型。默认选项是添加实体材料的薄部分。如果要去除材料的薄部分，可单击操控面板中的按钮。

（4）定义要加厚的面组或曲面几何：一侧或两侧对称。要改变材料侧，可用鼠标右键单击预览几何，然后单击【反向方向】按钮，将会从一侧循环到对称，然后到另一侧。

（5）通过拖动厚度控制滑块来设置加厚特征的厚度。也可在操控面板的尺寸框中或直接在图形窗口中输入厚度。

（6）检查参照，并修改相关属性，完成加厚特征的创建。

利用加厚方式创建实体以及剪切实体的例子如图 5-25、图 5-26 所示。

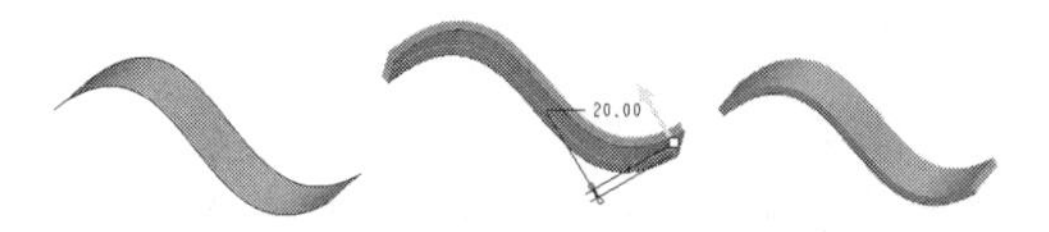

图 5-25 创建加厚实体特征

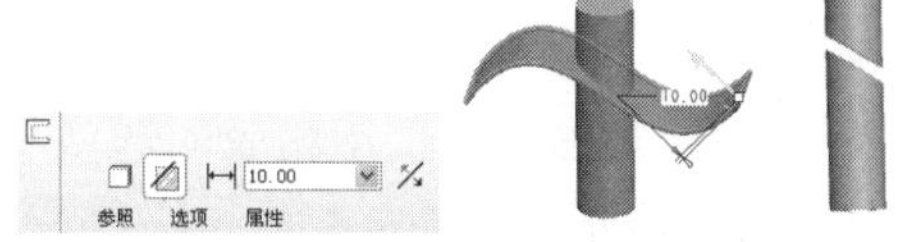

图 5-26 创建加厚剪切实体特征

5.2.6 实体化

实体化，即使用预定的曲面特征或面组几何并将其转换为实体几何。在设计中，可使用实体化特征添加、移除或替换实体材料。设计时，面组几何可提供更大的灵活性，而实体化特征允许对几何进行转换以满足设计需求。

通常，实体化特征被用来创建复杂的几何，如果可能，使用常规的实体特征创建这些几何会较困难。曲面实体化包括封闭曲面模型转化成实体和用曲面裁剪切割实体两种功能。转化成实体的曲面必须封闭，用来修剪实体的曲面必须相交。

设计实体化特征主要执行以下操作：

- 选取一个曲面特征或面组作为参照。
- 确定使用参照几何的方法：添加实体材料，移除实体材料或修补曲面。
- 定义几何的材料方向。

可使用的实体化特征类型主要包括以下几种。

- 使用曲面特征或面组几何作为边界来添加实体材料（始终可用），如图 5-27 所示。
- 使用曲面特征或面组几何作为边界来移除实体材料（始终可用），如图 5-28 所示。

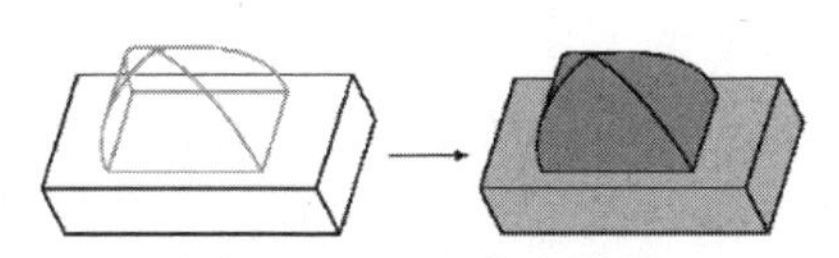
图 5-27 添加实体材料

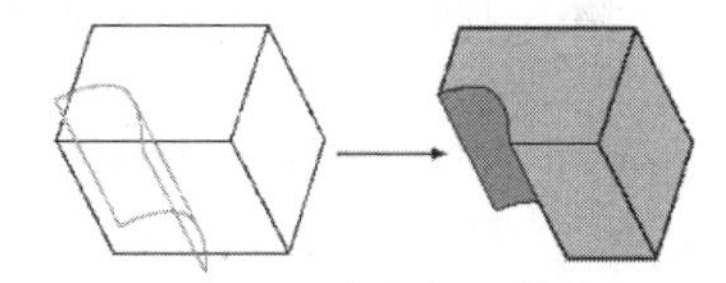
图 5-28 移除实体材料

- 使用曲面特征或面组几何替换指定的曲面部分（只有当选定的曲面或面组边界位于实体几何上时才可用），如图 5-29 所示。

选择某一曲面，单击工具栏中的按钮或单击主菜单中的【编辑】|【实体化】命令，打开【实体化】操控面板，如图 5-30 所示。在该操控面板中，可以选取实体化曲面、实体化方式等。曲面转化成实体化要求曲面必须为封闭曲面，该曲面不能有任何缺口，否则不能通过该命令来生成实体。

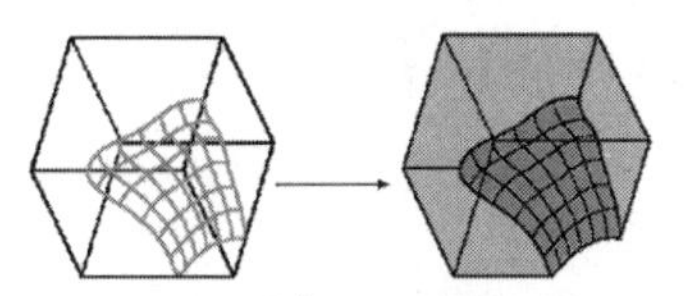
图 5-29 替换指定的曲面

图 5-30 【实体化】操控面板

创建实体化特征的主要步骤如下。

（1）选取用来创建实体化的面组或曲面几何。

（2）单击工具栏中的按钮或单击主菜单中的【编辑】|【实体化】命令，打开【实体化】特征操控面板，此时在图形窗口中默认预览几何加亮显示。

（3）选择实体化选项。其中伸出项选项为默认选项。

（4）确定要创建几何的面组或曲面材料侧。要改变材料侧，可单击预览几何上的方向箭头。

（5）检查参照，并使用相应的选项卡修改属性，完成实体化特征。

如图 5-31 所示，选中曲面，在主菜单中单击【编辑】|【实体化】命令，打开【实体化】操控面板，单击按钮，即可以创建实体化特征。

利用曲面实体化可以对实体进行修剪，如图 5-32 所示，选中曲面，在主菜单中单击【编辑】|【实体化】命令，弹出【实体化】操控面板，单击按钮（去除材料），并利用按钮调节修剪材料方向，最后创建实体化特征，从图 5-32 中可见凸台上半部分被修剪掉了。

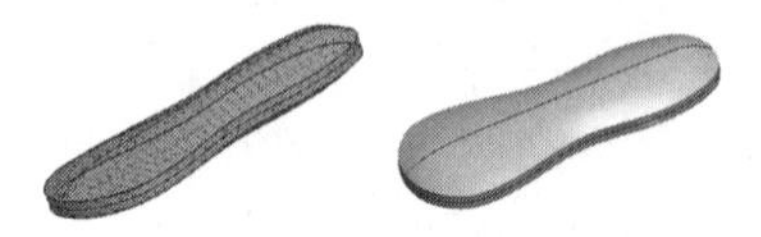

图 5-31 曲面实体化

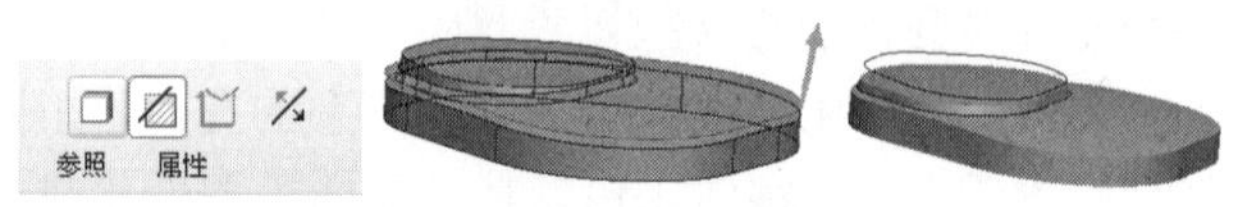

图 5-32 曲面实体化修剪实体

5.2.7 移除

利用这个工具可以移除一些特征，而不需改变特征的历史记录，也不需重定参照或重新定义一些其他特征。移除几何特征时，会延伸或修剪邻近的曲面，以收敛和封闭空白区域。

创建移除特征的一般规则。

- 欲延伸或修剪的所有曲面必须与参照所定义的边界相邻。
- 欲延伸的曲面必须是可延伸的。
- 延伸后的曲面必须收敛才能构成定义的体积块。
- 延伸曲面时不会创建新的曲面片。

移除曲面工具可创建通过延伸一组相邻曲面而定义的几何，主要可以完成从实体或面组中移除曲面以及移除封闭面组中的间隙等任务。首先选择曲面，再通过单击工具栏中的按钮或单击主菜单中的【编辑】|【移除】命令，打开【移除】操控面板，如图 5-33 所示。

图 5-33 【移除】操控面板

创建移除特征的主要步骤如下。

（1）在图形窗口中选取曲面、曲面集、目的曲面或单个封闭环链。

（2）单击工具栏中的按钮或单击主菜单中的【编辑】|【移除】命令，打开【移除】操控面板。

（3）编辑、调整要移除的曲面或曲面集。

（4）使用相应的选项卡修改属性，预览移除特征并完成特征。

移除实体上曲面的例子如图 5-34 所示。

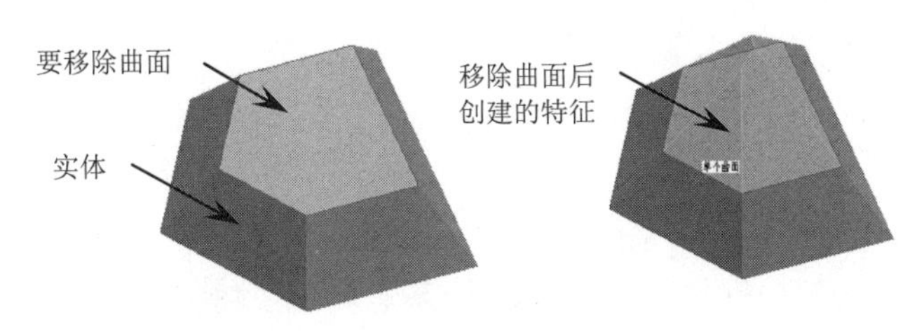

图 5-34 移除实体上曲面

5.2.8 包络

使用包络工具可在目标上创建成形的基准曲线。然后，可使用这些成形的基准曲线模拟一些项目，如标签或螺纹。成形的基准曲线将在可能的情况下保留原草绘曲线的长度。包络基准曲线的原点是参照点，在其周围草绘被包络到目标上。此点必须能够被投影到目标上，否则，包络特征失败。可选取草绘的几何中心或草绘中的任意坐标系作为原点。包络曲线的目标必须是可展开的，即直纹曲面的某些类型。

要访问包络特征工具，可单击工具栏中的按钮或单击主菜单中的【编辑】|【包络】命令，打开【包络】操控面板，如图 5-35 所示。

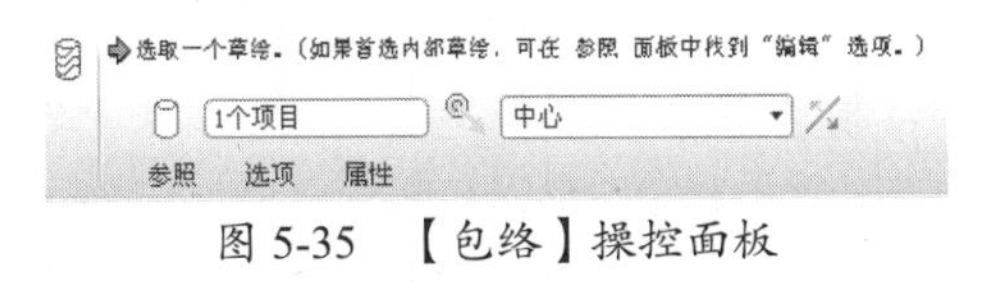

图 5-35 【包络】操控面板

创建包络基准曲线的主要步骤如下。

（1）选取要包络到另一曲面上的草绘基准曲线。

（2）单击工具栏中的按钮或单击主菜单中的【编辑】|【包络】命令，打开【包络】操控面板。

（3）预览几何将显示该工具在默认包络方向找到的第一个实体或面组上的包络基准曲线。可以选取不同的曲面。

（4）预览生成的包络特征，草绘基准曲线被包络到选定的曲面上，完成包络特征的创建。

创建包络曲线的例子如图 5-36 所示。

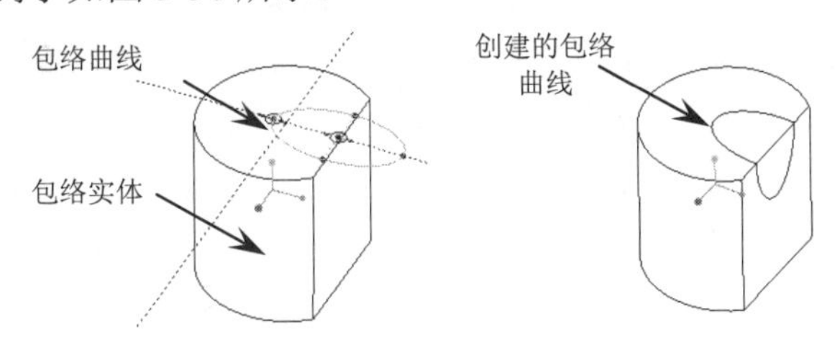

图 5-36 创建包络曲线

5.3 高级编辑特征

灵活运用前面所述的常用编辑特征以及复杂编辑特征，可以创建较为复杂的模型，但在一些工业设计中，有时需要为模型增加一些艺术效果，则会用到一些高级编辑特征。下面对几种高级编辑征进行介绍。

5.3.1 扭曲

使用扭曲特征，可改变实体、面组、小平面和曲线的形式和形状。此特征为参数化特征，并会记录应用于模型的扭曲操作的历史。通常情况下，此类操作集中在一个编辑框中，可以从整体上调整编辑框，对整个实体进行调整，极大增强了集合建模的灵活性，从而使设计者可以按照自己的思想任意修改和变换实体造型。

可在零件模式下使用扭曲特征执行以下操作：

- 在概念性设计阶段研究模型的设计变化。
- 使从其他造型应用程序导入的数据适合特定工程需要。
- 使用扭曲操作可对 Pro/E 中的几何进行变换、缩放、旋转、拉伸、扭曲、折弯、扭转、骨架变形或雕刻等操作，不需与其他应用程序进行数据交换就能使用其扭曲工具。

在主菜单中选择【插入】|【扭曲】命令，打开【扭曲】操控面板。此时面板处于未激活状态，打开【参照】选项卡，并选取欲扭曲实体。单击【方向】收集器，然后选择一个平面或基准坐标系，可以激活【扭曲】操控面板，如图 5-37 所示。

图 5-37 【扭曲】操控面板

在【扭曲】操控面板中，提供了多种变形工具。

- （变换工具）：平移、旋转和缩放特征。
- （扭曲工具）：使用“扭曲”操作可进行多种形状改变操作。其中包括：使对象的顶部或底部成为锥形；将对象的重心向对象的底部或顶部移动；将对象的拐角或边背向中心或朝向中心拖动。
- （骨架工具）：选择曲线作为骨架线，通过调整骨架线上的点（可以拖动、增加和删除），来使对象做相应的变动。
- （拉伸工具）：可以对特征进行拉伸操作。
- （折弯工具）：可以对特征进行折弯操作。
- （扭转工具）：可以对特征进行扭转操作。
- （雕刻工具）：通过调整网络上的点来调整对象。

对于以上变形工具，在操作中一次只能选择一个工具，选择后操控面板下方会出现与该变形工具相对应的控制选项。对于同一个特征，可使用多种变换工具进行操作。

创建扭曲特征的主要步骤如下。

（1）打开一个模型，以改变几何的形式和形状。

（2）在主菜单中单击【插入】|【扭曲】命令，打开【扭曲】操控面板，此时【几何】收集器默认情况下处于活动状态。

（3）选取扭曲特征。选取要执行扭曲操作的实体、小平面、一组面组或者一组曲线。在图形窗口中单击任意位置并拖动，在需要选取的几何周围画一个边界框，将选取边界框里的几何。

（4）设定扭曲方向。在操控面板的【参照】选项卡上单击【方向】收集器。也可以用鼠标右键单击，并选取【方向】收集器。

（5）选取扭曲参照，并设定扭曲参照选项。选取坐标系或基准平面作为扭曲操作的参照，设定参照选项。在操控面板的【参照】选项卡下指定下列一个或多个选项。

- 【几何】：显示已选取要进行扭曲操作的实体或曲线组、面组或小平面。通过单击收集器，然后使用标准选取工具来选取其他图元，可更改选取内容。
- 【隐藏原件】：隐藏为扭曲操作所选的原始图元的几何。
- 【复制原件】：在完成了扭曲操作后，复制为此操作所选的原始图元。此选项对实体不可用。
- 【小平面预览】：显示特征内部扭曲几何的预览。
- 【方向】：显示选定作为扭曲操作的参照的坐标系或参照平面。

（6）选取扭曲特征工具。选取相应的【扭曲】特征操控面板上的扭曲工具，在【选项】和【选取框】中为所选扭曲工具指定一项或多项可用设置。

（7）设置扭曲边界属性。要在边界保持紧密的相切控制，单击鼠标右键并选择【使用边界相切】命令。

（8）编辑并完成扭曲操作。单击【列表】选项，对所选图元执行的扭曲操作，会以其执行的顺序显示。同时，可以使用列表显示在列表中选择一项操作并对其进行编辑。

要最大程度地提高建模灵活性并减小扭曲特征更改所造成的影响，请使用通过目的参照创建的几何。并非所有特征都执行替代参照。不执行替代参照的特征将保留在其原始位置，且不会受到扭曲操作的影响。创建扭曲特征的例子如图 5-38 所示。

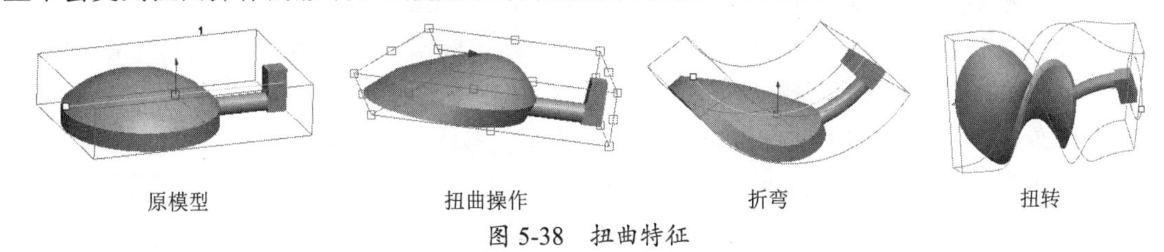

图 5-38　扭曲特征

5.3.2　实体折弯

在生产中，有时需要将曲面展平，同时还需要按照展平的曲面来弯曲实体，如在钣金的排料计算中。因此通常展平曲面与实体折弯配合使用。

使用实体折弯主要可以完成平整（展平）曲线、折弯实体，可将展平面组附近的实体变换为源面组，也可使用【平整曲线】选项，将基准曲线从源面组变换到展平面组。但要考虑如下限制条件：

- 所选曲线必须参照展平面组特征的源面组曲面。
- 该实体应位于展平面组的附近，且不应与此面组边界交叉。

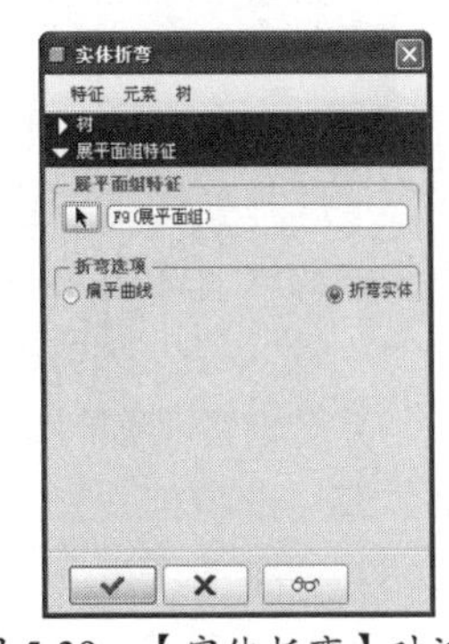

图 5-39　【实体折弯】对话框

在创建折弯实体特征前，须先创建展平面组特征，然后在主菜单中单击【插入】|【高级】|【实体折弯】命令，打开【实体折弯】对话框，如图 5-39 所示。在该对话框中，可以选取展平面组并指定折弯选项为【扁平曲线】或【折弯实体】。

在创建了展平面组后，可使用实体折弯展平曲线和折弯实体，其主要步骤如下。

（1）在展平平面上建立要在源曲面上弯曲的实体。

（2）单击【插入】|【高级】|【实体折弯】命令，打开【实体折弯】对话框。

（3）选取已创建的曲面展平特征，选取【展平面组】选项。

（4）设定折弯选项。通过选择下列选项之一，指定【折弯选项】：

- 【扁平曲线】：由原始面组到展平面组转换基准曲线。
- 【折弯实体】：从展平面组到原始面组转换实体。

（5）选取展平曲线。如果正在展平曲线，在平整面组上则选取要转换的曲线。

（6）完成特征创建。浏览创建的折弯特征，完成特征的创建。

利用已有展平面组创建实体折弯的例子如图 5-40 所示。

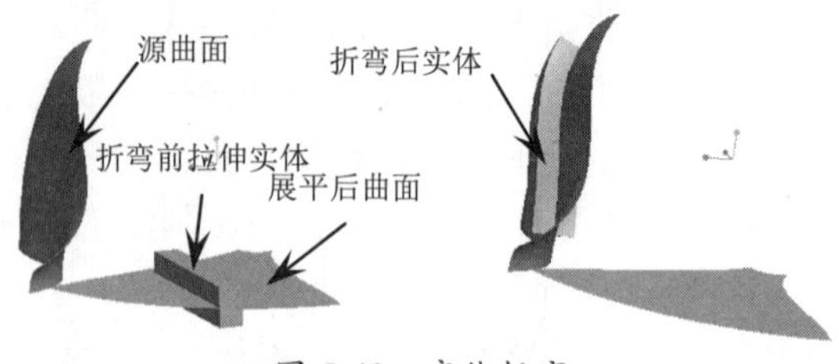

图 5-40　实体折弯

5.3.3　实体自由形状

在创建实体后，实体自由形状编辑特征可以通过对实体上的曲面或面组，进行“推”或“拉”，交互地更改其形状，来创建新曲面特征或修改实体或面组。只要底层曲面改变形状，自由形状特征也相应改变。对于自由形状曲面，可使用底层基本曲面的边界。另外，可草绘自由形状曲面的边界；然后系统将它们投影到底层基本曲面上。网格边界可能延伸到底层基本曲面之外。在创建自由形状曲面时，可对其进行修剪或延伸，以适应底层曲面边界。

在主菜单中单击【插入】|【高级】|【实体自由形状】命令，在弹出的菜单中选择【选出曲面】选项，打开【自由生成：整个曲面】对话框，如图 5-41 所示。

该对话框中有 3 个选项，各选项意义如下。

- 基准曲面：选择进行自由构建曲面的基本曲面。
- 栅格：控制基本曲面上经、纬方向的网格数。
- 操作：进行一系列的自由构建曲面操作，如移动曲面、限定曲面自由构建区域等。

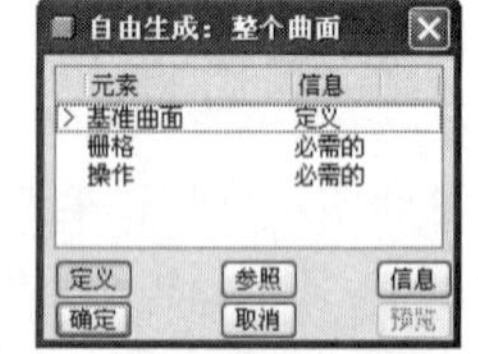

图 5-41　【自由生成：整个曲面】对话框

创建实体自由形状的主要步骤如下。

（1）打开要创建实体自由特征的模型。

（2）在主菜单中单击【插入】|【高级】|【实体自由形状】命令，在弹出的菜单中选择【选出曲面】选项，打开【自由生成：整个曲面】对话框。

（3）选择要进行自由构建的基本曲面。选取现有曲面，为自由形状曲面的定义提供实体或面组参照（基本）曲面。系统在第一方向显示红色等值线栅格。

（4）输入经、纬方向的曲线数。在弹出的对话框中，输入相应的曲线数。

（5）设定变形属性。根据设计要求，选择在第一方向、第二方向以及垂直方向对曲面进行整体或局部拉伸。

（6）调整曲面形状。可以在【滑块】面板中，拖动滑块动态调整曲面形状。

（7）对曲面进行诊断分析。分析曲面的相关属性，如高斯曲率分析、斜率分析等。

创建实体自由形状的例子如图 5-42 所示。

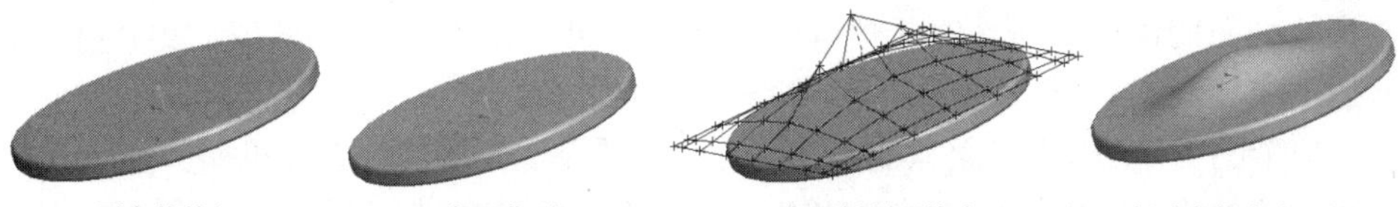

原实体特征　　变形曲面　　变形控制网格点　　创建实体自由形状

图 5-42　实体自由形状

提示

创建实体自由形状的主要过程即为通过控制网格点创建自由形状的曲面，其操作方法基本相同，只是前者构建的结果是实体而非曲面，而后者创建的为曲面。

5.4 综合案例

以下内容包括 4 个实例，分别为椅子、花键轴、支架零件以及电话的建模。通过这些实例进一步熟悉建模一般流程以及常用的特征建模、编辑特征指令的应用。

5.4.1 椅子设计

椅子是常用的家具产品，外形多样。本例讲述其中一种椅子的创建过程，在建模过程中，首先创建椅子曲面的边界曲线，利用所创建的边界曲线通过边界混合的方式创建椅子曲面，最后完成椅子腿的创建。在建模过程中主要涉及截面混合、曲面合并及加厚、实体化、特征镜像等操作。椅子设计的最后结果如图 5-43 所示。

图 5-43　椅子模型

操作步骤

① 新建零件文件。单击工具栏中的【新建】按钮，建立一个新零件文件。在【新建】对话框的【类型】分组框中选择【零件】选项，在【子类型】分组框中默认选中【实体】选项，在【名称】文本框中输入文件名“yizi”，并去掉【使用缺省模板】前的对钩。单击确定按钮，在弹出的【新文件选项】对话框中选取模板为【mmns_part_solid】，其各项操作如图 5-44、图 5-45 所示，单击确定按钮后，进入系统的零件模块。

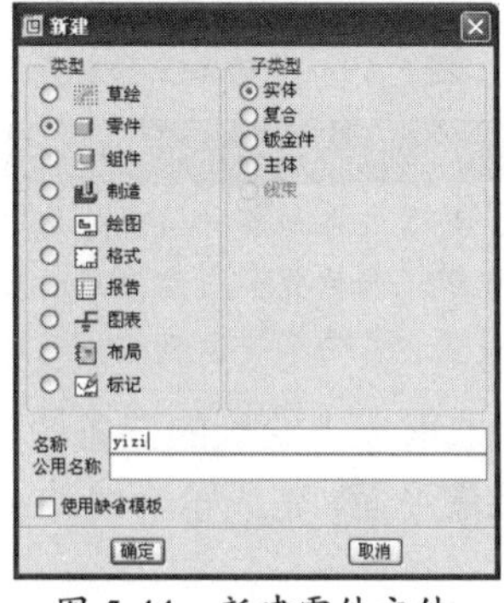

图 5-44　新建零件文件

图 5-45　【新文件选项】对话框

② 创建基准平面。单击右工具栏中的【创建基准平面】按钮，打开【基准平面】对话框，选取 TOP 平面作为参照平面，采用平面偏移的方式，偏距值分别为 40、45 和 50，

并调整平面的偏移方向，使3个基准平面在TOP平面的同侧，完成后单击确定按钮，最后生成如图5-46所示的DTM1~DTM3基准平面。

③ 草绘椅子的第一条轮廓线。单击右工具栏中的【草绘基准曲线】按钮，进入草绘环境，绘制基准曲线。选择基准平面DTM1作为草绘平面，绘制如图5-47所示的草绘曲线。

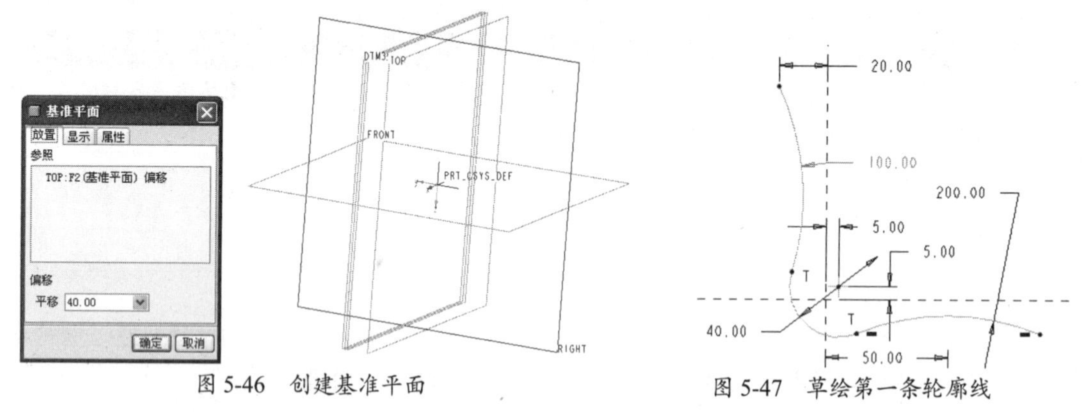

图5-46 创建基准平面　　图5-47 草绘第一条轮廓线

④ 草绘椅子的第二条轮廓线。单击右工具栏中的【草绘基准曲线】按钮，进入草绘环境，绘制基准曲线。选择基准平面DTM2作为草绘平面，绘制如图5-48所示的草绘曲线。

⑤ 草绘椅子的第三条轮廓线。单击右工具栏中的【草绘基准曲线】按钮，进入草绘环境，绘制基准曲线。选择基准平面DTM3作为草绘平面，绘制如图5-49所示的草绘曲线。

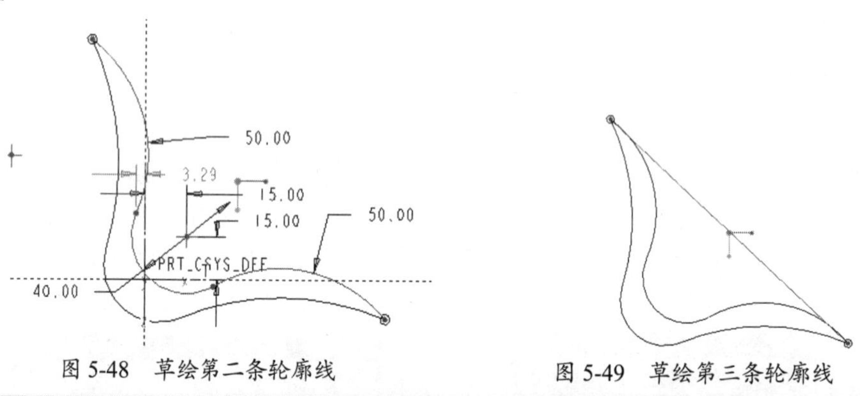

图5-48 草绘第二条轮廓线　　图5-49 草绘第三条轮廓线

技巧点拨

在草绘过程中，涉及圆弧绘制时，尽量采用整圆绘制指令，并通过添加各种约束关系来限制图元间的相互位置关系。绘制过程中，为了保证后续草图的绘制能够捕捉到正确位置，应该采用设置草绘参照的方式来完成草图绘制（在主菜单中单击【草绘】|【参照】命令，设置相应的草绘参照）。

⑥ 镜像椅子的轮廓线。按住Ctrl键，在左侧模型树中选取以上绘制的三条轮廓线，单击右工具栏中的【镜像】按钮，选取TOP平面作为镜像平面，完成轮廓线的镜像如图5-50所示。

⑦ 创建椅子左侧的边界曲面。单击右工具栏中的【边界混合】按钮，在弹出的【边界混合】操控面板中，按住Ctrl键，依次选取如图5-51所示的边界曲线，创建混合曲面。

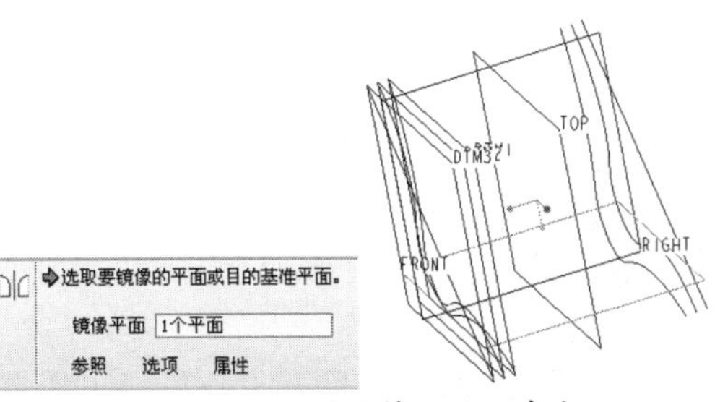

图 5-50 镜像椅子的轮廓线

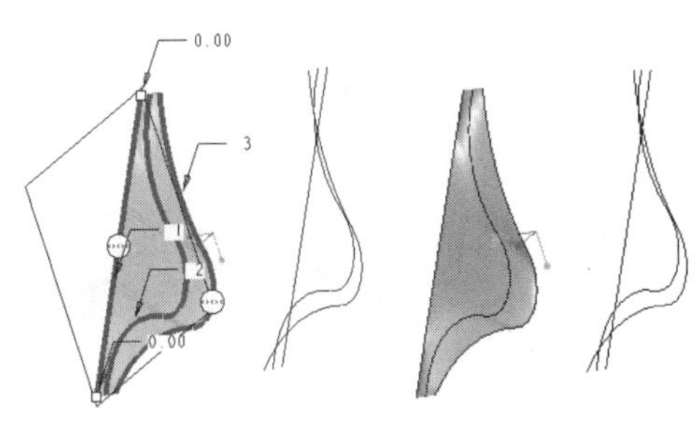

图 5-51 创建椅子左侧的边界曲面

⑧ 创建椅子右侧的边界曲面。操作步骤与上一步相同，单击右工具栏中的【边界混合】按钮，在弹出的【边界混合】操控面板中，按住 Ctrl 键，依次选取如图 5-52 所示的边界曲线，创建混合曲面。

⑨ 创建椅子中部的边界曲面。操作步骤与上一步相同，单击右工具栏中的【边界混合】按钮，在弹出的【边界混合】操控面板中，按住 Ctrl 键，依次选取如图 5-53 所示的边界曲线，创建混合曲面。

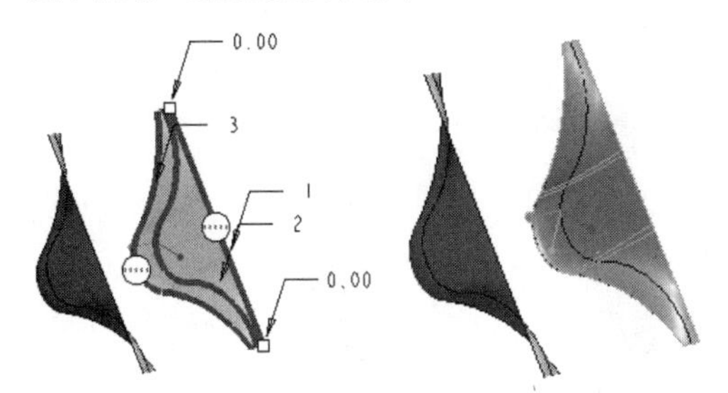

图 5-52 创建椅子右侧的边界曲面

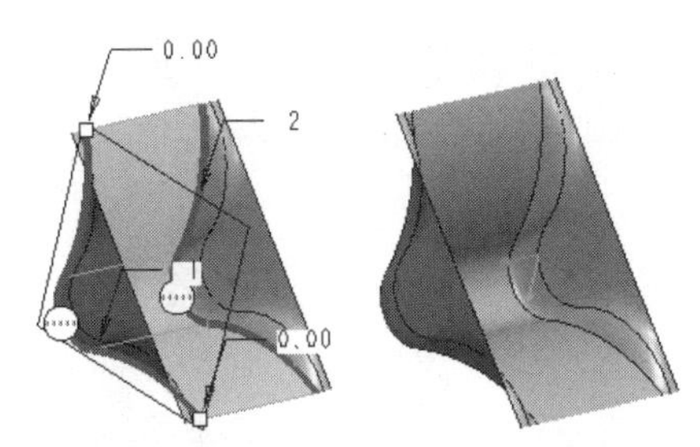

图 5-53 创建椅子中部的边界曲面

⑩ 合并边界曲面。按住 Ctrl 键，选取如图 5-54 所示的椅子左侧与中部的边界曲面，在右工具栏中单击【合并】按钮，完成曲面合并。用同样的步骤完成上述合并后的曲面与椅子右侧曲面的合并，如图 5-55 所示。

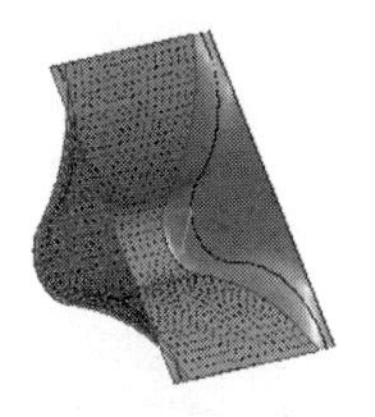

图 5-54 合并椅子左侧与中部曲面

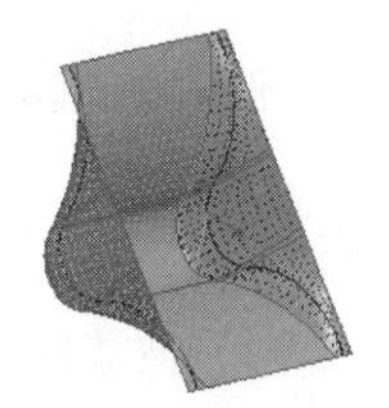

图 5-55 与右侧曲面合并

⑪ 加厚曲面。在左侧模型树中，选取“合并 2”，即上一步所完成的整个合并后的曲面，在主菜单中，选取【编辑】|【加厚】命令，将曲面加厚以实现实体化，如图 5-56 所示。

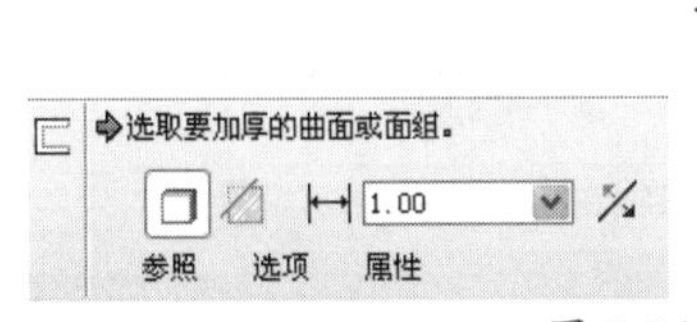

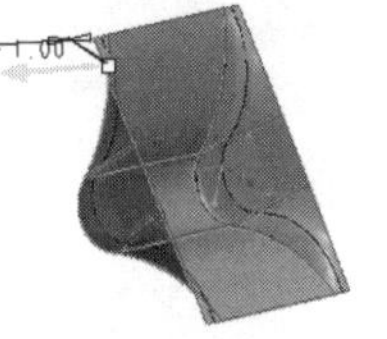

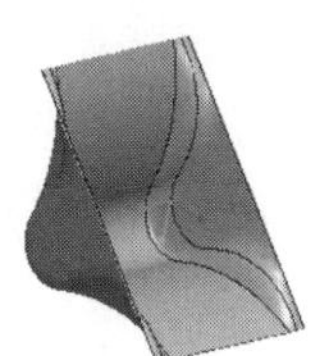

图 5-56 加厚曲面

⑫ 创建椅子腿。利用旋转方式创建椅子腿，在右工具栏中单击【旋转】按钮，以 TOP 平面作为草绘平面，绘制截面，最后创建的旋转特征如图 5-57 所示。

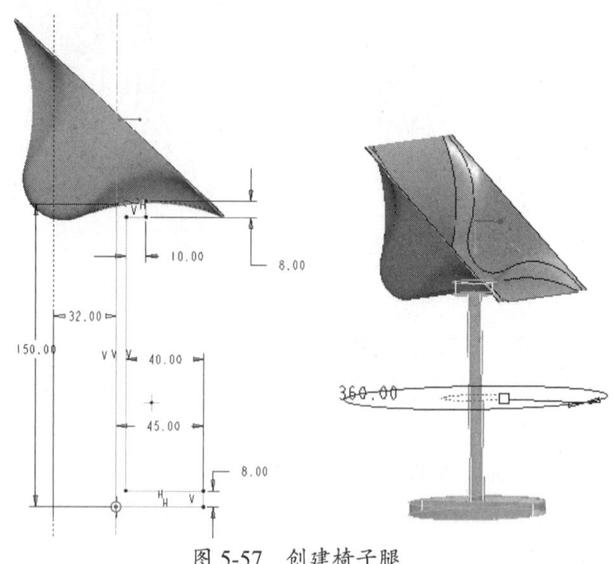

图 5-57 创建椅子腿

⑬ 创建倒圆角特征。单击右工具栏中的按钮，选择如图 5-58 所示的边线，并输入相应的圆角半径数值分别为 20、20、5，创建相应的倒圆角特征，如图 5-58 所示。

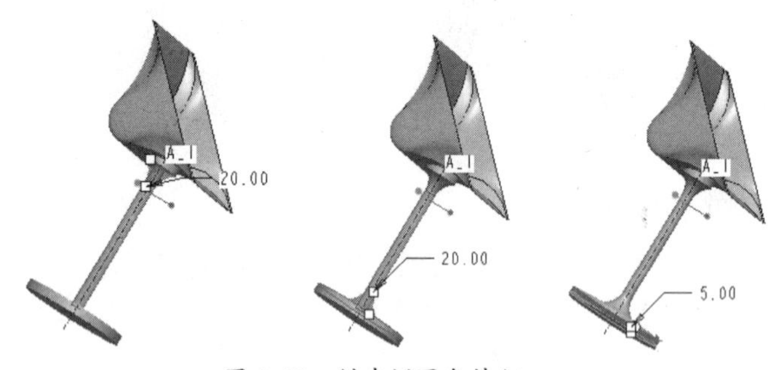

图 5-58 创建倒圆角特征

⑭ 完成椅子模型的创建。单击按钮，保存设计结果。

5.4.2 花键轴设计

通常将具有花键结构的轴零件称为花键轴，花键轴上零件与轴的对中性好，适用于定心精度要求高、载荷大或经常滑移的连接。在花键轴的建模中，首先通过旋转特征操作建立轴的基体部分，然后通过切除拉伸创建键槽，通过扫描切除及特征阵列操作创建花键槽，最后创建倒圆角和孔特征，最终创建的花键轴如图 5-59 所示。

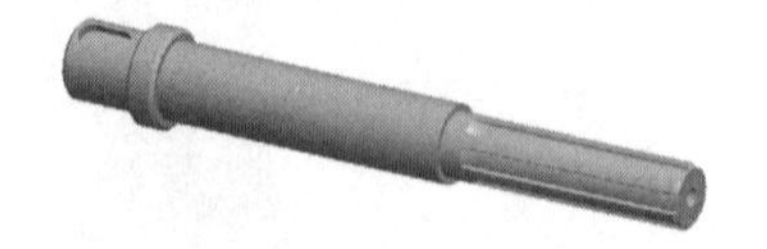
图 5-59 花键轴模型

操作步骤

① 新建零件文件。单击工具栏中的【新建】按钮，建立一个新零件文件。在【新建】对话框的【类型】分组框中选择【零件】选项，在【子类型】分组框中默认选中【实体】

选项，在【名称】文本框中输入文件名“huajianzhou”，并去掉【使用缺省模板】前的对钩。单击确定按钮，在弹出的【新文件选项】对话框中选取模板为【mmns_part_solid】，其各项操作如图 5-60、图 5-61 所示，单击确定按钮后，进入系统的零件模块。

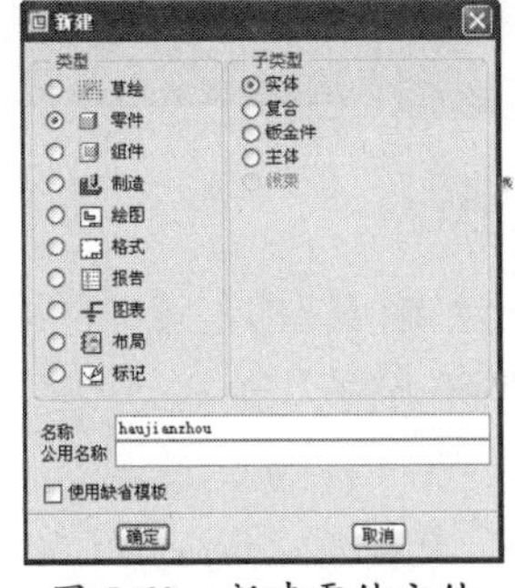

图 5-60 新建零件文件

图 5-61 【新文件选项】对话框

② 以旋转方式建立轴基体。单击绘图区右侧的【旋转工具】按钮，打开【旋转】特征操控面板，单击其中的【放置】菜单，打开【草绘】对话框，选择基准平面 FRONT 作为草绘平面，其他设置接受系统默认参数，最后单击草绘按钮进入草绘模式。绘制如图 5-62 所示的旋转剖面图，完成后单击✔按钮退出草绘模式。生成如图 5-63 所示的旋转实体特征。

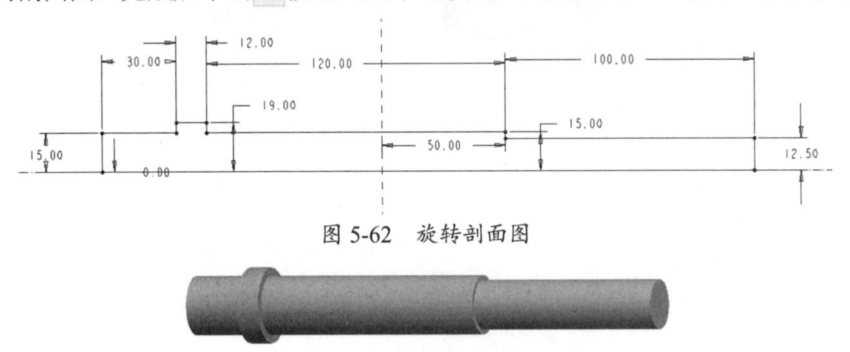

图 5-62 旋转剖面图

图 5-63 创建旋转实体特征

③ 创建倒角特征。单击绘图区右侧的【倒角】按钮，打开【倒角】操控面板，操作过程如图 5-64 所示。

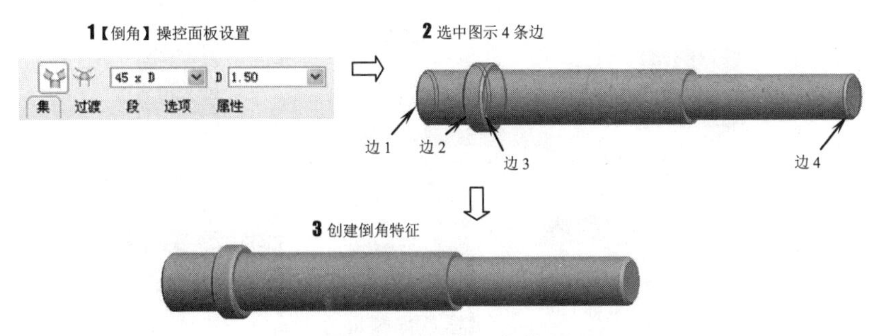

图 5-64 创建倒角特征

④ 创建基准平面。单击按钮，打开【基准平面】对话框。选取 TOP 平面作为参照，采用平面偏移的方式，偏距为 17，并调整平面的偏移方向，按照如图 3-65 所示的设置【基准平面】对话框。完成后单击确定按钮，最后生成如图 5-65 所示的 DTM1 基准平面。

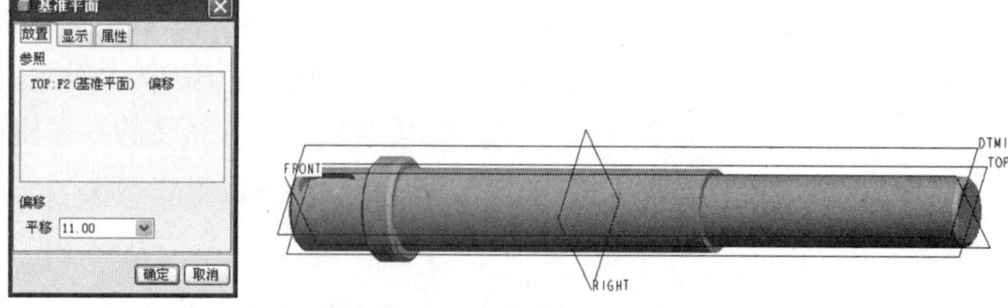

图 5-65 新建基准平面 DTM1

⑤ 创建键槽结构。运用拉伸命令的去除材料功能，创建键槽结构，其中草绘平面选取上一步所建立的基准平面 DTM1，主要操作过程如图 5-66 所示。

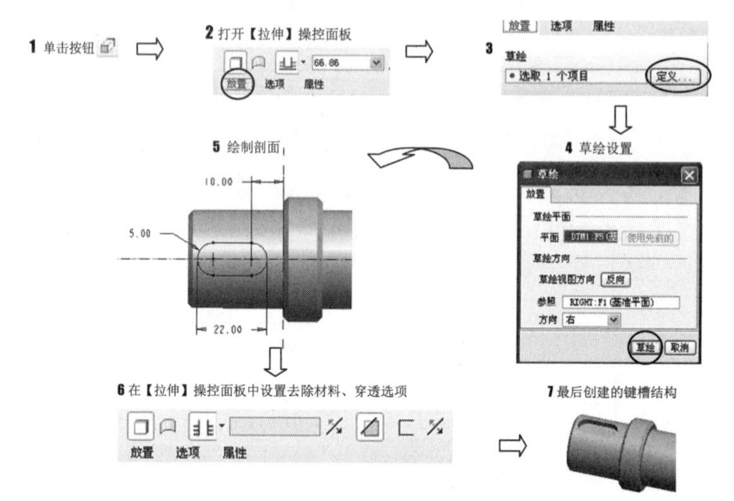

图 5-66 创建键槽结构

⑥ 创建其中一个花键槽。主要利用扫描切除命令，其中包括定义扫描轨迹、设置扫描属性以及扫描截面的定义等，主要操作过程如图 5-67 所示。

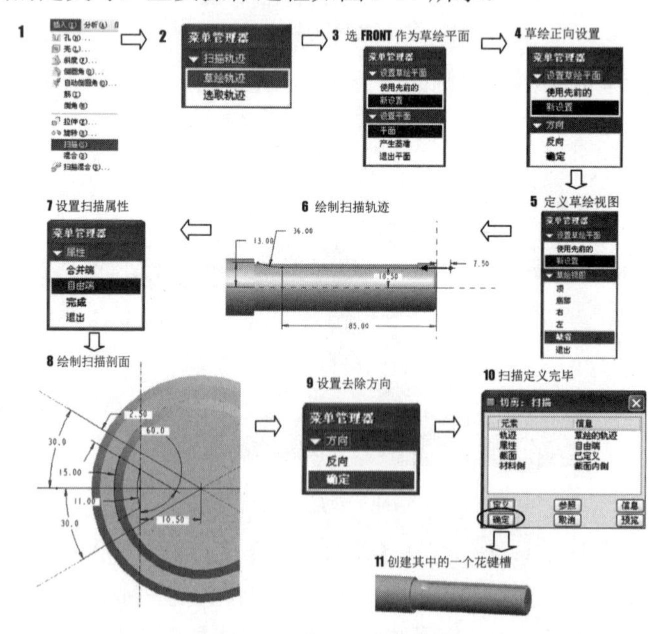

图 5-67 创建一个花键槽

⑦ 以阵列方式创建其余花键槽。单击按钮，打开【阵列】操控面板，采用轴向阵列的方式，选取轴的基体轴线作为阵列轴线，沿圆周方向阵列个数为 6，参数设置如图 5-68 所示，阵列结果如图 5-69 所示。

图 5-68 阵列参数设置

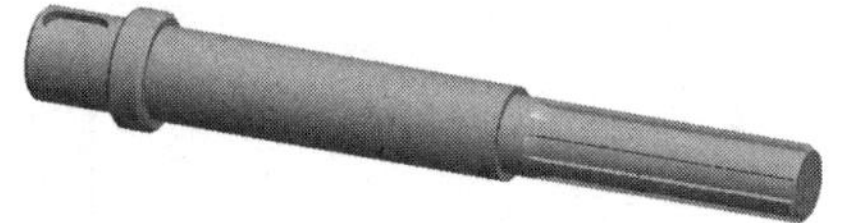

图 5-69 完成花键槽结构

⑧ 创建标准螺纹孔。单击按钮，打开【孔】操控面板，选择孔类型为，创建标准螺纹孔，螺钉尺寸及钻孔深度如图 5-70 所示。孔定位时，单击【放置】菜单，在模型中选择特征轴 A_1 作为第一个放置参照，同时按住 Ctrl 键选择端面作为另一个放置参照，如图 5-70 所示。最后创建的花键轴如图 5-71 所示。

图 5-70 创建螺纹孔

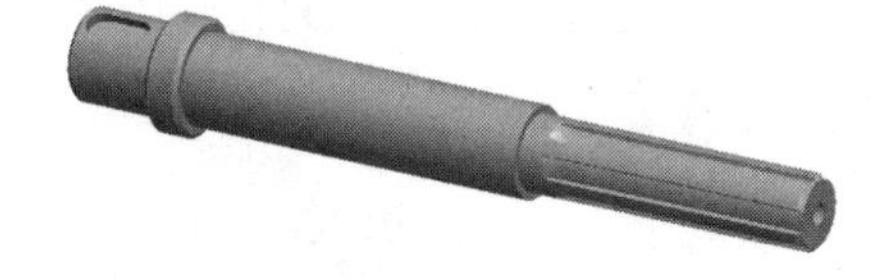

图 5-71 最终创建的花键轴

⑨ 完成花键轴零件模型设计。单击按钮，保存设计结果。

5.4.3 支架零件设计

支架通常作为轴类零件的支撑件，并可以作为小型底座使用。在支架模型的创建过程中，首先利用拉伸实体特征创建支架基体、底座部分，然后利用拉伸去除材料的方式创建支撑部分，最后创建筋以及孔特征。建模过程中，主要涉及特征镜像、阵列等操作。最后创建的支架模型如图 5-72 所示。

图 5-72 支架模型

操作步骤

① 新建零件文件。单击工具栏中的【新建】按钮，建立一个新零件文件。在【名称】文本框中输入文件名“zhijia”，单击确定按钮，进入系统的零件模块。

② 以拉伸方式建立支架支撑孔。单击绘图区右侧的【拉伸工具】按钮，打开【拉伸】操

控面板，主要操作过程如图 5-73 所示，注意拉伸方式设置为对称拉伸。最后生成如图 5-73 所示的拉伸实体特征。

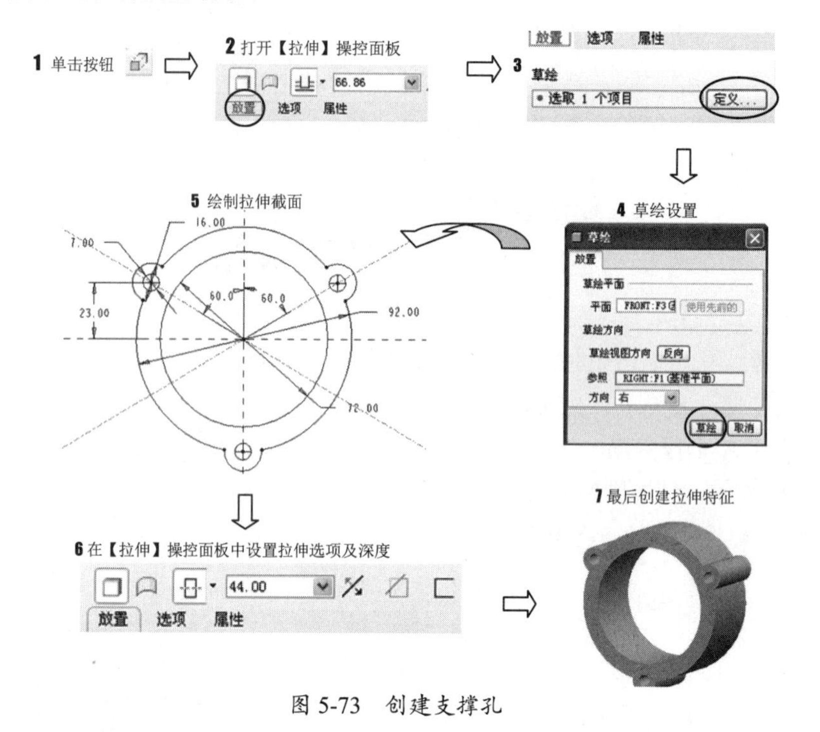

图 5-73　创建支撑孔

③　创建基准平面。单击按钮，打开【基准平面】对话框。选取 TOP 平面作为参照，采用平面偏移的方式，偏距为 52，按照如图 5-74 所示的设置【基准平面】对话框。完成后单击确定按钮，最后生成如图 5-74 所示的 DTM1 基准平面。

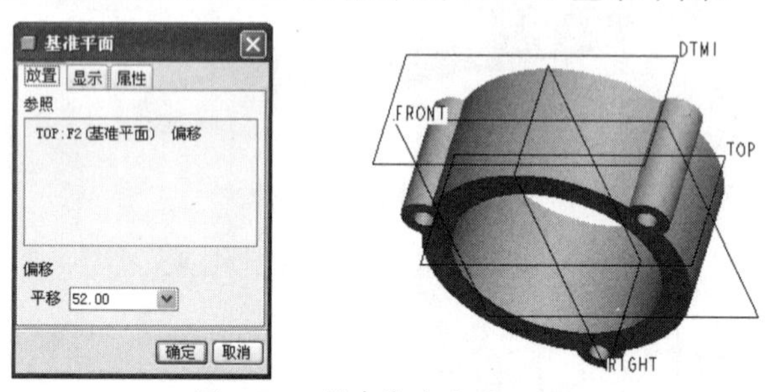

图 5-74　创建基准平面 DTM1

④　以拉伸方式创建支架顶部凸台。主要操作过程如图 5-75 所示，其中在拉伸草绘设置中，利用上一步创建的基准平面作为草绘平面，拉伸方式采用拉伸到选定曲面的方式，最后创建如图 5-75 所示的拉伸凸台。

⑤　创建凸台上的孔特征。单击按钮，主要操作过程如图 5-76 所示，注意在选取放置参照时，按住 Ctrl 键选择两个侧面作为孔的放置参照，最后创建出孔特征。

⑥　创建基准平面。单击按钮，打开【基准平面】对话框，创建基准平面 DTM2，主要操作如图 5-77 所示。

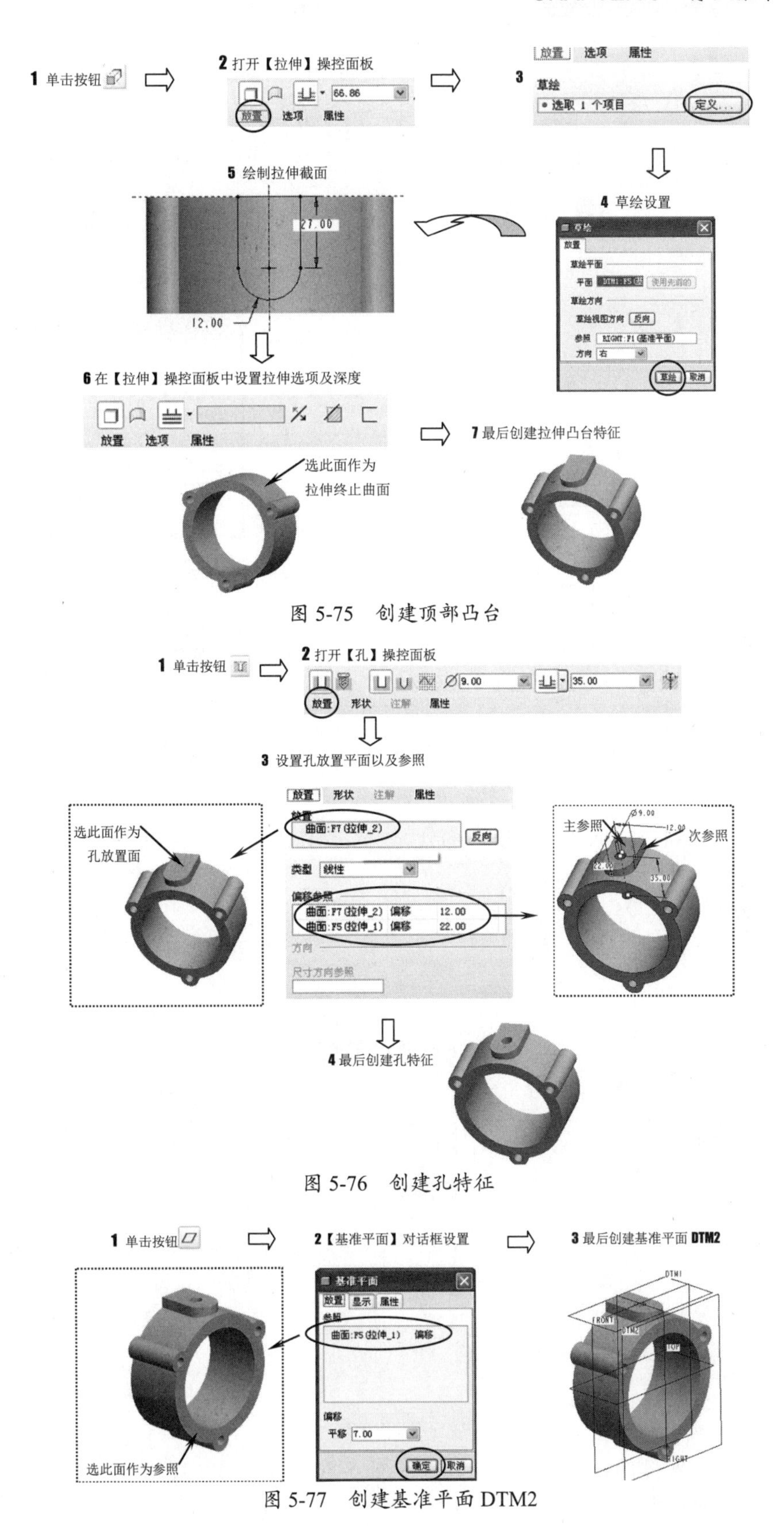

图 5-75 创建顶部凸台

图 5-76 创建孔特征

图 5-77 创建基准平面 DTM2

⑦ 以拉伸方式创建底座部分。以上一步所创建的基准平面 DTM2 作为草绘平面，创建底座特征，如图 5-78 所示。

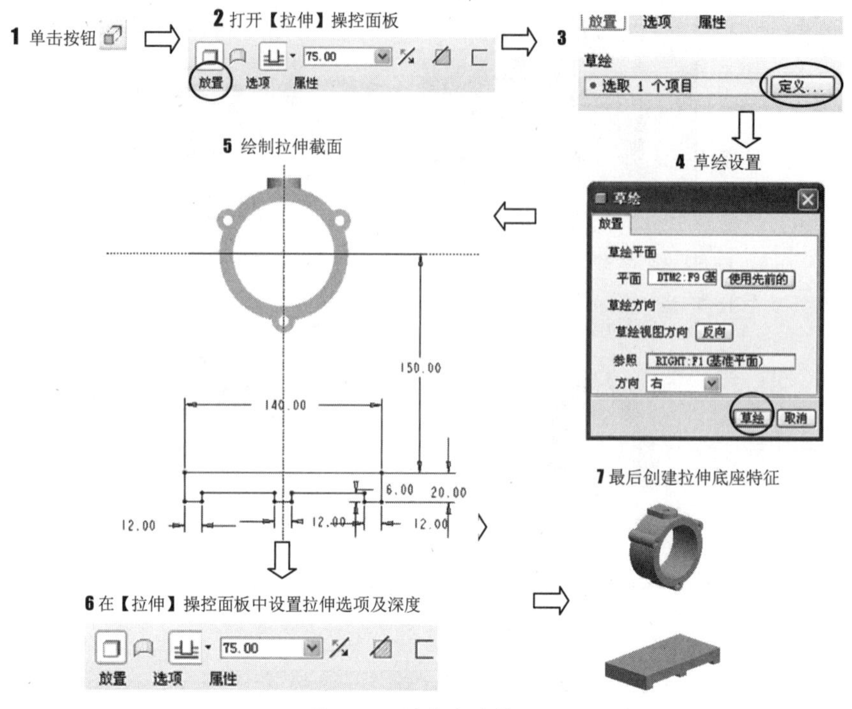

图 5-78 创建底座特征

⑧ 以拉伸去除材料方式创建底座缺口部分。主要操作过程如图 5-79 所示。

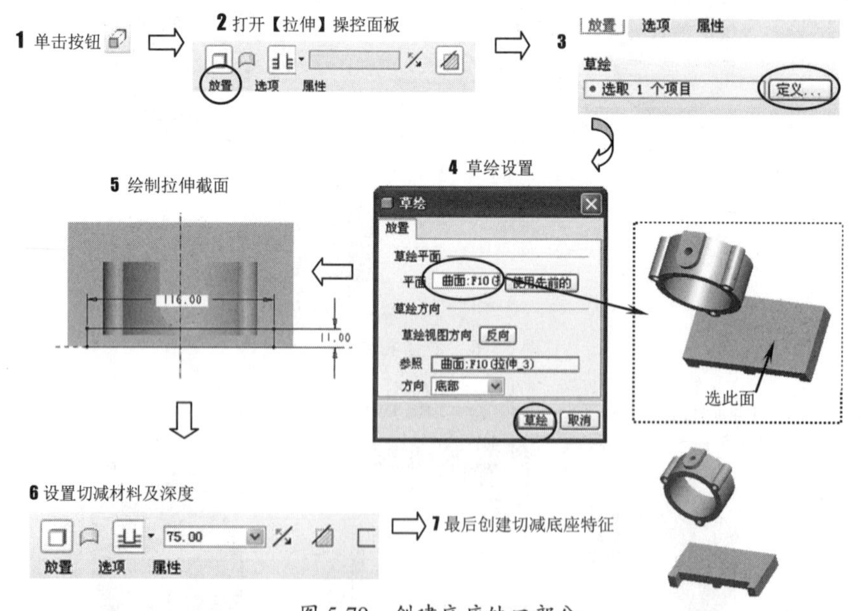

图 5-79 创建底座缺口部分

⑨ 创建中间支撑实体部分。主要操作过程如图 5-80 所示。其中在绘制拉伸截面时，选用 TOP 和 RIGHT 基准平面作为草绘参照，并利用草绘工具创建上部轮廓部分。

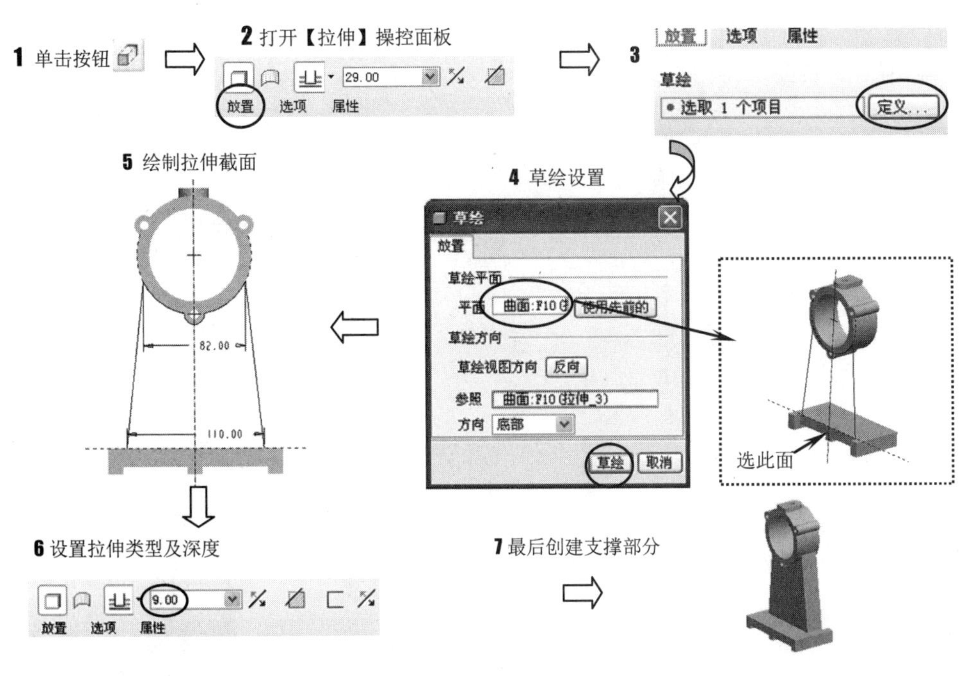

图 5-80 创建中间支撑实体部分

⑩ 创建中间支撑实体切除部分。主要操作过程如图 5-81 所示。在绘制截面时，综合运用草绘工具中的□与□创建拉伸截面。

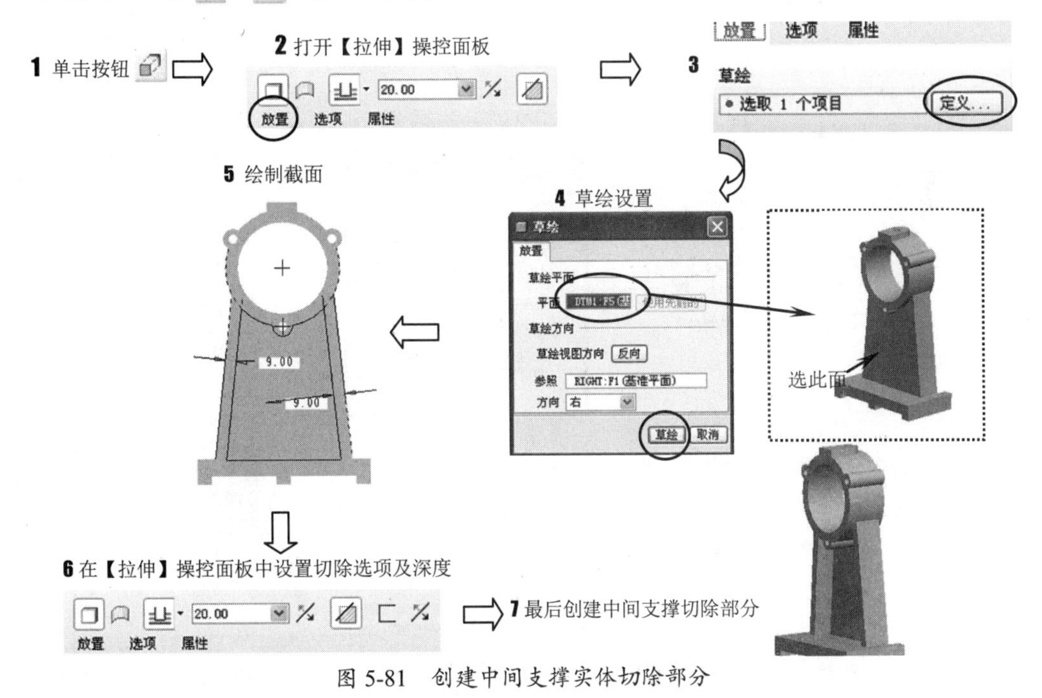

图 5-81 创建中间支撑实体切除部分

⑪ 创建筋部分。单击□按钮，主要操作过程如图 5-82 所示。

⑫ 以拉伸切除方式创建底座安装槽部分。主要操作过程如图 5-83 所示。

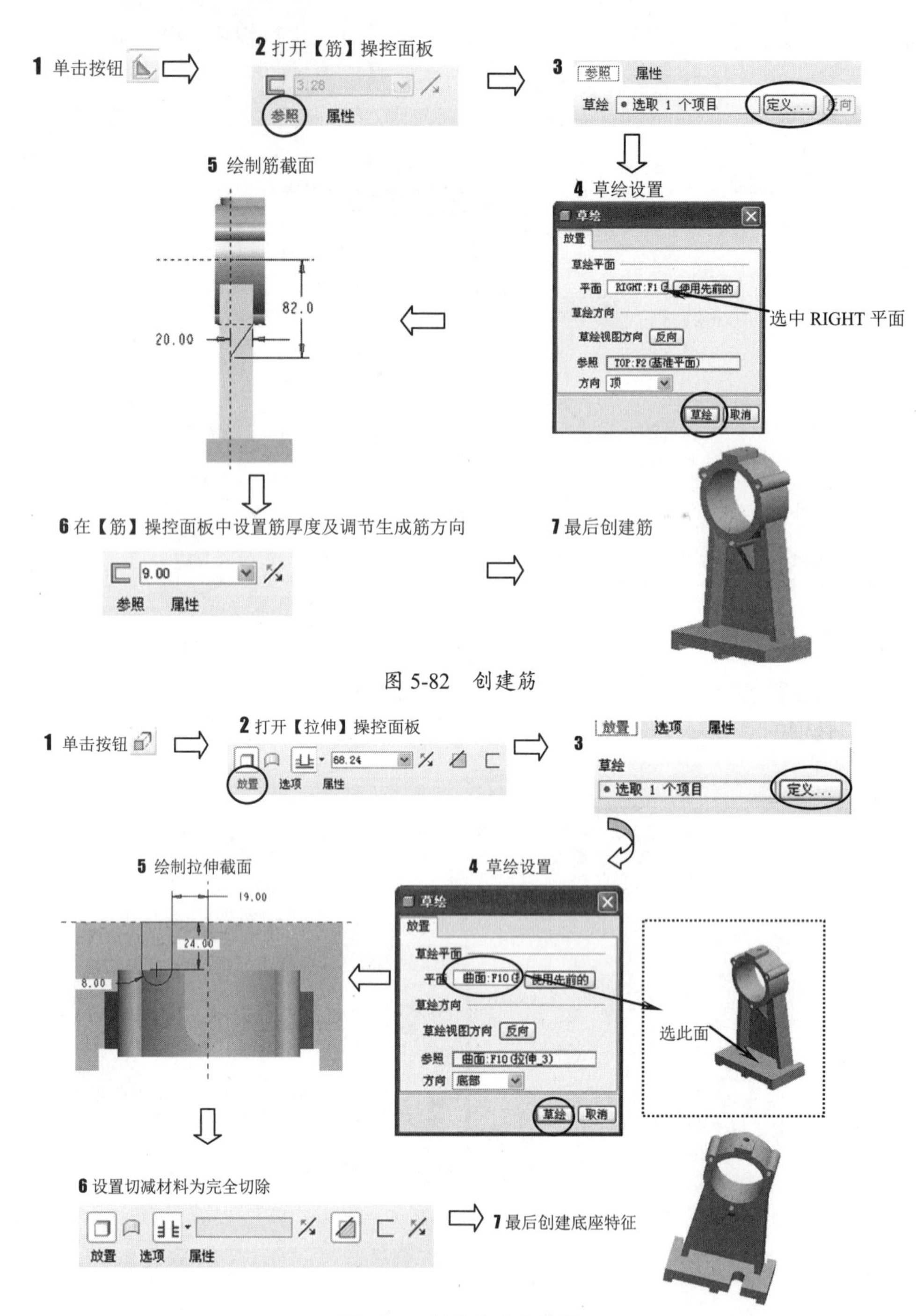

图 5-82　创建筋

图 5-83　创建底座安装槽

⑬　镜像生成另一个底座安装槽。选中上一步所创建的槽特征，单击右工具栏中的按钮，主要操作过程如图 5-84 所示。

⑭　创建倒圆角特征，完成支架模型创建。单击右工具栏中的按钮，选择如图 5-85 所示的边线，并输入圆角半径数值为 5。最后创建的支架模型如图 5-85 所示。

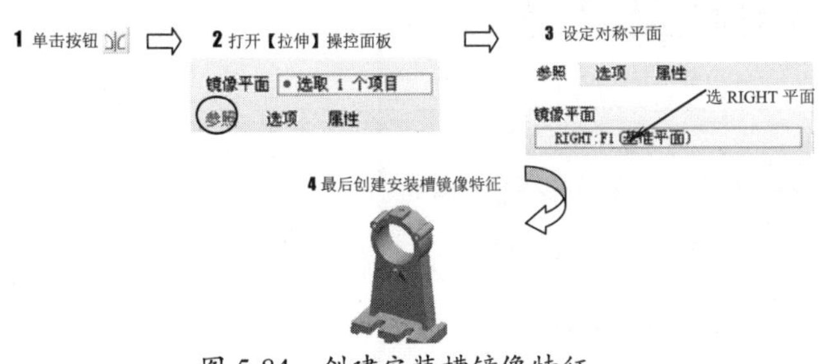

图 5-84 创建安装槽镜像特征

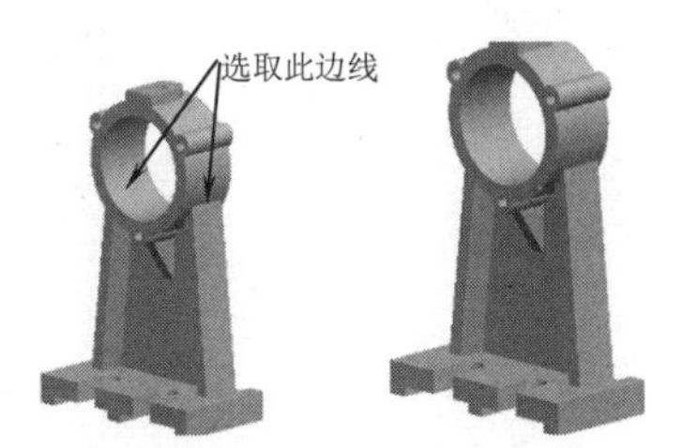

图 5-85 选取倒圆角边线

⑮ 完成支架模型创建。单击按钮，保存设计结果。

5.4.4 电话设计

电话模型主要包括两部分，听筒部分和电话线部分。在听筒的建模中，主要涉及曲面合并、加厚、偏移以及阵列等特征操作；而对于电话线部分采用扫描特征建立即可。创建的电话模型如图 5-86 所示。

图 5-86 电话模型

操作步骤

① 新建零件文件。单击工具栏中的【新建】按钮，建立一个新零件文件。在【新建】对话框的【类型】分组框中选择【零件】选项，在【子类型】分组框中默认选中【实体】选项，在【名称】文本框中输入文件名“dianhua”，并去掉【使用缺省模板】前的对钩。单击确定按钮，在弹出的【新文件选项】对话框中选取模板为【mmns_part_solid】，其各项操作如图 5-87、图 5-88 所示，单击确定按钮后，进入系统的零件模块。

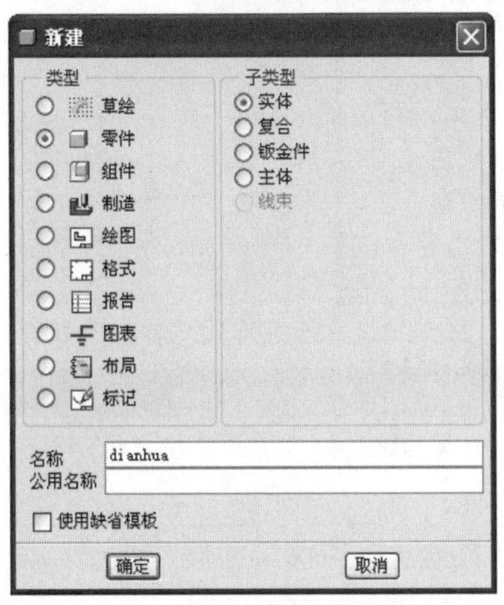

图 5-87 新建零件文件

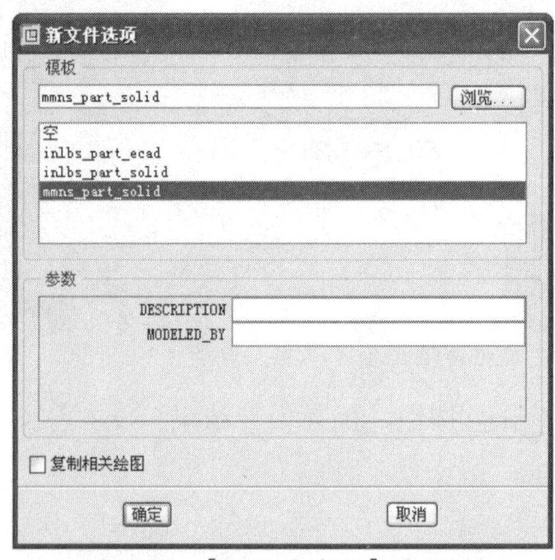

图 5-88 【新文件选项】对话框

② 草绘听筒第一组外形轮廓曲线。听筒外形轮廓由两组曲线组成，需分别创建。单击右工具栏中的【草绘基准曲线】按钮，进入草绘环境，选择 RIGHT 基准平面作为草绘平面，利用【椭圆】绘制工具，并利用【修剪】工具进行编辑，标注相应尺寸，绘制如图 5-89 所示的草绘曲线。

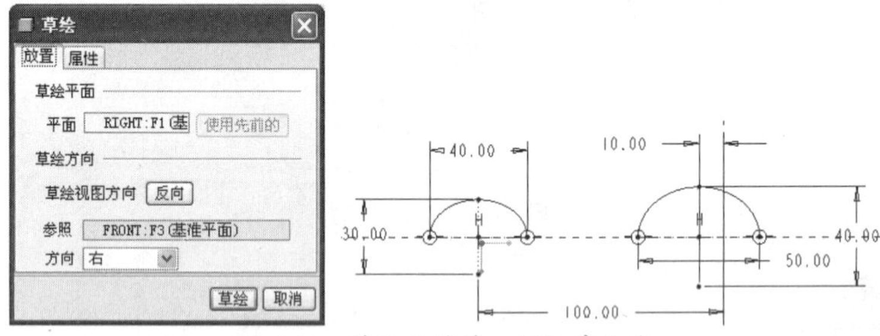

图 5-89 草绘听筒第一组轮廓曲线

③ 草绘听筒第二组外形轮廓曲线。基本过程与上一步相同，需要选择 TOP 基准平面作为草绘平面，绘制两条椭圆曲线并进行编辑，标注相应尺寸，绘制如图 5-90 所示的草绘曲线。

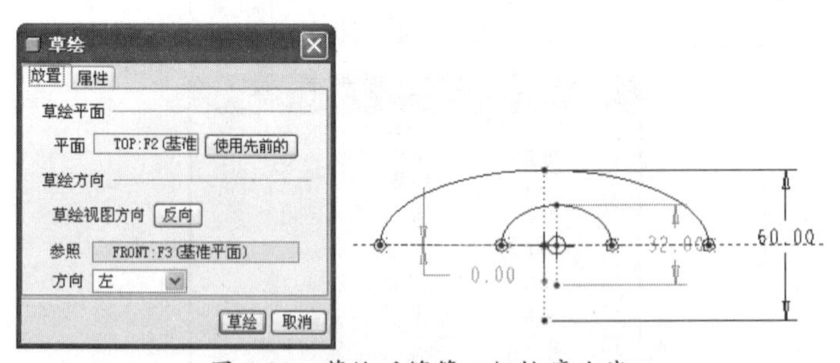

图 5-90 草绘听筒第二组轮廓曲线

技巧点拨

在绘制第二组轮廓曲线时，应该通过设定约束使第二组曲线分别捕捉到第一组轮廓曲线的端点，以保证在后续创建曲面时不出错。

④ 创建边界混合曲面。利用上述创建的草绘曲线作为边界曲线，分别作为两个方向的边界链，创建边界混合曲面，主要过程如图 5-91 所示。

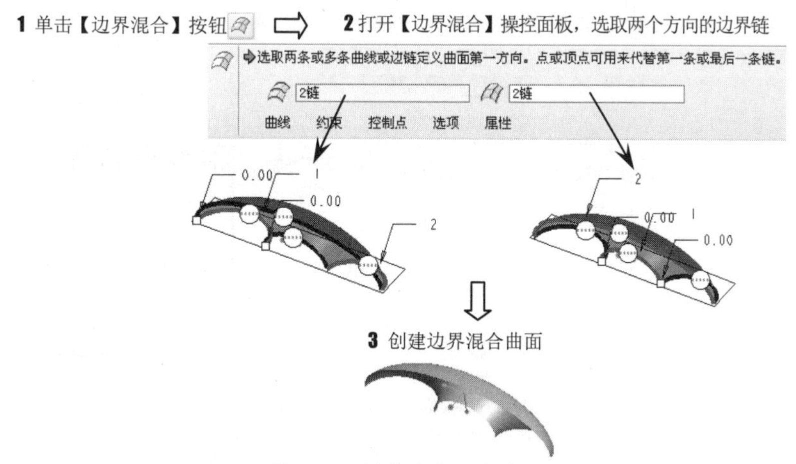

图 5-91 创建边界混合曲面

⑤ 镜像曲面。选中上一步创建的边界混合曲面，单击右工具栏中的【镜像】工具按钮，选取 TOP 平面作为镜像平面，完成曲面的镜像，如图 5-92 所示。

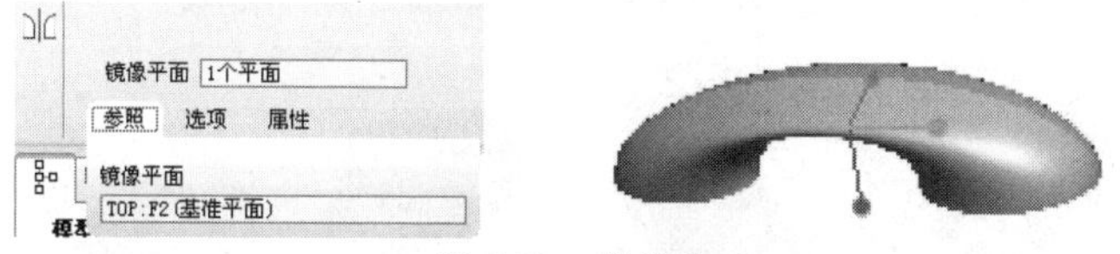

图 5-92 镜像曲面

⑥ 合并曲面。按住 Ctrl 键，选取以上两步创建的曲面，在右工具栏中单击【合并】按钮，完成曲面合并，如图 5-93 所示。

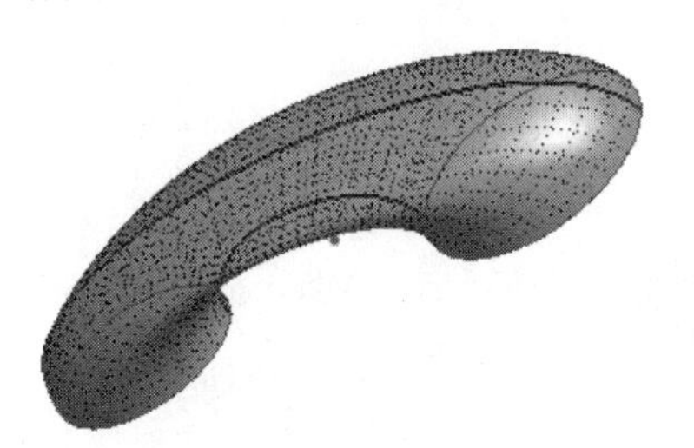

图 5-93 合并曲面

⑦ 加厚曲面。在左侧模型树中，选取上一步创建的合并曲面“合并 1”，在主菜单中，选取【编辑】|【加厚】命令，将曲面加厚以实现实体化，如图 5-94 所示。

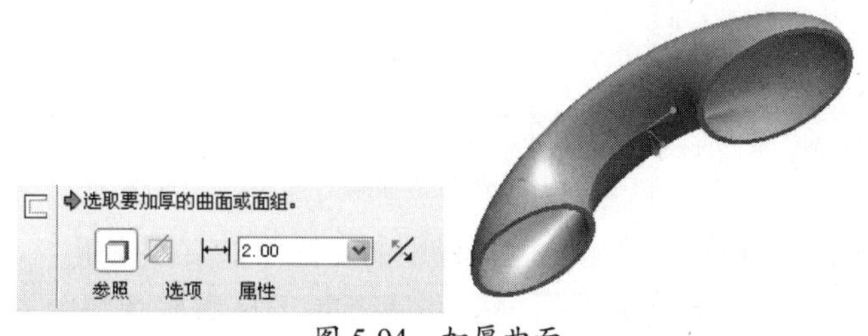

图 5-94 加厚曲面

⑧ 创建拉伸特征。在听筒的大椭圆截面处创建拉伸实体特征，主要创建过程及结果如图 5-95 所示。

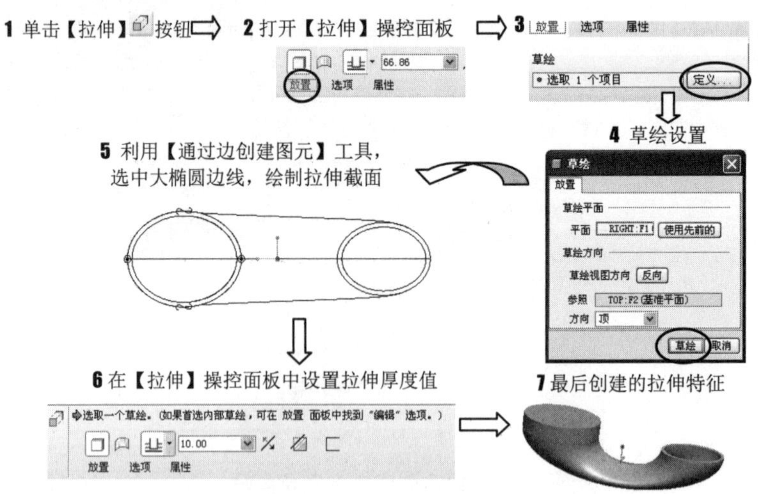

图 5-95　创建拉伸特征

⑨　创建倒圆角特征。单击右工具栏中的按钮，选择如图 5-96 所示的边线，并输入相应的圆角半径数值分别为 5，创建倒圆角特征，如图 5-96 所示。

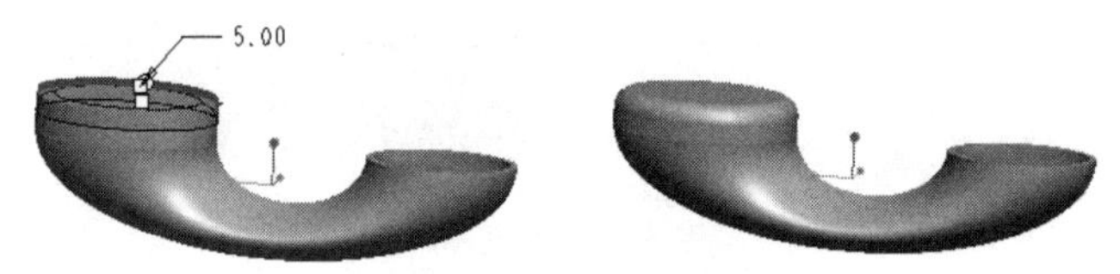

图 5-96　创建倒圆角特征

⑩　创建曲面偏移特征。对拉伸特征端面进行偏移操作，偏移类型为【具有拔模特征偏移】，创建过程及结果如图 5-97 所示。

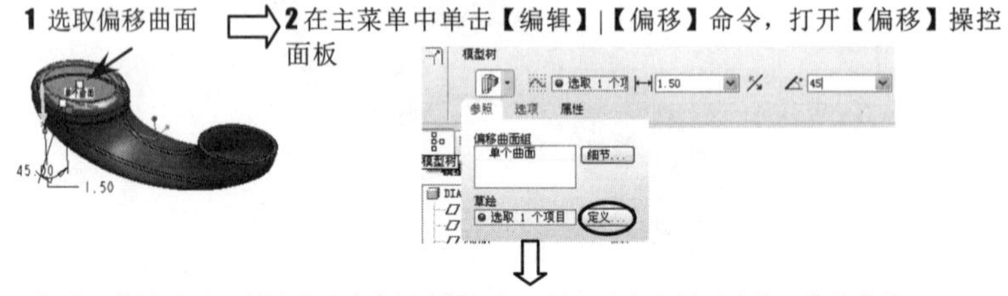

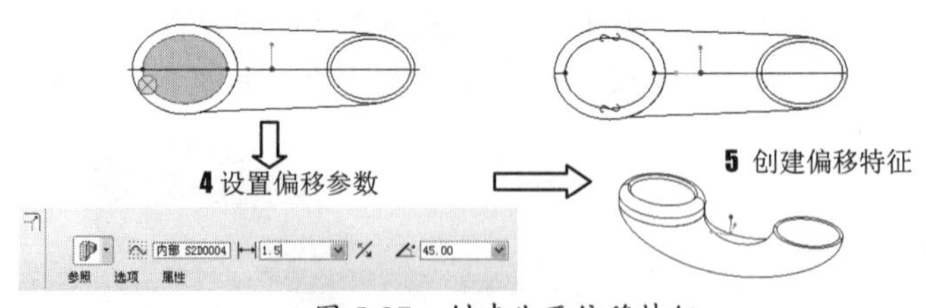

图 5-97　创建曲面偏移特征

⑪　使用拉伸特征创建切割孔。单击右工具栏中的【拉伸】工具按钮，打开【拉伸】操控面板，选中【去除材料选项】按钮，以上一步偏移后椭圆端面为草绘平面，绘制直径为 4 的小圆作为草绘图形，创建的切割孔特征如图 5-98 所示。

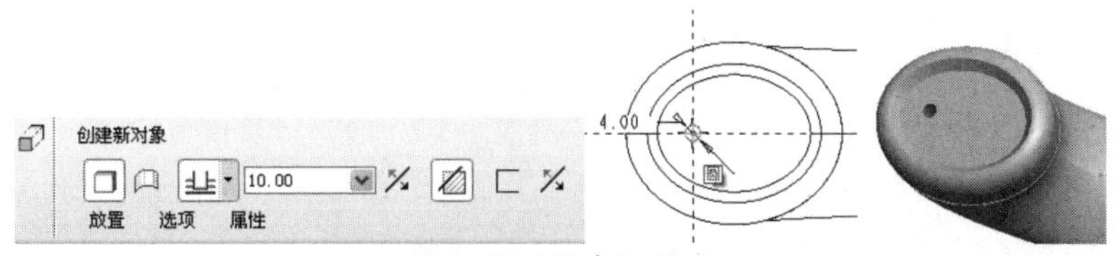

图 5-98 创建切割孔

⑫ 阵列孔特征。选取上一步创建的孔特征，采用填充阵列的方式，绘制阵列曲线，创建孔的阵列特征，如图 5-99 所示。

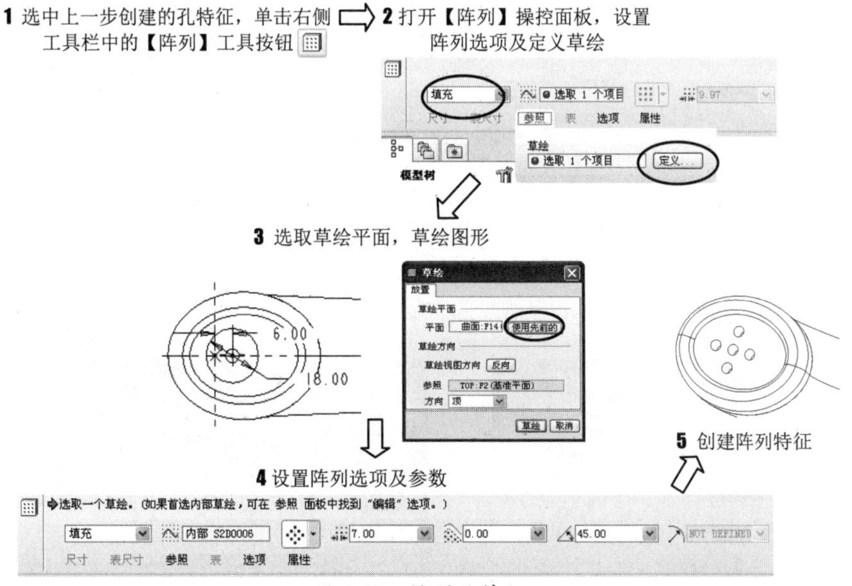

图 5-99 阵列孔特征

⑬ 创建拉伸特征。在听筒的小椭圆截面处创建拉伸实体特征，主要创建过程及结果如图 5-100 所示。

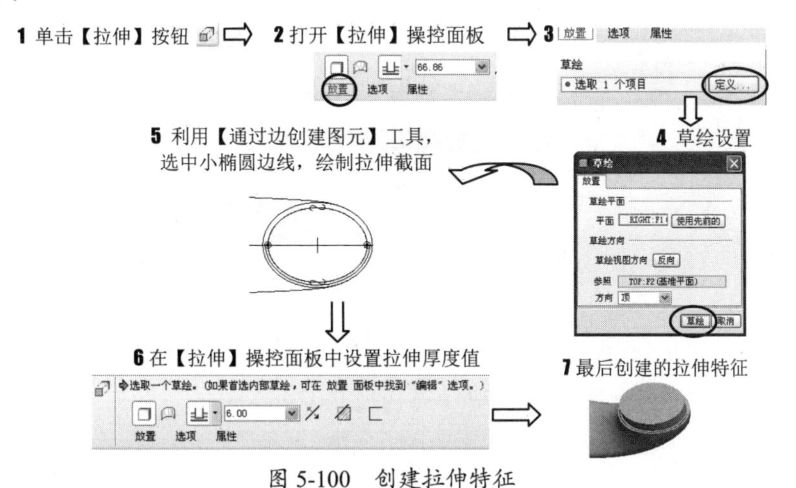

图 5-100 创建拉伸特征

⑭ 使用拉伸特征创建切割孔。在上一步创建的拉伸特征基础上，创建切割孔，如图 5-101 所示。创建步骤与步骤 11 相同，不再赘述。

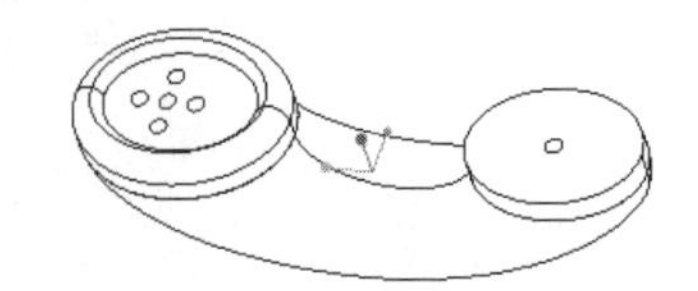

图 5-101　创建切割孔

⑮ 创建倒圆角特征。单击右工具栏中的 按钮，选择如图 5-102 所示的边线，并输入相应的圆角半径数值分别为 6、3，创建倒圆角特征，如图 5-102 所示。

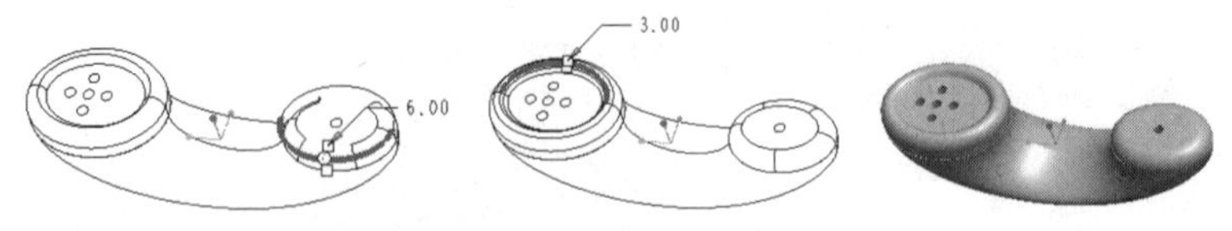

图 5-102　创建倒圆角特征

⑯ 创建扫描特征。利用【扫描】特征工具绘制电话线，其中利用样条曲线功能绘制扫描轨迹，并通过修改曲线点的坐标创建三维空间曲线。创建扫描特征的主要过程及结果如图 5-103 所示。

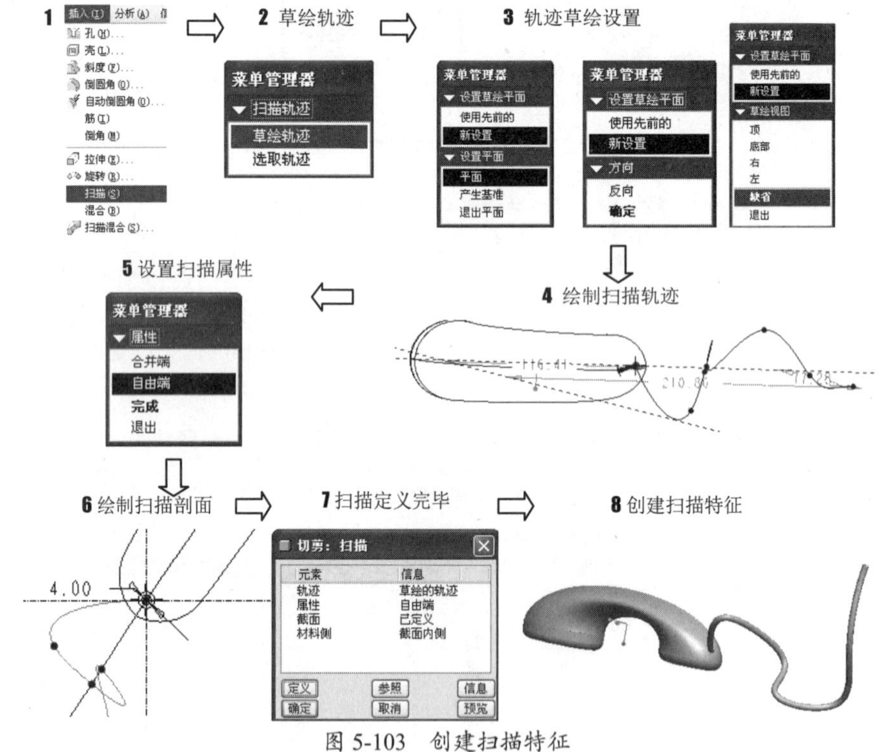

图 5-103　创建扫描特征

⑰ 完成电话模型的创建。单击 按钮，保存设计结果。

6

基础曲面造型设计

本章导读

仅仅使用前面讲到的实体造型技巧进行产品设计还远远不够，在现代设计中越来越强调细致而复杂的外观造型，因此必须引入大量的曲面特征，以满足丰富多彩的产品造型。本章将详细介绍基于基础曲面的产品造型设计全流程。

知识要点

☑ 曲面综述
☑ 创建基本曲面
☑ 创建混合曲面
☑ 创建扫描曲面

扫码看视频

6.1 曲面建模设计概述

实体建模的设计思想非常清晰，便于广大设计者理解和接受。但是实体建模本身也存在不可克服的缺点，实体建模的建模手段相对单一，不能创建形状复杂的表面轮廓。这时候，曲面建模的设计优势就逐渐体现出来。

6.1.1 曲面建模的优势

在现代设计中，很多实际问题的解决加快了曲面建模技术的成熟和完善，例如飞机、汽车、导弹等高技术含量产品的外观设计必须符合一定的曲面形状才能兼顾美观和性能两个重点。自 20 世纪 60 年代以来，曲线与曲面技术在船体放样设计、汽车外形设计、飞机内外形设计中得到了极其广泛的应用，并且逐渐建立了一套相对完整的设计理论与方法。到了 80 年代，随着图形工作站和微型计算机的普及应用，曲线与曲面的应用更加广泛，现在已经普及到家用电器、日用商品以及服装等设计领域中。

曲面建模的方法具有更大的设计弹性，其中最常见的设计思想是首先使用多种手段建立一组曲面，然后通过曲面编辑手段将其集成整合为一个完整且没有缝隙的表面，最后使用该表面构建模型的外轮廓，将其实体化后，可以获得更加美观、实用的实体模型。使用曲面建模方法创建的模型具有更加丰富的变化。

当今的 CAD 技术已经与人工智能、计算机网络和工业设计结合起来，并运用抽象、联想、分析、综合等手段来研制开发出含有新概念、新形状、新功能和新技术的产品。

在计划经济时期，制造产品的基本目标是“能做出来能用得上”，到了今天的市场经济时期，则必须做“用户最需要、市场更欢迎”的产品。这就要求产品不但具有漂亮的外观，还应该具有优良的使用性能和最优的性价比。

在曲面建模时，还可以通过基准点、基准曲线等基准特征进行全面而细致的设计，对模型精雕细琢，既体现了设计的自由性，又保证了设计思路的发散性，这将有助于对一些传统设计的创新。图 6-1 是使用曲面构建的汽车模型示例。

图 6-1 使用曲面构建的汽车模型

6.1.2 曲面建模的步骤

曲面特征是一种几何特征，没有质量和厚度等物理属性，这是与实体特征最大的差别。但是从创建原理来讲，曲面特征和实体特征却具有极大的相似性。在介绍各类基础实体特征的创建方法时，我们曾强调过，构建基础实体特征的原理和方法都适用于曲面特征。例如，打开系统提供的拉伸设计工具，既可以创建拉伸实体特征，也可以创建拉伸曲面特征，还可以使用拉伸方法修剪曲面。系统在【拉伸】操控面板上同时集成了实体设计工具和曲面设计工具，为三维建模提供了更多的方法。

曲面建模的基本步骤如下。

（1）使用各种曲面建模方法构建一组曲面特征。

（2）使用曲面编辑手段编辑曲面特征。

（3）对曲面进行实体化操作。

（4）进一步编辑实体特征。

6.2 创建基本曲面特征

创建曲面特征的方法和创建实体特征的方法具有较大的相似之处，与实体建模方法相比，曲面建模手段更为丰富。

基本曲面特征是指使用拉伸、旋转、扫描和混合等常用三维建模方法创建的曲面特征。这些特征的创建原理和实体特征类似。从零开始创建第一个曲面特征时，应该首先依次选取【文件】|【新建】命令，打开【新建】对话框，然后在【新建】对话框中选取【零件】类型和【实体】子类型。此外也可以在已有实体特征和曲面特征的基础上创建曲面特征。

6.2.1 创建拉伸曲面特征

使用拉伸方法创建曲面特征的基本步骤和使用拉伸方法创建实体特征类似。在右工具栏中单击【拉伸】按钮，打开【拉伸】操控面板，然后单击【曲面设计】按钮，如图 6-2 所示。

创建拉伸曲面特征也要经历以下主要步骤。

（1）选取并正确放置草绘平面。

（2）绘制截面图。

（3）指定曲面生长方向。

（4）指定曲面深度。

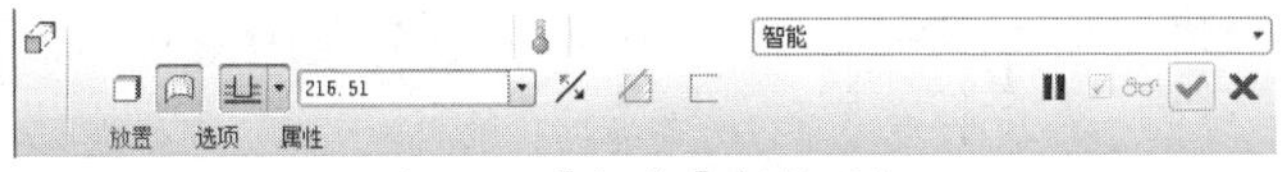

图 6-2 【拉伸】操控面板

对拉伸曲面特征截面的要求不像对拉伸实体特征那样严格，既可以使用开放截面创建曲面特征，也可以使用闭合截面创建曲面特征，如图 6-3 和图 6-4 所示。

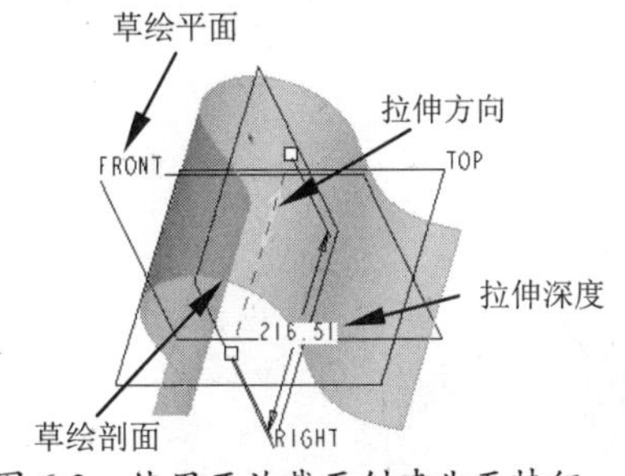

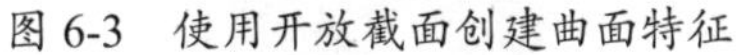
图 6-3 使用开放截面创建曲面特征

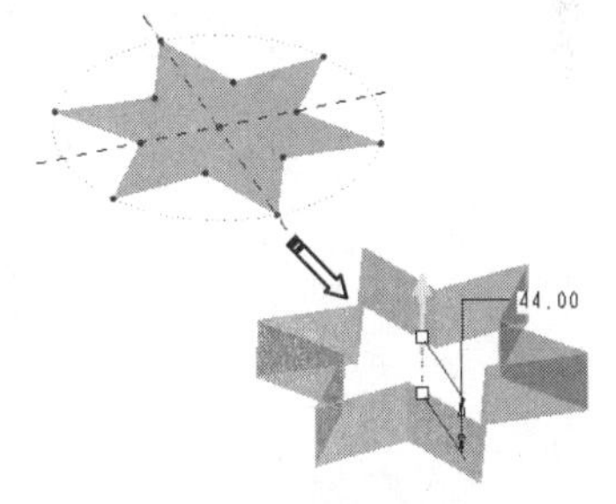

图 6-4 使用闭合截面创建曲面特征

若采用闭合截面创建曲面特征，还可以指定是否创建两端封闭的曲面特征，方法是在操控面板上打开【选项】选项卡，勾选【封闭端】复选框，这样可以创建两端闭合的曲面特征，如图 6-5 所示。

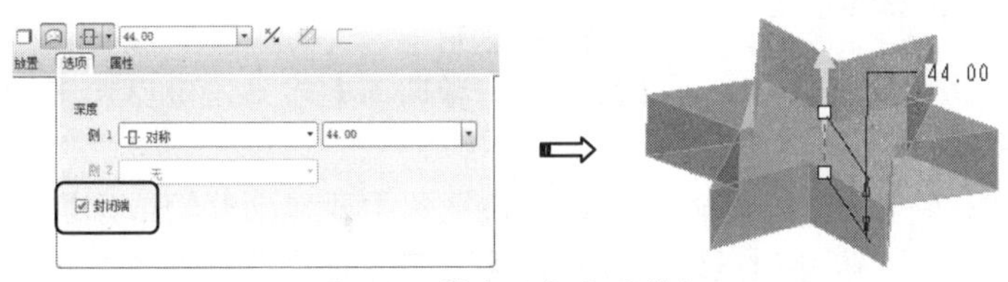

图 6-5 创建闭合曲面特征

6.2.2 创建旋转曲面特征

使用旋转方法创建曲面特征的基本步骤和使用旋转方法创建实体特征类似。在右工具栏中单击【旋转】按钮，打开【旋转】操控面板，然后单击按钮，如图6-6所示。

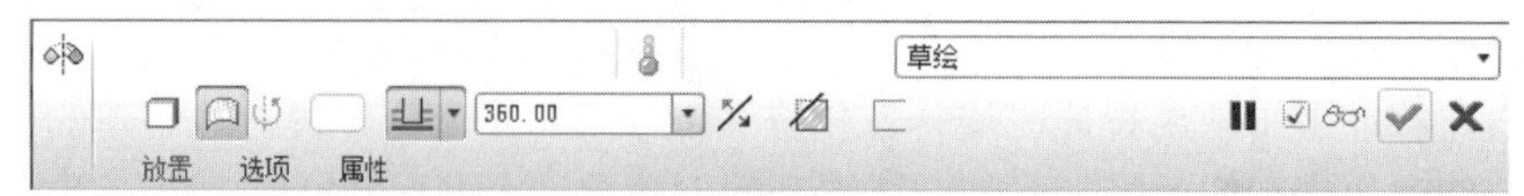

图6-6 【旋转】操控面板

正确选取并放置草绘平面后，可以绘制开放截面或闭合截面创建旋转曲面特征。在绘制截面图时，注意绘制旋转轴。图6-7是使用开放截面创建旋转曲面的示例。

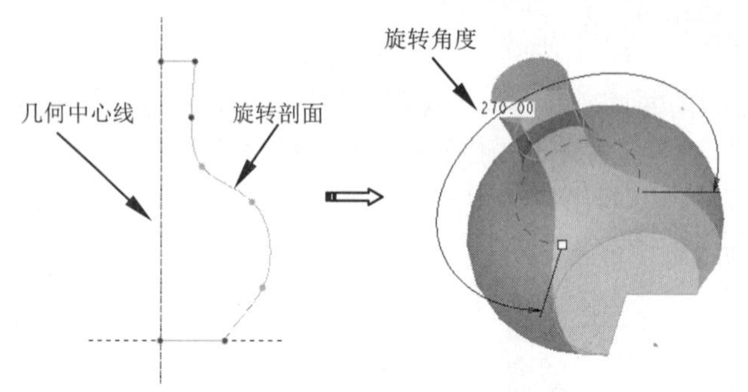

图6-7 使用开放截面创建旋转曲面特征

技巧点拨

在草绘旋转截面时，可以绘制几何中心线作为旋转轴，但不能绘制“中心线”作为旋转轴。倘若没有绘制几何中心线，退出草绘模式后可以选择坐标轴或其他实体边作为旋转轴。

如果使用闭合截面创建旋转曲面特征，当旋转角度小于360°时，可以创建两端闭合的曲面特征，方法与创建闭合的拉伸曲面特征类似，如图6-8所示。当旋转角度为360°时，由于曲面的两个端面已经闭合，实际上已经是闭合曲面了。

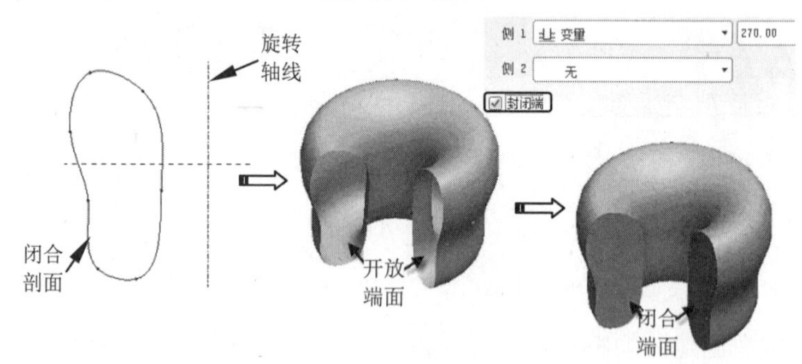

图6-8 使用闭合截面创建旋转曲面特征

6.2.3 创建扫描曲面特征

在菜单栏中依次选取【插入】|【扫描】|【曲面】命令，可以使用扫描工具创建曲面特征，如图6-9所示。

与创建扫描实体特征相似，创建扫描曲面特征也主要包括草绘或选取扫描轨迹线以及草绘截面图两个基本步骤。草绘扫描轨迹线可以在二维平面内创建二维轨迹线，而选取轨迹线可以选取空间三维曲线作为轨迹线。

在创建扫描曲面特征时，系统会弹出如图 6-10 所示的【属性】菜单来确定曲面创建完成后端面是否闭合。如果设置属性为【开放端】，则曲面的两端面开放未封闭；如果属性为【封闭端】，则两端面封闭。图 6-11 是扫描曲面特征的示例。

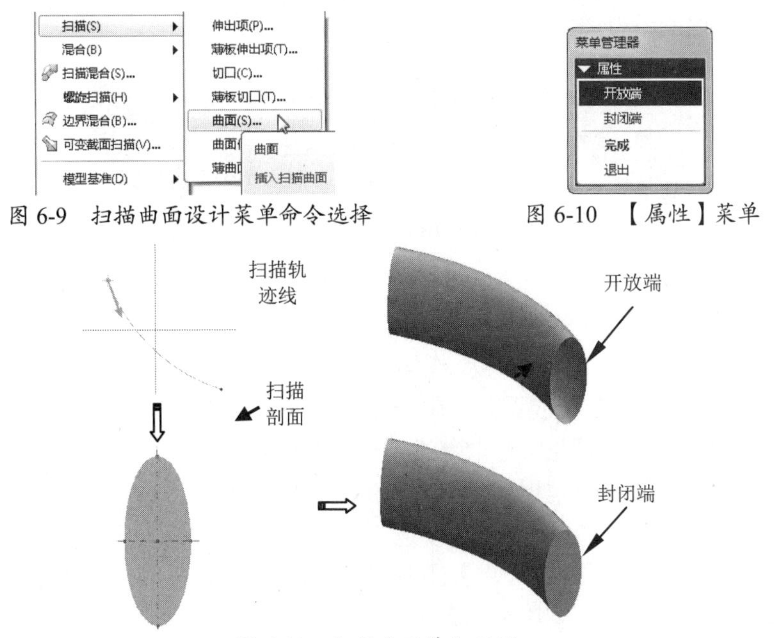

图 6-9　扫描曲面设计菜单命令选择　　图 6-10　【属性】菜单

图 6-11　扫描曲面特征示例

6.2.4　创建混合曲面特征

依次选取【插入】|【混合】|【曲面】命令，可以使用混合工具创建混合曲面特征，如图 6-12 所示。

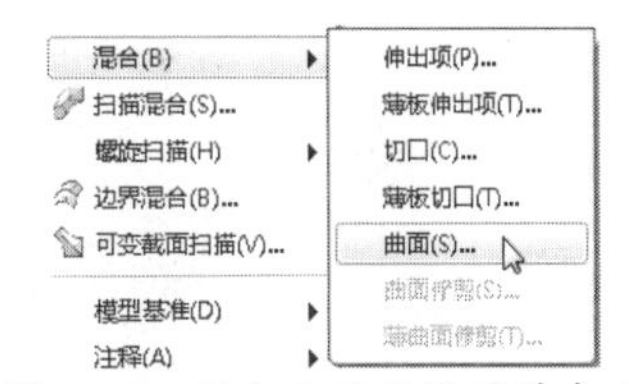

图 6-12　混合曲面设计菜单命令选择

与创建混合实体特征相似，可以创建平行混合曲面特征、旋转混合曲面特征和一般混合曲面特征等 3 种曲面类型。

混合曲面特征的创建原理也是将多个不同形状和大小的截面按照一定顺序顺次相连，各截面之间也必须满足顶点数相同的条件。同样，可以使用混合顶点以及插入截断点等方法使原本不满足要求的截面满足混合条件。混合曲面特征的属性除了【开放端】和【封闭端】，还有【直的】和【光滑】两种属性，主要用于设置各截面之间是否光滑过渡。图 6-13 是平行混合曲面特征的示例。

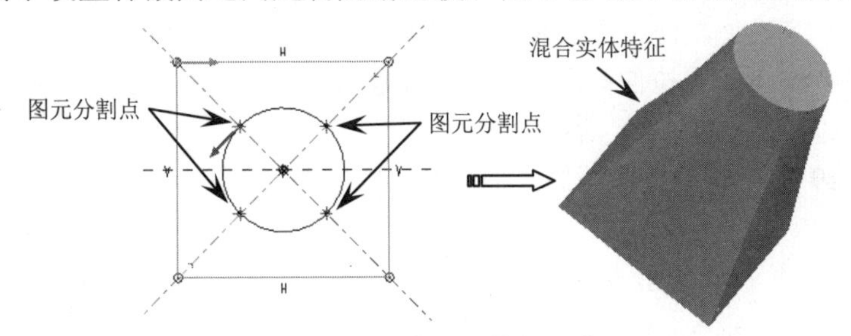

图 6-13　平行混合曲面特征设计示例

上机实践——基本曲面特征设计

本例将综合使用几种基本曲面设计方法创建一个曲面特征，基本建模过程如图 6-14 所示。在本实例中，读者应注意掌握以下设计要点。

- 基本曲面的创建方法。
- 曲面特征和实体特征的差异。

图 6-14 基本建模过程

1. 创建旋转曲面特征

① 新建名为“basic_surface”的零件文件。

② 单击【旋转】按钮打开操控面板，在操控面板上按下按钮创建曲面特征。在【放置】选项卡下单击【定义】按钮，弹出【草绘】对话框，选取基准平面 FRONT 作为草绘平面，接受系统所有默认参照放置草绘平面后，进入二维草绘模式。

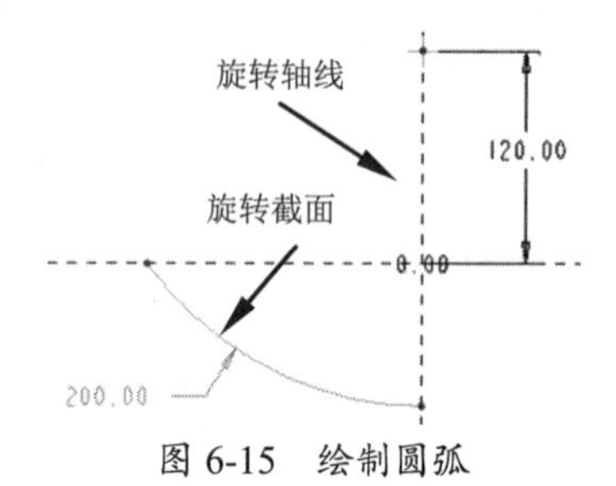

图 6-15 绘制圆弧

③ 在草绘平面内使用【圆弧中心点】工具绘制一段圆弧，如图 6-15 所示。完成后退出草绘模式。

④ 按照如图 6-16 所示的设置旋转曲面的其他参数，设计结果如图 6-17 所示。

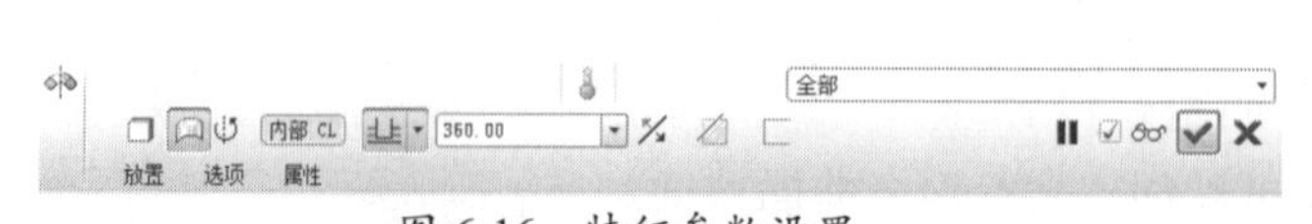

图 6-16 特征参数设置

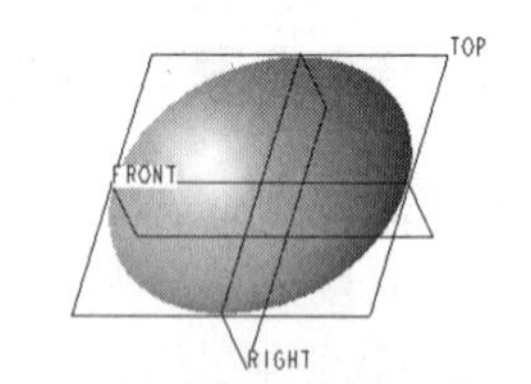

图 6-17 创建的旋转曲面特征

2. 创建拉伸曲面特征

① 单击【拉伸】按钮打开操控面板，在操控面板上按下【曲面设计】按钮，创建曲面特征。选取基准平面 TOP 作为草绘平面，接受系统所有默认参照放置草绘平面后，进入二维草绘模式。

② 单击【使用】按钮，使用边工具来选取上一步创建的旋转曲面的边线来围成拉伸截面，按住 Ctrl 键分两次选中整个圆弧边界，如图 6-18 所示。

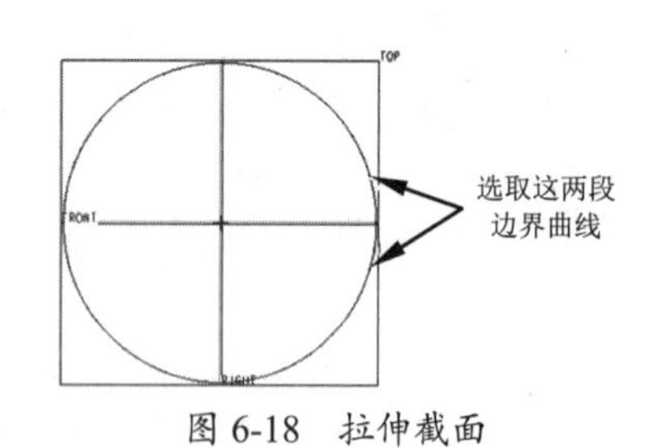

图 6-18 拉伸截面

③ 按照如图 6-19 所示的设置曲面的其他参数，设计结果如图 6-20 所示。

图 6-19 特征参数设置

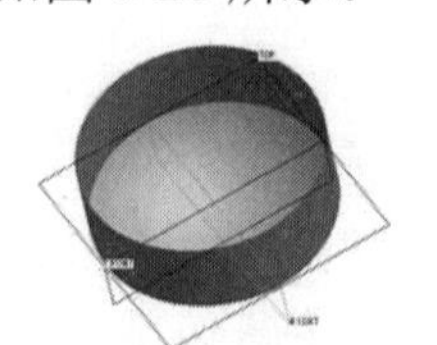

图 6-20 创建的拉伸曲面特征

3. 创建扫描曲面特征

① 在菜单栏中依次选择【插入】|【扫描】|【曲面】命令。

② 在弹出的【扫描轨迹】菜单中选取【选取轨迹】命令。

③ 在【链】菜单中选取【相切链】选项，然后按照图 6-21 所示的，选取上一步创建的拉伸曲面特征的边界作为扫描轨迹线。在【链】菜单中选取【完成】选项，在弹出的【方向】菜单中选取【确定】选项，在【曲面连接】菜单中选取【连接】选项后进入二维草绘模式。图 6-22 是依次选取的菜单。

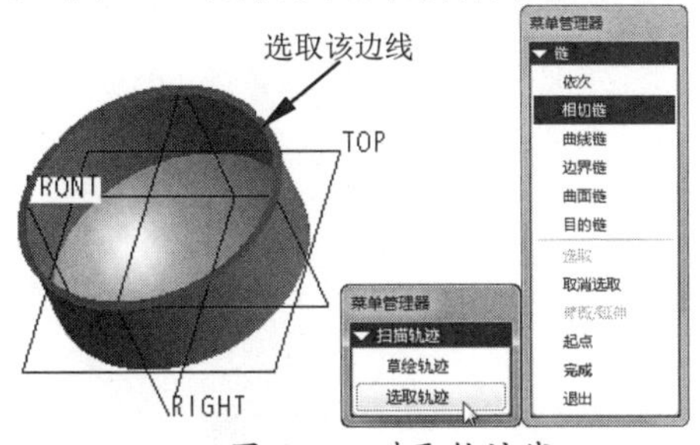

图 6-21　选取轨迹线

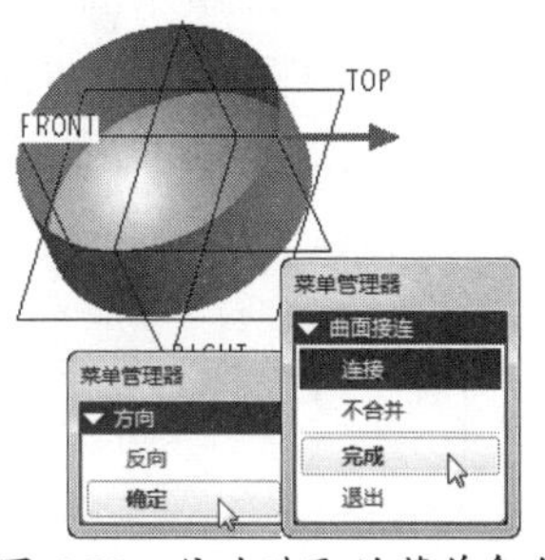

图 6-22　依次选取的菜单命令

④ 在草绘截面中绘制如图 6-23 所示的扫描截面，完成后退出草绘模式。

⑤ 在模型对话框中单击【确定】按钮，设计结果如图 6-24 所示。

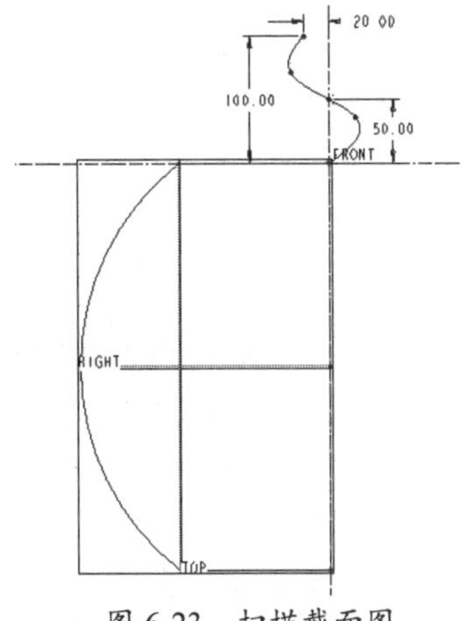

图 6-23　扫描截面图

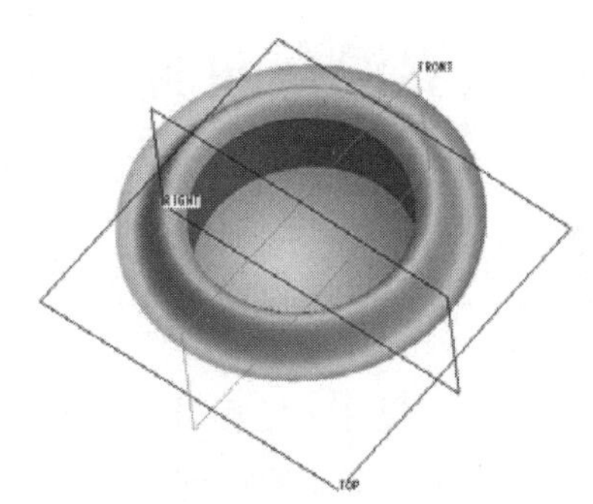

图 6-24　设计结果

6.3　创建填充曲面特征

顾名思义，填充曲面特征就是对由封闭曲线围成的区域填充后生成的平整曲面。创建填充曲面特征的方法非常简单，首先绘制或选取封闭的曲面边界，然后使用填充曲面设计工具来创建曲面特征。

上机实践——创建填充曲面

下面结合实例讲述填充曲面特征的设计过程。

① 新建名为“fill”的零件文件。

② 在菜单栏中选择【编辑】|【填充】命令，打开如图 6-25 所示的操控面板。

图 6-25 【填充】操控面板

③ 在操控面板左上角单击【参照】按钮，打开【参照】选项卡，再单击【定义】按钮，打开【草绘】对话框。选取基准平面 TOP 作为草绘平面，接受系统所有默认参照放置草绘平面后，进入二维草绘模式。

④ 绘制如图 6-26 所示的二维平面图，完成后退出草绘模式。

⑤ 单击操控面板上的✔按钮，生成的填充曲面如图 6-27 所示。

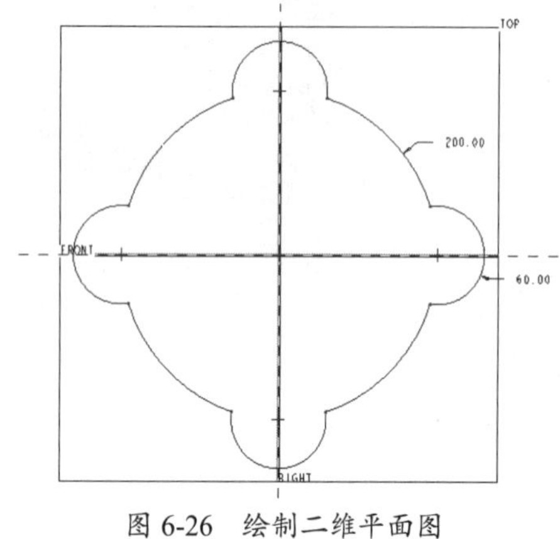

图 6-26 绘制二维平面图

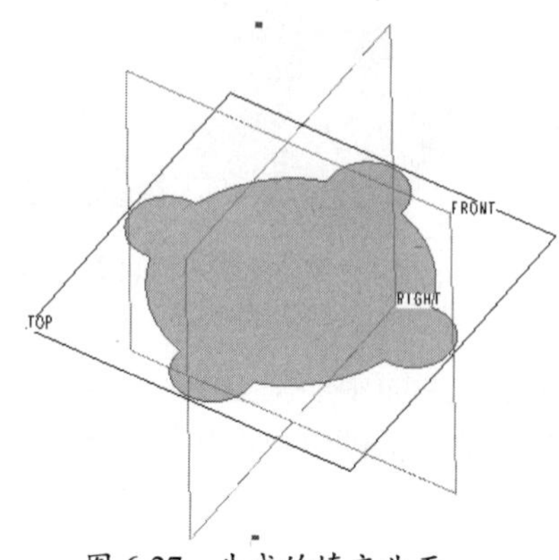

图 6-27 生成的填充曲面

6.4 创建边界混合曲面特征

除了使用拉伸、旋转、扫描和混合等方法创建曲面特征，系统还提供了其他的曲面创建方法。例如使用扫描混合的方法、螺旋扫描的方法、边界混合的方法以及可变截面扫描的方法创建曲面特征。

下面首先介绍在设计中应用较为广泛的边界混合曲面特征的设计方法。在创建边界混合曲面特征时，首先定义构成曲面的边界曲线，然后由这些边界曲线围成曲面特征。如果需要创建更加完整和准确的曲面形状，可以在设计过程中使用更多的参照图元，例如控制点、边界条件以及附加曲线等。

6.4.1 边界混合曲面特征概述

当新建零件文件后，在菜单栏中选择【插入】|【边界混合】命令，或在右工具栏中单击按钮，都可以打开边界混合曲面设计工具，如图 6-28 所示。

此时将在设计界面底部打开如图 6-29 所示的操控面板。

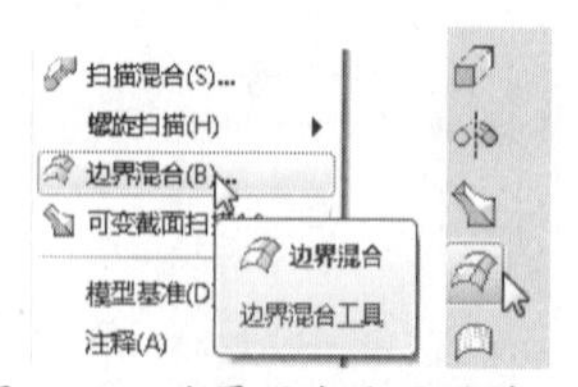

图 6-28 边界混合曲面设计工具

图 6-29 【边界混合】操控面板

创建边界混合曲面特征时，需要依次指明围成曲面的边界曲线。可以在一个方向上指定边界曲线，也可以在两个方向上指定边界曲线。此外，为了获得理想的曲面特征，还可以指定控制曲线来调节曲面的形状。

在创建边界混合曲面特征时，最重要的工作是选取适当的参照图元来确定曲面的形状。选取参照图元时要注意以下要点：

- 曲线、实体边、基准点、基准曲线或实体边的端点等均可作为参照图元使用。
- 在每个方向上，都必须按连续的顺序选择参照图元。不过，在选定参照图元后还可以对其重新排序。
- 对于在两个方向上定义的混合曲面来说，其外部边界必须形成一个封闭的环，这意味着外部边界必须相交。若边界不终止于相交点，系统将自动修剪这些边界。
- 如果要使用连续边或一条以上的基准曲线作为边界，可按住 Shift 键来选取曲线链。

6.4.2 创建单一方向上的边界混合曲面特征

单一方向的边界混合曲面特征的创建方法比较简单，只需依次指定曲面经过的曲线，系统将这些曲线顺次连成光滑过渡的曲面就行。

1. 参照的设置

单击操控面板上的【曲线】按钮，弹出如图 6-30 所示的参照设置选项卡。

首先激活第一方向的参数列表框，按住 Ctrl 键依次选取参照图元来构建边界混合曲面。在图 6-31 中，依次选取曲线 1、曲线 2 和曲线 3，最后创建的边界混合曲面如图 6-32 所示。

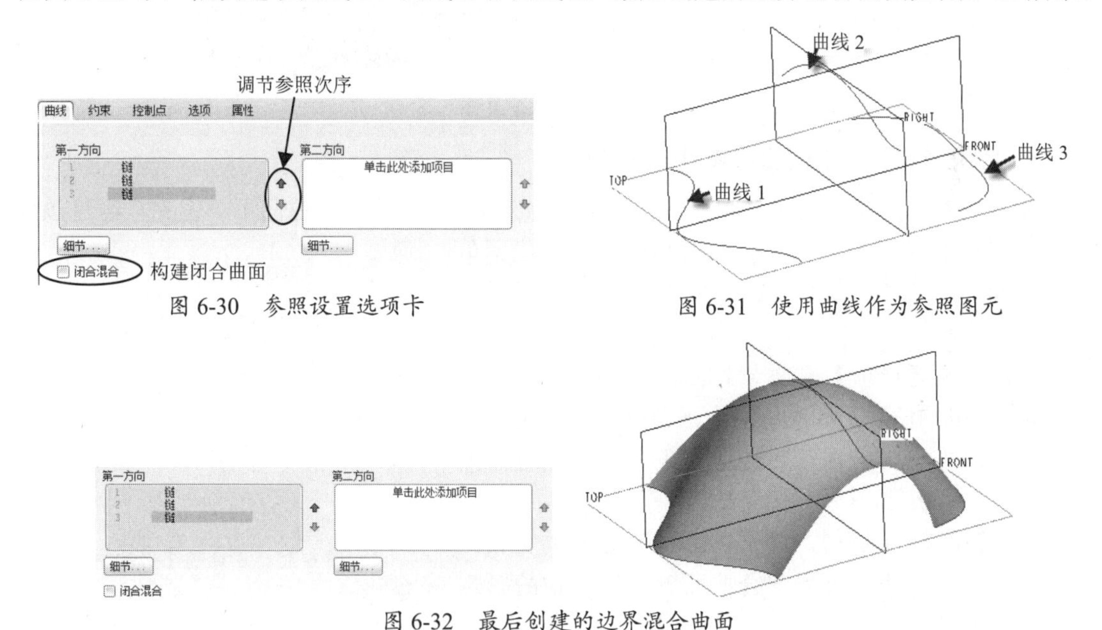

图 6-30 参照设置选项卡

图 6-31 使用曲线作为参照图元

图 6-32 最后创建的边界混合曲面

2. 参照顺序的调整

在创建边界混合曲面时，不同的参照顺序将影响最后创建的曲面形状。要调整参照顺序，首先在参照列表中选中某一参照图元，然后单击列表右侧的⇧按钮或⇩按钮即可。图 6-33 是调整参照顺序后的结果。

提示

在参照列表中，当用鼠标指向某一参照图元时，在模型上对应的图元将以蓝色加亮显示。

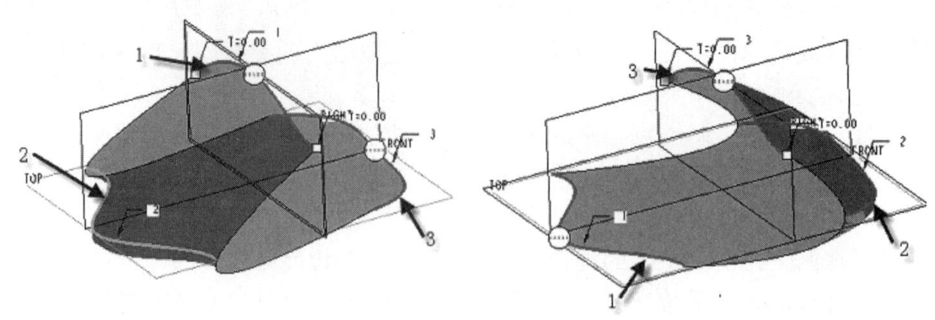

图 6-33　调整参照顺序

3. 闭合混合

如果在参照选项卡中选中【闭合混合】复选框，此时系统将第一条曲线和最后一条曲线混合生成封闭曲面，如图 6-34 所示。

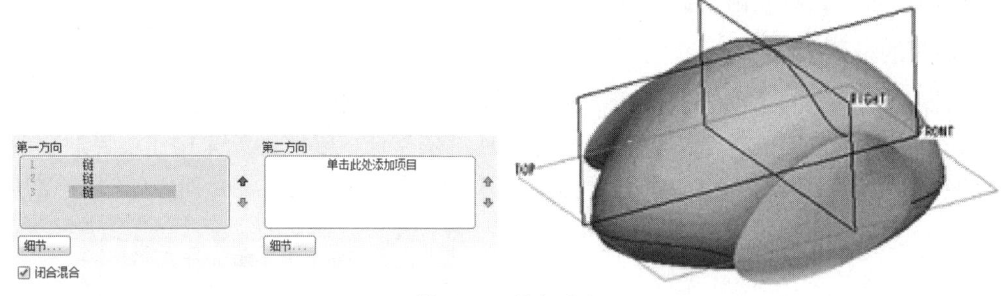

图 6-34　闭合混合

4. 使用影响曲线来创建边界混合曲面特征

影响曲线用来调节曲面形状。当一条曲线被选作影响曲线后，曲面不一定完全经过该曲线，而是根据设定的平滑度值的大小逼近该曲线。单击操控面板上的【选项】按钮，打开如图 6-35 所示的选项卡。

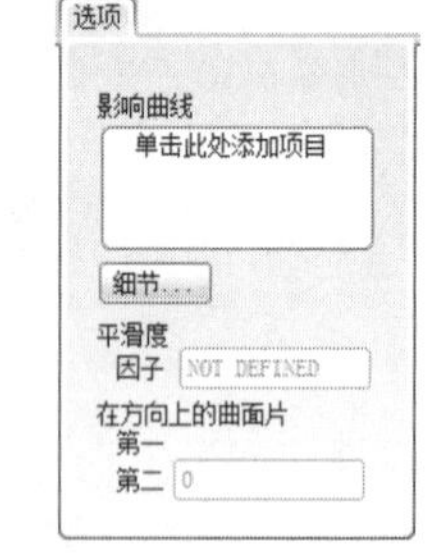

图 6-35　【选项】选项卡

下面介绍【选项】选项卡上的基本内容。

- 【影响曲线】列表框：激活该列表框，选取曲线作为影响曲线。选取多条影响曲线时需按住 Ctrl 键。
- 【平滑度因子】：是一个在 0~1 之间的实数。数值越小，边界混合曲面愈逼近选定的影响曲线。
- 【在方向上的曲面片】：控制边界混合曲面沿两个方向的曲面片数。曲面片数量越大，曲面越逼近影响曲线。若使用一种曲面片数构建曲面失败，则可以修改曲面片数量重新构建曲面。曲面片数量的范围是“1~29”。

如图 6-36 所示，选取图示的边界曲线和影响曲线，读者可以对比平滑度数值不同时曲面形状有何差异。

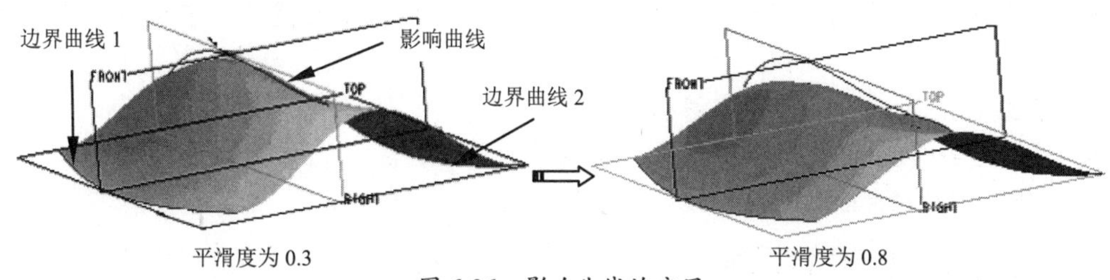

图 6-36　影响曲线的应用

6.4.3　创建双方向上的边界混合曲面特征

创建两个方向上的边界混合曲面时，除了指定第一个方向的边界曲线，还必须指定第二个方向上的边界曲线。创建曲面时，首先在【曲线】选项卡中激活【第一方向】参照列表框，选取符合要求的图元后；接着激活右侧的【第二方向】参照列表框，继续选取参照图元。

在图 6-37 中，选取曲线 1 和曲线 2 作为第一方向上的边界曲线；选取曲线 3 和曲线 4 作为第二方向的边界曲线，最后创建的边界混合曲面特征如图 6-38 所示。

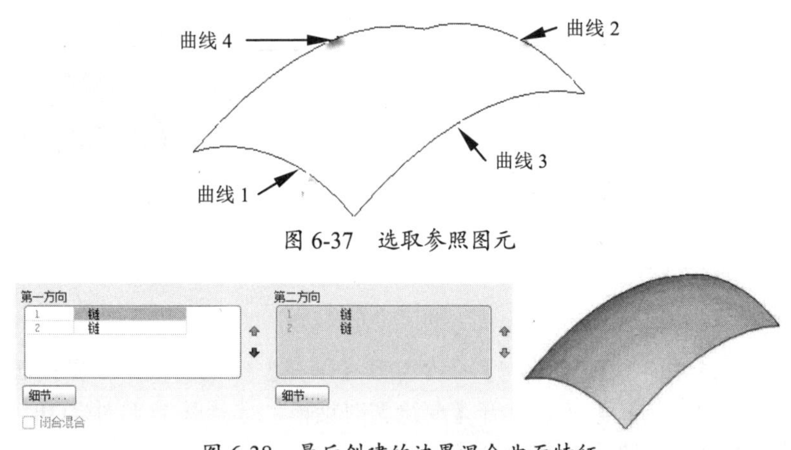

图 6-37　选取参照图元

图 6-38　最后创建的边界混合曲面特征

提示

在创建两个方向的边界混合曲面时，使用的基准曲线必须首尾相连构成封闭曲线，而且线段之间不允许有交叉。因此，在创建这些基准曲线时，必须使用对齐约束工具严格限制曲线端点的位置关系，使两两完全对齐。

6.4.4　使用约束创建边界混合曲面特征

如果要创建精确形状的曲面特征，可以使用系统提供的特殊设计工具实现。下面先简要介绍约束工具的使用。

在操控面板左上角单击【约束】按钮，打开如图 6-39 所示的约束选项卡，使用该选项卡可以以边界曲线为对象，通过为其添加约束的方法来规范曲面的形状。

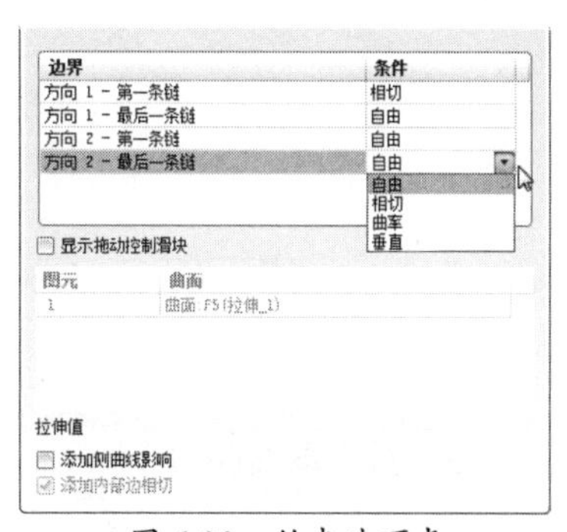

图 6-39　约束选项卡

对于每一条边界曲线，可以为其指定以下 4 种约束条件之一。

● 【自由】：没有沿边界设置相切条件。

- 【相切】：混合曲面沿边界与参照曲面相切，参照曲面在【约束】选项卡下部的列表中指定。
- 【曲率】：混合曲面沿边界具有曲率连续性。
- 【垂直】：混合曲面与参照曲面或基准平面垂直。

下面介绍边界混合曲面特征的设计过程。

上机实践——创建三棱锥曲面

本例将综合使用填充和边界混合曲面的方法创建一个正四面体曲面，基本建模过程如图6-40 所示。

在本实例中，注意掌握以下设计要点。

- 填充曲面的设计方法。
- 基本曲线的设计技巧。
- 边界混合曲面的设计技巧。

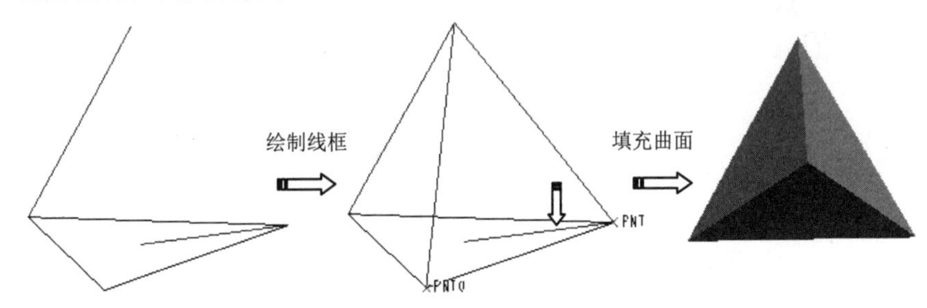

图 6-40　基本建模过程

1. 创建填充曲面

① 新建一个名为“4f_surface”的零件文件。

② 在菜单栏中选择【编辑】|【填充】命令打开【填充】操控面板。在操控面板的【参照】选项卡中，单击【定义】按钮打开【草绘】对话框，选择基准平面 TOP 为草绘平面，接受其他所有默认参照后，进入草绘模式。

③ 在草绘平面内绘制边长为 100 的正三角形，如图 6-41 所示，完成后退出草绘模式。在操控面板上单击【应用】按钮，生成的填充曲面如图 6-42 所示。

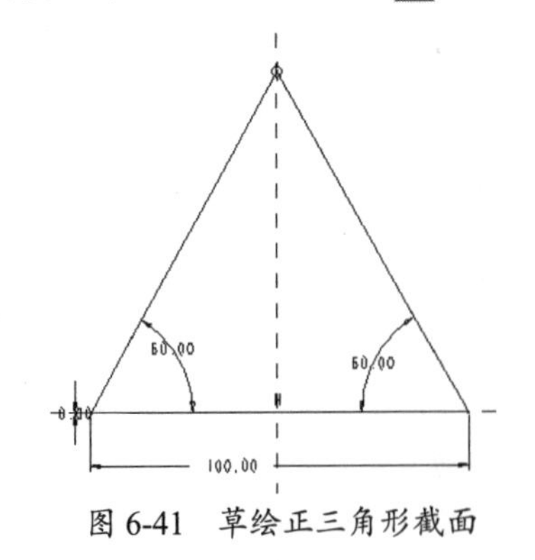

图 6-41　草绘正三角形截面

图 6-42　填充曲面

2. 创建基准曲线

① 在右工具栏中单击【草绘】按钮，打开【草绘】对话框，选取基准平面 TOP 为草绘

平面，进入草绘模式。

② 在右工具栏中使用【几何中心线】工具创建一条辅助线（三角形的角平分线），接着使用【线】工具绘制如图 6-43 所示的直线，完成后退出草绘模式。

③ 再单击【草绘】按钮打开【草绘】对话框，选取基准平面 FRONT 为草绘平面，按照如图 6-44 所示的选取参照。完成参数设置后的【参照】对话框如图 6-45 所示。

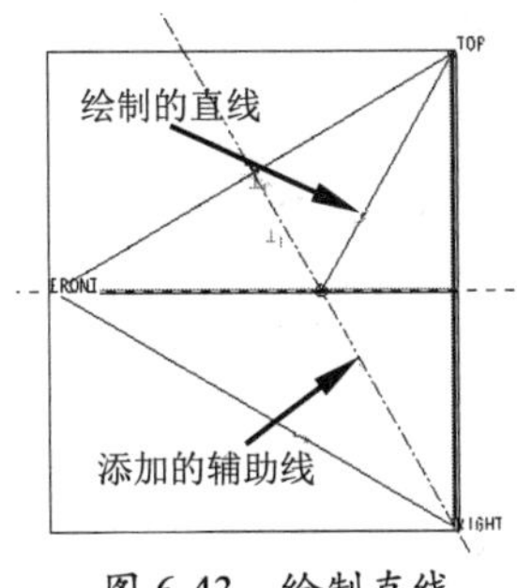

图 6-43 绘制直线

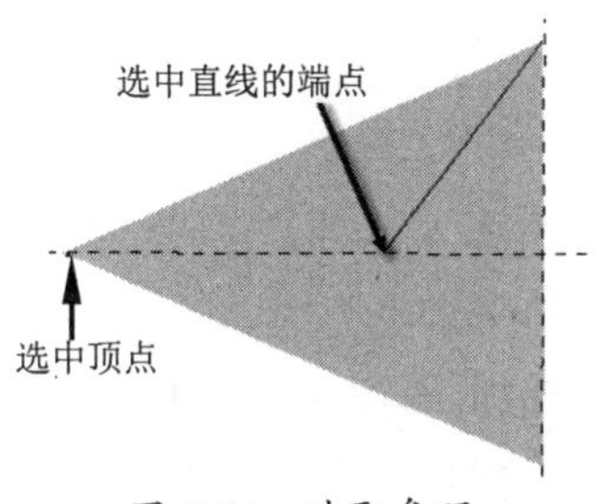

图 6-44 选取参照

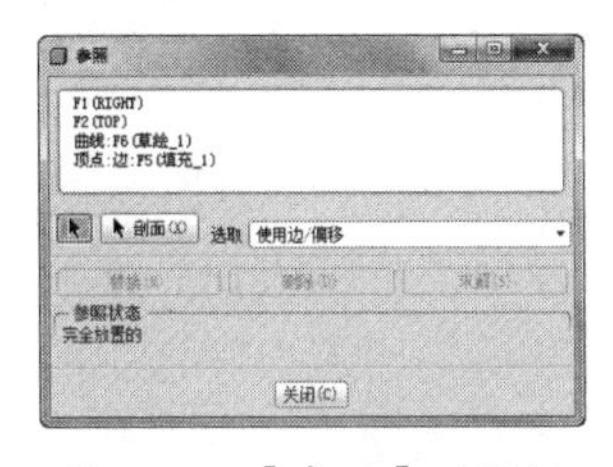

图 6-45 【参照】对话框

④ 绘制如图 6-46 所示的垂直中心线。接着绘制一条长度为 100 的直线，直线起点在三角形顶点上，另一个端点在垂直中心线上，如图 6-47 所示，完成后退出草绘模式。

⑤ 在右工具栏中单击【点】按钮，打开【基准点】对话框，依次选取正三角形的其余两个顶点为参照，创建基准点 PNT0 和 PNT1，如图 6-48 所示。

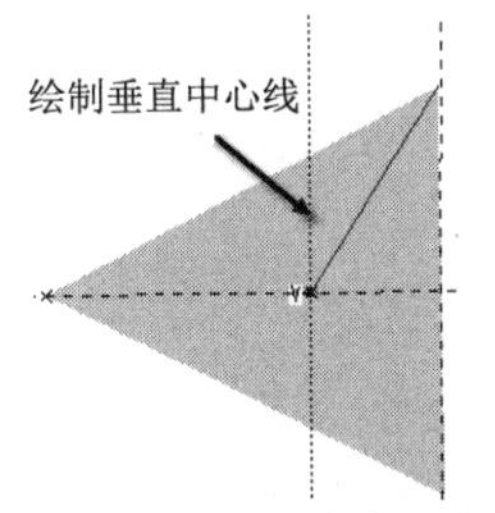

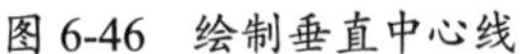

图 6-46 绘制垂直中心线

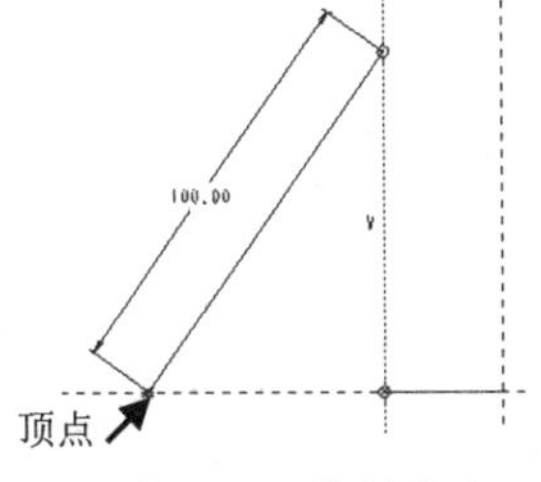

图 6-47 绘制直线

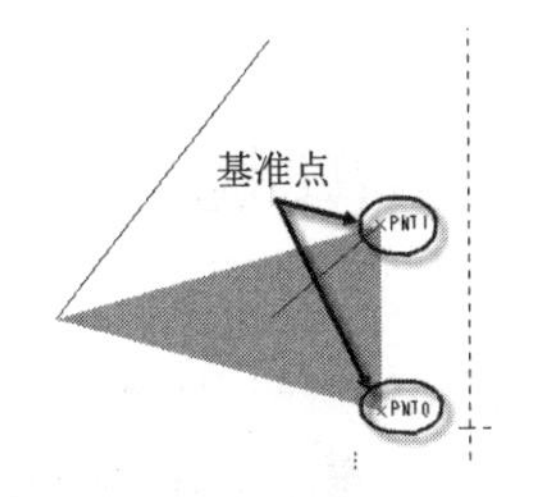

图 6-48 创建基准点

⑥ 单击【曲线】按钮，在弹出的【曲线选项】菜单中选择【经过点】和【完成】选项，在【连接类型】菜单中依次选中【样条】【整个阵列】和【添加点】选项，接着选中基准点 PNT0 和草绘曲线的上端点，最后在【连接类型】菜单中选取【完成】选项，在模型对话框中单击【确定】按钮，完成基准曲线的创建。使用类似的方法经过基准点 PNT1 和草绘曲线的上端点创建另一条基准曲线，结果如图 6-49 所示。

3. 创建边界混合曲面

① 在右工具栏中单击【边界混合】按钮，打开【边界混合】操控面板，单击左上角的【曲线】按钮打开选项卡，激活【第一方向】边界曲线收集器，如图 6-50 所示。

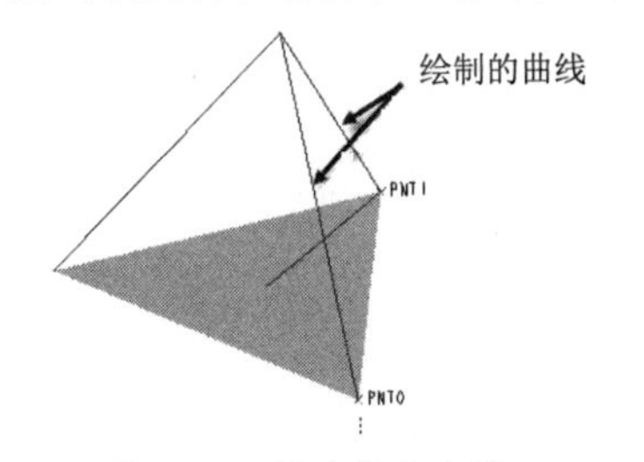

图 6-49 创建基准曲线

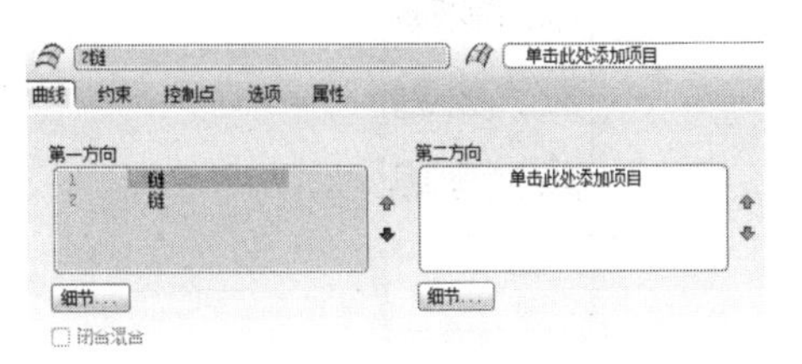

图 6-50 选项卡设置

② 按照如图 6-51 所示的选取两条边，单击操控面板上的【应用】按钮，边界曲面如图 6-52 所示。

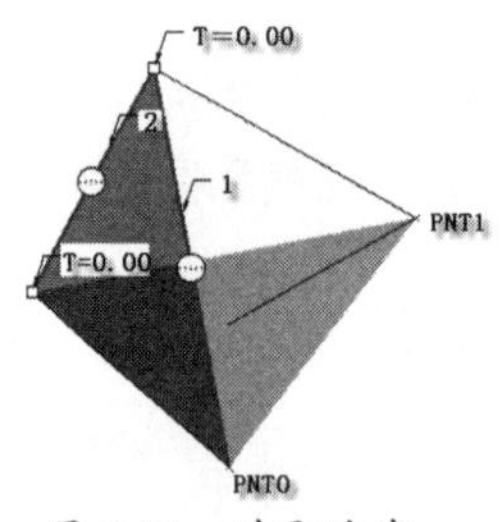

图 6-51 选取边线

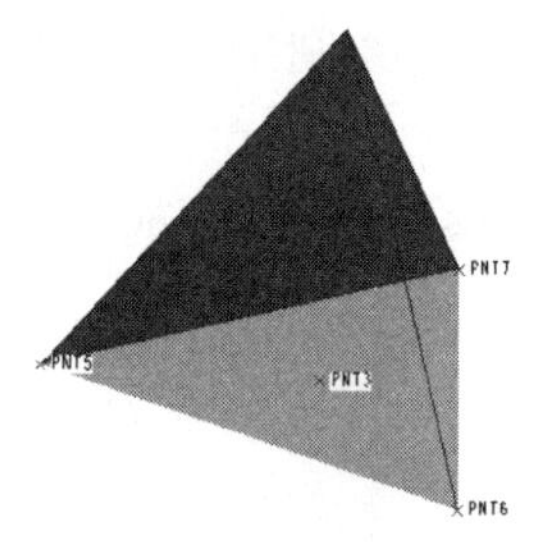

图 6-52 边界混合曲面

③ 使用同样的方法创建另外两个边界混合曲面，设计结果如图 6-53 所示。

④ 在模型树窗口中选中所有基准曲线，在其上单击鼠标右键，在弹出的快捷菜单中选取【隐藏】选项，隐藏这些曲线。最终设计结果如图 6-54 所示。

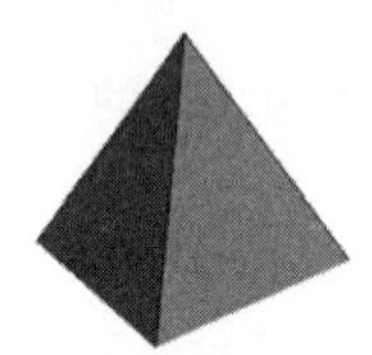
图 6-53 另外两个边界混合曲面的创建

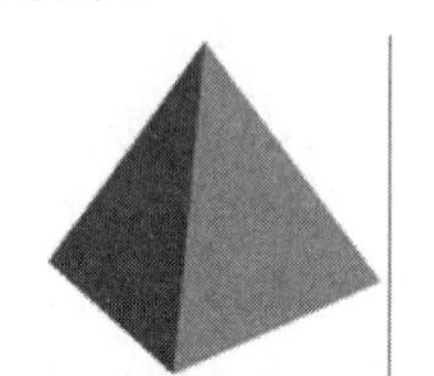
图 6-54 最终设计结果

6.5 创建螺旋扫描曲面特征

使用螺旋扫描的方法可以创建螺旋状的曲面特征。

上机实践——创建螺旋扫描曲面

下面结合操作实例来介绍螺旋扫描曲面特征的设计过程。

① 新建名为“helix”的零件文件。

② 在菜单栏中依次选择【插入】|【螺旋扫描】|【曲面】命令，在弹出的【属性】菜单中接受系统的默认选项，如图 6-55 所示，然后选取【完成】命令。

③ 选取基准平面 TOP 作为草绘平面，接受系统所有默认参照放置草绘平面，进入二维草绘模式。

④ 使用按钮绘制如图 6-56 所示的扫描轨迹线，完成后退出草绘模式。

图 6-55 【属性】菜单

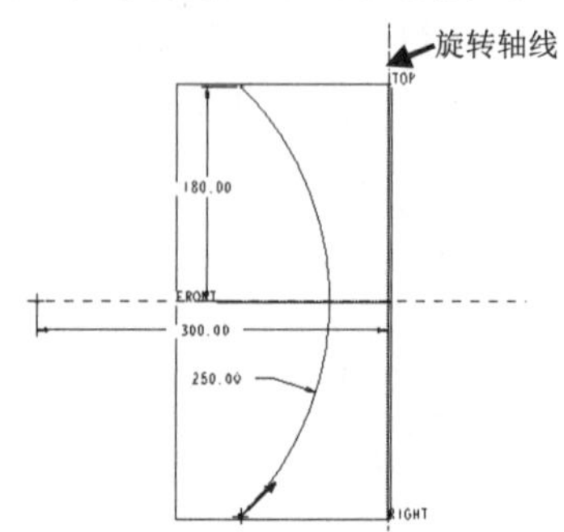

图 6-56 绘制扫描轨迹线

⑤ 根据系统提示输入节距数值“50.00”，再单击【接受值】按钮☑。
⑥ 在十字交叉线处绘制如图 6-57 所示的圆，完成后退出草绘模式。
⑦ 在模型对话框中单击【确定】按钮，最后生成的螺旋扫描曲面，如图 6-58 所示。

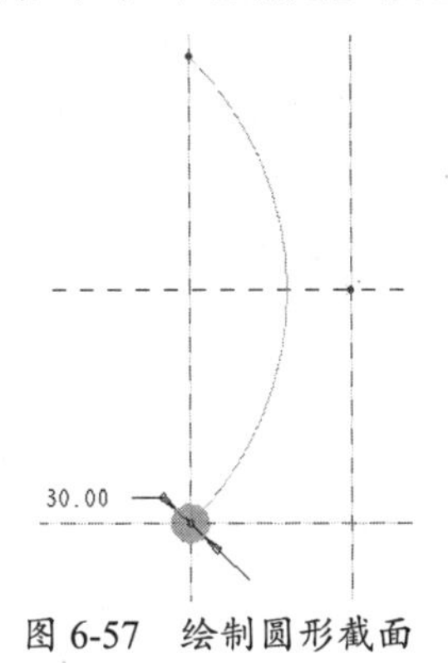

图 6-57 绘制圆形截面

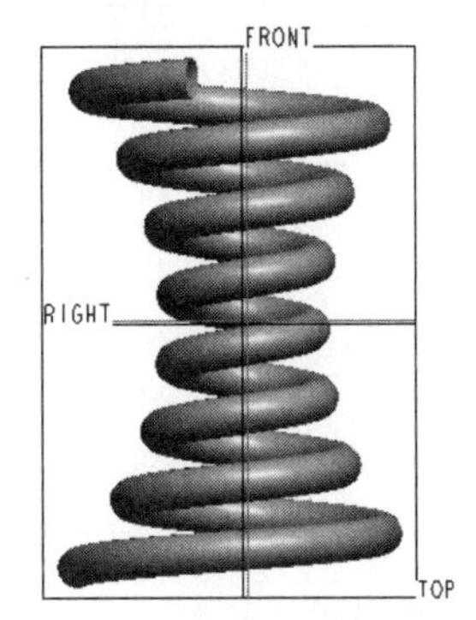

图 6-58 最后生成的螺旋扫描曲面

6.6 创建扫描混合曲面特征

扫描混合曲面综合了扫描特征和混合特征的特点，在建模时首先选取扫描轨迹线，然后在轨迹线上设置一组参考点，在各个参考点处绘制一组截面，将这些截面扫描混合后创建扫描混合曲面。

上机实践——创建混合扫描曲面

下面结合操作实例来介绍扫描混合曲面特征的设计过程。
① 新建名为“sweep_blend”的零件文件。
② 在菜单栏中依次选择【插入】|【扫描混合】命令，弹出【扫描混合】操控面板。接受默认选项【草绘截面】和【垂直于原始轨迹】。
③ 单击右工具栏中的【草绘】按钮，选取基准平面 TOP 作为草绘平面，接受系统所有默认参照，进入二维草绘模式，如图 6-59 所示。

图 6-59 选择草绘平面

④ 使用样条曲线工具绘制如图 6-60 所示的扫描轨迹线，完成后退出草绘模式。注意，该曲线上共有 6 个控制点。

⑤ 单击操控面板中【退出暂停模式】按钮▶，激活操控面板。在【截面】选项卡中激活【截面位置】收集器，然后选择扫描轨迹的起点作为参考，如图 6-61 所示。

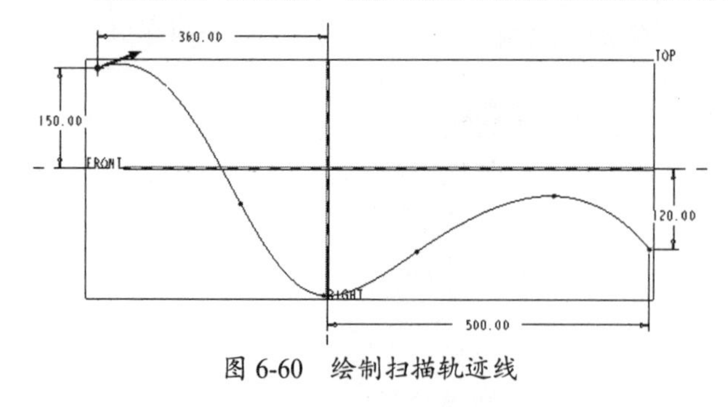

图 6-60　绘制扫描轨迹线

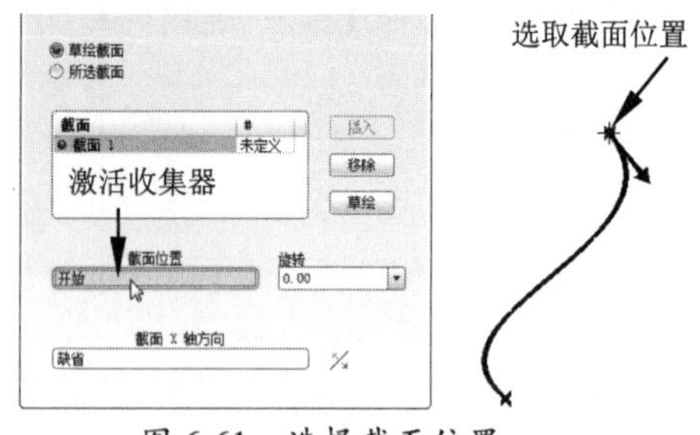

图 6-61　选择截面位置

⑥ 输入旋转角度“45”，然后单击【草绘】按钮，进入草绘模式绘制第一个截面，如图 6-62 所示，完成后退出草绘模式。

⑦ 在【截面】选项卡中单击【插入】按钮，然后指定第 2 个截面的位置，并输入旋转角度“45”，随后单击【草绘】按钮进入草绘模式，绘制如图 6-63 所示的第二个扫描截面。

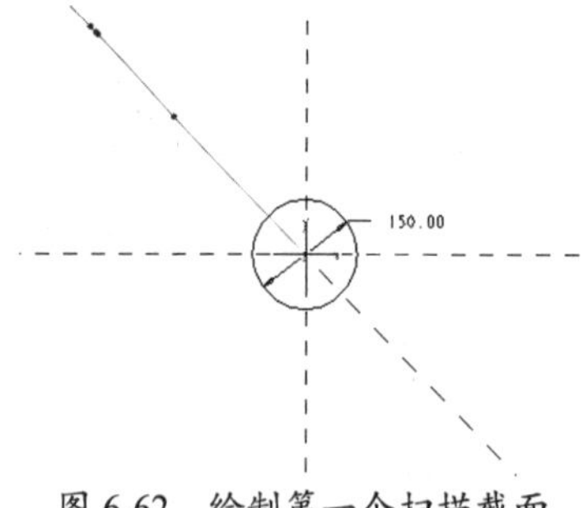

图 6-62　绘制第一个扫描截面

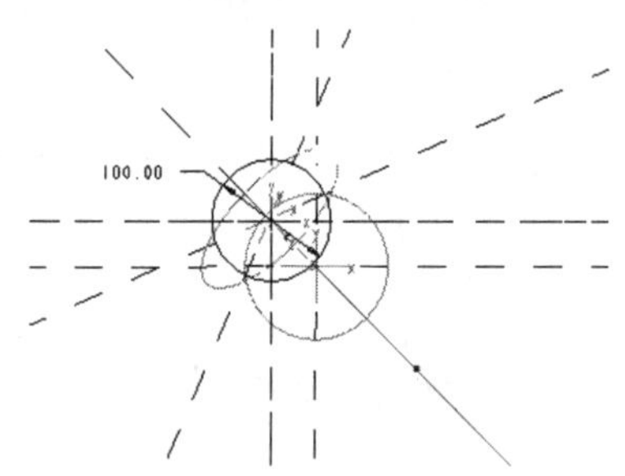

图 6-63　绘制第二个扫描截面

⑧ 同理，再绘制截面平面旋转角度为 45 的第三个截面，如图 6-64 所示。

⑨ 以此类推，重复截面绘制操作，继续绘制如图 6-65 至图 6-67 所示的三个扫描截面。

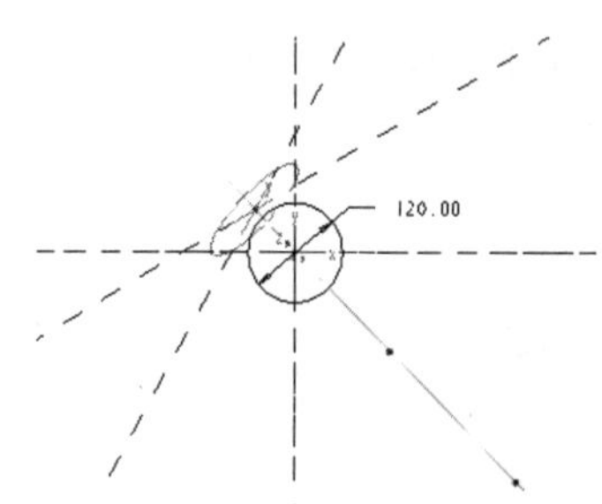

图 6-64　绘制第三个扫描截面

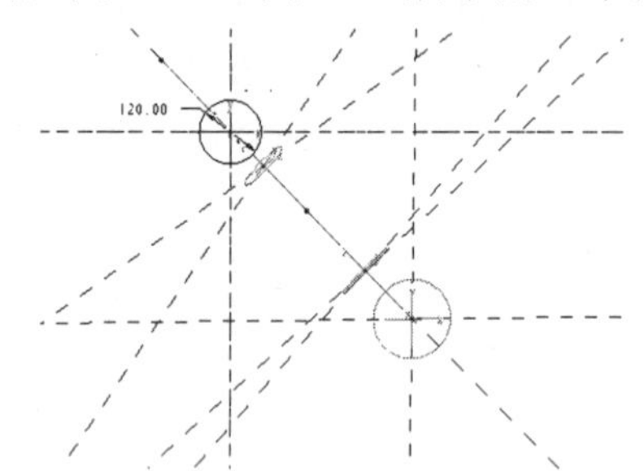

图 6-65　绘制第四个扫描截面

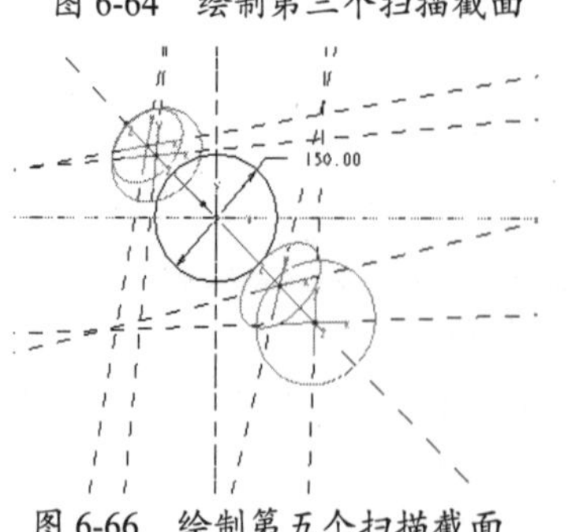

图 6-66　绘制第五个扫描截面

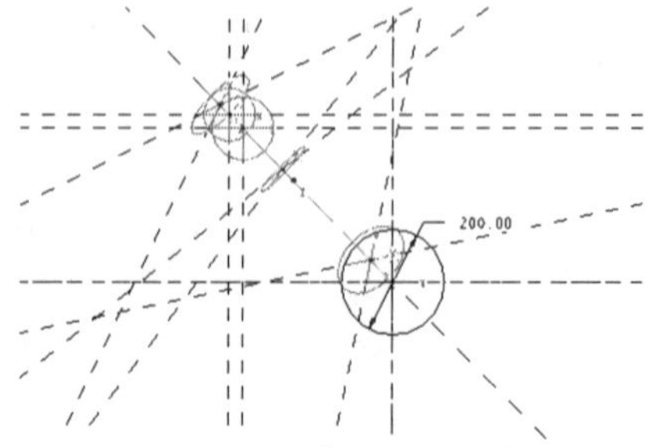

图 6-67　绘制第六个扫描截面

⑩　最后在操控面板中单击【应用】按钮，创建扫描混合曲面特征，如图 6-68 所示。

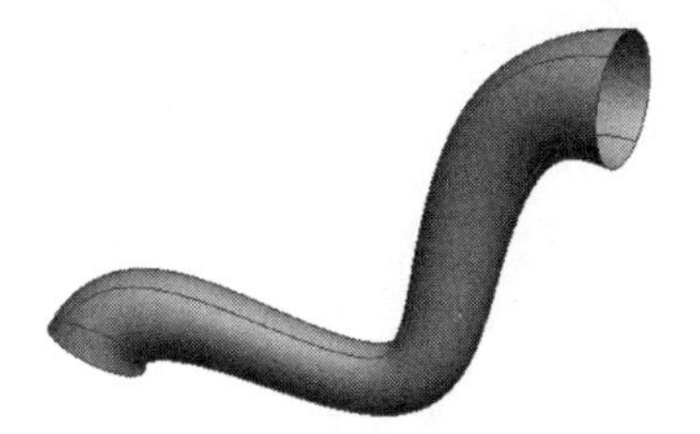

图 6-68　创建的扫描混合曲面特征

6.7　创建可变截面扫描曲面特征

在 Pro/E 中，扫描设计方法具有多种形式。在基本扫描方法中，将一个扫描截面沿一定的轨迹线扫描运动后生成曲面特征，虽然轨迹线的形式多样，但由于扫描截面是固定不变的，所以最后创建的曲面相对比较单一。扫描混合综合了扫描和混合两种建模方法的特点，设计结果更加富于变化。下面将介绍使用可变截面扫描方法创建曲面的基本过程，使用这种方法创建的曲面变化更加丰富。

6.7.1　可变截面扫描的原理

顾名思义，可变截面扫描就是使用可以变化的截面创建扫描特征。因此从原理上讲，可变截面扫描应该具有扫描的一般特点：截面沿着轨迹线做扫描运动。

1. 可变截面的含义

可变截面扫描的核心是截面“可变”，截面的变化主要包括以下几个方面。

- 方向：可以使用不同的参照确定截面扫描运动时的方向。
- 旋转：扫描时可以绕指定轴线适当旋转截面。
- 几何参数：扫描时可以改变截面的尺寸参数。

2. 两种截面类型

在可变截面扫描中，通过对多个参数进行综合控制，从而获得不同的设计效果。在创建可变截面扫描时，可以使用以下两种截面形式，其建模原理有一定的差别。

- 可变截面：通过在草绘截面图元与其扫描轨迹之间添加约束，或使用由参数控制的截面关系式使草绘截面在扫描运动过程中可变。
- 恒定截面：在沿轨迹扫描的过程中，草绘截面的形状不发生改变，而唯一发生变化的是截面所在框架的方向。

总结可变截面扫描的创建原理（如图 6-69 所示）：将草绘的扫描截面放置在草绘平面上，再将草绘平面附加到作为主元件的扫描轨迹上，并沿轨迹长度方向移动来创建扫描特征。扫描轨迹包括原始轨迹以及指定的其他轨迹，设计者可以使用这些轨迹和其他参照（如平面、轴、边或坐标系）来定义截面的扫描方向。

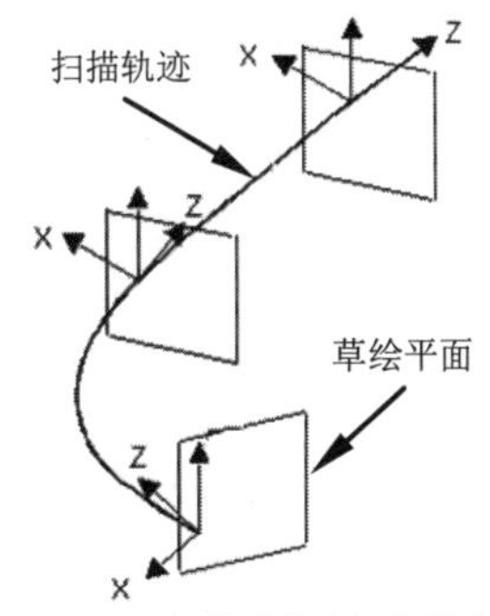

图 6-69　可变截面扫描的创建原理

提示

在可变剖面扫描中，框架的作用不可小视，因为它决定着草绘沿原始轨迹移动时的方向。

3. 可变截面扫描的一般步骤

可变截面扫描主要设计步骤如下。

（1）创建并选取原始轨迹。

（2）打开【可变截面扫描】工具。

（3）根据需要添加其他轨迹。

（4）指定截面控制以及水平/垂直方向控制参照。

（5）草绘截面。

（6）预览设计结果并创建特征。

图 6-70 为可变截面扫描曲面特征的设计示例。

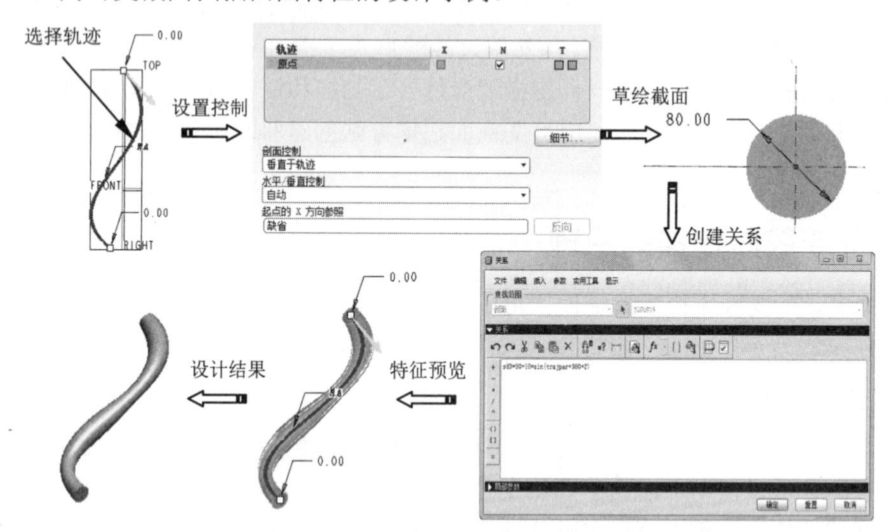

图 6-70　可变截面扫描曲面设计示例

4. 设计工具介绍

如图 6-71 所示，在菜单栏中依次选择【插入】|【可变截面扫描】选项，或在右工具栏中单击【可变截面扫描】按钮，打开如图 6-72 所示的设计操控面板。

图 6-71　可变截面扫描工具

图 6-72　操控面板

6.7.2　可变截面扫描设计过程

单击操控面板上的【参照】选项卡，用来选择扫描轨迹、设置截面的控制、起点的 X 向参照等操作，如图 6-73 所示。

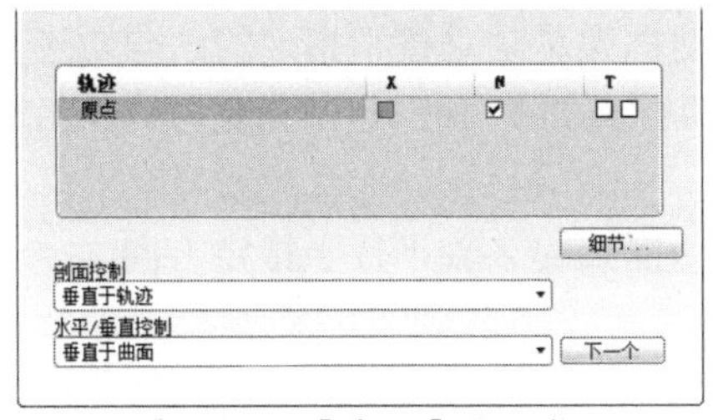

图 6-73 【参照】选项卡

1. 选取轨迹

首先向选项卡顶部的轨迹列表中添加扫描轨迹。在添加轨迹时，如果同时按住 Ctrl 键可以添加任意多个轨迹。

在可变截面扫描时可以使用以下几种轨迹类型。

- 【原始轨迹】：在打开设计工具之前选取的轨迹，即基础轨迹线，具备引导截面扫描移动与控制截面外形变化的作用。
- 【法向轨迹】：需要选取两条轨迹线来决定截面的位置和方向，其中原始轨迹用于决定截面中心的位置，在扫描过程中截面始终保持与法向轨迹垂直。
- 【X 轨迹】：沿 X 坐标方向的轨迹线。

图 6-74 和图 6-75 所示是各种扫描轨迹的示例。

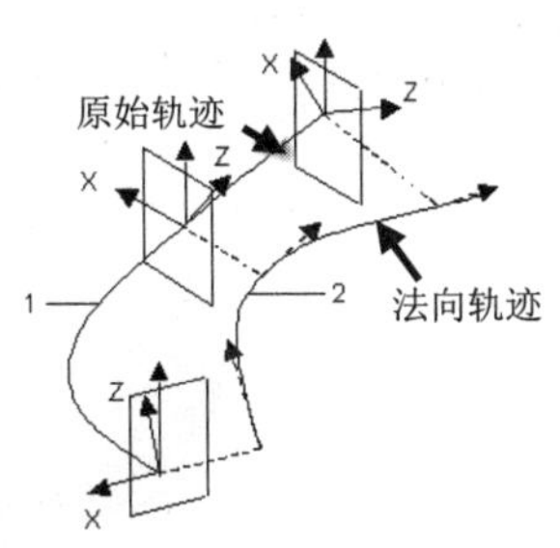

图 6-74 扫描轨迹的示例 1

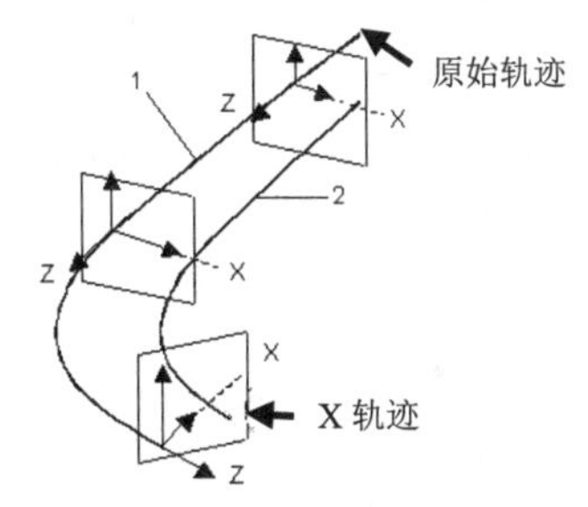

图 6-75 扫描轨迹的示例 2

可按以下方法更改选定轨迹的类型。

- 单击轨迹旁的 X 复选框使该轨迹成为 X 轨迹，但是第一个选取的轨迹不能是 X 轨迹。
- 单击轨迹旁的 N 复选框使该轨迹成为法向轨迹。
- 如果轨迹存在一个或多个相切曲面，则选中 T 复选框。

提示

将原始轨迹始终保持为法向轨迹是一个值得推荐的做法。在某些情况下，如果选定的法向轨迹与沿原始轨迹的扫描运动发生冲突，则会导致特征创建失败。

对于除原始轨迹外的所有其他轨迹，在选中 T、N 或 X 复选框前，默认情况下都是辅助轨迹。注意只能选取一个轨迹作为 X 轨迹或法向轨迹。不能删除原始轨迹，但可以替换原始轨迹。

2. 对截面进行方向控制

在【截面控制】下拉列表中为扫描截面选择定向方法，进行方向控制。此时系统给设计者提供了如下 3 项选项。

- 【垂直于轨迹】：移动框架总是垂直于指定的法向轨迹。
- 【垂直于投影】：移动框架的 *Y* 轴平行于指定方向，*Z* 轴沿指定方向与原始轨迹的投影相切。
- 【恒定的法向】：移动框架的 *Z* 轴平行于指定方向。

3. 对截面进行旋转控制

在【水平/垂直控制】下拉列表中设置如何控制框架绕草绘平面法向的旋转运动。主要选项有以下 3 项。

- 【自动】：截面的旋转控制由 *XY* 方向自动定向。由于系统能计算 *X* 向量的方向，这种方法能够最大程度地降低扫描几何的扭曲。对于没有参照任何曲面的原始轨迹，该选项为默认值。
- 【垂直于曲面】：截面的 *Y* 轴垂直于原始轨迹所在的曲面。如果原点轨迹参照为曲面上的曲线、曲面的单侧边、曲面的双侧边或实体边、由曲面相交创建的曲线或两条投影曲线，该选项为默认值。
- 【X 轨迹】：截面的 *X* 轴过指定的 *X* 轨迹和沿扫描截面的交点。

4. 绘制截面

设置完参照后，操控面板上的所有按钮及选项被激活，单击【创建或编辑扫描剖面】按钮进入二维草绘模式，绘制截面图，如图 6-76 所示。

绘制完成草绘截面后，如果马上退出草绘器，此时创建的曲面为普通扫描曲面特征，如图 6-77 所示。此时显然没有达到预期的可变截面的效果。

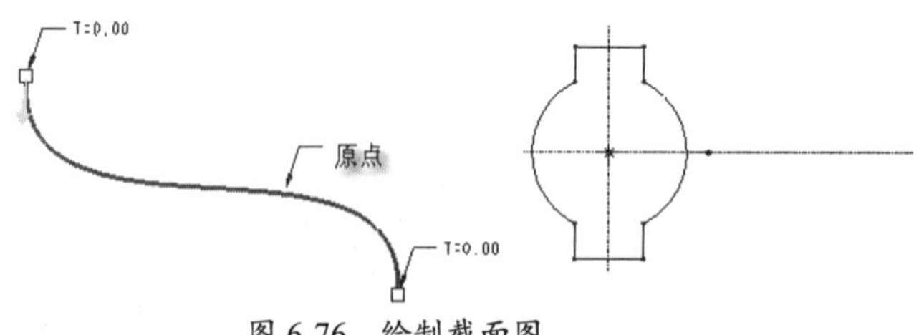

图 6-76 绘制截面图

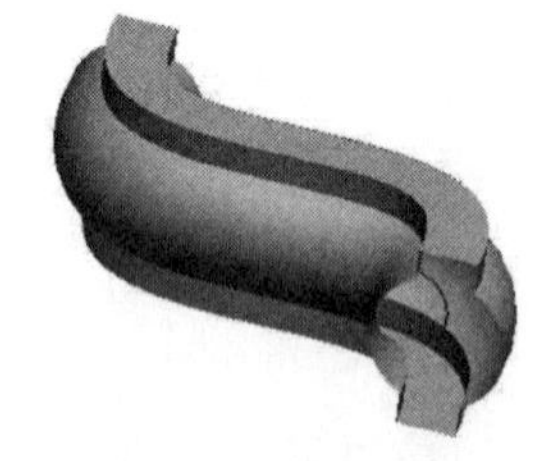

图 6-77 普通扫描曲面特征

接下来可以通过使用关系式的方法来获得可变截面。在菜单栏中选择【工具】|【关系】命令，打开【关系】对话框。然后在模型上拾取需要添加关系的尺寸代号，例如 sd6，再为此尺寸添加关系式："sd6=40+10*cos（10*360*trajpar）"，使该尺寸在扫描过程中按照余弦关系变化。最后创建的可变截面扫描曲面如图 6-78 所示。

图 6-79 是添加了关系式的【关系】对话框。

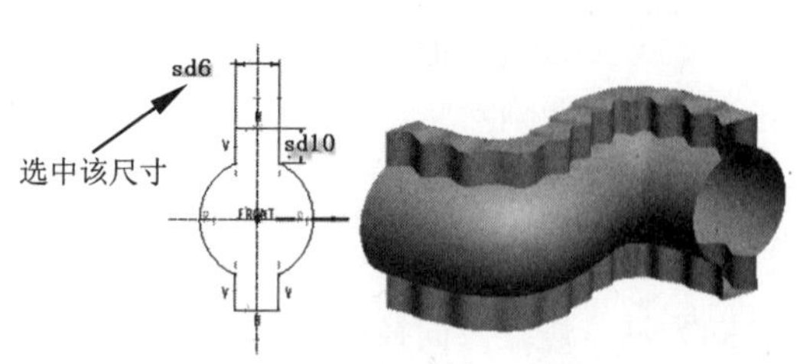

图 6-78 可变截面扫描曲面

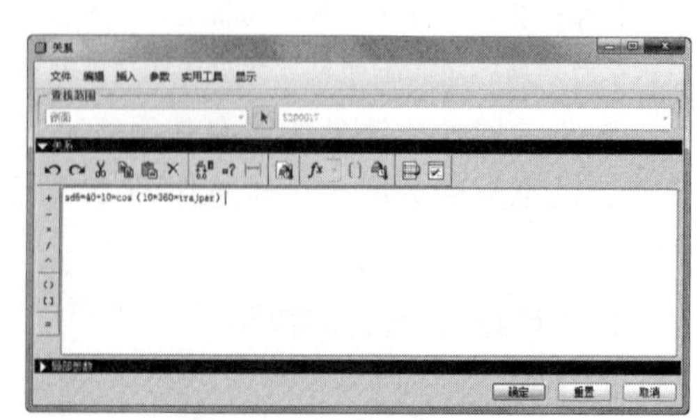

图 6-79 【关系】对话框

技术拓展

trajpar 参数的应用

在前面的关系式中出现了参数："trajpar"，下面简要介绍其用途。trajpar 是 Pro/E 提供的一个轨迹参数，该参数是一个从 0 到 1 的变量，在生成特征的过程中，此变量呈线性变化，它代表着扫描特征创建长度百分比。在开始扫描时，trajpar 的值是 0，而完成扫描时，该值为 1。例如，若有关系式 sd1=40+20*trajpar，尺寸 sd1 受到关系"40+20*trajpar"控制。开始扫描时，trajpar 的值为 0，sd1 的值为 40，结束扫描时，trajpar 的值为 1，sd1 的值为 60。

5. 【选项】选项卡

在【可变截面】对话框中单击【选项】按钮，打开如图 6-80 所示的【选项】选项卡，在该选项卡中可以对如下参数进行设置。

- 【可变截面】：将草绘截面约束到其他轨迹（中心平面或现有几何曲线），或使用由 trajpar 参数设置的截面关系来获得变化的草绘截面。
- 【恒定截面】：在沿轨迹扫描的过程中，草绘截面的形状不变，仅截面所在框架的方向发生变化。
- 【封闭端点】：选中该选项后，扫描的截面首末两端将会是封闭的，而非开放的，效果如图 6-81 所示。

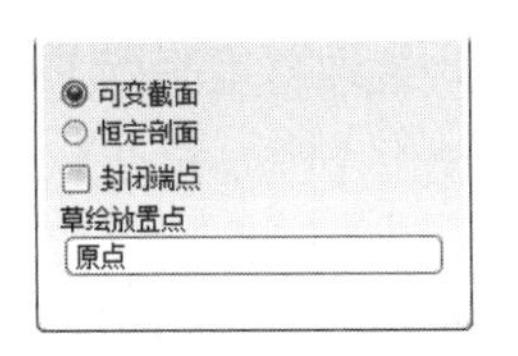

图 6-80　【选项】选项卡

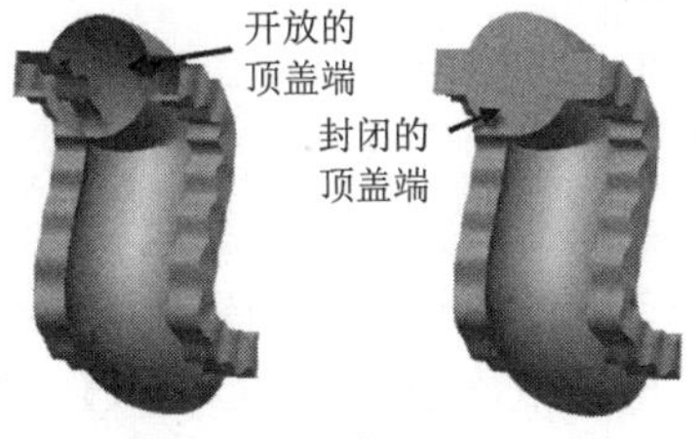

图 6-81　顶盖端封闭示例

- 【草绘放置点】：指定【原始轨迹】上想要草绘截面的点，不影响扫描的起始点。可变截面扫描工具是一项非常有用的设计工具，应用广泛，由于本书的篇幅所限，在这里不做深入全面的介绍。

上机实践——创建水果盘

下面以可变截面扫描为基础，并结合前面介绍的其他曲面设计方法，综合说明曲面设计的一般方法和过程，同时将引出曲面的编辑方法和实体化方法的应用，为稍后介绍曲面的编辑方法和实体化方法打下基础。

在本例中将运用多种创建曲面的方法，基本建模过程如图 6-82 所示。

在本例建模过程中，注意把握以下要点。

- 如何控制可变截面扫描参照。
- 给尺寸添加关系式的方法。
- 创建混合扫描的方法。
- 如何用尺寸参照驱动阵列。

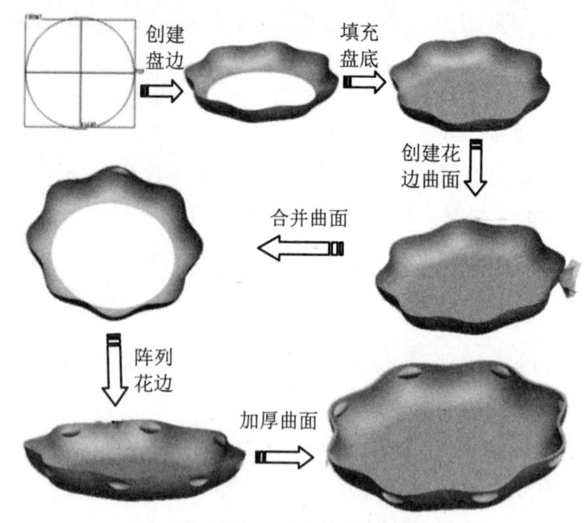

图 6-82　基本建模过程

操作步骤

1. 建盘沿曲面

① 新建一个名为“dish”的零件文件。

② 在右工具栏中单击【草绘】按钮，打开【草绘】对话框，选取基准平面 FRONT 为草绘平面，接受其他默认的参照设置，进入二维草绘模式。使用【圆心和点】工具绘制一直径为 100 的轨迹圆，创建如图 6-83 所示的基准曲线。

③ 在菜单栏中依次选择【插入】|【可变截面扫描】命令，打开设计操控面板。选取基准曲线作为轨迹线，如图 6-84 所示，将其添加到【参照】选项卡中，如图 6-85 所示。

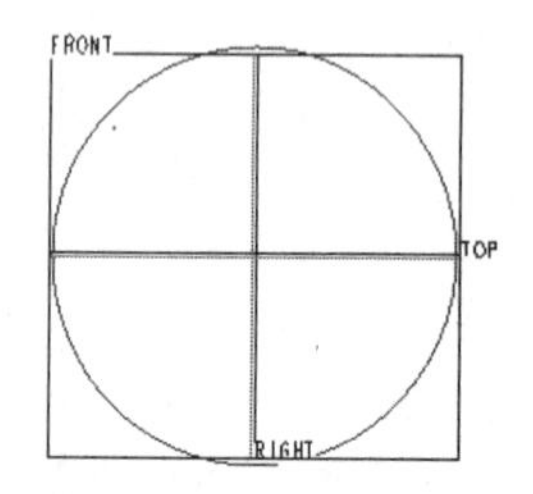

图 6-83　新建基准曲线

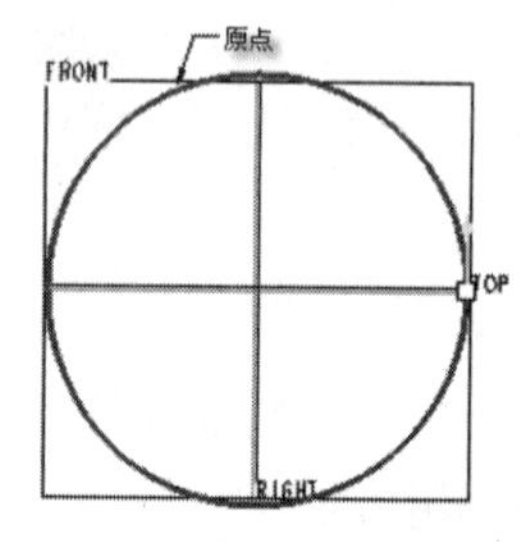

图 6-84　选取轨迹

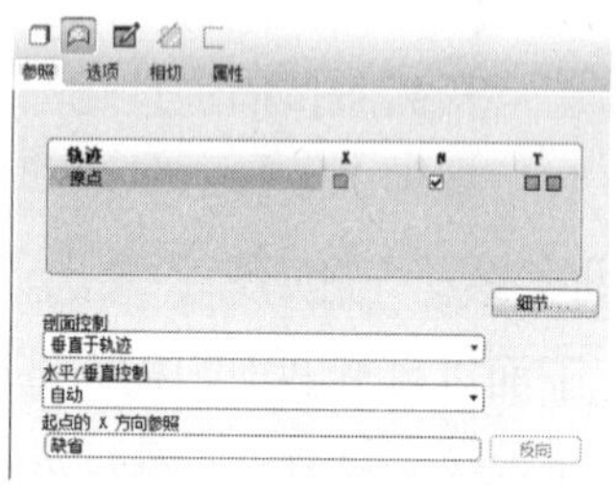

图 6-85　【参照】选项卡

④ 单击操控面板上的【创建或编辑扫描剖面】按钮，打开二维草绘截面，绘制如图 6-86 所示的扫描截面，注意在图中标记的地方添加约束条件。

⑤ 在菜单栏中选择【工具】|【关系】命令，打开【关系】对话框，为如图 6-87 所示的尺寸“sd5”添加关系式sd5=18+4*sin(trajpar*360*8)，如图 6-88 所示。

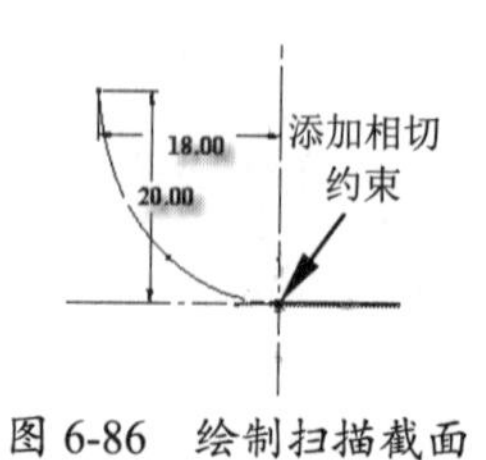

图 6-86　绘制扫描截面

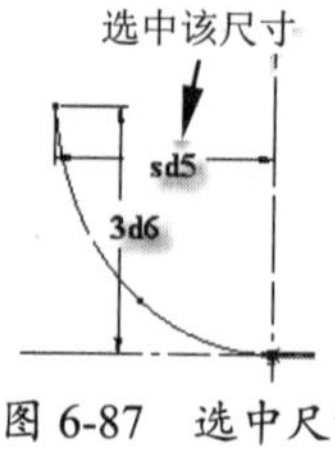

图 6-87　选中尺寸

⑥ 预览设计效果，确认后生成的结果如图 6-89 所示。

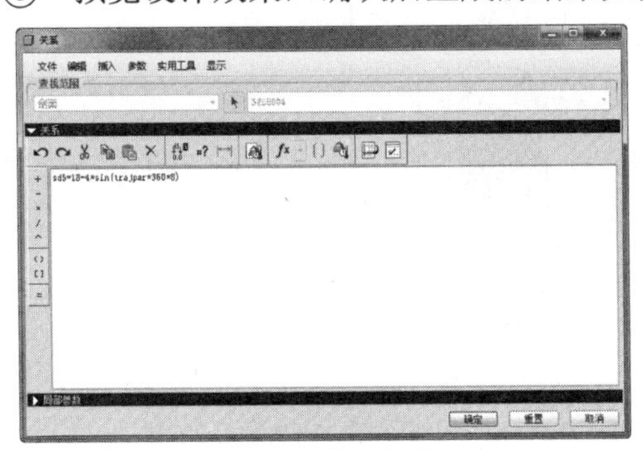

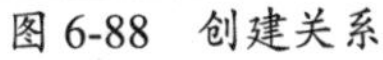
图 6-88　创建关系

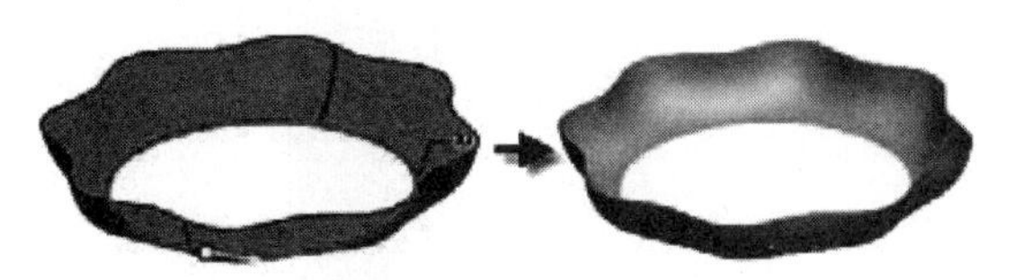
图 6-89　创建的曲面特征

⑦ 在菜单栏中选择【编辑】|【填充】命令，打开设计操控面板，选取前面创建的圆形基准曲线作为填充区域的边界，创建的填充曲面如图 6-90 所示。

2. 使用扫描混合方法创建曲面

① 在右工具栏中单击【轴】按钮，打开【基准轴】对话框，按照如图 6-91 所示的设置参照，创建经过两个基准平面交线的基准轴线。

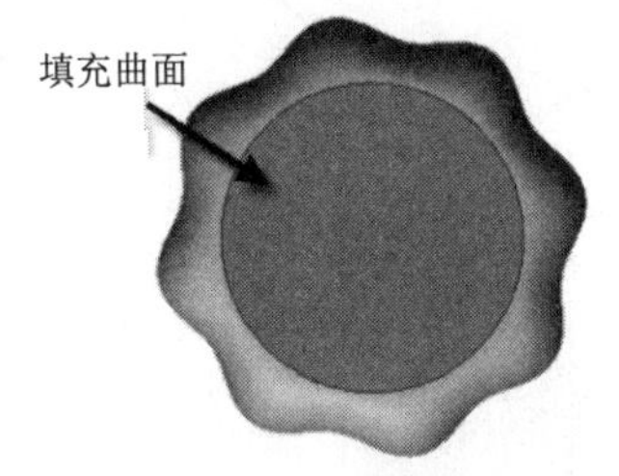

图 6-90　创建填充曲面

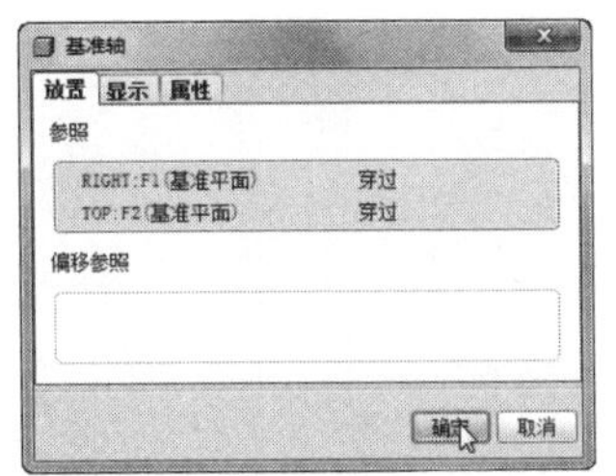

图 6-91　【基准轴】对话框

② 再单击右工具栏的【平面】按钮，打开【基准平面】对话框，按照如图 6-92 所示的选中 TOP 平面和 A_1 轴作为参照，按照如图 6-93 所示的设置参数，新建基准平面 DTM1 如图 6-94 所示。

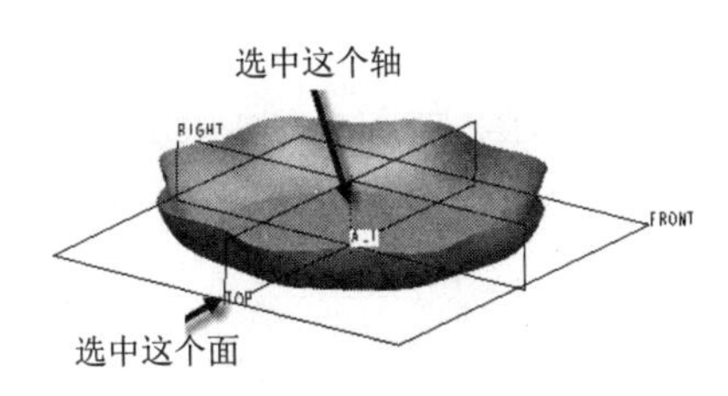

图 6-92　选取设计参照

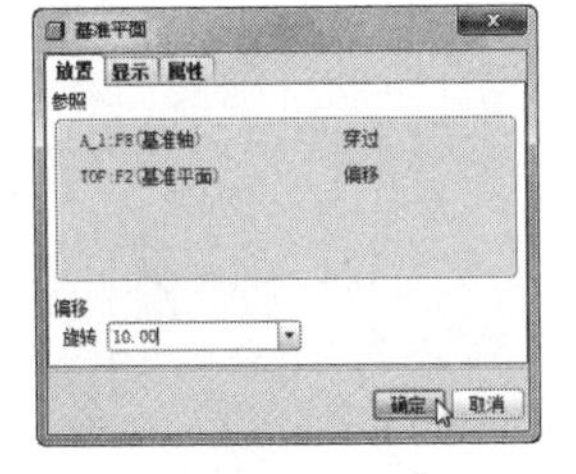

图 6-93　【基准平面】对话框

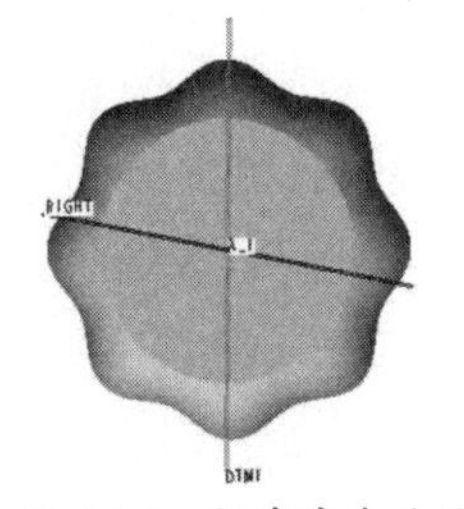

图 6-94　新建基准平面

③ 在菜单栏中依次选择【插入】|【扫描混合】命令，打开扫描混合操控面板。在右工具栏中单击【草绘】按钮，弹出【草绘】对话框。选择基准平面 DTM1 作为草绘平面，按照默认方式放置草绘平面后，进入二维草绘模式。

④ 在右工具栏中单击工具，在草绘平面内绘制如图 6-95 所示的扫描轨迹线，完成后退出草绘模式。

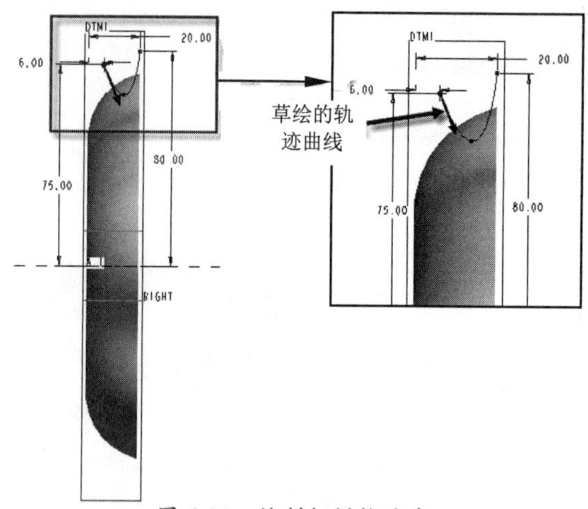

图 6-95　绘制扫描轨迹线

⑤　在操控面板的【选项】选项卡中取消【封闭端点】复选框的勾选，如图 6-96 所示。

⑥　如图 6-97 所示，系统用“⊕”标记出轨迹上的 3 个控制点。

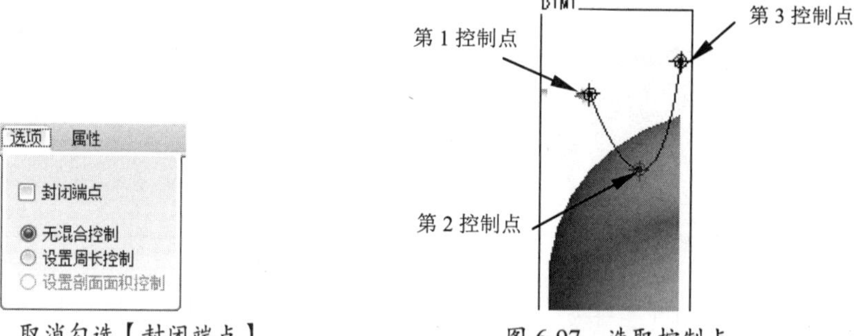

图 6-96　取消勾选【封闭端点】　　图 6-97　选取控制点

⑦　首先选取第 1 控制点作为开始截面的位置参考，并输入截面的旋转角度“0.00”。单击【草绘】按钮进入草绘模式后，使用【样条】工具绘制如图 6-98 所示的截面 1。

⑧　同理，再选取第 3 控制点作为结束截面的位置参考，并单击【草绘】按钮进入草绘模式。接着绘制如图 6-99 所示的截面 2。

⑨　最后在操控面板中单击【应用】按钮，完成曲面特征的创建，如图 6-100 所示。

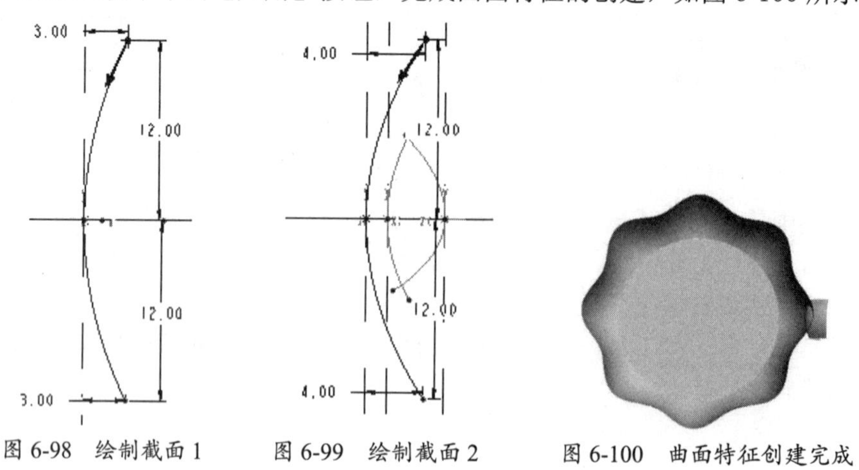

图 6-98　绘制截面 1　　图 6-99　绘制截面 2　　图 6-100　曲面特征创建完成

技巧点拨

为了便于观察，在绘制剖面时隐藏了前面创建的曲面特征。

3. 阵列曲面特征

① 如图 6-101 所示，选取上一步创建的曲面特征，然后单击右工具栏的【阵列】按钮，打开【阵列】操控面板。

② 选取阵列方式为【轴】，然后选取如图 6-102 所示的轴 A_1 作为阵列参照。

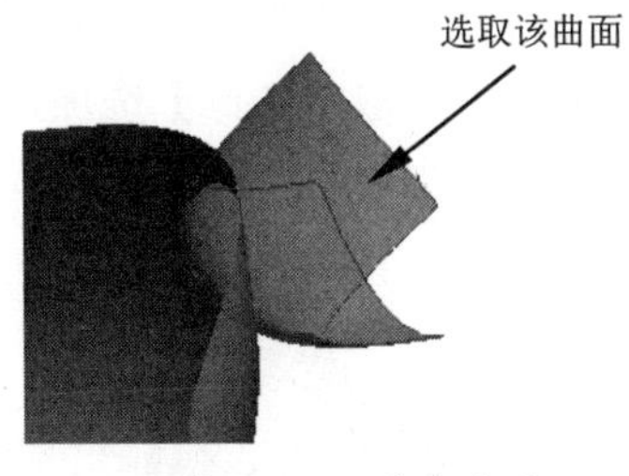

图 6-101　选中曲面

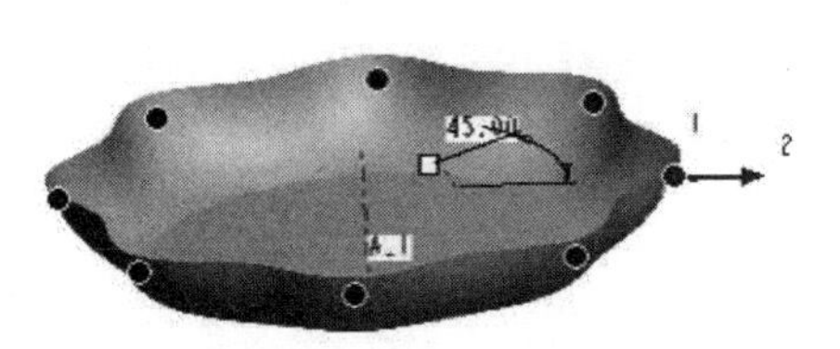

图 6-102　设置阵列参照

③ 按照如图 6-103 所示的设置阵列参数，这时系统会用黑点表示放置每个阵列特征的位置，设计结果如图 6-104 所示。

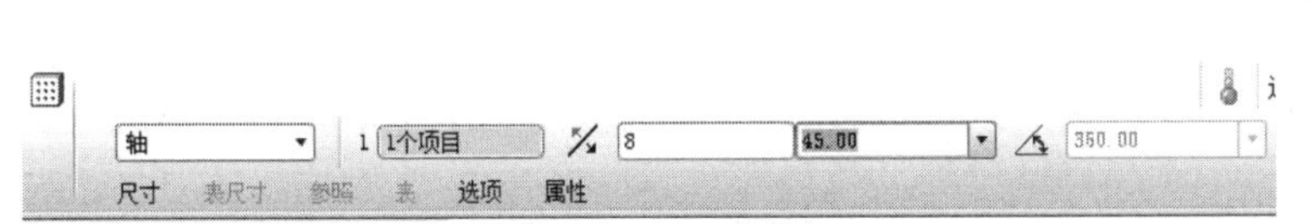

图 6-103　设置阵列参数

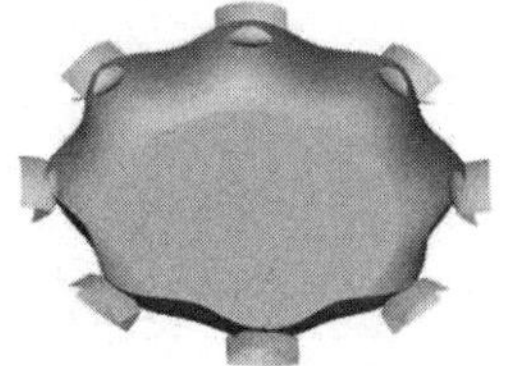

图 6-104　阵列结果

4. 合并曲面特征

① 按住 Ctrl 键，选中盘沿曲面和前面创建的混合扫描曲面特征，然后在右工具栏中单击【合并】按钮，打开曲面合并操控面板。通过单击操控面板上的两个按钮，调整曲面上箭头的指向，如图 6-105 所示。

技巧点拨

箭头指向为曲面合并时保留的一侧。

② 单击操控面板上的【应用】按钮，最后的合并结果图 6-106 所示。

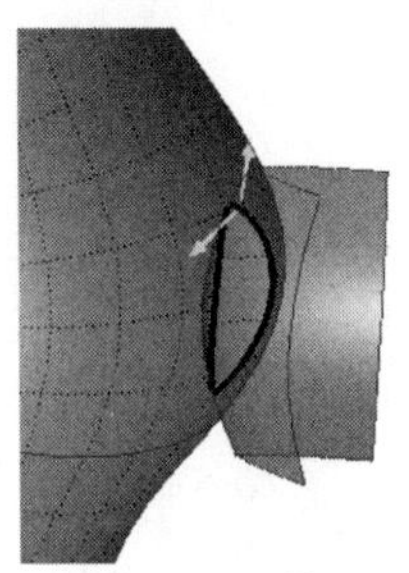

图 6-105　调整曲面上箭头的指向

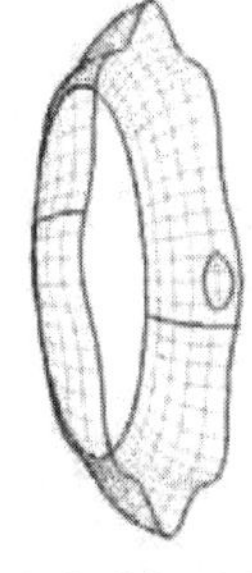

图 6-106　盘沿曲面与混合扫描曲面合并

③ 重复上述合并操作，依次选取阵列后的每一个曲面与前面合并后的曲面再次进行合并，结果如图 6-107 所示。

④ 再次将前面合并的曲面和盘底合并，结果如图 6-108 所示。

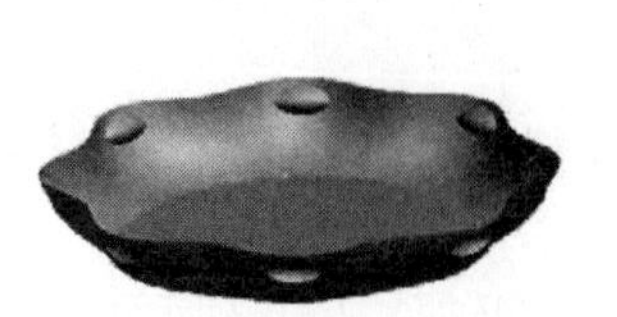

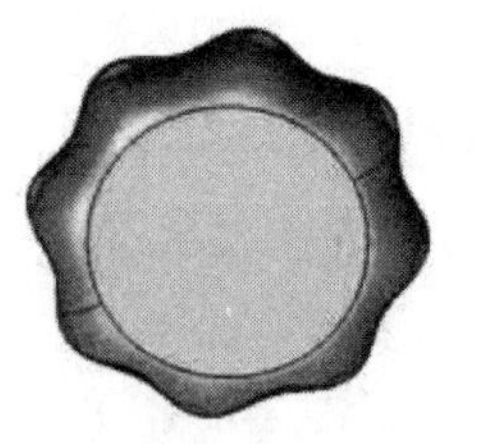

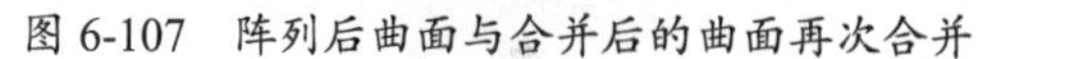

图 6-107 阵列后曲面与合并后的曲面再次合并　　图 6-108 将前面的曲面和盘底合并

⑤ 加厚盘壁。选中合并后的曲面，然后在【编辑】主菜单中选取【加厚】选项，打开设计操控面板，按照如图 6-109 所示的设置加厚厚度，将曲面实体化。适当渲染模型后，结果如图 6-110 所示。

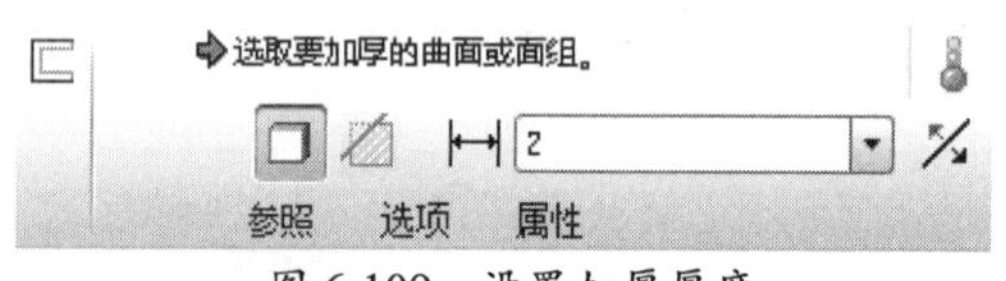

图 6-109 设置加厚厚度

图 6-110 最终设计结果

6.8 综合案例——香蕉造型

本例的香蕉造型主要采用了扫描混合的方法进行设计。造型逼真，设计步骤简单，极易掌握其设计要领。香蕉造型如图 6-111 所示。

图 6-111 香蕉造型

操作步骤

① 新建名为“xiangjiao”的模型文件。
② 单击【草绘】按钮，打开【草绘】对话框。选择 TOP 基准平面进入草绘模式中，如图 6-112 所示。
③ 在草绘模式下，利用【样条】曲线命令，绘制如图 6-113 所示的样条曲线，完成后退出草绘模式。
④ 单击【点】按钮，打开【基准点】对话框。在曲线上选取基准点 PNT0 的位置，然后设置位置参数，如图 6-114 所示。

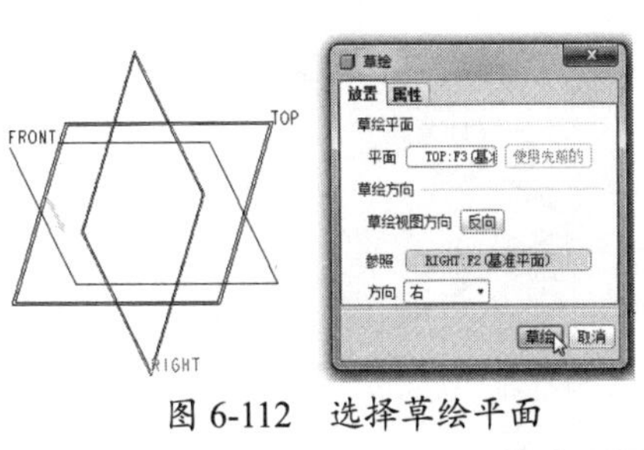

图 6-112　选择草绘平面

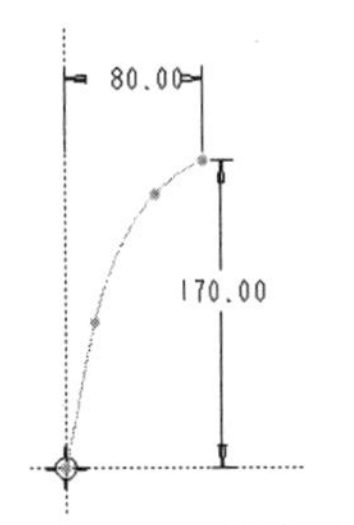

图 6-113　绘制样条曲线

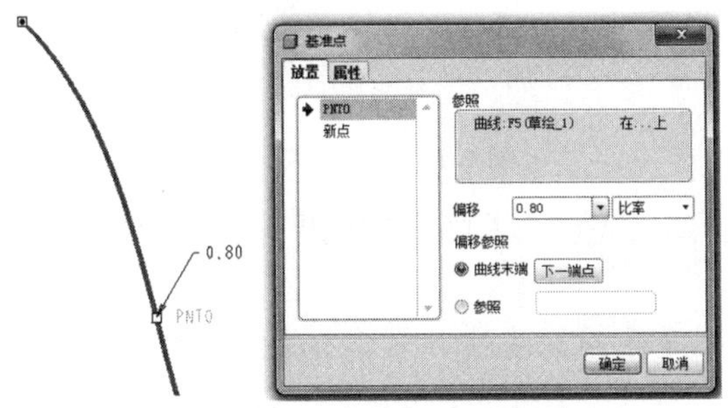

图 6-114　设置基准点 PNT0 的参数

⑤ 在对话框没有关闭的情况下，依次单击【新点】命令，然后陆续创建出基准点 PNT1~PNT6，如图 6-115 所示。

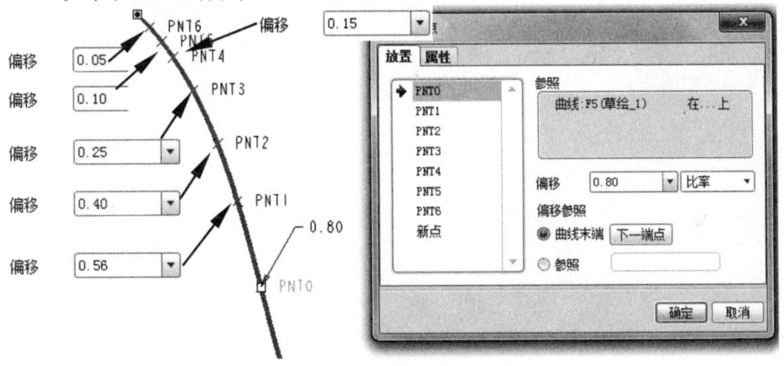

图 6-115　创建其余基准点

⑥ 在菜单栏中执行【插入】|【扫描混合】命令，打开操控面板。首先选择草绘曲线作为扫描的轨迹线，如图 6-116 所示。

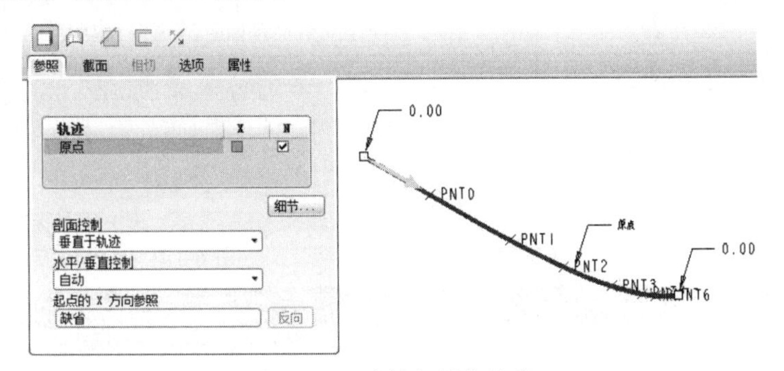

图 6-116　选择扫描轨迹线

⑦ 在操控面板的【截面】选项卡中，激活【截面位置】下方的收集器，然后选择截面 1 的参考点，如图 6-117 所示。

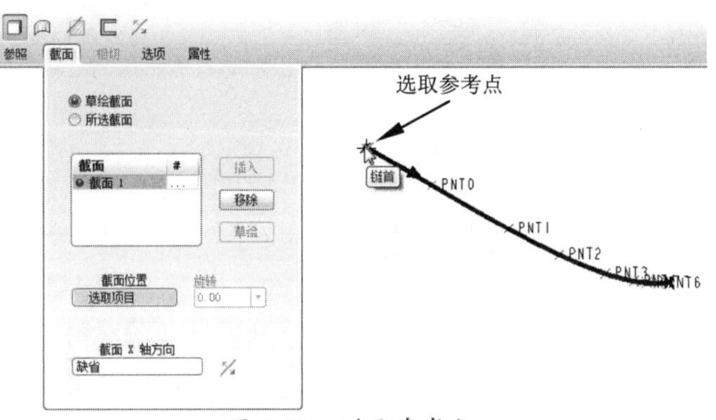

图 6-117 选取参考点

⑧ 选取参考点后，单击随后亮显的【草绘】按钮，进入草绘模式中绘制截面 1，如图 6-118 所示。

⑨ 退出草绘模式后，在【截面】选项卡中单击【插入】按钮，然后为第 2 个截面选取参考点（选取 PNT0），再单击【草绘】按钮，进入草绘模式绘制第 2 个截面，如图 6-119 所示。

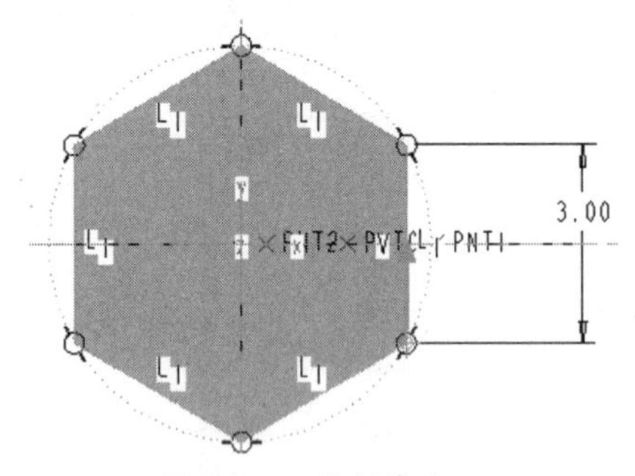

图 6-118 绘制截面 1

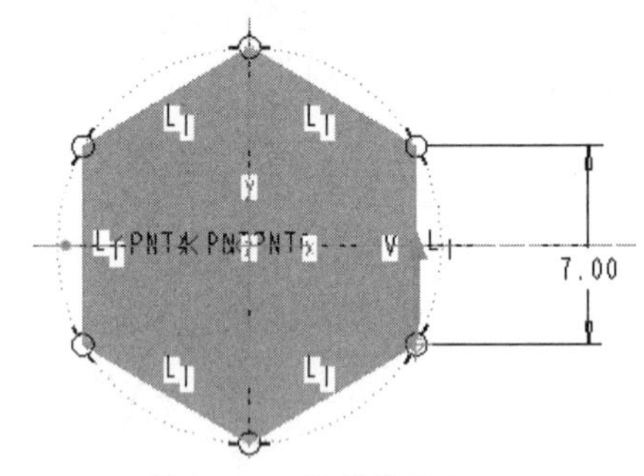

图 6-119 绘制截面 2

⑩ 同理，按相同方法在 PNT1、PNT2 上依次绘制出截面 3，如图 6-120 所示。绘制的截面 4 如图 6-121 所示。

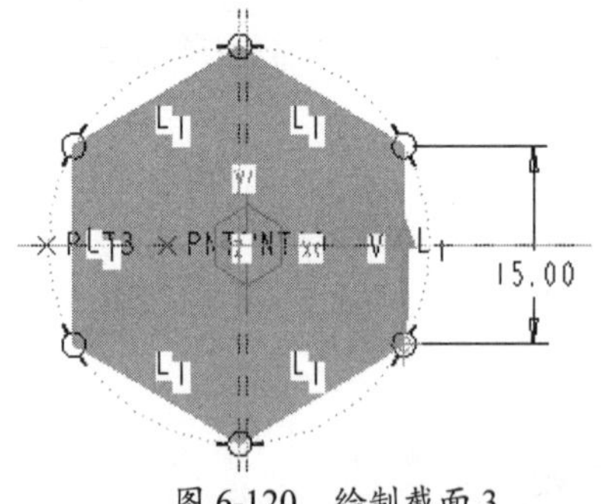

图 6-120 绘制截面 3

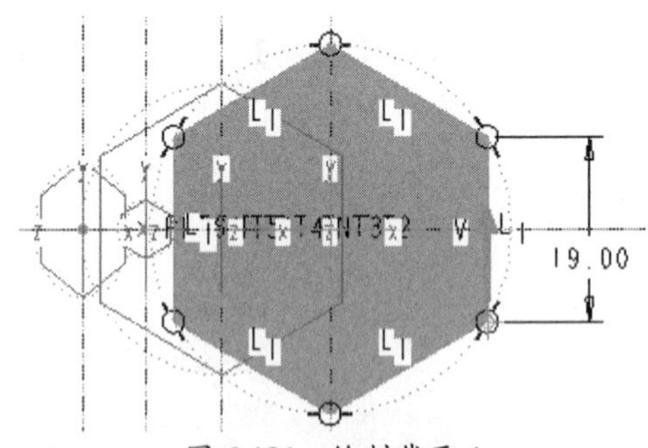

图 6-121 绘制截面 4

技巧点拨

图 6-121 中着色显示的才是当前草绘模式下绘制的截面。其余为前面绘制的截面。

⑪ 依次绘制的截面 5 如图 6-122 所示，截面 6 如图 6-123 所示。

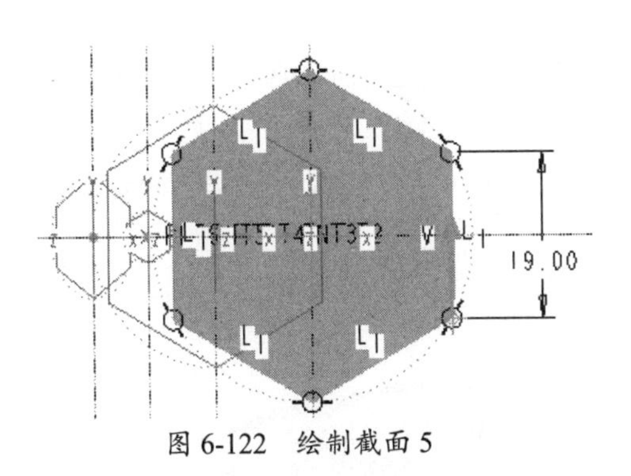

图 6-122 绘制截面 5

图 6-123 绘制截面 6

⑫ 依次绘制的截面 7 如图 6-124 所示，截面 8 如图 6-125 所示。

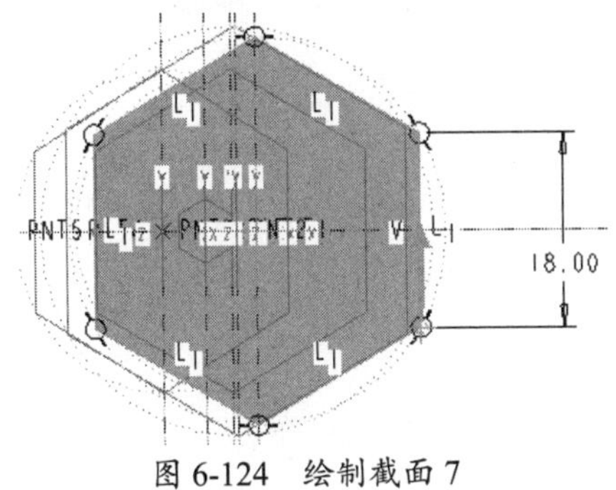

图 6-124 绘制截面 7

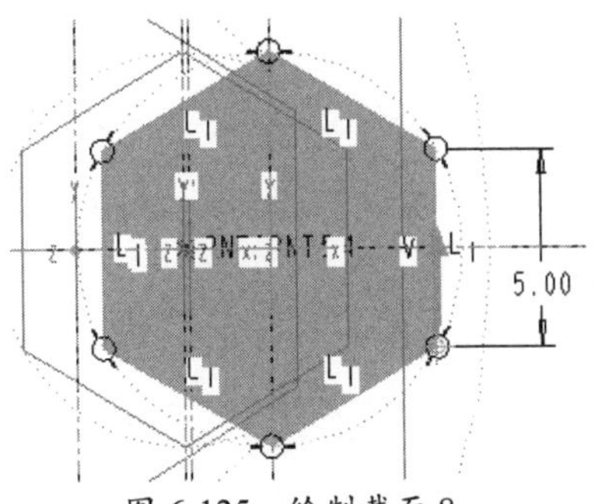

图 6-125 绘制截面 8

⑬ 最后绘制的截面 9 如图 6-126 所示。退出草绘模式后自动生成扫描混合的预览，如图 6-127 所示。

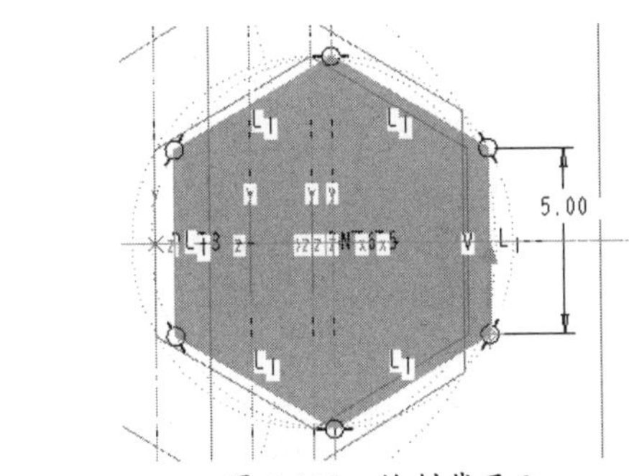

图 6-126 绘制截面 9

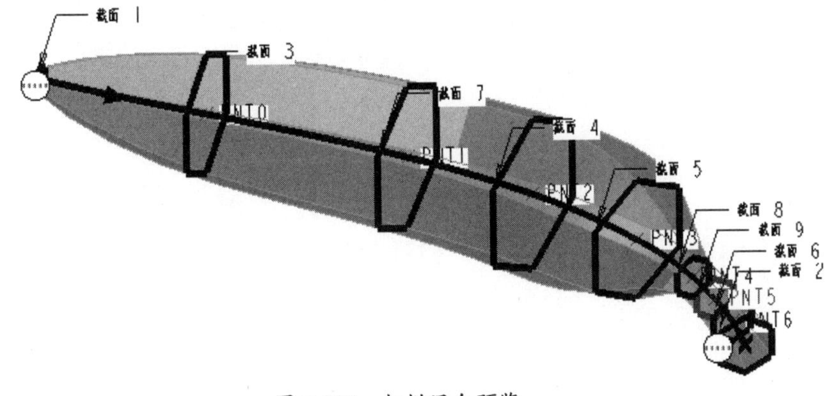

图 6-127 扫描混合预览

⑭ 保留操控面板上型芯的默认设置，单击【应用】按钮完成扫描混合特征的创建，结果如图 6-128 所示。

⑮ 单击【倒圆角】按钮，打开操控面板。选取扫描混合特征的边创建圆角特征，如图 6-129 所示。

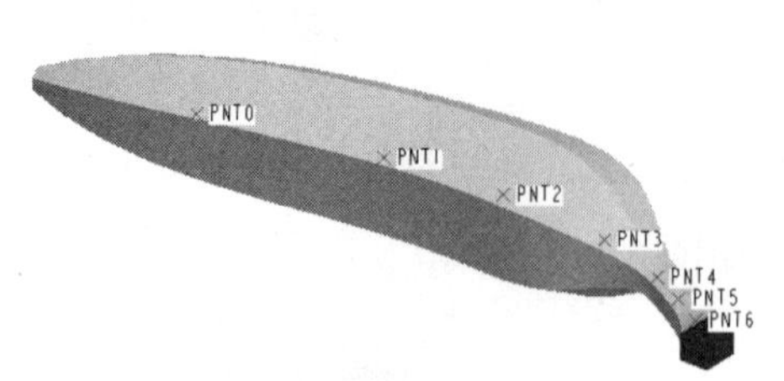

图 6-128 创建扫描混合特征

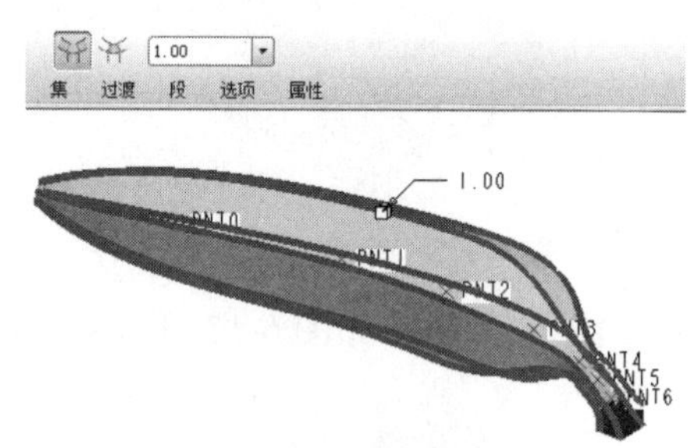

图 6-129 创建圆角特征

⑯ 至此，完成香蕉的造型。最后将结果保存。

7

自由式曲面造型

本章导读

前面介绍的基本曲面知识属于业界常说的专业曲面范畴，另外还有一种概念性极强、艺术性和技术性相对完美结合的曲面特征——造型曲面，也称自由形式曲面，简称ISDX。造型曲面特别适用于设计特别复杂的曲面，如汽车车身曲面、摩托艇或其他船体曲面等。巧用造型曲面，可以灵活地解决外观设计与零部件结构设计之间可能存在的脱节问题。

ISDX是交互式曲面设计扩展包（Interactive Surface Design eXtension）的缩写，也称“交互式曲面设计”，其指令名称为造型。本章将着重讲解ISDX曲面的基本功能及产品设计应用。

知识要点

☑ 造型工作台介绍
☑ 活动平面与内部平面
☑ 创建曲线
☑ 编辑造型曲线
☑ 创建造型曲面

扫码看视频

7.1 曲面造型工作台

在 Pro/E 零件设计模式下，集成了一个功能强大、建模直观的造型环境。在该设计环境中，可以非常直观地创建具有高度弹性化的造型曲线和曲面。在造型环境中创建的各种特征，可以统称为造型特征，它没有节点数目和曲线数目的特别限制，并且可以具有自身内部的父子关系，还可以与其他 Pro/E 特征具有参照关系或关联。

7.1.1 进入造型工作台

造型曲面模块完全并入了 Pro/E 的零件设计模块，在零件设计模块中的主菜单中单击【插入】/【造型】命令，也可单击基础特征工具栏上的【造型工具】按钮，即可进入造型曲面设计的模块，界面如图 7-1 所示。

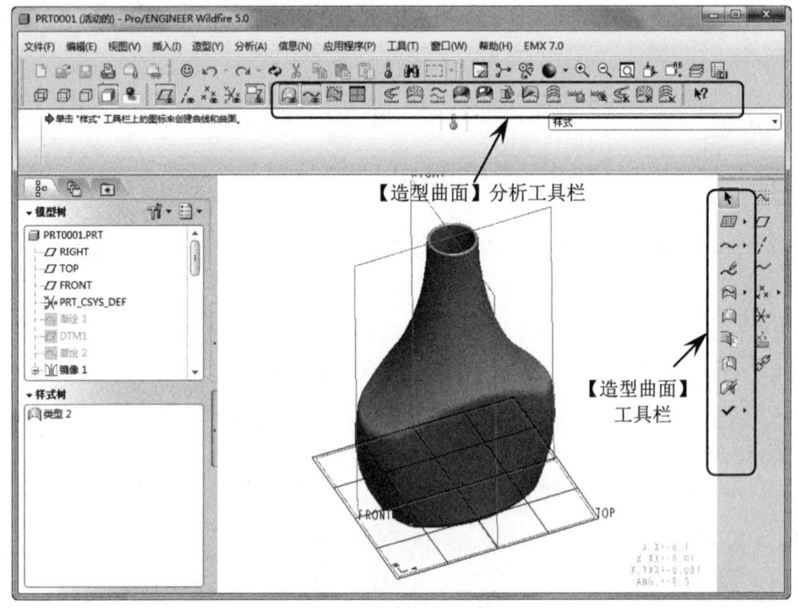

图 7-1 造型设计界面

造型曲面设计的界面与零件设计的界面大致相同，只是在菜单栏增加了一个【造型】菜单，工具栏中【基础特征】工具栏转换成【造型曲面】工具栏，另外增加了一个【造型曲面】分析工具栏。因为菜单栏中其他菜单与零件设计中的菜单内容大致类似，在这里只介绍有所区别的菜单，其他不再赘述。【造型】菜单是新增的菜单，单击【造型】菜单命令，弹出如图 7-2 所示的下拉菜单，菜单中各选项含义如图 7-2 所示。命令中的 COS 为英文 Curve On Surface 的简写，表示曲线位于曲面上。

在默认状态下，系统只全屏显示一个视图，单击【视图切换】按钮，则可以切换到显示所有视图（四视图布局）的操作界面，如图 7-3 所示。在采用四视图布局时，允许用户适当调整各窗格大小。若再次单击【视图切换】按钮，则切换回单视图界面。

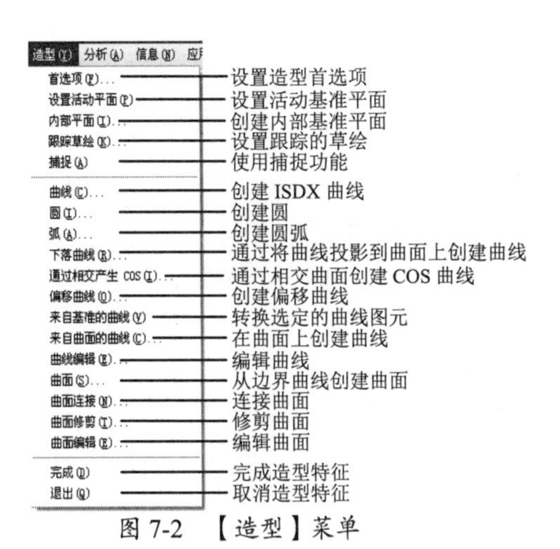

图 7-2 【造型】菜单

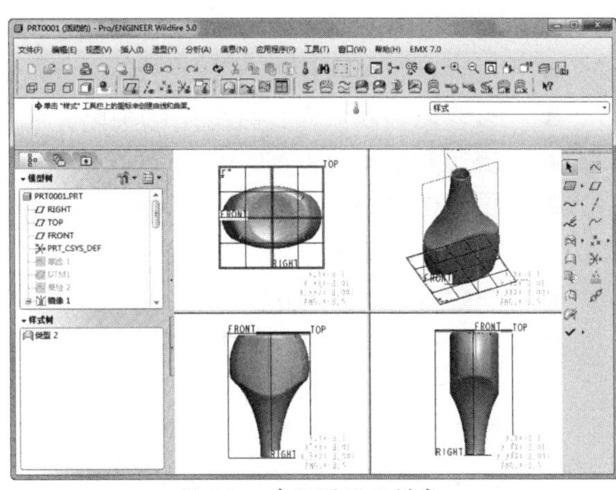
图 7-3 多视图显示模式

退出造型环境的操作方法主要有两种。

- 方法一：在右侧竖排的工具栏中单击✔按钮，或从主菜单中选择【造型】/【完成】命令，完成造型特征并退出造型环境。
- 方法二：在右侧竖排的工具栏中单击✕按钮，或从主菜单中选择【造型】/【退出】命令，取消对造型特征的所有更改，并退出造型环境。

7.1.2 造型环境设置

在主菜单中，选择【造型】|【首选项】命令，打开【造型首选项】对话框，如图 7-4 所示。利用该对话框，可以设置显示、自动再生、栅格、曲面网格等项目的优先选项。

【造型首选项】对话框中各选项的功能如下。

- 【曲面】：选中【缺省连接】，表示在创建曲面时自动建立连接。
- 【栅格】：可切换栅格的打开和关闭状态，其中【间距】定义栅格间距。
- 【自动再生】：选中相应的选项框时，自动再生曲线、曲面和着色曲面。
- 【曲面网格】：设置以下显示选项之一。【打开】表示始终显示曲面网格；【关闭】表示从不显示曲面网格；【着色时关闭】表示当选择着色显示模式时，曲面网格不可见。
- 【质量】：根据滑块位置定义曲面网格的精细度。

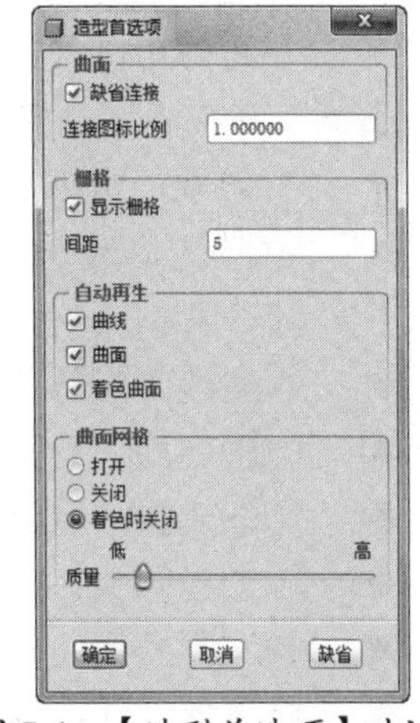

图 7-4 【造型首选项】对话框

7.1.3 工具栏介绍

在创建造型曲面特征时，默认情况下 Pro/E 向界面添加两个【造型曲面】工具栏。一是在窗口顶部添加快捷工具栏，如图 7-5 所示。二是在窗口的右侧添加工具栏，如图 7-6 所示。这些工具栏中的常用工具按钮含义如下。

图 7-5 顶部工具栏

顶部工具栏各选项含义如下。

- 曲面显示：样式曲面打开/关闭。
- 显示曲线：样式曲线打开/关闭。
- 跟踪草绘：设置跟踪的草绘。
- 视图显示：在全屏一个视图显示与四视图显示之间切换。
- 曲率：曲率分析，包括曲线的曲率、半径、相切选项；曲面的曲率、垂直选项。
- 截面：横截面分析，包括界面的曲率、半径、相切、位置选项和加亮位置。
- 偏移：显示曲面或曲线的偏移量。
- 着色曲率：为曲面上的点计算并显示最小和最大法向曲率值。
- 反射：显示直线光源照射时曲面所反射的曲线。
- 拔模：分析确定曲面的拔模角度。
- 斜率：用色彩显示零件上曲面相对于参照平面的倾斜程度。
- 曲面节点：曲面节点分析。
- 保存的分析：显示已保存的集合信息。
- 隐藏全部：隐藏所有已保存的分析。
- 删除全部曲率：删除所有已保存的曲率分析。
- 删除全部截面：删除所有已保存的截面分析。
- 删除全部曲面节点：删除所有已保存的曲面节点分析。

右侧工具栏各选项含义如下。

- 选取：选取造型中的特征。
- 设定活动平面：用来设置活动基准平面，以创建和编辑几何对象。

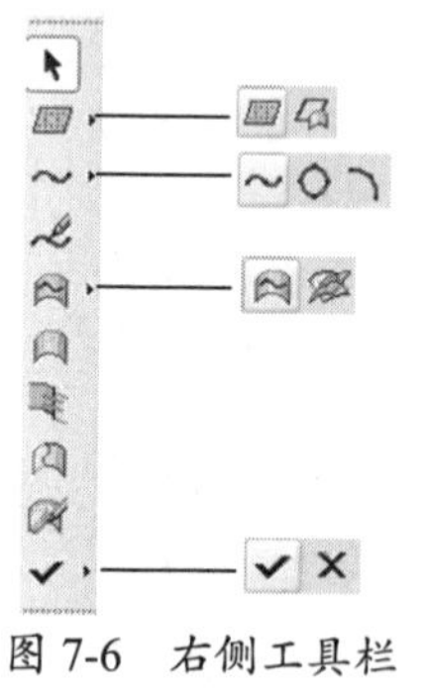

图 7-6　右侧工具栏

- 创建内部基准平面：创建造型特征的内部基准平面。
- 创建曲线：显示使用插值点或控制点来创建造型曲线的选项。
- 创建圆：显示创建圆的各选项。
- 创建圆弧：显示创建圆弧的各选项。
- 编辑曲线：通过拖动点或切线等方式来编辑曲线。
- 下落曲线：使曲线投影到曲面上以创建曲线。
- 相交产生曲线：通过与一个或多个曲面相交来创建位于曲面上的曲线。
- 曲面：利用边界曲线创建曲面。
- 曲面连接：定义曲面间连接。
- 曲面修剪：修剪所选面组。
- 曲面编辑：使用直接操作编辑曲面形状。
- 完成：完成造型特征并退出造型环境。
- 退出：取消对造型特征的所有更改。

7.2　设置活动平面和内部平面

活动平面是造型环境中的一个非常重要的参考平面，在很多情况下，造型曲线的创建和编辑必须考虑到当前所设置的活动平面。在造型环境中，以网格形式表示的平面便是活动平面，如图 7-7 所示。允许用户根据设计意图，重新设置活动平面。

上机实践——设置活动平面

① 打开本例模型文件。

② 单击造型平台中的【设置活动平面】按钮，或者在主菜单中单击【造型】/【设置活动平面】命令，系统提示选取一个基准平面。

③ 选择一个基准平面，或选择平整的零件表面，便完成了活动平面的设置。

④ 有时，为了使创建和编辑造型特征更方便，在设置活动平面后，可以从主菜单中执行【视图】/【方向】/【活动平面方向】命令，从而使当前活动平面以平行于屏幕的形式显示，如图 7-8 所示。

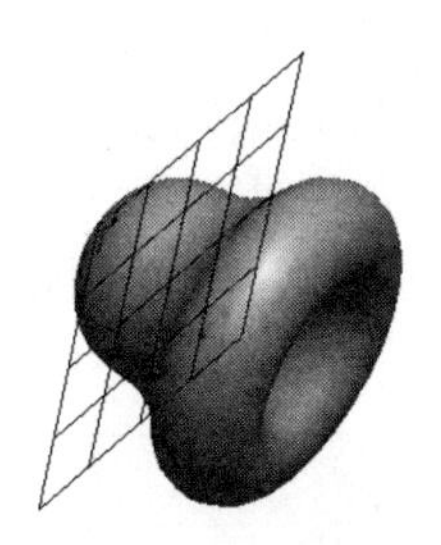

图 7-7 活动平面

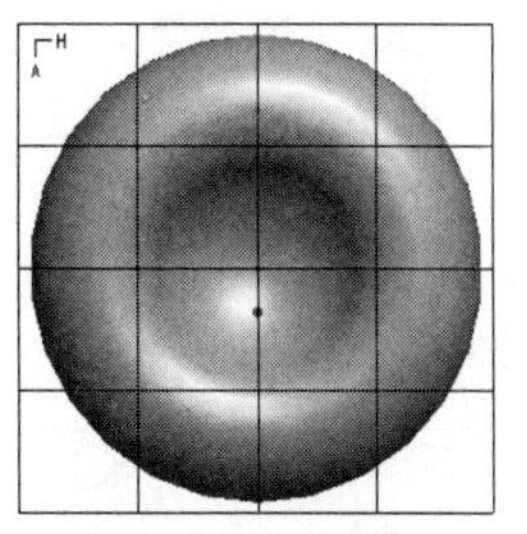

图 7-8 调整视图方向

在创建或定义造型特征时，可以创建合适的内部基准平面来辅助设计。使用内部基准平面的好处在于，可以在当前的造型特征中含有其他图元的参照。创建内部基准平面的方法及步骤如下。

① 单击【造型曲面】工具栏上的【创建内部基准平面】按钮，或在主菜单中单击【造型】|【内部平面】命令，打开【基准平面】对话框，如图 7-9 所示。

② 利用【放置】选项卡，以通过参照现有平面、曲面、边、点、坐标系、轴、顶点或曲线来放置新的基准平面，也可选取基准坐标系或非圆柱曲面作为创建基准平面的放置参照。必要时，利用【平移】选框，自定参照的偏移位置放置新基准平面，如图 7-10 所示。

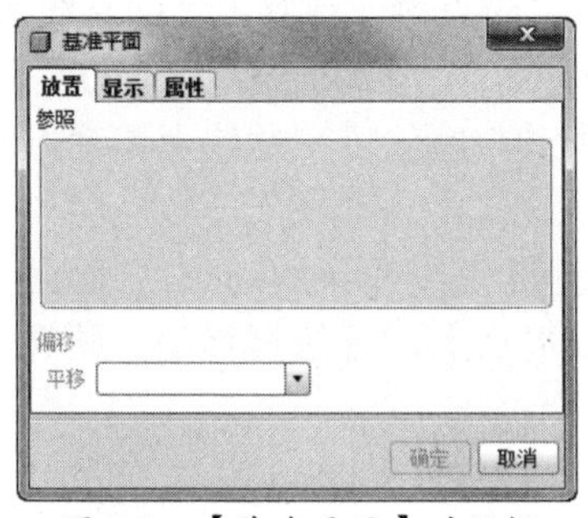

图 7-9 【基准平面】对话框

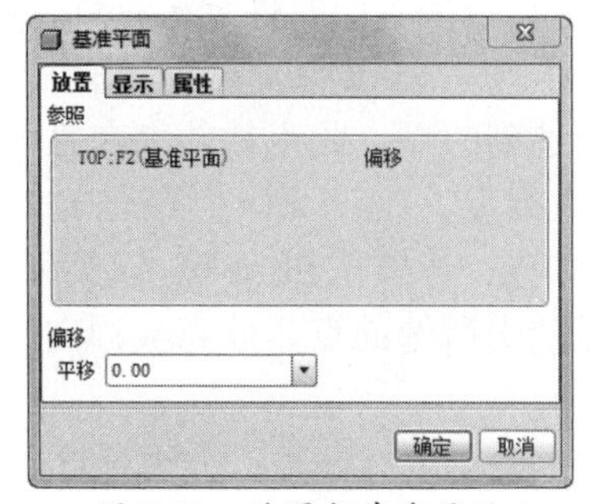

图 7-10 放置新基准平面

③ 如果需要，可以进入【显示】选项卡和【属性】选项卡，进行相关设置操作。一般情况下，接受默认设置即可。

④ 单击【确定】按钮，完成内部基准平面的创建。默认情况下此基准平面处于活动状态，并且带有栅格显示，还会显示内部基准平面的水平和竖直方向。

7.3 创建曲线

造型曲面是由曲线来定义的，所以创建高质量的造型曲线是创建高质量造型曲面的关键。在这里，首先了解造型曲线的一些概念性基础知识。

造型曲线是通过两个以上的定义点光滑连接而成的。一组内部插值点和端点定义了曲线的几何。曲线上每一点都有自己的位置，切线和曲率。切线确定曲线穿过的点的方向，切线由造型创建和维护，不能人为改动，但可以调整端点切线的角度和长度。曲线可以被认为是由无数微小圆弧合并而成的，每个圆弧半径就是曲线在该位置的曲率半径，曲线的曲率是曲线方向改变速度的度量。

在造型曲面中，创建和编辑曲线的模式有两种：插值点和控制点。

- 插值点：在默认情况下，在创建或编辑曲线的同时，造型曲面显示曲线的插值点，如图 7-11 所示。单击并拖动实际位于曲线上的点即可编辑曲线。
- 控制点：在【造型曲面】的操控面板中选取【控制点】选项，显示曲线的控制点，如图 7-12 所示。可通过单击和拖动这些点来编辑曲线，只有曲线上的第一个和最后一个控制点可以成为软点。

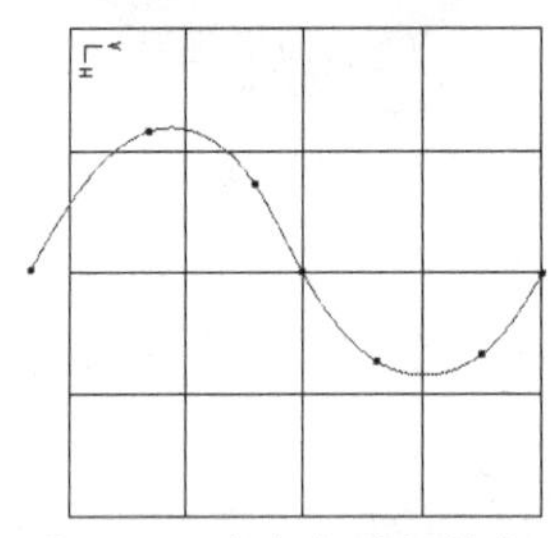
图 7-11　曲线上的插值点

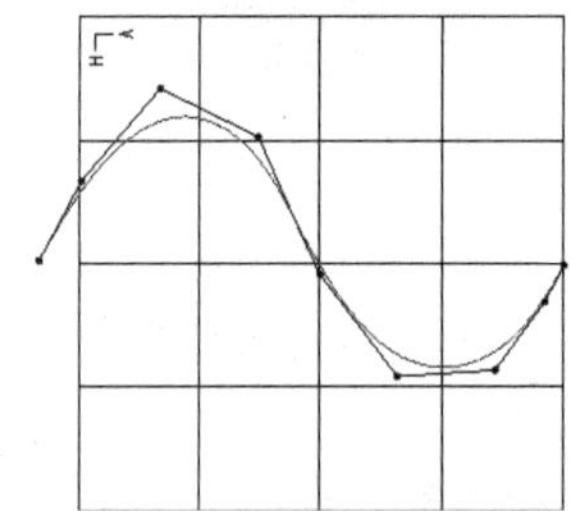
图 7-12　曲线上的控制点

点的种类如果按点的移动自由度来划分，则可分为自由点、软点和固定点 3 种类型。

- 自由点。以鼠标左键在零件上任意取点创建曲线时，所选的点会以小黑点“•”形式显示在画面上。当创建完曲线，再按主窗口右侧的“编辑曲线”按钮，编辑此曲线时，该点可被移动到任意位置，此类的点称为自由点。
- 软点。在现有的零件上选取点时，若希望所选的点落在现有零件的直线上或曲线上，则需按住 Shift 键，再以鼠标左键选直线或曲线，则画面会以小圆点“○”显示出所选到的点，此点被约束在直线上或曲线上，但仍可在此线上移动，此类点称为“软点”。
- 固定点。若按住 Shift 键，以鼠标左键选取基准点或线条的端点，则画面上会以“×”显示出所选的点，此点被固定在基准点或端点上，无法再移动，此类点称为“固定点”。

造型曲线的类型有 3 种，分别为自由曲线、平面曲线和 COS 曲线。

- 自由曲线。自由曲线就是三维空间曲线，也称 3D 曲线，它可位于三维空间中的任何地方。通常绘制在活动工作平面上，并可以通过曲线编辑功能，拖曳插值点使其成为 3D 曲线。
- 平面曲线。位于活动平面上的曲线，编辑平面曲线时不能将曲线点移出平面，也称为 2D 曲线。

- COS 曲线。自由曲面造型中的 COS 曲线（Curve On Surface，COS）指的是曲面上的曲线。COS 曲线永远置放于所选定的曲面上，如果曲面的形状发生了变化，曲线也随曲面的外形变化而变化。
- 下落曲线。下落曲线是将指定的曲线投影到选定的曲面上所得到的曲线，投影方向是某个选定平面的法向。选定的曲线、选定的曲面以及取其法向为投影方向的平面都是父特征，最后得到的下落曲线为子特征，无论修改哪个父特征，都会导致下落曲线改变。从本质上来讲，下落曲线是一种特殊的 COS 曲线。

7.3.1 创建自由曲线

自由曲线是造型曲线中最常用的曲线，它可位于三维空间的任何地方。可以通过制定插值点或控制点的方式来建立自由曲线。

单击造型平台中的【创建曲线】按钮～，或者在主菜单中单击【造型】/【曲线】命令，打开如图 7-13 所示的【造型曲线】特征操控面板。

其中各选项含义如下。

- 自由曲线：创建位于三维空间中的曲线，不受任何几何图元约束。
- 平面曲线：创建位于指定平面上的曲线。
- 曲面曲线：创建被约束于指定单一曲面上的曲线。
- 控制点：以控制点方式创建曲线。
- 【按比例更新】：选中该复选框，按比例更新的曲线允许曲线上的自由点与软点成比例移动。在曲线编辑过程中，曲线按比例保持其形状。没有按比例更新的曲线，在编辑过程中只能更改软点处的形状。

技巧点拨

在创建空间任意自由曲线时，可以借助多视图方式，便于调整空间点的位置，以完成图形绘制。

单击其中的【参照】选项，弹出【参照】选项卡，如图 7-14 所示，主要用来指定绘制曲线所选用的参照以及径向平面。

图 7-13 【造型曲线】特征操控面板

图 7-14 【参照】选项卡

上机实践——创建自由曲线

① 新建零件文件，并单击【造型】工具按钮，进入造型环境。

② 单击造型平台中的【创建曲线】按钮～，或者在主菜单中单击【造型】/【曲线】命令，打开【造型曲线】特征操控面板。

③ 指定要创建的曲线类型。可以选择自由曲线、平面曲线以及曲面曲线。

④ 定义曲线点。可以使用控制点和插值点来创建自由曲线。

⑤ 如果需要，可单击【按比例更新】复选框，使曲线按比例更新。

⑥ 完成自由曲线创建。创建自由曲线例子如图 7-15 所示。

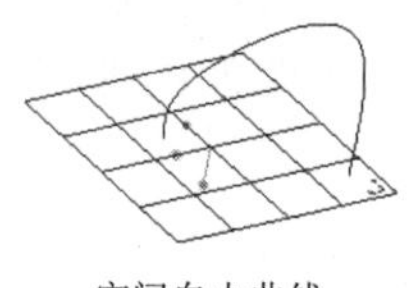
空间自由曲线

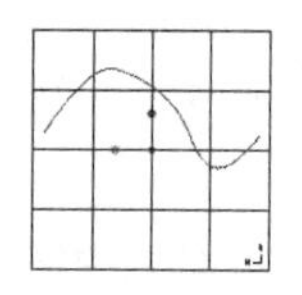
平面自由曲线

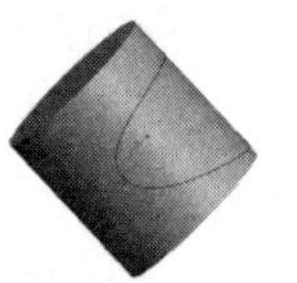
曲面上自由曲线

图 7-15　自由曲线

7.3.2　创建圆

在造型环境中，创建圆的过程较为简单。在造型环境中，单击造型平台中【创建圆】按钮，弹出【创建圆】特征操控面板，如图 7-16 所示。利用该操控面板，可以创建自由曲线或平面曲线，单击一点为圆心，并指定圆半径。

图 7-16　【创建圆】特征操控面板

该特征操控面板主要选项含义如下。

- 自由：该项将默认选中。可自由移动圆，而不受任何几何图元的约束。
- 平面：圆位于指定平面上。默认情况下，活动平面为参照平面。

上机实践——创建圆

① 在造型环境中，单击造型平台中【创建圆】按钮，弹出【创建圆】特征操控面板。

② 选择造型圆的类型。在【创建圆】特征操控面板中，单击按钮，创建自由形式圆；单击按钮，创建平面形式圆。

③ 在图形窗口中单击任一位置来放置圆的中心。

④ 设定圆半径。拖动圆上所显示的控制滑块可更改其半径，或在操控面板的【半径】中指定新的半径值。

⑤ 完成圆创建。创建圆的例子如图 7-17 所示。

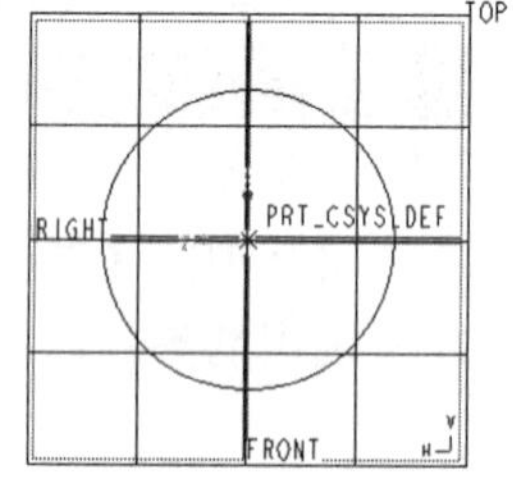

图 7-17　创建圆

7.3.3　创建圆弧

在造型环境中，创建圆弧与创建圆的过程基本相同，另外需要指定圆弧的起点及终点。在造型环境中，单击造型平台中【创建圆弧】按钮，弹出【创建圆弧】特征操控面板，如图 7-18 所示。在该操控面板中，需要指定圆弧的起始以及结束弧度。

上机实践——创建圆弧

① 在造型环境中，单击造型平台中【创建圆弧】按钮，弹出【创建圆弧】特征操控面板。

② 选择造型圆弧的类型。在【创建圆弧】特征操控面板中，可设定创建自由形式或平面形式圆弧。

③ 在图形窗口中单击任一位置来放置圆弧的中心。

④ 设定圆弧半径及起始、结束角度。拖动圆弧上所显示的控制滑块以更改圆弧的半径以及起点和终点；或者，在操控面板的【半径】【起点】和【终点】框中分别指定新的半径

值、起点值和终点值。

⑤ 完成圆弧创建。创建圆弧的例子如图 7-19 所示。

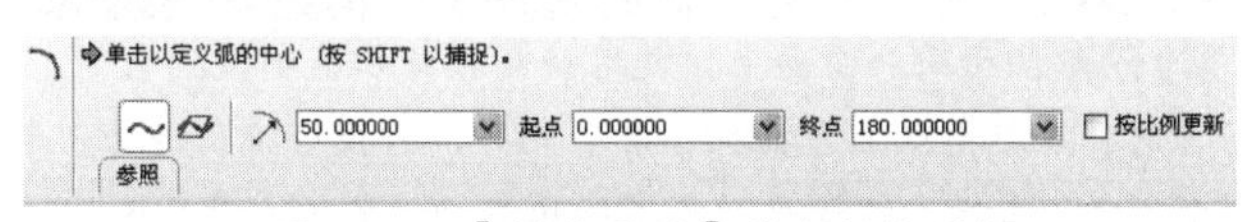

图 7-18 【创建圆弧】特征操控面板

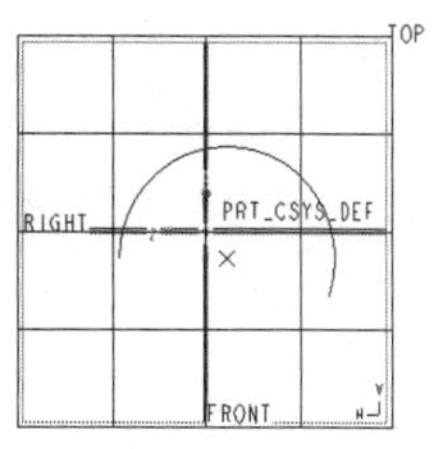

图 7-19 创建圆弧

7.3.4 创建下落曲线

下落曲线是将指定的曲线投影到选定的曲面上所得到的曲线。在造型环境中，单击【创建下落曲线】按钮，弹出【创建下落曲线】特征操控面板，如图 7-20 所示。在该操控面板中，需要指定投影曲线、投影曲面等要素。

图 7-20 【创建下落曲线】特征操控面板

上机实践——创建下落曲线

① 在造型环境中，单击【创建下落曲线】按钮，弹出【创建下落曲线】特征操控面板。

② 选取投影曲线。选取一条或多条要投影的曲线。

③ 选取投影曲面。选取一个或多个曲面。曲线即被放置在选定曲面上。默认情况下，将选取基准平面作为将曲线放到曲面上的参照。

④ 设置曲线延伸选项。单击【起点】复选框，将下落曲线的起始点延伸到最接近的曲面边界；单击【终点】复选框，将下落曲线的终止点延伸到最接近的曲面边界。

⑤ 完成投影曲线创建。预览创建的投影曲线，完成投影曲线创建。创建投影曲线的例子如图 7-21 所示。

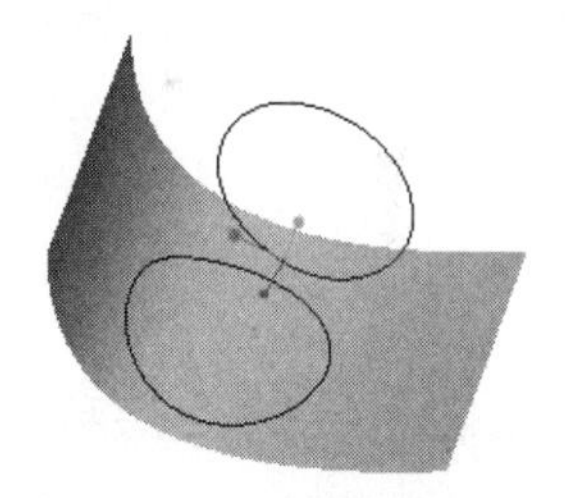

图 7-21 创建投影曲线

技巧点拨

通过投影创建的曲线与原始曲线是关联的，若改变原始曲线的形状，则投影曲线形状也随之改变。

7.3.5 创建 COS 曲线

COS 曲线指的是曲面上的曲线，通常可以通过曲面相交创建。如果曲面的形状发生了变化，曲线也随曲面的外形变化而变化。在造型环境中，单击【创建 COS 曲线】按钮，弹出【创建 COS 曲线】特征操控面板，如图 7-22 所示。在该特征操控面板中，主要设定需要相交的曲面。

图 7-22 【创建 COS 曲线】特征操控面板

上机实践——创建 COS 曲线

① 在造型环境中，单击【创建 COS 曲线】按钮，弹出【创建 COS 曲线】特征操控面板。
② 选取相交曲面。分别选取两个曲面作为相交曲面。
③ 创建 COS 曲线。创建 COS 曲线的例子如图 7-23 所示。

技巧点拨

在定义 COS 点时，只要其他顶点或基准点都位于同一曲面上，就可使用捕捉功能捕捉到它们。

在使用捕捉功能时，当选取的面在下方时，应避免从上方捕捉参考。此时应将模型特征旋转一个角度，在定义了第一点之后即可从上方绘制所需的 COS 曲线。注意此时是不能用查询选取方式选择曲面的。

COS 曲线与选定曲面的父子关系可以通过在下拉菜单中选择【编辑（E）】|【断开链接（K）】命令来更改 COS 曲线为自由曲线状态，如图 7-24 所示。

图 7-23 创建 COS 曲线

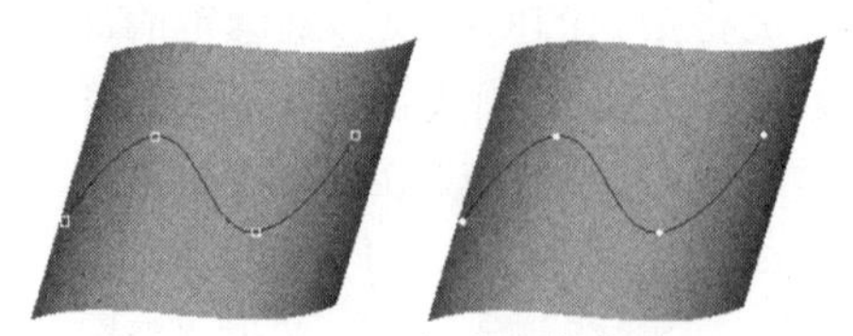
图 7-24 变更曲线类型

7.3.6 创建偏移曲线

创建偏移曲线通过选定曲线，并指定偏移参照方向以创建曲线。在造型环境中，在主菜单中单击【造型】/【偏移曲线】命令，打开【偏移曲线】特征操控面板，如图 7-25 所示。在该操控面板中，主要指定偏移曲线、偏移参照及偏移距离。曲线所在的曲面或平面是指定默认偏移方向的参照，另外，可单击【法向】复选框，将垂直于曲线参照进行偏移。

图 7-25【偏移曲线】特征操控面板

上机实践——创建偏移曲线

① 在造型环境中，在主菜单中单击【造型】/【偏移曲线】命令，打开【偏移曲线】特征操控面板。
② 选取要偏移的曲线。
③ 选取偏移参照及方向。
④ 设置曲线偏移选项。单击【起点】复选框，将下落曲线的起始点延伸到最接近的曲面边界；单击【终点】复选框，将下落曲线的终止点延伸到最接近的曲面边界。
⑤ 设定偏移距离。拖动选定曲线上显示的控制滑块来更改偏移距离，或双击偏移的显示值，然后输入新的偏移值。
⑥ 创建偏移曲线。创建偏移曲线的例子如图 7-26 所示。

图 7-26 创建偏移曲线

7.3.7 创建来自基准的曲线

创建来自基准的曲线可以复制外部曲线，并转化为自由曲线，这样大大方便了外形的修改和调整。在处理通过其他来源（例如 Adobe Illustrator）创建的曲线或通过 IGES 导入的曲线时，使用这种方式来导入曲线非常有用。所谓外部曲线是指不是当前造型特征内创建的曲线，它包括其他类型的曲线和边，主要包括以下种类。

- 导入到 Pro/E 中的基准曲线。例如，通过 IGES、Adobe Illustrator 等导入的基准曲线。
- 在 Pro/E 中创建的基准曲线。
- 在其他或当前“自由形式曲面”特征中创建的“自由形式曲面”曲线或边。
- 任意特征的边。

技巧点拨

来自基准的曲线功能是将外部曲线转为造型特征的自由曲线，这种复制是独立复制的，即如果外部曲线发生变更时并不会影响到新的自由曲线。

在造型环境中，在主菜单中单击【造型】/【来自基准的曲线】命令，打开【创建来自基准的曲线】特征操控面板，如图 7-27 所示。

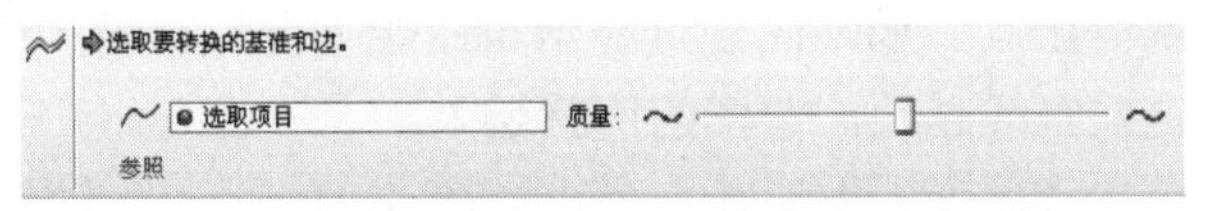

图 7-27　【创建来自基准的曲线】特征操控面板

上机实践——创建来自基准的曲线

① 创建或重定义造型曲面特征。

② 在造型环境中，在主菜单中单击【造型】/【来自基准的曲线】命令，打开【创建来自基准的曲线】特征操控面板。

③ 选取基准曲线。可通过两种方式选取曲线，即单独选取一条或多条曲线或边或选取多个曲线或边创建链。

④ 调整曲线逼近质量。使用【质量】滑块提高或降低逼近质量，逼近质量可能会增加计算曲线所需点的数量。

⑤ 完成曲线创建。创建来自基准的曲线的例子如图 7-28 所示。

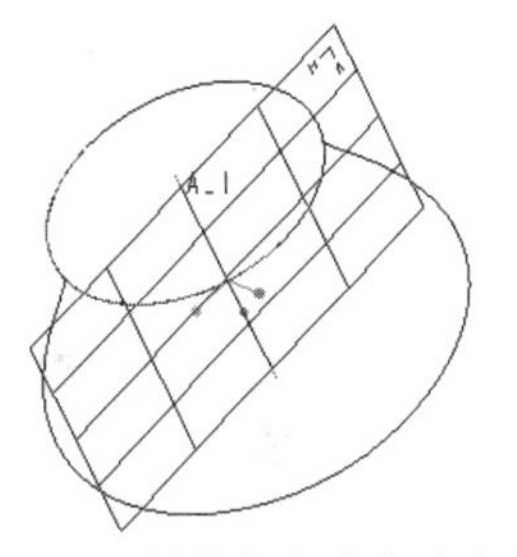

图 7-28　创建来自基准的曲线

7.3.8　创建来自曲面的曲线

在主菜单中单击【造型】/【来自曲面的曲线】命令，打开【创建来自曲面的曲线】特征操控面板，如图 7-29 所示。利用该功能可以在现有曲面的任意点沿着曲面的等参数线创建自由曲线或 COS 类型的曲线。

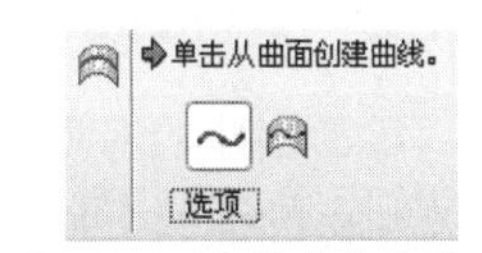

图 7-29　【创建来自曲面的曲线】特征操控面板

上机实践——创建来自曲面的曲线

① 在主菜单中单击【造型】/【来自曲面的曲线】命令，打开【创建来自曲面的曲线】特征操控面板。

② 选择创建曲线类型。在特征操控面板上选择自由或 COS 类型曲线。

③ 创建曲线。在曲面上选取曲线要穿过的点，创建一条具有默认方向的来自曲面的曲线。按住 Ctrl 键并单击曲面更改曲线方向。

④ 定位曲线。拖动曲线滑过曲面并定位曲线，或单击【选项】选项卡，并在【值】框中键入一个大小介于 0 和 1 之间的值。在曲面的尾端，【值】为 0 和 1。当【值】为 0.5 时，曲线恰好位于曲面中间。

⑤ 完成曲线创建。创建来自曲面的曲线的例子如图 7-30 所示。

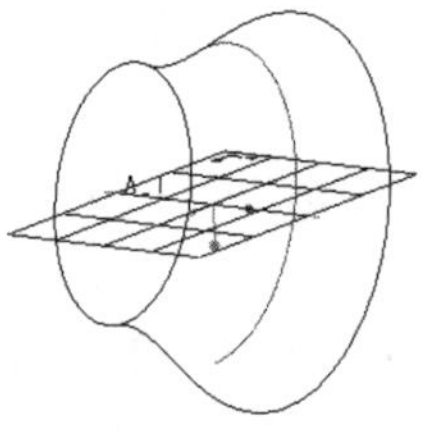

7.4 编辑造型曲线

图 7-30 创建来自曲面的曲线

造型曲线创建后，往往需要对其进行编辑和修改，才能得到高质量的曲线。造型曲线的编辑主要包括对造型曲线上点的编辑以及曲线的延伸、分割、组合、复制和移动以及删除等操作。在进行这些编辑操作时，应该使用曲线的曲率图随时查看曲线变化，以获得最佳的曲线形状。

7.4.1 曲率图

曲率图是一种图形表示，显示沿曲线的一组点的曲率。曲率图用于分析曲线的光滑度，它是查看曲线质量的最好工具。曲率图通过显示与曲线垂直的直线（法向），来表现曲线的平滑度和数学曲率。这些直线越长，曲率的值就越大。

在造型环境下，单击【曲率】按钮，弹出如图 7-31 所示的【曲率】对话框。利用该对话框，选取要查看曲率的曲线，即可显示曲率图，如图 7-32 所示。

图 7-31 【曲率】对话框

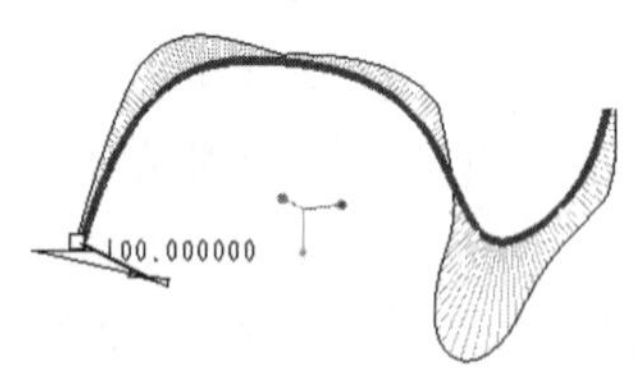

图 7-32 曲率图

7.4.2 编辑曲线点或控制点

对于创建的造型曲线，如果不符合用户要求，往往需要对其进行编辑，通过对曲线的点或控制点的编辑可以修改造型曲线。

在造型环境中，单击造型平台中的【编辑曲线】按钮，弹出如图 7-33 所示的【编辑曲线】特征操控面板。选中曲线，将会显示曲线上的点或控制点，如图 7-34 所示。使用鼠标左键拖动选定的曲线点或控制点，可以改变曲线的形状。

图 7-33 【编辑曲线】特征操控面板

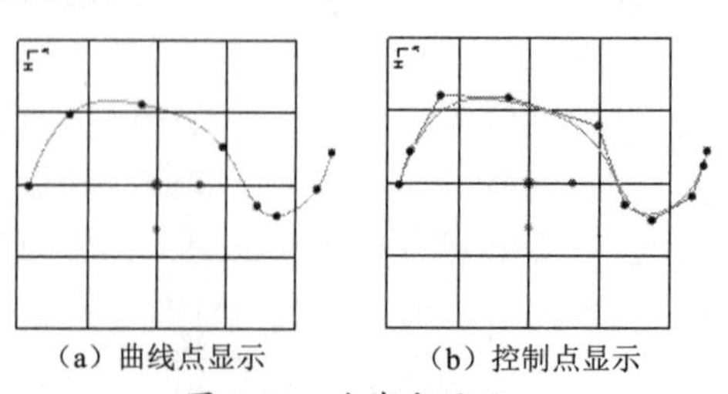

（a）曲线点显示 （b）控制点显示

图 7-34 曲线点显示

利用【编辑曲线】对话框的选项卡的各选项，可以分别设定曲线的参照平面，点的位置以及端点的约束情况，如图 7-35 所示。

图 7-35 点设置选项

另外，利用【编辑曲线】对话框中的选项，选中造型曲线或曲线点，单击鼠标右键，利用弹出的菜单中的相关指令，可以在曲线上增加或删除点，以对曲线进行分割、延伸等编辑操作，也可以完成对两条曲线的组合。

7.4.3 复制与移动曲线

在造型环境中，选择主菜单中的【编辑】菜单下的【复制】【按比例复制】和【移动】命令，可以对曲线进行复制和移动。

- 【复制】：复制曲线。如果曲线上有软点，复制后系统不会断开曲线上软点的连接，操作时可以在操控面板中输入坐标值以精确定位。
- 【按比例复制】：复制选定的曲线并按比例缩放。
- 【移动】：移动曲线。如果曲线上有软点，移动后系统不会断开曲线上软点的连接，操作时可以在操控面板中输入坐标值以精确定位。

选择主菜单中的【编辑】菜单下的【复制】命令，弹出如图 7-36 所示的【复制】特征操控面板。利用该操控面板完成的曲线复制如图 7-37 所示。

图 7-36 【复制】特征操控面板

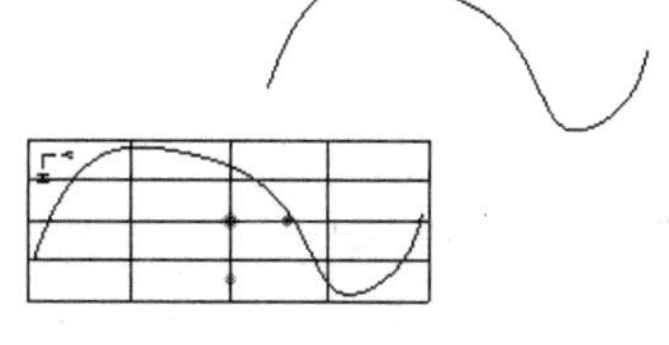

图 7-37 曲线复制

7.5 创建造型曲面

在创建造型曲线后，即可以利用这些曲线创建并编辑造型曲面。创建造型曲面的方法主要有三种，即边界曲面、放样曲面和混合曲面，其中最为常用的方法为边界曲面。

7.5.1 边界曲面

采用边界的方法创建造型曲面最为常用，其特点是要具有三条或四条造型曲线，这些曲线应当形成封闭图形。在造型环境中，单击造型平台中的【从边界曲线创建曲面】按钮，弹出如图 7-38 所示的【曲面】特征操控面板。

图 7-38 【曲面】特征操控面板

主要选项含义如下。

- 按钮：主曲线收集器。用于选取主要边界曲线。
- 按钮：内部曲线收集器。选择内部边线构建曲面。
- 按钮：显示已修改曲面的半透明或不透明预览。
- 按钮：显示曲面控制网格。
- 按钮：显示重新参数化曲线。
- 按钮：显示曲面连接图标。

上机实践——创建边界曲面

① 在造型环境中，单击造型平台中的【从边界曲线创建曲面】按钮，弹出【曲面】特征操控面板。

② 选取边界曲线。选取三条链来创建三角曲面，或选取四条链来创建矩形曲面。显示预览曲面。

③ 添加内部曲线。单击按钮，选取一条或多条内部曲线。曲面将调整为内部曲线的形状。

④ 调整曲面参数化形式。要调整曲面的参数化形式，重新参数化曲线。

⑤ 预览边界曲面，完成边界曲面创建。

⑥ 选取已创建的 3 条边界曲线，创建边界曲面的例子如图 7-39 所示。

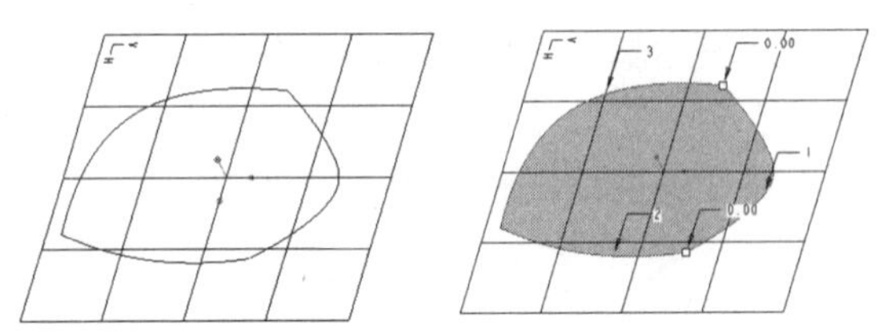

图 7-39 创建边界曲面

7.5.2 连接造型曲面

自由曲面生成之后，可以同其他曲面进行连接。曲面连接与曲线连接类似，都是基于父项和子项的概念。父曲面不改变其形状，而子曲面会改变形状以满足父曲面的连接要求。当曲面具有共同边界时，可设置 3 种连接类型，即几何连接、相切连接和曲率连接。

- 几何连接。几何连接也称匹配连接，它是指曲面共用一个公共边界（共同的坐标点），但是没有沿边界公用的切线或曲率，曲面之间用虚线表示几何连接。
- 相切连接。相切连接是指两个曲面具有一个公共边界，两个曲面在沿边界的每个点上彼此相切，即彼此的切线向量同方向。在相切连接的情况下，曲面约束遵循父项和子项的概念。子项曲面的箭头表示相切连接关系。
- 曲率连接。当两曲面在公共边界上的切线向量方向和大小都相同时，曲面之间成曲率连接。曲率连接由子项曲面的双箭头表示曲率连接关系。

另外，造型曲面还有两种常见的特殊方式，即法向连接和拔模连接。

- 法向连接。连接的边界曲线是平面曲线，而所有与该边界相交的曲线的切线都垂直于此边界的平面。从连接边界向外指，但不与边界相交的箭头表示法向连接。
- 拔模连接。所有相交边界曲线都具有相对于边界与参照平面或曲面成相同角度的拔模曲线连接，也就是说，拔模曲面连接可以使曲面边界与基准平面或另一曲面成指定角度。从公共边界向外指的虚线箭头表示拔模连接。

在造型环境中，单击造型平台中的【连接曲面】按钮，弹出如图 7-40 所示的【连接曲面】特征操控面板。

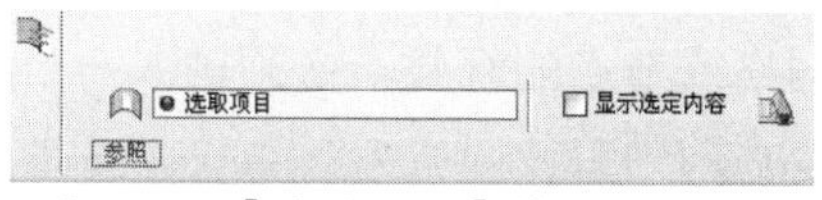

图 7-40 【连接曲面】特征操控面板

连接曲面的过程比较简单，打开【连接曲面】特征操控面板，首先选取要连接的曲面，然后确定连接类型，即可完成曲面连接。

曲面连接的例子如图 7-41 所示。

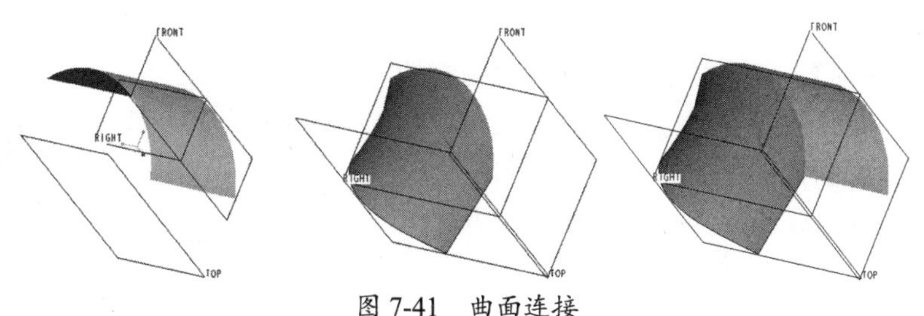

图 7-41 曲面连接

7.5.3 修剪造型曲面

在造型环境中，可以利用一组曲线来修剪曲面。在造型环境中，单击造型平台中的【曲面修剪】按钮，弹出如图 7-42 所示的【曲面修剪】特征操控面板。在该特征操控面板中，选取要修剪的曲面、修剪曲线以及保留的曲面部分，即可完成造型曲面的修剪。

图 7-42 【曲面修剪】特征操控面板

曲面修剪的例子如图 7-43 所示。

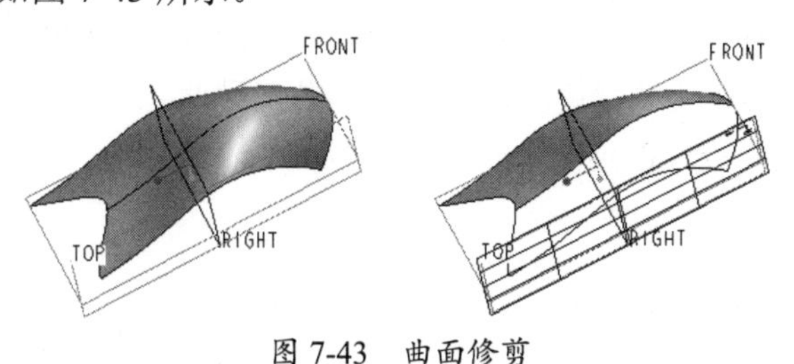

图 7-43 曲面修剪

7.5.4 编辑造型曲面

在造型环境中，利用造型曲面编辑工具，可以使用直接操作、灵活编辑常规建模所用的曲面，并可进行微调使问题区域变得平滑。

在造型环境中，单击造型平台中的【曲面编辑】按钮，弹出如图 7-44 所示的【曲面编辑】特征操控面板。

图 7-44 【曲面编辑】特征操控面板

其中主要选项含义如下。

- ：曲面收集器，选取要编辑曲面。
- 【最大行数】：设置网格或节点的行数。必须键入一个大于或等于 4 的值。
- 【列】：设置网格或节点的列数。
- 【移动】：约束网格点的运动。
- 【过滤】：约束围绕活动点的选定点的运动。
- 【调整】：键入一个值来设置移动增量，然后单击、、或以向上、向下、向左或向右轻推点。
- 【比较选项】：更改显示来比较经过编辑的曲面和原始曲面。

在【曲面编辑】特征操控面板中设置相关选项及参数后，可以利用鼠标直接拖动控制点的方式编辑曲面形状，实例如图 7-45 所示。

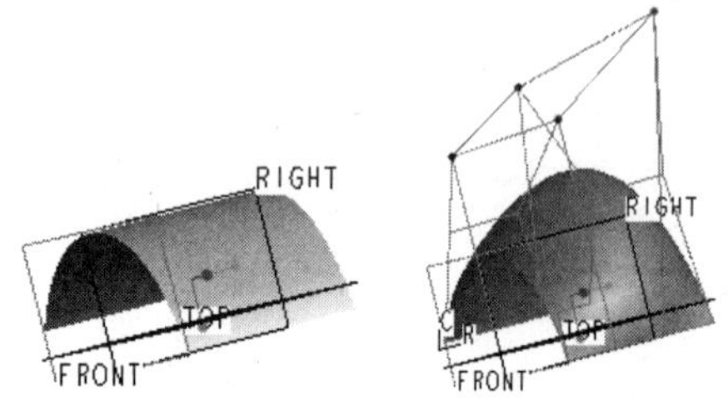

图 7-45 编辑曲面形状

7.6 综合案例

Pro/E 的造型曲面设计以边界曲线为曲面的基本元素，通过对边界曲线的编辑来改变曲面的外形，还可以通过编辑曲面，改变曲面的连接方式来改变曲面的光顺程度，以获得设计者需要的曲面。以下通过几个实例来了解造型曲面的创建以及编辑过程。

7.6.1 案例一：指模设计

本实例主要完成一种指模的模型设计，在模型的创建过程中要使用实体拉伸特征、造型曲线以及造型曲面特征的创建，以及圆角、加厚、实体化等建模方法，同时涉及多种曲面编辑特征的应用。指模设计的结果如图 7-46 所示。

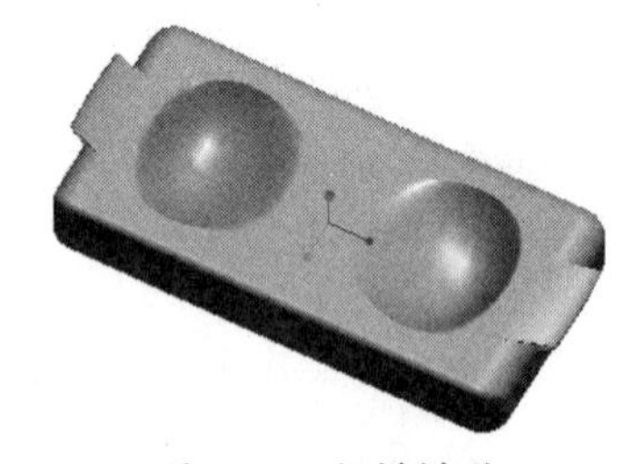

图 7-46 指模模型

操作步骤

① 新建名为“zhimo”的零件文件。

② 创建拉伸实体特征。单击【拉伸】按钮，选取 FRONT 平面作为草绘平面，绘制拉伸截面图，拉伸深度为 300，拉伸选项及创建的拉伸特征如图 7-47 所示。

③ 创建倒圆角特征。选中如图 7-48 所示的边线，单击【倒圆角】按钮，设定圆角半径值为 10，并完成倒圆角特征的创建。

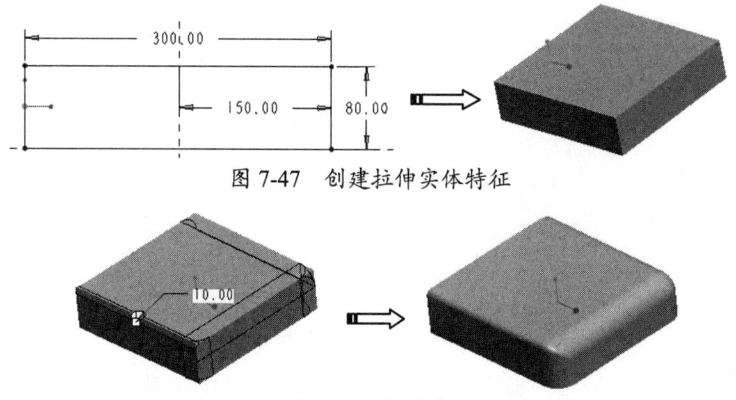

图 7-47　创建拉伸实体特征

图 7-48　倒圆角

④　创建造型曲线。在菜单栏中选择【插入】|【造型】命令或单击【造型】按钮，进入造型环境，以拉伸实体上表面为活动平面绘制 4 条平面曲线，然后连接 2 条曲线的中点创建曲线，主要过程及结果如图 7-49 所示。

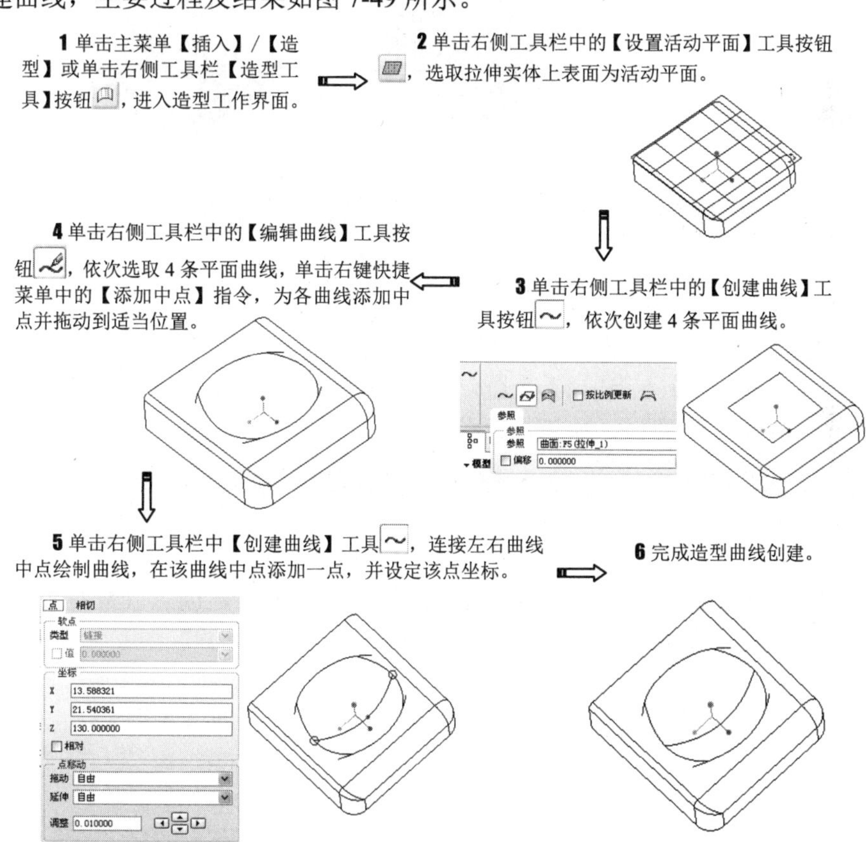

图 7-49　创建造型曲线

⑤　创建造型曲面。在造型环境中，单击【曲面】按钮，以上一步创建的造型曲线的 4 条边线为边界曲线，以连接中点的曲线为内部曲线，创建造型曲面，其过程及结果如图 7-50 所示。

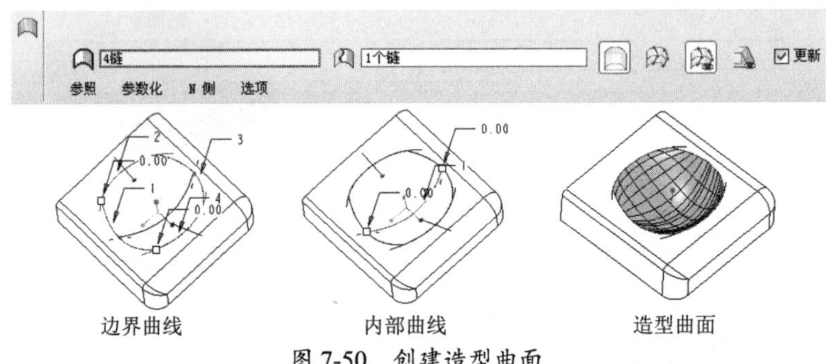

图 7-50　创建造型曲面

⑥ 创建实体化特征。选中上一步所创建的造型特征，单击主菜单【编辑】|【实体化】选项，打开【实体化】操控面板，单击【去除材料】按钮，并单击按钮调节方向，创建实体化特征如图 7-51 所示。

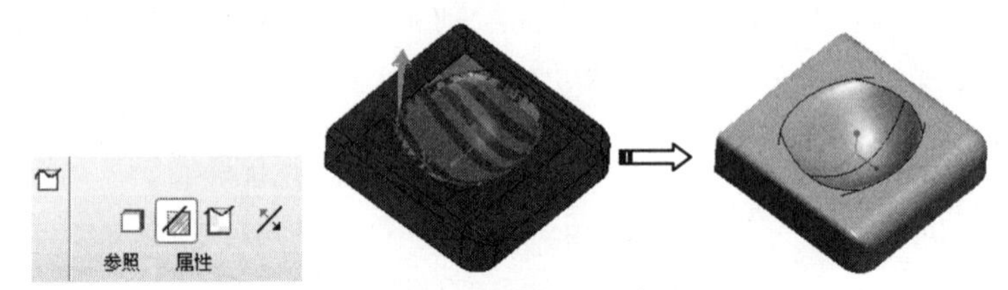

图 7-51　创建实体化特征

技巧点拨

创建实体化特征之前，应该退出造型环境，进入零件设计环境。

⑦ 创建造型曲线。主要过程与第 4 步相同，单击主菜单中的【插入】|【造型】命令或单击【造型工具】按钮，进入造型环境，利用【创建曲线】工具以及【编辑曲线】工具，创建 3 条自由曲线，如图 7-52 所示。

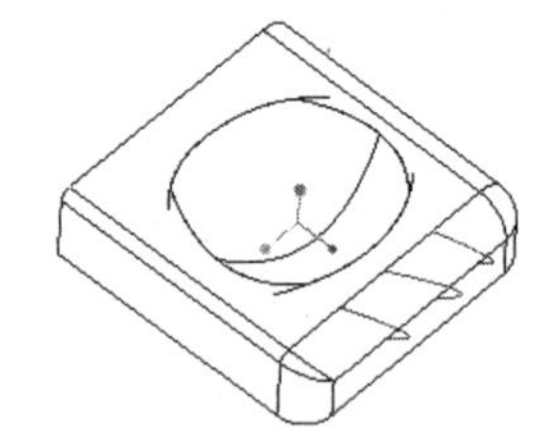
图 7-52　创建自由曲线

技巧点拨

创建曲线时，按下 Shift 键，捕捉圆角的两条边线，分别作为曲线的起点和终点，然后利用曲线编辑工具，在曲线中点处添加一点，并通过改变其点坐标值的方式调整其位置。

⑧ 创建造型曲面。在造型环境中，单击【曲面】工具按钮，创建造型曲面，基本步骤与第 5 步相同，创建造型曲面如图 7-53 所示。

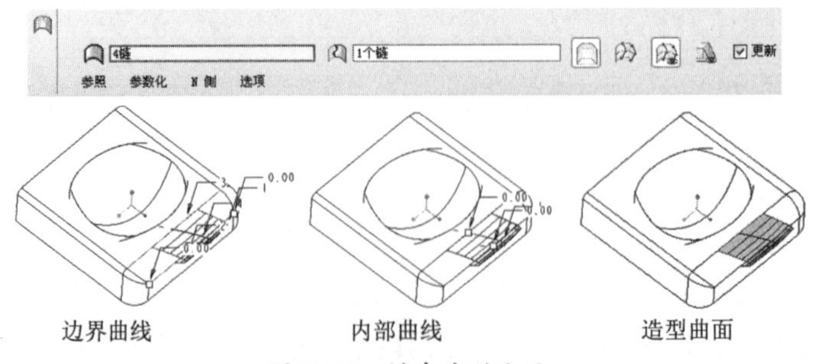

图 7-53　创建造型曲面

⑨ 加厚曲面。首先退出造型环境，回到零件设计环境，选取上一步创建的造型特征，在主菜单中选取【编辑】|【加厚】命令，将曲面加厚以实现实体化，如图 7-54 所示。

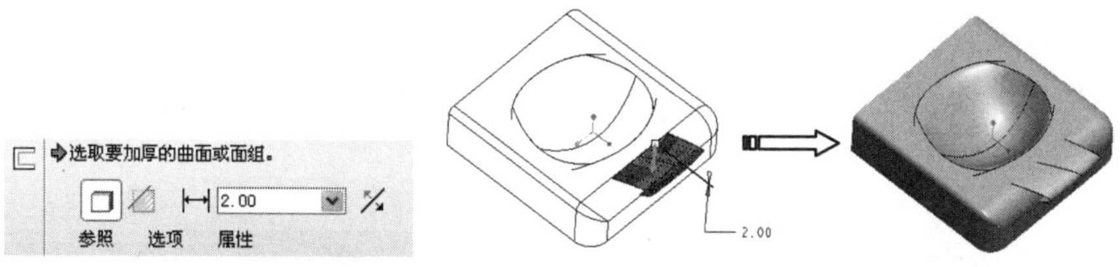

图 7-54 加厚曲面

⑩ 镜像实体特征。在模型树中，选取根节点，单击造型平台中的【镜像】工具按钮，选取实体的左侧面作为对称平面，创建镜像实体特征，如图 7-55 所示。

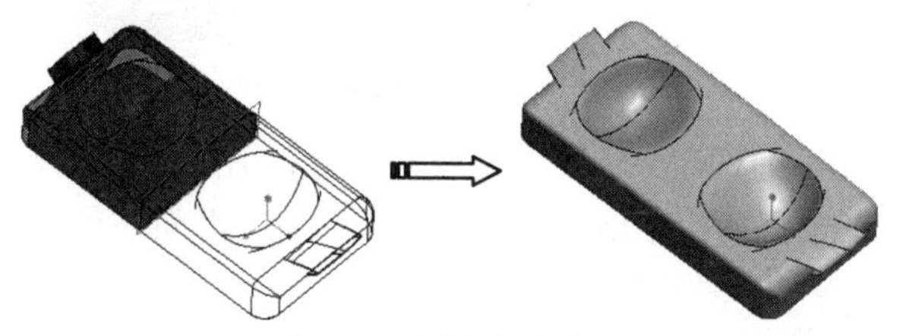

图 7-55 镜像实体特征

⑪ 隐藏曲线。首先将模型树切换至层树，单击鼠标右键，在弹出的菜单中选择【新建层】选项，创建新层。在选取过滤器中，选择【曲线】选项，并框选整个模型，完成新层的创建。用鼠标右键单击新创建的层，在弹出的菜单中选择【隐藏】选项，完成曲线的隐藏。得到最终创建的模型，如图 7-56 所示。

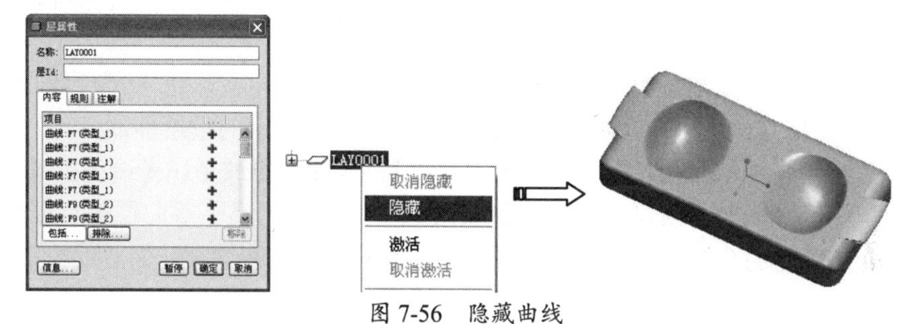

图 7-56 隐藏曲线

⑫ 单击按钮，保存设计结果，关闭窗口。

7.6.2 案例二：瓦片设计

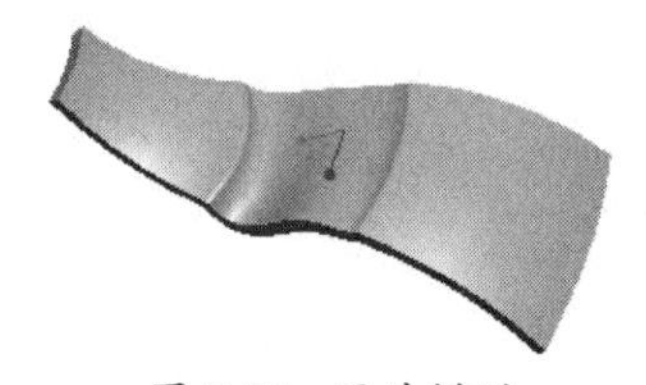

图 7-57 瓦片模型

本实例主要完成一种瓦片的模型设计，在模型的创建过程中要使用实体旋转特征、造型曲线以及造型曲面特征的创建，以及圆角、加厚、实体化等建模方法，同时涉及多种曲面编辑特征的应用。瓦片设计的结果如图 7-57 所示。

操作步骤

① 新建零件文件。单击工具栏中的【新建】按钮，在【新建】对话框的【类型】分组框中选择【零件】选项，在【子类型】分组框中默认选中【实体】选项，在【名称】文本框中输入文件名“wapian”，并去掉【使用缺省模板】前的对钩。单击确定按钮，在弹出的【新文件选项】对话框中选取模板为【mmns_part_solid】，单击确定按钮后，进入系统的零件模块。

② 创建旋转曲面特征。单击绘图区右侧的【旋转】工具按钮，打开旋转特征操控面板，选中【曲面】选项，选择 TOP 基准平面作为草绘平面，绘制旋转截面，创建的旋转曲面特征如图 7-58 所示。

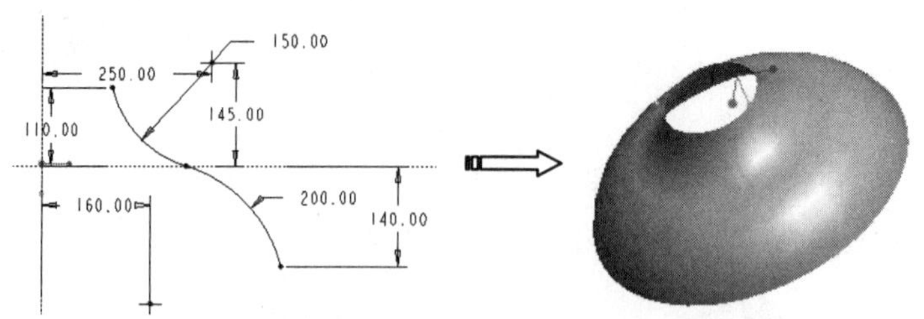

图 7-58 创建旋转曲面特征

③ 创建基准平面。单击按钮，打开【基准平面】对话框。选取 FRONT 平面作为参照，采用平面偏移的方式，偏距为 150，创建 DTM1 基准平面，如图 7-59 所示。

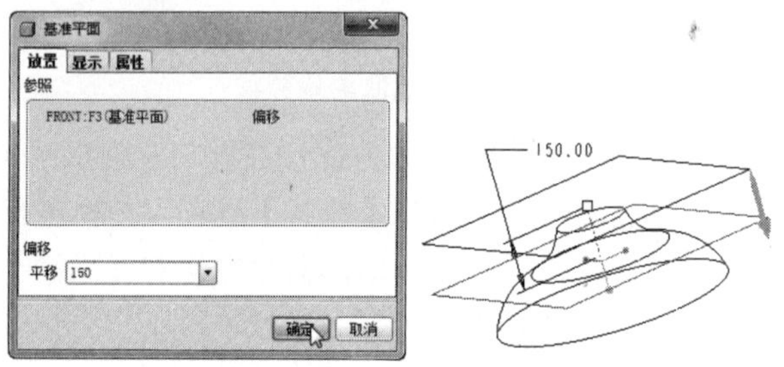

图 7-59 创建基准平面

④ 创建草绘曲线。单击造型平台中的【草绘基准曲线】按钮，进入草绘环境，选择上一步创建的 DTM1 平面作为草绘平面，绘制如图 7-60 所示的草绘曲线。

⑤ 创建投影造型曲线。单击主菜单中的【插入】|【造型】命令或单击【造型工具】按钮，进入造型环境，单击【创建下落曲线】按钮，弹出【创建下落曲线】特征操控面板，选取上一步创建的草绘曲线作为投影曲线，旋转曲面为投影曲面，创建的投影曲线如图 7-61 所示。

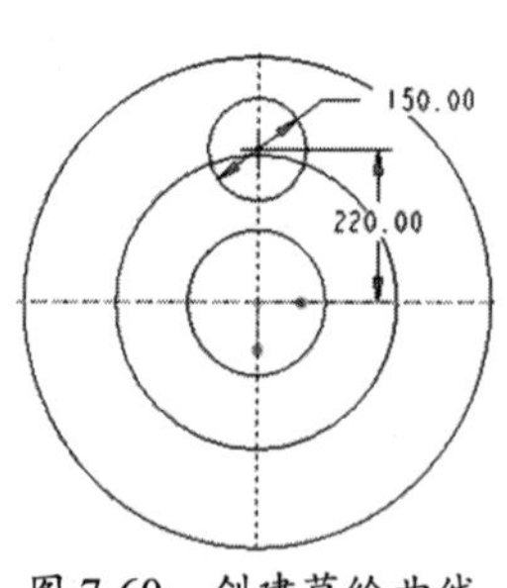

图 7-60 创建草绘曲线

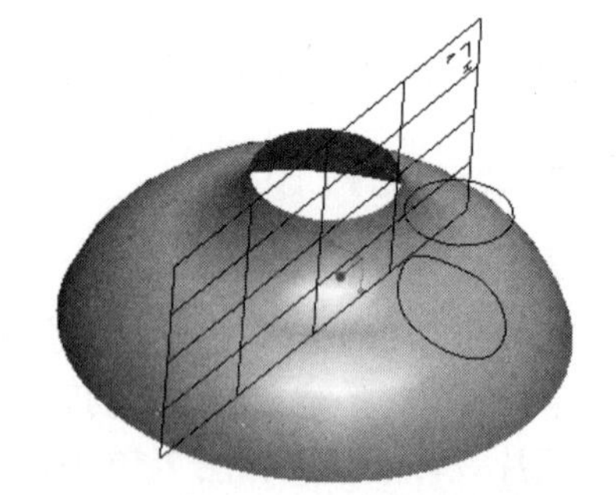

图 7-61 创建投影曲线

⑥ 创建曲面上的造型曲线。在造型环境中，利用【创建曲线】工具，并设定曲线类型为【曲面上曲线】，按住 Shift 键捕捉上一步创建的投影下落曲线，分别绘制两条造型曲线，并利用【编辑曲线】工具，为曲线添加中点，并调整中点位置，最后创建两条曲面上的造型曲线，如图 7-62 所示。

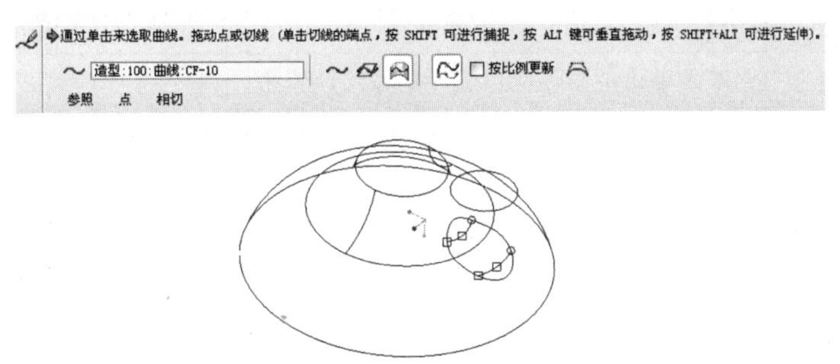

图 7-62 创建造型曲线

⑦ 创建自由造型曲线。主要过程与上一步相同，在造型环境中，利用【创建曲线】工具，并设定曲线类型为【自由曲线】，按住 Shift 键捕捉上一步创建的曲面上造型曲线的端点曲线，分别绘制两条自由造型曲线，并利用【编辑曲线】工具，为曲线添加中点，并调整中点位置，创建的自由造型曲线如图 7-63 所示。

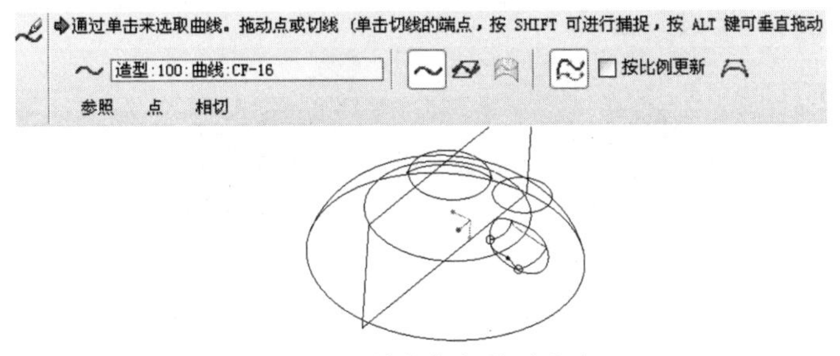

图 7-63 创建自由造型曲线

⑧ 创建造型曲面。在造型环境中，单击造型平台中的【曲面】工具按钮，以上两步创建的造型曲线为边界曲线，创建造型曲面，如图 7-64 所示。

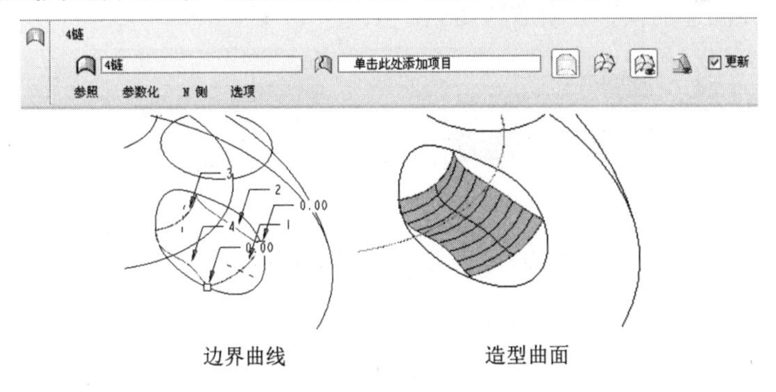

图 7-64 创建造型曲面

⑨ 合并曲面。选取上一步创建的造型曲面，按住 Ctrl 键，选取第 2 步创建的旋转曲面，单击【曲面合并】按钮，单击操控面板中的按钮，调整合并曲面方向，创建合并曲面，如图 7-65 所示。

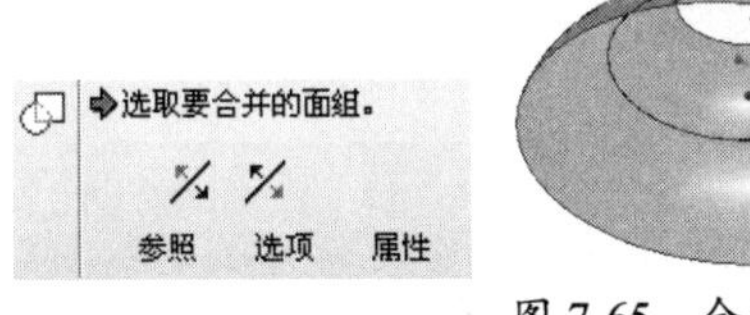

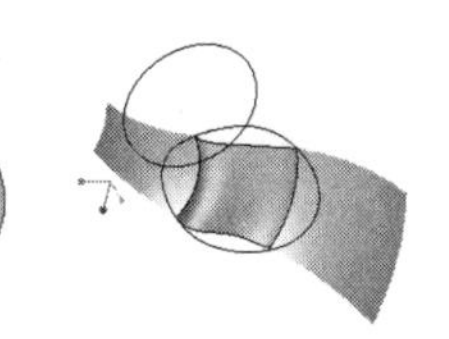

图 7-65 合并曲面

技巧点拨

创建实体化特征之前，应该退出造型环境，进入零件设计环境。

⑩ 加厚曲面。选取上一步创建的合并曲面特征，在主菜单中选取【编辑】/【加厚】命令，将曲面加厚以实现实体化，如图 7-66 所示。

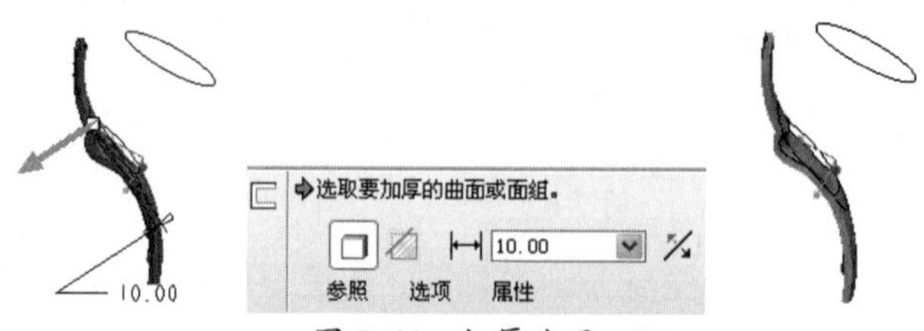

图 7-66 加厚曲面

⑪ 创建倒圆角特征。选中边线，单击【倒圆角】工具按钮，设定圆角半径值为 5，最后创建的倒圆角特征如图 7-67 所示。

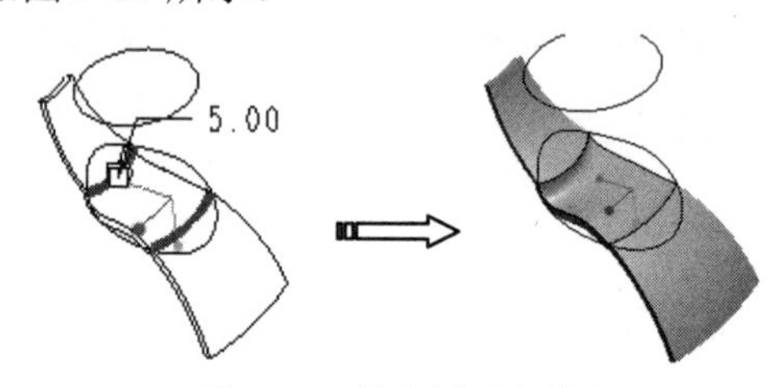

图 7-67 创建倒圆角特征

⑫ 隐藏曲线。首先将模型树切换至层树，单击鼠标右键，在弹出的菜单中选择【新建层】选项，创建新层。在选取过滤器中，选择【曲线】选项，并框选整个模型，完成新层的创建。用鼠标右键单击新创建的层，在弹出的菜单中选择【隐藏】选项，完成曲线的隐藏。得到最终创建的模型，如图 7-68 所示。

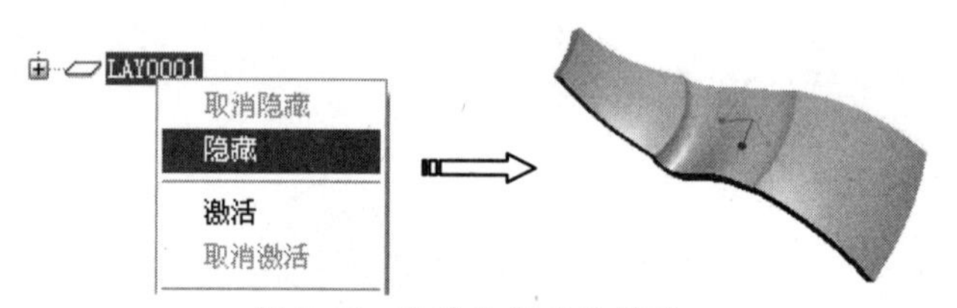

图 7-68 隐藏曲线后的模型

⑬ 单击按钮，保存设计结果，关闭窗口。

CHAPTER

曲面编辑与操作

本章导读

使用 Pro/E 的曲面功能进行造型时,有时需要一些编辑工具进行适当的操作，以顺利完成造型工作。本章则要介绍这些曲面编辑功能，包括前面的修剪、延伸、合并、加厚等。

知识要点

☑ 修剪曲面
☑ 延伸曲面
☑ 合并曲面
☑ 曲面实体化
☑ 加厚操作

扫码看视频

8.1 曲面编辑

在三维实体建模中，曲面特征是一种优良的设计“材料”，用来构建实体特征的外轮廓。但是使用各种方法创建的曲面特征并不一定正好满足设计要求，这时可以采用多种曲面编辑方法来完善曲面。就像裁剪布料制作服装一样，可以将多个曲面进行编辑后拼成一个曲面，最后由该曲面创建实体特征。下面主要介绍曲面特征的各种常用操作方法。

8.1.1 修剪曲面特征

修剪曲面特征是指裁去指定曲面上多余的部分以获得理想大小和形状的曲面。曲面的修剪方法较多，既可以使用已有基准平面、基准曲线或曲面等修剪对象来修剪曲面特征，也可以使用拉伸、旋转等三维建模方法来修剪曲面特征。

1. 使用修剪对象修剪曲面特征

首先选取需要修剪的曲面特征，然后单击【修剪】按钮，打开【修剪】操控面板，如图 8-1 所示。

在如图 8-2 所示的【参照】选项卡中，需要指定两个对象。

- 【修剪的面组】：在这里指定被修剪的曲面特征。
- 【修剪对象】：在这里指定作为修剪工具的对象，如基准平面、基准曲线以及曲面特征等都可以用来修剪一个曲面。

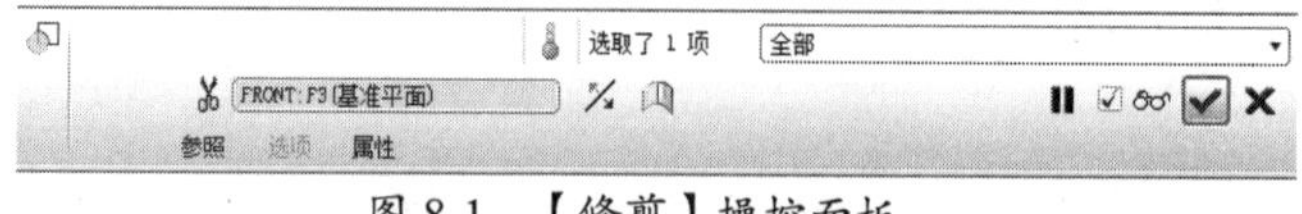

图 8-1 【修剪】操控面板

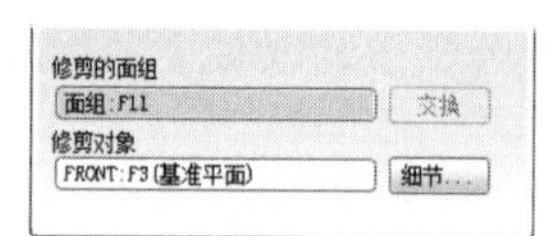

图 8-2 【参照】选项卡

2. 使用基准平面裁剪曲面

如图 8-3 所示，选取曲面特征作为被修剪的面组，选取基准平面 RIGHT 作为修剪工具。确定这两项内容后，系统使用一个黄色箭头指示修剪后保留的曲面侧，另一侧将会被裁去。单击操控面板上的【反向】按钮，可以调整箭头的指向，以改变保留的曲面侧，单击时可以保留曲面的任意一侧，也可以两侧都保留。

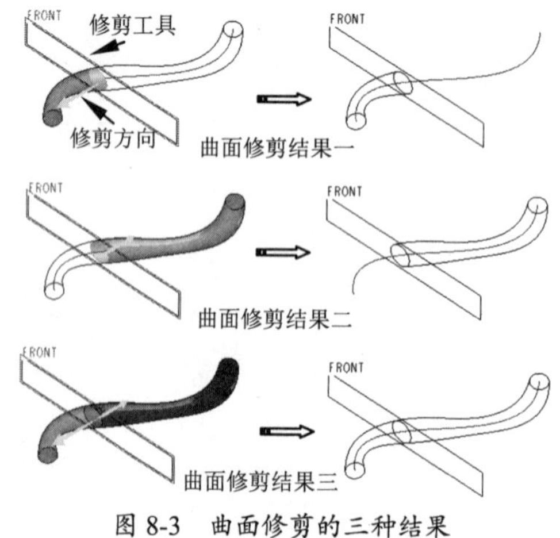

图 8-3 曲面修剪的三种结果

3. 使用一个曲面修剪另一个曲面

除使用基准平面修剪曲面外，还可以使用一个曲面修剪另一个曲面，这时要求被修剪的曲面能够被作为修剪工具的曲面严格分割开。

在进行曲面修剪时，可以调整保留曲面侧以获得不同的结果，如图 8-4 和图 8-5 所示。值得注意的是：修剪工具（曲面）必须大于修剪对象曲面，否则不能修剪曲面。

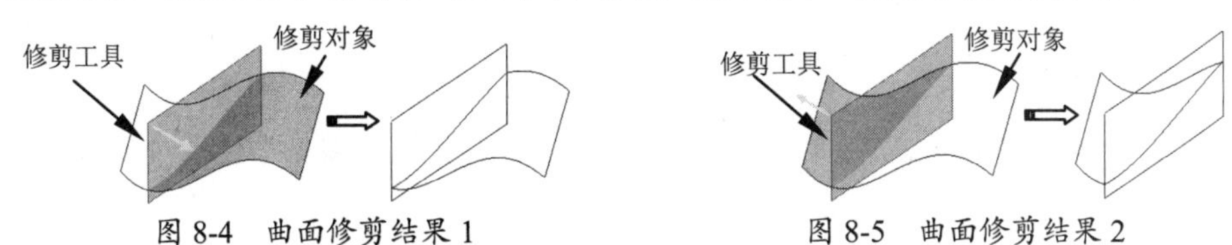

图 8-4 曲面修剪结果 1　　　　图 8-5 曲面修剪结果 2

4. 薄修剪

在操控面板上单击【选项】按钮，可以打开如图 8-6 所示的选项卡，可以设置薄修剪来修剪曲面。这时需要在选项卡上指定曲面的修剪厚度尺寸和控制拟合要求等参数。

下面简要介绍选项卡上各选项的含义。

- 【保留修剪曲面】复选框：用来确定在完成修剪操作后是否保留作为修剪工具的曲面特征，选中该复选框则会保留该曲面。该选项仅在使用曲面作为修剪工具时有效。
- 【薄修剪】复选框：选取该复选框后，并不会裁去指定曲面侧的所有曲面部分，而仅仅裁去指定宽度的曲面。修剪宽度值在右侧的文本框中输入。

下拉列表中的 3 个选项用来指定在薄修剪时确定修剪宽度的方法。

- 【垂直于曲面】：沿修剪曲面的法线方向来度量修剪宽度。此时可以在选项卡最下方指定在修剪曲面组中需要排除哪些曲面。
- 【自动拟合】：系统使用给定的修剪宽度参数自动确定修剪区域的范围。
- 【控制拟合】：使用控制参数指定修剪区域的范围。首先选取一个坐标系，然后指定 1~3 个坐标轴确定该方向上的控制参数。

薄修剪的示例如图 8-7 所示。

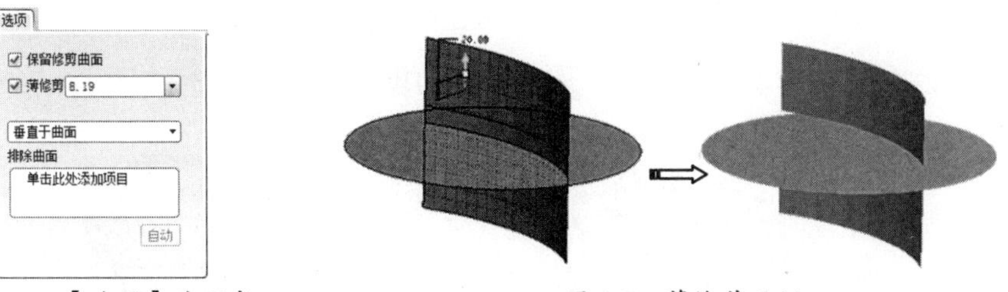

图 8-6 【选项】选项卡　　　　图 8-7 薄修剪示例

上机实践——创建扫描修剪曲面

使用拉伸、旋转、扫描和混合等三维建模方法都可以修剪曲面特征，其基本原理是首先使用这些特征创建方法创建一个不可见的三维模型，然后使用该模型作为修剪工具来修剪指定曲面。

① 新建名为“surface_trim”的零件文件。

② 单击【旋转】按钮，打开旋转操控面板，选中按钮可以创建曲面特征。

③ 单击【放置】选项卡的【定义】按钮，打开【草绘】对话框，选取基准平面 FRONT 作为草绘平面，使用其他系统默认参照放置草绘平面后，进入二维草绘模式。

④ 在草绘平面内绘制如图 8-8 所示的截面图和中心线，完成后退出草绘模式。

⑤ 在操控面板中设置旋转角度值为“180”，曲面特征预览如图 8-9 所示。单击【应用】按钮完成曲面的创建。

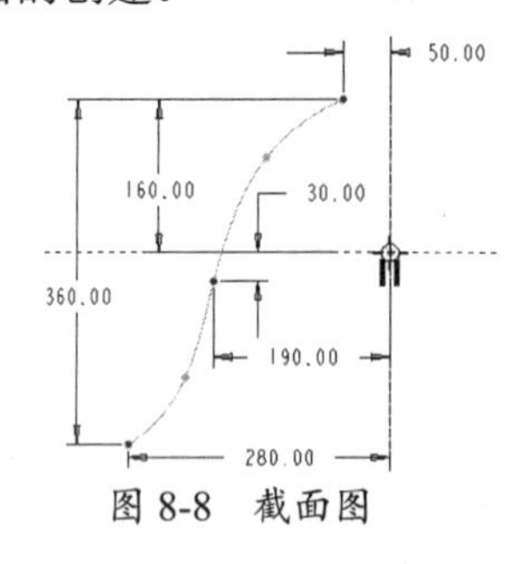

图 8-8 截面图

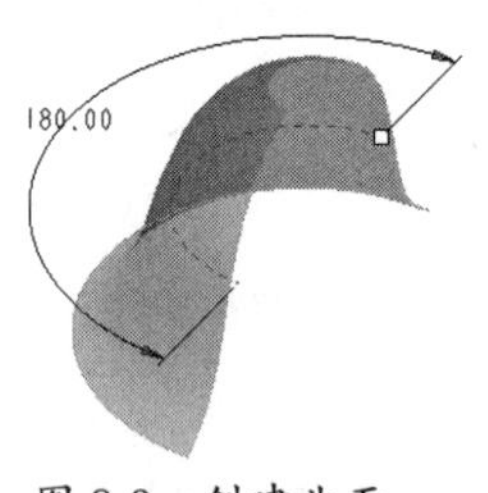

图 8-9 创建曲面

⑥ 单击【草绘】按钮，打开【草绘】对话框。

⑦ 选取基准平面 FRONT 作为草绘平面，接受系统其他默认参照放置草绘平面后，进入二维草绘模式。

⑧ 在草绘平面内绘制如图 8-10 所示的截面图，完成后退出二维草绘模式。创建的基准曲线如图 8-11 所示。

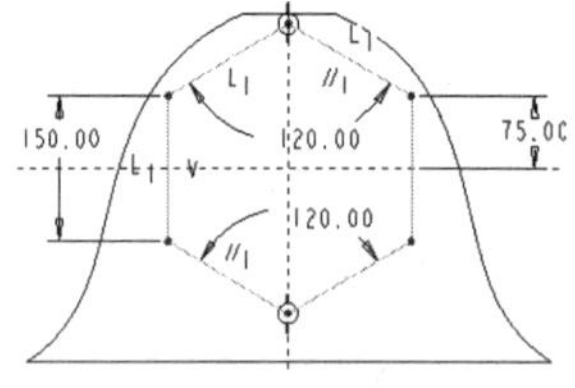

图 8-10 绘制截面图

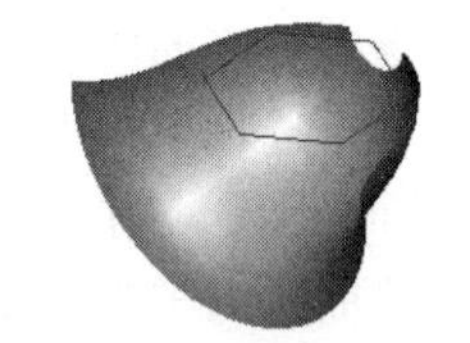
图 8-11 创建的基准曲线

⑨ 先选中创建的草绘曲线，然后在菜单栏中选择【编辑】|【投影】命令，打开投影操控面板。

⑩ 激活【曲面】列表框，选中前面创建的旋转曲面特征，并更改投影方向，如图 8-12 所示。

⑪ 单击操控面板上的【应用】按钮，创建的投影曲线如图 8-13 所示。

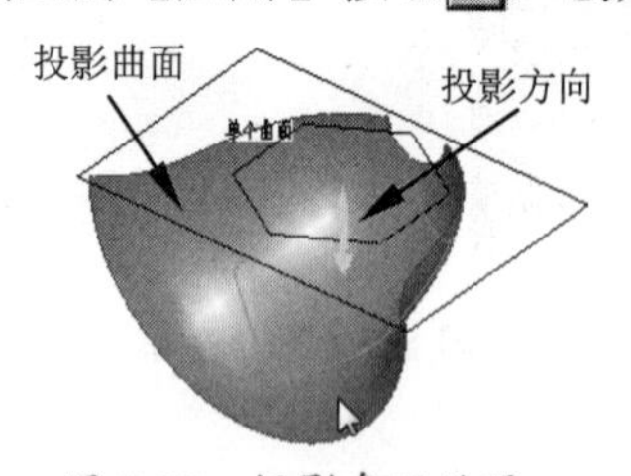

图 8-12 投影参照设置

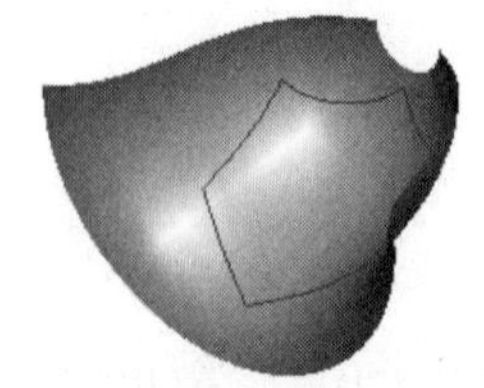
图 8-13 创建的投影曲线

⑫ 在菜单栏中依次选择【插入】|【扫描】|【曲面修剪】命令，系统打开【曲面裁剪：扫描】对话框和【选取】对话框。

⑬ 按如图 8-14 所示的操作步骤，完成曲面的修剪。

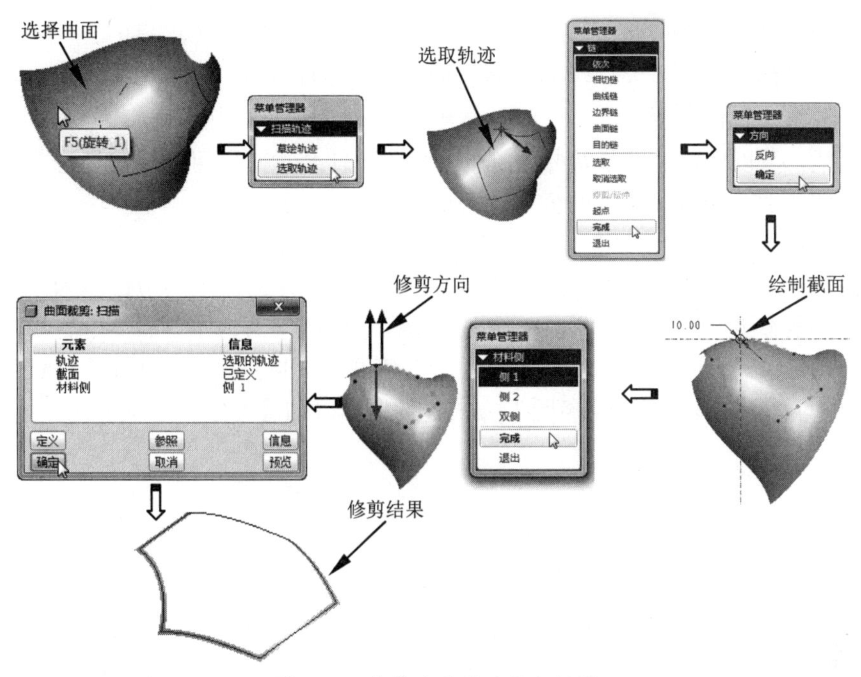

图 8-14　裁剪曲面的过程与结果

8.1.2　延伸曲面特征

延伸曲面特征是指修改曲面的边界，适当扩大或缩小曲面的伸展范围，以获得新的曲面特征的曲面操作方法。要延伸某一曲面特征，首先选中该曲面的一段边界曲线，然后在菜单栏中选择【编辑】|【延伸】命令。此时将在设计界面底部打开如图 8-15 所示的【延伸】操控面板。

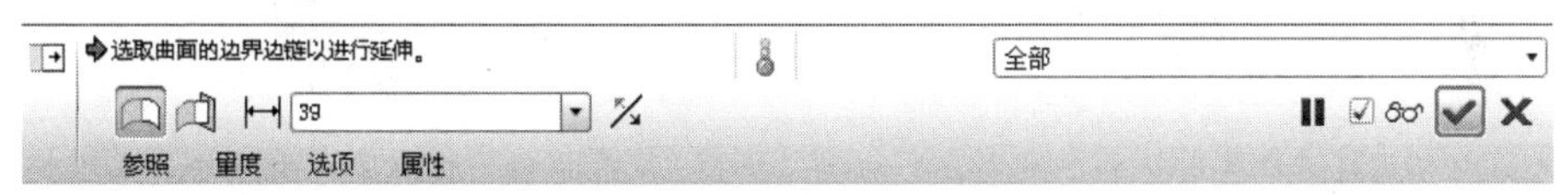

图 8-15　【延伸】操控面板

1. 延伸曲面的方法

系统提供以下两种方式来延伸曲面特征。

- 沿原始曲面延伸：沿被延伸曲面的原始生长方向延伸曲面的边界链，此时在设计操控面板上选中按钮，这是系统默认的曲面延伸模式。
- 延伸至参照：将曲面延伸到指定参照，此时在设计操控面板上选中按钮。

如果使用“沿原始曲面延伸”方式延伸曲面特征，还可以从以下 3 种方法中选取一种来实现延伸过程。

- 相同：创建与原始曲面相同类型的曲面作为延伸曲面。例如对于平面、圆柱、圆锥或样条曲面等，延伸后曲面的类型不变。延伸曲面时，需要选定曲面的边界链作为参照，这是系统默认的曲面延伸模式。
- 相切：创建与原始曲面相切的直纹曲面作为延伸曲面。
- 逼近：在原始曲面的边界与延伸边界之间创建边界混合曲面作为延伸曲面。当将曲面延伸至不在一条直边上的顶点时，此方法很实用。

2. 创建相同曲面延伸

相同曲面延伸是应用最为广泛的曲面延伸方式，下面详细介绍其基本设计步骤。

方法一：指定延伸类型

如前所述，可以选取“沿原始曲面延伸”和“延伸至参照”两种延伸类型之一，如果要使用后者延伸曲面，在设计操控面板上选中按钮。

方法二：指定延伸参照

如果使用“沿原始曲面延伸”方式延伸曲面，需要指定曲面上的边链作为延伸参照，如果使用“延伸至参照”方式延伸曲面，除了需要指定边链作为延伸参照，还需要指定参照平面来确定延伸尺寸。这时可以单击操控面板左上角的【参照】按钮，打开【参照】选项卡进行设置。图 8-16 是使用“延伸至参照”方式延伸曲面时的【参照】选项卡。

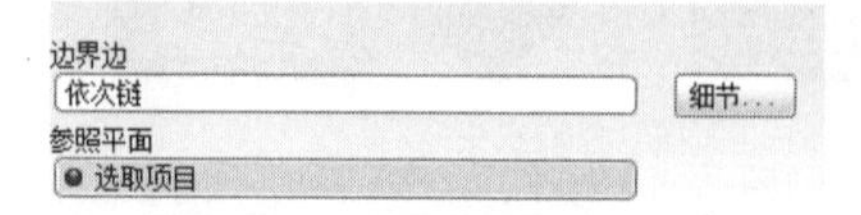

图 8-16 【参照】选项卡

在选取曲面上的边线作为参照时，单击鼠标可以选中曲面上的一条边线作为延伸参照，如图 8-17 所示。选中一条边线后，按住 Shift 键再选取另一条边线，则可以选中整个曲面的所有边界曲线作为延伸参照，如图 8-18 所示。

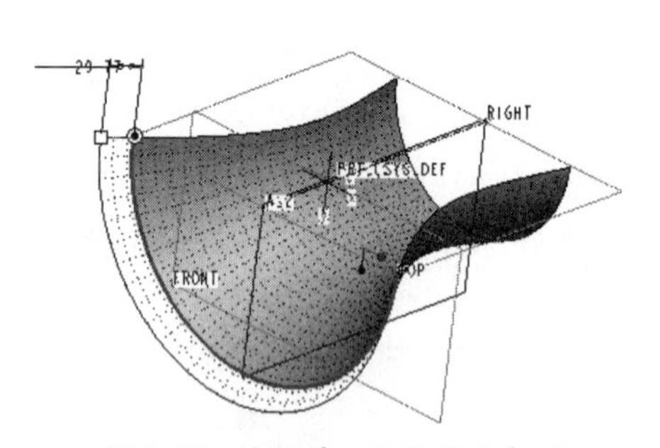

图 8-17 选取单一边线作为参照

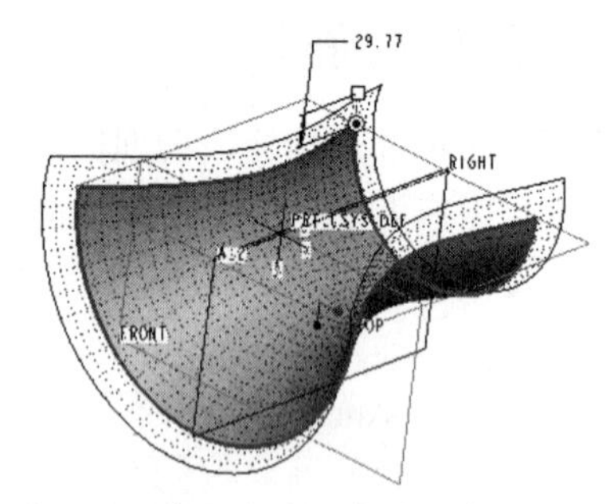

图 8-18 选取边界曲线作为参照

3. 设置延伸距离

根据延伸曲面方法的差异，设置延伸距离的方法也有所不同。如果使用“延伸至参照”方式延伸曲面，在指定作为参照的曲面边线后，在指定确定曲面延伸终止位置的参照平面后，曲面将延伸至该平面为止，如图 8-19 和图 8-20 所示。

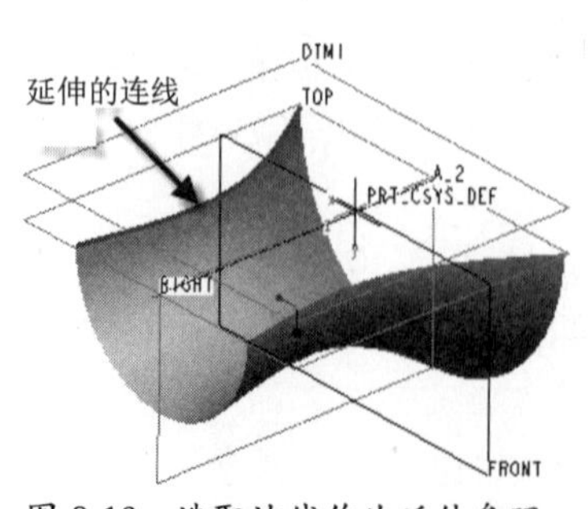

图 8-19 选取边线作为延伸参照

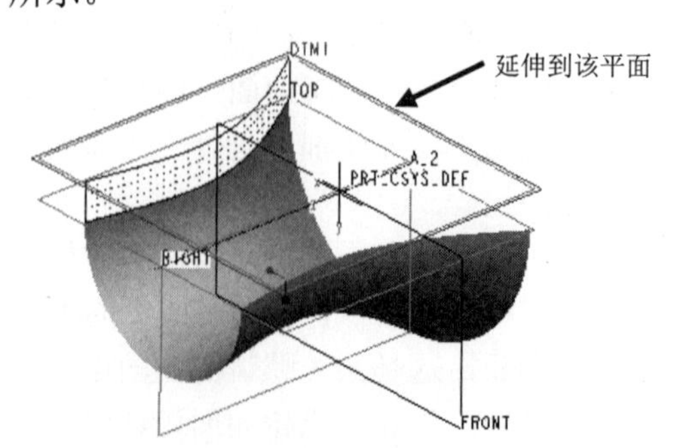

图 8-20 选取基准平面作为终止参照

如果使用“沿原始曲面延伸”方式延伸曲面，在操控面板左上角单击【沿原始曲面延伸】

按钮打开【量度】选项卡，在该选项卡中可以通过多种方法设置延伸距离，如图 8-21 所示。

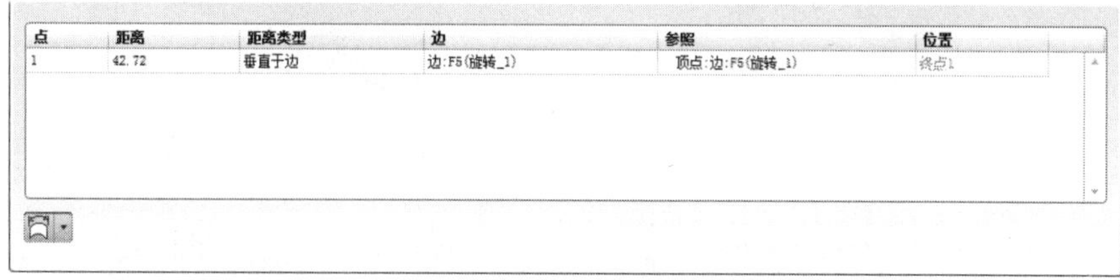

图 8-21　【量度】选项卡

在【量度】选项卡中，首先在参照边线上设置参照点，然后为每一个参照点设置延伸距离数值。如果要在延伸边线上添加参照点，可以按照如图 8-22 所示的进行操作。

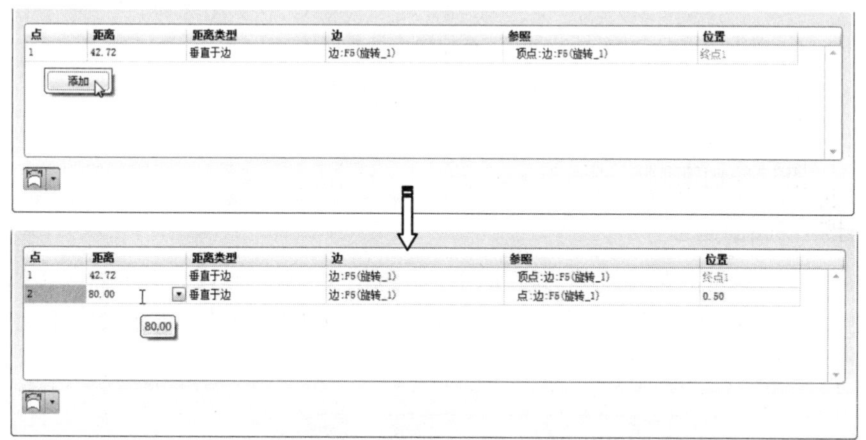

图 8-22　添加参照点的方法

提示

输入负值会导致曲面被裁剪。

在【量度】选项卡的第三列中可以指定测量延伸距离的方法，单击其中的选项可以打开一个包含 4 个列表项的下拉列表，如图 8-23 所示。

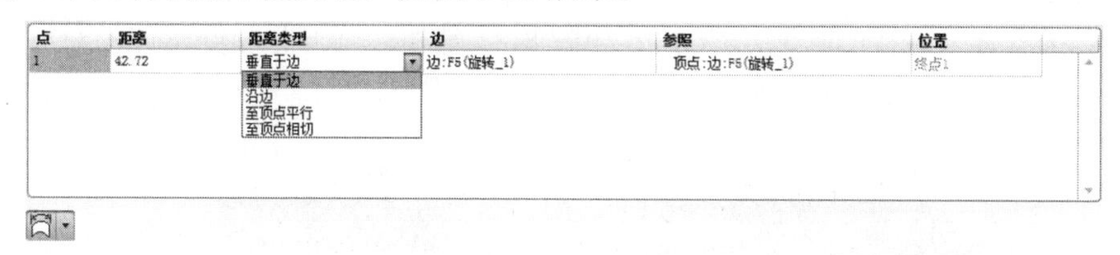

图 8-23　【量度】选项卡

其中 4 个选项的含义如下。

- 【垂直于边】：垂直于参照边线来测量延伸距离。
- 【沿边】：沿着与参照边相邻的侧边测量延伸距离。
- 【至顶点平行】：延伸曲面至下一个顶点处，延伸后曲面边界与原来参照边线平行。
- 【至顶点相切】：延伸曲面至下一个顶点处，延伸后曲面边界与顶点处的下一个单侧边相切。以上两种方法常用于使用延伸方法裁剪曲面。

如图 8-24a、b、c、d 是 4 种指定距离方法的示例。

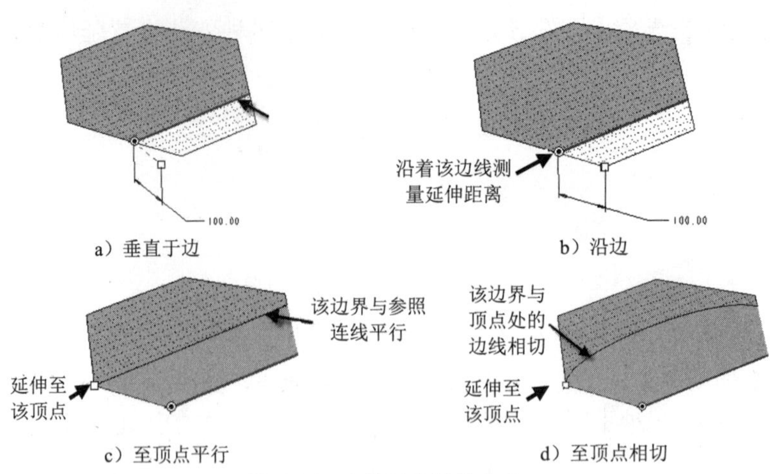

图 8-24　4 种距离设置方法

最后说明选项卡左下角下拉列表中两个按钮的用途。

- ：在选定基准平面中测量延伸距离。
- ：沿延伸曲面测量延伸距离。

4. 创建相切曲面延伸

创建相切曲面延伸的基本步骤与创建相同曲面延伸类似，在设计时需要单击操控面板左上角的【选项】按钮，打开【选项】选项卡，在选项卡中的【方法】下拉列表中选取【相切】选项，如图 8-25 所示。

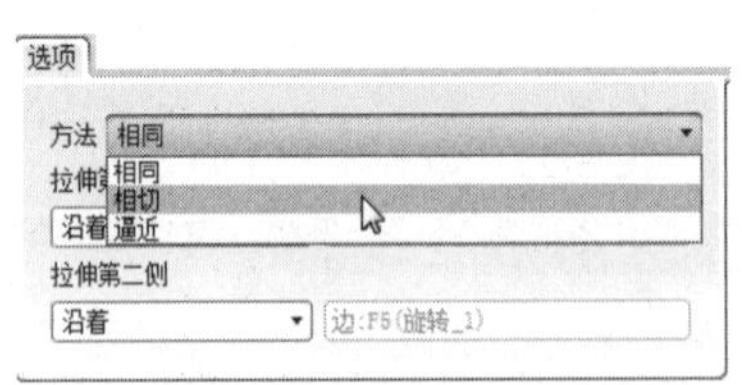

图 8-25　选择曲面的相切方法

创建相切曲面延伸时，延伸后的曲面在参照边线处与原曲面相切，延伸曲面的形状与原始曲面的形状没有太直接的关系，图 8-26 和图 8-27 是相切延伸与相同延伸的对比。

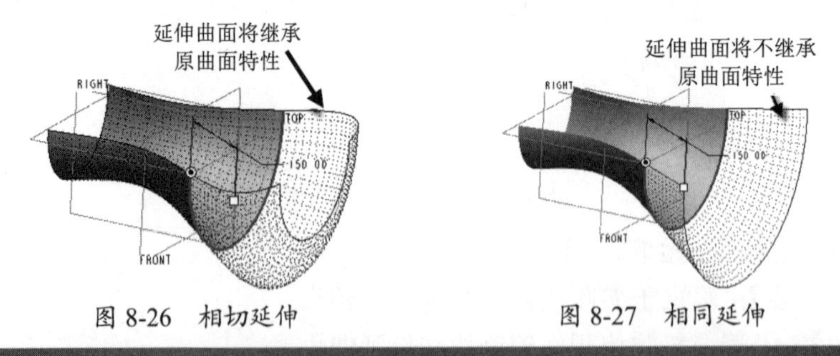

图 8-26　相切延伸　　　　图 8-27　相同延伸

> **提示**
>
> 由于相同延伸要继承原曲面的形状特性，因此当设计参数不合理时，可能导致特征创建失败。

5. 创建逼近曲面延伸

与相同曲面延伸和相切曲面延伸相比，逼近曲面延伸使用近似的算法来延伸曲面特征。

逼近曲面延伸通过在原始曲面与终止参照之间创建边界混合曲面来延伸曲面，其基本设计过程与相切曲面延伸类似。

上机实践——创建花纹切边曲面

① 新建名为“yanshenqumian”的零件文件。

② 单击【旋转】按钮，打开【旋转】操控面板，选中【作为曲面旋转】按钮创建曲面特征。

③ 选取基准平面 TOP 作为草绘平面，使用其他系统默认参照放置草绘平面后，进入二维草绘模式。

④ 在草绘平面内绘制如图 8-28 所示的截面和几何中心线，完成后退出草绘模式。

⑤ 保留操控面板中其余选项的默认设置，单击【应用】按钮完成曲面特征的创建，如图 8-29 所示。

⑥ 选中曲面的边界曲线，然后在菜单栏中选择【编辑】|【延伸】命令，打开【延伸】操控面板。

技巧点拨

需要连续选择曲面边时，首先选中半个圆周曲线，按住 Shift 键再选中另外半个圆周曲线。

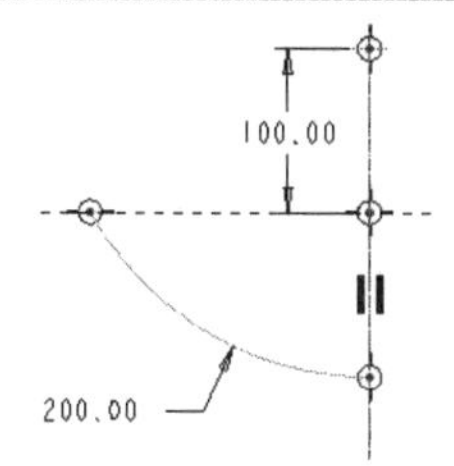

图 8-28 绘制旋转截面和几何中心线

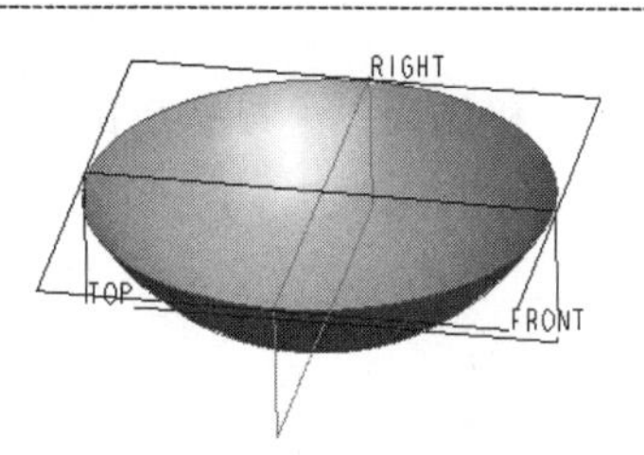

图 8-29 创建的曲面特征

⑦ 单击操控面板上的【量度】按钮，打开选项卡，首先在左半个圆周曲线上设置 11 个参照点。这些参照点在边上的长度比例值（位置）依次为“0.00”“0.10”“0.20”“0.30”“0.40”“0.50”“0.60”“0.70”“0.80”“0.90”和“1.00”，每个参照点的延伸距离值（距离）依次为“0.00”“50.00”“0.00”“50.00”“0.00”“50.00”“0.00”“50.00”“0.00”“50.00”和“0.00”，如图 8-30 所示。

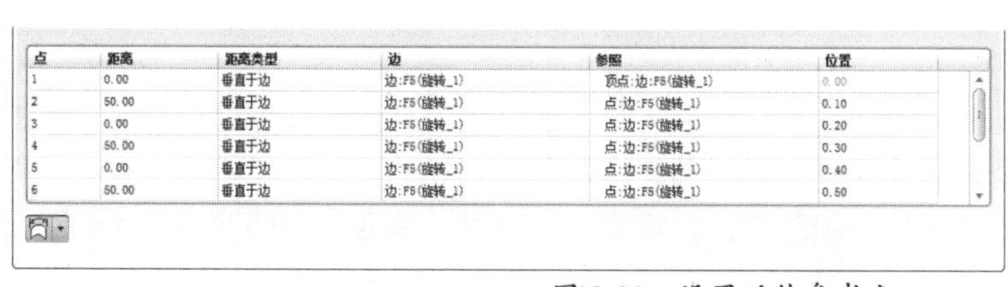

点	距离	距离类型	边	参照	位置
1	0.00	垂直于边	边:F5(旋转_1)	顶点:边:F5(旋转_1)	0.00
2	50.00	垂直于边	边:F5(旋转_1)	点:边:F5(旋转_1)	0.10
3	0.00	垂直于边	边:F5(旋转_1)	点:边:F5(旋转_1)	0.20
4	50.00	垂直于边	边:F5(旋转_1)	点:边:F5(旋转_1)	0.30
5	0.00	垂直于边	边:F5(旋转_1)	点:边:F5(旋转_1)	0.40
6	50.00	垂直于边	边:F5(旋转_1)	点:边:F5(旋转_1)	0.50

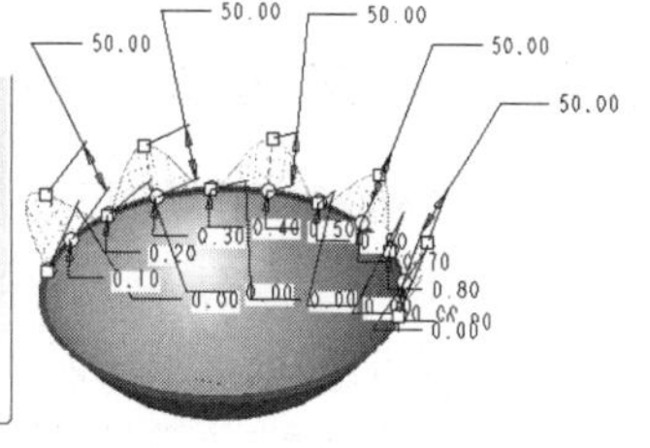

图 8-30 设置延伸参考点

⑧ 继续在曲面的另外半个圆周曲线上创建 9 个参照点，这些参照点在边上的长度比例值（位置）依次为“0.90”“0.80”“0.70”“0.60”“0.50”“0.40”“0.30”“0.20”和“0.10”，每个参照点的延伸距离值依次为“50.00”“0.00”“50.00”“0.00”“50.00”“0.00”“50.00”“0.00”“50.00”，如图 8-31 所示。

技巧点拨

在设置另外半个圆的参考点时，即编号为“12”的点，需要手动拖动该点到另外半个圆上，否则将继续在已创建点的半圆内创建参考点，如图 8-32 所示。

点	距离	距离类型	边	参照	位置
15	0.00	垂直于边	边:F5(旋转_1)	点:边:F5(旋转_1)	0.60
16	50.00	垂直于边	边:F5(旋转_1)	点:边:F5(旋转_1)	0.50
17	0.00	垂直于边	边:F5(旋转_1)	点:边:F5(旋转_1)	0.40
18	50.00	垂直于边	边:F5(旋转_1)	点:边:F5(旋转_1)	0.30
19	0.00	垂直于边	边:F5(旋转_1)	点:边:F5(旋转_1)	0.20
20	50.00	垂直于边	边:F5(旋转_1)	点:边:F5(旋转_1)	0.10

图 8-31　设置延伸参照

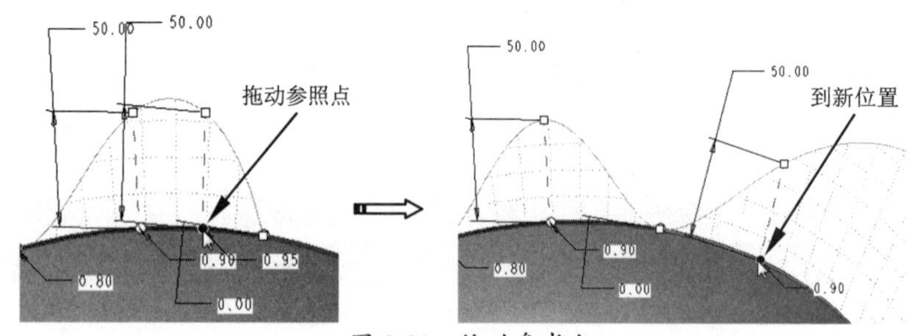

图 8-32　拖动参考点

⑨　设置完成参照和延伸距离参数后的曲面如图 8-33 所示。

⑩　单击操控面板上的【应用】✓按钮，设计结果如图 8-34 所示。

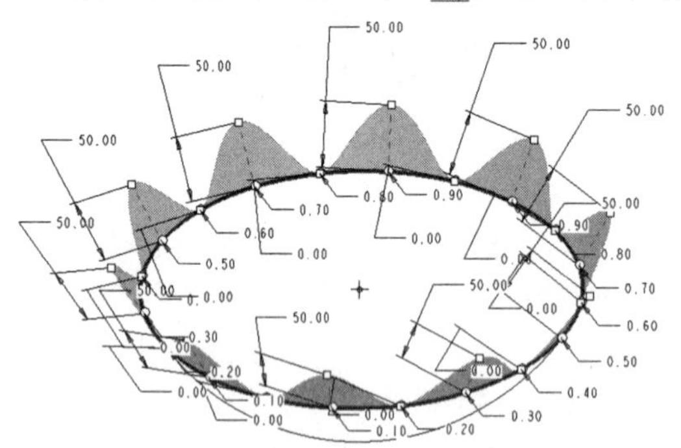

图 8-33　设置完成参照和延伸距离参数后的曲面

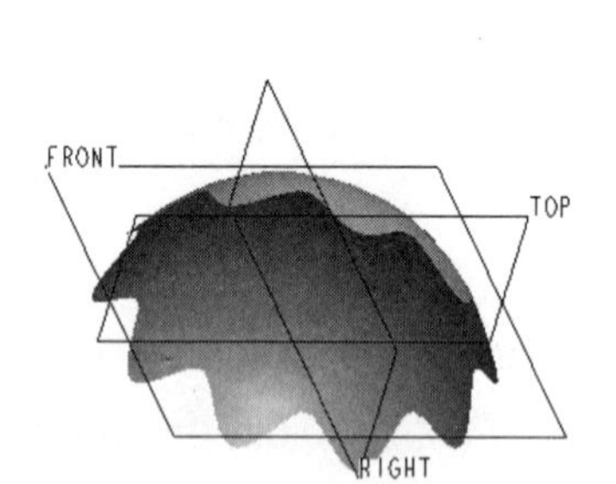

图 8-34　设计结果

8.1.3　合并曲面特征

使用曲面合并的方法可以把多个曲面合并生成单一曲面特征，这是曲面设计中的一个重要操作。当模型上具有多于一个独立曲面特征时，首先选取参与合并的两个曲面特征（在模型树窗口中选取时，依次单击两个曲面的标识即可；在模型上选取时，选取一个曲面后，按住 Ctrl 键再选取另一个曲面），然后单击【合并】按钮，打开如图 8-35 所示的【合并】操控面板。

打开如图 8-36 所示的【参照】选项卡，在这里指定参与合并的两个曲面。如果需要重新选取参与合并的曲面，可以在选项卡的列表框中单击鼠标右键，在快捷菜单中选取【移除】或【移除全部】删除项目，然后重新选取合并的曲面。

图 8-35　【合并】操控面板

图 8-36　【参照】选项卡

在操控面板上有两个【反向】按钮，分别用来确定在合并曲面时每一个曲面上最后保留的曲面侧。保留的曲面侧将由一个黄色箭头指示。

图 8-37 至图 8-40 为曲面合并的示例。

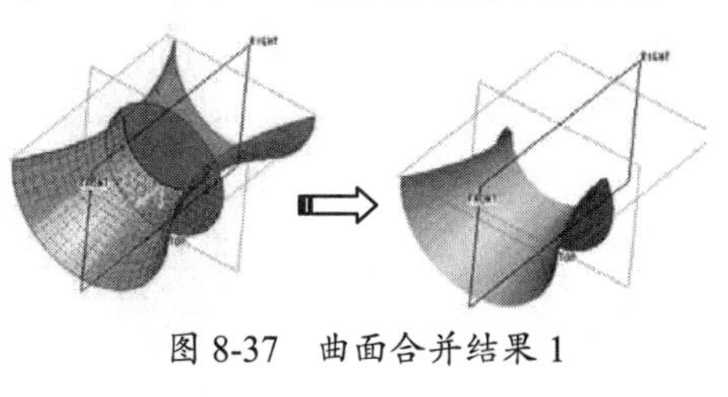

图 8-37　曲面合并结果 1

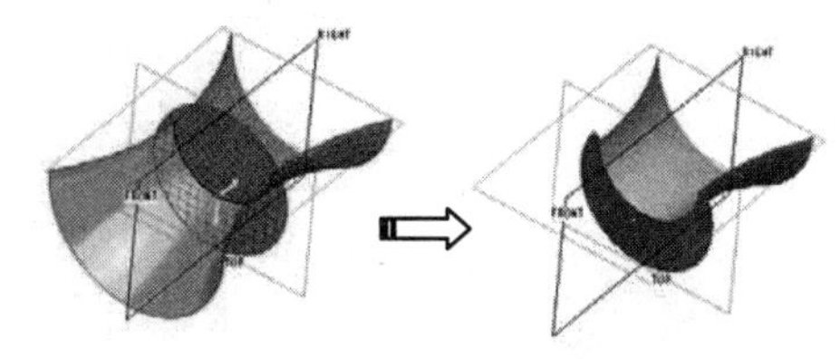

图 8-38　曲面合并结果 2

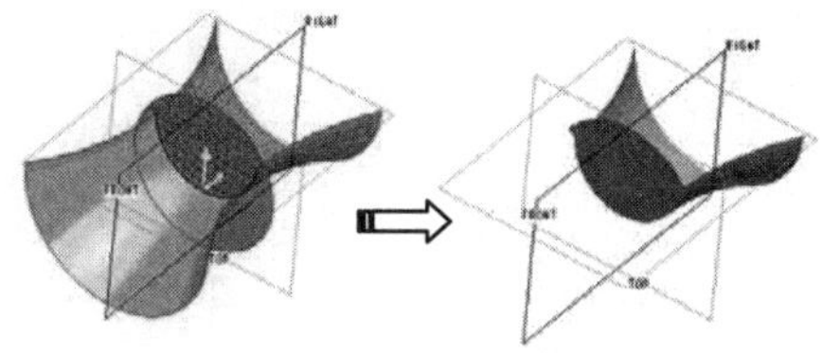

图 8-39　曲面合并结果 3

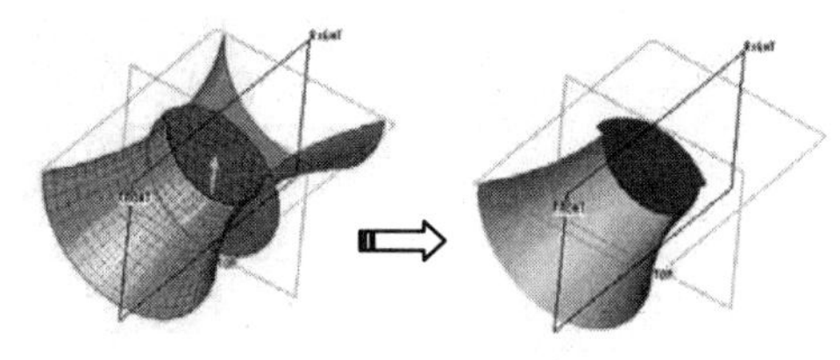

图 8-40　曲面合并结果 4

当有多个曲面需要合并时，首先选取两个曲面进行合并，然后再将合并生成的曲面与第三个曲面进行合并，按此操作继续合并其他曲面，直到所有曲面合并完毕。也可以将曲面两两合并，然后再把合并的结果继续两两合并，直至所有曲面合并完毕。

上机实践——组合曲面

① 新建名“join”的零件文件。

② 单击【旋转】按钮，打开旋转操控面板，选中按钮创建曲面特征。

③ 选取基准平面 TOP 作为草绘平面，使用其他系统默认参照放置草绘平面后，进入二维草绘模式。

④ 在草绘平面内绘制如图 8-41 所示的截面，完成后退出草绘模式。

⑤ 保留操控面板中其他参数的默认设置，创建的曲面特征如图 8-42 所示。

图 8-41　绘制截面

⑥ 单击【旋转】按钮，打开设计操控面板，选中按钮创建曲面特征，单击【放置】按钮打开参照选项卡，单击【定义】按钮打开【草绘】对话框，单击【使用先前的】按钮，使用上一步骤中设置的草绘平面，直接进入二维草绘模式。

⑦ 在草绘平面内绘制如图 8-43 所示的截面，完成后退出草绘模式。

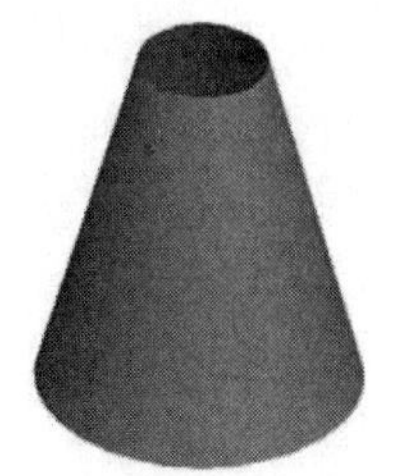

图 8-42　创建的第一个曲面特征

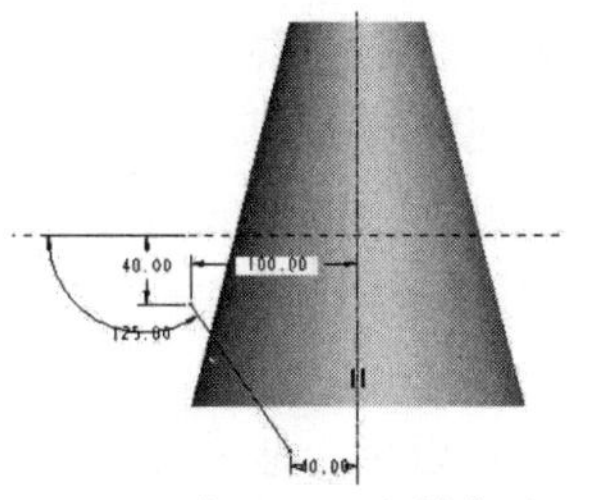

图 8-43　绘制截面

⑧ 保留操控面板中其他参数的默认设置，创建的曲面特征如图 8-44 所示。

⑨ 使用类似的方法创建第三个旋转曲面特征，草绘截面如图 8-45 所示，旋转角度值为 360.00，设计结果如图 8-46 所示。

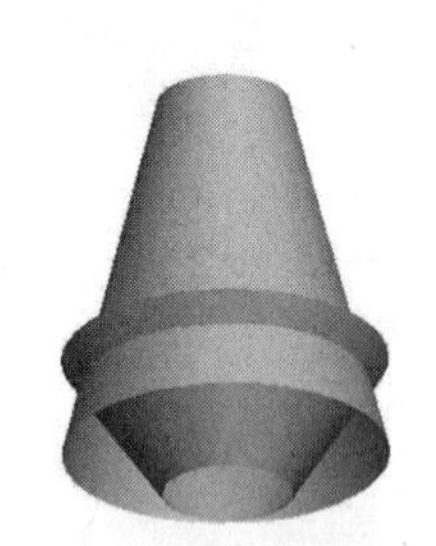

图 8-44　创建第二个曲面特征

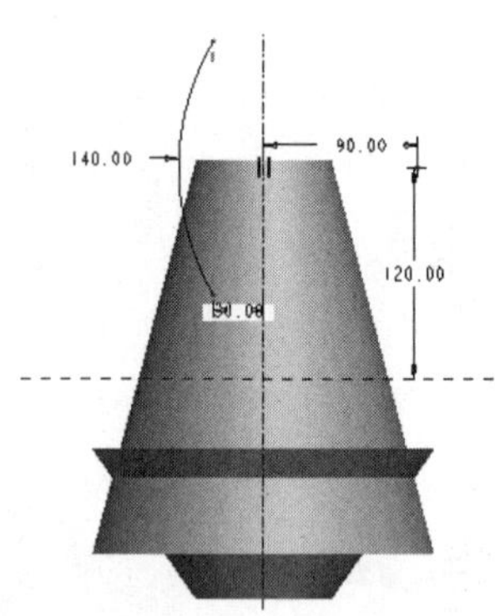

图 8-45　草绘截面

图 8-46　创建第三个曲面特征

⑩ 按住 Ctrl 键，选中第一个和第二个旋转曲面特征，然后单击【合并】按钮，打开设计操控面板。

⑪ 通过单击操控面板上的【反向】按钮，调整两个曲面的保留侧，如图 8-47 所示的箭头，合并结果如图 8-48 所示。

⑫ 按住 Ctrl 键，选中合并后的曲面和第三个旋转曲面特征，然后单击【合并】按钮，打开设计操控面板。

⑬ 通过单击操控面板上的按钮，调整两个曲面的保留侧，如图 8-49 所示的箭头。最后的合并结果如图 8-50 所示。

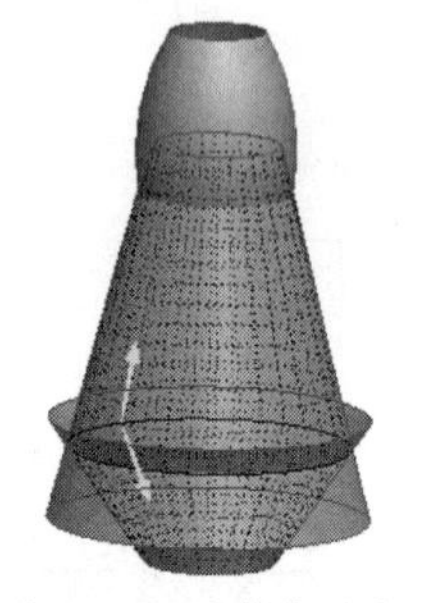

图 8-47　调整合并方向

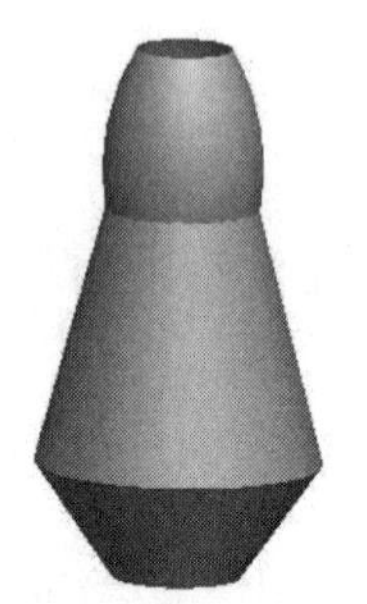

图 8-48　合并后的结果

图 8-49　调整合并方向

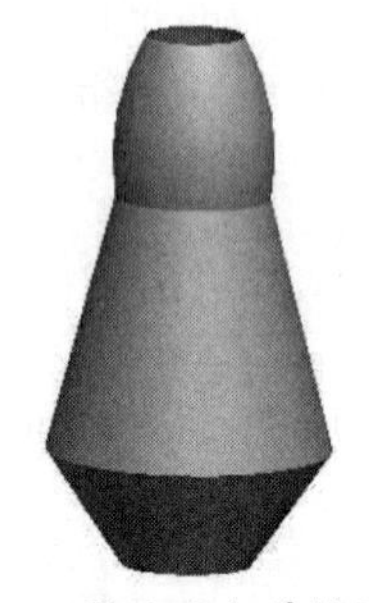

图 8-50　最后的合并结果

8.2　曲面操作

曲面特征的重要用途之一就是由曲面围成实体特征的表面，然后将曲面实体化，这也是现代设计中对复杂外观结构的产品进行造型设计的重要手段。在将曲面特征实体化时，既可以创建实体特征，也可以创建薄板特征。

使用曲面构建实体特征时有两种基本情况。

- 使用封闭曲面构建实体特征。
- 使用开放曲面构建实体特征。

8.2.1 曲面的实体化

曲面的实体化就是将合并的封闭曲面转换成实体特征。

如图 8-50 所示的曲面特征是将多个曲面特征经合并后围成的封闭曲面。选中该曲面后，在菜单栏中选择【编辑】|【实体化】命令，系统弹出如图 8-51 所示的【实体化】操控面板。。

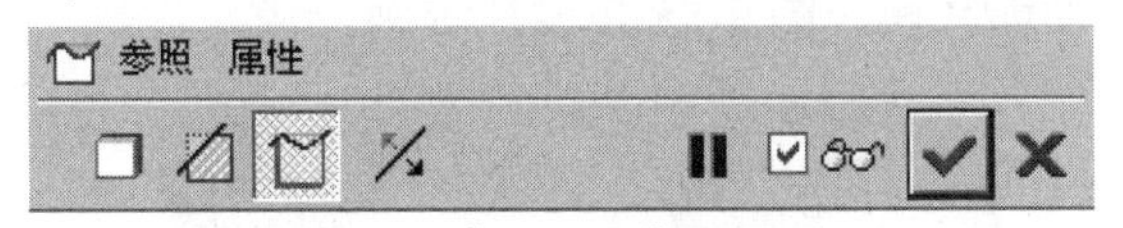

图 8-51 【实体化】操控面板

1. 封闭曲面的实体化

通常情况下，系统选中默认的实体化设计工具□。因为将该曲面实体化生成的结果唯一，因此可以直接单击操控面板上的✓按钮生成最后的结果，如图 8-52 所示。

技巧点拨

注意这种将曲面实体化的方法只适合封闭曲面。另外，虽然曲面实体化后的结果和实体化前的曲面在外形上没有多大区别，但是在实体化操作后已经彻底变为实体特征，这个变化是质变，这样就可以使用所有实体特征的基本操作对其进行编辑。图 8-53 是剖切后的模型，可以看到实体效果。

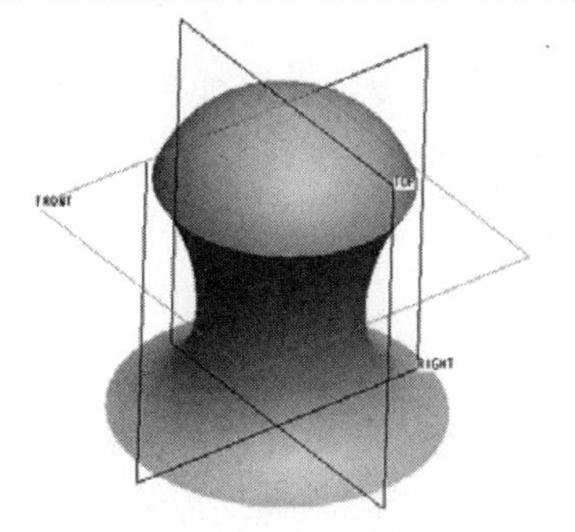

图 8-52 实体化后的结果

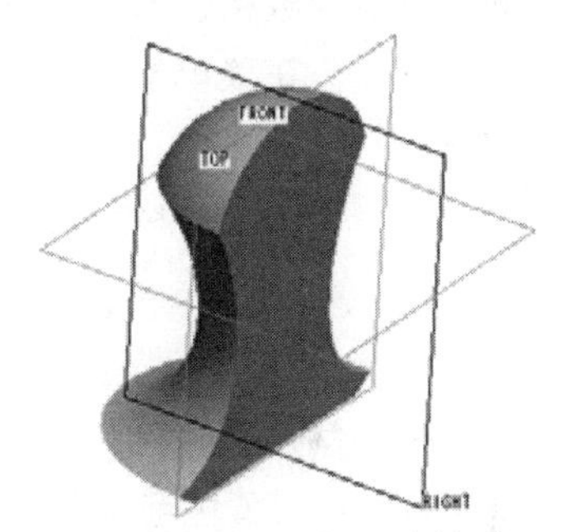

图 8-53 剖切后的模型

2. 使用曲面切除实体材料

如果曲面特征能把实体模型严格分成两个部分，可以使用曲面作为参照来切除实体模型上的材料，此时单击选取操控面板上的◿按钮进行设计。

如图 8-54 所示，在齿轮毛坯上创建了一个与齿廓匹配的曲面特征，选中该曲面特征后，在菜单栏中选择【编辑】|【实体化】命令，打开设计操控面板，单击操控面板上的◿按钮，使用曲面来切除材料。此时系统用黄色箭头指示去除的材料侧，单击⁄按钮可以调整材料侧的指向。

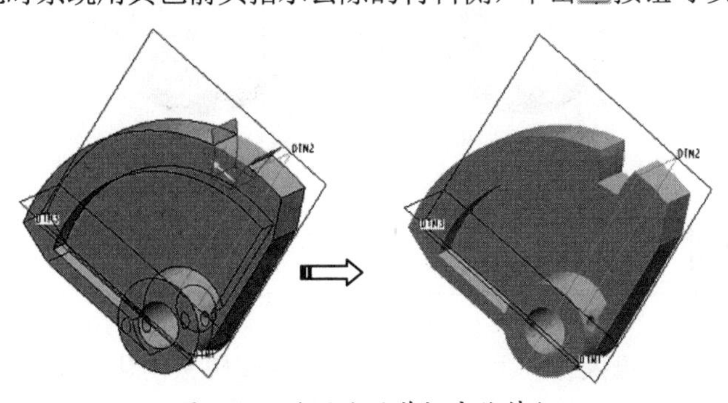

图 8-54 使用曲面剪切实体特征

3. 使用曲面替换实体表面

如果一个曲面特征的所有边界都位于实体表面上，此时整个实体表面被曲面边界分为两部分，可以根据需要使用曲面替换指定的那部分实体表面，单击选取操控面板上的按钮，即可完成曲面的替换操作。在设计过程中，系统用箭头指示的区域是最后保留的实体表面，另一部分实体表面将由曲面替换。图 8-55 是设计示例。

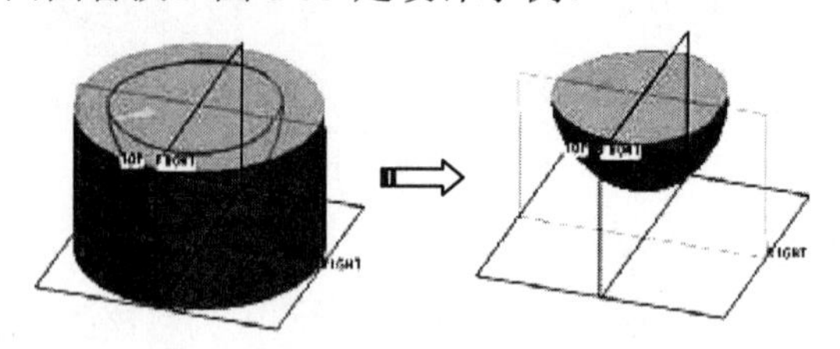

图 8-55　使用曲面替换实体表面

8.2.2　曲面的加厚操作

除了使用曲面构建实体特征，还可以使用曲面构建薄板特征。在构建薄板特征时，对曲面的要求相对宽松许多，可以使用任意曲面来构建薄板特征。当然对于特定曲面来说，不合理的薄板厚度也可能导致构建薄板特征失败。

选取曲面特征后，在菜单栏中选择【编辑】|【加厚】命令，此时弹出如图 8-56 所示的【加厚】操控面板。

图 8-56　【加厚】操控面板

使用操控面板上默认的按钮，可以加厚任意曲面特征。此时在操控面板上的文本框中输入加厚厚度，系统使用黄色箭头指示加厚方向，确定在曲面哪一侧加厚材料，单击按钮可以调整加厚方向。

打开【选项】选项卡，在顶部的下拉列表中选取一种确定加厚厚度的方法。

- 【垂直于曲面】：沿曲面法线方向使用指定厚度加厚曲面，这是默认选项。
- 【自动拟合】：系统自动确定最佳加厚方向，无须人工干预。
- 【控制拟合】：指定坐标系，选取 1~3 个坐标轴作为参照控制加厚方法。

图 8-57 是曲面薄板化的示例。

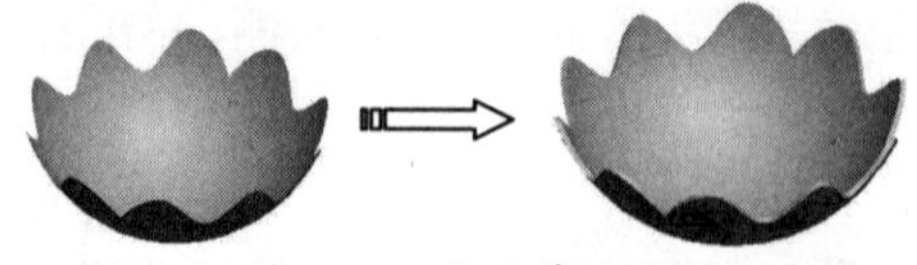

图 8-57　曲面薄板化

8.3　综合案例

前面介绍了曲面的编辑操作，由于小实例不能达到快速消化、全面掌握的效果，下面再用几个曲面造型实例加以辅助练习。

8.3.1　案例一：U 盘设计

U 盘是最常用的移动存储设备，其外观漂亮，造型精致。本实例讲述 U 盘主体的一般设计过程。U 盘主体设计综合运用到扫描曲面的创建、边界曲面的创建、曲面的合并和曲面实体化等建模方法，U 盘主体的设计结果如图 8-58 所示。

图 8-58　U 盘模型

操作步骤

① 新建名为“upan”的零件文件。

② 绘制基准曲线。单击右工具栏中的【草绘】按钮，选取 TOP 平面作为草绘平面，其他设置接受系统默认选项，绘制 U 盘外形轮廓曲线，完成后单击按钮退出草绘模式，创建的曲线如图 8-59 所示。

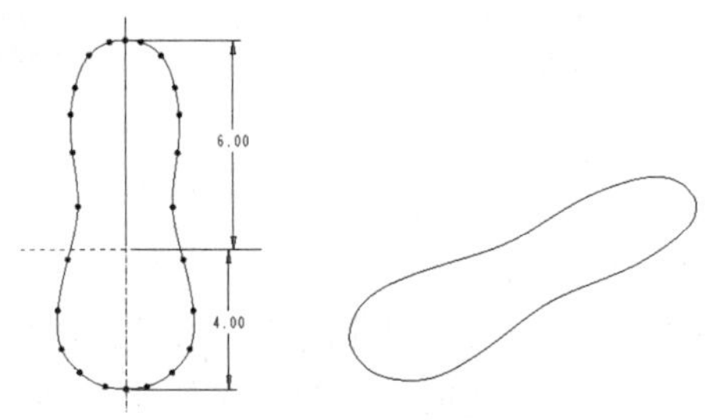

图 8-59　绘制基准曲线

③ 创建扫描曲面特征。在【插入】主菜单中依次单击【扫描】|【曲面】命令，扫描轨迹选取上一步所创建的基准曲线，主要操作过程如图 8-60 所示。

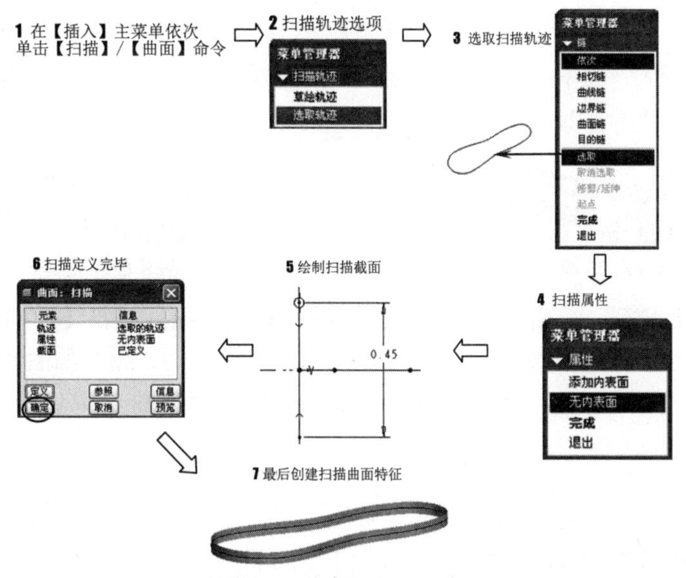

图 8-60　创建扫描曲面特征

④ 绘制基准曲线。单击右工具栏中的【草绘】按钮，选取 RIGHT 平面作为草绘平面，其他设置接受系统默认选项，绘制上部轮廓曲线，完成后单击按钮退出草绘模式，创建的曲线如图 8-61 所示。

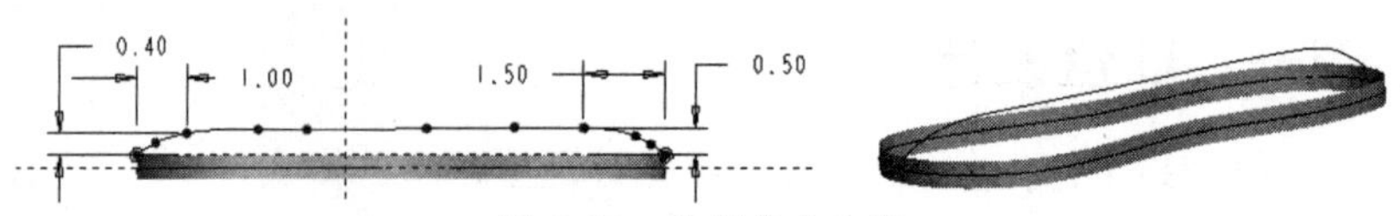

图 8-61 绘制基准曲线

⑤ 创建边界混合曲面。单击右工具栏中的【边界混合】按钮，弹出边界曲面设计操控面板。按住 Ctrl 键依次选取如图 8-62 所示的 3 条边作为参照，最后创建的边界曲面如图 8-62 所示。

⑥ 镜像边界曲面。选中上一步创建的边界混合曲面，单击右工具栏中的【镜像】按钮，选择 TOP 基准平面作为镜像平面，创建的镜像曲面如图 8-63 所示。

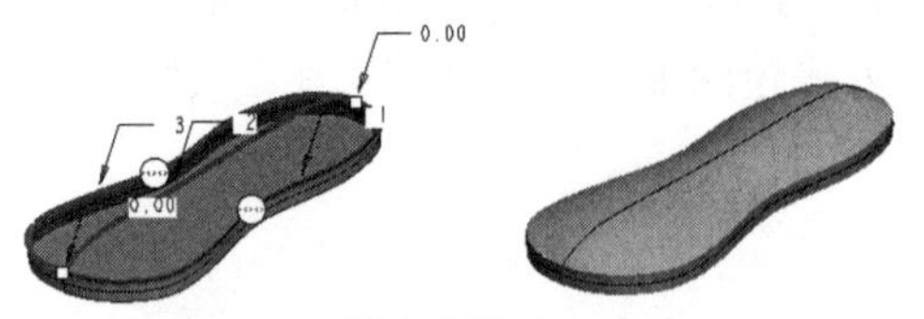

图 8-62 创建边界混合曲面

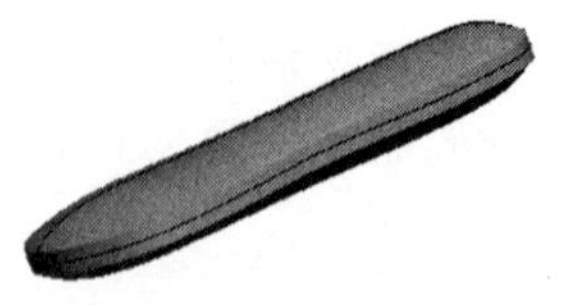
图 8-63 镜像边界曲面

⑦ 创建曲面合并特征。打开选择过滤器中的面组选项，选取所有曲面特征，单击右工具栏中的曲面【合并】按钮，创建曲面合并特征，如图 8-64 所示。

⑧ 创建曲面实体化特征。选中上一步创建的曲面合并特征，在菜单栏中执行【编辑】|【实体化】命令，打开【实体化】操控面板，将曲面实体化，结果如图 8-65 所示。

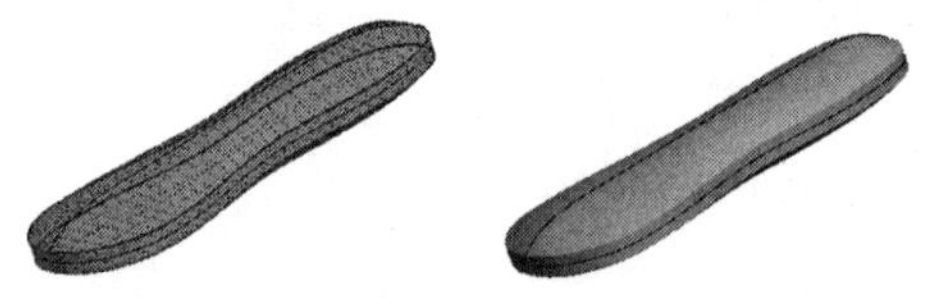
图 8-64 曲面合并

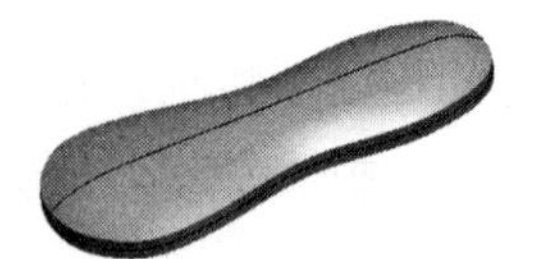
图 8-65 曲面实体化

⑨ 创建倒圆角特征。选中如图 8-66 所示的边线，单击右工具栏中的【倒圆角】按钮，设定圆角半径值为 0.2，最后创建的倒圆角特征如图 8-67 所示。

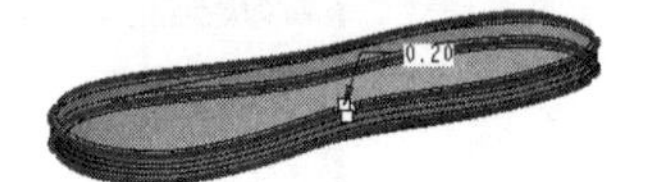

图 8-66 选择要倒圆角的边

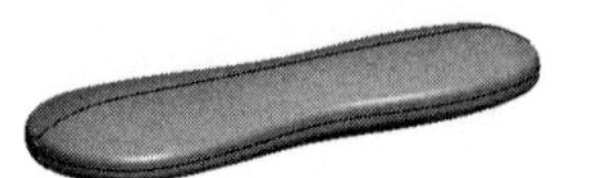
图 8-67 创建的倒圆角

⑩ 创建拉伸曲面特征。单击右工具栏中的【拉伸】按钮，弹出【拉伸】特征操控面板，选中【拉伸为曲面】按钮，以 TOP 基准面为草绘平面，绘制如图 8-68 所示的拉伸剖面图，【拉伸】操控面板设置以及最后创建的拉伸曲面如图 8-69 所示。

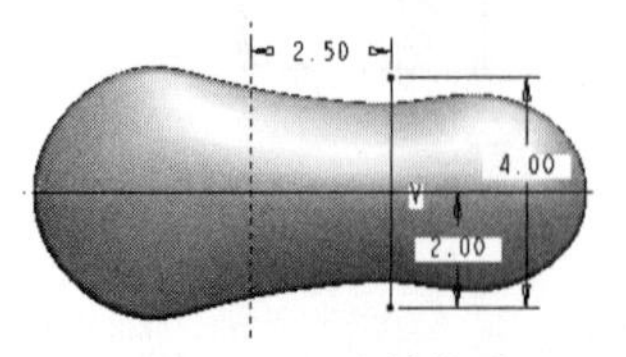

图 8-68 绘制草图

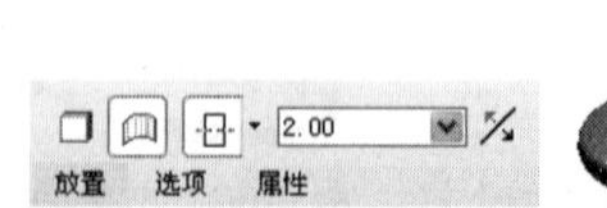

图 8-69 创建拉伸曲面特征

⑪ 创建实体化特征。选中上一步所创建的拉伸曲面特征，然后执行菜单栏中的【编辑】|【实体化】命令，打开【实体化】操控面板。单击【去除材料】按钮，并利用按钮调节方向，最后单击按钮，创建实体化特征，如图 8-70 所示。

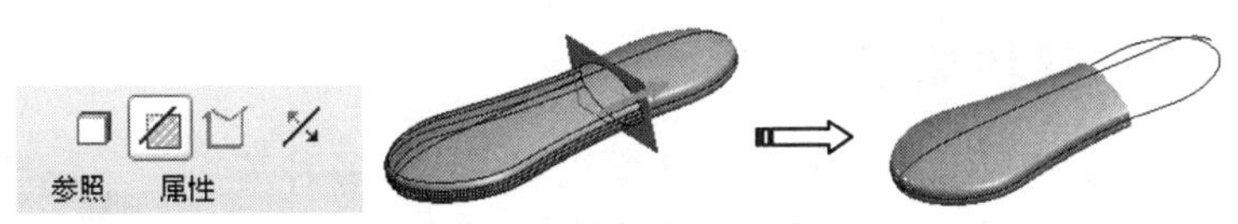

图 8-70　创建实体化特征

⑫　创建拉伸实体特征。单击右工具栏中的【拉伸】按钮，选取如图 8-71 所示的平面作为草绘平面，绘制拉伸剖面图，拉伸深度为 1.2，主要操作过程如图 8-71 所示。

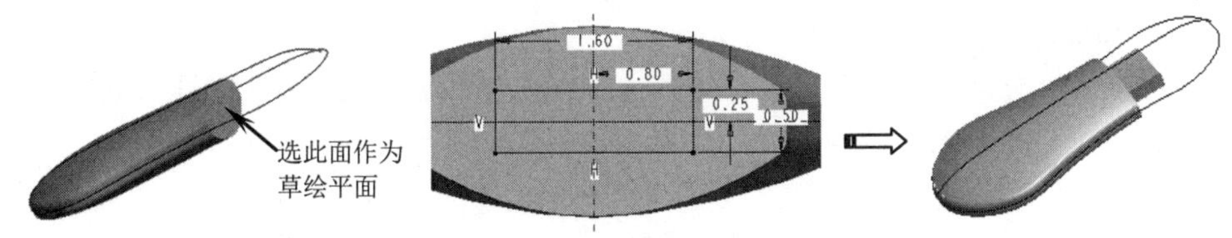

图 8-71　创建拉伸实体特征

⑬　创建切除材料特征。单击右工具栏中的【拉伸】按钮，选取如图 8-72 所示的平面作为草绘平面，绘制拉伸剖面，选中切除材料按钮，拉伸深度为 1，如图 8-72 所示。

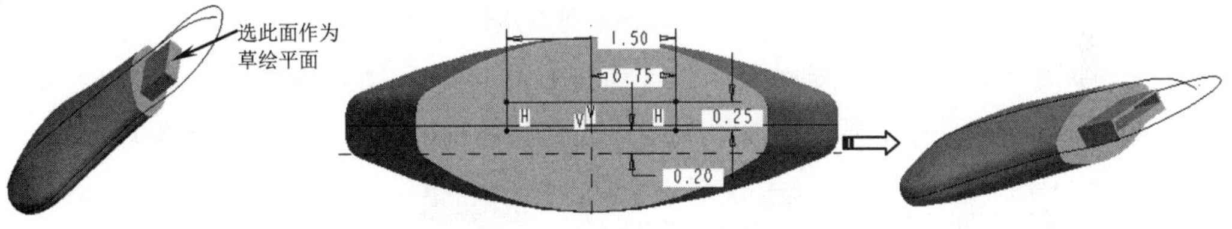

图 8-72　创建切除材料特征

⑭　创建切除材料特征。单击右工具栏中的【拉伸】按钮，选取如图 8-73 所示的平面作为草绘平面，绘制拉伸剖面，选中切除材料按钮，拉伸深度为 1，如图 8-73 所示。

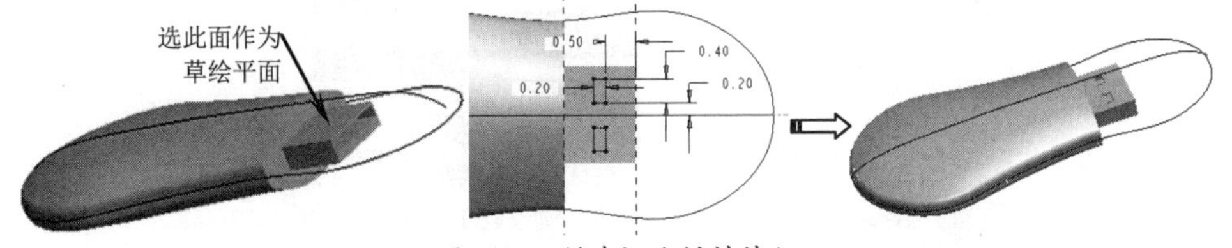

图 8-73　创建切除材料特征

⑮　隐藏曲线。在模型树中选中草绘曲线，单击鼠标右键，在快捷菜单中选择【隐藏】选项，最后创建的 U 盘如图 8-74 所示。

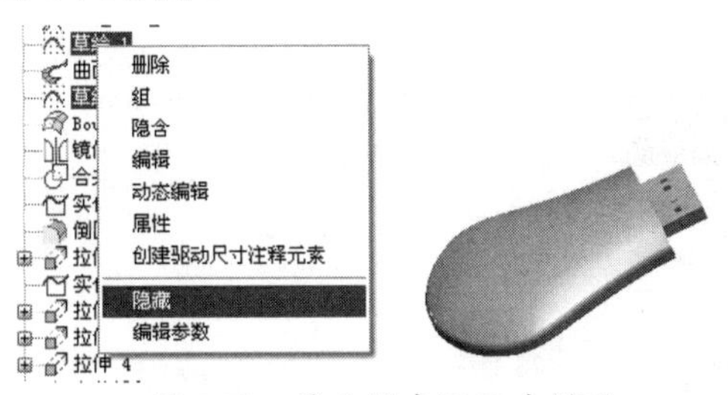

图 8-74　最后创建的 U 盘模型

⑯　单击【保存】按钮，保存设计结果。

8.3.2 案例二：饮料瓶设计

本例将创建如图 8-75 所示的饮料瓶，建模过程中用到各种基础特征建模，以相交曲线特征作为拔模特征的拔模枢轴，作为扫描混合特征的轨迹线，在瓶底制作中将用到曲面自由形状特征。

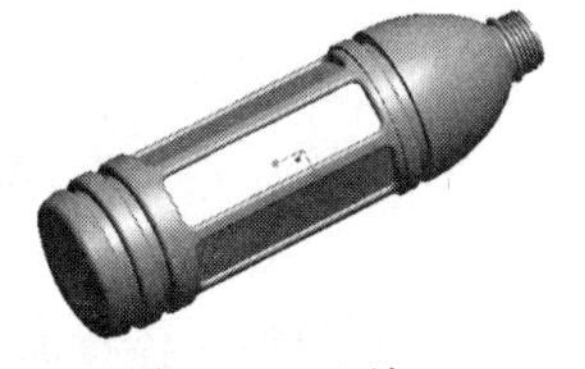

图 8-75 饮料瓶

操作步骤

① 新建“yinliaoping”零件文件。

② 创建拉伸实体特征。单击右工具栏中的【拉伸】按钮，选取 FRONT 平面作为草绘平面，绘制拉伸剖面图，拉伸深度为 160，如图 8-76 所示。

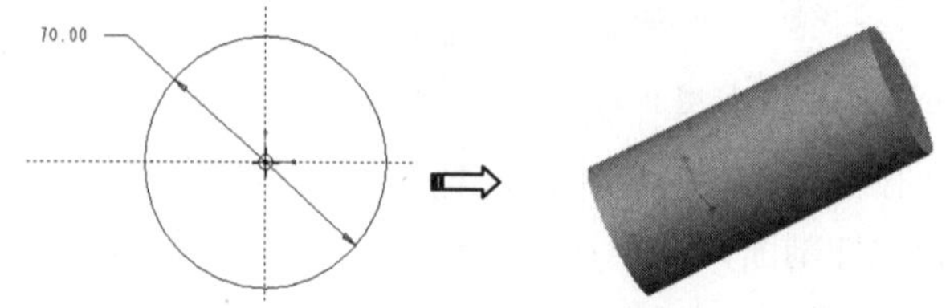

图 8-76 创建拉伸实体特征

③ 创建混合实体特征。选择菜单栏中的【插入】|【混合】|【伸出项】命令，通过草绘 4 个混合截面图形并指定截面间距离，创建混合实体特征，主要过程如图 8-77 所示。

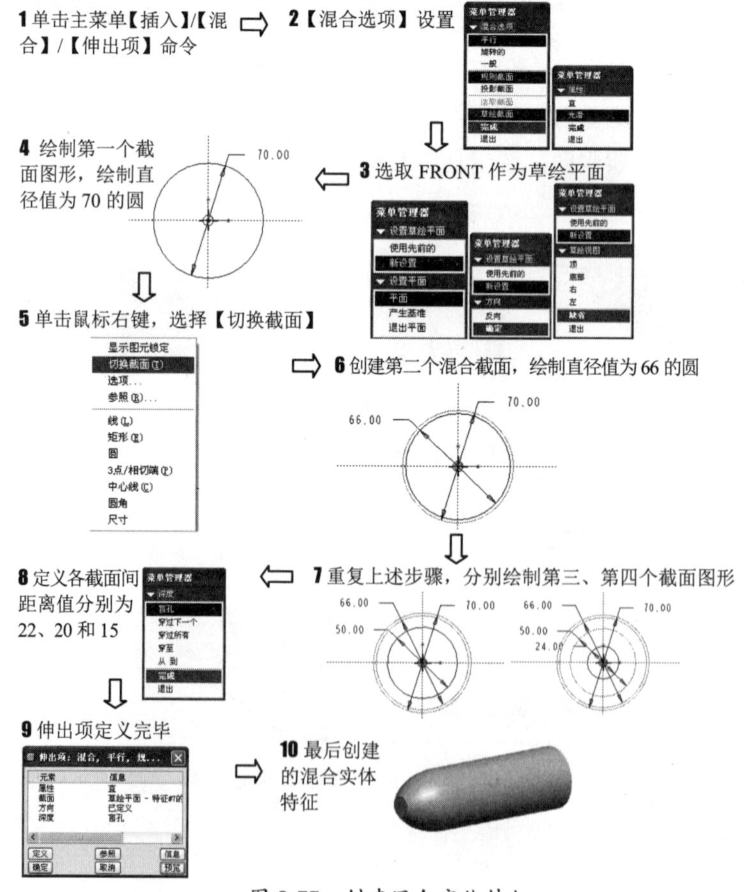

图 8-77 创建混合实体特征

④ 创建基准平面。单击【平面】按钮，打开【基准平面】对话框。选取拉伸实体底部平面作为参照，采用平面偏移的方式，偏距值为 15，如图 8-78 所示，设置【基准平面】对话框，最后生成 DTM1 基准平面。

⑤ 创建交截曲线。选取上一步创建的基准平面 DTM1 和圆柱面，在菜单栏中执行【编辑】|【相交】命令，得到交截曲线，如图 8-79 所示。

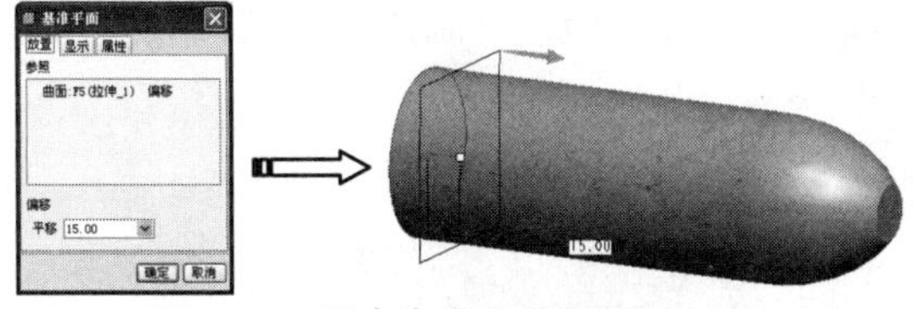

图 8-78　创建基准平面 DTM1

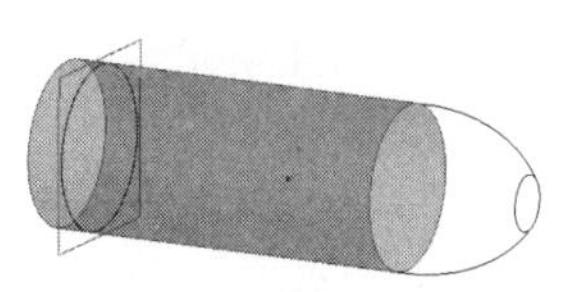

图 8-79　创建交截曲线

⑥ 创建拔模特征。以上一步创建的交截曲线作为拔模枢轴，在上下侧分别创建 15°与 0°拔模曲面，主要过程如图 8-80 所示。

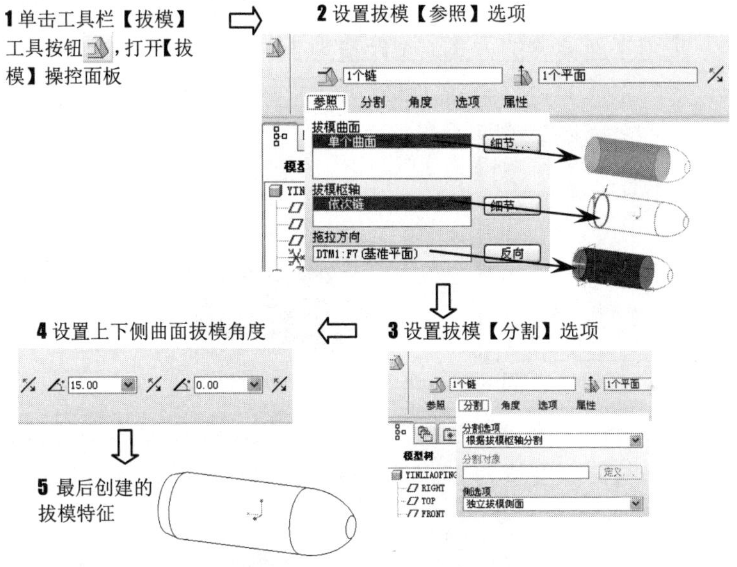

图 8-80　创建拔模特征

⑦ 创建旋转切除特征。单击【旋转】按钮，打开【旋转】特征操控面板，选中【切除材料选项】按钮，选择 RIGHT 基准平面作为草绘平面，绘制旋转剖面，创建的旋转切除特征如图 8-81 所示。

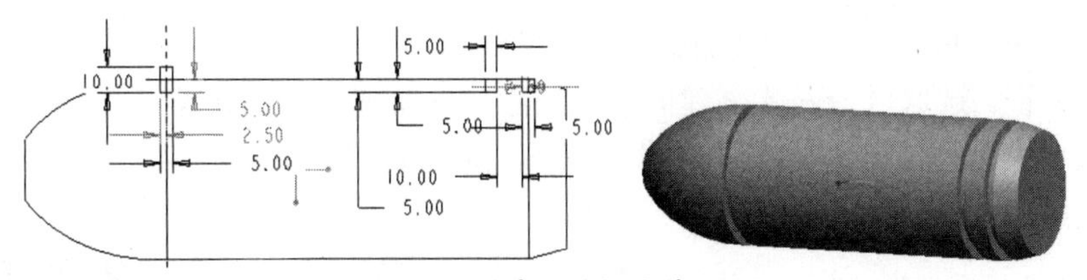

图 8-81　创建旋转切除特征

⑧ 创建拉伸实体部分。以 RIGHT 平面为草绘平面，利用【通过边创建图元】工具，绘制拉伸截面，创建瓶口拉伸实体部分，如图 8-82 所示。

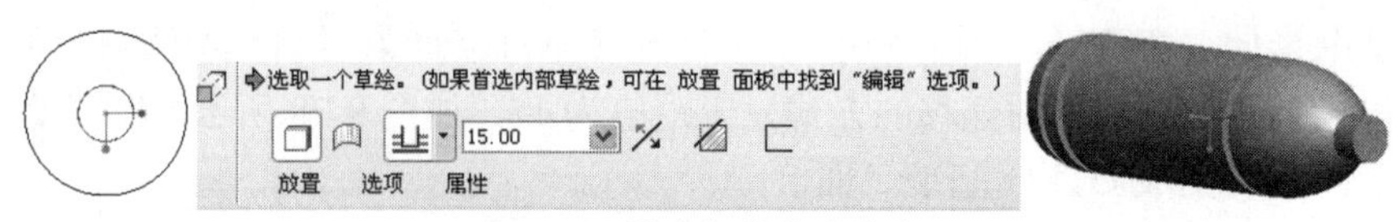

图 8-82　创建拉伸实体部分

⑨ 创建旋转切除特征。单击【旋转】按钮，打开【旋转】特征操控面板，选中【切除材料选项】按钮，选择 TOP 基准平面作为草绘平面，绘制旋转剖面，创建的旋转切除特征如图 8-83 所示。

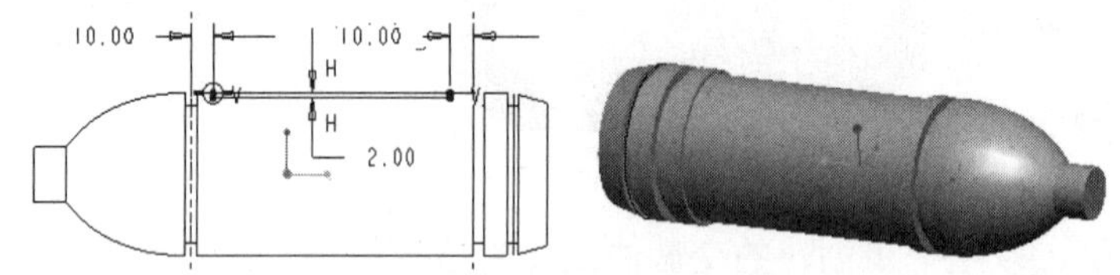

图 8-83　创建旋转切除特征

⑩ 创建基准平面。单击【平面】按钮，打开【基准平面】对话框。选取 RIGHT 基准平面作为参照，采用平面偏移的方式，偏距值为 50，按照如图 8-84 所示的设置【基准平面】对话框，最后生成 DTM2 基准平面。

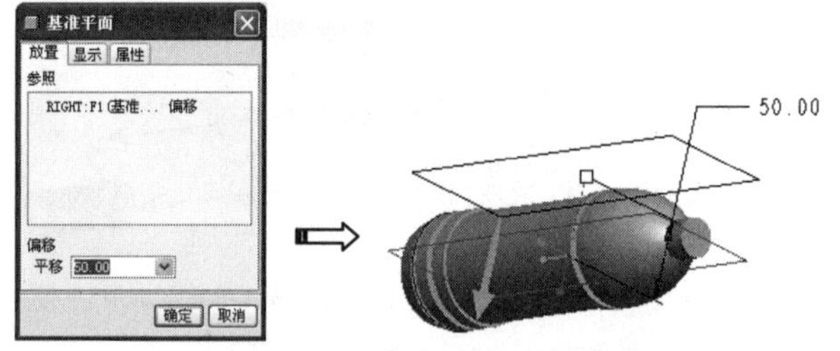

图 8-84　创建基准平面 DTM2

⑪ 创建拉伸切除实体特征。单击右工具栏中的按钮，选取 DTM2 平面作为草绘平面，绘制拉伸剖面图，拉伸深度值为 22，选中【切除材料选项】，如图 8-85 所示。

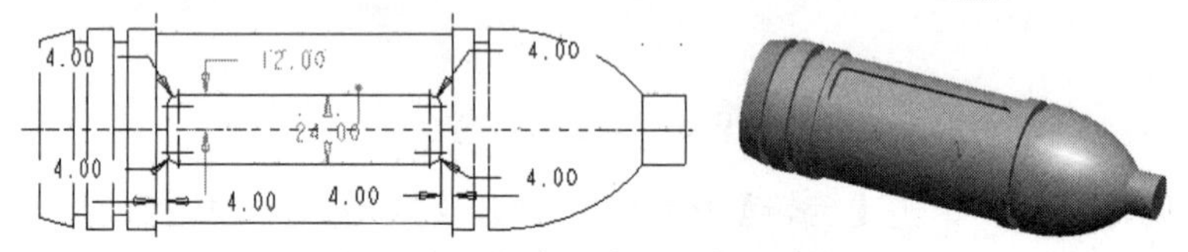

图 8-85　创建拉伸切除实体特征

⑫ 创建倒圆角特征。选中如图 8-86 所示的边线，单击右工具栏中的【倒圆角】按钮，设定圆角半径值为 2.0，完成倒圆角特征的创建。

⑬ 创建组特征。选取以上两步创建的拉伸切除实体特征和倒圆角特征，单击鼠标右键，在快捷菜单中选择【组】选项，创建组特征，如图 8-87 所示。

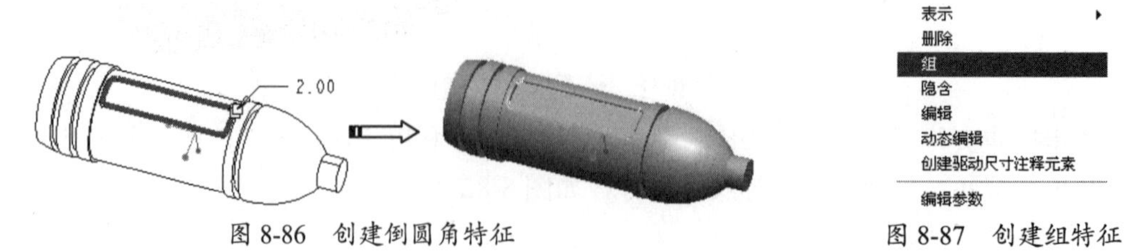

图 8-86　创建倒圆角特征　　图 8-87　创建组特征

⑭ 创建阵列特征。选取上一步创建的组特征，单击右工具栏中的【阵列】按钮，打开【阵列】特征操控面板，采用轴向阵列的方式，选取轴的基体轴线作为阵列轴线，沿圆周方向阵列个数为 6，参数设置及阵列结果如图 8-88 所示。

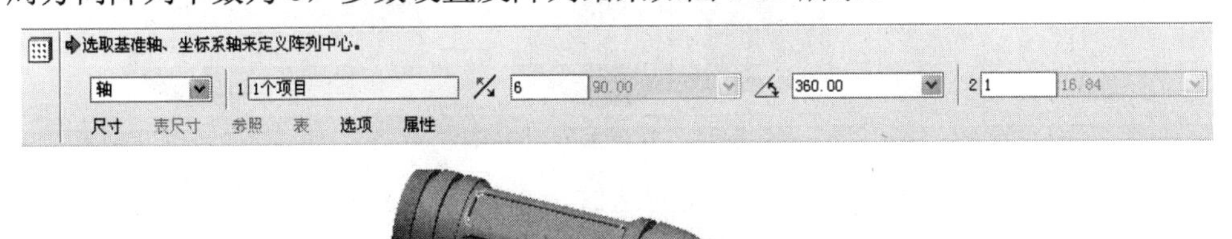

图 8-88　创建阵列特征

⑮ 创建倒圆角特征。单击右工具栏中的【倒圆角】按钮，选中要倒圆角的边线，设定圆角半径值为 2.0，最后创建的倒圆角特征如图 8-89 所示。

图 8-89　创建倒圆角特征

⑯ 创建曲面自由形状特征。选取瓶底面，设定变形区域网格及通过控制点设置曲面变形量，创建瓶底面的自由形状特征，如图 8-90 所示。

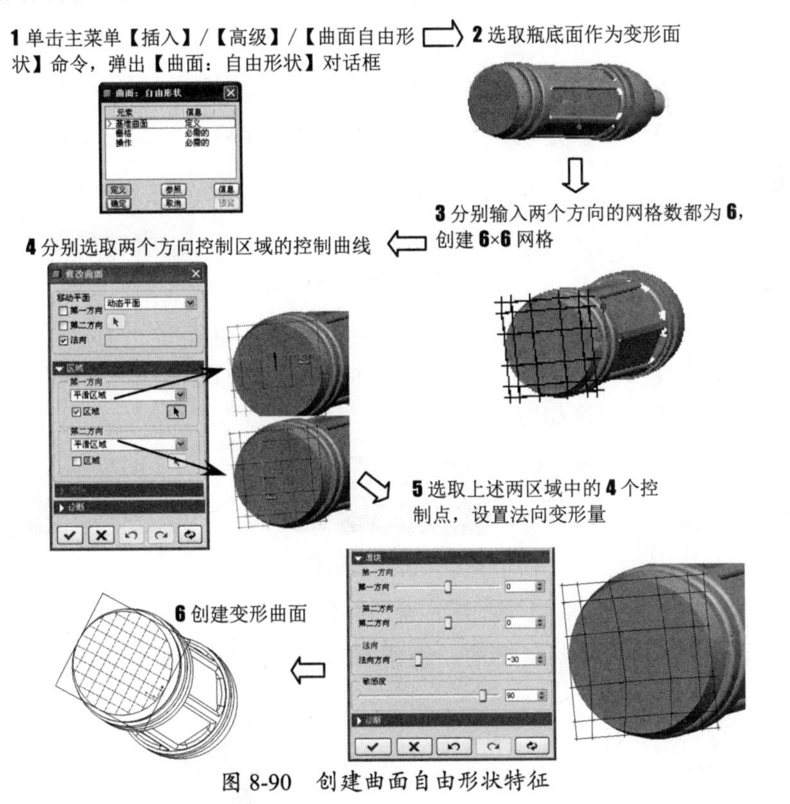

图 8-90　创建曲面自由形状特征

⑰ 创建实体化特征。选中上一步所创建的自由形状曲面特征，然后在菜单栏中执行【编

辑】|【实体化】命令，打开【实体化】操控面板。单击【去除材料】按钮，并利用按钮调节方向，创建实体化特征，如图 8-91 所示。

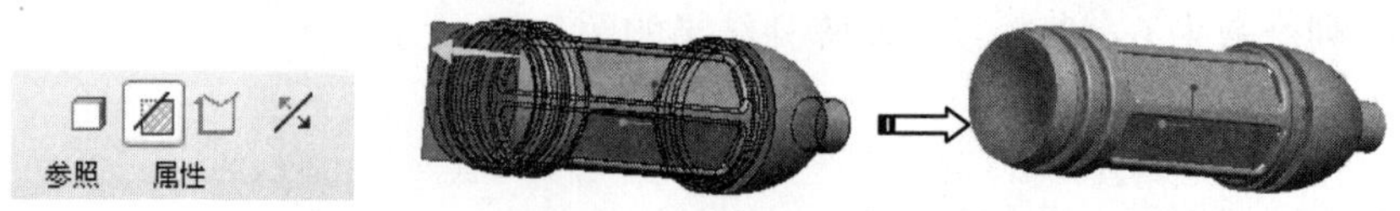

图 8-91 创建实体化特征

⑱ 创建倒圆角特征。选中自由形状曲面的边线，单击右工具栏中的【倒圆角】按钮，设定圆角半径值为 4.0，创建倒圆角特征，如图 8-92 所示。

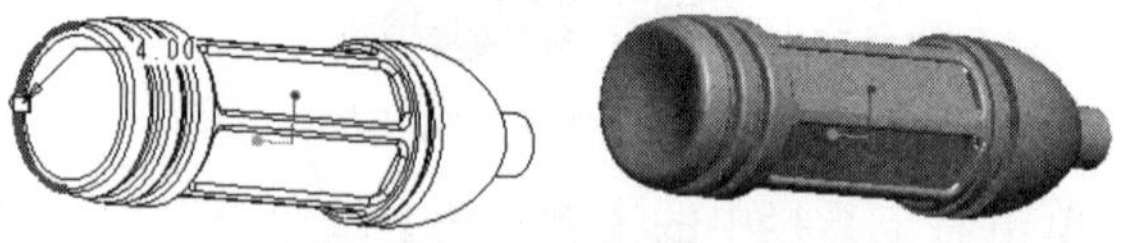
图 8-92 创建倒圆角特征

⑲ 复制曲面。选取瓶底面的自由形状曲面，然后按住 Shift 键，选取瓶口曲面作为边界面，释放 Shift 键后，系统会选取种子曲面至边界曲面间的所有曲面，按 Ctrl+C 组合键复制曲面，按 Ctrl+V 组合键粘贴曲面，如图 8-93 所示。

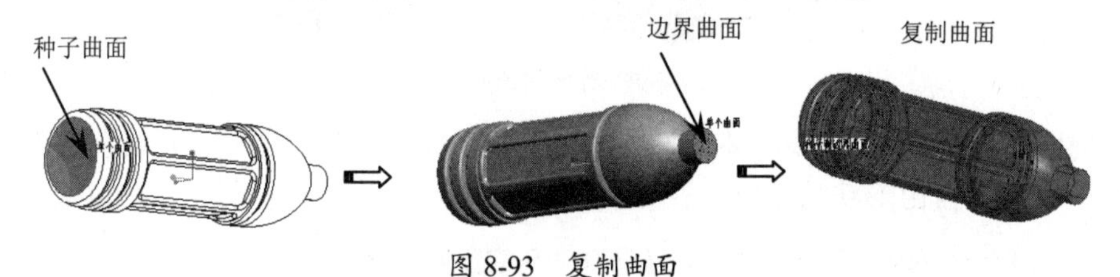

图 8-93 复制曲面

⑳ 创建偏移曲面。选取上一步粘贴得到的曲面，在菜单栏中执行【编辑】|【偏移】命令，输入偏移数值为 0.55，设定偏移方向，创建的曲面偏移特征如图 8-94 所示。

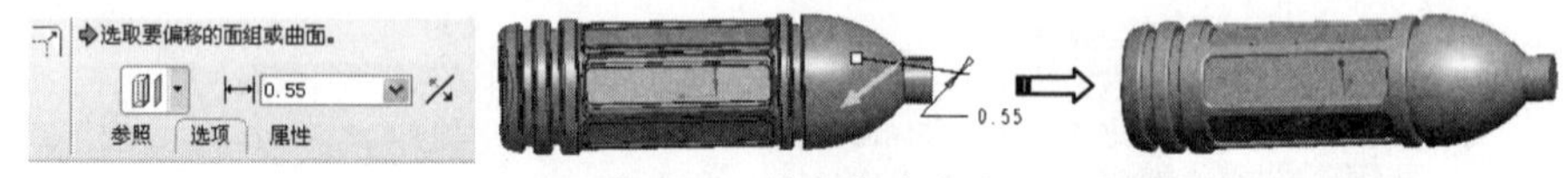

图 8-94 创建偏移曲面

㉑ 创建实体化特征。选中上一步偏移得到的曲面，然后在菜单栏中执行【编辑】|【实体化】命令，打开【实体化】操控面板，选中【替换曲面】按钮，并利用按钮调节方向，创建的实体化特征如图 8-95 所示。

图 8-95 创建实体化特征

㉒ 创建旋转特征。单击【旋转】按钮，打开【旋转】特征操控面板，选择 RIGHT 基准平面作为草绘平面，绘制旋转剖面，创建的旋转特征如图 8-96 所示。

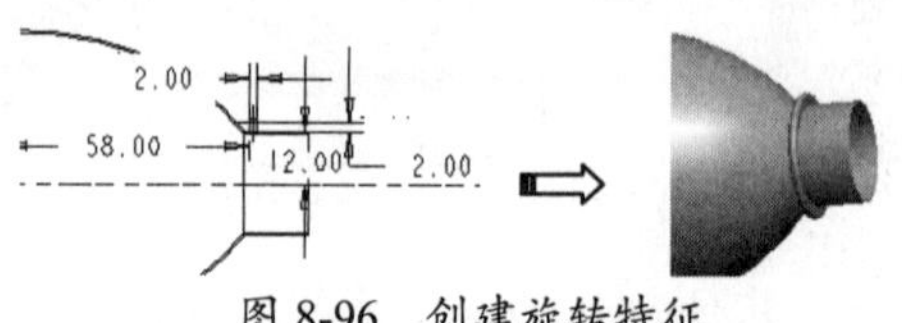

图 8-96 创建旋转特征

㉓ 创建螺旋扫描特征。利用螺旋扫描特征工具创建瓶口的螺纹部分，主要过程及结果如图 8-97 所示。

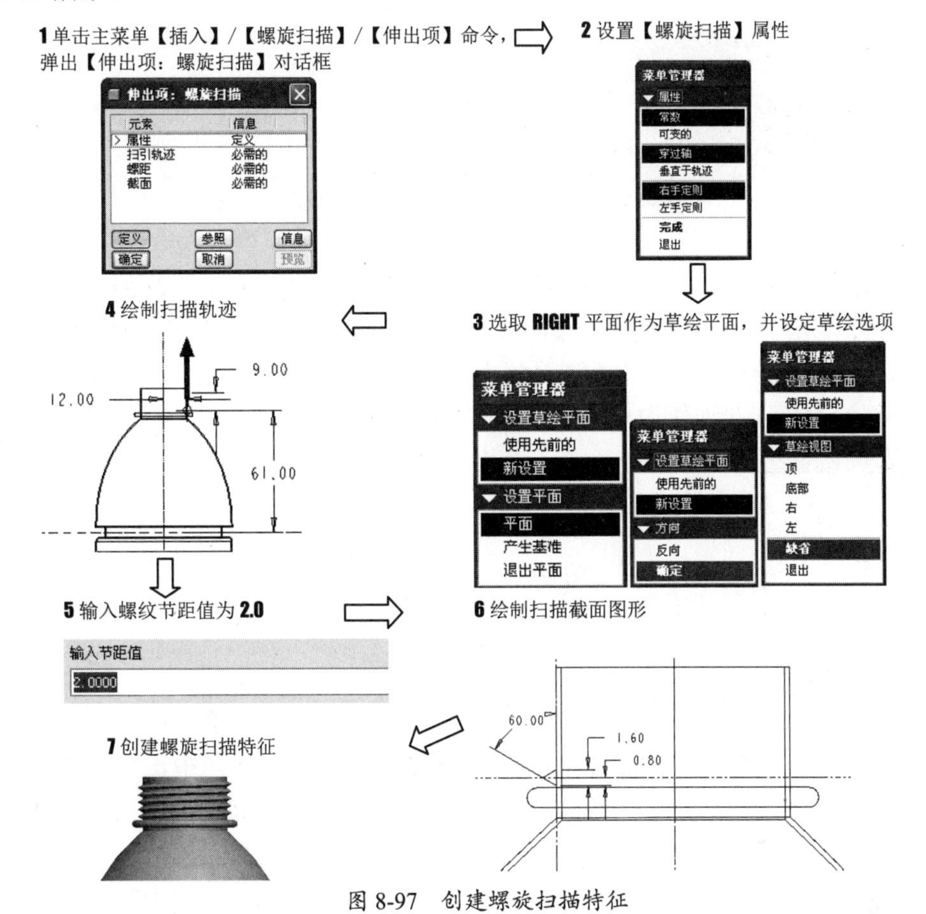

图 8-97　创建螺旋扫描特征

㉔ 隐藏曲线。在模型树中选中草绘曲线，单击鼠标右键，在快捷菜单中选择【隐藏】选项，最后创建的饮料瓶如图 8-98 所示。

㉕ 单击【保存】按钮，保存设计结果。

图 8-98　最后创建的饮料瓶

8.3.3　案例三：鼠标外壳设计

本例将创建如图 8-99 所示的鼠标外壳，该鼠标外壳主要由顶部曲面和底部平面部分组成。对于顶部曲面的建模，首先创建边界曲线在平面上的投影曲线，利用投影曲线创建空间曲线，然后利用边界曲线创建曲面，并对曲面进行修剪、合并以及实体化等操作。

操作步骤

① 新建名为“shubiao”的零件文件。

② 创建鼠标底面草绘曲线。单击右工具栏中的【草绘】按钮，进入草绘环境，选择 RIGHT 基准平面作为草绘平面，绘制如图 8-100 所示的草图曲线。

图 8-99　鼠标外壳

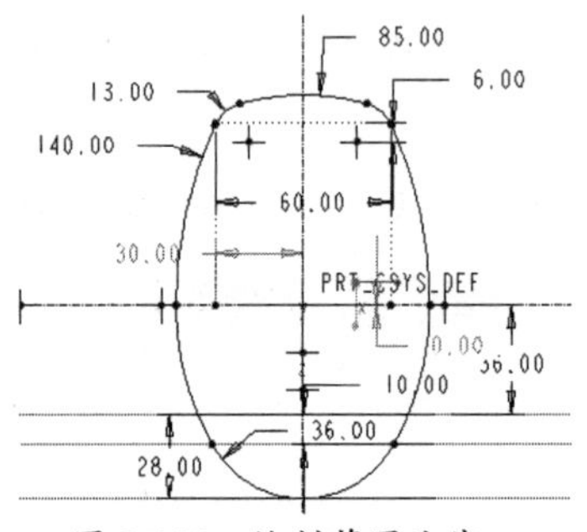

图 8-100　绘制草图曲线

③ 创建基准平面。单击【平面】按钮，打开【基准平面】对话框。选取 RIGHT 基准平面作为参照，采用平面偏移的方式，偏距值为 60，生成如图 8-101 所示的 DTM1 基准平面。

④ 创建鼠标侧面草绘曲线。单击右工具栏中的【草绘】按钮，进入草绘环境，选择上一步创建的 DTM1 平面作为草绘平面，绘制如图 8-102 所示的草绘曲线。

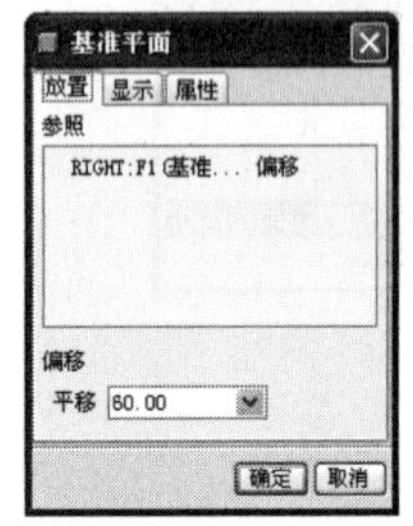

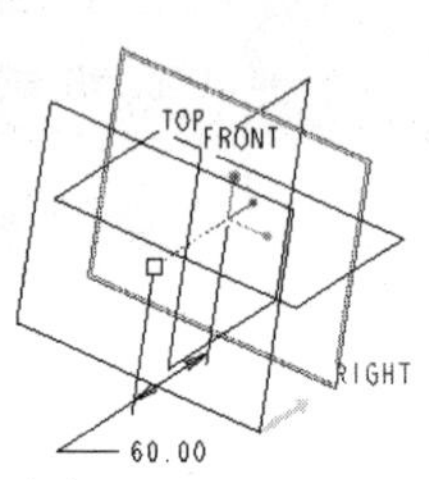

图 8-101　创建基准平面 DTM1

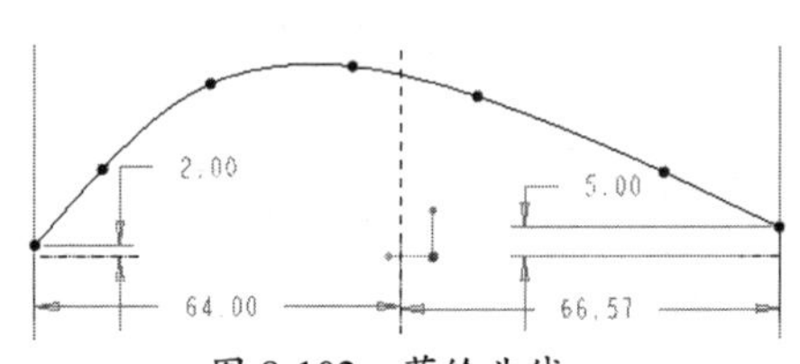

图 8-102　草绘曲线

⑤ 创建相交曲线。选取以上创建鼠标底面、侧面的曲线，在菜单栏中执行【编辑】|【相交】命令，打开【相交】操控面板，创建的相交曲线如图 8-103 所示。

图 8-103　创建相交曲线

⑥ 创建基准点。单击右工具栏中的【点】按钮，选取上一步创建的相交曲线的两个端点来创建基准点 PNT0、PNT1，如图 8-104 所示。

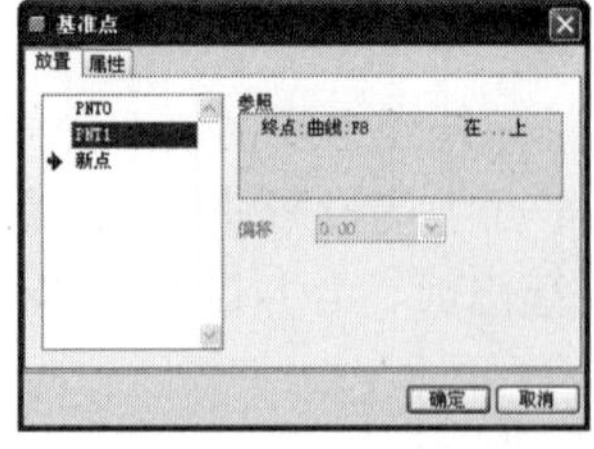

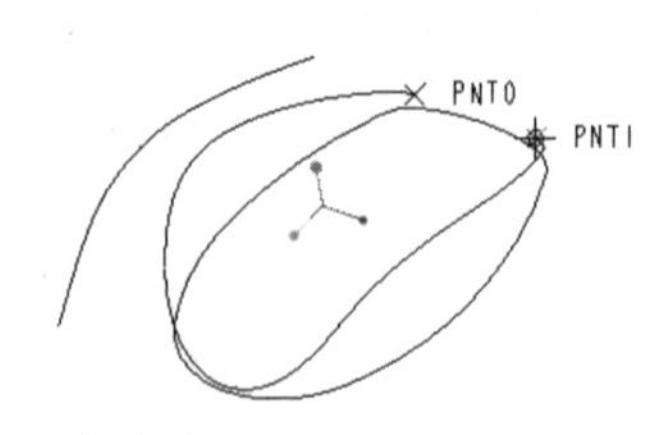

图 8-104　创建基准点

⑦ 创建基准平面。单击【平面】按钮，打开【基准平面】对话框。按住 Ctrl 键，选取上一步创建的两个基准点和 TOP 基准面作为参照，创建基准平面 DTM2，如图 8-105 所示。

⑧ 创建鼠标前部圆弧曲线。单击右工具栏中的【草绘】按钮，进入草绘环境，选择上

一步创建的 DTM2 平面作为草绘平面，以前面步骤创建的两个基准点 PNT0、PNT1 为参照，绘制半径值为 120 的圆弧，如图 8-106 所示。

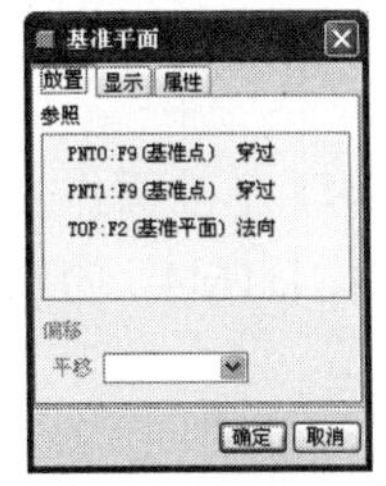

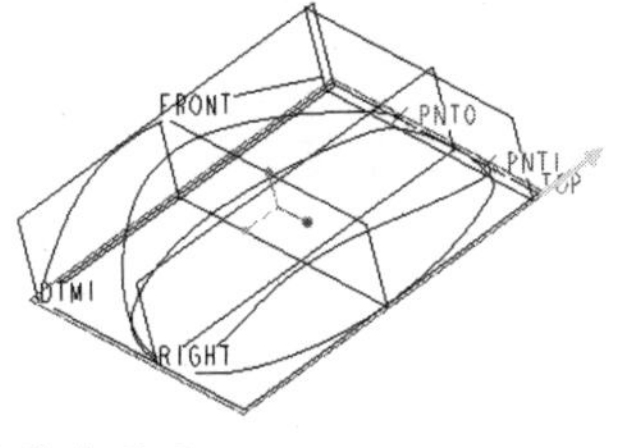

图 8-105　创建基准平面 DTM2

120.00

图 8-106　创建前部圆弧曲线

⑨ 创建相交曲线。选取上一步创建的前部圆弧曲线，在菜单栏中执行【编辑】|【相交】命令，打开【相交】操控面板，分别选取第一、第二草绘曲线作为在不同投影面上的投影曲线，创建的相交曲线如图 8-107 所示。

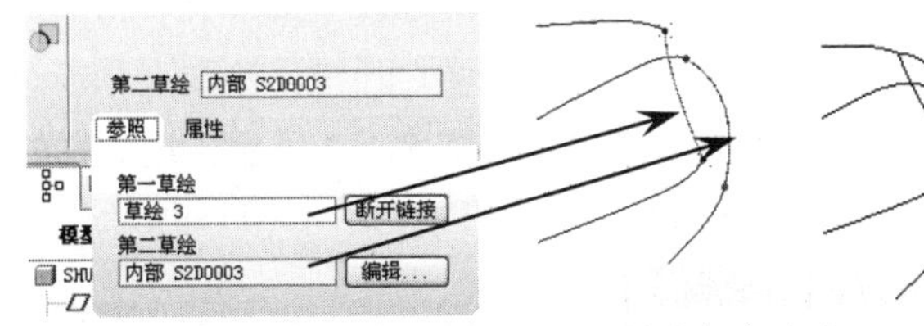

图 8-107　创建相交曲线

技巧点拨

在第二草绘的创建中，需要单击[编辑...]按钮，进入草绘状态，选取 TOP 平面作为草绘平面，使用【通过边创建图元】工具，创建相关曲线。

⑩ 创建基准点。单击右工具栏中的【点】按钮，按住 Ctrl 键，选取上一步创建的相交曲线与 RIGHT 基准平面，创建基准点 PNT2，如图 8-108 所示。用同样的步骤，选取第 5 步创建的相交曲线与 RIGHT 基准平面，创建基准点 PNT3，如图 8-109 所示。

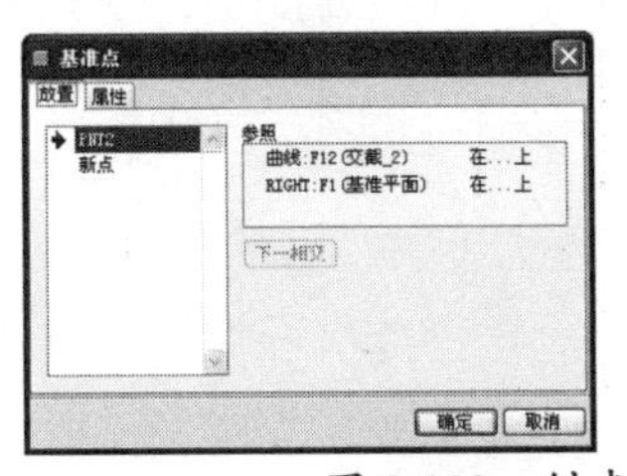

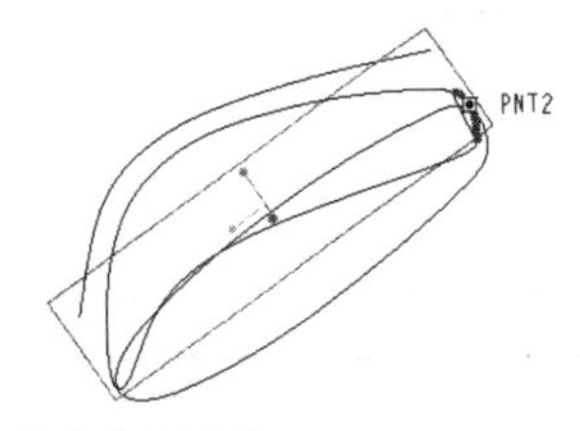

图 8-108　创建基准点 PNT2

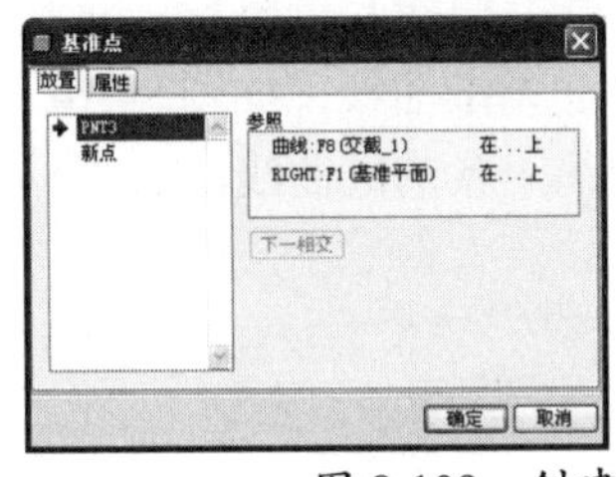

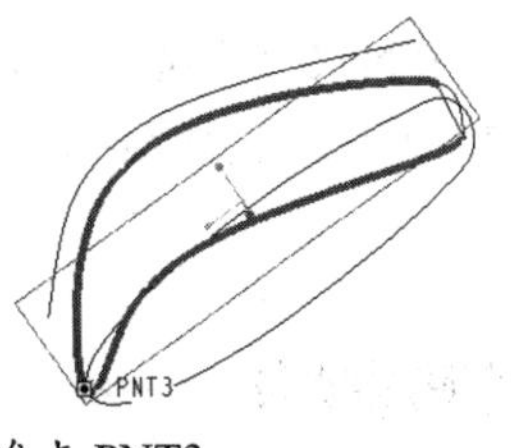

图 8-109　创建基准点 PNT3

⑪ 创建鼠标顶部草绘曲线。单击右工具栏中的【草绘】按钮，进入草绘环境，选择 RIGHT 平面作为草绘平面，以前面步骤创建的两个基准点 PNT2、PNT3 为参照，创建顶部草绘曲线，如图 8-110 所示。

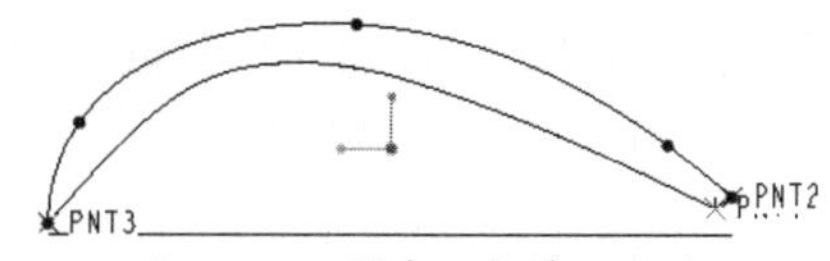

图 8-110　创建顶部草绘曲线

⑫ 创建基准平面。单击▱按钮，打开【基准平面】对话框。选取 FRONT 基准面作为参照，分别输入偏距值为 30、22，并调整平面位置，创建基准平面 DTM3、DTM4，如图 8-111 所示。

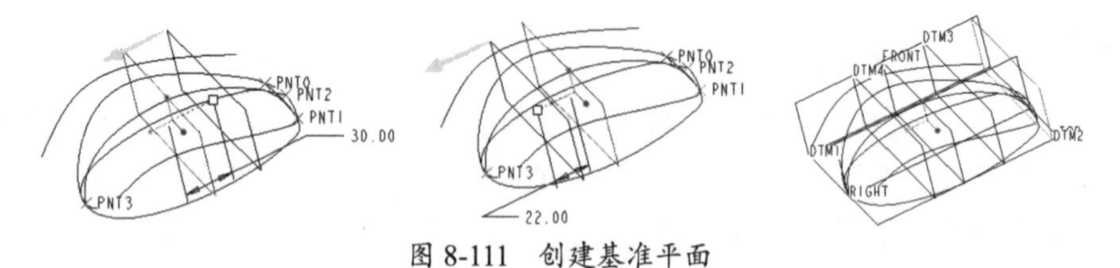

图 8-111　创建基准平面

⑬ 创建基准点。单击右工具栏中的【点】按钮，按住 Ctrl 键，选取上一步创建的基准平面 DTM4 和相应曲线，创建基准点 PNT4～PNT6，如图 8-112 所示。用同样的步骤，选取基准平面 DTM3 和相应曲线，创建基准点 PNT7～PNT9，如图 8-113 所示。

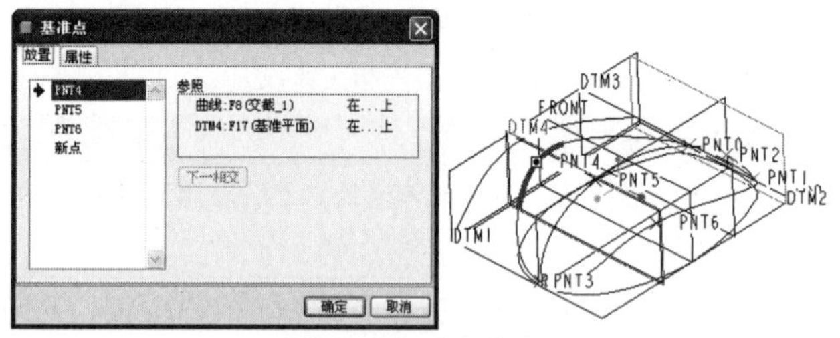

图 8-112　创建基准点

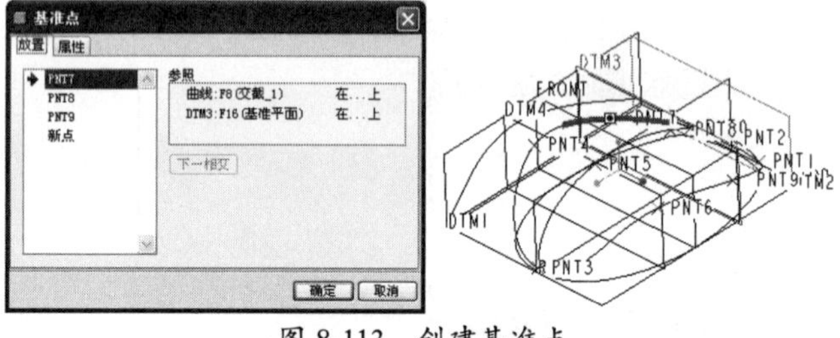

图 8-113　创建基准点

⑭ 创建基准曲线。单击右工具栏中的【绘制基准曲线】按钮，选择【通过点】，创建基准曲线，选取 PNT4～PNT6 作为参照点，创建基准曲线，如图 8-114 所示。用同样的步骤，选取基准点 PNT7～PNT9 作为参照，创建另一条基准曲线，如图 8-115 所示。

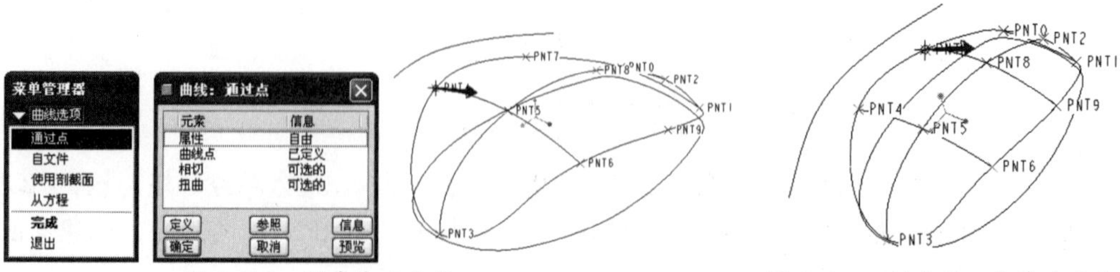

图 8-114　创建基准曲线　　　　图 8-115　创建另一条基准曲线

⑮ 修剪曲线。选取第 5 步所创建的相交曲线，单击右工具栏中的【修剪】按钮，弹出【修剪】特征操控面板，选取 PNT3 作为修剪对象，并利用按钮，调整出现两个箭头后，完成曲线的修剪，将曲线分割成 2 部分，如图 8-116 所示。

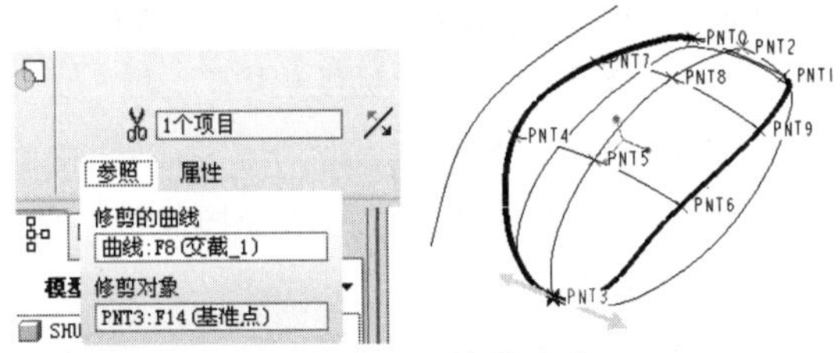

图 8-116 修剪曲线

⑯ 创建鼠标顶部边界曲面。单击右工具栏中的【边界混合】按钮，在弹出的【边界混合】特征操控面板中，按住 Ctrl 键，依次分别在两个方向选取如图 8-117 所示的边界曲线，作为两个方向的边界链，创建混合曲面。

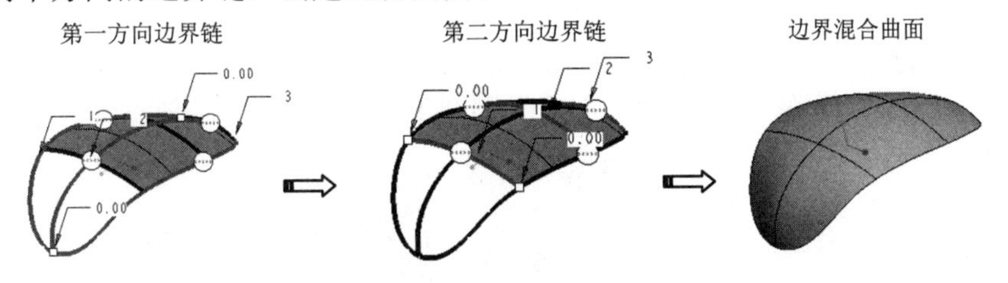

图 8-117 创建顶部边界混合曲面

⑰ 创建底部填充曲面。选取第 2 步所创建的草绘曲线，在菜单栏中执行【编辑】|【填充】命令，创建填充曲面，如图 8-118 所示。

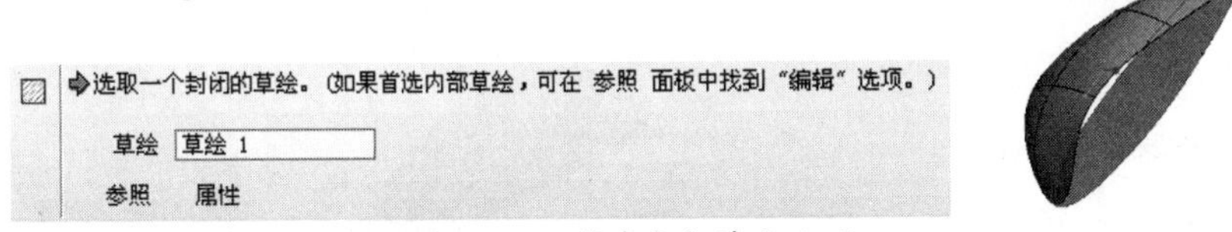

图 8-118 创建底部填充曲面

⑱ 创建拉伸曲面特征。单击右工具栏中的【拉伸】按钮，并选中【拉伸为曲面】按钮，以 TOP 平面为草绘平面，利用【通过偏移边创建图元】工具，选取类型为【环】，选取上一步创建的填充曲面创建拉伸截面图形，并创建拉伸实体部分，如图 8-119 所示。

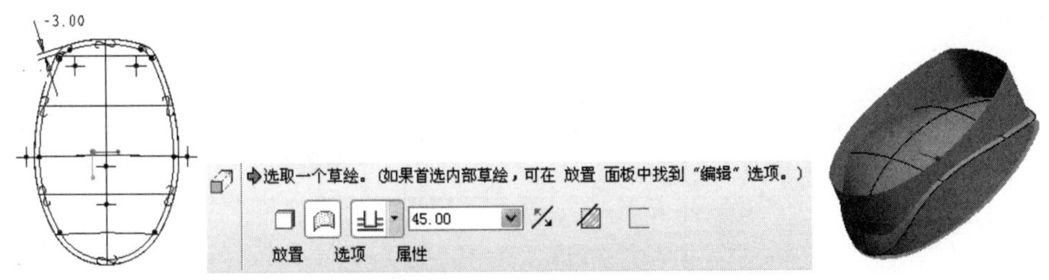

图 8-119 创建拉伸实体

⑲ 合并拉伸曲面与顶部边界混合曲面。选取上一步创建的拉伸曲面，按住 Ctrl 键，选取第 16 步创建的顶部边界混合曲面，单击右工具栏中的【合并】按钮，单击操控面板中的按钮，调整合并曲面方向，创建的合并曲面如图 8-120 所示。

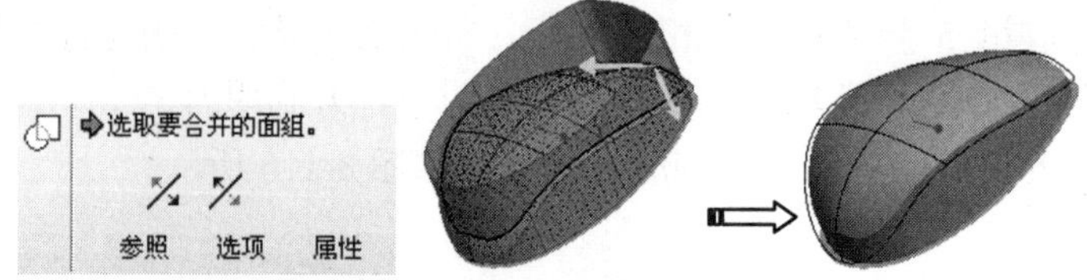

图 8-120 合并项部曲面

⑳ 合并填充曲面。选取上一步创建的合并曲面，按住 Ctrl 键，选取第 17 步创建的填充曲面，单击右工具栏中的【曲面合并】按钮，单击操控面板中的按钮，调整合并曲面方向，创建的合并填充曲面如图 8-121 所示。

图 8-121 合并填充曲面

㉑ 创建倒圆角特征。选中上一步创建的合并曲面的上下边线，单击右工具栏中的【倒圆角】按钮，设定圆角半径值为 2.0，创建的倒圆角特征如图 8-122 所示。

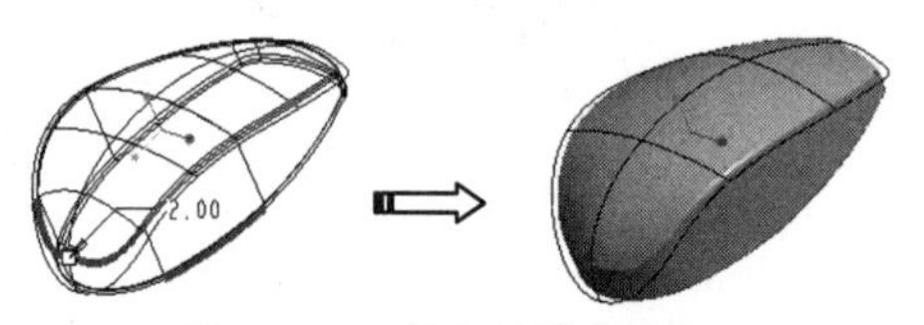

图 8-122 创建倒圆角特征

㉒ 加厚曲面。选取以上创建的整个曲面，在菜单栏中执行【编辑】|【加厚】命令，将曲面加厚以实现实体化，如图 8-123 所示。

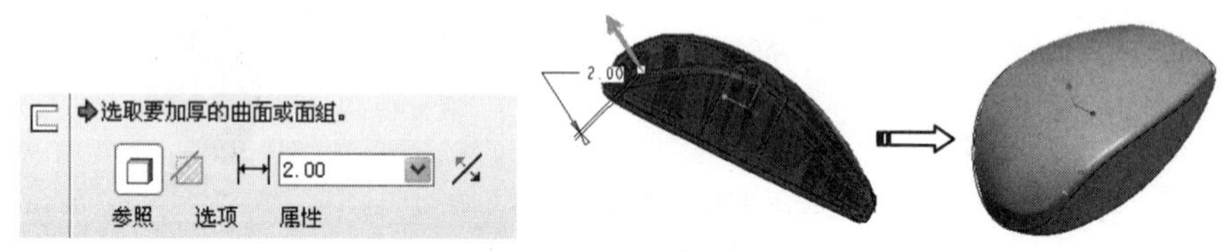

图 8-123 加厚曲面

㉓ 创建拉伸切除实体特征。单击右工具栏中的【拉伸】按钮，选取 RIGHT 平面作为草绘平面，绘制拉伸剖面，选中【切除材料选项】，创建切除实体特征，如图 8-124 所示。

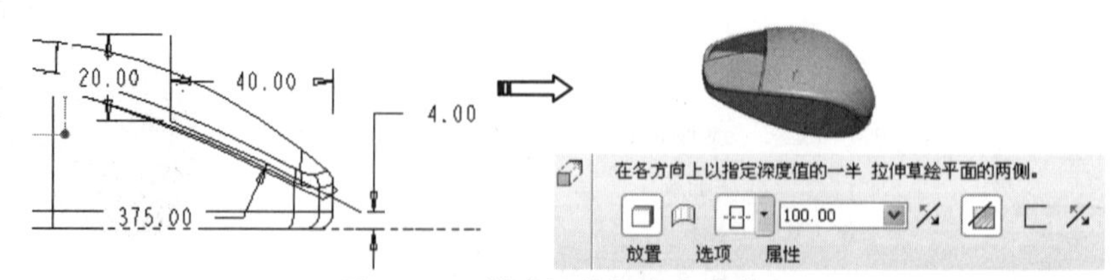

图 8-124 创建拉伸切除实体特征

㉔ 隐藏曲线。切换至层树，选中曲线，单击鼠标右键，在快捷菜单中选择【隐藏】选项，隐藏曲线，最后的模型如图 8-125 所示。

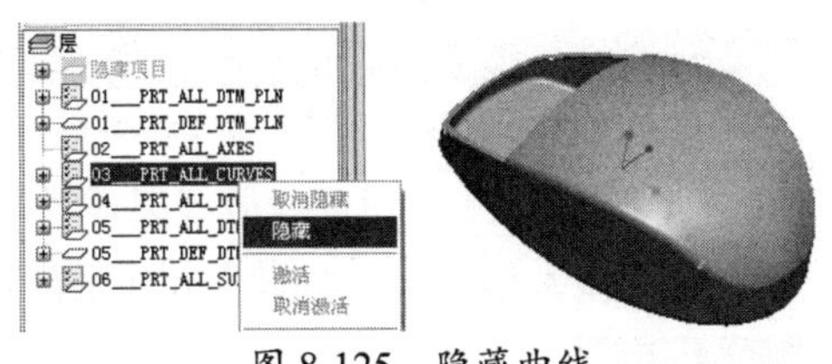

图 8-125　隐藏曲线

㉕　单击【保存】按钮，保存设计结果。

8.3.4　案例四：电吹风模型设计

要创建的电吹风模型如图 8-126 所示。

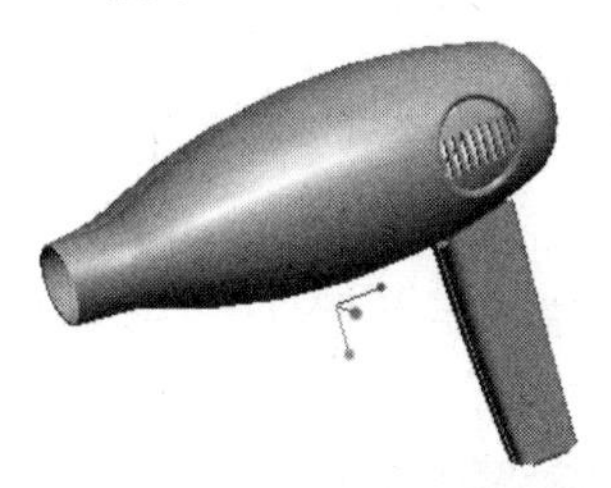

图 8-126　电吹风模型

操作步骤

①　新建名为“dianchuifeng”的零件文件。

②　创建风筒草绘曲线 1。单击【草绘】按钮，进入草绘环境，选择 TOP 基准平面作为草绘平面，绘制如图 8-127 所示的草绘曲线。

③　创建镜像曲线 2。选取上一步创建的草绘曲线，单击右侧工具栏中的【镜像】按钮，选择 FRONT 基准平面作为镜像平面，创建的镜像曲线 2 如图 8-128 所示。

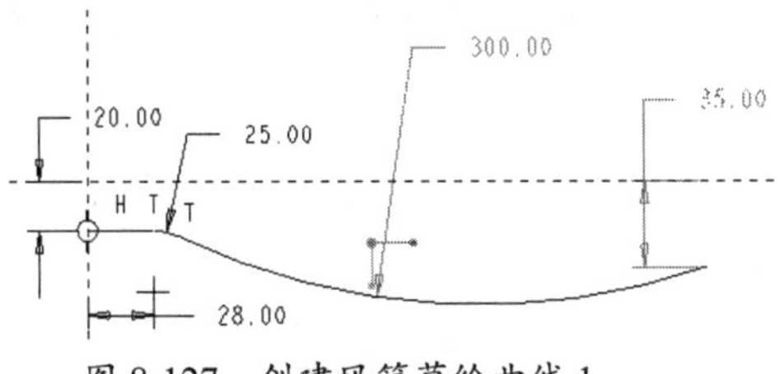

图 8-127　创建风筒草绘曲线 1

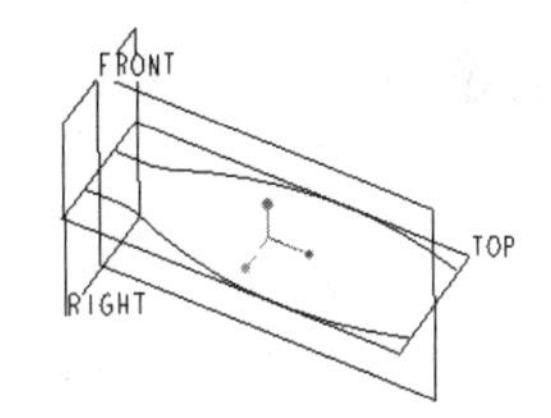

图 8-128　创建镜像曲线 2

④　创建风筒草绘曲线 3。单击【草绘】按钮，进入草绘环境，选择 RIGHT 平面作为草绘平面，绘制如图 8-129 所示的圆弧作为草绘曲线。

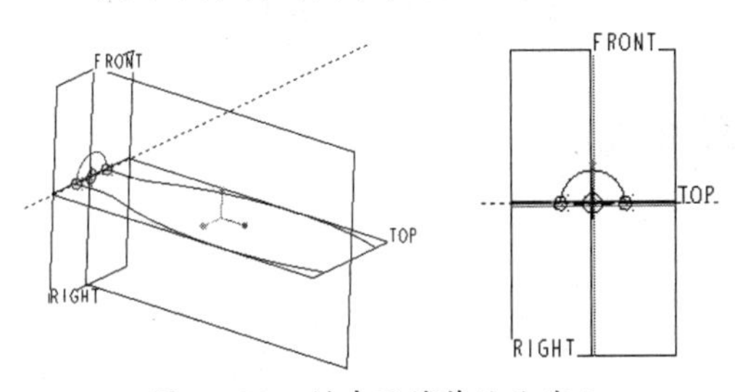

图 8-129　创建风筒草绘曲线 3

技巧点拨

通过设置草绘参照，使圆弧的两端点捕捉到上两步绘制的曲线的端点。

⑤ 创建基准平面 DTM1。单击【平面】按钮，打开【基准平面】对话框。按住 Ctrl 键，选取 RIGHT 基准面作为参照，输入偏移值，创建基准平面 DTM1，如图 8-130 示。

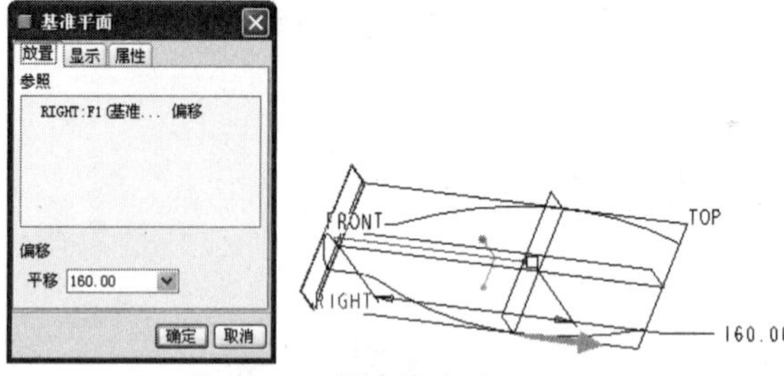

图 8-130　创建基准平面 DTM1

⑥ 创建基准点 PNT0、PNT1。单击【点】按钮，按住 Ctrl 键，选取上一步创建的基准平面 DTM1 和草绘曲线 1，创建基准点 PNT0。用同样的步骤，选取基准平面 DTM1 和草绘曲线 2，创建基准点 PNT1，如图 8-131 所示。

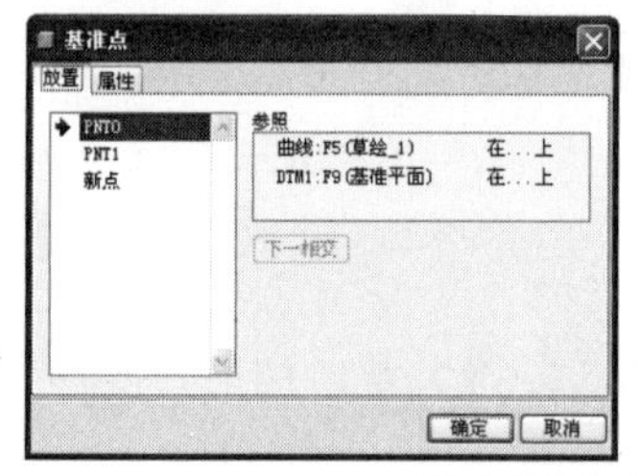

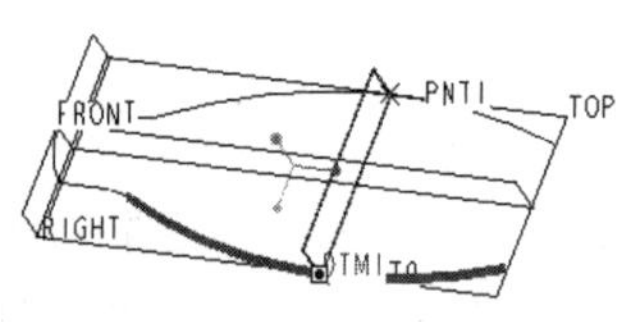

图 8-131　创建基准点

⑦ 创建风筒草绘曲线 4。单击右工具栏中的【草绘】按钮，进入草绘环境，选择 DTM1 平面作为草绘平面，以上一步创建的基准点 PNT0、PNT1 作为草绘参照，捕捉到这两点，绘制圆弧，创建风筒草绘曲线 4，如图 8-132 所示。

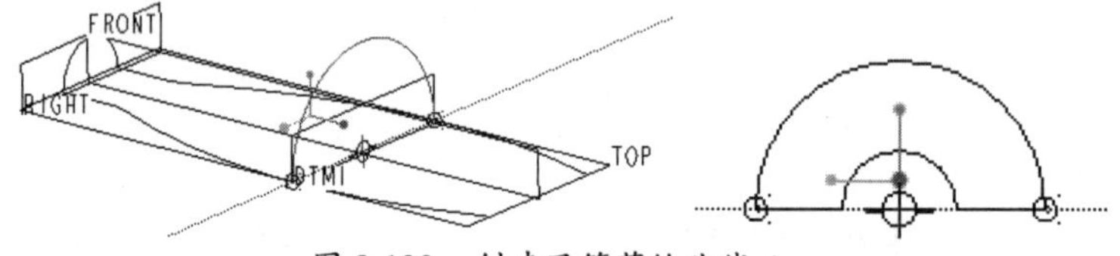

图 8-132　创建风筒草绘曲线 4

⑧ 创建基准平面 DTM2。单击【平面】按钮，打开【基准平面】对话框。选取以上创建的草绘曲线 2 的端点，并按住 Ctrl 键选取 RIGHT 基准平面作为参照，创建基准平面 DTM2，如图 8-133 所示。

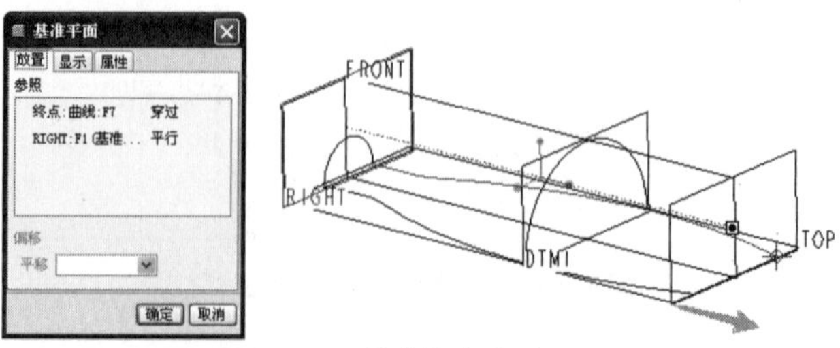

图 8-133　创建基准平面 DTM2

⑨ 创建风筒草绘曲线 5。单击【草绘】按钮，进入草绘环境，选择 DTM2 平面作为草绘平面，利用以上创建的草绘曲线 1、草绘曲线 2 的端点作为草绘参照，捕捉到这两点，绘制圆弧，创建风筒草绘曲线 5，如图 8-134 所示。

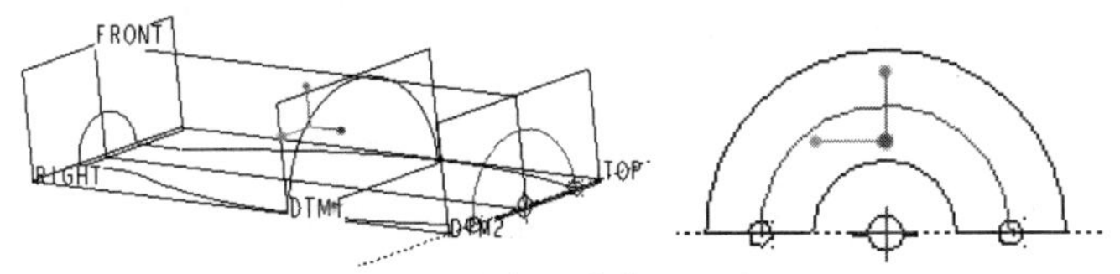

图 8-134 创建风筒草绘曲线 5

⑩ 创建风筒草绘曲线 6。单击【草绘】按钮，选择 TOP 平面作为草绘平面，利用以上创建的草绘曲线 1、草绘曲线 2 的端点作为草绘参照，捕捉到这两点，绘制圆弧，创建风筒草绘曲线 6，如图 8-135 所示。

图 8-135 创建风筒草绘曲线 6

⑪ 创建手柄草绘曲线 7。单击【草绘】按钮，选择 TOP 平面作为草绘平面，创建手柄草绘曲线 7，如图 8-136 所示。

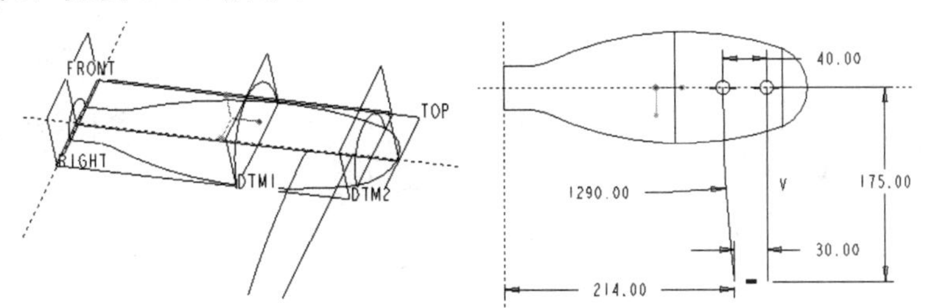

图 8-136 创建手柄草绘曲线 7

⑫ 创建手柄草绘曲线 8。单击【草绘】按钮，选择 FRONT 平面作为草绘平面，利用以上创建的手柄草绘曲线 7 的两个端点作为草绘参照，捕捉到这两点，创建手柄草绘曲线 8，如图 8-137 所示。

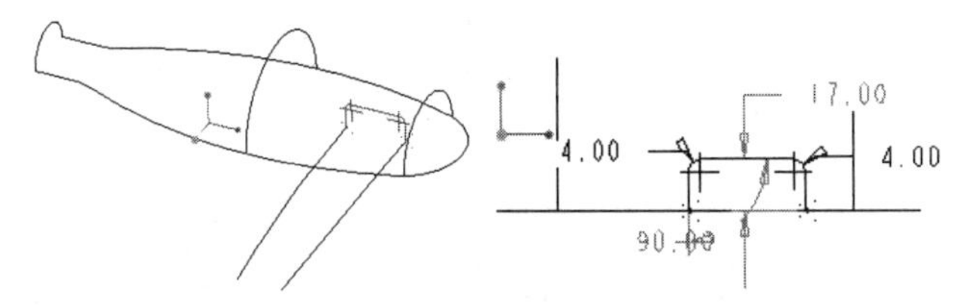

图 8-137 创建手柄草绘曲线 8

⑬ 创建基准平面 DTM3。单击【平面】按钮，打开【基准平面】对话框。选取以上创建的手柄草绘曲线 7 的端点，并按住 Ctrl 键选取 FRONT 基准平面作为参照，创建基准平面 DTM3，如图 8-138 示。

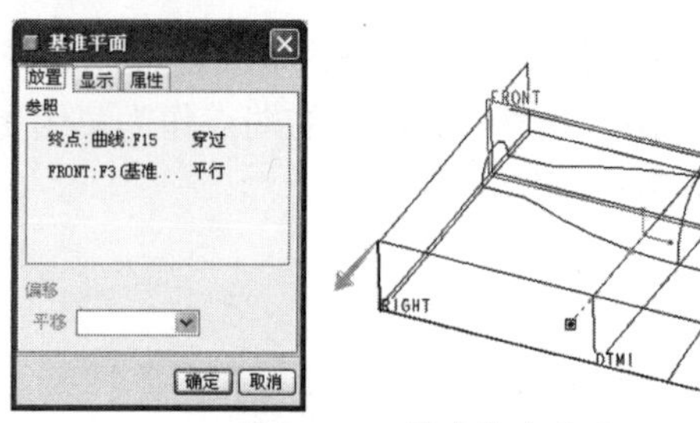

图 8-138　创建基准平面 DTM3

⑭ 创建手柄草绘曲线 9。单击右工具栏中的【草绘】按钮，选择 DTM3 平面作为草绘平面，利用以上创建的手柄草绘曲线 7 的两个端点作为草绘参照，捕捉到这两点，创建手柄草绘曲线 9，如图 8-139 所示。

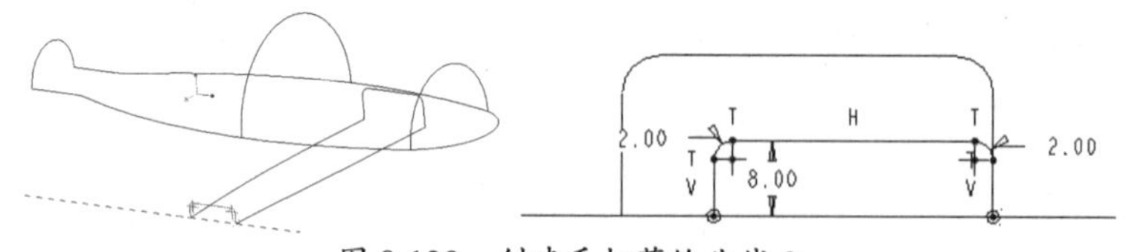

图 8-139　创建手柄草绘曲线 9

⑮ 创建风筒边界混合曲面 1。单击【边界混合】按钮，在弹出的【边界混合】特征操控面板中，按住 Ctrl 键，依次分别在两个方向选取如图 8-140 所示的边界曲线，作为两个方向的边界链，创建风筒边界混合曲面。

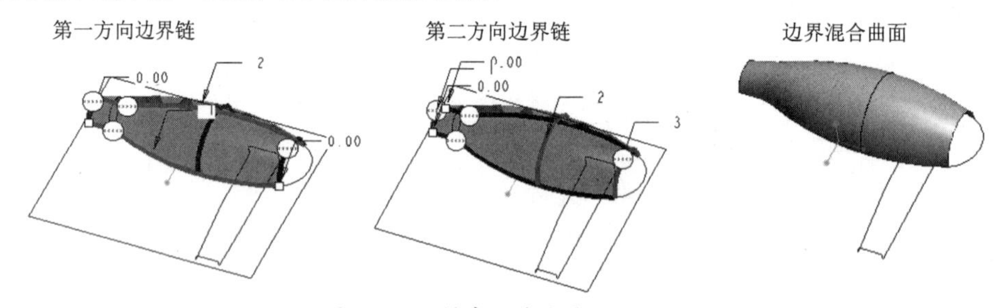

图 8-140　创建风筒边界混合曲面 1

⑯ 创建风筒边界混合曲面 2。单击【边界混合】按钮，在【边界混合】特征操控面板中，按住 Ctrl 键，依次选取如图 8-141 所示的边界曲线作为边界链，创建混合曲面，然后设定与上一步创建的边界曲面 1 的约束关系，如图 8-141 所示。

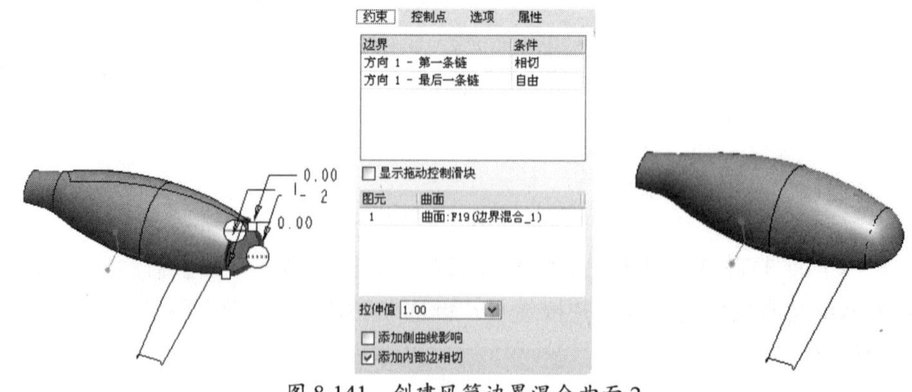

图 8-141　创建风筒边界混合曲面 2

⑰ 创建手柄边界混合曲面3。单击右工具栏中的【边界混合】按钮，在弹出的【边界混合】特征操控面板中，按住Ctrl键，依次分别在两个方向选取如图8-142所示的边界曲线，作为两个方向的边界链，创建手柄边界混合曲面。

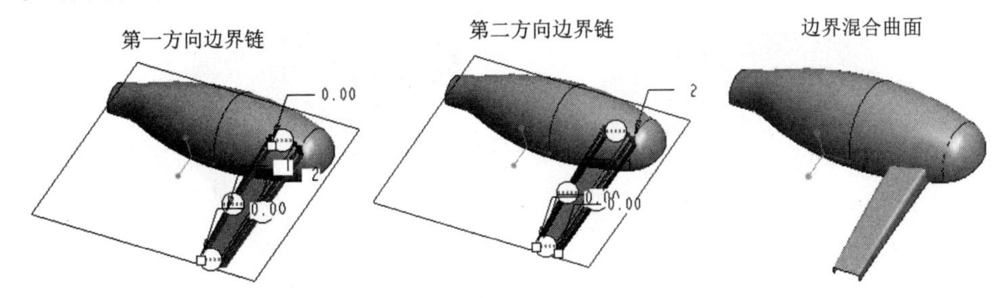

图8-142 创建手柄边界混合曲面3

⑱ 合并风筒边界曲面1与边界曲面2。按住Ctrl键，选取以上创建的边界混合曲面，单击右工具栏中的【曲面合并】按钮，单击操控面板中的按钮，调整合并曲面方向，合并风筒边界曲面，如图8-143所示。

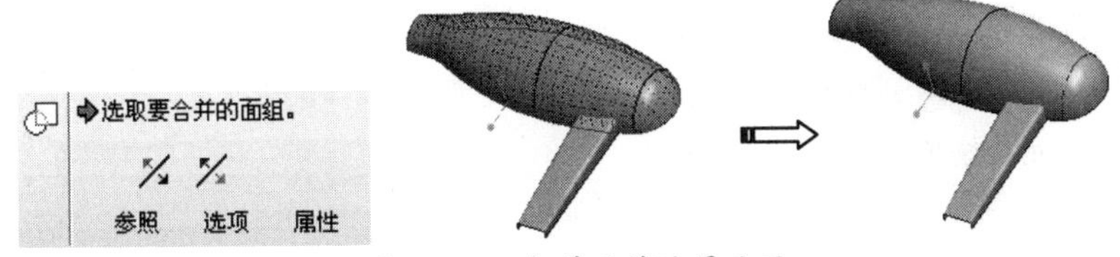

图8-143 合并风筒边界曲面

⑲ 合并风筒边界曲面与手柄边界曲面。按住Ctrl键，选取上一步合并创建的曲面和手柄边界曲面3，单击右工具栏的【曲面合并】按钮，单击操控面板中的按钮，调整合并曲面方向，创建合并曲面，如图8-144所示。

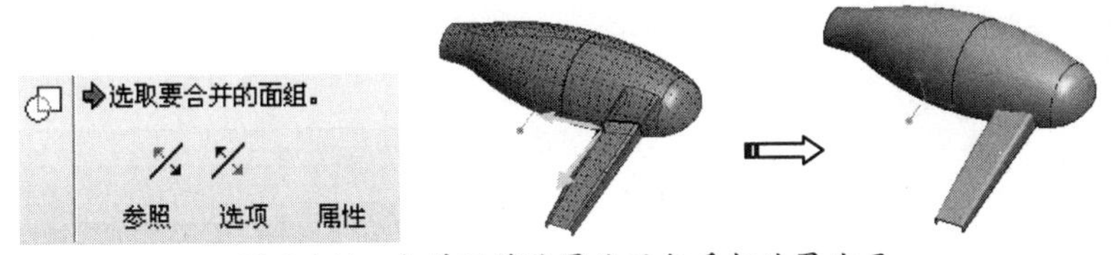

图8-144 合并风筒边界曲面与手柄边界曲面

⑳ 创建手柄底部平整平面。主要过程与结果如图8-145所示。

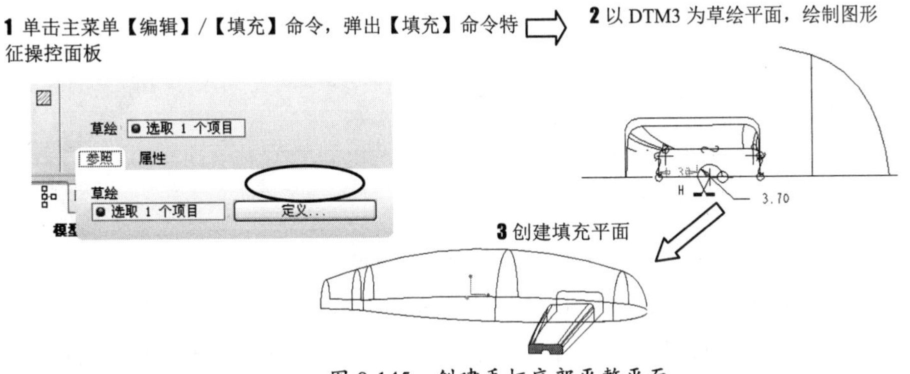

图8-145 创建手柄底部平整平面

㉑ 合并手柄底部平面。选取上一步创建的手柄底部平整平面和前面创建的合并曲面，单击右工具栏中的【曲面合并】按钮，单击操控面板中的按钮，调整合并曲面方向，创建合并曲面，如图 8-146 所示。

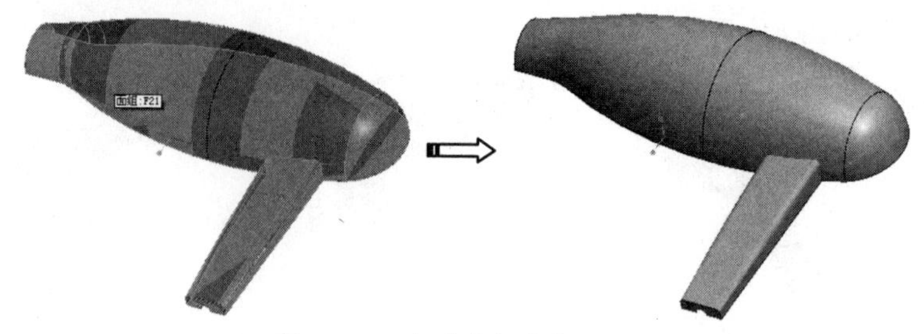

图 8-146　合并手柄底部曲面

㉒ 创建偏移特征。选取上一步创建的合并曲面，主要过程及结果如图 8-147 所示。

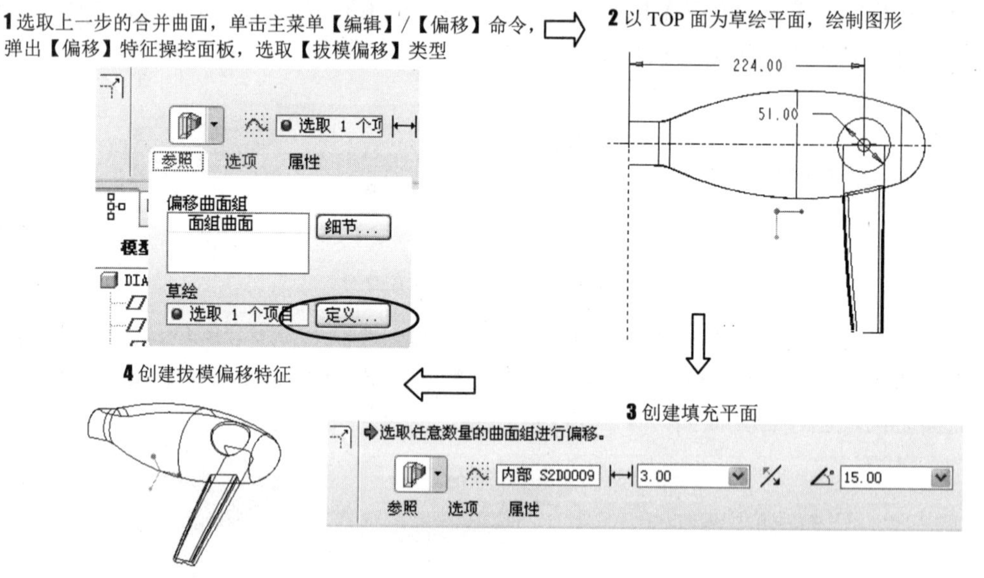

图 8-147　创建偏移特征

㉓ 创建拉伸切除特征。单击【拉伸】按钮，选取 TOP 平面作为草绘平面，绘制拉伸截面，选中【切除材料选项】，创建切除实体特征，如图 8-148 所示。

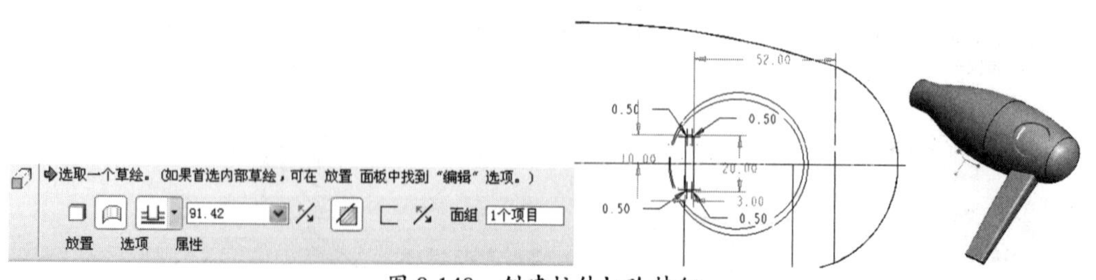

图 8-148　创建拉伸切除特征

㉔ 创建阵列特征。选取上一步创建的拉伸切除特征，单击右工具栏中的【阵列】按钮，打开【阵列】特征操控面板。采用【尺寸】阵列的方式，阵列间距值设为-5.5，阵列数量为 8，创建阵列特征，如图 8-149 所示。

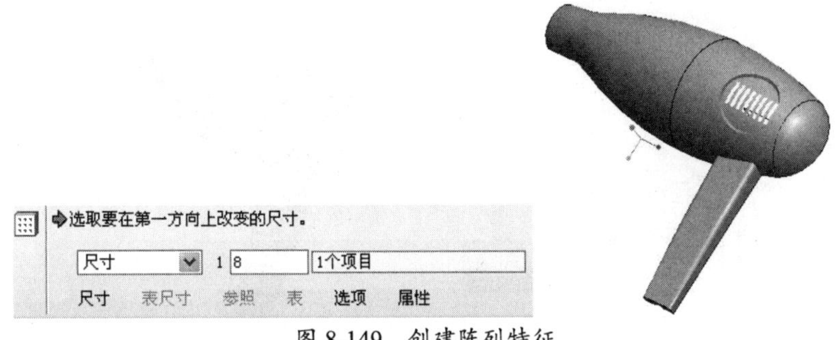

图 8-149 创建阵列特征

㉕ 创建倒圆角特征。选中上一步创建的合并曲面的上下边线，单击右工具栏中的【倒圆角】按钮，设定圆角半径，创建倒圆角特征，如图 8-150 所示。

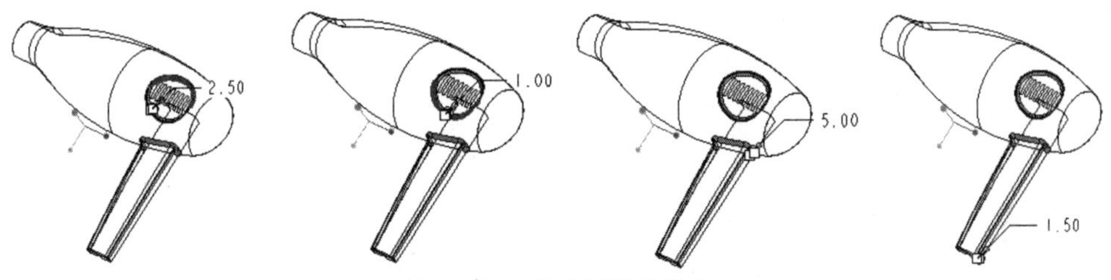

图 8-150 创建倒圆角特征

㉖ 加厚曲面。选取以上创建的曲面，在菜单栏中执行【编辑】|【加厚】命令，将曲面加厚以实现实体化，如图 8-151 所示。

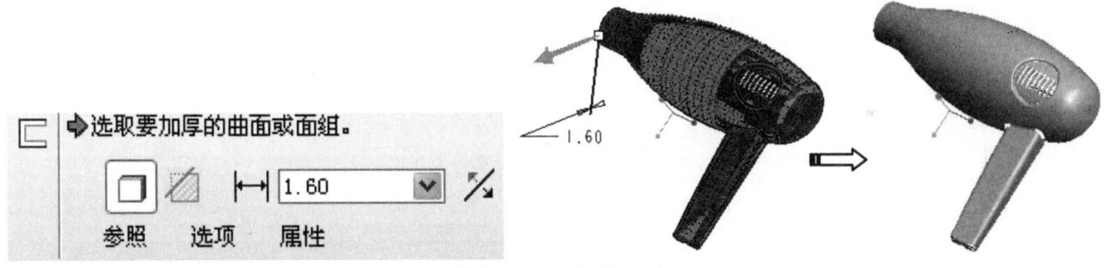

图 8-151 加厚曲面

㉗ 镜像实体特征。在模型树中，选取根节点，单击右工具栏中的【镜像】按钮，选取 TOP 面作为对称平面，创建镜像实体特征，如图 8-152 所示。

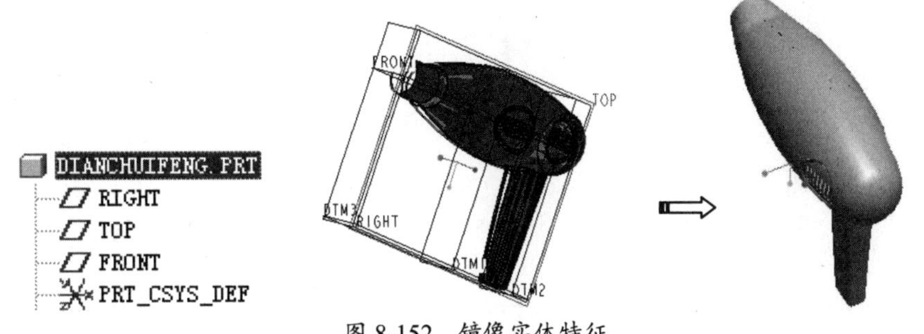

图 8-152 镜像实体特征

㉘ 隐藏曲线。切换至层树，选中曲线，单击鼠标右键，在快捷菜单中选择【隐藏】选项，隐藏曲线，最后的模型如图 8-153 所示。

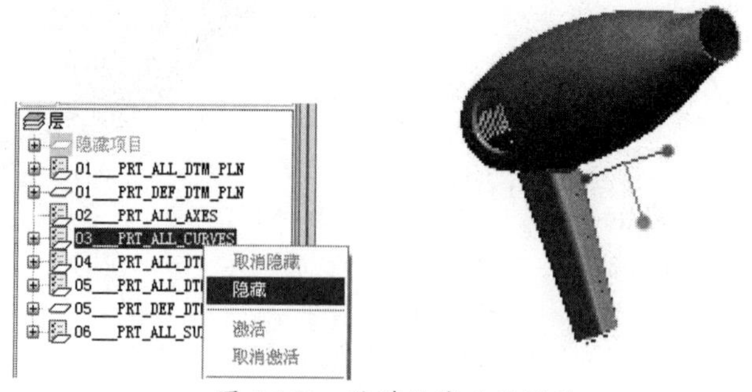

图 8-153　隐藏曲线后的模型

㉙ 单击【保存】按钮，保存设计结果。

CHAPTER

零件装配设计

本章导读

在Pro/E中，零件装配是通过定义零件模型之间的装配约束来实现的，也就是在各零件之间建立一定的连接关系，并对其进行约束，从而确定各零件在空间的具体位置关系。一般情况下，Pro/E中的零件装配过程与实际生产装配过程相同。

本章主要介绍装配模块中的装配约束设置、装配的设计修改、分解视图等内容。通过本章的学习，初学者可基本掌握装配设计的实用知识和应用技巧，为以后的学习应用打下扎实的基础。

知识要点

- ☑ 装配概述
- ☑ 无连接接口的装配约束
- ☑ 有连接接口的装配约束
- ☑ 重复元件装配
- ☑ 建立爆炸视图

扫码看视频

9.1 装配模块概述

在 Pro/E 的装配模式下，不但可以实现装配操作，还可以对装配体进行修改、分析和分解。如图 9-1 所示为一个搅拌机总装配示意图。

下面就对装配的模式、装配的约束形式、装配的设计环境及装配工具做简要介绍。

图 9-1 搅拌机总装配示意图

9.1.1 两种装配模式

主要有两种装配模式，如下所述。

1. 自底向上装配

自底向上装配时，首先创建好组成装配体的各个元件，在装配模式下将已有的零件或子装配体按相互的配合关系直接放置在一起，组成一个新的装配体，这就是装配元件的过程。

2. 自顶向下装配

自顶向下的装配设计与自底向上的设计方法正好相反。设计时，首先从整体上勾画出产品的整体结构关系或创建装配体的二维零件布局关系图，然后再根据这些关系或布局逐一设计出产品的零件模型。

提示

前者常用于产品装配关系较为明确，或零件造型较为规范的场合。

后者多用于真正的产品设计，即先要确定产品的外形轮廓，然后逐步对产品进行设计上的细化，直至细化到单个零件。

9.1.2 两种装配约束形式

约束是施加在各个零件间的一种空间位置的限制关系，从而保证参与装配的各个零件之间具有确定的位置关系。主要有如下两种装配约束形式。

1. 无连接接口的装配约束

使用无连接接口的装配约束的装配体上各零件不具有自由度，零件之间不能做任何相对运动，装配后的产品成为具有层次结构且可以拆卸的整体，但是产品不具有“活动”零件。这种装配连接称为约束连接。

2. 有连接接口的装配约束

这种装配连接称为机构连接，是使用 Pro/E 进行机械仿真设计的基础。

9.1.3 进入装配环境

零件装配是在装配模式下完成的，可通过以下方法进入装配环境。操作步骤如下：

（1）选择【文件】|【新建】命令，或者单击快速访问工具栏中的【新建】按钮，弹出【新建】对话框。

（2）选择【新建】对话框中【类型】选项组中的【组件】单选按钮。

（3）在【名称】文本框中输入装配文件的名称，并取消【使用缺省模板】复选框的选中状态，单击【确定】按钮，如图 9-2 所示。

（4）此时弹出【新文件选项】对话框，选中“mmns_asm_design”模板（公制模板），如图 9-3 所示。

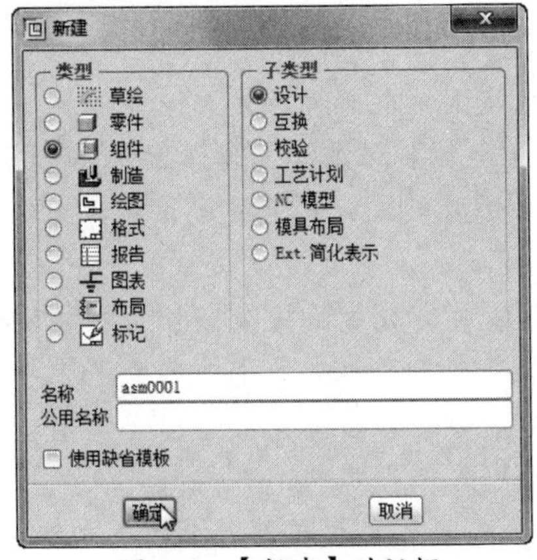

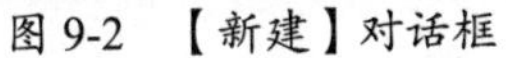
图 9-2　【新建】对话框

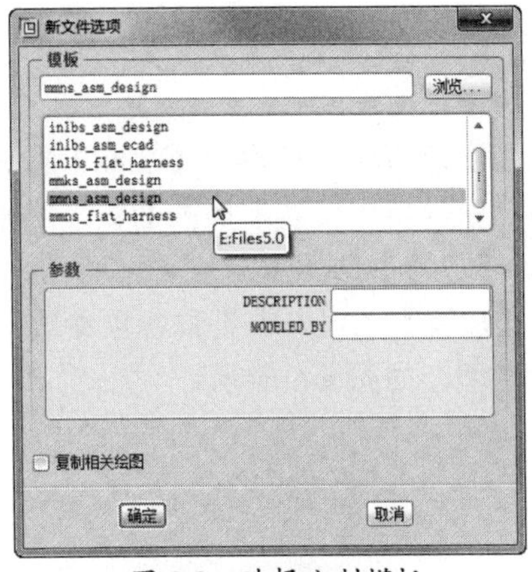

图 9-3　选择公制模板

（5）单击【确定】按钮，即可进入装配环境，如图 9-4 所示。

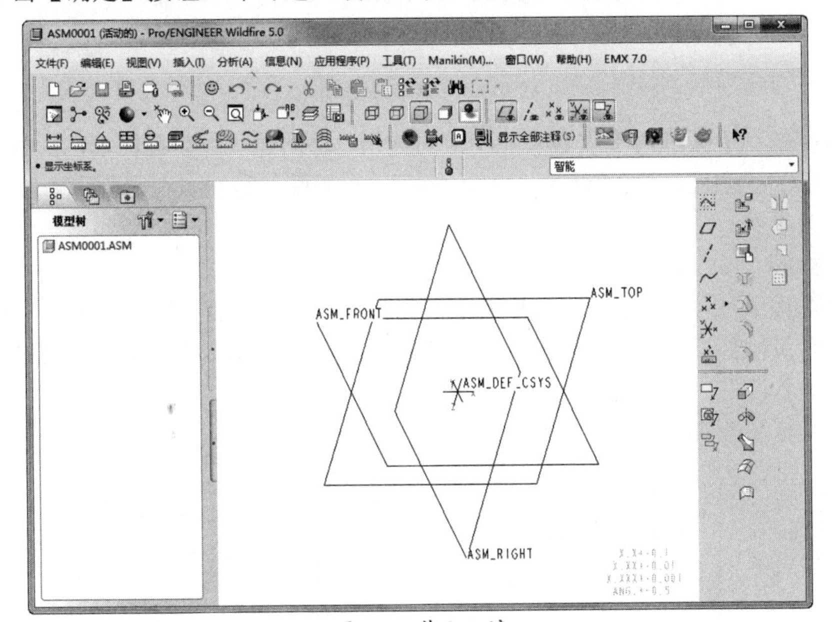

图 9-4　装配环境

9.1.4　装配工具

在菜单栏中选择【插入】|【元件】命令，打开如图 9-5 所示的元件装配下拉菜单，其中有 5 个选项。

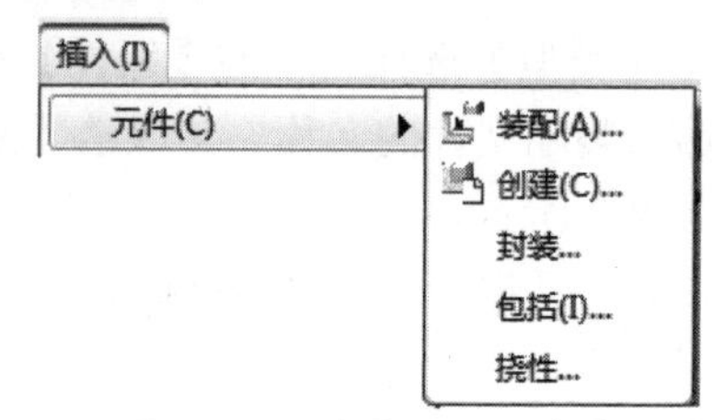

图 9-5 元件装配下拉菜单

1. 装配

单击窗口右侧工具栏的【装配】按钮，弹出【打开】对话框，选择需要装配的零件，打开后，窗口将出现装配操控面板，用来为元件指定放置约束，以确定其位置。

（1）【放置】选项卡

在【放置】选项卡中设置各项参数，可以为新装配元件指定约束类型和约束参照，以实现装配过程，如图 9-6 所示。

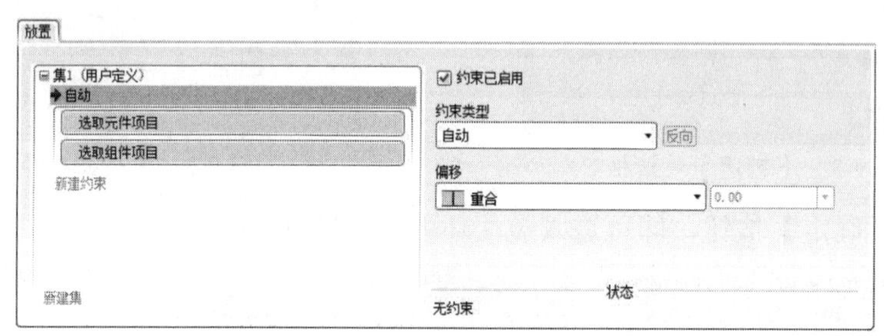

图 9-6 【放置】选项卡

选项卡中的左边区域用于收集装配约束的关系，每创建一组装配约束，将新建约束，直至操控面板中的状态显示为：“状态：完全约束”。在装配过程中，在选项卡右侧选择约束类型并设置约束参数。

（2）【移动】选项卡

在装配过程中，为了在模型上选取确定的约束参照，有时需要适当对模型进行移动或旋转操作，这时可以打开如图 9-7 所示的【移动】选项卡，选取移动和旋转模型的参照后，即可将其重新放置。

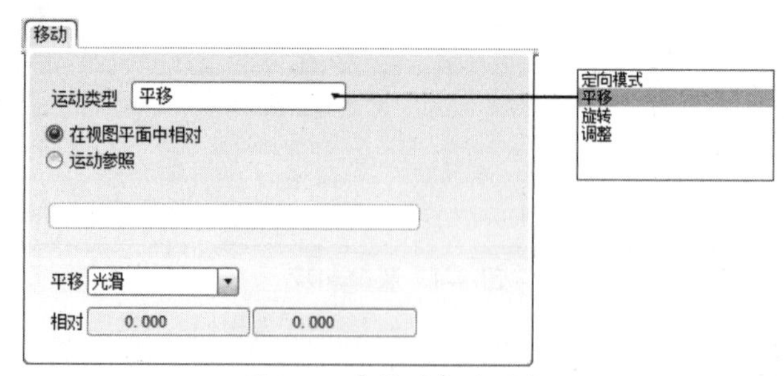

图 9-7 【移动】选项卡

2. 创建

“创建”装配方式就是“自顶向下”的装配模式。单击右侧工具栏中的【创建】按钮，弹出【元件创建】对话框，如图 9-8 所示。

3. 包括

可以在活动的组件中包括未放置的元件。

4. 封装

向组件添加元件时可能不知道将元件放置在哪里最好，或者也可能不希望相对于其他元件的几何进行定位。可以使这样的元件处于部分约束或不约束状态。此种元件被视为封装元件，它是一种非参数形式的元件装配。

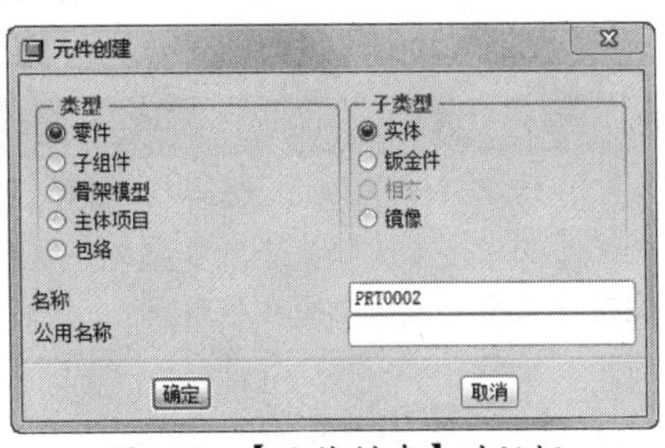

图 9-8 【元件创建】对话框

5. 挠性

挠性元件易于满足新的、不同的或不断变化的要求。可以在各种状态下将其添加到组件中。例如弹簧在组件的不同位置处可以具有不同的压缩条件。

9.2 无连接接口的装配约束

约束装配用于指定新载入的元件相对于装配体指定元件的放置方式，从而确定新载入的元件在装配体中的相对位置。在元件装配过程中，控制元件之间的相对位置时，通常需要设置多个约束条件。

当载入元件后，单击【元件放置】操控面板中的【放置】按钮，打开【放置】面板，其中包含匹配、对齐、插入等 11 种类型的放置约束，如图 9-9 所示。

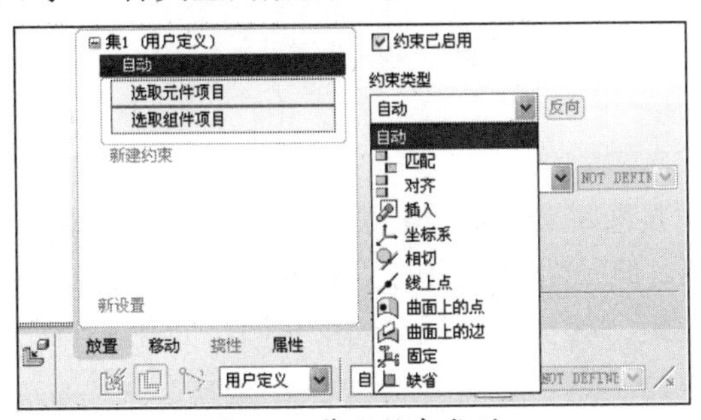

图 9-9 装配约束类型

关于装配约束，请注意以下几点：

- 一般来说，建立一个装配约束时，应选取元件参照和组件参照。元件参照和组件参照是元件和装配体中用于约束定位和定向的点、线、面。例如，通过对齐（Align）约束将一根轴放入装配体的一个孔中，轴的中心线就是元件参照，而孔的中心线就是组件参照。
- 系统一次只添加一个约束。例如，不能用一个“对齐”约束将一个零件上两个不同的孔与装配体中的另一个零件上的两个不同的孔对齐，必须定义两个不同的对齐约束。
- 要使一个元件在装配体中完整地指定放置和定向（即完整约束），往往需要定义数个装配约束。

- 在 Pro/E 中装配元件时，可以将多于所需的约束添加到元件上。即使从数学的角度来说，元件的位置已完全约束，还可能需要指定附加约束，以确保装配件达到设计意图。建议将附加约束限制在 10 个以内，系统最多允许指定 50 个约束。

提示

在这 11 种约束类型中，如果使用【坐标系】类型进行元件的装配，则仅需要选择 1 个约束参照；如果使用【固定】或【缺省】约束类型，则只需要选取对应列表项，而不需要选择约束参照。使用其他约束类型时，需要给定 2 个约束参照。

9.2.1 配对约束

两个曲面或基准平面贴合，且法线方向相反。另外还可以对配对约束进行偏距、定向和重合的定义。

配对约束的 3 种偏移方式含义如下：

- 重合：两个平面重合，法线方向相反，如图 9-10a 所示。
- 定向：两个平面法线方向相反，互相平行，忽略二者之间的距离，如图 9-10b 所示。
- 偏距：两个平面法线方向相反，互相平行，通过输入的间距值控制平面之间的距离，如图 9-10c 所示。

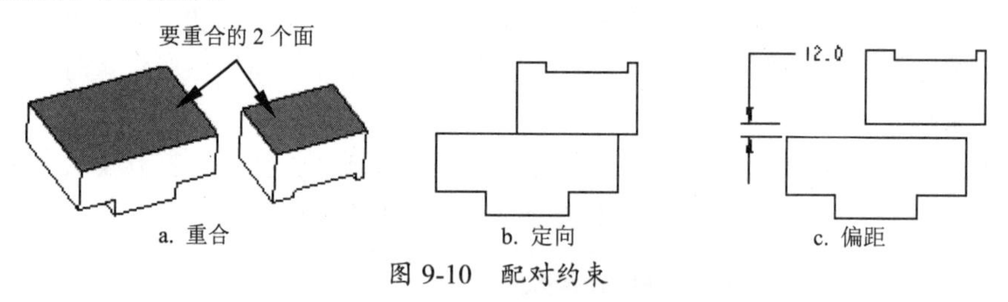

图 9-10 配对约束

9.2.2 对齐约束

对齐约束使两个平面共面重合，两条轴线同轴或使两个点重合。对齐约束可以选择面、线、点和回转面作为参照，但是两个参照的类型必须相同。对齐约束的参考面也有 3 种偏移方式，即重合、定向和偏距，其含义与配对约束相同。如图 9-11 所示为 3 种对齐约束的偏移方式。

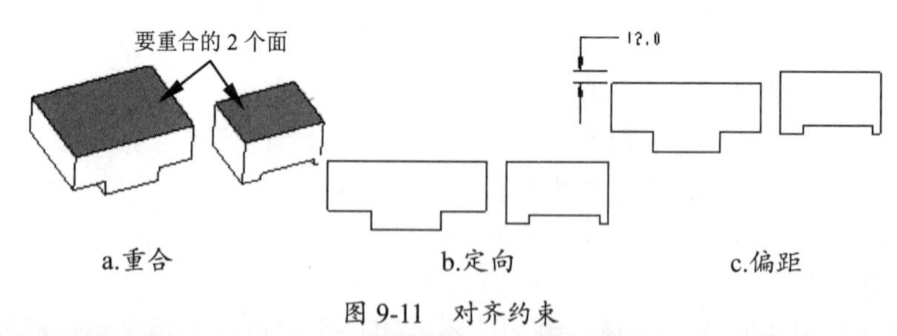

图 9-11 对齐约束

提示

使用“匹配”和“对齐”时，两个参照必须为同一类型（例如，平面对平面、旋转对旋转、点对点、轴线对轴线）。旋转曲面指的是通过旋转一个截面，或者拉伸一个圆弧/圆而形成的一个曲面。只能在放置约束中使用下列曲面：平面、圆柱、圆锥、环面、球面。

使用“匹配”和“对齐”并输入偏距值后，系统将显示偏距方向。对于反向偏距，要用负偏距值。

9.2.3 插入约束

当轴选取无效或选取不方便时可以用这个约束。使用插入约束可以将一个旋转曲面插入另一旋转曲面中，实现孔和轴的配合，且使它们的轴线重合。插入约束一般选择孔和轴的旋转曲面作为参照面，如图 9-12 所示。

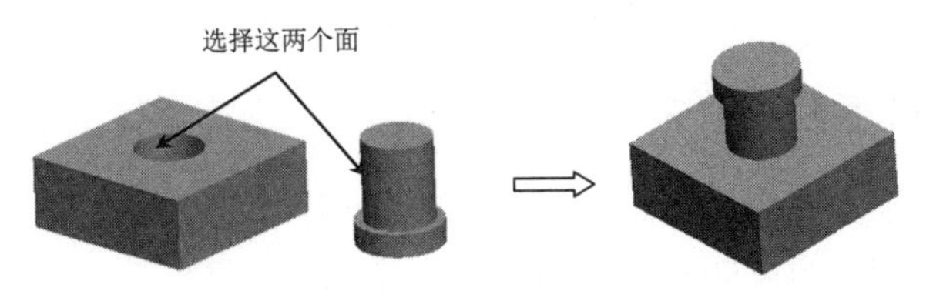

图 9-12 插入约束

9.2.4 坐标系约束

用坐标系约束可将两个元件的坐标系对齐，或者将元件的坐标系与装配件的坐标系对齐，即一个坐标系中的 *X* 轴、*Y* 轴、*Z* 轴与另一个坐标系中的 *X* 轴、*Y* 轴、*Z* 轴分别对齐，如图 9-13 所示。

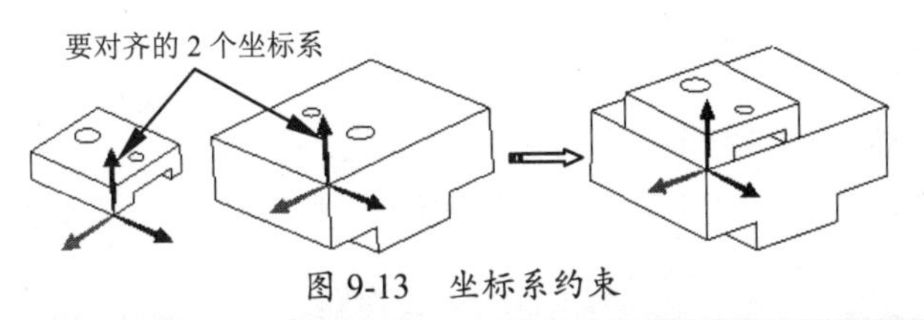

图 9-13 坐标系约束

提示

坐标系约束是比较常用的一种方法。特别是在数控加工中，装配模型时大都选择这种约束类型，即加工坐标系与零件坐标系重合/对齐。

9.2.5 相切约束

相切约束控制两个曲面在切点的接触。该约束的功能与配对功能相似，但该约束配对曲面，而不对齐曲面。该约束的一个应用实例为轴承的滚珠与其轴承内外套之间的接触点。相切约束需要选择两个面作为约束参照，如图 9-14 所示。

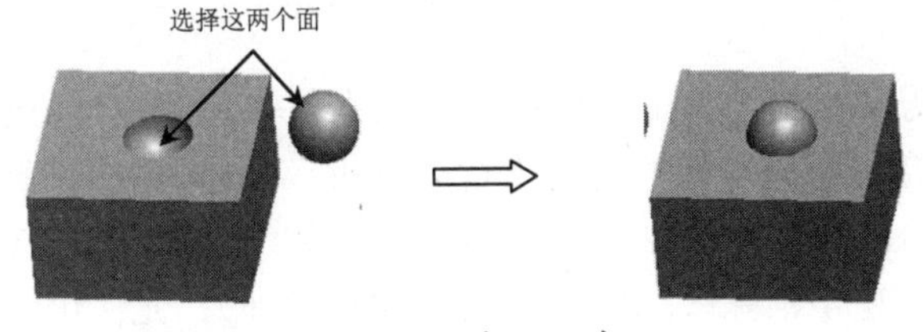

图 9-14 相切约束

9.2.6 直线上的点约束

用直线上的点约束可以控制边、轴或基准曲线与点之间的接触。点可以是基准点或顶点，线可以是边、轴、基准轴线。直线上的点约束如图 9-15 所示。

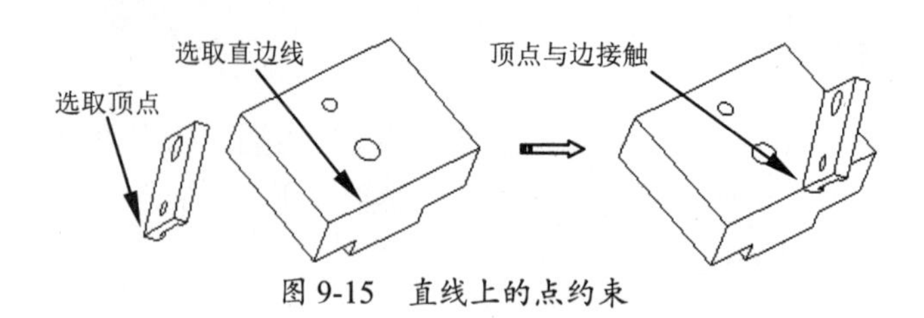

图 9-15　直线上的点约束

9.2.7　曲面上的点约束

用曲面上的点约束控制曲面与点之间的接触。点可以是基准点或顶点，面可以是基准面、零件的表面。曲面上的点约束如图 9-16 所示。

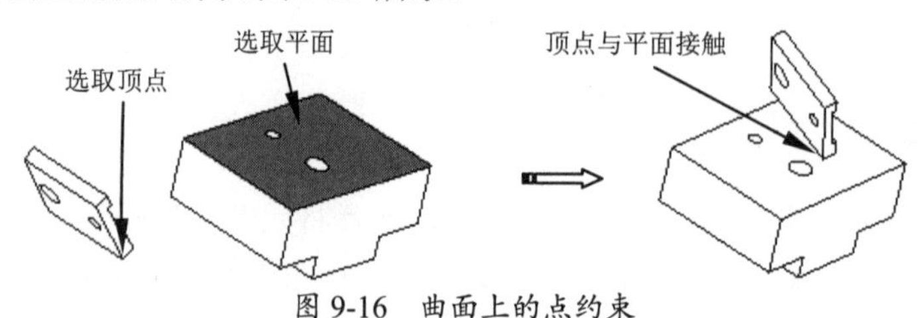

图 9-16　曲面上的点约束

9.2.8　曲面上的边约束

使用曲面上的边约束可控制曲面与平面边界之间的接触。面可以是基准面、零件的表面，边为零件或者组件的边线。曲面上的边约束如图 9-17 所示。

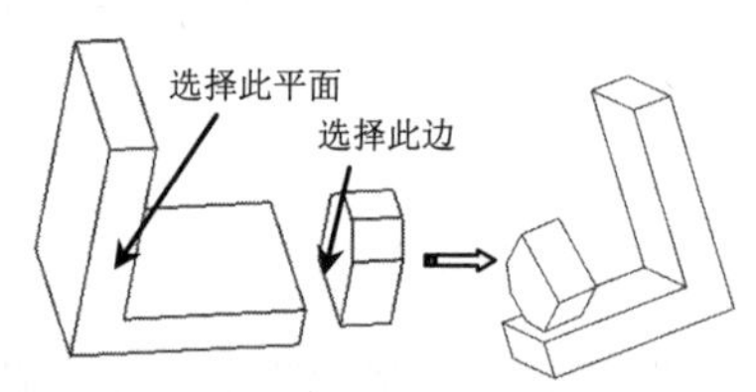

图 9-17　曲面上的边约束

9.2.9　固定约束

将元件固定在当前位置。组件模型中的第一个元件常使用这种约束方式。

9.2.10　默认约束

默认约束将系统创建元件的默认坐标系与系统创建组件的默认坐标系对齐。

9.3　有连接接口的装配约束

传统的装配元件方法是给元件加入各种固定约束，将元件的自由度减少到 0，因元件的位置被完全固定，这样装配的元件不能用于运动分析（基体除外）。另一种装配元件的方法是给元件加入各种组合约束，如“销钉”“圆柱”“刚体”“球”等，使用这些组合约束装配的元件，因自由度没有完全消除（刚体、焊接、常规除外），元件可以自由移动或旋转，这样装配的元件可用于运动分析。这种装配方式称为连接装配。

在【元件放置】特征操控面板中，单击【用户定义】下拉列表，弹出系统定义的连接装配约束形式，如图 9-18 所示。对选定的连接类型进行约束设定时的操作与上节的约束装配操作相同，因此以下内容着重介绍各种连接的含义，以便在进行机构模型装配时选择正确的连接类型。

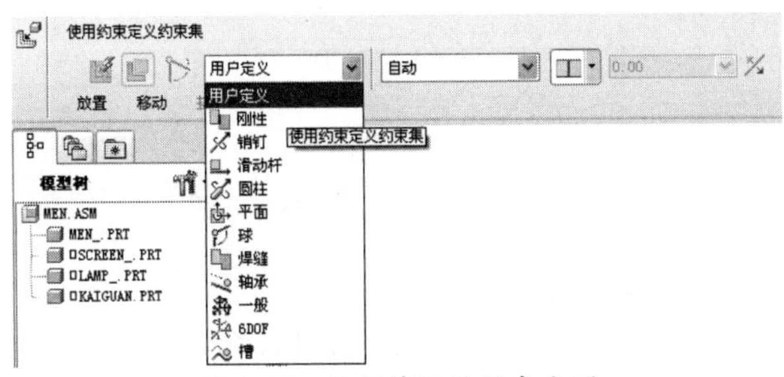

图 9-18　连接装配的约束类型

1. 刚性连接

刚性连接用于连接两个元件，使其无法相对移动，连接的两个元件之间自由度为零。连接后，元件与组件成为一个主体，相互之间不再有自由度，如果刚性连接没有将自由度完全消除，则元件将在当前位置被“黏”在组件上。如果将一个子组件与组件用刚性连接，子组件内各零件也将一起被“黏”住，其原有自由度不起作用，总自由度为 0，如图 9-19 所示。

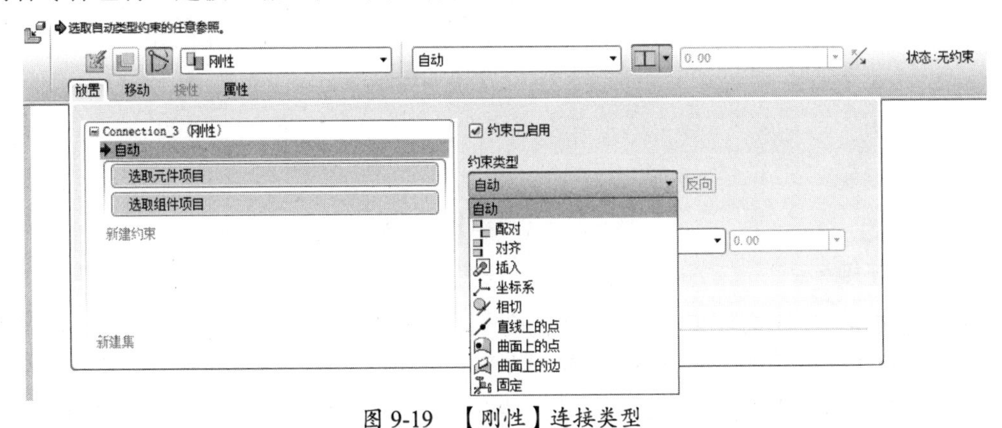

图 9-19　【刚性】连接类型

2. 销钉连接

销钉连接由一个轴对齐约束和一个与轴垂直的平移约束组成。元件可以绕轴旋转，具有一个旋转自由度，总自由度为 1。轴对齐约束可选择直边或轴线或圆柱面，可反向；平移约束可以是两个点对齐，也可以是两个平面的对齐/配对，平面对齐/配对时，可以设置偏移量，如图 9-20 所示。

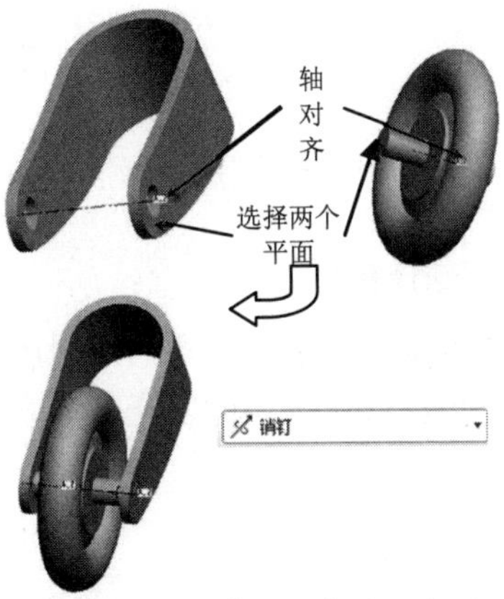

图 9-20　【销钉】连接类型

3. 滑动杆连接

滑动杆连接即滑块连接形式，由一个轴对齐约束和一个旋转约束（实际上就是一个与轴平行的平移约束）组成。元件可滑轴平移，具有一个平移自由度，总自由度为 1。轴对齐约束可选择直边或轴线或圆柱面，可反向。旋转约束选择两个平面，偏移量根据元件所处的位置自动计算，可反向，如图 9-21 所示。

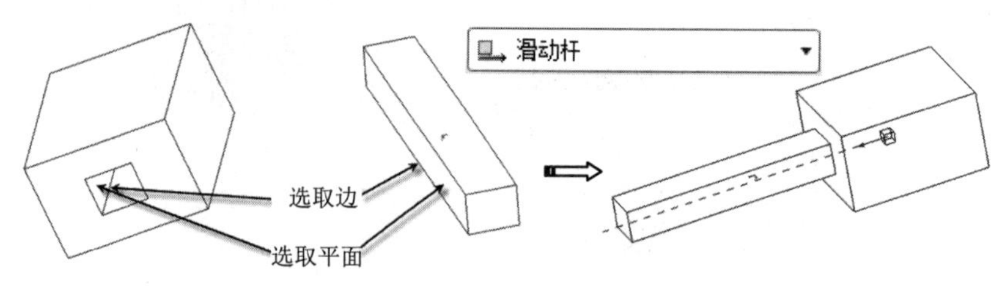

图 9-21 【滑动杆】连接类型

4. 圆柱连接

圆柱连接由一个轴对齐约束组成。比销钉约束少了一个平移约束，因此元件可绕轴旋转的同时可沿轴向平移，具有一个旋转自由度和一个平移自由度，总自由度为 2。轴对齐约束可选择直边或轴线或圆柱面，可反向，如图 9-22 所示。

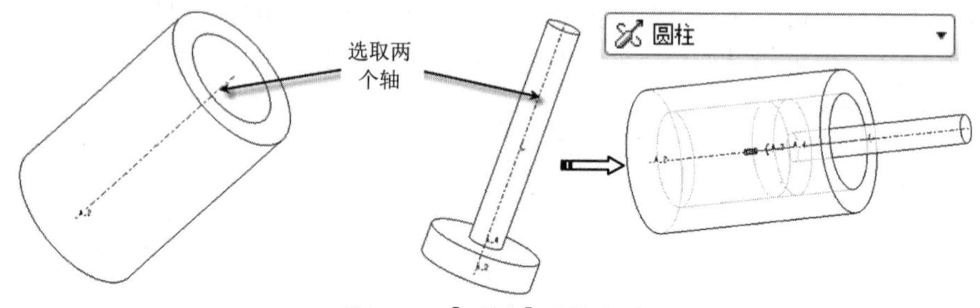

图 9-22 【圆柱】连接类型

5. 平面连接

平面连接由一个平面约束组成，也就是确定了元件上某平面与组件上某平面之间的距离（或重合）。元件可绕垂直于平面的轴旋转并在平行于平面的两个方向上平移，具有一个旋转自由度和两个平移自由度，总自由度为 3。可指定偏移量，可反向，如图 9-23 所示。

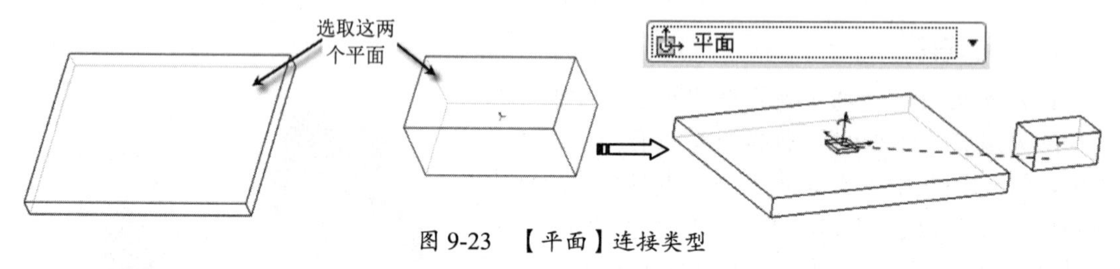

图 9-23 【平面】连接类型

6. 球连接

球连接由一个点对齐约束组成。元件上的一个点对齐到组件上的一个点，比轴承连接小了一个平移自由度，可以绕着对齐点任意旋转，具有三个旋转自由度，总自由度为 3，如图 9-24 所示。

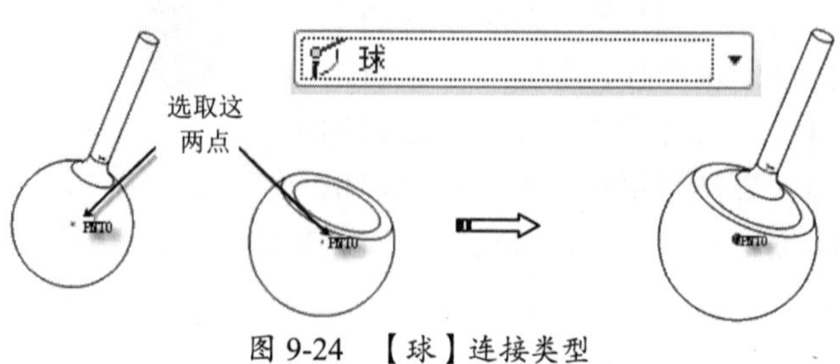

图 9-24 【球】连接类型

7. 焊缝连接

焊缝连接使两个坐标系对齐，元件自由度被完全消除，总自由度为0。连接后，元件与组件成为一个主体，相互之间不再有自由度。如果将一个子组件与组件用焊缝连接，子组件内各零件将参照组件坐标系发挥其原有自由度的作用，如图9-25所示。

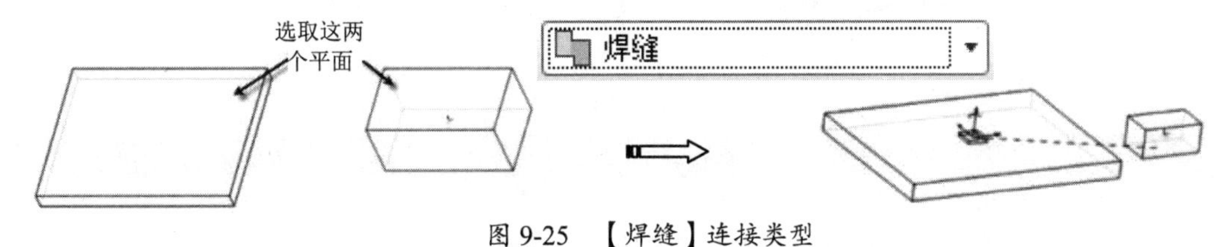

图9-25　【焊缝】连接类型

8. 轴承连接

轴承连接由一个点对齐约束组成。它与机械上的“轴承”不同，它是元件（或组件）上的一个点对齐到组件（或元件）上的一条直边或轴线上，因此元件可沿轴线平移并任意方向旋转，具有一个平移自由度和三个旋转自由度，总自由度为4，如图9-26所示。

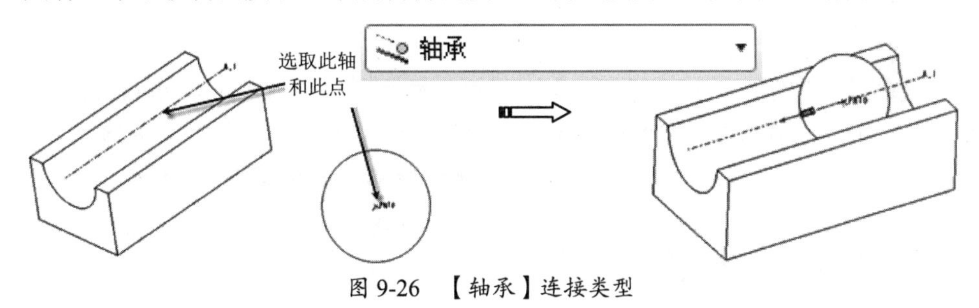

图9-26　【轴承】连接类型

9. 一般连接

一般连接选取自动类型约束的任意参照以建立连接，有一个或两个可配置约束，这些约束和用户定义集中的约束相同。“相切”“曲线上的点”和“非平面曲面上的点”不能用于此连接。

10. 6DOF 连接

6DOF连接需满足“坐标系对齐”约束关系，不影响元件与组件相关的运动，因为未应用任何约束。元件的坐标系与组件中的坐标系对齐。*X*、*Y*和*Z*组件轴是允许旋转和平移的运动轴。

11. 槽连接

槽连接包含一个“点对齐”约束，允许沿一条非直的轨迹旋转。此连接有4个自由度，其中点在3个方向上遵循轨迹运动。对于第一个参照，在元件或组件上选择一点。所参照的点遵循非直参照轨迹。

动手操作——装配曲柄滑块机构

本例以曲柄滑块机构的装配设计为例，介绍各种连接接口在组件装配中的应用，装配完成的曲柄滑块机构如图9-27所示。

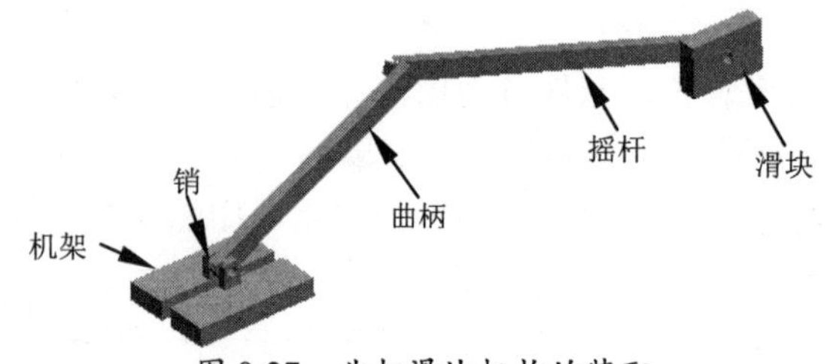

图 9-27　曲柄滑块机构的装配

提示

在进行曲柄滑块机构装配时须注意以下设计要点：

1. 熟练使用【销钉】连接。在有连接接口的装配设计中，【销钉】连接类型最常用。

2. 注意有连接接口装配和无连接接口装配在实质上的区别。在有连接接口装配中，连接的两个元组件间有一定的运动关系，主要用于运动机构之间的连接；在无连接接口装配中，装配的两个元组件之间则没有运动关系，即装配的两个元组件间的相对位置是固定不变的。

3. 在进行装配设计之前，设计者首先应该了解该产品的运动状况，只有了解机构的运动情况，才能正确选择连接接口类型。

① 创建工作目录。

② 单击【新建】按钮，打开【新建】对话框。然后新建名为“qubinghuakuai”的组件设计文件。选取公制模板“mmns_asm_design”并进入装配模式，如图 9-28 所示。

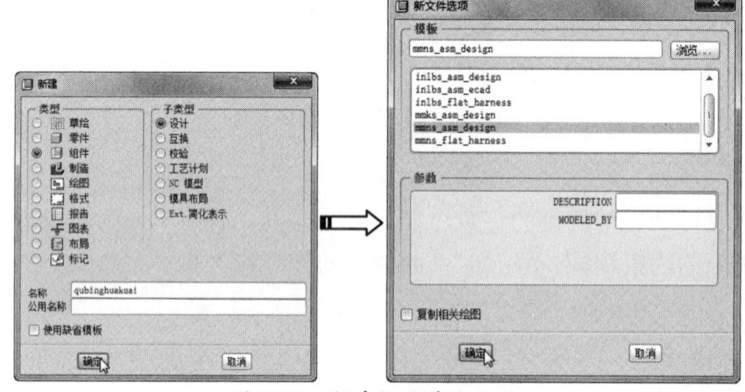

图 9-28　新建组件装配文件

③ 单击右工具栏中的【装配】按钮，打开本例下载资源包中的曲柄滑块机构零件文件“\上机实践\源文件\Ch9\qubinghuakuai\work.prt”。

④ 在打开的装配操控面板中，选择“无连接接口”的装配约束为【缺省】，把曲柄滑块机构机架固定在系统默认的位置，再单击【应用】按钮，完成曲柄滑块机构机架的装配，如图 9-29 所示。

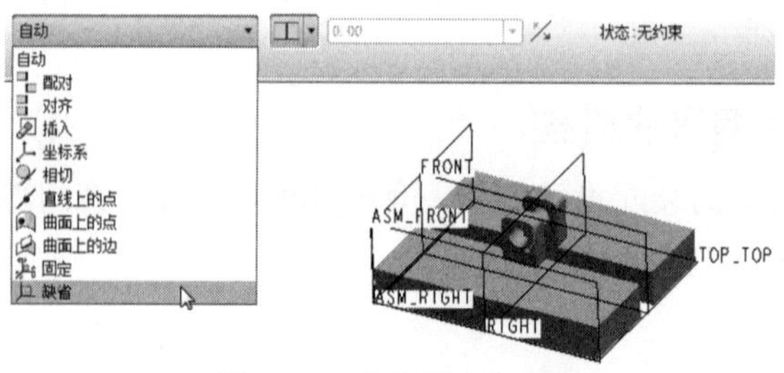

图 9-29　默认装配机架

⑤ 再单击【装配】按钮，将 brace（曲柄）组件打开。

⑥ 在操控面板的“有连接接口”的列表中选择【销钉】连接类型，然后分别选取如图 9-30 所示的两轴作为“轴对齐”约束参照。

⑦ 再选择曲柄上的侧面和机架轴孔侧面作为一组“平移”约束，进行重合装配，结果如图 9-31 所示。

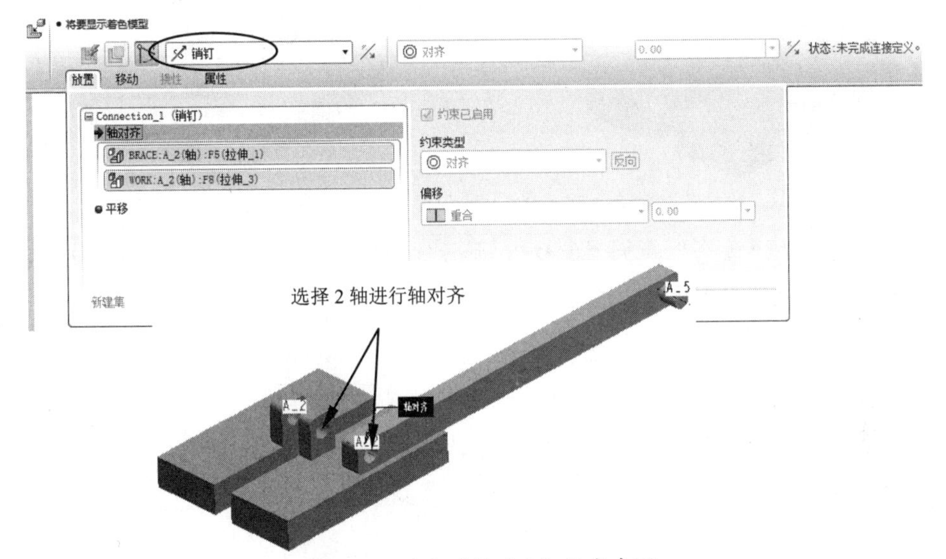

图 9-30　选取“轴对齐”约束参照

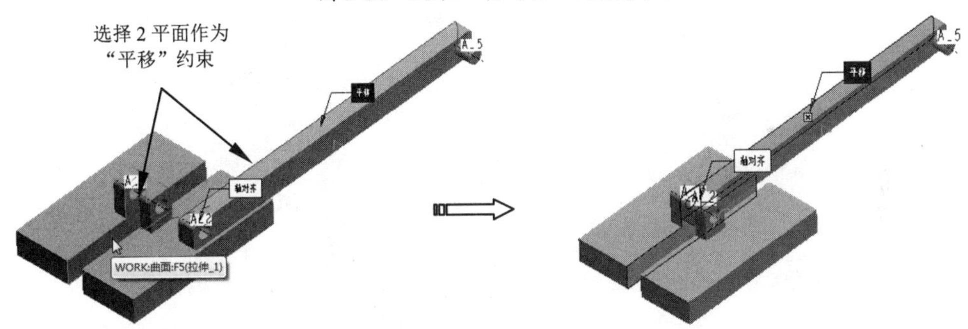

图 9-31　选择 2 个平面作为“平移”约束

⑧ 两组约束完成后连接定义，可以通过定义【移动】选项卡中的运动类型“旋转”，使曲柄绕机架旋转一定角度，如图 9-32 所示。

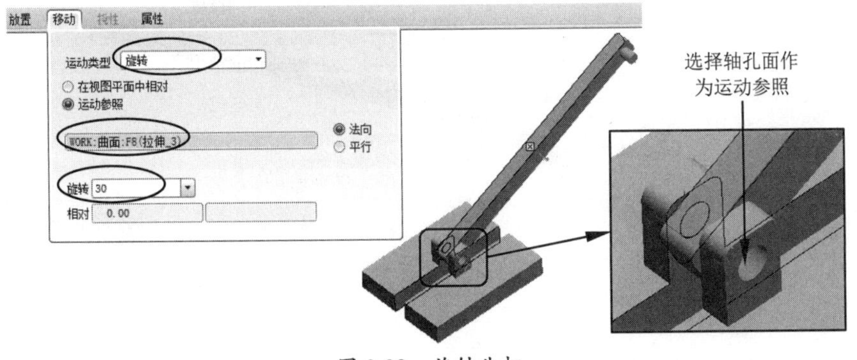

图 9-32　旋转曲柄

⑨ 接下来装配销钉。单击【装配】按钮，打开 pin（销钉）组件文件。

⑩ 同理，销钉的装配约束与曲柄的装配约束是相同的，也是“销钉”约束类型，并分别进行“轴对齐”约束（如图 9-33 所示）和“平移”约束（如图 9-34 所示）。

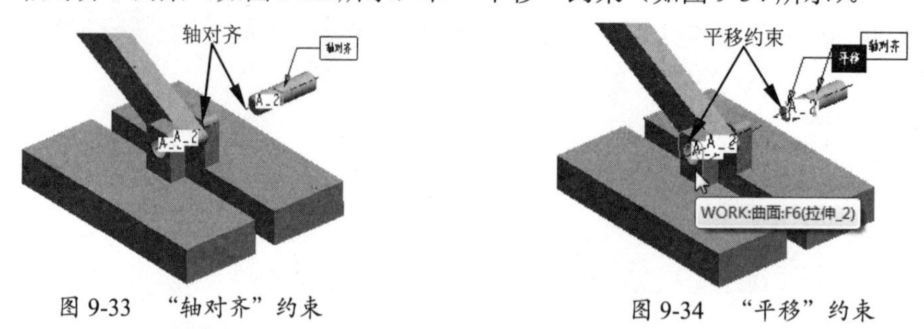

图 9-33 “轴对齐”约束

图 9-34 “平移”约束

⑪ 平移约束时，将“重合”改为“偏移”，并输入偏置值为 2.5，最后单击【应用】按钮完成装配，结果如图 9-35 所示。

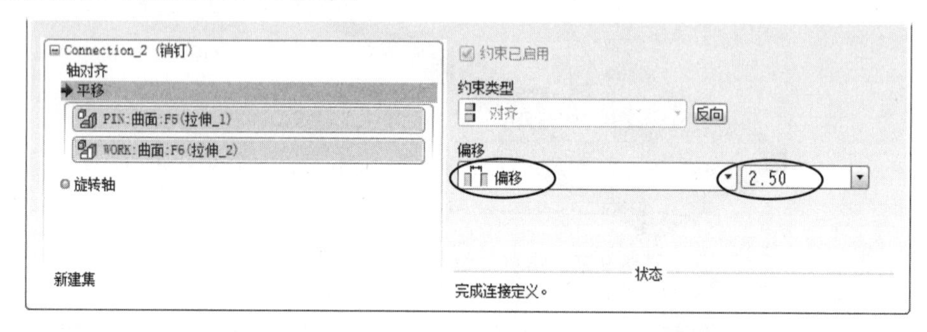

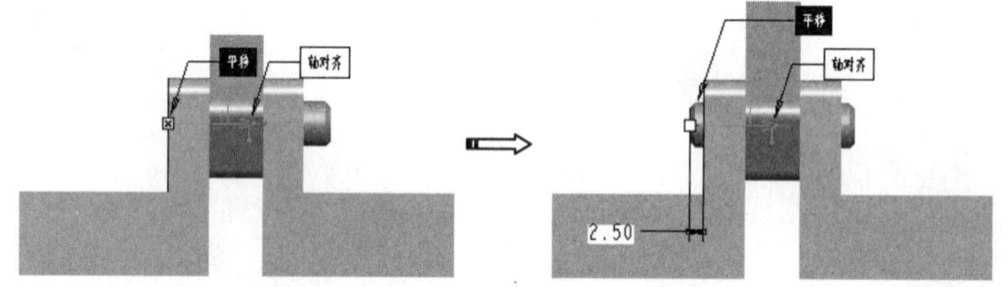

图 9-35 完成销钉的装配

⑫ 下面装配摇杆。将 rocker（摇杆）组件文件打开。然后使用“销钉”装配约束类型，将其与曲柄进行轴“对齐约束”和“平移约束”，装配结果如图 9-36 所示。

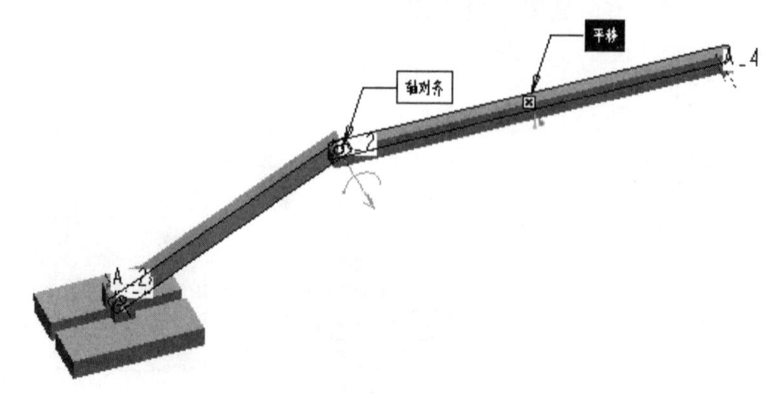

图 9-36 为装配摇杆添加“轴对齐”和“平移”约束

⑬　在装配操控面板的【移动】选项卡中，将摇杆绕曲柄旋转一定角度，并完成摇杆的装配，如图 9-37 所示

图 9-37　旋转摇杆并完成装配

技巧点拨

如果两组件之间已经存在旋转轴（图 9-37 中可以看见旋转的箭头示意图）。可以按“在视图平面中相对”单选按钮来手动旋转组件。

⑭　最后装配滑块，打开组件文件“talc.prt”。在操控面板中选择“销钉”约束类型，然后对滑块与摇杆之间进行“轴对齐”约束和“平移”约束，如图 9-38 所示。

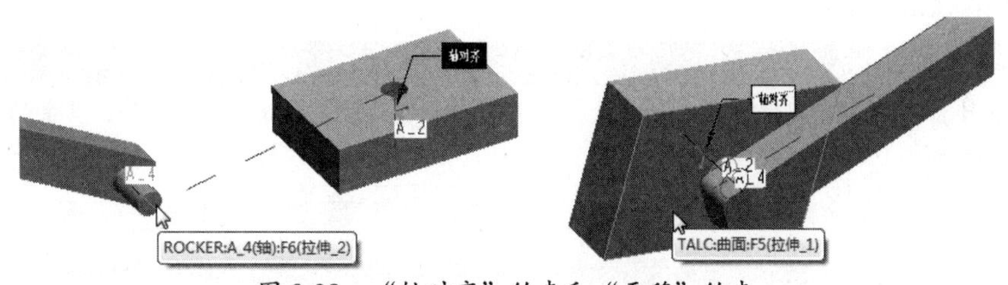

图 9-38　“轴对齐”约束和“平移”约束

⑮　最终装配完成后的结果如图 9-39 所示。将总的装配体文件保存在工作目录中。

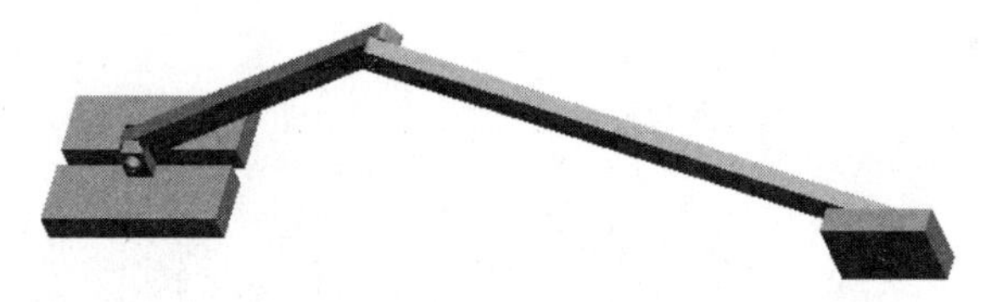

图 9-39　最终的装配结果

9.4　重复元件装配

有些元件（如螺栓、螺母等）在产品的装配过程中不只使用一次，而且每次装配使用的约束类型和数量都相同，仅仅参照不同。为了方便这些元件的装配，系统为用户设计了重复装配功能，通过该功能就可以迅速地装配这类元件。在 Pro/E 中，如果需要同时多次装配同一零件，则没必要每次都单独设置约束关系，而利用系统提供的重复元件功能，可以比较方便地多次重复装配相同零件。

装配零件后，在“模型树”中选取该零件，用鼠标右键单击，然后从快捷菜单中选择【重复】命令或在主菜单中选择【编辑】|【重复】命令，打开【重复元件】对话框，如图 9-40 所示。利用该对话框，可以多次重复装配相同零件。

其中各主要选项组的含义如下。

- 【元件】：选取需要重复装配的零件。
- 【可变组件参照】：选取需要重复的约束关系，并可对约束关系进行编辑。
- 【放置元件】：选取与重复装配零件匹配的零件。

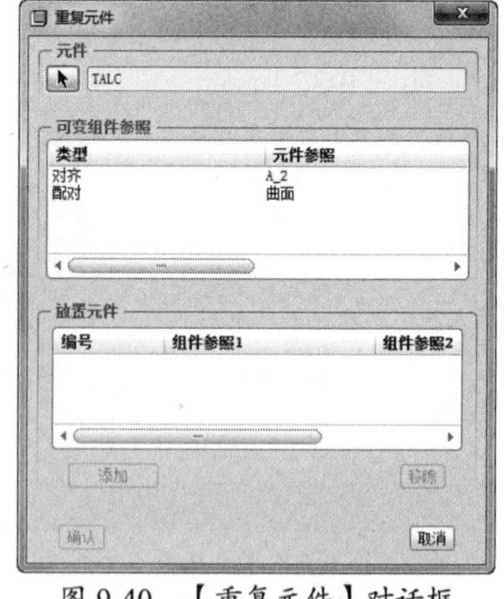

图 9-40 【重复元件】对话框

动手操作——装配螺钉

下面以简单的螺钉装配案例详解如何进行重复装配。

① 新建工作目录。

② 新建一个名为“repeat”的组件装配文件，并选择公制模板进入装配环境中。

③ 单击【装配】按钮，将第 1 个组件“repeat1”打开，如图 9-41 所示。

④ 在操控面板中选择一般装配约束类型为“缺省”，然后单击【应用】按钮完成装配定义，如图 9-42 所示。

技巧点拨

装配第 1 个组件大都采用默认的装配方式。第 1 个组件也是总装配体中的主组件，其余的组件均由此组件进行约束参考。

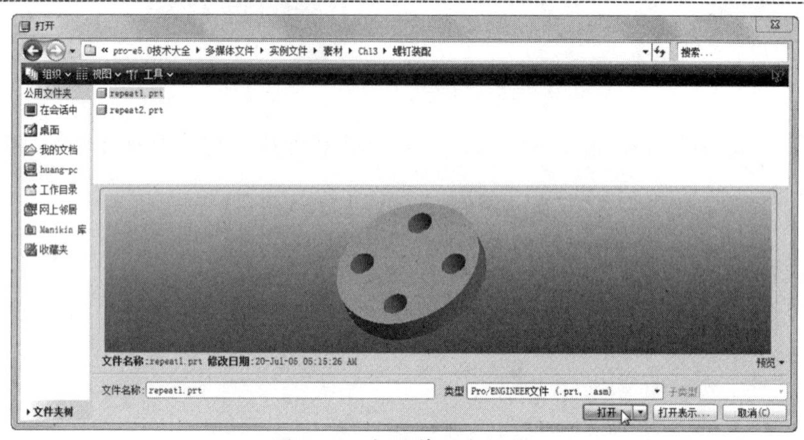

图 9-41 打开第 1 个组件

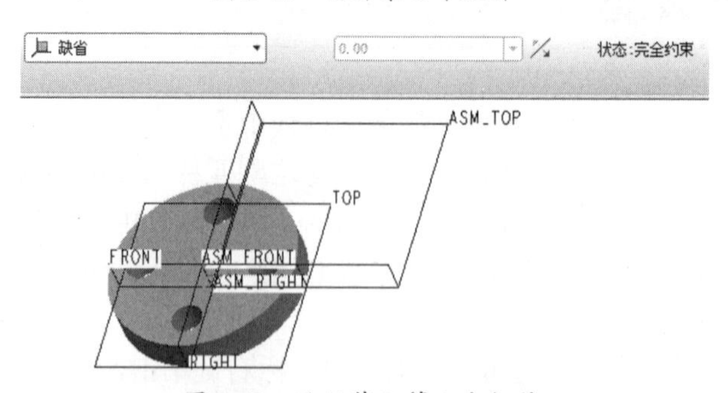

图 9-42 默认装配第 1 个组件

⑤ 打开第 2 个组件“repeat2”，在操控面板中首先选择“对齐”约束，然后再选择螺钉的台阶端面和第 1 个组件平面进行对齐，并单击【反向】按钮更改装配方向，如图 9-43 所示。

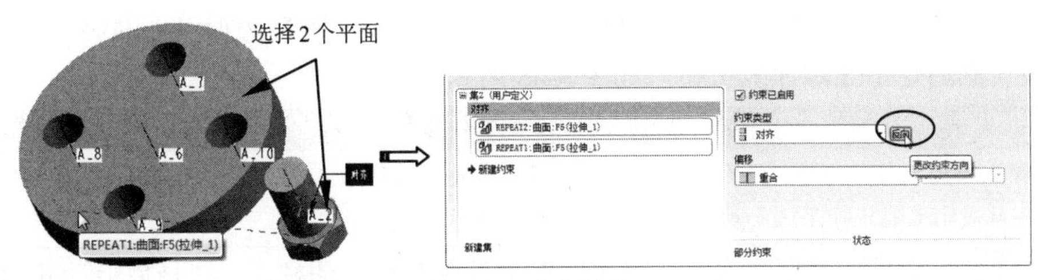

图 9-43 对齐约束

技巧点拨

当更改装配方向后，"对齐"约束自动转变为"配对"约束。因为螺钉台面不但与第 1 个组件对齐，而且还约束了装配方向。

⑥ 更改装配方向，如图 9-44 所示。

⑦ 接下来选择"配对"约束，并选择螺钉柱面和第 1 个组件上的内孔面进行配对，如图 9-45 所示。

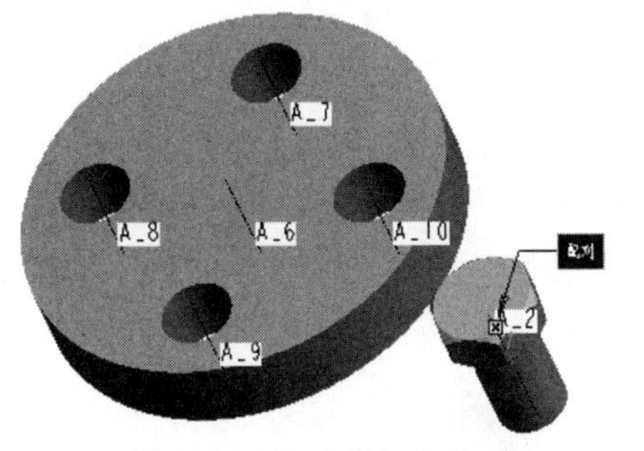

图 9-44 更改装配方向

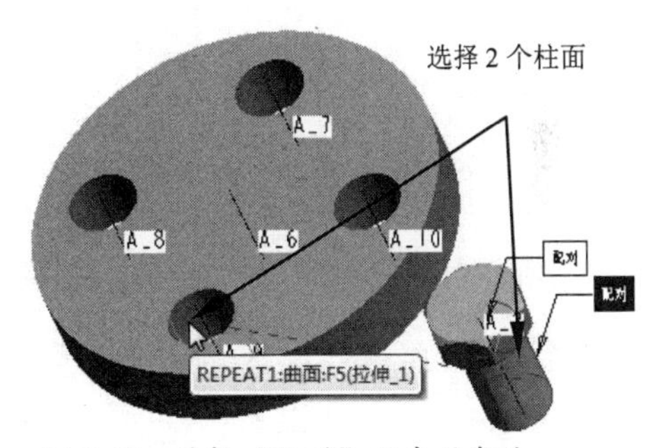

图 9-45 选择"配对"约束的条件

⑧ 最后单击操控面板上的【应用】按钮，完成螺钉的装配，如图 9-46 所示。

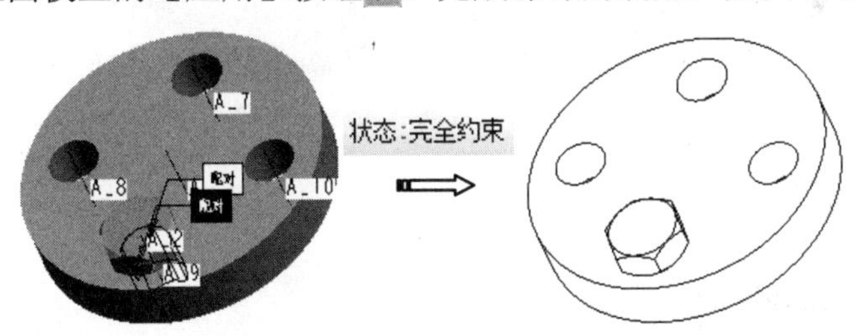

图 9-46 完成螺钉的装配

⑨ 在模型树中选中螺钉，然后选择右键快捷菜单中的【重复】命令，打开【重复元件】对话框，如图 9-47 所示。

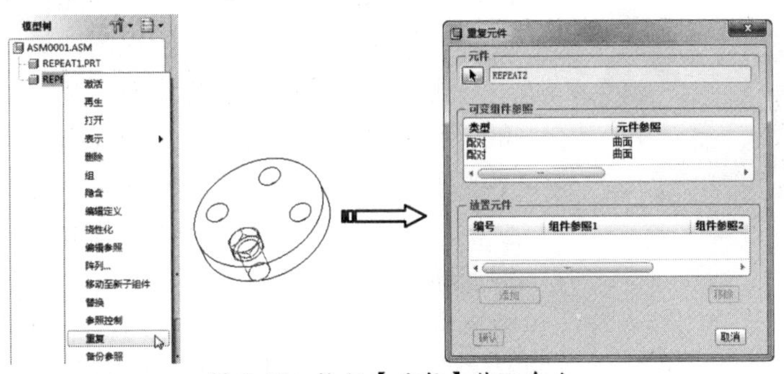

图 9-47 执行【重复】装配命令

⑩ 在【重复元件】对话框中，按 Ctrl 键选择【可变组件参照】选项组中的第 2 个“配对”约束，然后单击【添加】按钮，如图 9-48 所示。

技巧点拨

这里有 2 个约束可以选择，一个是对齐约束，另一个是配对约束。对齐约束无法保证第 2 个螺钉的具体位置，因此我们只能选择第 2 个约束——配对约束作为新元件的参考。

⑪ 为新元件指定匹配曲面，这里选择主装配部件中其余孔的柱面，选择后自动复制新元件到指定的位置，如图 9-49 所示。

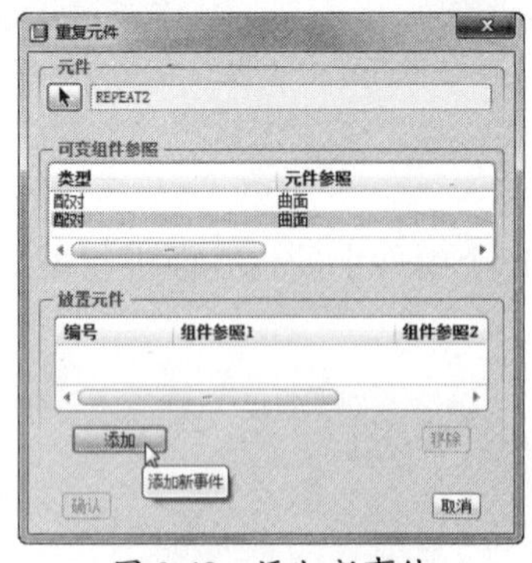

图 9-48 添加新事件

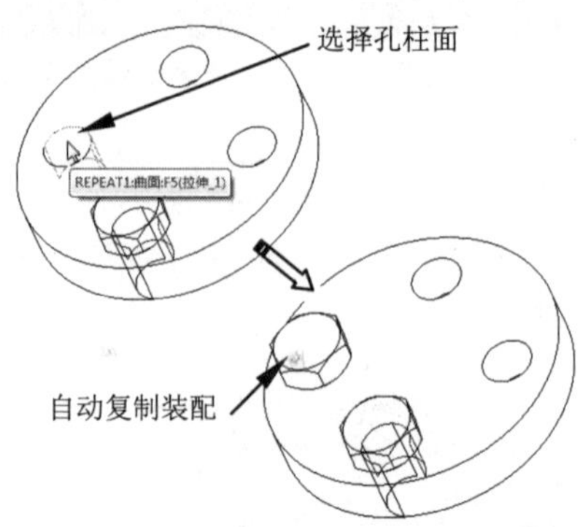

图 9-49 选择新元件的匹配曲面

⑫ 同理，继续其余孔的柱面并完成所有螺钉的重复装配，结果如图 9-50 所示。最后单击【确定】按钮，关闭【重复元件】对话框。

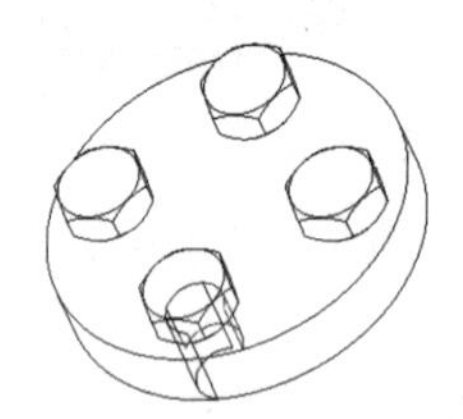

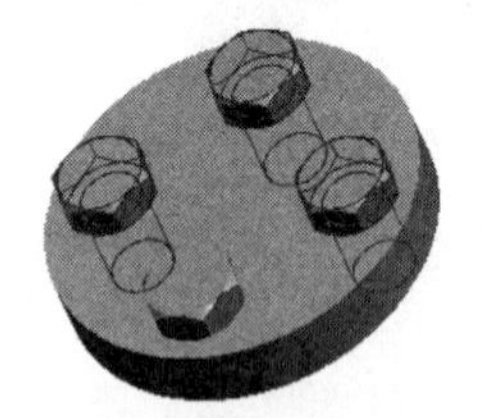

图 9-50 完成螺钉的重复装配

⑬ 将装配的结果保存在工作目录中。

9.5 建立爆炸视图

装配好零件模型后，有时候需要分解组件来查看组件中各个零件的位置状态，称为分解图，又叫爆炸图，是将模型中的元件沿着直线或坐标轴旋转、移动得到的一种表示视图，如图 9-51 所示。

图 9-51 爆炸视图

通过爆炸图可以清楚地表示装配体内各零件的位置和装配体的内部结构，爆炸图仅影响装配体的外观，并不改变装配体内零件的装配关系。对于每个组件，系统会根据使用的约束产生默认的分解视图，但是默认的分解图通常无法贴切地表现各元件的相对方位，必须通过编辑位置来修改分解位置，这样不仅可以为每个组件定义多个分解视图，以便随时使用任意一个已保存的视图，还可以为组件的每个绘图视图设置一个分解状态。

生成指定分解视图时，系统将按照默认方式执行分解操作。在创建或打开一个完整的装配体后，在主菜单中，选择【视图】|【分解】|【分解视图】命令，系统将执行自动分解操作，如图 9-52 所示。

系统根据使用的约束产生默认的分解视图后，通过自定义分解视图，可以把分解视图的各元件调整到合适的位置，从而清晰地表现出各元件的相对方位。在主菜单中，选择【视图】|【分解】|【编辑位置】命令，打开【组件分解】操控面板，如图 9-53 所示。

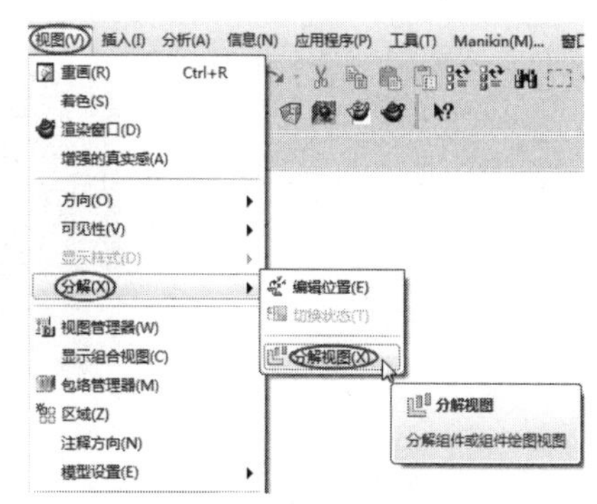

图 9-52 执行【分解视图】命令

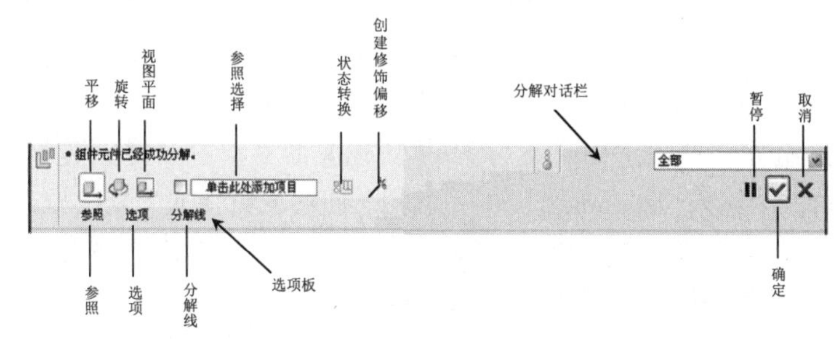

图 9-53 【组件分解】操控面板

利用该特征操控面板，选定需要移动或旋转的零件以及运动参照，适当调整各零件的位置，得到新的组件分解视图，如图 9-54 所示。

在分解视图中建立零件的偏距线，可以清楚地表示零件之间的位置关系，利用此方法可以制作产品说明书中的插图。图 9-55 为使用偏距线标注零件安装位置的示例。

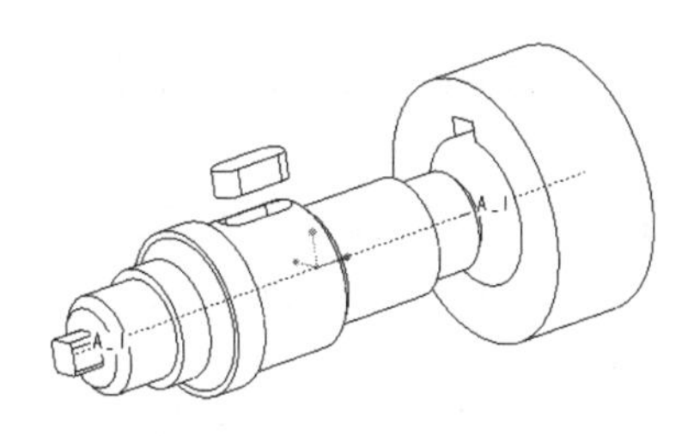

图 9-54 编辑视图位置

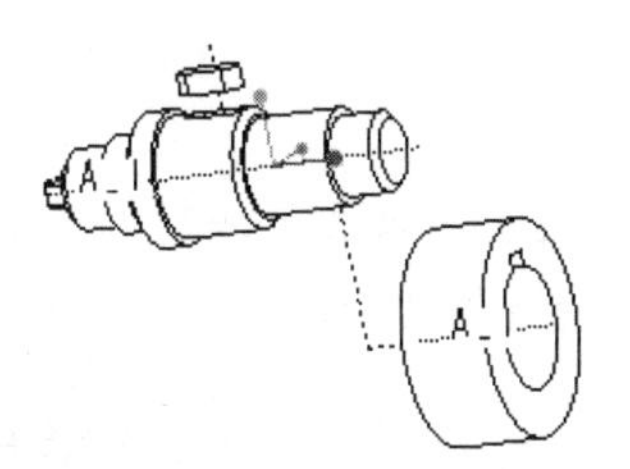

图 9-55 分解视图偏距线

9.6 综合案例

自底向上装配的原理比较简单，重点是约束的选择和使用。下面以几个典型的机械装配实例来详解这种装配方式的方法与操作。

9.6.1 案例一：减速器装配设计

减速器装配过程：首先分别创建主动轴系、传动轴系和输出轴系组件，然后在组件模式下将减速器上盖、下箱体和轴系组件进行装配。通过减速器的装配，读者应该掌握在装配体中添加组件的方法。装配后的减速器如图 9-56 所示。

图 9-56 减速器装配体

操作步骤

① 设置工作目录及新建组件文件。

- 将下载资源包中的“实例\06”下的“jiansuqi”文件夹复制到 E 盘。选择【文件】/【设置工作目录】命令，将工作目录设置为“E:\jiansuqi”。
- 创建新的组件文件。选择【文件】/【新建】命令，打开【新建】对话框，在【名称】文本框中输入“zhudongzhou”，取消“使用缺省模板”复选框，单击确定按钮，进入【新文件选项】对话框。在【新文件选项】对话框中选择【mmns_asm_design】选项，单击确定按钮，进入组件工作模式。

② 装配主动轴系第 1 个元件。

- 单击按钮，在【打开】对话框中选择“chilunzhou.prt”，单击打开按钮，元件出现在图形区。
- 在【元件放置】操控面板上单击【放置】选项卡，从【约束类型】下拉列表中选择【缺省】，单击按钮完成第一个元件的装配。

③ 装配主动轴系第 2 个元件。

- 单击按钮，在【打开】对话框中选择“6028.prt”，单击打开按钮，元件出现在绘图区。
- 在【元件放置】操控面板上单击【放置】选项卡，在【约束类型】下拉列表中选择【对齐】选项，然后选择轴承轴线和齿轮轴线作为对齐约束的参照，如图 9-57 所示。

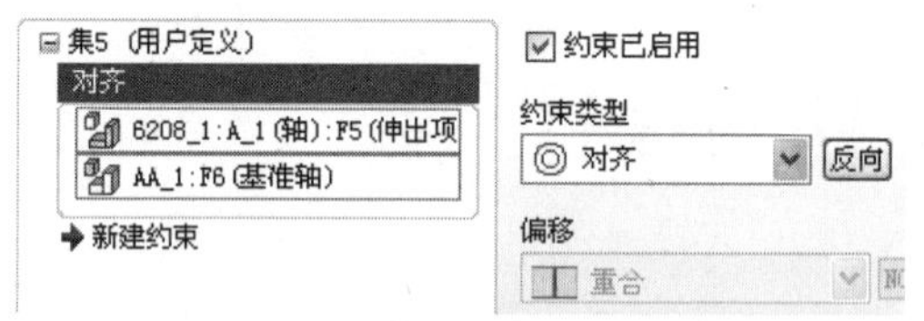

图 9-57 【对齐】约束设置

- 单击【新建约束】选项，在【约束类型】下拉列表中选择【配对】选项，并选择如图 9-58 所示的两个平面作为参照面。

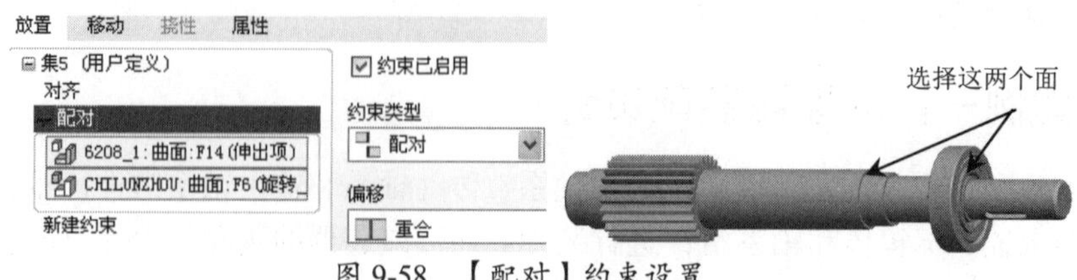

图 9-58 【配对】约束设置

- 单击☑按钮完成第二个元件的装配，结果如图 9-59 所示。

图 9-59 装配结果

④ 装配主动轴系第 3 个元件。

- 单击按钮，在【打开】对话框中选择“6028.prt”，单击 打开 按钮，元件出现在图形区。
- 在【元件放置】操控面板上单击【放置】选项卡，在【约束类型】下拉列表中选择【对齐】选项，选择轴承轴线和齿轮轴线作为【对齐】参照，如图 9-60 所示。

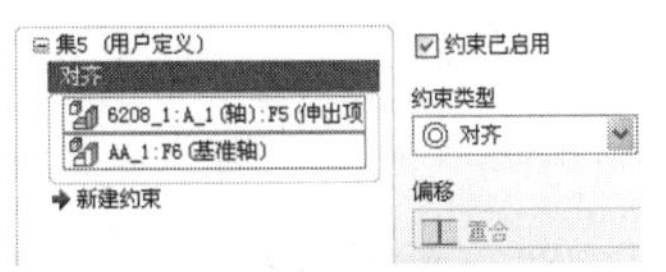

图 9-60 【对齐】约束设置

- 单击【新建约束】选项，在【约束类型】下拉列表中选择【配对】选项，并选择如图 9-61 所示的两个平面作为参照面。单击☑完成第三个元件的装配，结果如图 9-62 所示。

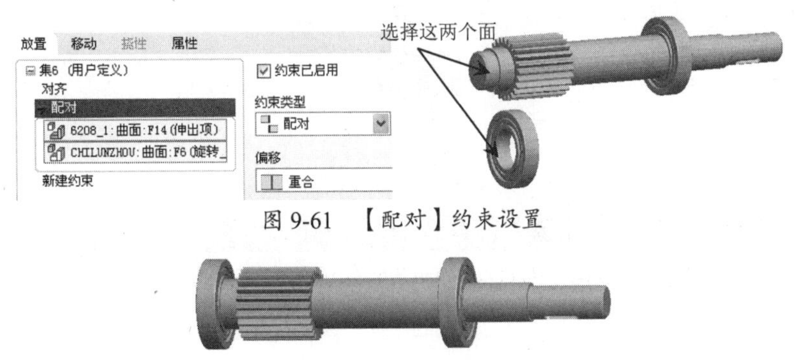

图 9-61 【配对】约束设置

图 9-62 装配结果

⑤ 装配主动轴系其他元件。采用与上述步骤相同的方式装配另外 4 个元件，文件分别为“chilunzhou_dianpian.prt”“chilunzhou_dianpian1.prt”“chilunzhou_zhouchenggai.prt”“chilunzhou_zhouchenggai1.prt”。主动轴系零件装配结果如图 9-63 所示。

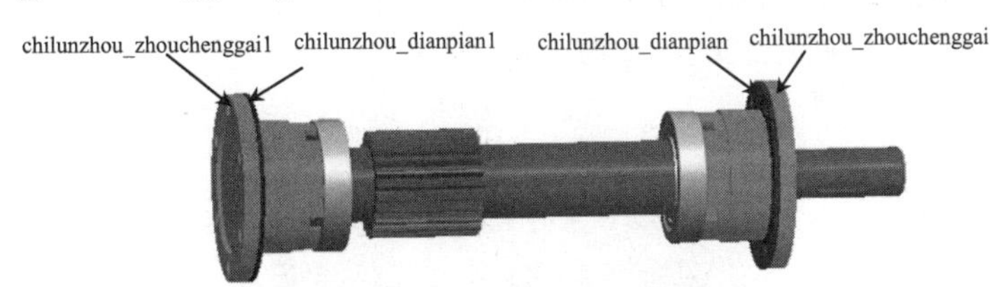

图 9-63 轴系零件装配结果

⑥ 装配传动轴系。建立一个文件名为“chuandongzhou”的组件文件，按照装配主动轴系的方式装配传动轴系零件，装配结果及零件之间的位置关系如图 9-64 所示。

技巧点拨

图中未标出连接大齿轮与轴的键“zhudongzhou_jian20.prt”和连接小齿轮与轴键“zhudongzhou_jian18.prt”，读者可以参考文件夹中装配体模型“zhouxi3.asm”来完成键的装配。

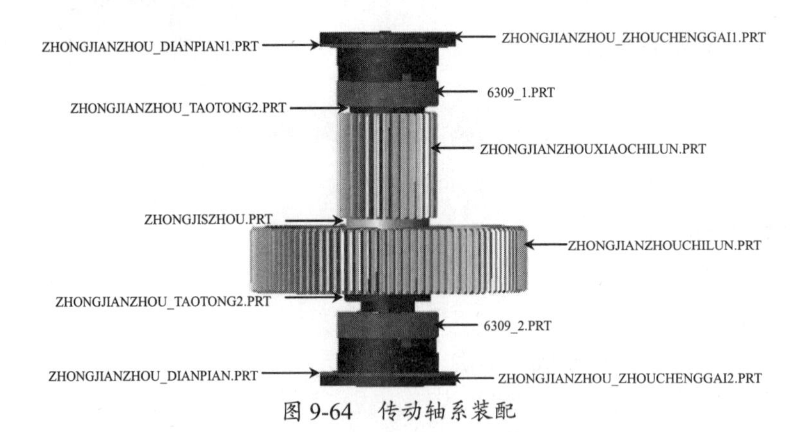

图 9-64　传动轴系装配

⑦ 装配输出轴系。建立一个文件名为“shuchuzhou”的组件文件，按照装配主动轴系的方式装配输出轴系，装配结果及零件之间的位置关系如图 9-65 所示。

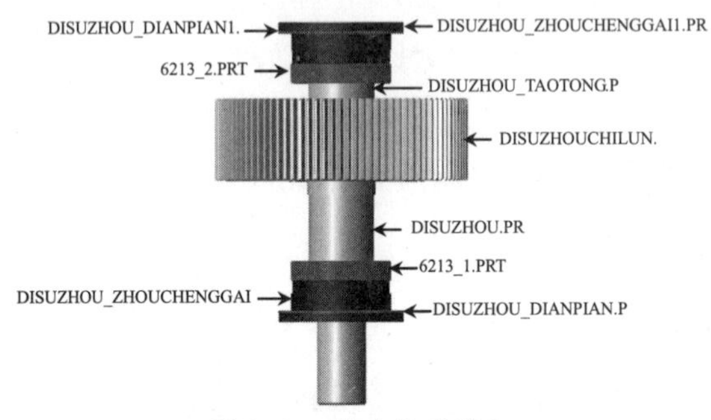

图 9-65　输出轴系装配

技巧点拨

图中未标出连接齿轮与轴的键“disuzhou_jian20prt”的位置，读者可以参考文件夹中装配体模型“zhouxi2.asm”完成键的装配。

⑧ 装配减速器底座。

- 新建组件文件，文件名为“jiansuqi”。
- 单击按钮，在【打开】对话框中选取“xiangtixia.prt”，单击 打开 按钮，元件出现在图形区。
- 在【元件放置】操控面板的【约束类型】下拉列表中选择【缺省】选项。
- 单击☑按钮完成底座装配，如图 9-66 所示。

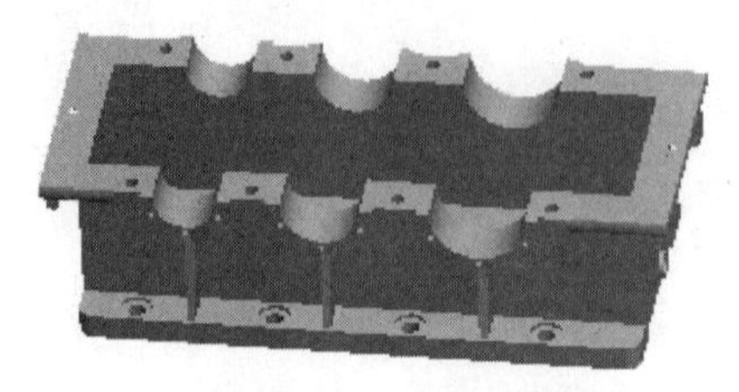

图 9-66　底座装配

⑨ 装配主动轴系组件。

- 单击按钮，在【打开】对话框中选择“zhudongzhou.asm”，单击 打开 按钮，组件出现在图形区。

- 打开【元件放置】操控面板上的【放置】选项卡，在【约束类型】下拉列表中选择【对齐】选项，选择如图 9-67 所示的两个曲面作为参照。
- 单击【新建约束】按钮，在【约束类型】下拉列表中选择【配对】选项，选择如图 9-67 所示的两个平面作为参照。
- 单击☑按钮，完成主动轴系的装配，如图 9-68 所示。

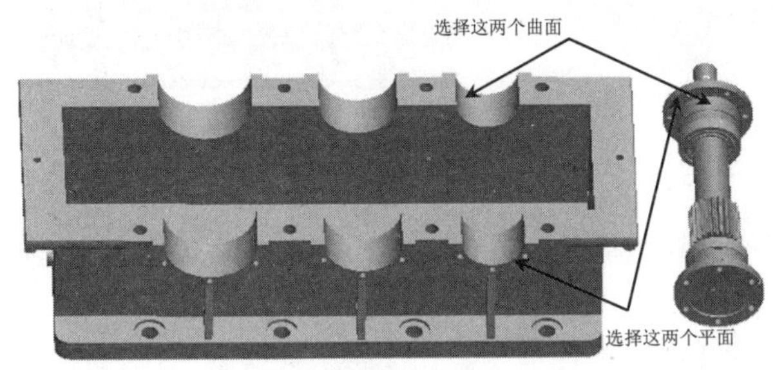

图 9-67　装配约束选择

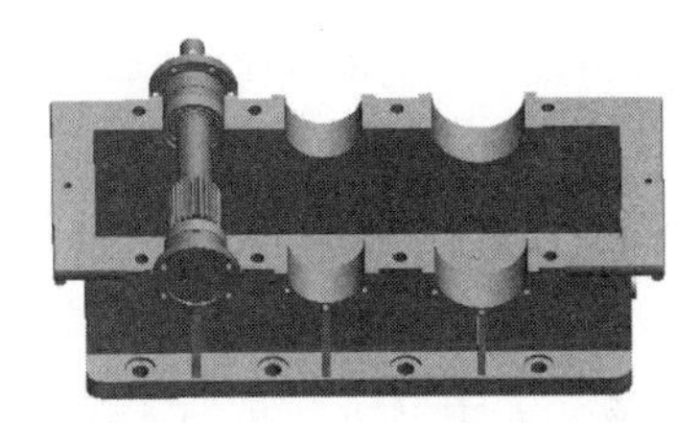
图 9-68　主动轴系装配结果

⑩ 装配传动轴系组件。

- 单击按钮，在【打开】对话框中选择“chuandongzhou.asm”，单击【打开】按钮，组件出现在图形区。
- 打开【元件放置】操控面板上的【放置】选项卡，在【约束类型】下拉列表中选择【对齐】选项，选择如图 9-69 所示的两个曲面作为参照。
- 单击【新建约束】按钮，在【约束类型】下拉列表中选择【配对】选项，选择如图 9-69 所示的两个平面作为参照。
- 单击☑按钮，完成传动轴系的装配，如图 9-70 所示。

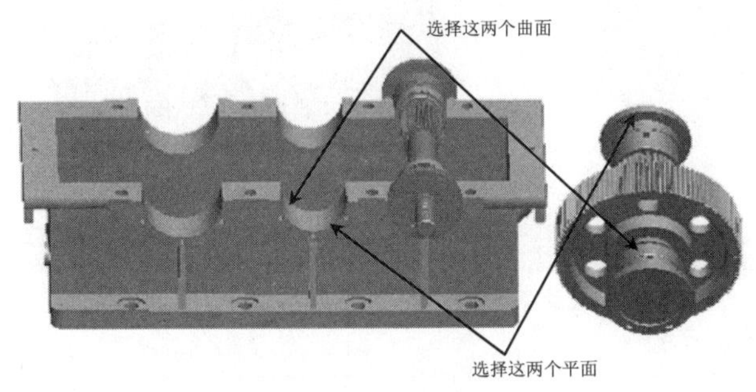

图 9-69　装配约束选择

图 9-70　传动轴系装配结果

⑪ 装配输出轴系组件。

- 单击按钮，在【打开】对话框中选择“shuchuzhou.asm”，单击【打开】按钮，组件出现在图形区。
- 打开【元件放置】操控面板上的【放置】选项卡，在【约束类型】下拉列表中选择【对齐】选项，选择如图 9-71 所示的两个曲面作为参照。
- 单击【新建约束】按钮，在【约束类型】下拉列表中选择【配对】选项，选择如图 9-71 所示的两个平面作为参照。
- 单击☑按钮，完成输出轴系的装配，如图 9-72 所示。

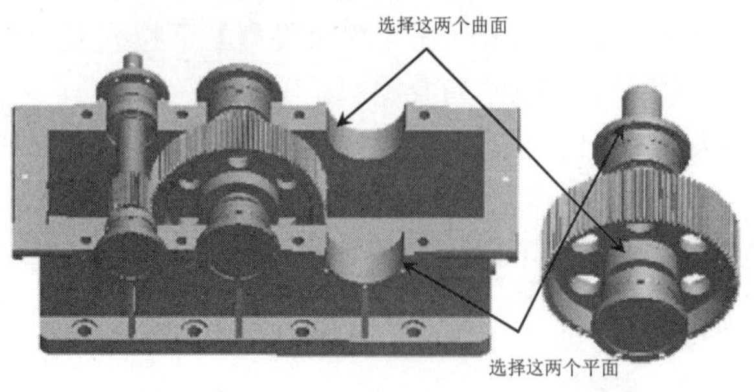

图 9-71 装配约束选择

图 9-72 输出轴系装配结果

⑫ 装配减速器上盖。

- 单击按钮，在【打开】对话框中选择“xiangtishang.prt”，单击打开按钮，组件出现在图形区。
- 打开【元件放置】操控面板上的【放置】选项卡，在【约束类型】下拉列表中选择【对齐】选项，选择上盖和底座上的销钉孔表面作为参照。
- 单击【新建约束】按钮，在【约束类型】下拉列表中选择【对齐】选项，选择上盖和底座上的另外两个销钉孔表面作为参照。
- 单击【新建约束】按钮，在【约束类型】下拉列表中选择【配对】选项，选择如图 9-73 所示的两个平面作为参照。
- 单击☑按钮，完成上端盖装配，如图 9-74 所示。

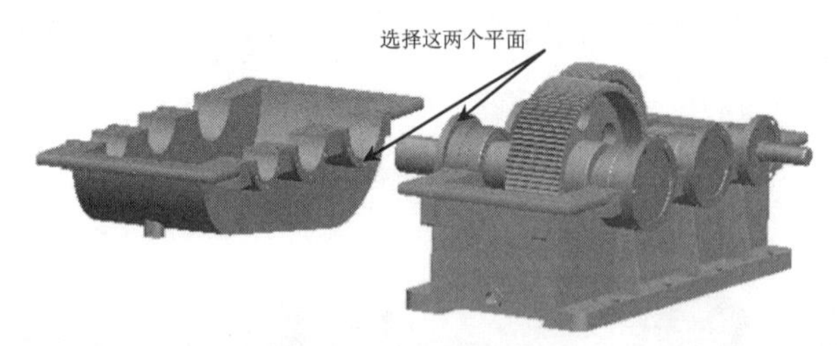

图 9-73 装配约束选择

图 9-74 上盖装配结果

技巧点拨

选择上盖和底座的销钉孔作为参照时，要注意上盖在减速装配体中的位置要求，即不能与大齿轮干涉，否则应该重新设置上端盖与底座上销钉孔的约束关系。

⑬ 装配其他元件。减速器上还有油尺、端盖螺钉和吊环等零件，读者可以参考“jiansuqi/zhuangpeitu.asm”文件进行装配。装配完成后的减速器如图 9-75 所示。

图 9-75 减速器装配体

9.6.2 案例二：齿轮泵装配体设计

下面介绍齿轮泵整体装配的全过程，在装配元件时，对于具有运动自由度的元件，要根据具体要求选择合适的连接接口，反之使用无连接接口的约束进行装配。

操作步骤

① 新建组件文件并设置工作目录。单击工具栏中的【新建】按钮，建立新文件。在【新建】对话框的【类型】分组框中选择【组件】选项，在【子类型】分组框中默认选中【设计】选项，在【名称】文本框中输入文件名“bengzujian”，并去掉【使用缺省模板】前的对钩。单击确定按钮，在弹出的【新文件选项】对话框中选取模板为【mmns_asm_design】，其各项操作如图 9-76、图 9-77 所示，单击确定按钮后，进入系统的组件设计环境。

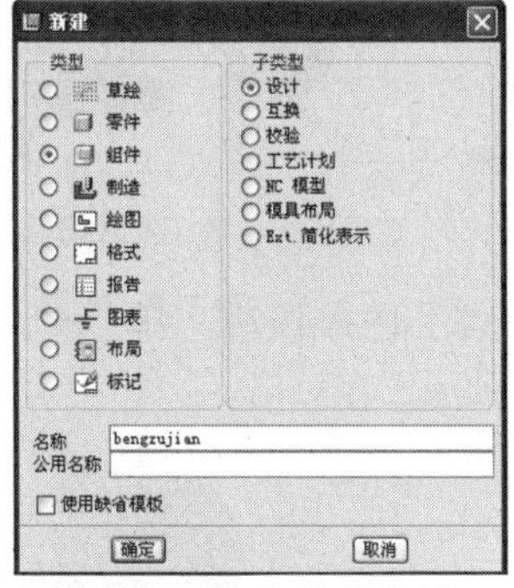

图 9-76 新建组件文件

图 9-77 新建文件选项

② 在默认位置装配齿轮泵基座。

- 单击右侧工具栏中的【将原件添加到组件】工具按钮，打开【打开】对话框，使用浏览方式打开齿轮泵基座零件文件“jizuo”。
- 在系统打开的装配设计操控面板上单击放置按钮，然后在【放置】对话框中的【约束类型】下拉列表中选取【缺省】约束类型，完成后【放置】对话框如图 9-78 所示。完成上述操作后，单击按钮完成第一个元件装配，结果如图 9-79 所示。

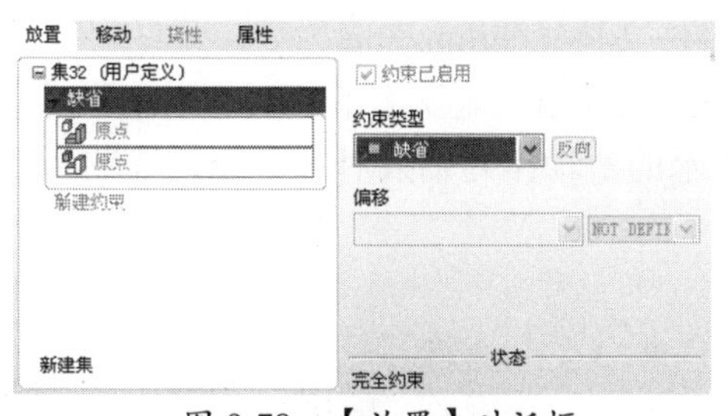

图 9-78 【放置】对话框

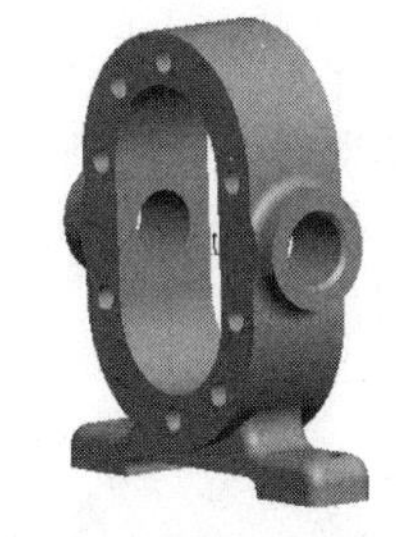

图 9-79 装配基座零件

③ 向组件中装配前盖零件。

- 单击右侧工具栏中的【将原件添加到组件】工具按钮，打开【打开】对话框，使用浏览方式打开齿轮泵基座零件文件“qiangai”。
- 在系统打开的装配设计操控面板上单击放置按钮，然后在【放置】对话框中的【约束类型】下拉列表中选取【插入】约束类型，然后分别选取如图 9-80 所示的上部两个销孔面作为约束参照。

- 接下来在系统打开的装配设计操控面板上单击[放置]按钮，然后在【放置】对话框中的【约束类型】下拉列表中选取【插入】约束类型，然后分别选取如图 9-81 所示的下部两个销孔面作为约束参照。
- 接下来在系统打开的装配设计操控面板上单击[放置]按钮，然后在【放置】对话框中的【约束类型】下拉列表中选取【配对】约束类型，然后分别选取如图 9-82 所示的端面作为约束参照。

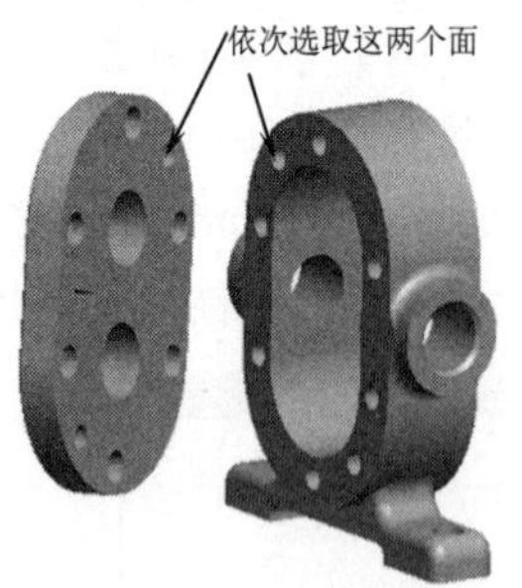

图 9-80　选取约束参照

图 9-81　选取约束参照

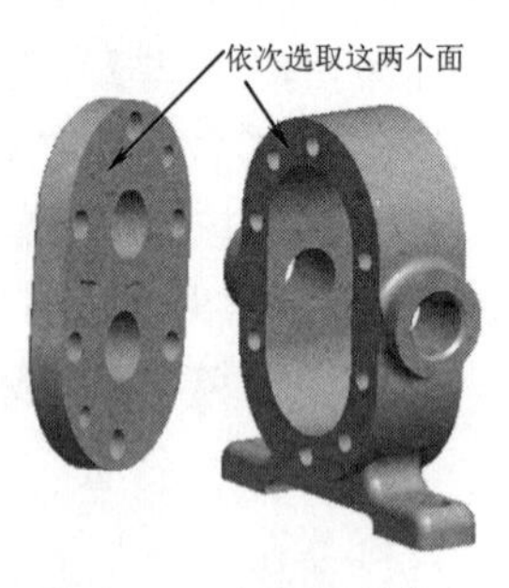

图 9-82　选取约束参照

- 完成后的【放置】对话框如图 9-83 所示，完成上述操作后，单击[✓]按钮完成前盖零件的装配，装配的最后结果如图 9-84 所示。

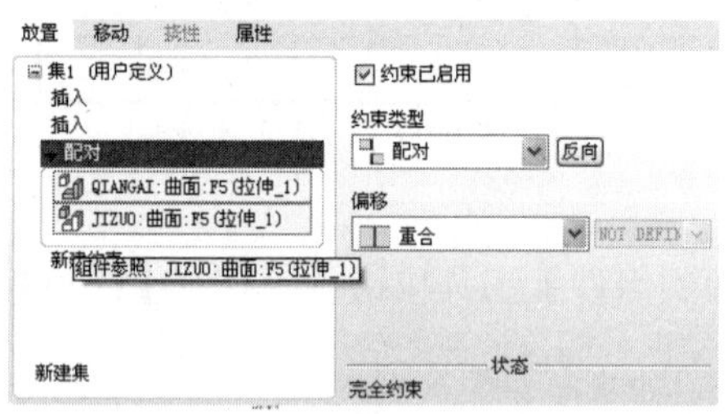

图 9-83　前盖零件装配【放置】对话框

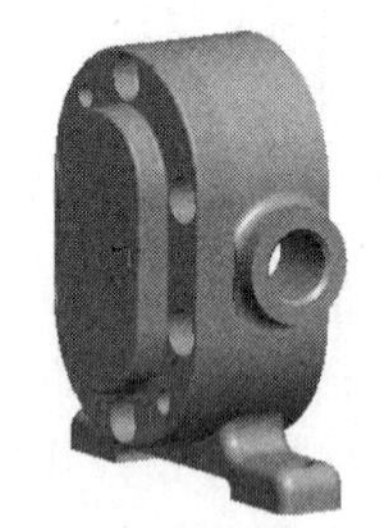
图 9-84　装配前盖

④ 向组件中装配齿轮轴零件。

- 单击右侧工具栏中的【将原件添加到组件】工具按钮，打开【打开】对话框，使用浏览方式打开齿轮泵齿轮轴零件文件“chilunzhou”。
- 在系统打开的装配设计操控面板上的【用户定义】下拉列表中选取【销钉】连接类型，然后分别选取如图 9-85 所示的两轴作为轴线对齐参照，选取两平面作为平移约束参照。

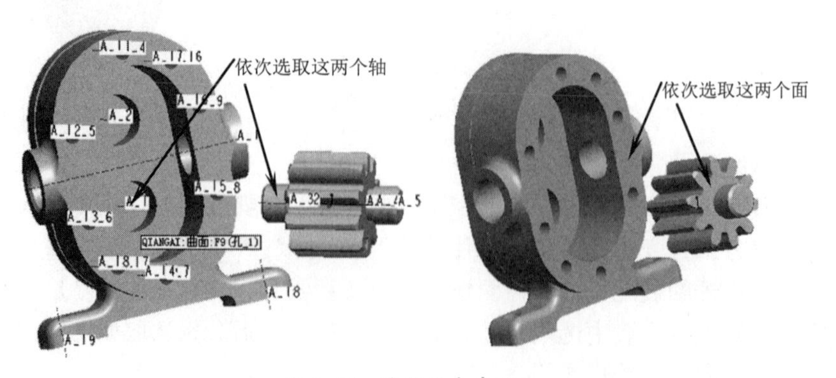

图 9-85　选取约束参照

- 完成后的【放置】对话框如图 9-86 所示，完成上述操作后，单击✓按钮完成齿轮轴零件的装配，装配的最后结果如图 9-87 所示。

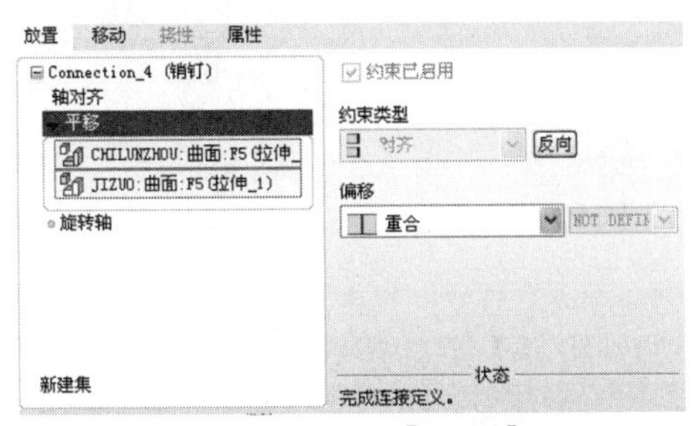

图 9-86 齿轮轴装配【放置】对话框

图 9-87 装配齿轮轴零件

⑤ 向组件中装配传动轴组件。

- 单击右侧工具栏中的【将原件添加到组件】工具按钮，打开【打开】对话框，使用浏览方式打开齿轮泵传动轴组件文件“zhouzujian”。
- 在系统打开的装配设计操控面板上的【用户定义】下拉列表中选取【销钉】连接类型，然后分别选取如图 9-88 所示的两轴作为轴线对齐参照，选取两平面作为平移约束参照。

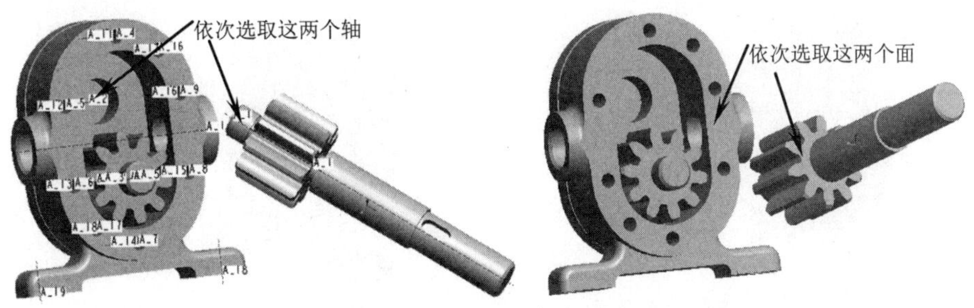

图 9-88 选取约束参照

- 调整齿轮位置，使其正确啮合。在装配设计操控面板上单击 移动 按钮，打开【移动】列表框。在该列表框的运动类型选项组中选取【旋转】选项，并选中【运动参照】单选按钮，如图 9-89 所示，并选取传动轴的轴线作为旋转运动参照，如图 9-90 所示，然后在工作区旋转传动轴，使两齿轮正确啮合，最后啮合结果如图 9-91 所示。

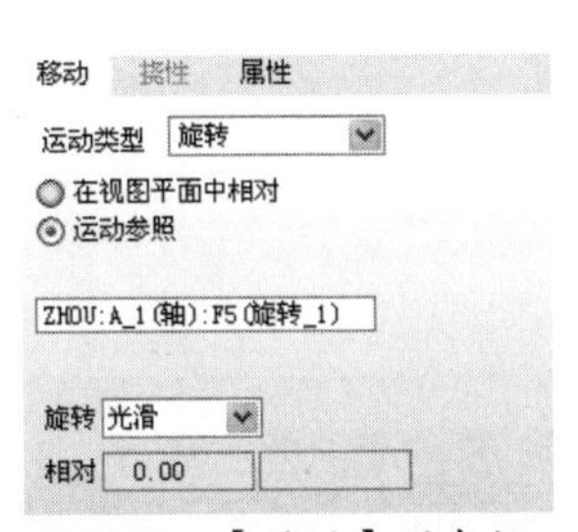

图 9-89 【移动】列表框

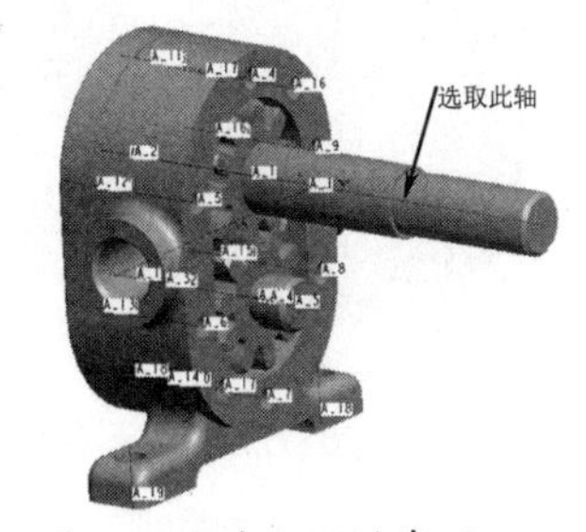

图 9-90 选取运动参照

图 9-91 最后齿轮啮合结果

- 完成后的【放置】对话框如图 9-92 所示，完成上述操作后，单击✓按钮完成传动轴组件的装配，装配的最后结果如图 9-93 所示。

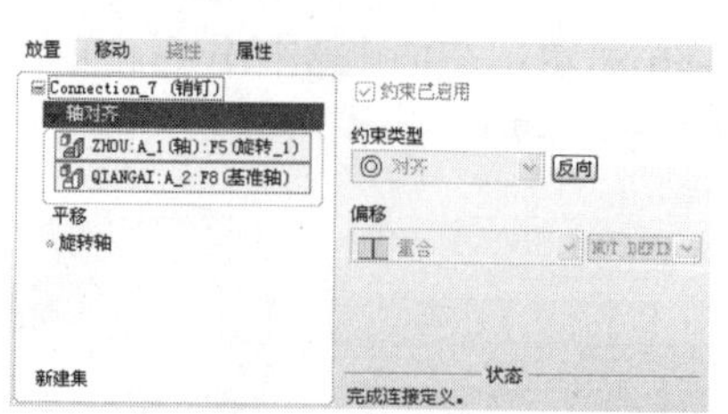

图 9-92　传动轴组件装配【放置】对话框

图 9-93　装配传动轴

⑥　向组件中装配后盖零件。

- 单击右侧工具栏中的【将原件添加到组件】工具按钮，打开【打开】对话框，使用浏览方式打开齿轮泵基座零件文件“hougai”。
- 在系统打开的装配设计操控面板上单击 放置 按钮，然后在【放置】对话框中的【约束类型】下拉列表中选取【插入】约束类型，然后分别选取如图 9-94 所示的上部两个销孔面作为约束参照。
- 接下来在系统打开的装配设计操控面板上单击 放置 按钮，然后在【放置】对话框中的【约束类型】下拉列表中选取【插入】约束类型，然后分别选取如图 9-95 所示的下部两个销孔面作为约束参照。

图 9-94　选取约束参照

图 9-95　选取约束参照

- 接下来在系统打开的装配设计操控面板上单击 放置 按钮，然后在【放置】对话框中的【约束类型】下拉列表中选取【配对】约束类型，然后分别选取如图 9-96 所示的端面作为约束参照。

图 9-96　选取约束参照

- 完成后的【放置】对话框如图 9-97 所示，完成上述操作后，单击✔按钮完成后盖零件的装配，装配的最后结果如图 9-98 所示。

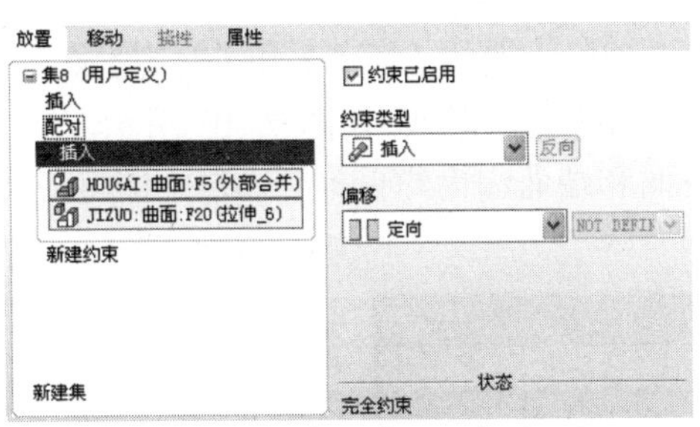

图 9-97　后盖装配【放置】对话框

图 9-98　装配后盖

⑦ 向组件中装配定位销零件。

- 单击右侧工具栏中的【将原件添加到组件】工具按钮，打开【打开】对话框，使用浏览方式打开齿轮泵定位销零件文件“xiao”。
- 在系统打开的装配设计操控面板上单击放置按钮，然后在【放置】对话框中的【约束类型】下拉列表中选取【插入】约束类型，然后分别选取如图 9-99 所示的上部两个销孔面作为约束参照。
- 接下来在系统打开的装配设计操控面板上单击放置按钮，然后在【放置】对话框中的【约束类型】下拉列表中选取【对齐】约束类型，然后分别选取如图 9-100 所示的端面作为约束参照。

图 9-99　选取约束参照

图 9-100　选取约束参照

- 完成后的【放置】对话框如图 9-101 所示，完成上述操作后，单击按钮完成定位销零件的装配，装配的最后结果如图 9-102 所示。

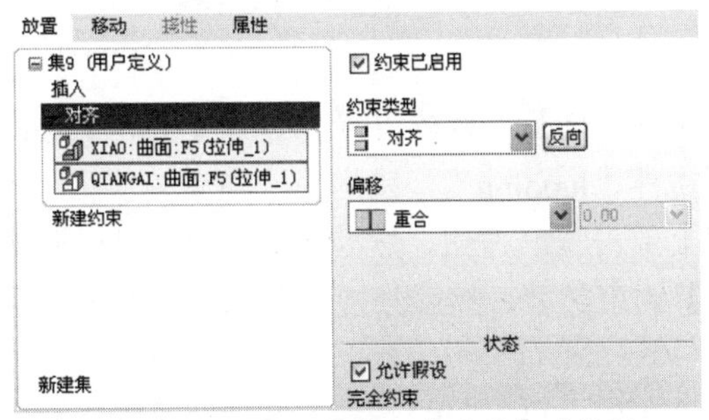

图 9-101　定位销装配【放置】对话框

图 9-102　装配定位销

⑧ 重复装配定位销。

- 选中前面装配的定位销零件，然后在【编辑】主菜单中选取【重复】命令，打开【重复元件】对话框。

- 按住 Ctrl 键，在【可变组件参照】选项组中选中【插入】和【对齐】两种约束方式，然后在【放置元件】选项组中单击 添加 按钮，如图 9-103 所示。
- 依次选取如图 9-104 所示的孔内表面和端面作为约束参照，定位销将被装配到该孔中，最后装配结果如图 9-105 所示。

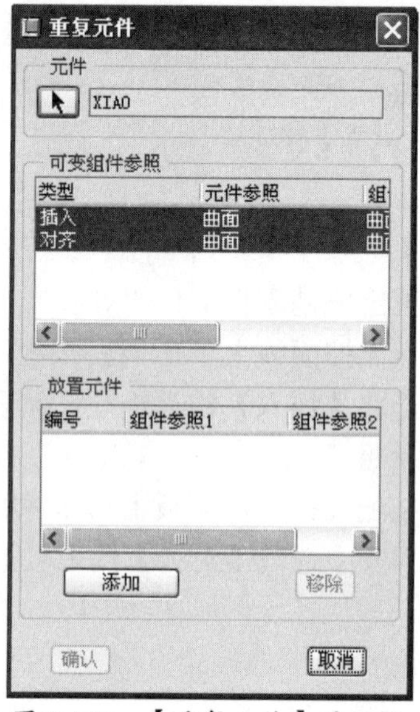

图 9-103 【重复元件】对话框

图 9-104 选取约束参照

9-105 新装配的定位销

⑨ 向组件中装配螺钉零件。

- 单击右侧工具栏中的【将原件添加到组件】工具按钮，打开【打开】对话框，使用浏览方式打开齿轮泵螺钉零件文件“luoding”。
- 在系统打开的装配设计操控面板上单击 放置 按钮，然后在【放置】对话框中的【约束类型】下拉列表中选取【插入】约束类型，然后分别选取如图 9-106 所示的内孔面和螺钉外圆面作为约束参照。
- 接下来在系统打开的装配设计操控面板上单击 放置 按钮，然后在【放置】对话框中的【约束类型】下拉列表中选取【配对】约束类型，然后分别选取如图 9-107 所示的端面和螺钉的端面作为约束参照。

图 9-106 选取约束参照

图 9-107 选取约束参照

- 完成后的【放置】对话框如图 9-108 所示，完成上述操作后，单击☑按钮完成螺钉零件的装配，装配的最后结果如图 9-109 所示。

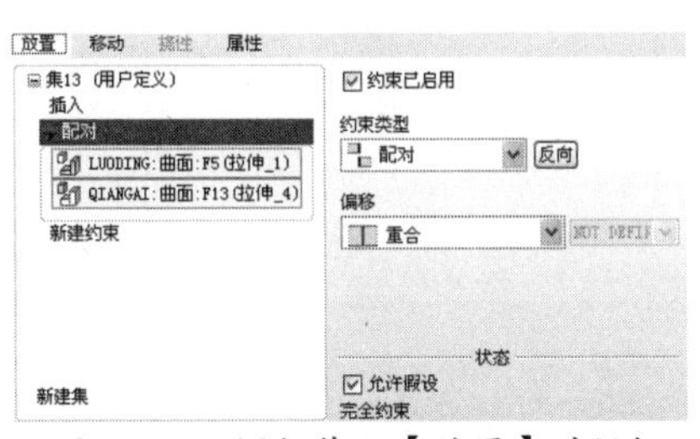

图 9-108 螺钉装配【放置】对话框

图 9-109 装配螺钉

⑩ 重复装配螺钉。

- 选中前面装配的螺钉零件，然后在【编辑】主菜单中选取【重复】命令，打开【重复元件】对话框。
- 按住 Ctrl 键，在【可变组件参照】选项组中选中【插入】和【配对】两种约束方式，然后在【放置元件】选项组中单击 添加 按钮，如图 9-110 所示。
- 依次选取孔内表面和端盖的端面作为约束参照，螺钉将被装配到该孔中，同理完成其余螺钉的重复装配，螺钉最后装配结果如图 9-111 所示。

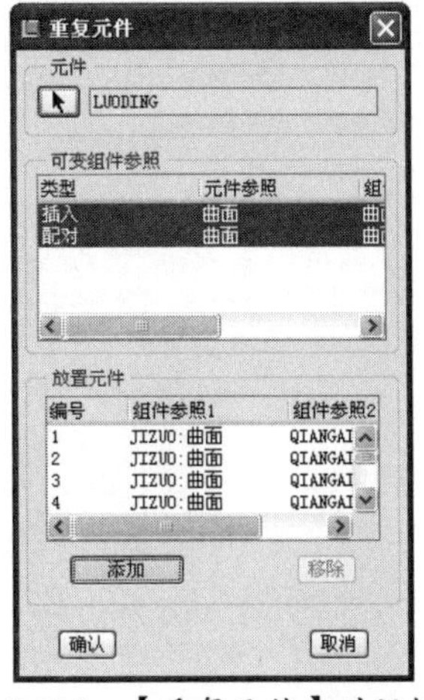

图 9-110 【重复元件】对话框

图 9-111 重复装配螺钉

⑪ 创建齿轮泵装配体分解视图。在【视图】主菜单中依次选取【分解】/【分解视图】命令，建立的分解视图如图 9-112 所示。

图 9-112　齿轮泵装配体分解视图

⑫　完成齿轮泵装配体组件模型设计。单击 按钮，保存设计结果。

CHAPTER 10

零件工程图设计

本章导读

三维实体模型和实物一致，在表达零件时直观、明了，因此是表达复杂零件的有效手段。但是在实际生产中，有时需要使用一组二维图形来表达一个复杂零件或装配组件，此种二维图形就是工程图。

在机械制造行业的生产一线常用工程图来指导生产过程。Pro/E 具有强大的工程图设计功能，在完成零件的三维建模后，使用工程图模块可以快速方便地创建工程图。本章将介绍工程图设计的一般过程。

知识要点

☑ 工程图概述
☑ 工程图的组成
☑ 定义绘图视图
☑ 工程图的标注与注释

扫码看视频

10.1 工程图概述

Pro/E 的工程图模块不仅大大简化了选取指令的流程，更重要的是加入了与 Windows 操作整合的【绘图视图】对话框，用户可以轻松地通过【绘图视图】对话框完成视图的创建，而不必为找不到指令伤透脑筋。

下面介绍 Pro/E 的工程图概论知识，便于大家认识与理解工程图。

10.1.1 进入工程图设计模式

与零件或组件设计相似，在使用工程图模块创建工程图时，首先要新建工程图文件。

首先在菜单栏中选择【文件】|【新建】命令，或者在上工具栏中单击【新建】按钮，弹出【新建】对话框，在【新建】对话框中选取【绘图】类型，如图 10-1 所示。

然后在【名称】文本框中输入文件名称后单击【确定】按钮，随后弹出如图 10-2 所示的【新建绘图】对话框。按照稍后的介绍完成【新建绘图】对话框的相关设置后，单击【确定】按钮即可进入工程图设计环境。

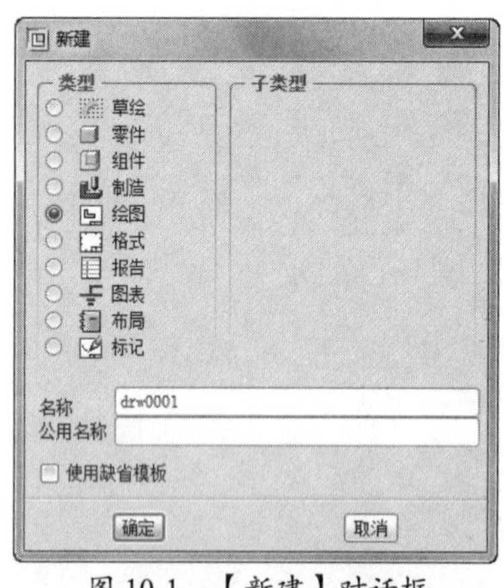

图 10-1 【新建】对话框

图 10-2 【新建绘图】对话框

> **提示**
>
> 如果勾选【使用缺省模板】复选框，将使用 Pro/E 提供的工程图模板来设计工程图。

10.1.2 设置绘图格式

【新建绘图】对话框有【缺省模型】【指定模板】【方向】和【大小】四个选项组，各个选项组的具体设置和功能介绍如下。

1. 【缺省模型】选项组

该选项组显示的是用于创建工程图的三维模型名称。一般情况下，系统自动选取目前活动窗口中的模型作为默认工程图模型。也可以单击【浏览】按钮，以浏览的方式打开模型来创建工程图。

2. 【指定模板】选项组

创建工程图的格式共有 3 种，分述如下。

1）【使用模板】

模板是系统经过格式优化后的设计样板。如果用户在【新建】对话框勾选了【使用缺省模板】复选框，那么将直接使用这些系统模板，如图 10-3 所示。

用户也可以单击【浏览】按钮导入自定义模板文件。如图 10-4 所示，为选择一个模板后进入工程图制图模式的界面环境。

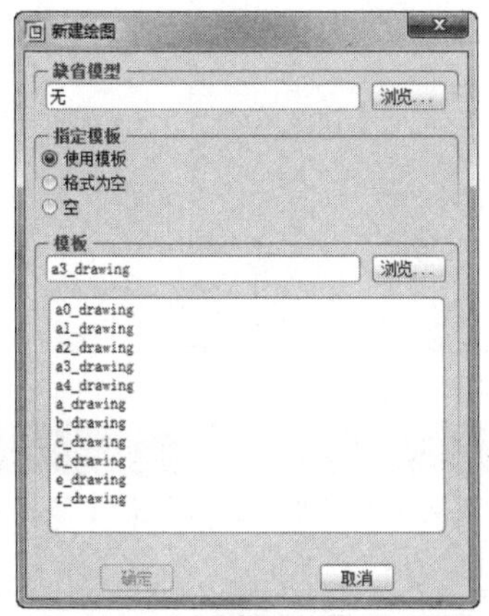

图 10-3 【新建绘图】对话框

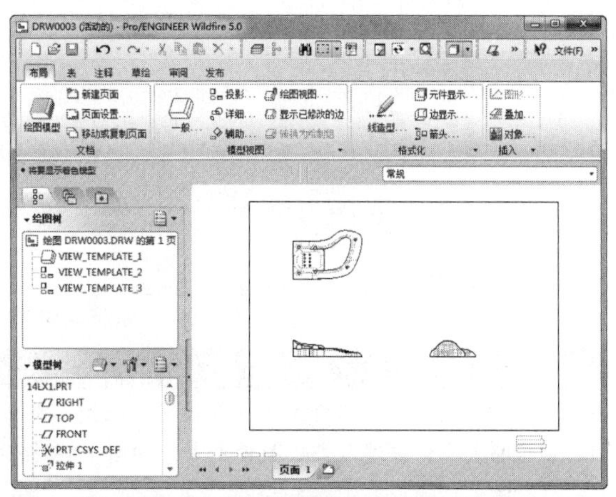

图 10-4 使用自定义模板的制图环境界面

提示

要新建绘图，必须于创建工程制图前将模型加载到零件设计模型中，或者在【缺省模型】选项组单击【浏览】按钮，从文件路径中打开零件模型，否则不能创建工程图文件。

2）【格式为空】

使用此选项无须先导入模型，就可以打开 Pro/E 向用户提供的多种标准格式图框进行设计，如图 10-5 所示。如图 10-6 所示为使用格式的制图环境界面。

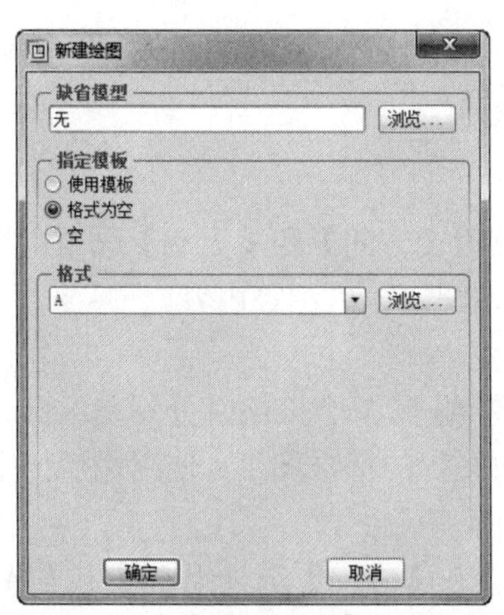

图 10-5 【新建绘图】对话框

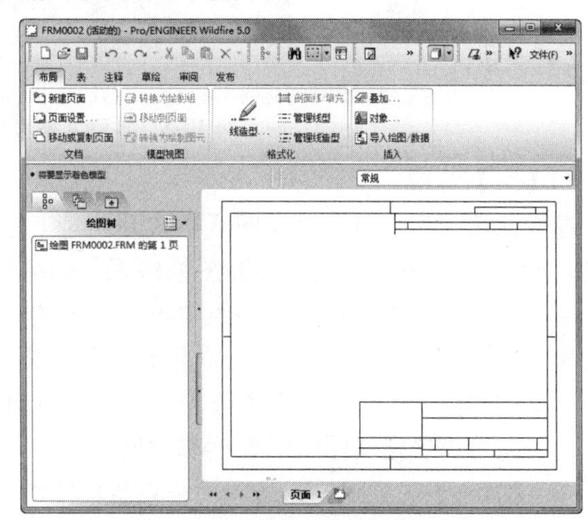

图 10-6 使用格式的制图环境界面

技巧点拨

使用模板与格式为空的区别在于前者必须先添加模型，然后进入制图模式中，系统会自动在模板中生成三视图。而后者仅仅是利用了 Pro/E 的标准制图格式（仅仅是图纸图框）进入制图模式中，需要用户手动添加模型并创建三视图。

单击【浏览】按钮，可以搜索系统提供的图框文件（FRM），也可以导入自定义图框文件，如图 10-7 所示。

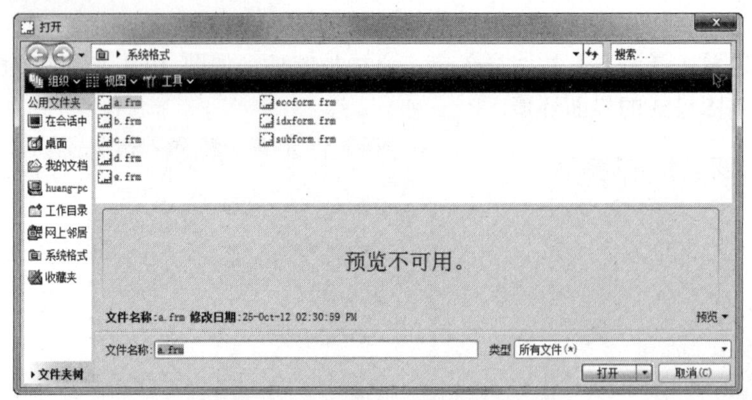

图 10-7　系统提供的格式文件

技巧点拨

当然，如果用户只是利用格式文件来设计工程图，那么可以从【新建】对话框中直接选择【格式】类型，以此创建格式文件并进入工程图模式中，如图 10-8 所示。

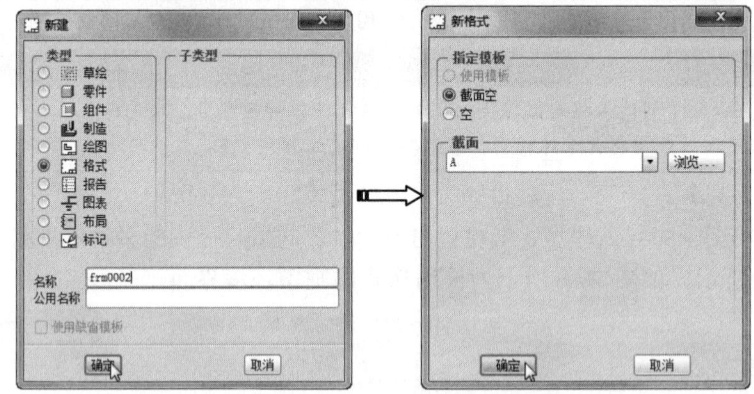

图 10-8　可以直接创建格式文件

3）【空】选项

选取此选项后可以自定义图纸格式并创建工程图，此时【方向】和【大小】选项组将被激活，如图 10-9 所示。自定义的图纸格式包括选择模板、图幅、单位等内容。

下面简要介绍下面两个选项组中设置参数的方法。

- 【方向】选项组：用来设置图纸布置方向，此选项组有 3 个按钮，分别是纵向、横向和可变。选取前两个按钮可以使用纵向和横向布置的标准图纸；使用最后一个按钮可以自定义图纸的长度和宽度。
- 【大小】选项组：此选项用来设置图纸的大小，当在【方向】选项组中按下【纵向】或【横向】按钮时，仅能选择系统提供的标准图纸，分为 A0～A4（公制）与 A～F（英制）等类型。按下【可变】按钮后，可以自由设置图纸的大小和单位，如图 10-10 所示。

图 10-9 【新建绘图】对话框

图 10-10 【新建绘图】对话框

10.1.3 工程图的相关配置

在工程图中，通常有两个非常重要的配置文件，其配置合理与否直接关系到最后创建的工程图的效果。通常使用工程图模块进行设计之前，都要对这两个配置文件的相关参数进行设置，以便使用户创建出更符合行业标准的工程图。以下就是前面介绍的这两个文件。

- 配置文件 Config.pro：用来配置整个 Pro/E 的工作环境。
- 工程图配置文件：该文件以扩展名“.dtl”进行存储。

用户可以根据自己的需要来配置这两个文件。工程图配置文件主要用来设置工程图模块下的具体选项，例如剖面线样式、箭头样式及其文件高度等。

1. 配置文件 Config.pro

想必读者对文件 Config.pro 的配置和使用方法不会感到不陌生，Config.pro 文件用于配置整个设计环境，当然工程图模块也不例外。首先打开配置对话框，方法为在【工具】主菜单中选取【选项】命令，系统将打开 Config.pro 文件配置环境，即【选项】对话框。

Config.pro 文件配置好后，以扩展名“pro”保存在 Pro/E 软件的启动位置，以后打开 Pro/E 软件时，系统会自动加载相关配置，无须重复配置。当然，Config.pro 文件对工程图模块的配置有限，要做一张符合国家标准的工程图，设计者应该花费大量的时间进行工程图配置文件的配置。下面将详细讲述工程图配置文件的配置方法。

2. 工程图配置文件

下面介绍工程图配置文件的用法。

首先按照以下步骤打开该文件：在工程图环境中，执行菜单栏中的【文件】|【绘图选项】命令，打开【选项】对话框，如图 10-11 所示。

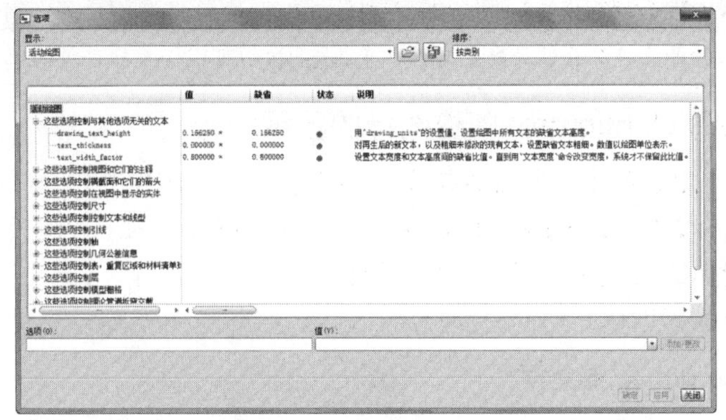

图 10-11 【选项】对话框

【选项】对话框由 3 个下拉列表、一个文本框组成，其具体使用方法和功能介绍如下。

1）【显示】下拉列表

位于【选项】对话框左上方，主要用来设置显示选项的来源，也就是说显示哪一个绘图窗口的配置选项，系统默认为显示活动窗口的配置选项。

在下拉列表中选择一个选项后，将在对话框中显示该选项所包含的所有 Pro/E 选项配置内容的列表。此列表分为左右两栏，左栏主要显示选项的名称，右栏用来显示与左栏对应的选项的当前设置值和每个设置选项的具体说明，如图 10-12 所示。

活动绘图				
这些选项控制与其他选项无关的文本				
drawing_text_height	0.156250 *	0.156250	●	用"drawing_units"的设置值，设置绘图中所有文本的缺省文本高度。
text_thickness	0.000000 *	0.000000	●	对再生后的新文本，以及粗细未修改的现有文本，设置缺省文本粗细。数值以绘图单位表示。
text_width_factor	0.800000 *	0.800000	●	设置文本宽度和文本高度间的缺省比值。直到用"文本宽度"命令改变宽度，系统才不保留此比值。

图 10-12　显示列表中的内容

2）【排序】下拉列表

位于【选项】对话框的右上方，主要用来设置配置选项列表的排序方式。这里共有 3 种排列方式供设计者选择，如图 10-13 所示。

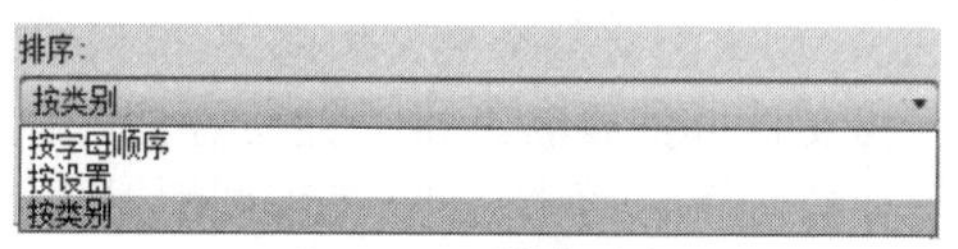

图 10-13　排序列表

- 【按类别】：按照配置选项的功能类别排序。例如要修改的箭头宽度，此时可以使用【按类别】排序，在列表中找到【这些选项控制横截面和它们的箭头】类别，在其下再修改需要的选项即可。
- 【按字母顺序】：按照配置选项对应的英文名称排序。
- 【按设置】：按通常工程图配置文件设置的先后顺序进行排序。

3）【选项】文本框

位于【选项】对话框左下方，当找到要进行配置的选项后，用鼠标选中该选项，则该选项就显示在【选项】文本框中。

4）【值】下拉列表

位于【选项】对话框右下方，当【选项】文本框中有选项时，该选项对应的值将显示在【值】列表框中。在下拉列表中可以为该选项选择新值，修改完成后，单击右侧的【添加/更改】按钮即可使修改生效。

技巧点拨

单击按钮可以打开已经保存过的配置文件，单击按钮可以保存修改过的配置文件。

动手操作——利用 Config.pro 创建国标的图纸模板

在默认情况下，Pro/E 中只能创建按第三角投影法设计的由其自带模板自动生成的工程图，这并不符合国标。因此，对 Pro/E 软件的系统参数和自带的工程图模板进行修改，即可解决模板不符合国标的问题，同时也提高了设计效率。

下面详解修改操作过程。

1. 设置 Config.pro 配置文件

① 在基本环境下（非工程图环境），执行菜单栏中的【工具】|【选项】命令，打开【选项】

对话框。

② 取消【仅显示从文件加载的选项】复选框，系统从当前的选项中显示所有的设置。这里需要设置的有【特征】【系统单位】和【公差显示模式】3 个选项。

③ 使用系统默认的设置，不是所有特征（如轴、法兰等）都能显示在菜单栏的【插入】菜单中。因此需要设置 allow_anatomic_features 的选项值为 yes，如图 10-14 所示。设置后，重新启动系统将会自动加载这些命令。

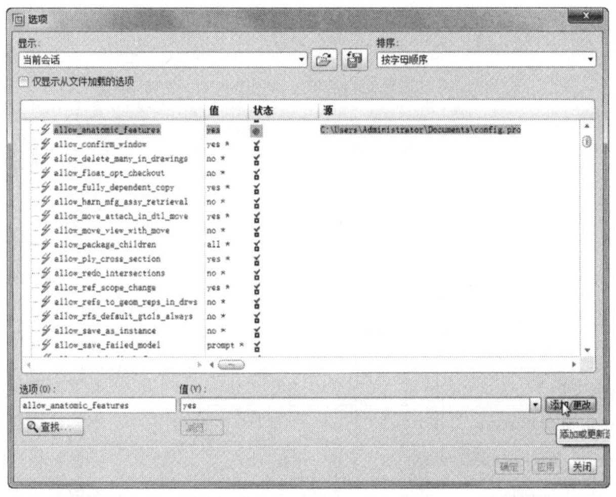

图 10-14　设置 allow_anatomic_features 的选项

④ Pro/E 系统默认的单位是英制单位 inlbs，国标采用的是公制单位 mmns。因此需要再将 template_designasm、template_mfgmold 和 template_solidpart 选项的值均设为 mmns。

⑤ 将 tol_mode（尺寸公差显示模式）的值设为 nominal，或者在工程图环境中设置 tol_display 为 yes。设置后将使所有尺寸处于可编辑状态，即可以任意编辑基本尺寸的属性为公差尺寸。

技巧点拨

当 Pro/E 默认的尺寸公差显示模式（tol_mode）为极限公差 limits 时，即在工程图环境中设置配置文件中的公差显示模式（tol_display）为 yes 后，所有尺寸均会加上极限公差，需要将没有公差的尺寸再注意编辑为基本尺寸，由此带来工作的不便。所以我们采用了步骤 5 的做法。同时还需注意的是：此项配置必须在模型建立之前设置才能生效。

⑥ 设置完成后，单击【选项】对话框中的【保存】按钮，将配置保存在 Config.pro 文件中。

关于 config.pro 和 config.win 文件

config.pro 文件中的选项用来设置 Pro/E 的外观和运行方式。Pro/E 包含两个重要的配置文件：config.pro 和 config.win。config.pro 是文本文件，存储定义 Pro/E 处理操作方式的所有设置。config.win 文件是数据库文件，存储窗口配置设置，如工具栏可见性设置和“模型树”位置设置。

配置文件中的每个设置称为配置选项。可设置的选项包括：

- 公差显示格式
- 计算精度
- 草图器尺寸中使用的数字位数
- 工具栏内容
- 工具栏上的按钮相对顺序
- “模型树”的位置和大小

技巧点拨

Config.sup 是受保护的系统配置文件。公司的系统管理员使用此文件设置在公司范围内使用的配置选项。在此文件中设置的任何值都不能被其他（更多本地）config.pro 文件覆盖。

2. 工程图配置文件的参数设置

① 以【空】的模板类型进入制图环境。在菜单栏中选择【文件】|【绘图选项】命令，打开【选项】对话框。

② 然后按表 10-1 中列出的选项完成设置。

表 10-1 设置国标工程图模板的选项配置

参数类别	系统变量	设 定 值	说 明
文本默认粗细、高度和比例	drawing_text_height	3.5	设置文本高度
	text_thickness	0.25	设置文本粗细
	text_width_factor	0.8	设置文本比例
视图与注释	broken_view_offset	5	设置断开视图两部分之间的偏移距离
	def_view_text_height	5	视图注释与尺寸箭头中的文本高度
	def_view_text_thickness	0.25	视图注释与尺寸箭头中的文本粗细
	projection_type	first_angle	设置投影角
	show_total_unfold_seam	no	不显示切割平面的边
	tan_edge_display_for_new_views	no_disp_tan	不显示相切边
	view_scale_denominator	3600	设置视图比例分母
	view_scale_format	ratio_colon	用比值方式显示比例
横截面和箭头	detail_view_boundary_type	circle	确定父视图上默认边界类型
	detail_view_scale_factor	4	详细视图及父视图的比例
	crossec_arrow_length	5	剖视图剖面箭头的长度
	crossec_arrow_width	1	剖视图剖面箭头的宽度
尺寸显示	allow_3d_dimensions	yes	显示 3D 尺寸
	angdim_text_orientation	parallel_fully_outside	角度尺寸的放置方式
	chamfer_45deg_leader_style	std_iso	控制倒角导引线
	clip_dim_arrow_style	double_arrow	修剪尺寸的箭头样式
	dim_leader_length	5	箭头在尺寸线外的长度
	dim_text_gap	1	文本和引导线的距离
	text_orientation	parallel_diam_horiz	尺寸的文本方向
	witness_line_delta	2	尺寸界线的延伸量
	witness_line_offset	1	尺寸线与文本的间距
标注引线	draw_arrow_length	3.5	引导线箭头长度
	draw_arrow_style	filled	箭头样式
	draw_arrow_width	0.75	箭头宽度
	draw_dot_diameter	1	引导线点的直径
	leader_elbow_length	6	导引折线的长度
	leader_extension_font	dashfont	引线线性
中心线	axis_line_offset	5	中心线超过模型的距离
	circle_axis_offset	3	圆心轴线超过模型的距离
	radial_pattern_axis_circle	yes	显示圆形共享轴线

续表

参数类别	系统变量	设 定 值	说　明
公差显示	tol_display	yes	显示公差
	tol_text_height_factor	0.6	公差与文本的高度比例
	tol_text_width_factor	0.5	公差与文本的宽度比例
制图单位和字体	drawing_units	mm	设置公制单位
	default_font	simfang	设置仿宋字体

③ 设置后，还需要在 Config.pro 配置文件中加入下列语句，那么每次启动 Pro/E 后都会自动加载工程图的国标配置，如图 10-15 所示。

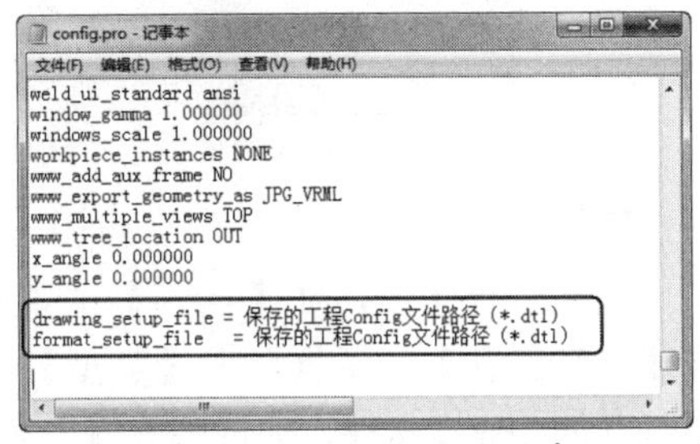

图 10-15　在 Config.pro 配置文件中添加语句

10.1.4　图形交换

Pro/E 的工程图模块提供了类型丰富且多元化的图形文件格式，以便与其他同类软件进行信息交互。Pro/E 的工程图模块可以和 10 余种 CAD 软件进行文件交互。下面以 AutoCAD 与 Pro/E 进行文件交互为例说明具体操作方法。

1. 导入 DWG 文件

将在 AutoCAD 中创建的 DWG 文件导入 Pro/E，有以下两种方法。

方法一：

在菜单栏中选择【文件】|【打开】命令，打开【文件打开】对话框，在【类型】下拉列表中选取【DWG(*.dwg)】文件类型，然后选取要打开的 DWG 文件，完成后在【文件打开】对话框上单击【打开】按钮，如图 10-16 所示。

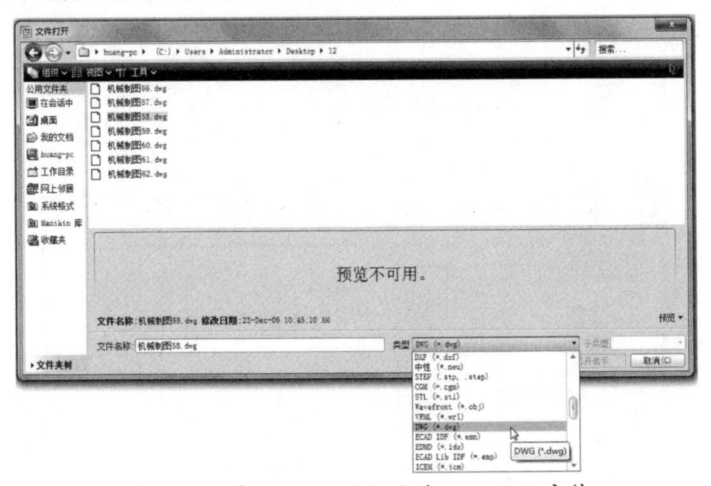

图 10-16　打开*.dwg 后缀名的 AutoCAD 文件

系统将打开【导入新模型】对话框，如图 10-17 所示。在其【类型】选项组选中【绘图】选项，然后单击【确定】按钮。

系统打开【导入 DWG】对话框，如图 10-18 所示，通常接受该对话框的默认设置即可，然后单击【确定】按钮打开 DWG 文件。

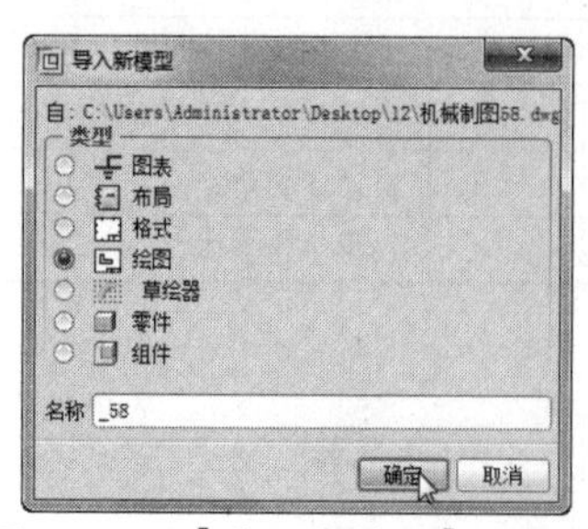

图 10-17 【导入新模型】对话框

图 10-18 【导入 DWG】对话框

方法二：

创建工程图后，在【插入】主菜单下依次选取【数据共享】|【自文件】命令，系统打开【文件打开】对话框，在【类型】列表框中选取【DWG（*.dwg)】文件类型，然后选取要打开的 DWG 文件，完成后在【文件打开】对话框上单击【打开】按钮。其余操作与方法一相同。

在 Pro/E 中导入 DWG 文件的操作比较简单，同时【导入 DWG】对话框中的选项浅显易懂，因此这里不再赘述，不过设计中还应该注意以下几个要点。

- 导入 DWG 文件时，系统以图纸左下角作为基准点来放置文件。
- 如果导入的 DWG 文件的页面大小与所创建工程图页面不一致，系统会自动修正 DWG 文件，使之符合工程图的页面大小。
- 导入 DWG 文件时，使用 DWG 文件中指定的单位。如 Pro/E 工程图默认的单位为英寸，而 DWG 文件的单位为毫米，则在导入 DWG 文件过程时，系统将使用毫米单位。

图 10-19 为导入到 Pro/E 后的结果。

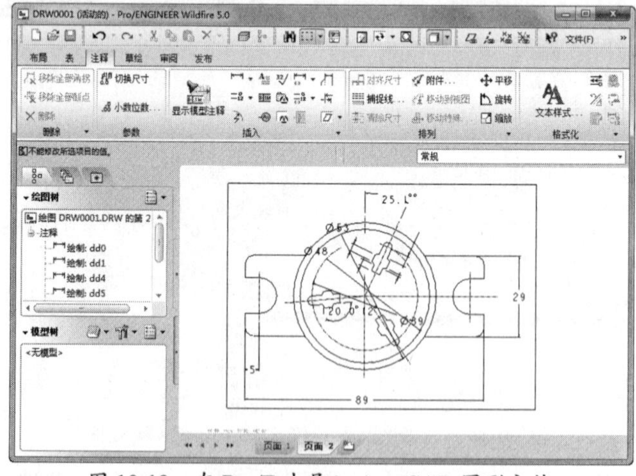

图 10-19 在 Pro/E 中导入 AutoCAD 图形文件

2. 输出 DWG 文件

从 Pro/E 中输出 DWG 文件也非常方便。下面简要介绍其操作方法。

在菜单栏中选择【文件】|【保存副本】命令，打开【保存副本】对话框。在其中的【类

型】列表框中选取【DWG（*.dwg)】文件类型，输入要保存文件的名称，单击【确定】按钮，如图 10-20 所示。

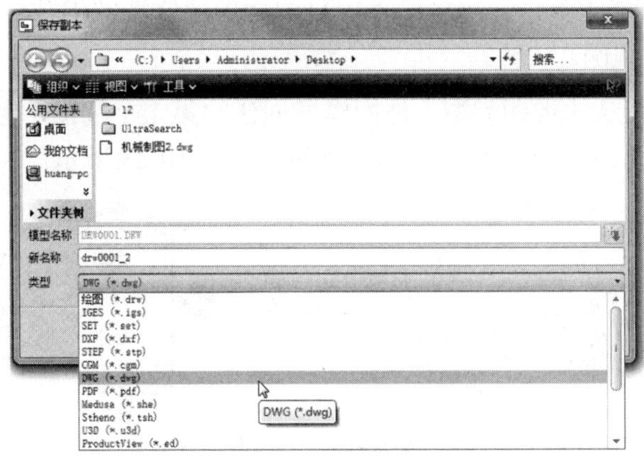

图 10-20　导出时选择保存文件类型

随后系统打开【DWG 的导出环境】对话框，如图 10-21 所示。对【DWG 的导出环境】对话框上的相关参数进行设置，一般情况下使用系统默认设置即可。完成后单击【确定】按钮输出 DWG 文件。

如图 10-22 为在 AutoCAD 中显示的文件。

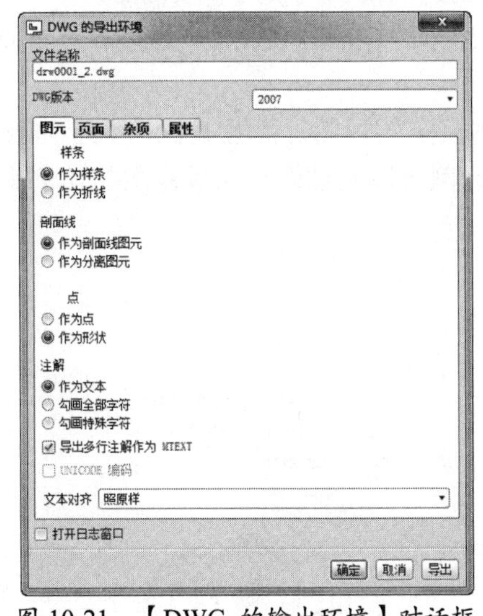

图 10-21　【DWG 的输出环境】对话框

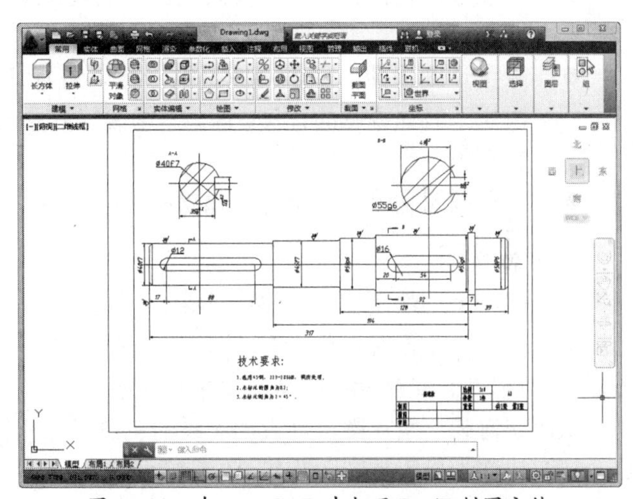

图 10-22　在 AutoCAD 中打开 Pro/E 制图文件

10.2　工程图的组成

工程图是使用一组二维平面图形来表达一个三维模型的。在创建工程图时，根据零件复杂程度的不同，可以使用不同数量和类型的平面图形来表达零件。工程图中的每一个平面图形被称为一个视图，视图是工程图中最重要的结构之一，Pro/E 提供了多种类型的视图。设计者在表达零件时，在确保把零件表达清楚的条件下，又要尽可能减少视图数量，因此视图类型的选择是关键。

10.2.1 基本视图类型

Pro/E 中的视图类型丰富，根据视图使用目的和创建原理的不同，对视图分类如下。

1. 一般视图（主视图）

一般视图是系统默认的视图类型，是为模型创建的第 1 个视图，也称为主视图。一般视图是按照一定投影关系创建的一个独立正交视图，如图 10-23 所示。

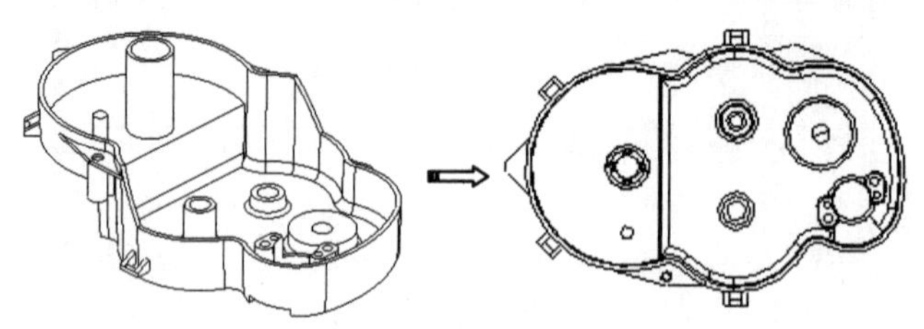

图 10-23 主视图

当然，由同一模型可以创建多个不同结果的一般视图，这与选定的投影参照和投影方向有关。通常用一般视图来表达零件最主要的结构，通过一般视图可以最直观地看出模型的形状和组成。因此，常将主视图作为创建其他视图的基础和根据。

一般视图的设计过程比较自由，主要具有以下特点。

- 不使用模板或空白图纸创建工程图时，第 1 个创建的视图一般为一般视图。
- 一般视图是投影视图以及其他由一般视图衍生出来的视图的父视图，因此不能随便删除。
- 除了详细视图，一般视图是唯一可以进行比例设定的视图，而且其比例大小直接决定了其他视图的比例。因此，修改工程图的比例可以通过修改一般视图的比例来实现。
- 一般视图是唯一一个可以独立放置的视图。

2. 投影视图

对于同一个三维模型，如果从不同的方向和角度进行观察，其结果也不一样。在创建一般视图后，还可以在正交坐标系中从其余角度观察模型，从而获得和一般视图符合投影关系的视图，这些视图被称为投影视图。图 10-24 是在一般视图上添加投影视图的结果，这里添加了 4 个投影视图。但是在实际设计中，仅添加设计需要的投影视图即可。

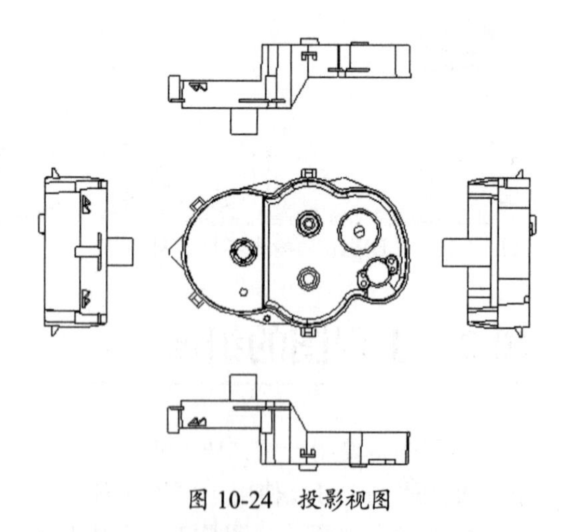

图 10-24 投影视图

在创建投影视图时，注意以下要点。

- 投影视图不能作为工程图的第 1 个视图，在创建投影视图时必须指定一个视图作为父视图。
- 投影视图的比例由其父视图的比例决定，不能为其单独指定比例，也不能为其创建透视图。
- 投影视图的放置位置不能自由移动，要受到父视图的约束。

3. 辅助视图

辅助视图是对某一视图进行补充说明的视图，通常用于表达零件上的特殊结构。如图10-25 所示，为了看清主视图在箭头指示方向上的结构，使用该辅助视图。

辅助视图的创建流程如下。

- 在【插入】主菜单中依次选取【绘图视图】/【辅助】命令。
- 在指定的父视图上选择合适的边、基准面或轴作为参照。
- 为辅助视图指定合适的放置位置。

4. 详细视图

详细视图是使用细节放大的方式来表达零件上的重要结构的。如图 10-26 所示，图中使用详细视图表达了齿轮齿廓的形状。

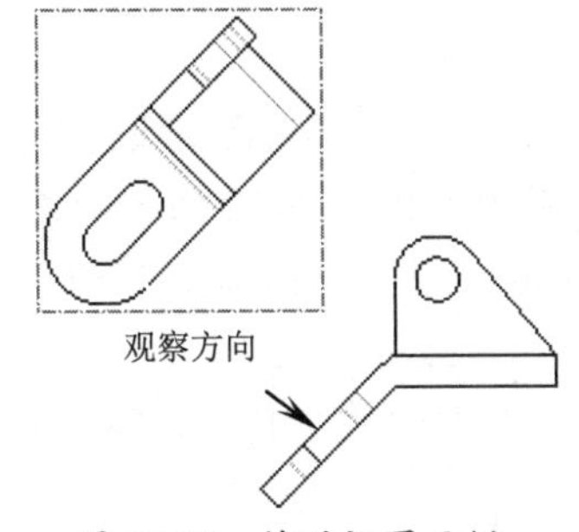

图 10-25 辅助视图示例

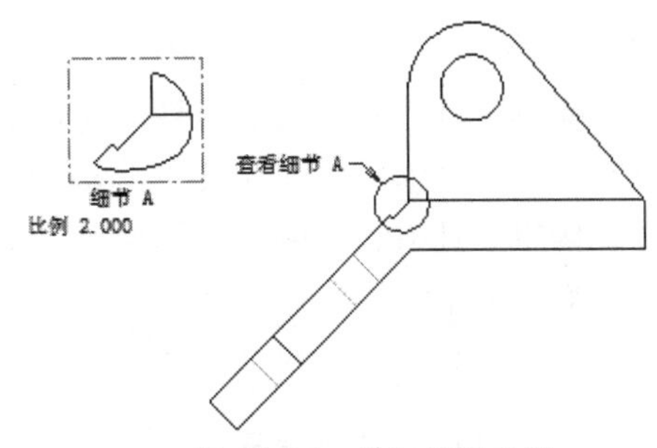

图 10-26 详细视图示例

5. 旋转视图

旋转视图是指定视图的一个剖面图，绕切割平面投影旋转 90°。如图 10-27 所示的轴类零件，为了表达键槽的剖面形状，在这里创建了旋转视图。

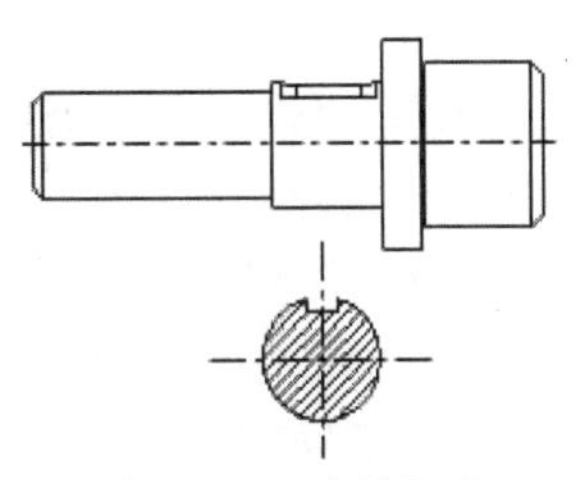

图 10-27 旋转视图

10.2.2 其他视图类型

根据零件表达细节的方式和范围的不同，视图还可以进行以下分类。

1. 全视图

全视图则以整个零件为表达对象，视图范围包括整个零件的轮廓。如图 10-28 所示的模型，使用全视图表达的结果如图 10-29 所示。

图 10-28 实体模型

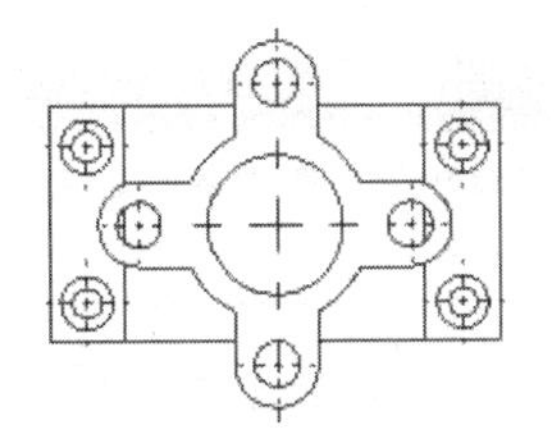

图 10-29 模型的全视图

2. 半视图

对于关于对称中心完全对称的模型，只需要使用半视图表达模型的一半即可，这样可以简化视图的结构。图 10-30 是使用半视图表达图 10-28 中模型的结果。

3. 局部视图

如果一个模型的局部结构需要表达，可以为该结构专门创建局部视图。图 10-31 是模型上部凸台结构的局部视图。

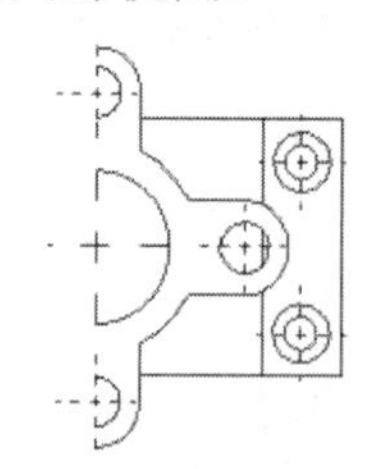

图 10-30 模型的半视图

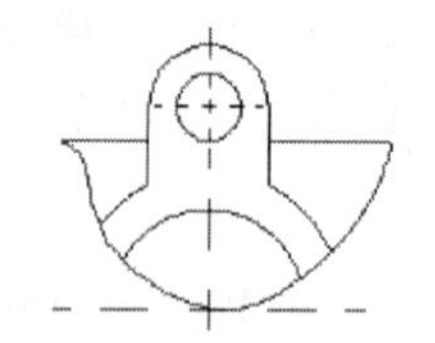

图 10-31 模型的局部视图

4. 破断视图

对于结构单一且尺寸冗长的零件，可以根据设计需要使用水平线或竖直线将零件剖断，然后舍弃零件上部分结构以简化视图，这种视图就是破断视图。如图 10-32 所示的长轴零件，其中部件结构单一且很长，因此可以将轴的中部剖断，创建如图 10-33 所示的破断视图。

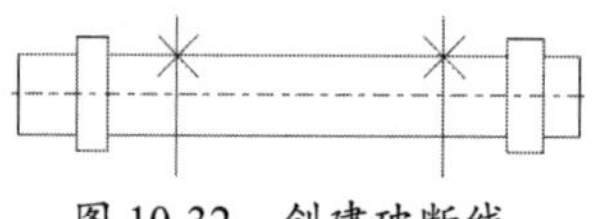

图 10-32 创建破断线

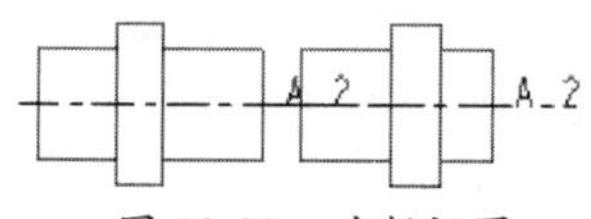

图 10-33 破断视图

5. 剖视图

此外，还有一种表达零件内部结构的视图：剖视图。在创建剖视图时，首先沿指定剖截面将模型剖开，然后创建剖开后模型的投影视图，在剖面上用阴影线显示实体材料部分。剖视图又分为全剖视图、半剖视图和局部剖视图等类型。

在实际设计中，常常将不同视图类型进行结合来创建视图。如图 10-34 所示，是将全视图和全剖视图结合的结果；如图 10-35 所示，是将全视图和半剖视图结合的结果；如图 10-36 所示，是局部剖视图结合的结果。

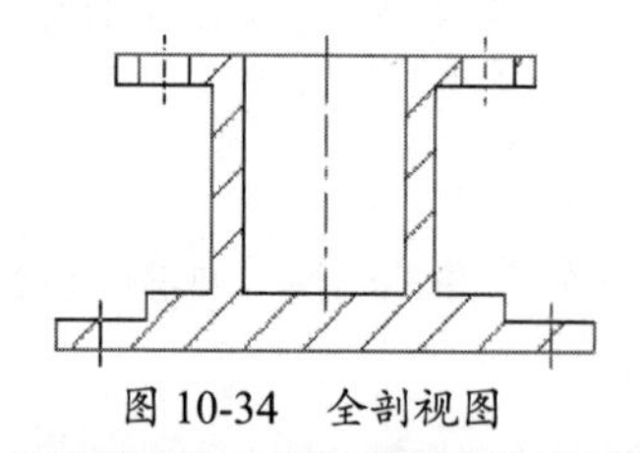

图 10-34 全剖视图

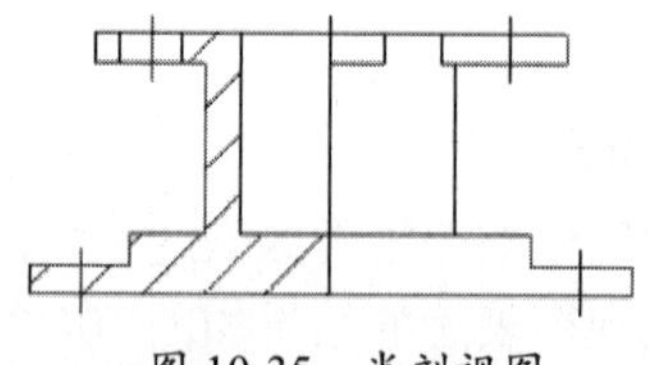

图 10-35 半剖视图

技巧点拨

另外注意剖面图和剖视图的区别，剖面图仅表达使用剖截面剖切模型后剖面的形状，而不考虑投影关系，如图 10-37 所示。

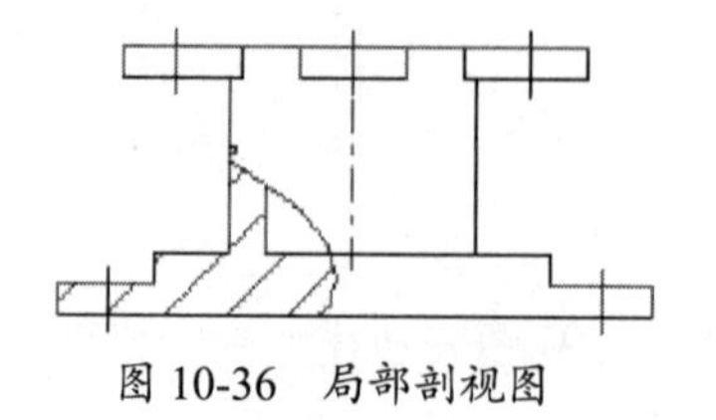

图 10-36 局部剖视图

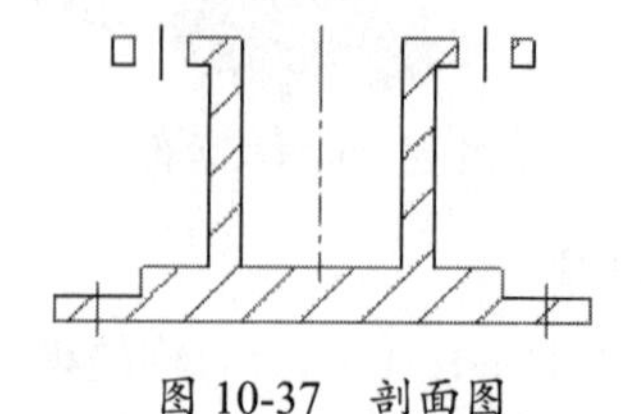

图 10-37 剖面图

10.2.3 工程图上的其他组成部分

一项完整的工程图除了包括一组适当数量的视图，还应该包括以下一些内容。

- 必要的尺寸：对于单个零件，必须标出主要的定形尺寸；对于装配组件，必须标出必要的定位尺寸和装配尺寸。
- 必要的文字标注：视图上剖面的标注、元件的标识、装配的技术要求等。
- 元件明细表：对于装配组件，还应该使用明细表列出组件上各元件的详细情况。

10.3 定义绘图视图

在学习具体的视图创建方法之前，首先介绍【绘图视图】对话框的用法。在 Pro/E 中，【绘图视图】对话框几乎集成了创建视图的所有命令。

10.3.1 【绘图视图】对话框

新建绘图文件后，在上工具栏中单击【一般】按钮，在绘图区中选取一点放置视图后，即可打开【绘图视图】对话框，如图 10-38 所示。

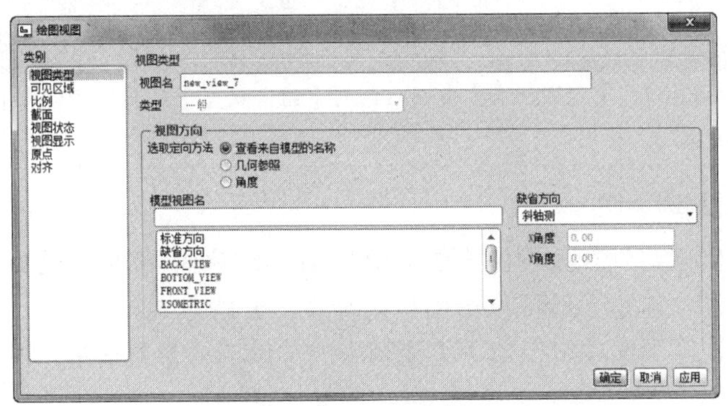

图 10-38 【绘图视图】对话框

在【绘图视图】对话框中有 8 种不同的设计类别，这些设计类别显示在对话框左侧的【类别】列表框中。选中一种类别后，在对话框右侧的窗口中可以设置相关参数。这 8 种设计类别各自的用途如下。

- 【视图类型】：定义所创建视图的视图名称、视图类型（一般、投影等）和视图方向等内容。
- 【可见区域】：定义视图在图纸上的显示区域及其大小，主要有【全视图】【半视图】【局部视图】和【破断视图】4 种显示方式。
- 【比例】：定义视图的比例和透视图。
- 【截面】：定义视图中的剖面情况。
- 【视图状态】：定义组件在视图中的显示状态。
- 【视图显示】：定义视图图素在视图中的显示情况。
- 【原点】：定义视图中心在图纸中的放置位置。
- 【对齐】：定义新建视图与已建视图在图纸中的对齐关系。

技巧点拨

在具体创建一个视图时，并不一定需要一一确定以上 8 个方面的设计内容，通常只需根据实际情况确定需要的项目即可。完成某一设计类别对应的参数定义后，单击【应用】按钮可以使之生效。然后继续定义其他设计类别对应的参数。完成所需参数定义后，单击【确定】按钮，关闭对话框。

10.3.2 定义视图状态

在【绘图视图】对话框中选中【视图状态】类别时，【绘图视图】对话框右边将显示【分解视图】选项组和【简化表示】选项组，如图 10-39 所示。

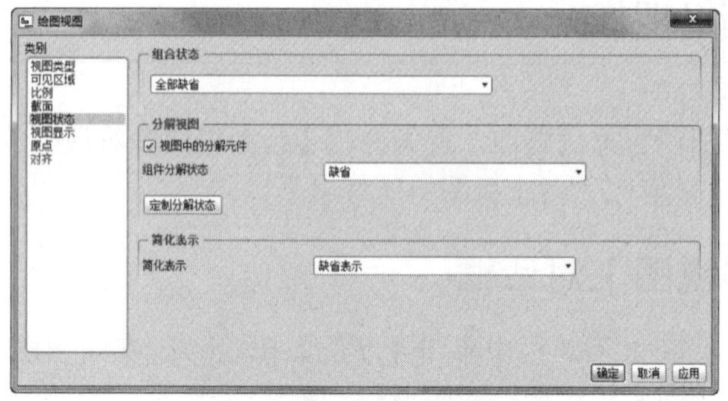

图 10-39 【视图状态】类别

技巧点拨

当加载的模型为装配体时，【视图状态】类别右侧的【组合状态】列表中才会有【全部缺省】选项，而其余的选项设置被激活。

1. 【分解视图】选项组

该选项组用于创建组件在工程图中的分解视图，如图 10-40 所示的就是某装配体模型在工程图中的分解视图。这里系统提供给用户两种视图分解方式。

- 在【分解视图】选项组上选中【视图中的分解元件】复选框，然后在默认状态下创建分解视图。
- 在【分解视图】选项组上选中【视图中的分解元件】复选框，然后单击【定制分解状态】按钮，打开如图 10-41 所示的【分解位置】对话框来创建分解视图。

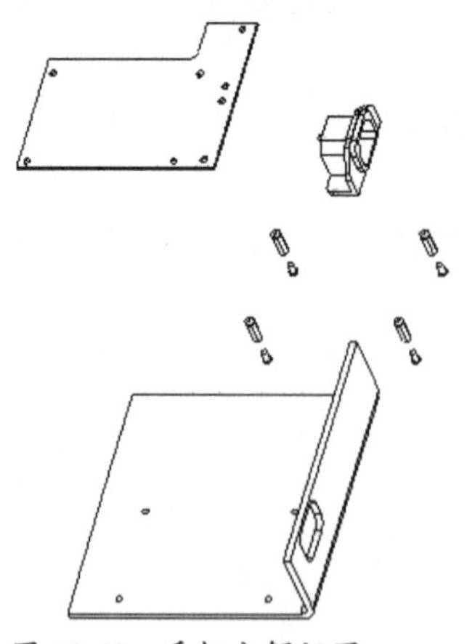

图 10-40 手机分解视图

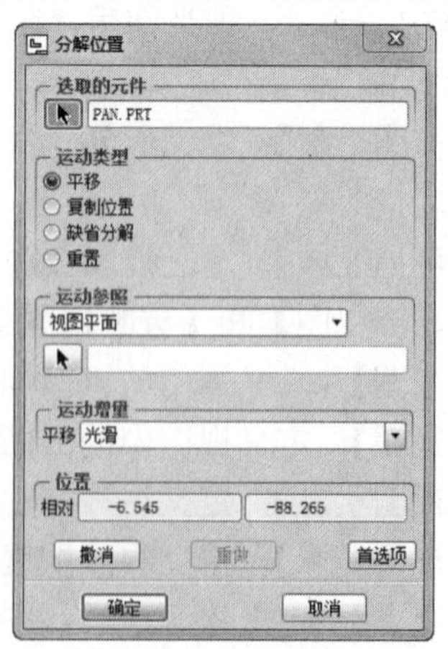

图 10-41 【分解位置】对话框

2. 【简化表示】选项组

简化表示主要用来处理大型组件工程图。虽然现在硬件的速度发展很快，但如果一个大型组件具有上千个零件，即使电脑性能再好，系统的效能也会大大下降。为了解决这一问题，在设计大型工程图时，常常需要使用简化表示的方法来进行设计。在 Pro/E 中，常用的简化表示方法是几何表示，系统检索几何表示的时间比检索实际零件要少，因为系统只检索几何信息，不检索任何参数化信息。

Pro/E 为用户提供了 3 种组件简化表示方法，它们分别是【几何表示】【主表示】和【缺省表示】，在没有给组件模型创建简化表示方法时，系统默认使用【主表示】。

10.3.3 定义视图显示

读者可能已经发现前面创建的视图上线条很多，因此显得很凌乱，这并不符合我国的工程图标准，这时可以定义视图中的显示方式。在【绘图视图】对话框中选中【视图显示】类别后，即可在如图 10-42 所示的窗口中设置视图显示方式。

技巧点拨

在定义视图显示方式时，如果选取了多个视图，则在【绘图视图】对话框中仅【视图显示】类别可用。此时所做的任何更改会被应用到所有选定视图中。

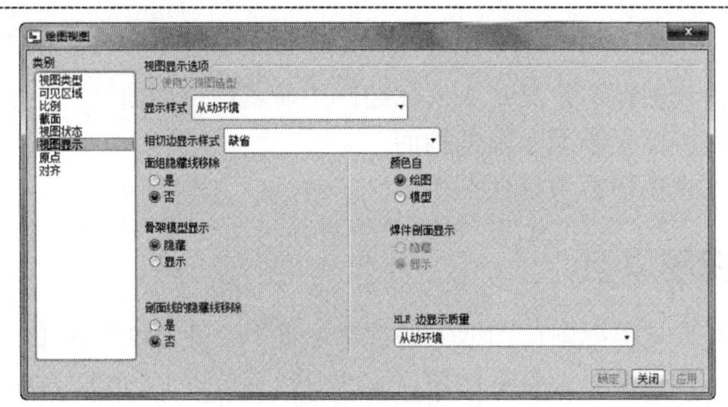

图 10-42 【视图显示选项】选项组

下面依次介绍设置视图显示方式的基本操作。

1. 定义显示样式

在【显示样式】下拉列表中，有以下 5 个选项用来设定图形中的样式。

- 【从动环境】：显示系统默认状态下定义的线形。
- 【线框】：以线框形式显示所有边。
- 【隐藏线】：以隐藏线形（比正常图线颜色稍浅）方式显示所有看不见的边线。
- 【消隐】：不显示看不见的边线。
- 【着色】：使视图以【着色】显示。

2. 定义显示相切边的方式

在【相切边显示样式】下拉列表中，设置显示相切边的方式。

- 【缺省】：为系统配置所默认的显示方式。
- 【无】：关闭相切边的显示。
- 【实线】：显示相切边，并以实线形式显示相切边。

- 【灰色】：以灰色线条的形式显示相切边。
- 【中心线】：以中心线形式显示相切边。
- 【双点划线】：以双点划线形式显示相切边。

3. 定义是否移除面组中的隐藏线

使用以下两个单选按钮，设置是否移除面组中的隐藏线。

- 【是】：从视图中移除隐藏线。
- 【否】：在视图中显示隐藏线。

4. 定义显示骨架模型的方式

使用以下两个单选按钮，定义显示骨架模型的方式。

- 【隐藏】：在视图中不显示骨架模型。
- 【显示】：在视图中显示骨架模型。

5. 定义绘图时设置颜色的位置

使用以下两个单选按钮，定义绘图时设置颜色的位置。

- 【绘图】：绘图颜色由绘图设置决定。
- 【模型】：绘图颜色由模型设置决定。

6. 定义是否在绘图中显示焊件剖面

使用以下两个单选按钮，定义是否应在绘图中显示焊件剖面。

- 【隐藏】：在视图中不显示焊件剖面。
- 【显示】：在视图中显示焊件剖面。

10.3.4 定义视图原点

放置视图后，如果觉得视图在图纸上的放置位置不合适，可以在【绘图视图】对话框中选中【原点】类别，然后通过调整视图原点来改变放置位置。Pro/E 为用户提供了 3 种定义视图原点的方式，如图 10-43 所示。

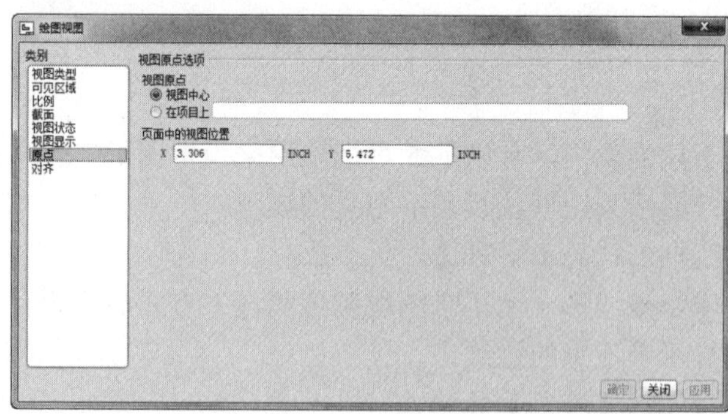

图 10-43 【原点】列表

定义视图原点的 3 种方法如下所述。

- 【视图中心】：将视图原点设置到视图中心，是系统的默认选项。
- 【在项目上】：将视图原点设置到所选定的几何图元上，此时需要在视图中选取几何图元作为参照。

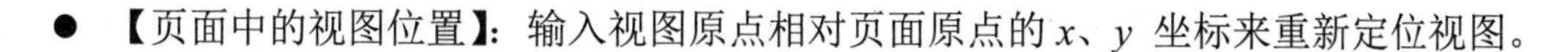

● 【页面中的视图位置】：输入视图原点相对页面原点的 x、y 坐标来重新定位视图。

10.3.5 定义视图对齐

使用视图对齐的方法，可以确定一组视图之间的相对位置关系。例如，将详细视图与其父视图对齐后，可以确保详细视图跟随父视图移动。用户可以在【绘图视图】对话框中选中【对齐】类别来定义视图间的对齐关系，此时需要定义视图的对齐方式和对齐参照，如图 10-44 所示。

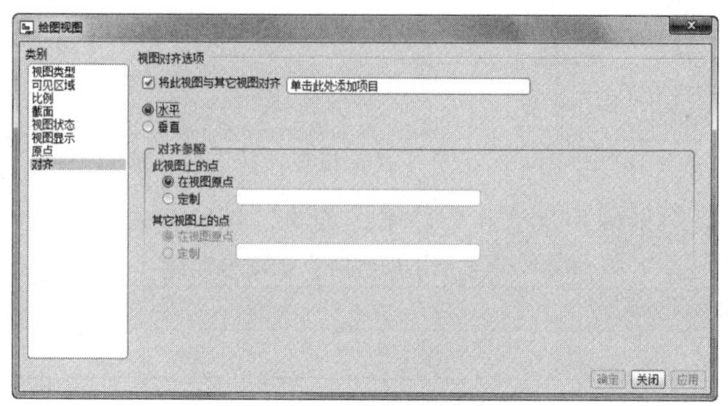

图 10-44 【对齐】类别

对齐视图时，首先勾选【将此视图与其他视图对齐】复选框，然后再选取与之对齐的视图，该视图的名称将显示在复选框右侧的文本框中。

以下两个单选按钮用于设置对齐方式。

● 【水平】：对齐的视图将位于同一水平线上。如果与此视图对齐的视图被移动，则该视图将随之移动，以便保持水平对齐关系。
● 【垂直】：对齐的视图将位于同一竖直线上。如果与此视图对齐的视图被移动，则该视图将随之移动，以便保持竖直对齐关系。

在【对齐】参照选项组中设置合适的对齐参照，从而完成视图对齐操作。

将一个视图与另一个视图对齐后，该视图将始终保持与其父视图的对齐关系，就像投影视图一样跟随其父视图移动，直到取消对齐关系为止。如果需要取消对齐，只需取消选中【视图对齐选项】选项组上的【将此视图与其他视图对齐】复选框即可。

10.4 工程图的标注与注释

工程图设计的一个重要环节是工程图的标注与注释。对于一幅完整的工程图来说，尺寸的标注和添加必要的注释是必不可少的。具体内容包括：自动标注和手动标注尺寸、设置几何公差和粗糙度、文字注释等。

在工程图模式下，尺寸的标注可以根据 Pro/E 的全相关性自动地显示出来，也可以手动创建尺寸。

10.4.1 自动标注尺寸

在功能区选择【注释】选项卡，单击面板上的【显示模型注释】按钮，或者在绘图区单击鼠标右键，在弹出的快捷菜单中选择【显示模型注释】命令，打开如图 10-45 所示的【显示模型注释】对话框。

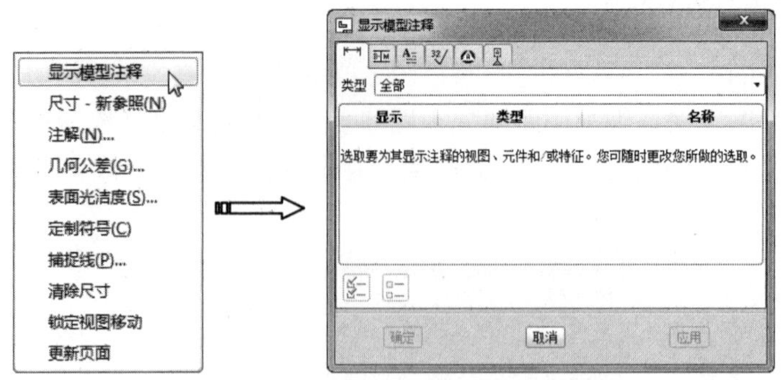

图 10-45　打开【显示模型注释】对话框

【显示模型注释】对话框中具有 6 个基本选项卡，功能见表 10-2。

表 10-2　【显示模型注释】选项卡功能

符　号	含　义
⟼	显示/拭除模型尺寸
⊕M	显示/拭除模型几何公差
A≡	显示/拭除模型注释
32/	显示/拭除模型表面粗糙度
Ⓐ	显示/拭除模型符号
A	显示/拭除模型基准

技巧点拨

在设置某些项目显示的过程中，可以根据实际情况设置其显示类型。例如，在设置显示尺寸项目的过程中，可以从“类型”下拉列表中选择“全部”“驱动尺寸注释元素”“所有驱动尺寸”“强驱动尺寸”或“从动尺寸”。

在选项卡中设置好模型注释的显示项目及其具体类型后，选取主视图，单击按钮，表示列表中的都被选中，如图 10-46 所示。

不需要显示的尺寸可以去掉。单击【应用】按钮，完成尺寸的标注，如图 10-47 所示。

图 10-46　【示模型注释】选项卡

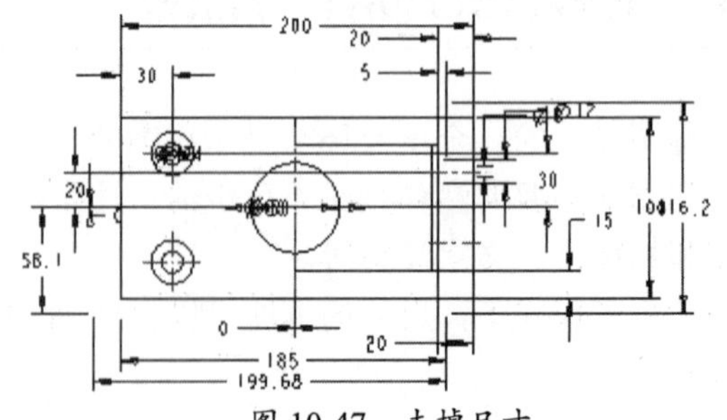

图 10-47　去掉尺寸

由于显示了整个视图的所有尺寸，画面显得零乱，因此不建议这样标注。可以标注某一特征的尺寸，如图 10-48 所示。

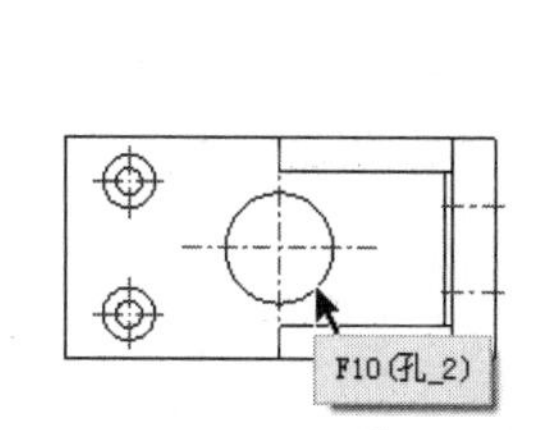

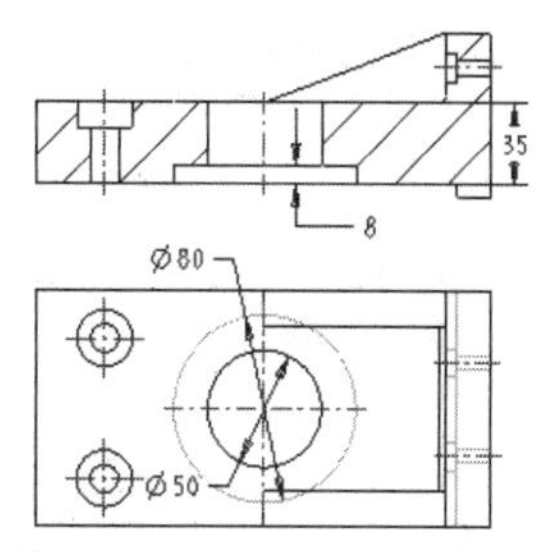

图 10-48　标注特征的尺寸

10.4.2　手动标注尺寸

为了符合机械图样中关于合理标注尺寸的有关规则，需要手动自定义标注尺寸。在功能区【注释】选项卡面板中有几种尺寸的创建工具，见表 10-3。

表 10-3　创建尺寸工具类型

类　型	符　号	功能含义
尺寸-新参照		根据一个或两个选定新参考来创建尺寸
尺寸-公共参照		使用公共参照创建尺寸
纵坐标尺寸		创建纵坐标尺寸
自动标注纵坐标		在零件和钣金零件中自动创建纵坐标尺寸
参考尺寸-新参考		创建参考尺寸
参考尺寸-公共参考		使用公共参照创建参考尺寸

1. 尺寸-新参照

使用此命令可以标注水平尺寸、竖直尺寸、对齐尺寸及角度尺寸等。单击【尺寸-新参照】按钮，打开如图 10-49 所示的菜单管理器。此时光标由箭头变为笔形。

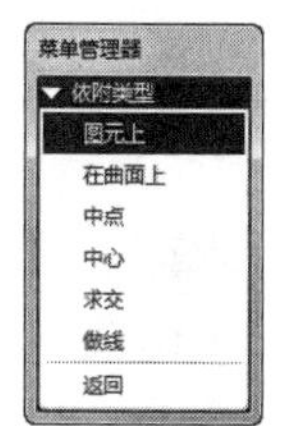

图 10-49　【依附类型】的设置

- 图元上：在工程图上选取一个或两个图元来标注。选取需要标注的边，按鼠标中键确定。如图 10-50 所示为选取一个图元进行长度标注的结果。如图 10-51 所示为选取 2 个图元进行距离标注的结果。

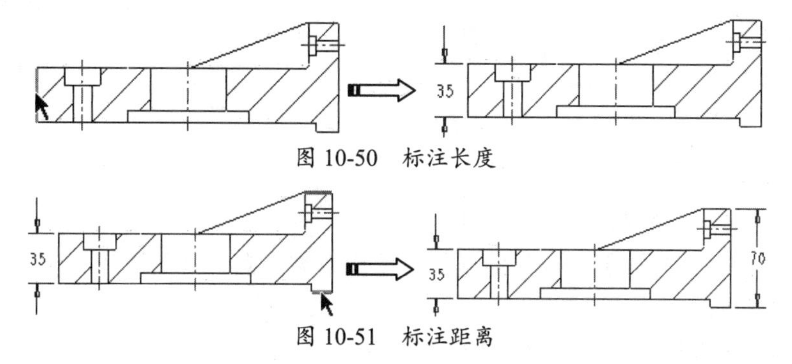

图 10-50　标注长度

图 10-51　标注距离

- 在曲面上：通过选取曲面进行标注。选取第一曲面，选取第二个曲面，单击鼠标中键确定，并在弹出的菜单管理器中选择【同心】选项，创建如图 10-52 所示的尺寸标注。

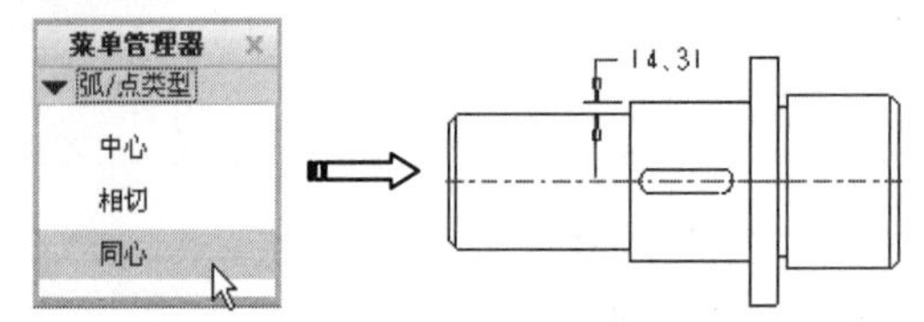

图 10-52 尺寸标注

- 中点：通过捕捉对象的中点来标注尺寸。选取第一条线段，选取第二条线段，单击鼠标中键放置尺寸，如图 10-53 所示。

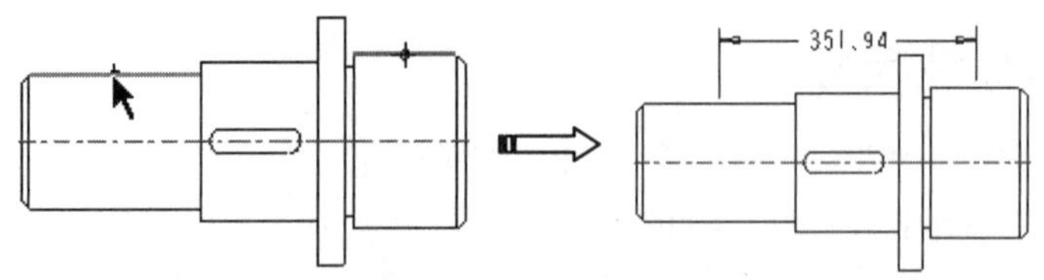

图 10-53 中点标注

- 中心：通过圆或圆弧的中心来标注尺寸。选取第一个圆，选取第二个圆，单击鼠标中键确定。在弹出的菜单管理器中选择【竖直】选项，创建如图 10-54 所示的尺寸标注。

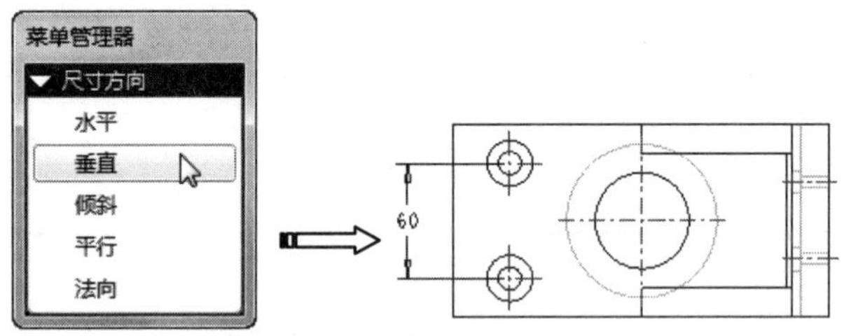

图 10-54 中心尺寸标注

- 求交：通过捕捉两图元的交点来标注尺寸，交点可以是虚的。 按住 Ctrl 键选取 4 条边线，单击鼠标中键确定。在弹出的菜单管理器中选择【倾斜】选项，系统将在交叉点位置标注尺寸，如图 10-55 所示。
- 做线：有以下 3 种方式标注尺寸，如图 10-56 所示。

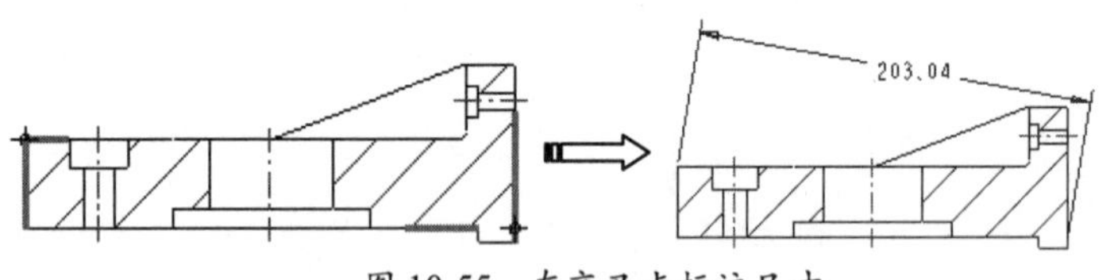

图 10-55 在交叉点标注尺寸

图 10-56 做线

2. 尺寸-公共参照

“尺寸-公共参照”是用于基线标注的命令。

选取【尺寸-公共参照】命令，同样打开【依附类型】菜单管理器，选取【图元上】选项。操作步骤如下：

（1）选取一条边作为基准，如图 10-57 所示。

（2）选取第二条边，在合适的位置单击鼠标中键放置尺寸。

（3）用同样的方法，标注其他尺寸，如图 10-58 所示。

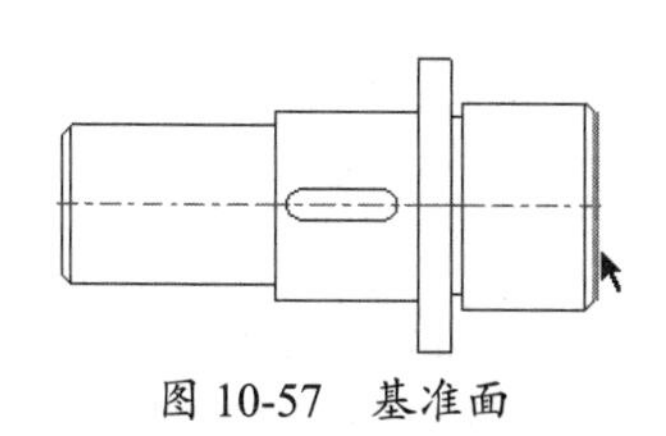
图 10-57 基准面

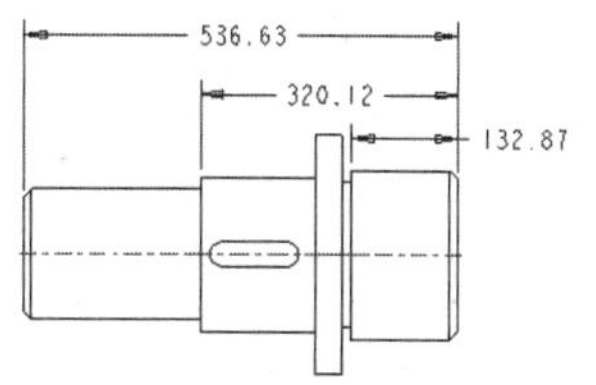

图 10-58 标注其他尺寸

3. 纵坐标尺寸

Pro/E 中的纵坐标尺寸可使用不带引线的单一的尺寸界线，并与基线参照相关。所有参照相同的基线，必须共享一个公共平面或边。操作步骤如下：

从【注释】选项卡中单击纵坐标按钮，出现如图 10-59 所示的【依附类型】菜单，选取【图元上】选项。

系统提示："在几何上选择以创建基线，或选择纵坐标尺寸，以使用现有的基线"，然后选取如图 10-60 所示的轮廓线作为基线参照。

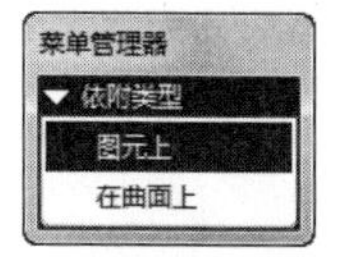

图 10-59 【依附类型】菜单

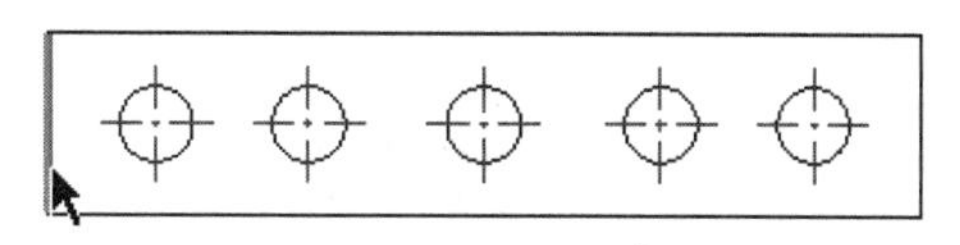
图 10-60 选取轮廓线

在出现的【依附类型】菜单中选择【中心】选项，如图 10-61 所示，然后选择要标注的图元，如图 10-62 所示。

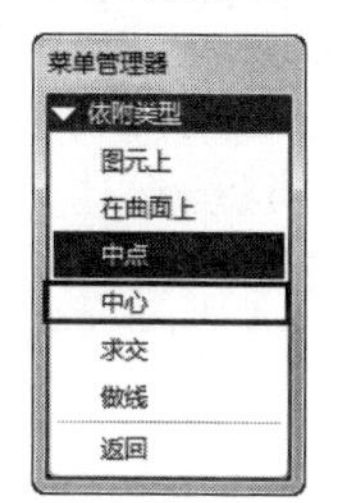

图 10-61 【中心】选项

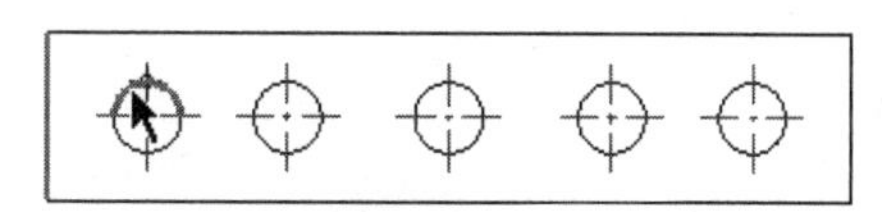
图 10-62 选择标注的图元

在合适的位置单击鼠标中键来放置纵坐标尺寸，如图 10-63 所示。

在【菜单管理器】的【依附类型】菜单中，【中心】选项还处于被选中的状态，此时选择第二个圆作为要标注的图元。然后在合适的位置单击鼠标中键来放置纵坐标尺寸，如图 10-64 所示。

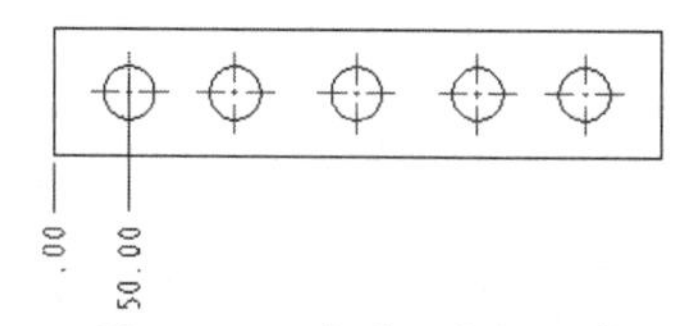

图 10-63 放置纵坐标尺寸

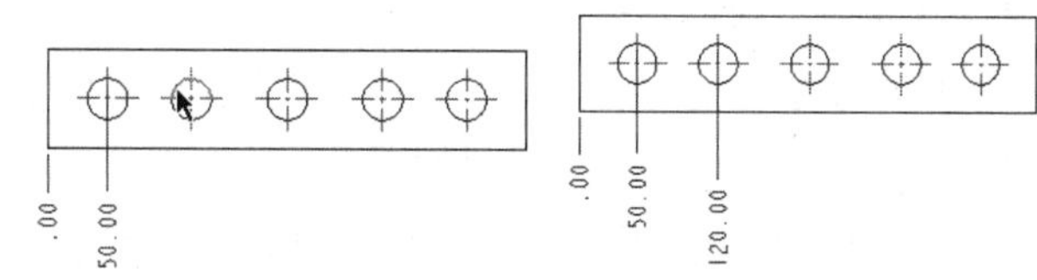

图 10-64 选择和标注尺寸

（6）用同样的方法，创建其他纵坐标尺寸，如图 10-65 所示。

4. 参考尺寸

参考尺寸的创建方式与前面所述的几种方式一样，唯一不同的是，参考尺寸创建后，会在尺寸后面加上【参考】两个字，如图 10-66 所示。

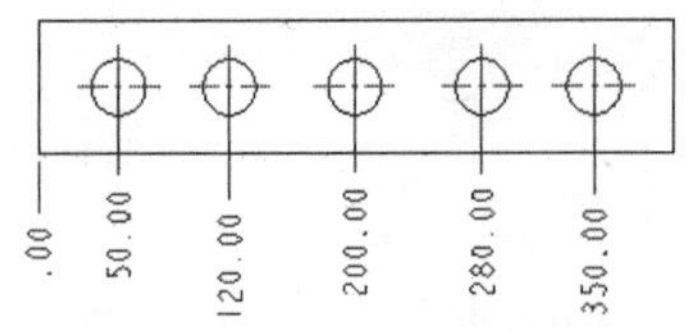

图 10-65　创建其他纵坐标尺寸

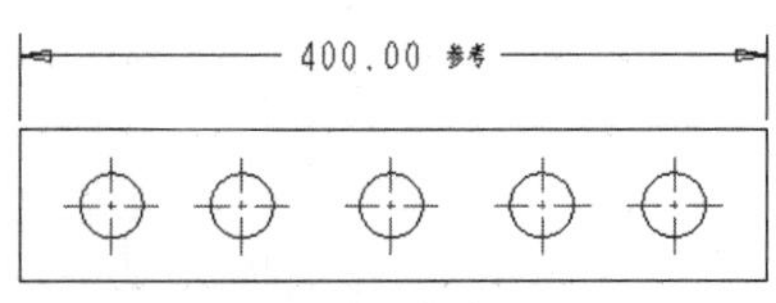

图 10-66　参考尺寸

技巧点拨

通过更改系统配置文件中的选项“parenthesize_ref_dim”的值，可以设置参考尺寸是以文字表示还是括号表示，注意只对设置以后生成的参考尺寸有效。

5. 其他尺寸标注工具

在【注释】下拉菜单中还有几种尺寸的创建工具，如图 10-67 所示。这些标注尺寸工具的功能含义见表 10-4。

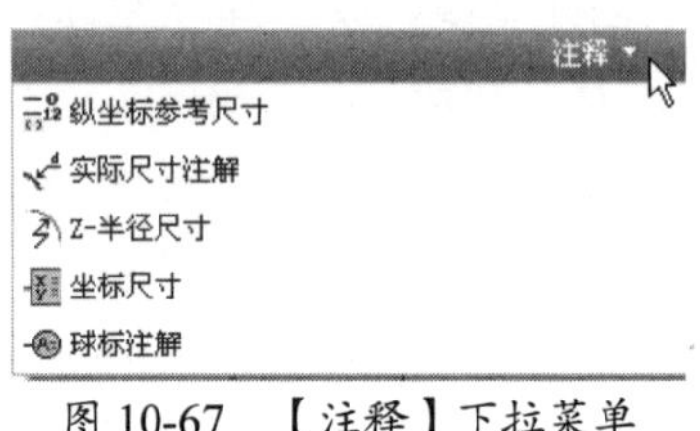

图 10-67　【注释】下拉菜单

表 10-4　创建尺寸其他工具类型

纵坐标参考尺寸 创建纵坐标参考尺寸。	坐标尺寸 创建坐标尺寸。
Z-半径尺寸 创建透视缩短半径尺寸。	球标注解 创建球标注解。
实际尺寸注解 创建一个可以调用出模型尺寸的 ISO 引线注解。	

10.4.3　尺寸的整理与操作

为了使工程图尺寸的放置符合工业标准，图幅页面整洁，并便于工程人员读取模型信息，通常需要整理绘图尺寸，进行一些尺寸的操作是必不可少的。下面介绍移动尺寸、将尺寸移动到其他视图、反向箭头等关于尺寸的操作。

1. 移动尺寸

移动尺寸到新的位置，操作步骤如下：

（1）用鼠标左键选取需要移动的尺寸，此时尺寸颜色会改变，而且周围出现许多方块，如图 10-68 所示。

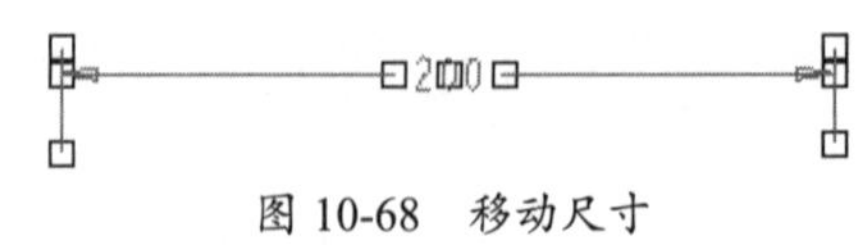

图 10-68　移动尺寸

（2）当鼠标靠近尺寸时，就可以看到不同的指针图案，而这些指针图案代表可以移动的方向，此时按住鼠标左键并移动鼠标，就可以移动尺寸或尺寸线。

（3）可以按住 Ctrl 键选取多个尺寸，或直接用矩形框选取多个尺寸，再同时移动多个尺寸：

- ↕：尺寸文本、尺寸线与尺寸界线在竖直方向上移动，如图 10-69 所示。
- ↔：尺寸文本、尺寸线与尺寸界线在水平方向上移动。
- ✥：尺寸文本、尺寸线与尺寸界线可以自由移动。

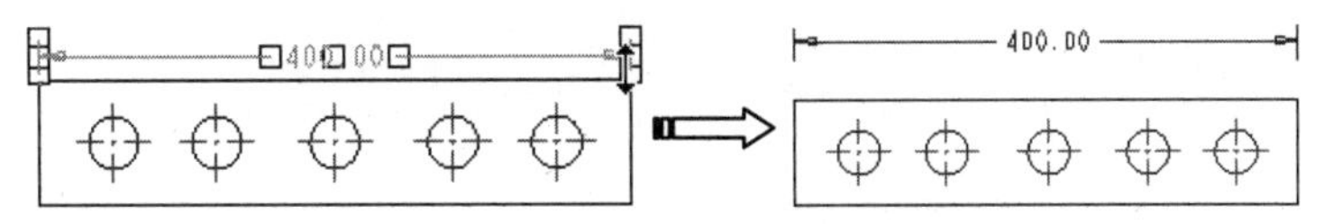

图 10-69 同时移动多个尺寸

2. 对齐尺寸

可以使多个尺寸同时对齐，并且使多个尺寸之间的间距保持不变，操作步骤如下：

（1）按住 Ctrl 键，选择要对齐的尺寸。

（2）单击鼠标右键，在弹出的快捷菜单中选取【对齐尺寸】命令，则尺寸与第一个选定的尺寸对齐，效果如图 10-70 所示。

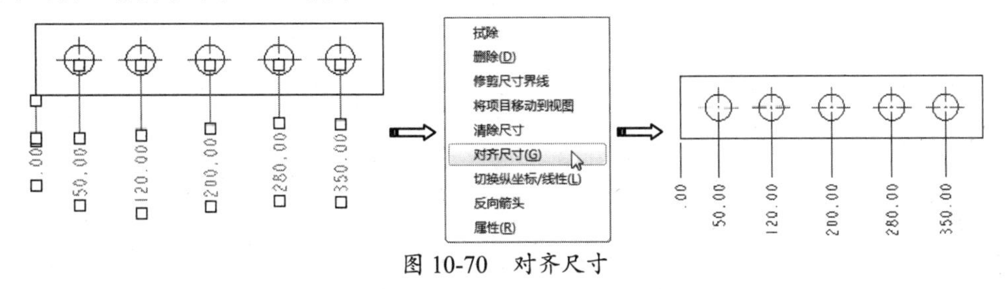

图 10-70 对齐尺寸

（3）或者选取【注释】选项卡中的【对齐尺寸】按钮。

3. 将项目移动到视图

可以将尺寸移动到另一个视图。首先选取要转换视图的尺寸，然后单击鼠标右键，在弹出的快捷菜单中选择【将斜面移动到视图】命令，接着点选要放置的视图，尺寸便会转换到新的视图上，如图 10-71 所示。

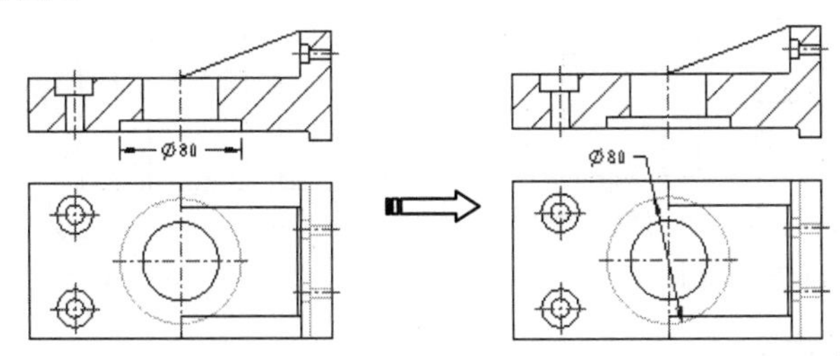

图 10-71 将项目移动到新视图

4. 清除尺寸

首先选中要清除的尺寸，然后选取【注释】选项卡中的【清除尺寸】按钮，或者单击鼠标右键，在弹出的快捷菜单中选取【清除尺寸】命令，系统打开【清除尺寸】对话框，如图 10-72 所示。在对话框设置好参数后，清除后的尺寸结果如图 10-73 所示。

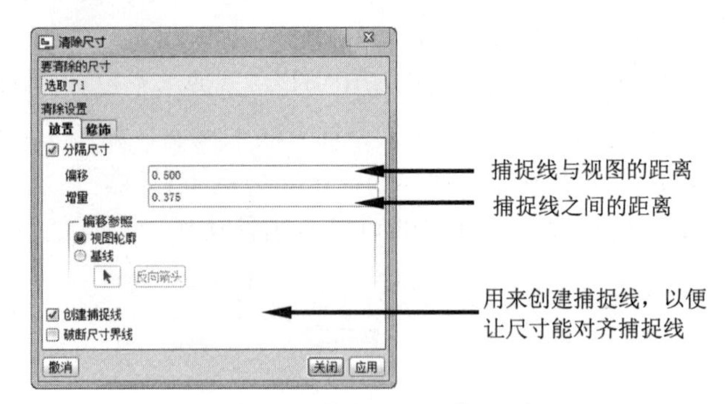

图 10-72 【清除尺寸】对话框

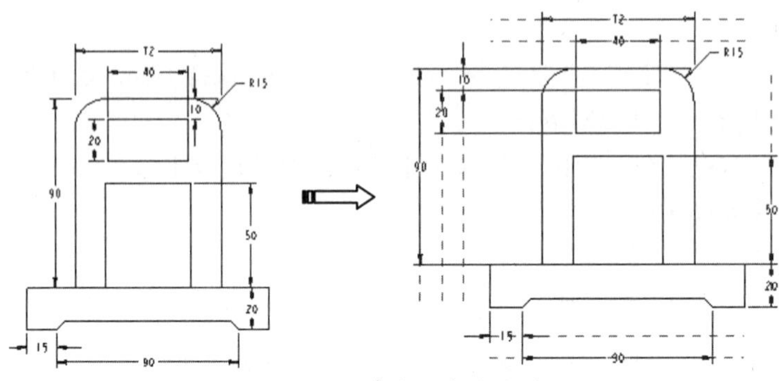

图 10-73 清除尺寸结果图

5. 角拐

【角拐】用来折弯尺寸界线。点选【角拐】命令按钮，系统提示选取尺寸（或注释），在尺寸界线上选取断点位置，移动鼠标来重新放置尺寸，创建的角拐尺寸如图 10-74 所示。

6. 断点

【断点】用来在尺寸界线与图元相交处切断尺寸界线。点选【断点】命令按钮，系统提示在尺寸边界线上选取两个断点，断点之间的线段被删除，创建的断点尺寸如图 10-75 所示。

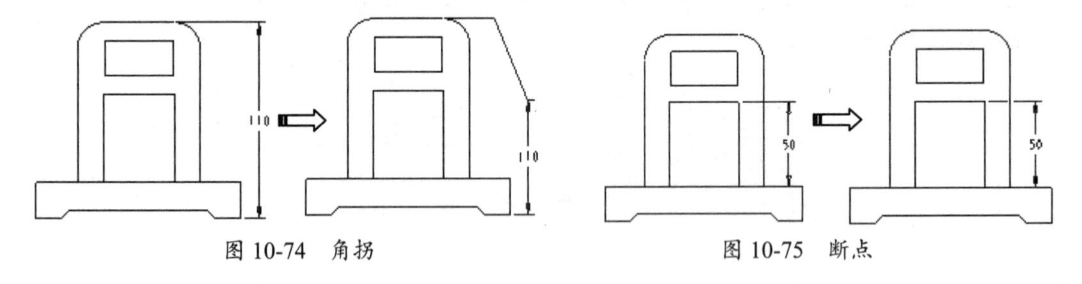

图 10-74 角拐　　图 10-75 断点

7. 拭除和删除尺寸

尺寸可以拭除或删除。拭除尺寸只暂时将尺寸从视图中移除，可以恢复。删除尺寸会将其从视图中永久地移除。

操作步骤如下：

（1）选取要从视图中拭除和删除的尺寸。

（2）用鼠标右键单击并选取快捷菜单中的【拭除】或【删除】命令，尺寸即被拭除或删除。

10.4.4　尺寸公差标注

尺寸公差是工程图设计的一项基本要求，对于模型的某些重要配合尺寸，需要考虑合适的尺寸公差。

在默认情况下，Pro/E 软件不显示尺寸的公差。我们可以先将其显示出来，然后标注公差，操作步骤如下：

（1）选择【文件】|【准备】|【绘图属性】命令，弹出【绘图属性】对话框。

（2）选择【绘图属性】对话框【详细信息选项】中的【更改】按钮，弹出【选项】对话框。

（3）在【选项】对话框的【选项】文本框中输入 tol_display，在【值】列表框中选择 yes，如图 10-76 所示，然后单击【添加/更改】按钮。

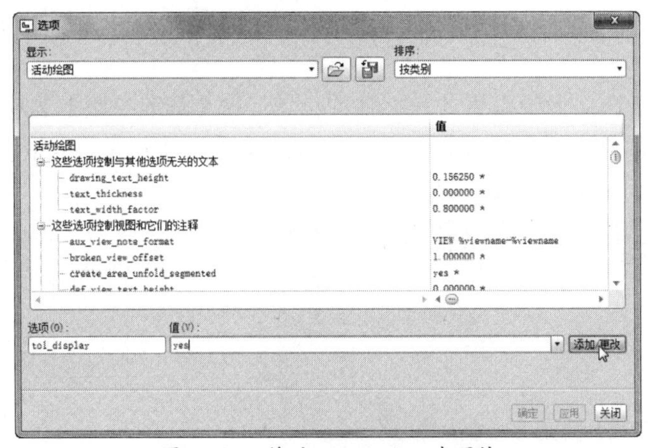

图 10-76　修改 tol_display 选项值

（4）选取要标注公差的尺寸后，单击鼠标右键，在弹出的快捷菜单中选择【属性】命令，或者在图纸上双击要标注公差的尺寸，打开【尺寸属性】对话框。

（5）在【值和显示】选项组中，将小数位数设置为 3；在【公差模式】下拉列表中选择一种模式（比如【加-减】模式），并相应地设置上公差为“+0.036”，下公差为“-0.010”，如图 10-77 所示。

（6）单击【确定】按钮，完成设置，完成的公差标注如图 10-78 所示。

图 10-77　设置尺寸属性

技巧点拨

在“公差模式”下拉列表中可供选择的选项有“公称”“限制”“加-减”“+-对称”“+-对称（上标）”，如图 10-79 所示。其中，选择“公称”选项时，只显示尺寸公称值。

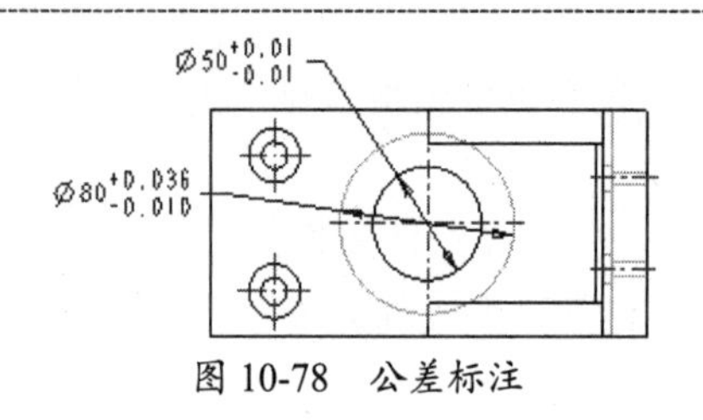

图 10-78　公差标注

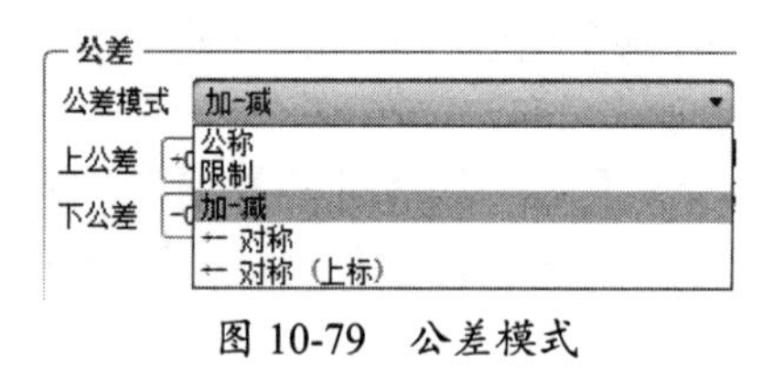

图 10-79　公差模式

10.4.5　几何公差标注

在功能区【注释】选项卡中单击【几何公差】按钮，打开如图 10-80 所示的【几何公差】对话框。

在【模型参照】选项卡中设置公差标注的位置；在【基准参照】选项卡中设置公差标注的基准；在【公差值】选项卡中设置公差的数值；在【符号】选项卡中设置公差的符号。

如图 10-81 所示为标注的尺寸公差。

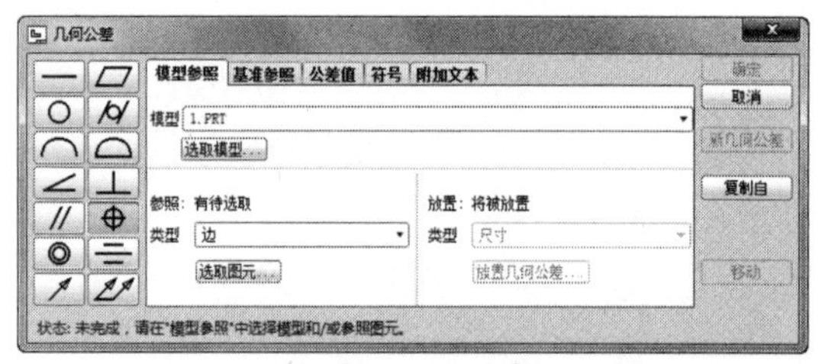

图 10-80　【几何公差】对话框

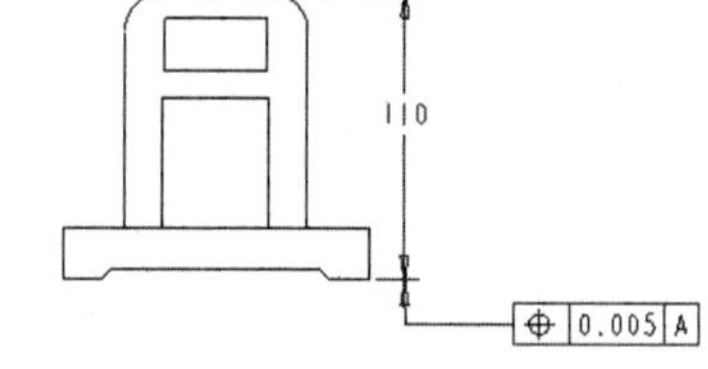

图 10-81　平行度公差

技巧点拨

有些公差还需要指定额外的符号，如同轴度需要指定直径符号。在“几何公差”对话框上选取“符号”选项组，可以添加各种符号；创建一个几何公差后，单击“新几何公差”按钮可以创建新几何公差。

10.5　综合案例——支架零件工程图设计

在本节中，将重点讲解如何利用自定义的国标图纸模板进行零件工程图的设计过程。设计图纸之前，也将模板的加载方法一并详解。支架零件工程图的设计要点主要是三视图、轴侧视图的创建，以及尺寸、公差、粗糙度、技术要求等的标注法。支架零件工程图如图 10-82 所示。

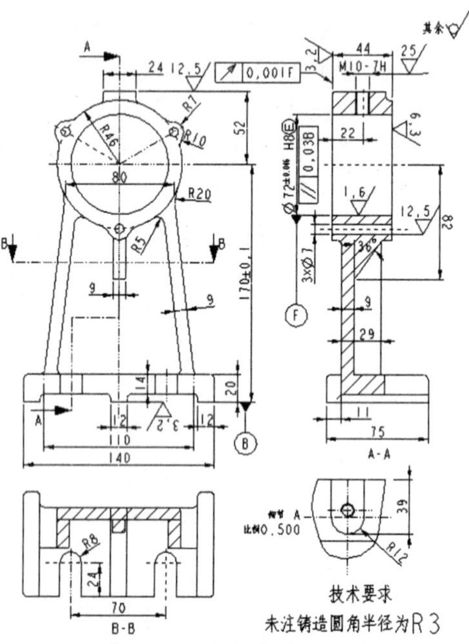

图 10-82　支架零件工程图

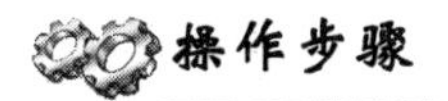

操作步骤

1. 新建工程图文件

① 启动 Pro/E，新建工作目录。然后打开本例下载资源包“源文件”文件夹中的 zhijia.prt 文件，如图 10-83 所示。

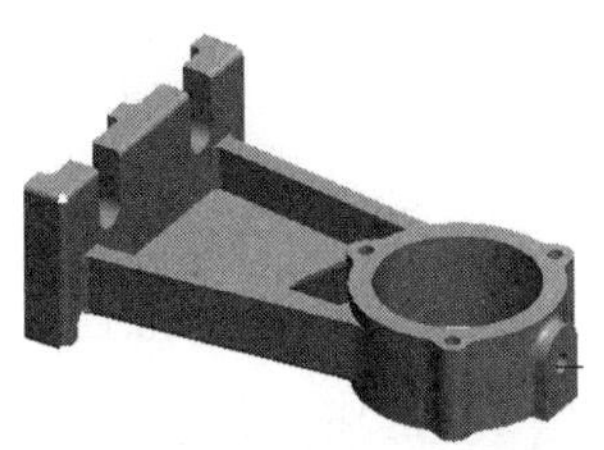

图 10-83 支架零件模型

② 创建工程图视图之前，按照本章前面介绍的 Config.pro 配置选项文件的设置方法，在【选项】对话框中设置符合国标定义的选项参数（这里不重复介绍过程）。

技巧点拨

为了让大家熟练掌握国标绘制图纸的方法，可以按我们介绍的方法来设置，也可以使用我们提供的已经配置完全的 Config.pro 文件。此外，还提供了标准的国标图纸格式文件。

Config.pro 文件的使用方法是：将本例下载资源包路径下的“\多媒体文件\实例文件\源文件\Ch10\Config.pro”文件复制并粘贴到自己的计算机系统“C:\Users\Administrator \Documents\”路径下。

国标图纸格式文件的使用方法：将本书提供的从 A0~A4 的零件工程图格式文件和装配工程图格式文件全部复制并粘贴到自己的计算机安装路径下：“本地磁盘:\Program Files\proeWildfire 5.0\formats”。

③ 在上工具栏中单击【新建】按钮，打开【新建】对话框。在【类型】选项组中选取【绘图】选项，在【名称】输入框中输入工程图名称“zhijia”，取消选中【使用缺省模板】复选框，然后单击【确定】按钮，打开【新建绘图】对话框。

④ 在【指定模板】选项组中选取【格式为空】单选按钮，单击【浏览】按钮，打开国标模板文件“gb_a4_part.frm”，最后单击【确定】按钮进入制图模式，如图 10-84 所示。

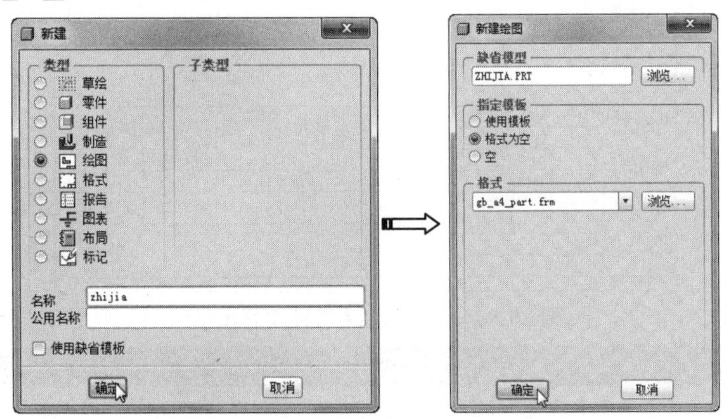

图 10-84 创建制图文件

⑤ 进入工程图设计模式后，根据系统提示：“输入想要使用格式的页面（1-2）”，输入“1”（意思为在图纸的第 1 个页面中使用此格式）。接着再继续输入设计者名称、零件名称、设置重量、材料名称、热处理次数等，如图 10-85 所示。

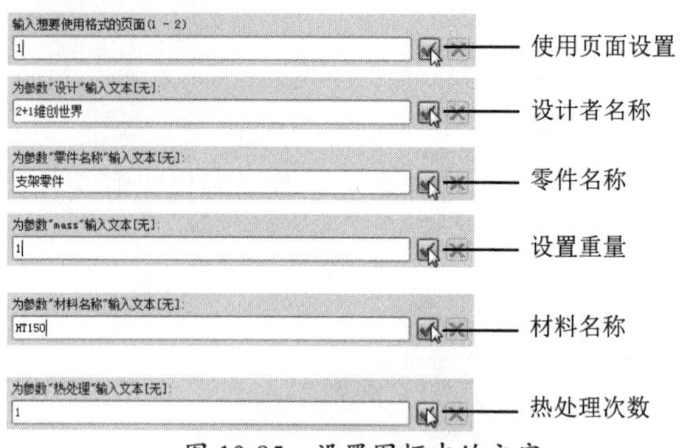

图 10-85　设置图框中的文字

⑥　打开的国标 A4 工程图模板如图 10-86 所示。

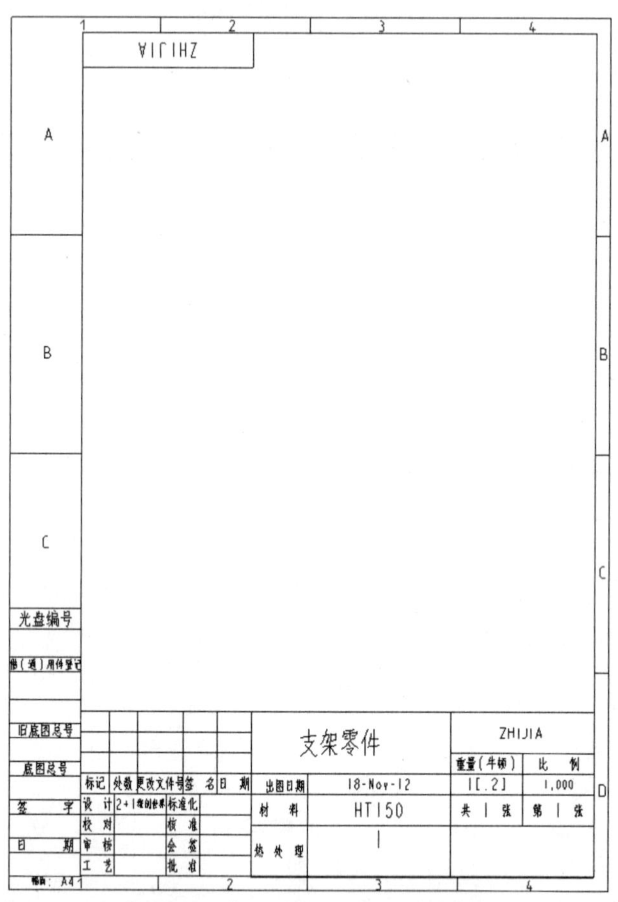

图 10-86　打开的 A4 国标工程图模板

技巧点拨

如果 A4 图纸中的字体显示不清楚，用户可以自行设置文本的高度。

2. 创建主视图

①　单击【布局】选项卡【模型视图】面板中的【一般】按钮，然后在图纸中左上位置选取一点作为主视图的放置参考点，同时系统打开【绘图视图】对话框，如图 10-87 所示。

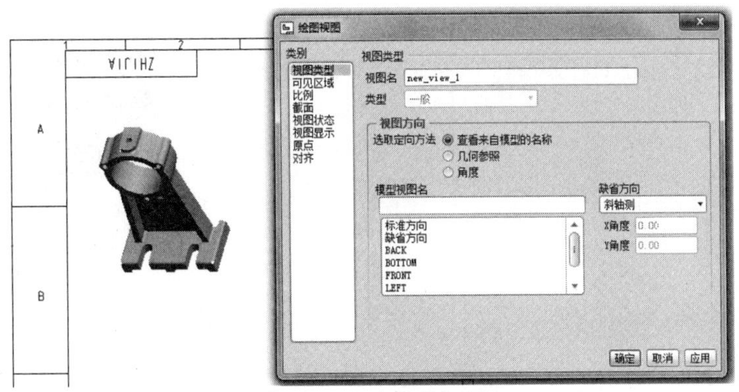

图 10-87 放置主视图

② 在【绘图视图】对话框的【视图类型】类别中，选择模型视图名为 FRONT。在【视图显示】类别中，设置模型显示样式为“消隐”，最后单击【绘图视图】对话框的【应用】按钮完成主视图的设置，如图 10-88 所示。

③ 在【比例】类别中，单击【定制比例】单选按钮，并重新输入绘图比例：“0.5”，完成后单击【绘图视图】对话框上的【应用】按钮，把新设置的绘图比例应用到工程图中，如图 10-89 所示。

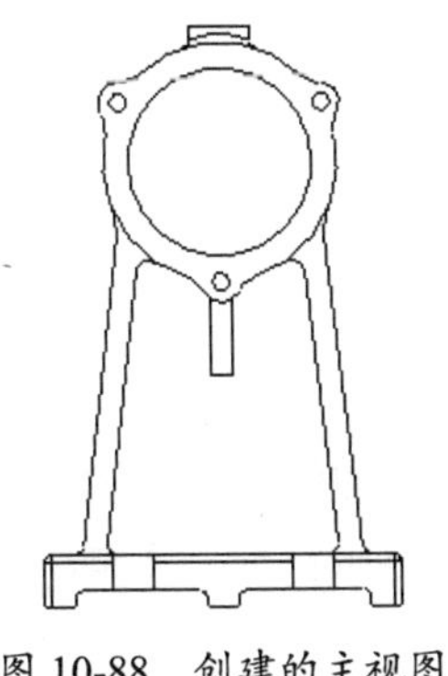

图 10-88 创建的主视图

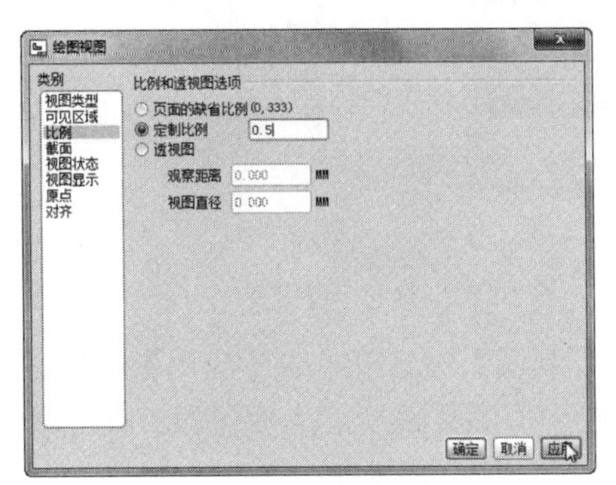

图 10-89 定制比例

3. 创建剖面图

支架零件工程图中必须用两个以上的截面才能完全表达设计意图，即 A-A 剖面图和 B-B 剖面图。

① 剖面图必须在投影视图中建立，因此先单击【投影】按钮，然后选择主视图向右投影，得到如图 10-90 所示的右视图。

② 双击投影视图，在随后弹出的【绘图视图】对话框中，选中【截面】类别。然后在对话框右侧选取【2D 剖面】选项，单击【将横截面添加到视图】按钮，打开【剖截面创建】菜单管理器。

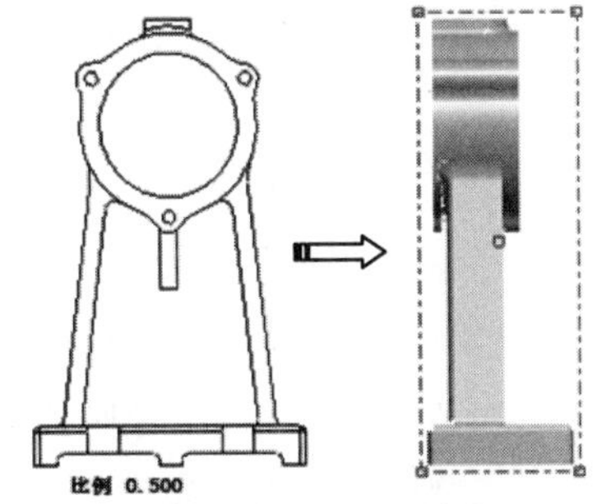

图 10-90 创建投影视图

③ 在菜单管理器中选择【偏移】|【双侧】|【单一】|【完成】命令，根据系统提示输入新创建的剖截面名称 A，完成后按回车键，如图 10-91 所示。

图 10-91 创建 2D 截面并选择剖面创建的选项

④ 随后程序自动转入零件模式。选择 FRONT 基准平面作为草绘平面，然后以默认的草绘方向进入草绘模式中，如图 10-92 所示。

⑤ 利用【线】命令绘制如图 10-93 所示的剖面线。完成后退出草绘模式。

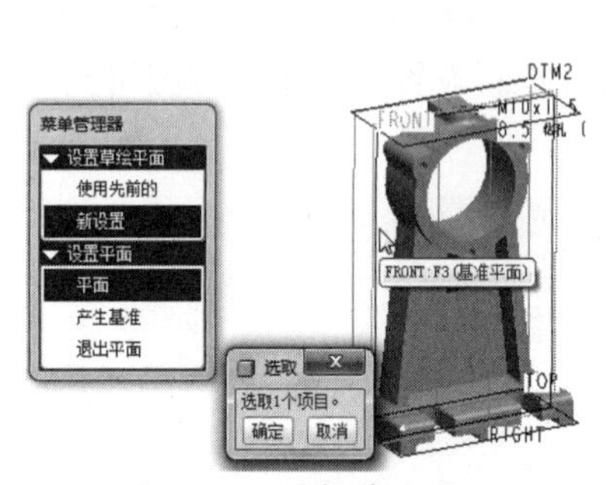

图 10-92 选择草绘平面

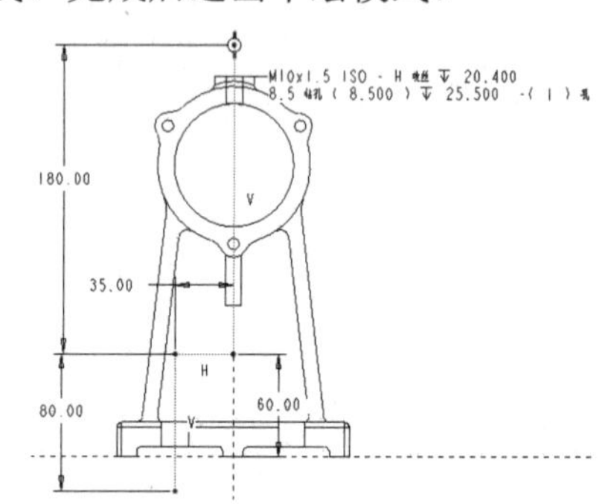

图 10-93 绘制剖面线

⑥ 在【绘图视图】对话框单击【应用】按钮，完成 A-A 剖面图的创建，如图 10-94 所示。但是剖面线的间距偏大，需要修改。双击剖面线，退出【修改剖面线】菜单，如图 10-95 所示。

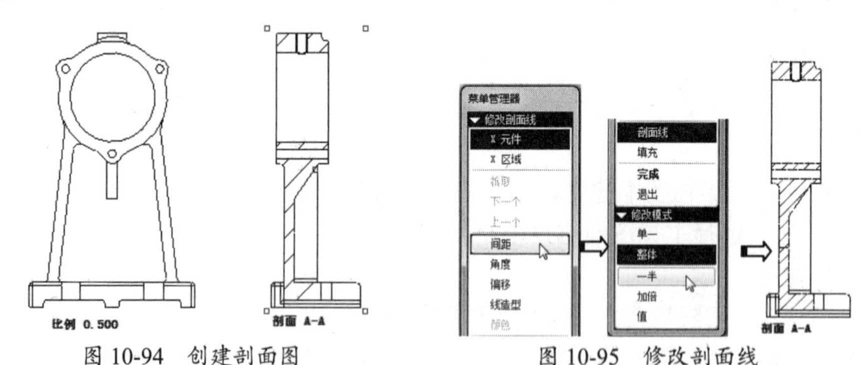

图 10-94 创建剖面图

图 10-95 修改剖面线

⑦ 在【布局】选项卡【格式化】面板中单击【箭头】按钮，先选择剖面图，然后再选择主视图来放置剖面箭头，如图 10-96 所示。

⑧ 由于箭头距离视图太远，需要手动拖动箭头至合适位置。此外，将【布局】选项卡切换到【注释】选项卡，然后删除“比例 0.500”字样。更改剖面线箭头的结果如图 10-97 所示。

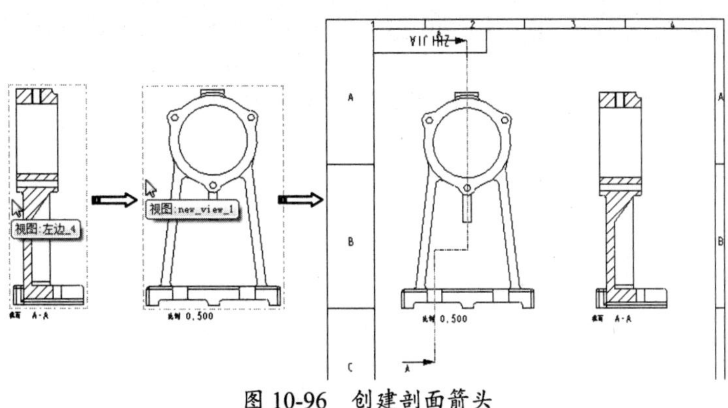

图 10-96 创建剖面箭头

⑨ 切换回【布局】选项卡。同理，再创建一个俯视投影视图，如图 10-98 所示。

⑩ 利用创建 A-A 剖面图的方法，创建出 B-B 剖面图。这里仅表示出草绘的剖面线图（如图 10-99 所示）与 B-B 剖面图完成结果图（如图 10-100 所示）。

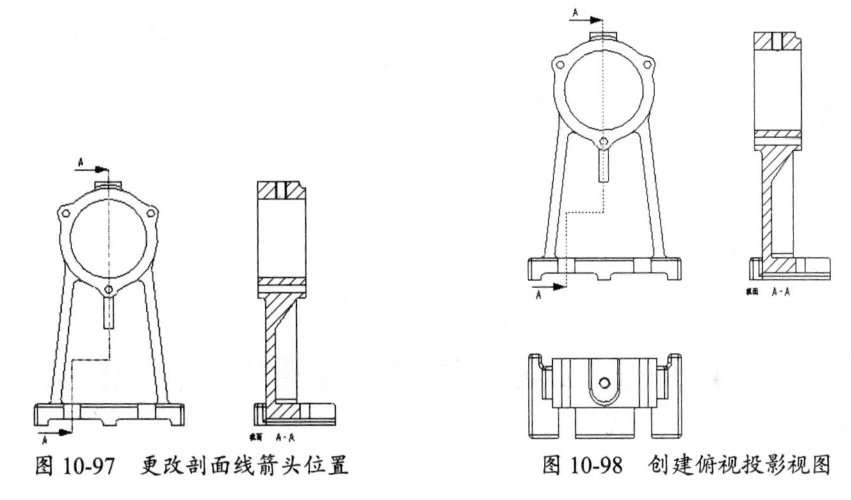

图 10-97 更改剖面线箭头位置　　图 10-98 创建俯视投影视图

⑪ 单击【箭头】按钮，创建主视图中的 B-B 剖面线，如图 10-101 所示。

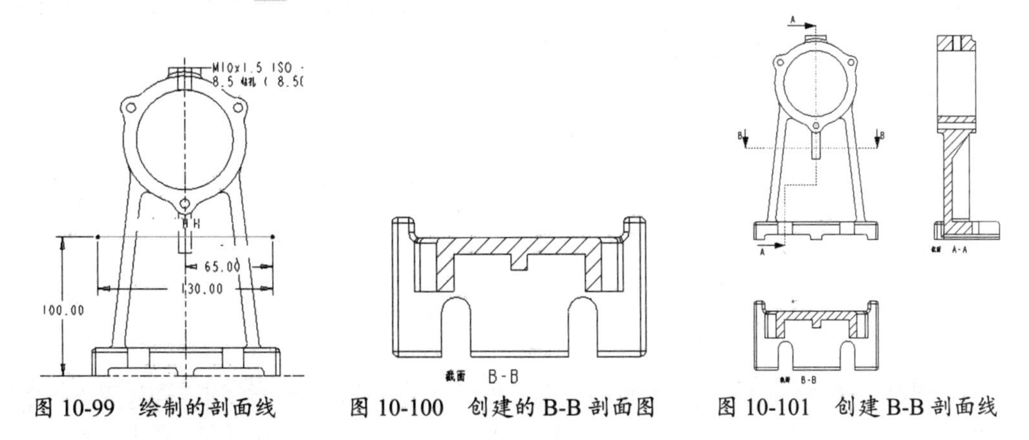

图 10-99 绘制的剖面线　　图 10-100 创建的 B-B 剖面图　　图 10-101 创建 B-B 剖面线

4. 创建局部投影视图

支架零件顶部有局部的形状，需要用局部投影视图进行表达。

① 单击【投影】按钮，创建一个俯视投影视图，然后将其移动至图框右下角，如图 10-102 所示。

技巧点拨

如果创建投影视图不能左右移动，可以双击该投影视图，然后在【绘图视图】对话框的【对齐】类别中取消【将此视图与其他视图对齐】复选框的勾选即可，如图 10-103 所示。

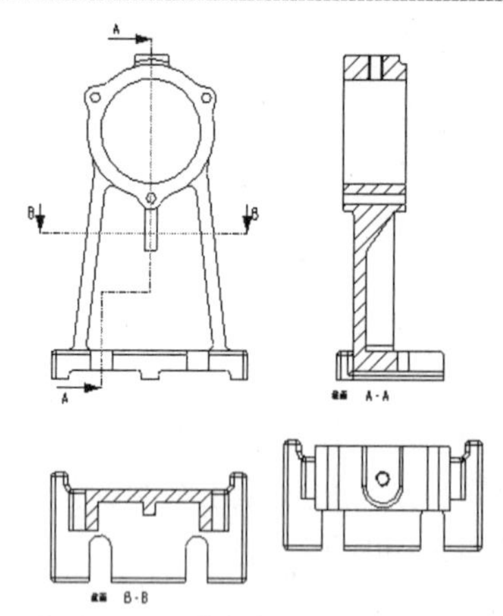

图 10-102　创建新的俯视投影视图

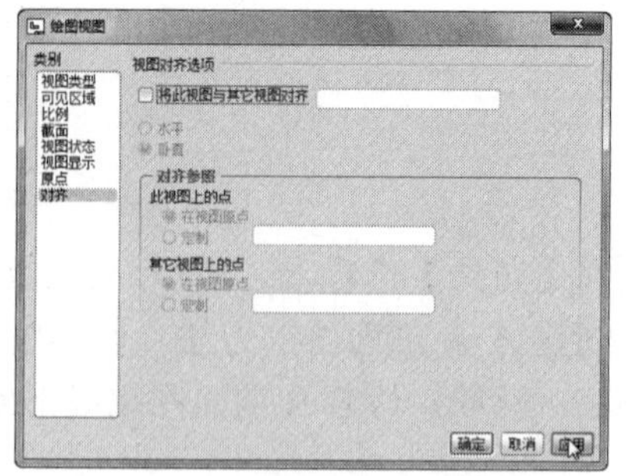

图 10-103　取消视图的对齐设定

② 单击【详细】按钮，然后在俯视投影视图中指定一点作为查看细节的中心点，然后绘制详细查看的区域，如图 10-104 所示。

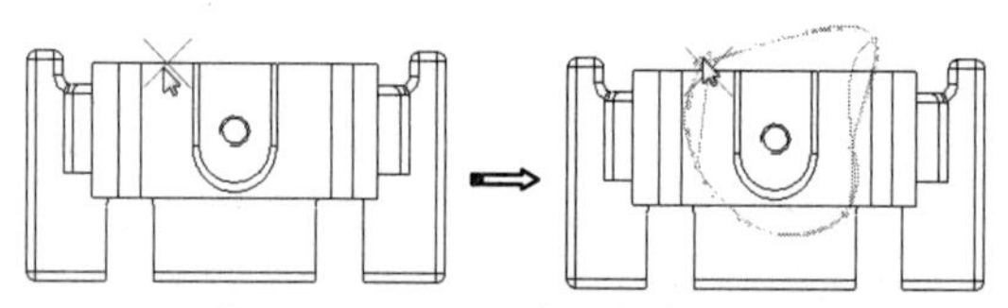

图 10-104　绘制详细查看的区域

技巧点拨

绘制区域后，连续双击鼠标左键，再单击鼠标中键结束绘制，指定详细视图的放置位置后并自动创建详细视图。

③ 创建的详细视图如图 10-105 所示。

④ 单击【拭除视图】按钮，将作为参照的俯视视图拭除。然后将详细视图拖动到图框中，并双击该视图，将其比例改为“0.5”，如图 10-106 所示。

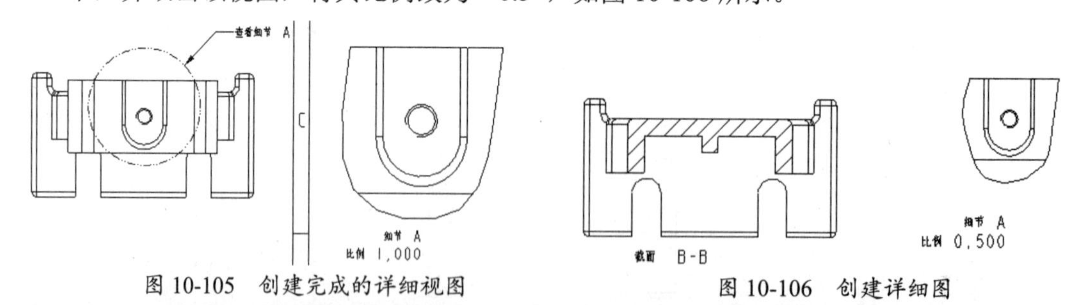

图 10-105　创建完成的详细视图　　　图 10-106　创建详细图

技巧点拨

拭除视图并非删除视图，只是将视图暂时隐藏罢了。在绘图树中，可以选择右键菜单【恢复视图】命令，将视图恢复。

⑤ 将图框中的 4 个视图，重新设置视图显示。将“相切边显示样式”设为“无”，这样视图中带有圆角的边将不会显示出来，如图 10-107 所示。

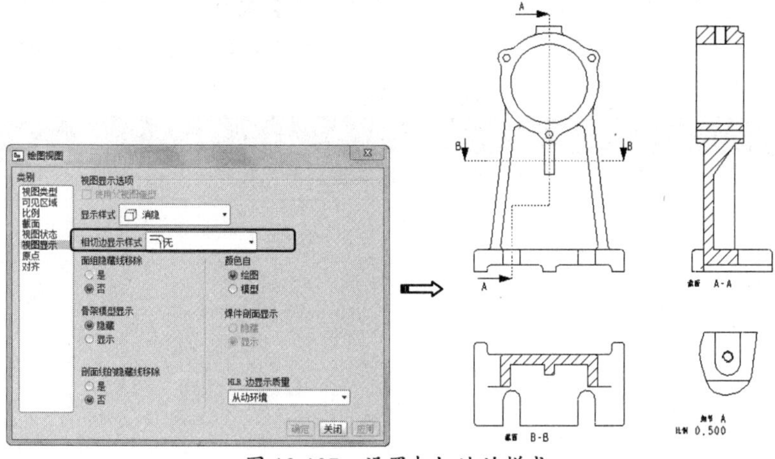

图 10-107　设置相切边的样式

⑥ 转回【注释】选项卡。将视图下面的注释进行修改或删除，结果如图 10-108 所示。

5. 绘制中心线

下面用【草绘】选项卡中的相关草绘工具来绘制中心线。

① 在【草绘】选项卡中单击【线】按钮，打开【捕捉参照】对话框。在此对话框单击【选取参照】按钮，然后选择主视图中的上下两条边作为参考，如图 10-109 所示。

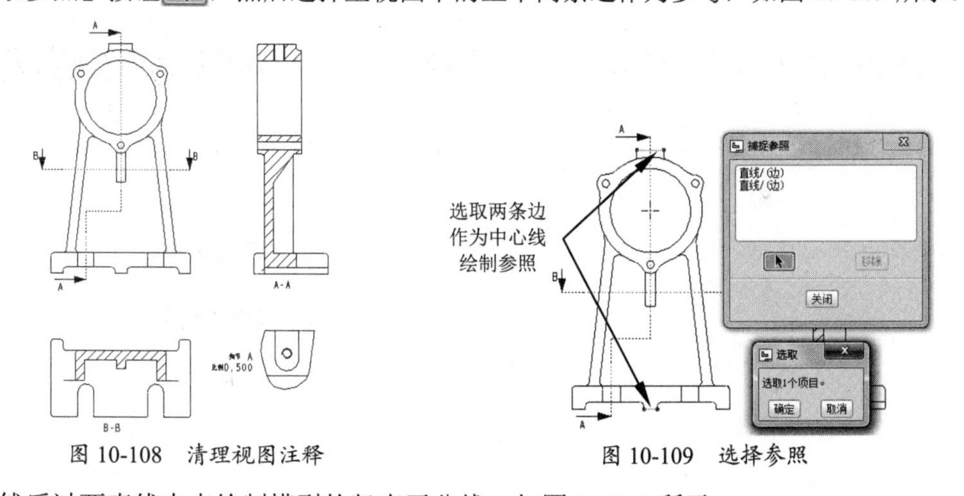

图 10-108　清理视图注释　　　图 10-109　选择参照

② 然后过两直线中点绘制模型的竖直平分线，如图 10-110 所示。

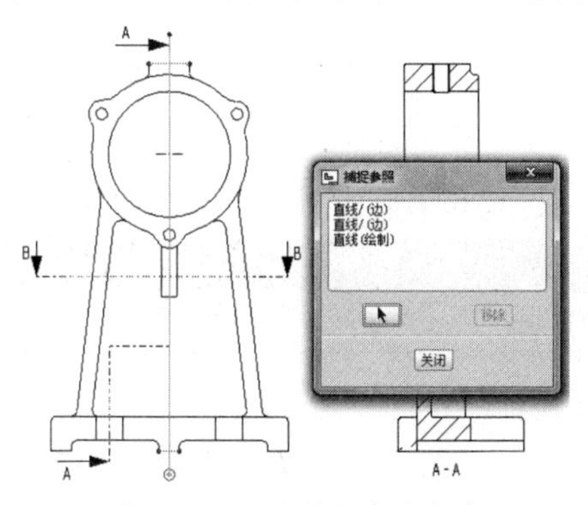

图 10-110　绘制竖直平分线

③ 绘制后，选中该直线并执行右键菜单中的【线造型】命令，或者双击此直线，打开【修改线造型】对话框。然后选择【中心线】样式，并单击【应用】按钮，如图 10-111 所示。

④ 同理，绘制其余的中心线，结果如图 10-112 所示。

技巧点拨

可以在【捕捉参照】对话框没有关闭的情况下，继续绘制其他的中心线。

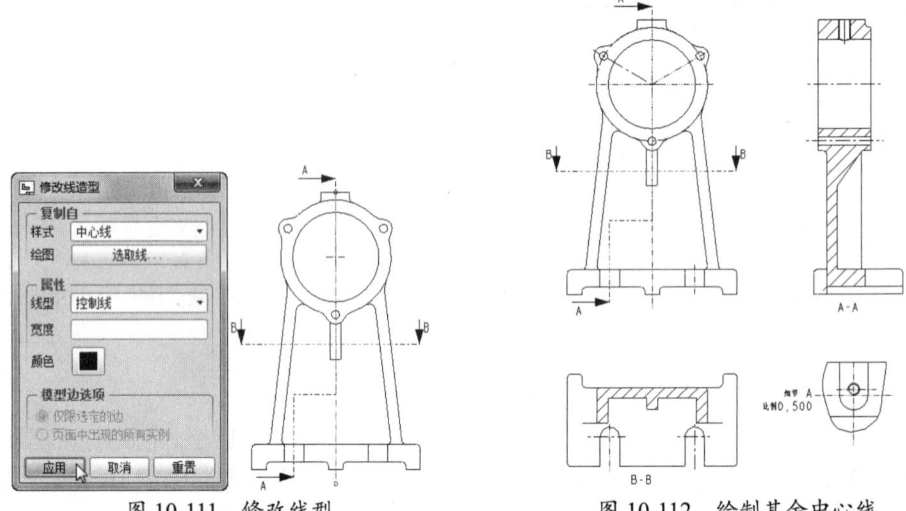

图 10-111 修改线型

图 10-112 绘制其余中心线

技巧点拨

当绘制的直线不够长时，可以按住 Shift 键拖动直线的端点，拉长直线。如果更精确地拉长，可以使用【修剪】面板中的【拉伸】命令，输入值进行拉长。如图 10-113 所示为斜线的拉伸操作过程。

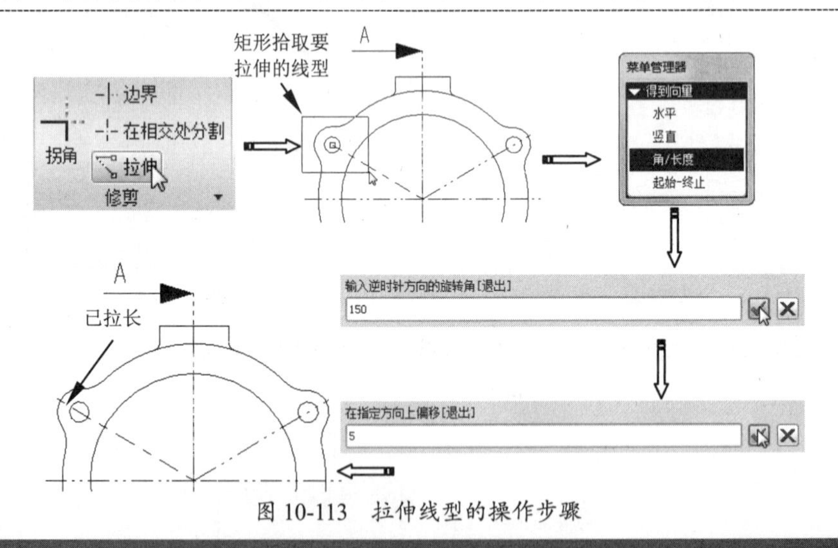

图 10-113 拉伸线型的操作步骤

技巧点拨

对于水平或竖直方向的线型拉伸，直接在【得到向量】菜单中选择【水平】线型或【竖直】线型即可。

6. 尺寸与公差标注

① 在【注释】选项卡中，利用尺寸标注工具【尺寸-新参照】，标注几个视图中的线性尺寸、直径或半径尺寸、角度尺寸等，结果如图 10-114 所示。

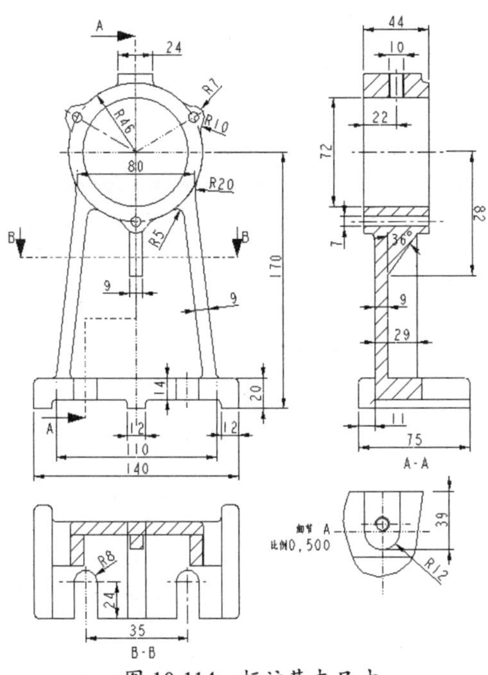

图 10-114 标注基本尺寸

技巧点拨

在标注尺寸过程中，如果某些尺寸标注后仅仅显示的是实际尺寸的一半，可以通过双击该尺寸，然后在打开的【尺寸属性】对话框中修改值的显示，如图 10-115 所示。

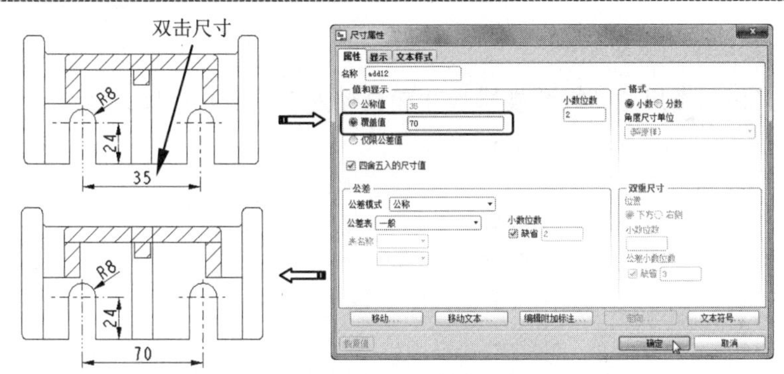

图 10-115 修改尺寸值的显示

② 接下来为某些定位尺寸和形状尺寸创建尺寸公差。例如，双击图 10-114 中的底座边至孔轴的距离尺寸“170”，然后在打开的【尺寸属性】对话框中设置公差，完成后单击【确定】按钮，如图 10-116 所示。

③ 双击支架中轴的直径尺寸“72”，在打开的【尺寸属性】对话框的【属性】选项卡中设置公差，如图 10-117 所示。然后在【显示】选项卡中，设置前缀与后缀，如图 10-118 所示。最终修改尺寸属性的结果如图 10-119 所示。

技巧点拨

如果前缀或后缀是符号，可以单击对话框下方的【文本符号】按钮，从中选择要添加的前缀或后缀符号。

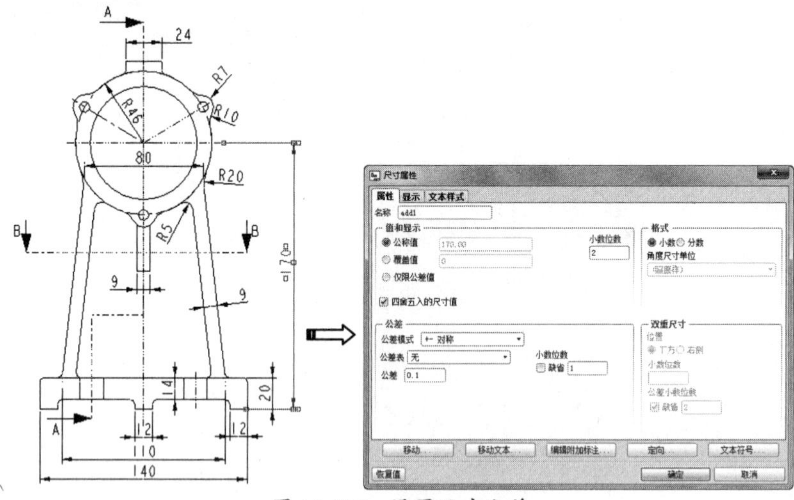

图 10-116　设置尺寸公差

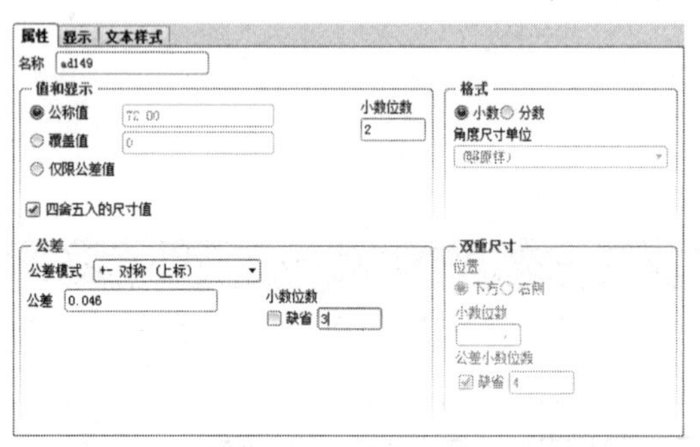

图 10-117　设置公差

图 10-118　设置前缀与后缀

④ 同理，为其余两个尺寸（螺孔规格尺寸和直径为 7 的轴孔尺寸）修改尺寸属性，结果如图 10-120 所示。

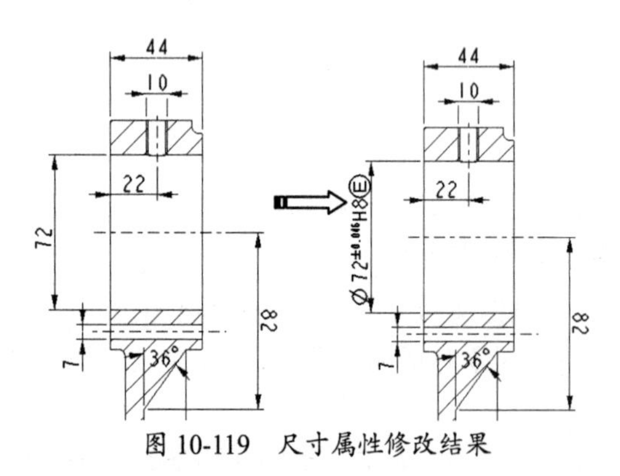

图 10-119　尺寸属性修改结果

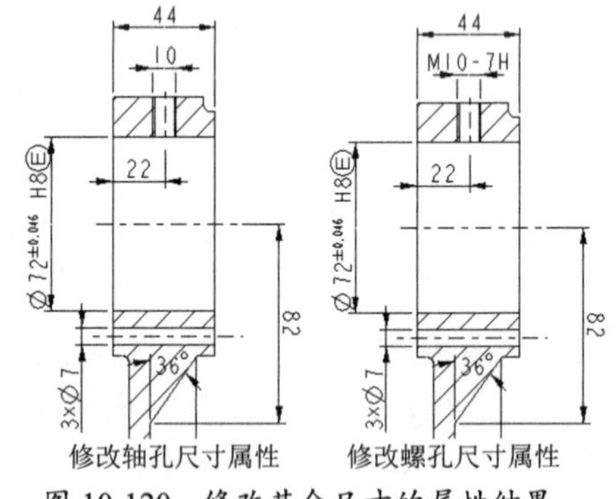

图 10-120　修改其余尺寸的属性结果

7．标注形位公差与基准代号

① 下面为支架右视图中的顶部线性尺寸“44”创建形位公差。在【插入】面板中单击【几何公差】按钮，弹出【几何公差】对话框。在【模型参照】选项卡中，选择“参照类型”为“边”，再单击【选取图元】按钮，如图 10-121 所示。

② 在右视图中选取如图 10-122 所示的模型边作为参照。

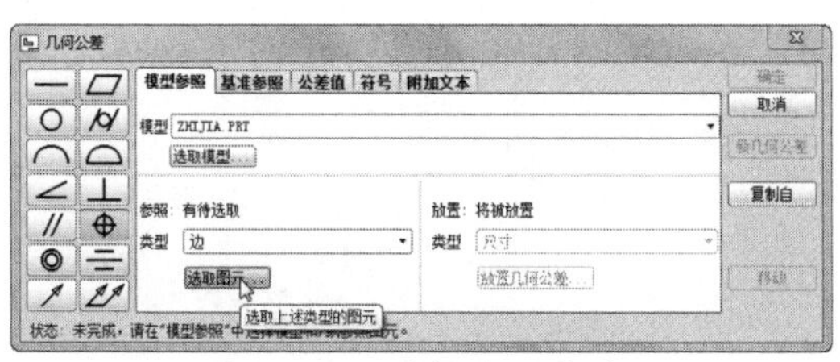
图 10-121　选择参照类型

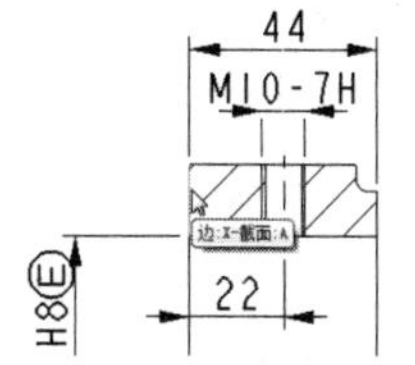
图 10-122　选择参照边

③　然后在“放置”列表中选择【带引线】选项，弹出【依附类型】菜单管理器。然后按信息提示选择一条尺寸界线作为依附对象，随后在该尺寸界线旁单击，以此放置形位公差，如图 10-123 所示。

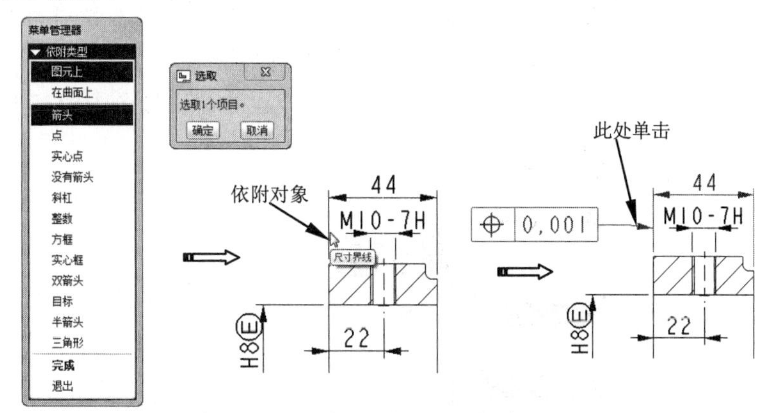

图 10-123　放置形位公差

技巧点拨

在放置形位公差时，标注引线的长度取决于光标单击的位置。

④　在【模型参照】选项卡的左侧公差符号中单击【圆跳动】按钮，公差符号由“位置度”变为“圆跳动”，如图 10-124 所示。

⑤　进入【公差值】选项卡，输入新的公差值为“0.04”，并勾选【总公差】复选框以确认，如图 10-125 所示。

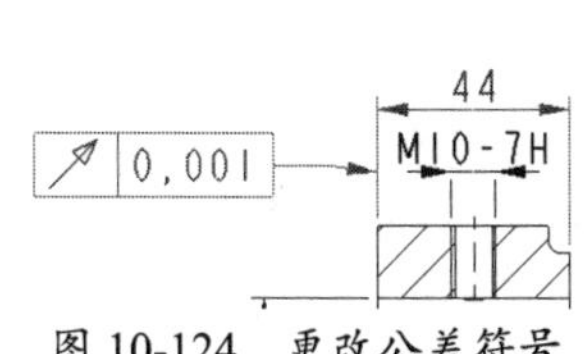
图 10-124　更改公差符号

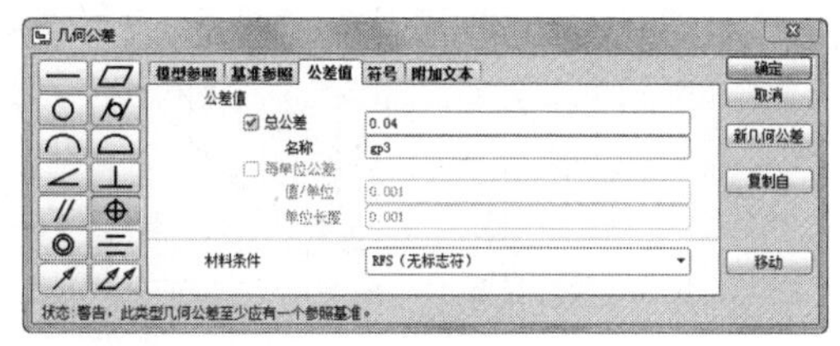
图 10-125　设置公差值

⑥　进入【附加文本】选项卡。勾选【后缀】复选框，并在下方的文本框内输入 F（表示基准代号），如图 10-126 所示。

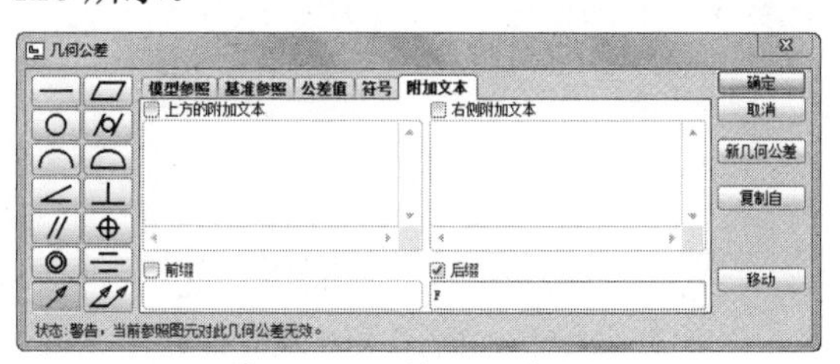
图 10-126　输入公差后缀

⑦ 最后单击对话框的【确定】按钮，完成形位公差的创建，如图 10-127 所示。

⑧ 同理，另一个形位公差的创建结果如图 10-128 所示。

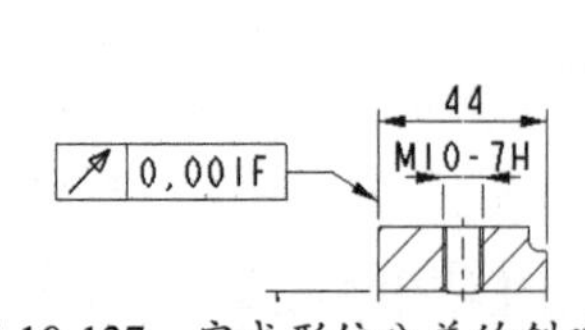

图 10-127 完成形位公差的创建

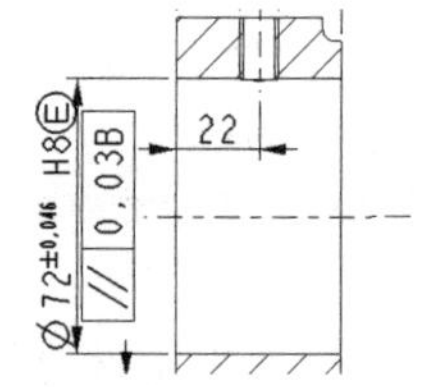

图 10-128 创建另一个形位公差

⑨ 单击【球标注解】按钮，然后在弹出的【注解类型】菜单管理器中选择【带引线】|【输入】|【垂直】|【法向引线】|【缺省】|【进行注解】命令，在随后弹出【依附类型】菜单中选择【图元上】|【三角形】命令，如图 10-129 所示。

⑩ 选择主视图中的某尺寸界线，然后在下方单击并放置球标，如图 10-130 所示。

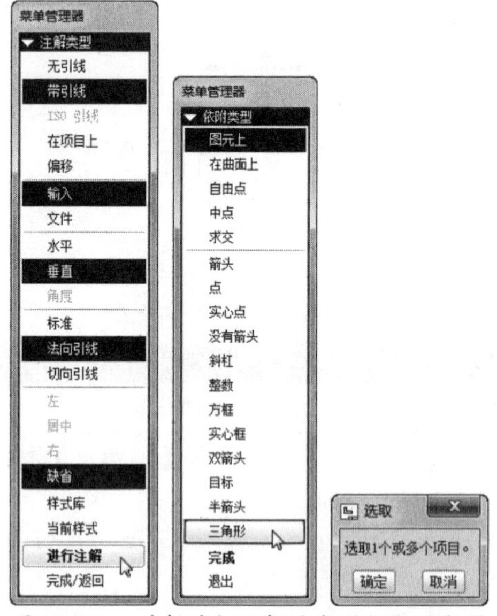

图 10-129 选择球标注解的类型与依附类型

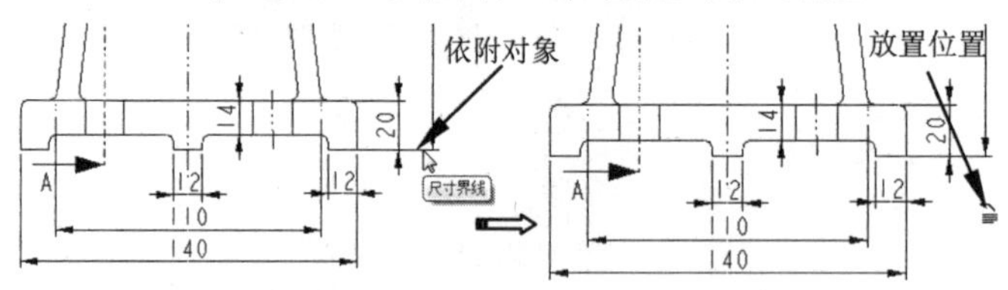

图 10-130 放置球标注解

⑪ 在图形区上方弹出的文本框中输入注解内容“B”，然后单击【确定】按钮，完成球标注解（球标注解就是基准代号）的创建，如图 10-131 所示。

图 10-131 完成球标注解的创建

⑫ 同理，创建另一个基准代号为 F 的球标注解，结果如图 10-132 所示。

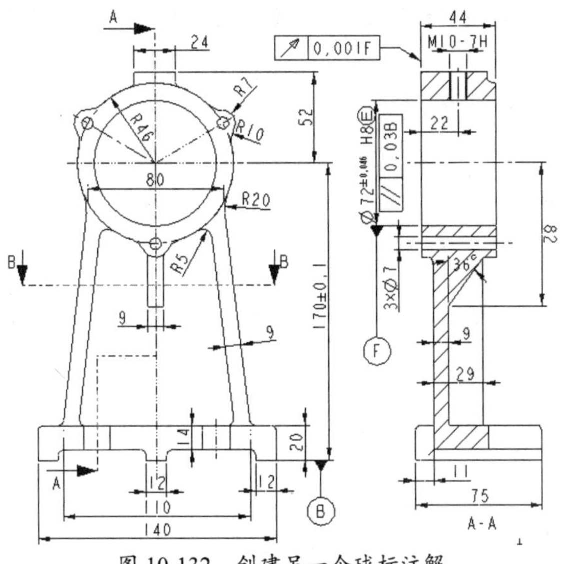

图 10-132　创建另一个球标注解

8. 粗糙度标注

① 单击【表面光洁度】按钮，弹出【得到符号】菜单管理器，选择【检索】命令，在打开的【打开】对话框中选择 standard1.sym 文件，如图 10-133 所示。

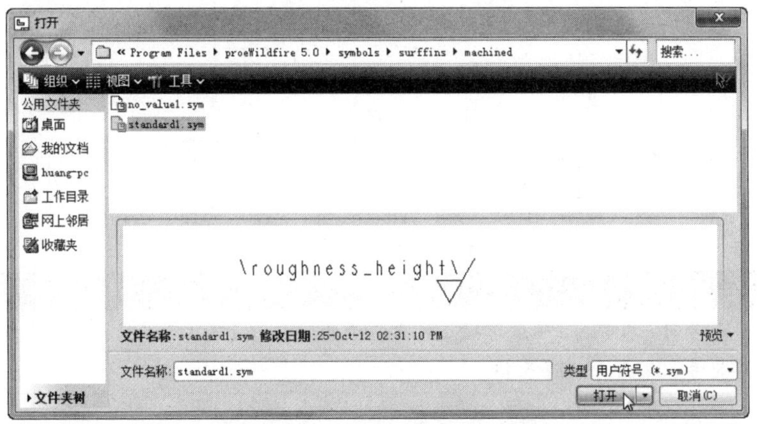

图 10-133　选择粗糙度符号文件

② 导入文件后，在【实例依附】菜单中选择【图元】命令，然后选择长度为“52”线型尺寸作为依附对象，如图 10-134 所示。

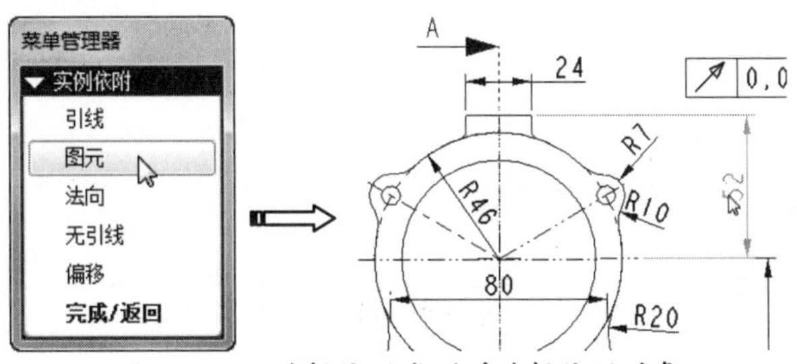

图 10-134　选择依附类型并选择依附对象

③ 接着在该尺寸的尺寸界线上选取粗糙度符号的放置位置，并在图形区上方显示的文本框内输入粗糙度允许范围值“12.5”，单击【确定】按钮完成粗糙度的标注，如图 10-135 所示。

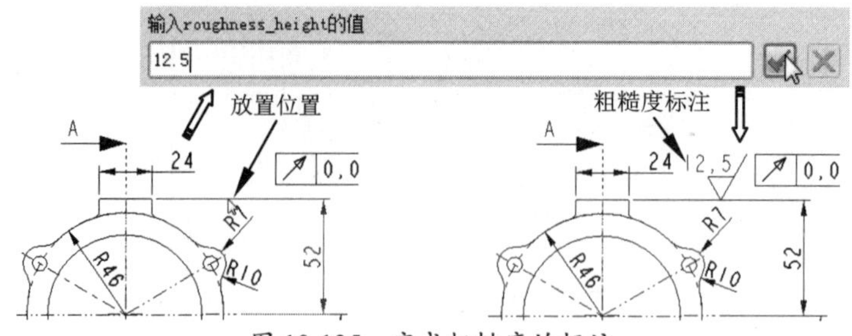

图 10-135 完成粗糙度的标注

④ 同理，完成其余表面粗糙度的标注，如图 10-136 所示。

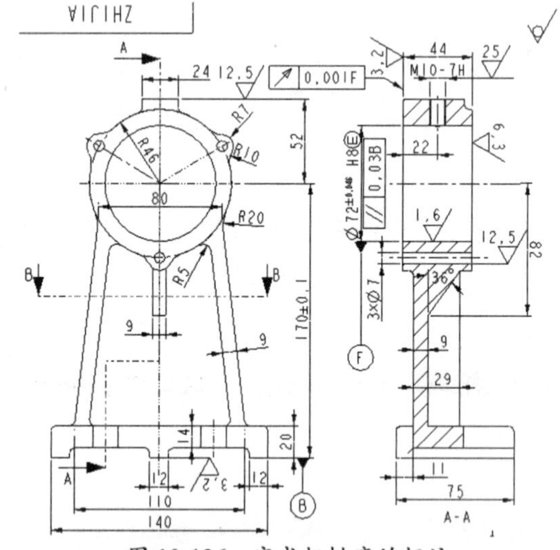

图 10-136 完成粗糙度的标注

技巧点拨

在检索粗糙度符号时，在 Pro/E 安装路径下包含 3 个粗糙度符号的文件夹，3 个文件夹总共提供了 6 种常见的粗糙度基本符号，如图 10-137 所示。

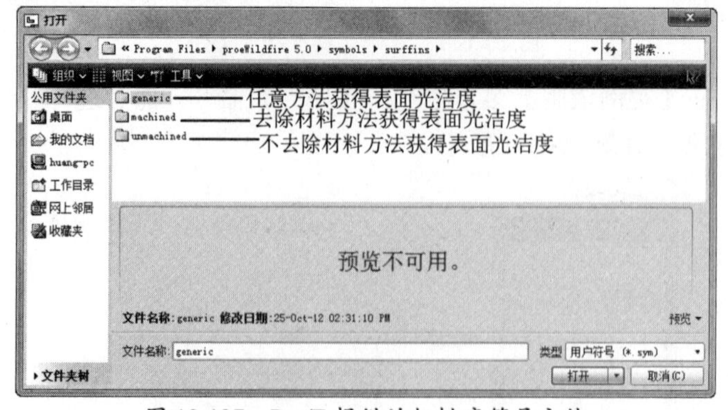

图 10-137 Pro/E 提供的粗糙度符号文件

9. 书写技术要求

① 单击【注解】按钮，弹出【注解类型】菜单管理器，然后依次选择如图 10-138 所示的命令，并指定文本注解的位置（详细视图的下方）。

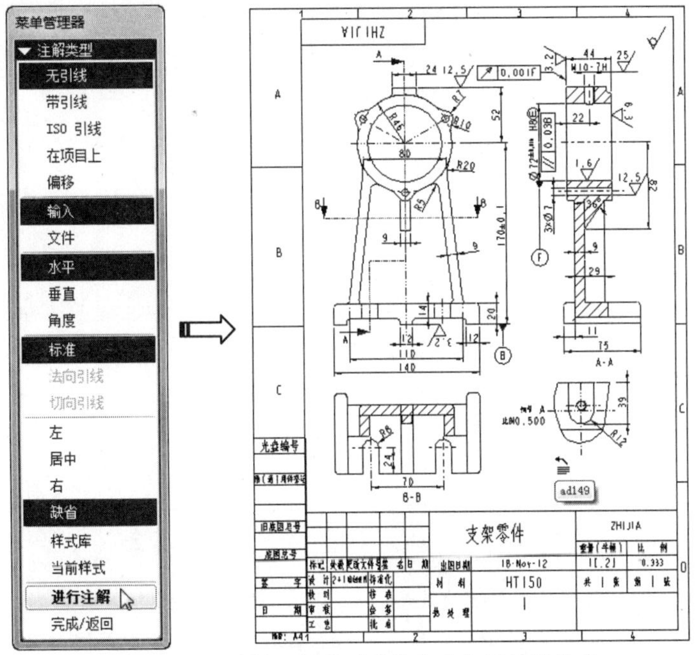

图 10-138 选择注解类型并指定文本的放置位置

② 指定位置后，在图形区上方弹出的文本框内输入第 1 行文字："技术要求"，接着输入第 2 行文字："未注铸造圆角半径为 R3"，创建完成的文本注解如图 10-139 所示。

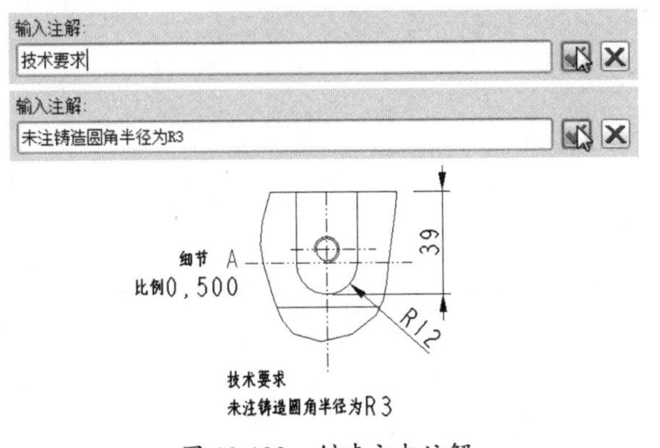

图 10-139 创建文本注解

③ 双击文本注解，在打开的【注解属性】对话框中调整文本位置和文本的高度（设为 7），如图 10-140 所示。

④ 设置后的效果如图 10-141 所示。然后在图纸右上角的粗糙度符号旁，插入新的文本注解"其余"，如图 10-142 所示。

⑤ 至此，支架零件工程图的创建工作全部结束，最后将结果保存。完成的支架零件工程图如图 10-143 所示。

图 10-140 设置文本属性

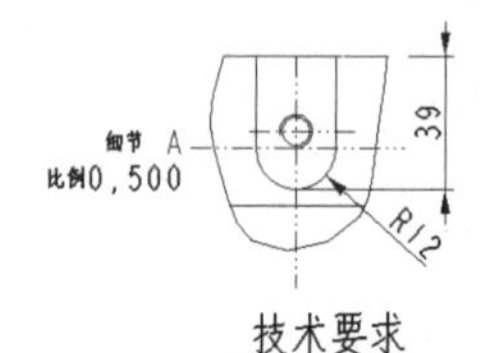

技术要求

未注铸造圆角半径为R 3

图 10-141 修改文本属性的效果

图 10-142 插入新的文本注解

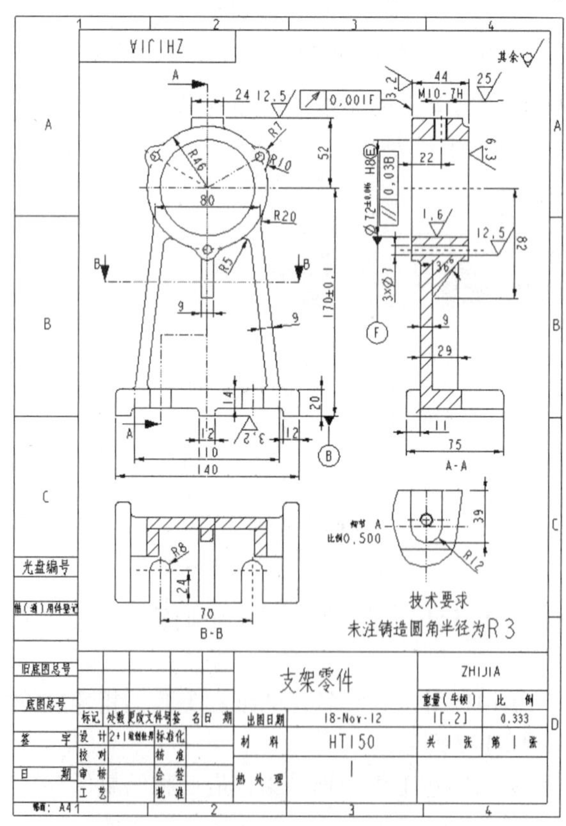

图 10-143 最终完成的支架零件工程图

CHAPTER 11

产品设计实战案例

本章导读

本章将以几个典型的产品设计实战案例讲解如何利用 Pro/E 的零件设计及曲面设计功能来进行实体造型及曲面造型设计。

知识要点

☑ 减速器上箱体设计
☑ 钳座设计
☑ 螺丝刀设计
☑ 皇冠造型设计

扫码看视频

11.1 案例一：减速器上箱体设计

减速器的上箱体模型如图 11-1 所示。就减速器上箱体模型来看，模型中最大的特征就是中间带有大圆弧的拉伸实体，其余小特征（包括小拉伸实体、孔等）皆附于其上。也就是说，建模就从最大的主要特征开始创建。

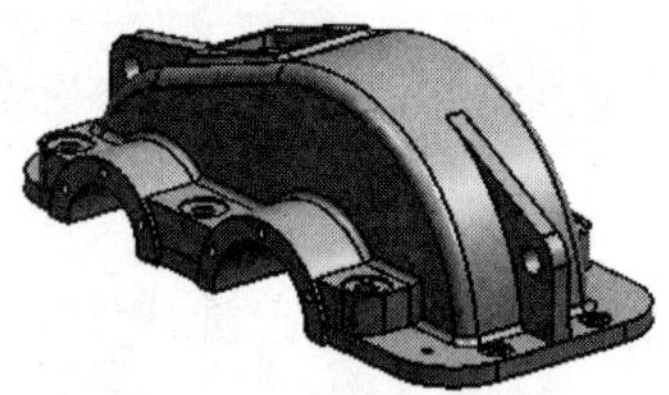

图 11-1 减速器的上箱体模型

操作步骤

① 启动 Pro/E，并设置工作目录。然后新建名为“jsq-up”的零件文件，如图 11-2 所示。

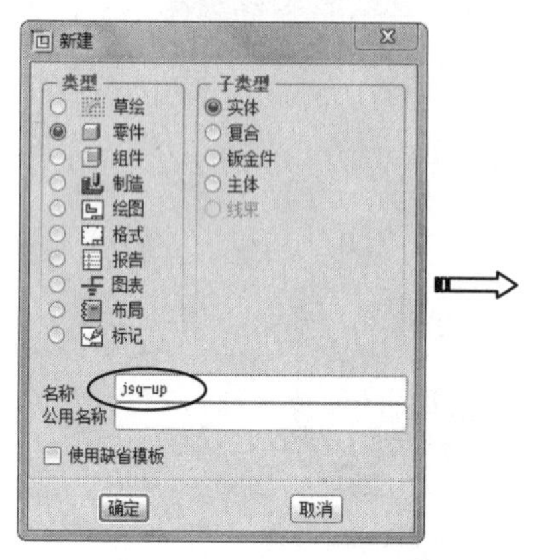

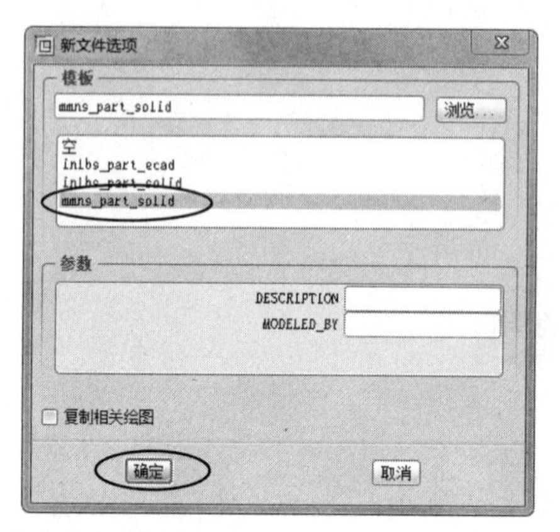

图 11-2 新建零件文件

② 在【模型】选项卡的【形状】面板中，单击【拉伸】按钮，打开操控面板。然后在图形区中选取标准基准平面 FRONT 作为草绘平面，如图 11-3 所示。进入二维草绘环境中绘制如图 11-4 所示的拉伸截面。

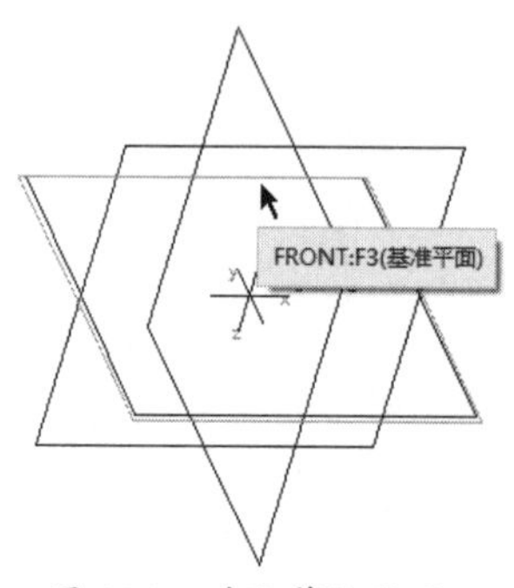

图 11-3 选取草绘平面

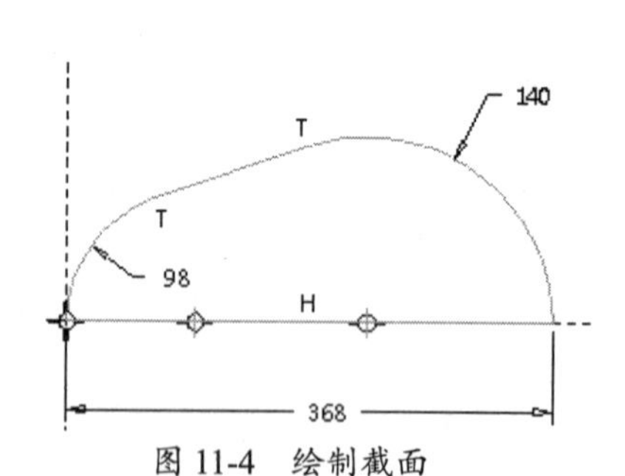

图 11-4 绘制截面

③ 绘制完成后退出草绘环境，然后预览模型。在操控面板上选择“在各方向上以指定深度值的一半”深度类型，并在深度值文本框中输入 102，预览无误后单击【确定】按钮，完成第一个拉伸实体特征的创建，如图 11-5 所示。

④ 使用【壳】工具，对主体进行抽壳，壳厚度为 4，如图 11-6 所示。

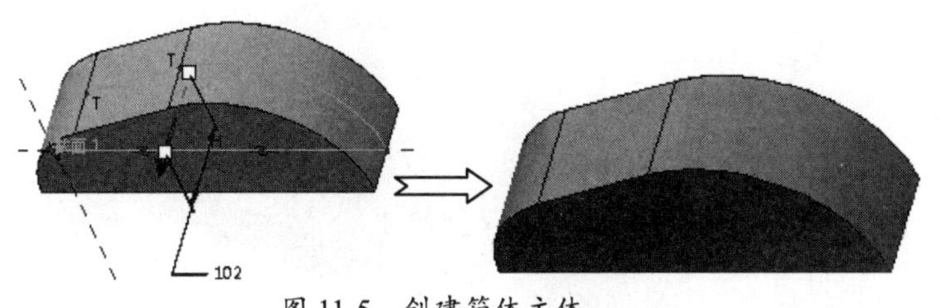

图 11-5　创建箱体主体

图 11-6　创建壳特征

⑤　再执行【拉伸】命令，以相同的草绘平面进入草图环境，绘制如图 11-7 所示的拉伸截面。

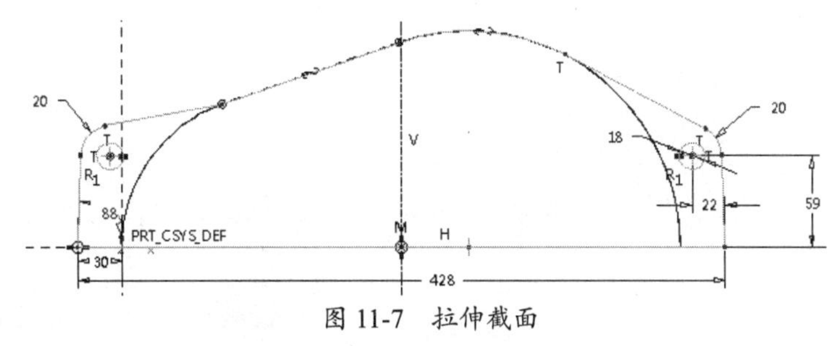

图 11-7　拉伸截面

⑥　在操控面板上选择“在各方向上以指定深度值的一半”深度类型，并在深度值文本框中输入 13，最后单击【应用】按钮完成拉伸实体的创建，如图 11-8 所示。

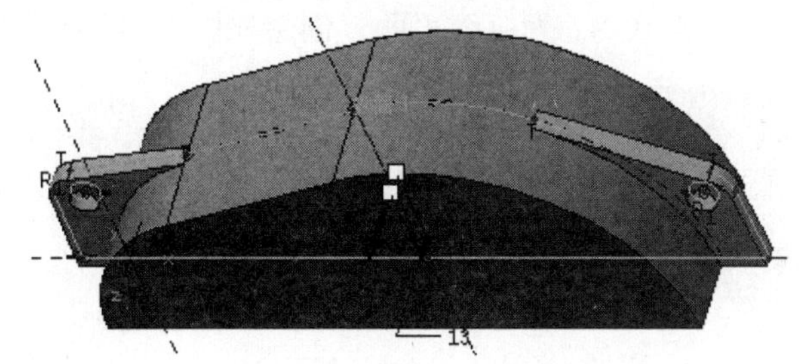

图 11-8　创建第 2 个拉伸实体

⑦　利用【拉伸】命令，以 TOP 基准平面为草绘平面，创建如图 11-9 所示的厚度为 12 的底板实体。

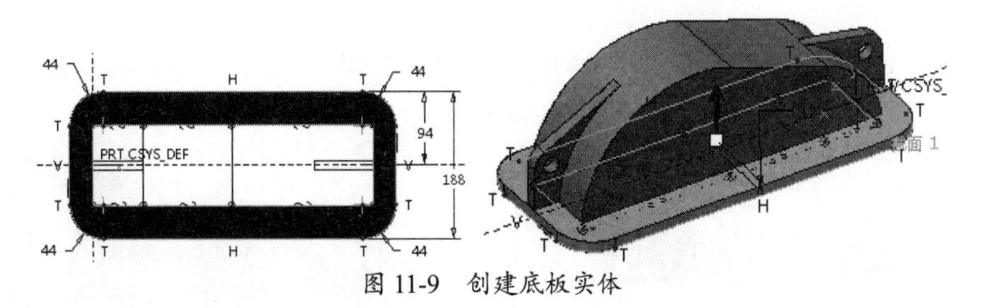

图 11-9　创建底板实体

⑧　利用【拉伸】命令，以底板上表面为草绘平面，创建如图 11-10 所示的厚度为 25 的底板实体。

⑨　利用【拉伸】命令，以 FRONT 为草绘平面，创建如图 11-11 所示的向两边拉伸厚度为 196 的实体。

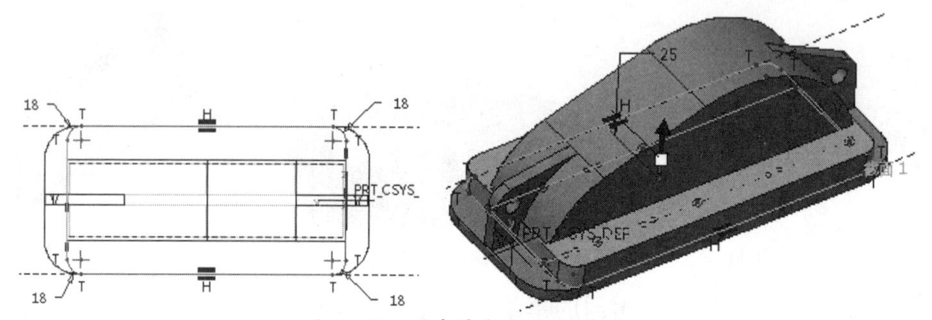

图 11-10　创建厚度为 25 的实体

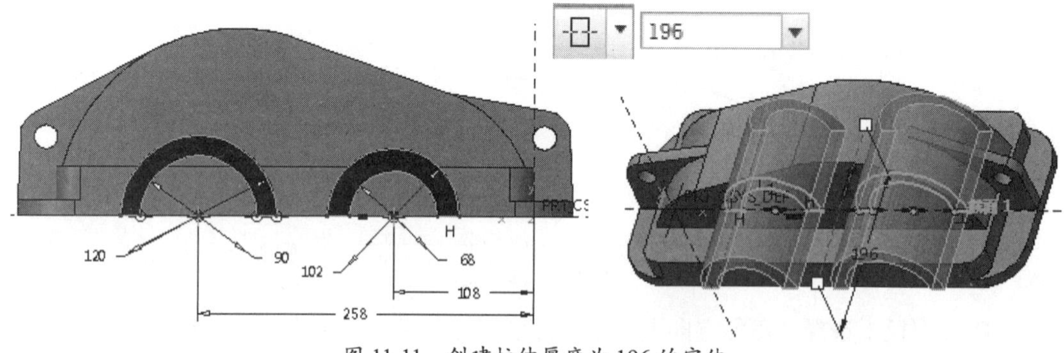

图 11-11　创建拉伸厚度为 196 的实体

⑩　利用【拉伸】命令，以 FRONT 为草绘平面，创建如图 11-12 所示的减材料特征。

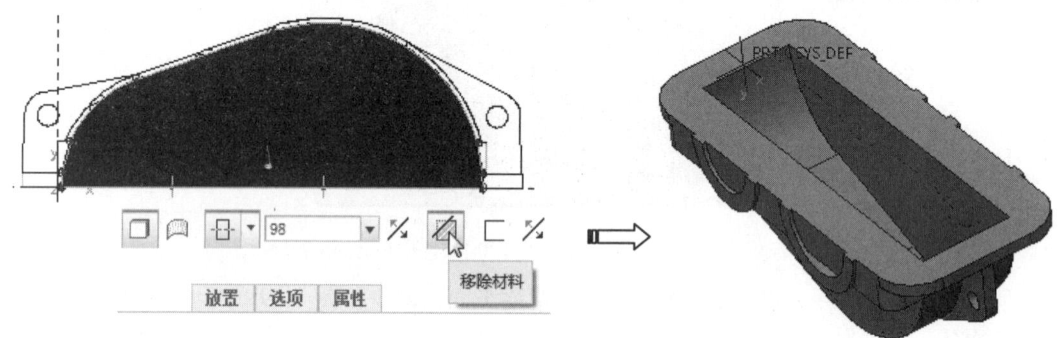

图 11-12　创建减材料特征

⑪　同理，在 FRONT 基准平面中再绘制草图，来创建如图 11-13 所示的减材料特征。

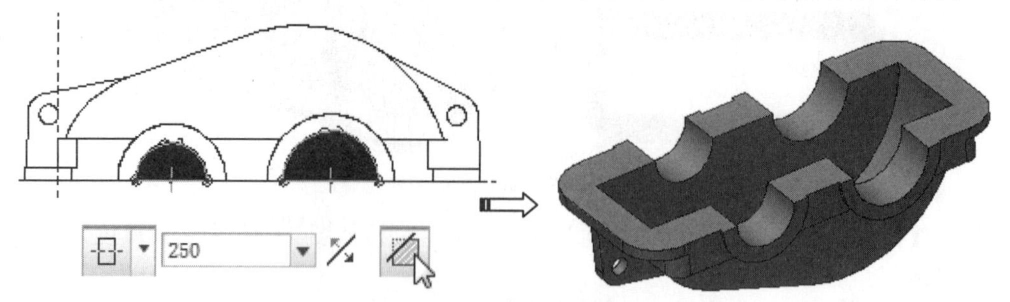

图 11-13　创建减材料特征

⑫　利用【拉伸】命令，在如图 11-14 所示的平面上创建拉伸实体。

⑬　然后在实体上再创建减材料特征，如图 11-15 所示。

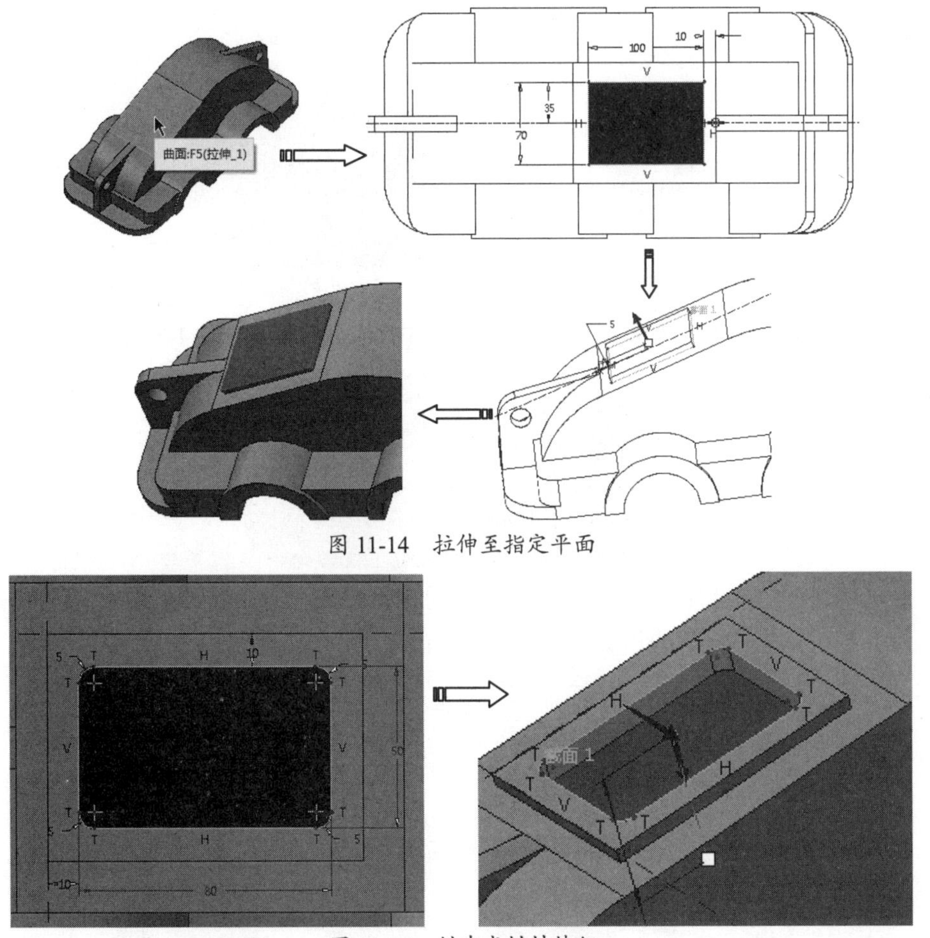

图 11-14　拉伸至指定平面

图 11-15　创建减材料特征

⑭ 将视图设为 TOP。在【工程】面板中单击【孔】按钮，打开【孔】操控面板。在操控面板中设置如图 11-16 所示的选项及参数，然后在模型中选择放置面。

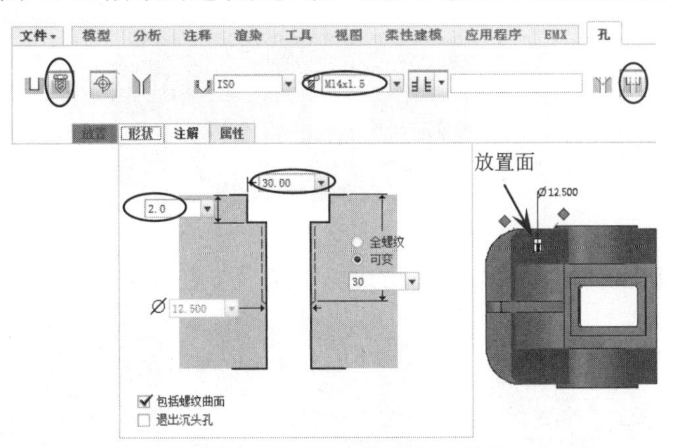

图 11-16　【孔】操控面板的设置

⑮ 在【放置】选项卡中激活偏移参考收集器，然后选取如图 11-17 所示的两条边作为偏移参考，并输入偏移值。最后单击【应用】按钮，完成沉头孔的创建。

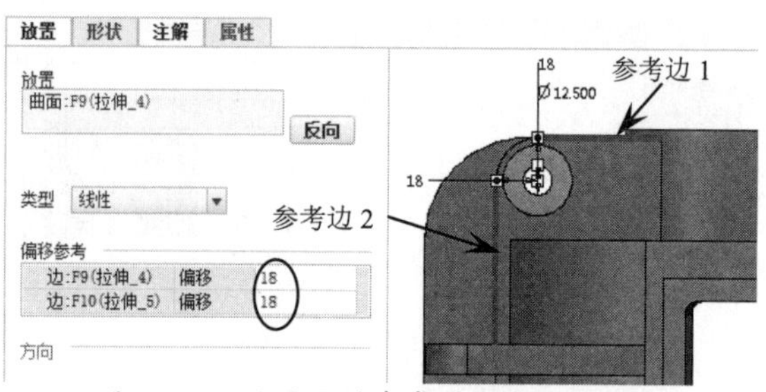

图 11-17　设置偏移参考并完成孔的创建

⑯　同理，再以相同的参数及步骤，创建出其余 5 个沉头孔，如图 11-18 所示。

图 11-18　创建其余沉头孔

⑰　再使用【孔】工具，创建出如图 11-19 所示的 4 个小沉头孔。

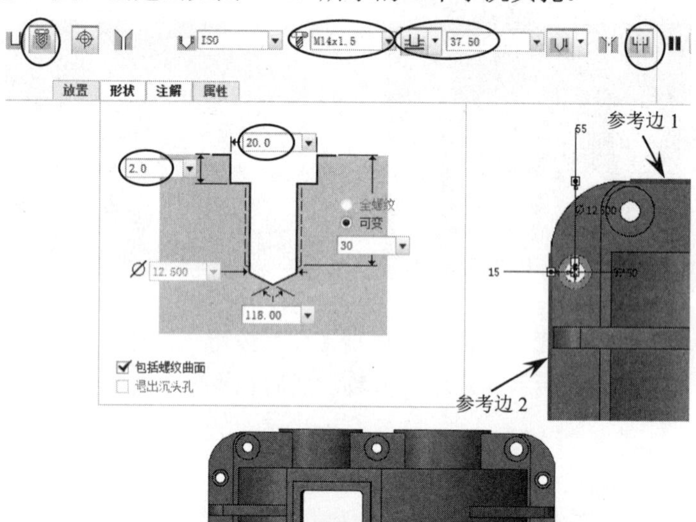

图 11-19　创建 4 个小沉头孔

⑱　利用【倒圆角】命令，对上箱体零件的边倒圆角，半径分别为 10 和 5，如图 11-20 所示。

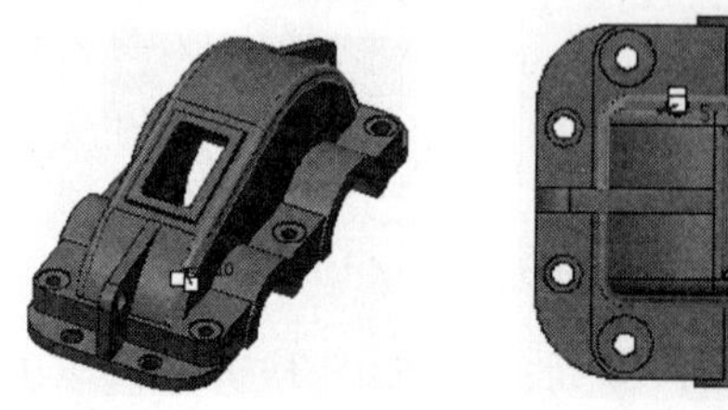

图 11-20　倒圆角处理

⑲　至此，减速器上箱体设计完成，最后将结果保存在工作目录中。

11.2 案例二：钳座设计

钳座零件是一个实体模型，利用了多个建模命令，如图 11-21 所示。

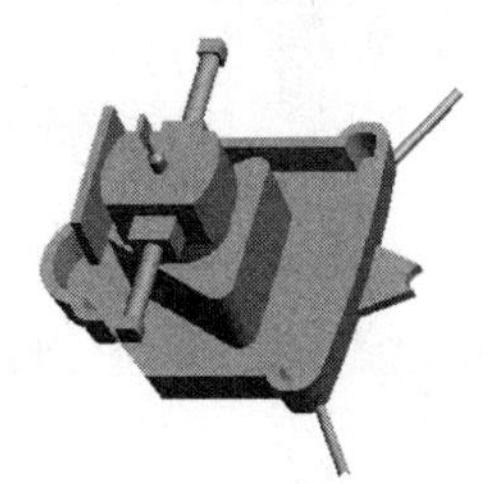

图 11-21 钳座模型

操作步骤

① 启动 Pro/E，并设置工作目录。然后新建名为“qianzuo”的零件文件，如图 11-22 所示。

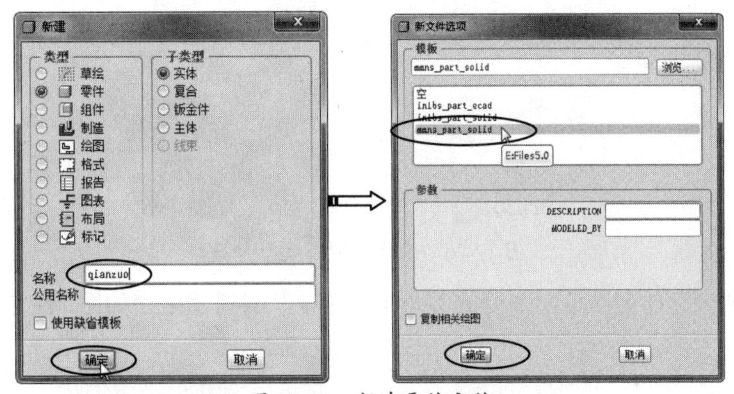

图 11-22 新建零件文件

② 在【模型】选项卡的【形状】面板中，单击【拉伸】按钮，打开操控面板。然后在图形区中选取 TOP 作为草绘平面，如图 11-23 所示。进入二维草绘环境，绘制如图 11-24 所示的拉伸截面。

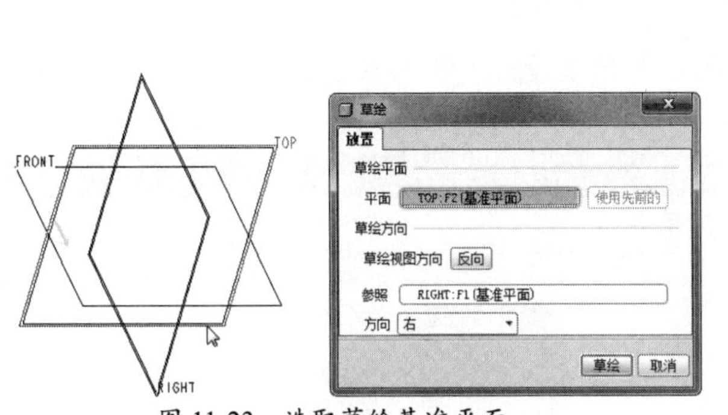

图 11-23 选取草绘基准平面

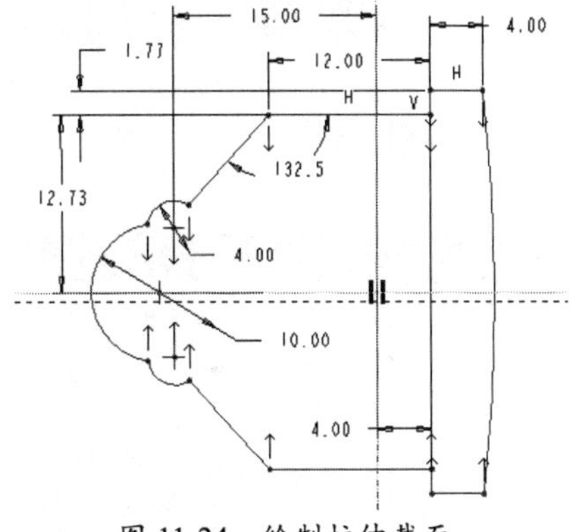

图 11-24 绘制拉伸截面

③ 退出草绘环境。在【拉伸】操控面板中，设置如图 11-25 所示的参数及选项。最后单击【应用】按钮，完成拉伸 1 特征的创建。

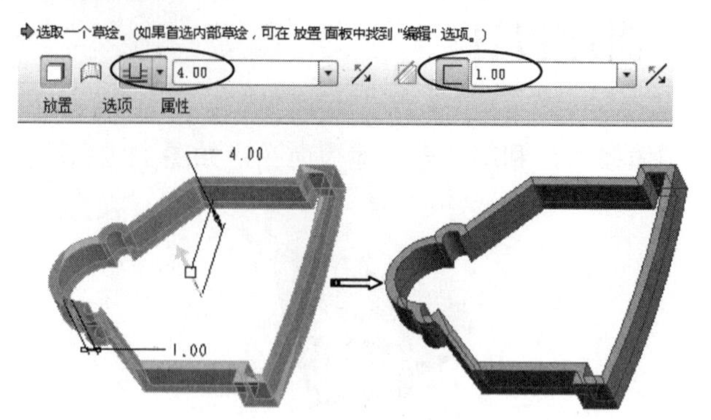

图 11-25 设置拉伸高度与壁厚

④ 选取 TOP 面作为基准面进入草绘环境，使用□选取实体内壁底面边，完成后退出草绘环境。设置如图 11-26 所示的拉伸选项后，完成特征的创建。

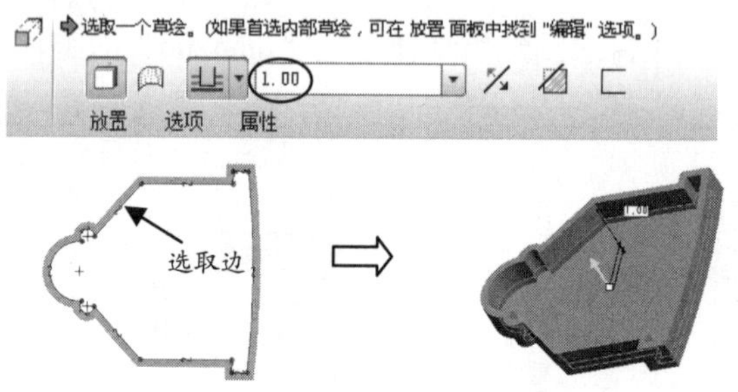

图 11-26 设置拉伸高度与壁厚

⑤ 设置外壁的圆角半径为 2，内壁的圆角半径为 1，倒圆角结果如图 11-27 所示。

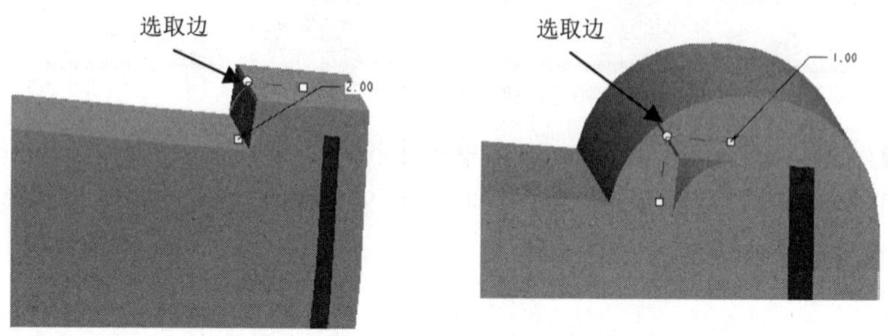

图 11-27 倒圆角全过程

⑥ 外壁拔模。按住 Ctrl 键连续选取外壁，拔模角度设置为 8。拔模过程及最后结果如图 11-28 所示。

技巧点拨

注意，拔模的时候要选取底板作为拔模参照面。

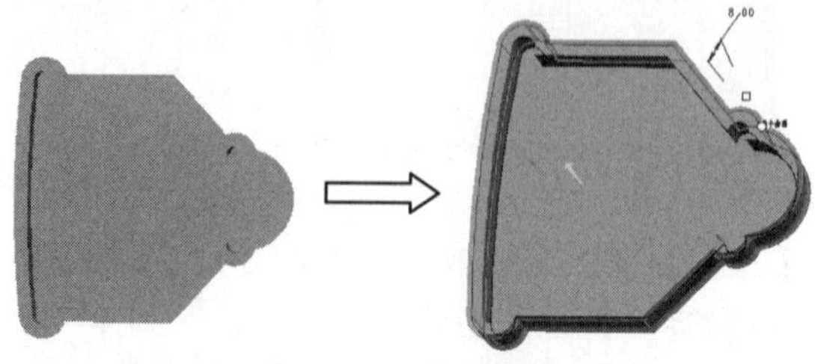

图 11-28 外壁拔模

⑦ 内壁拔模，拔模角度为 8，过程如图 11-29 所示

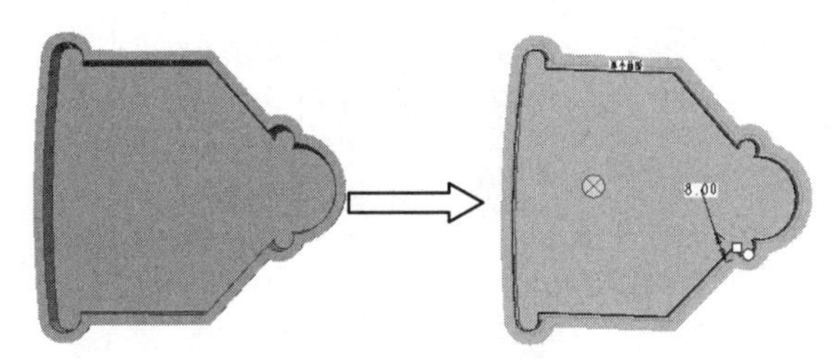

图 11-29 内壁拔模

⑧ 选取 FRONT 作为草绘平面进入草绘环境，使用选取外壁弧，设置正三角形底边距外壁弧距离为 9.5，如图 11-30 所示。

⑨ 绘制完成后，退出草绘环境，设置拉伸高度为 7，创建的拉伸特征如图 11-31 所示。

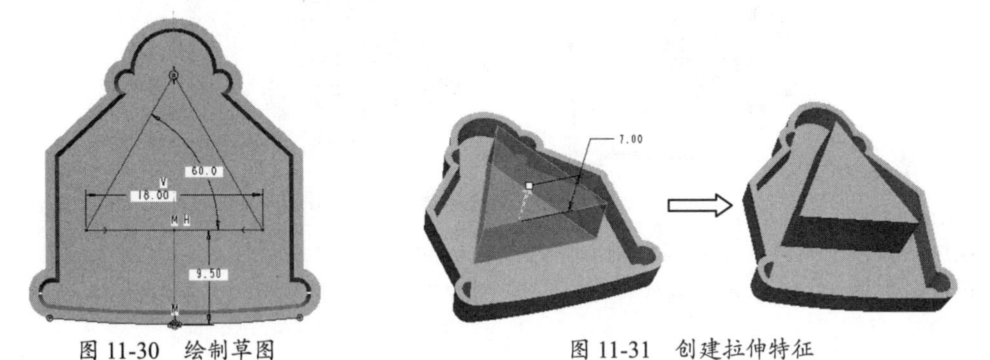

图 11-30 绘制草图　　　　图 11-31 创建拉伸特征

⑩ 把上一步拉伸的三角形实体侧壁连接处进行倒圆角处理，半径为 1.5，结果如图 11-32 所示。

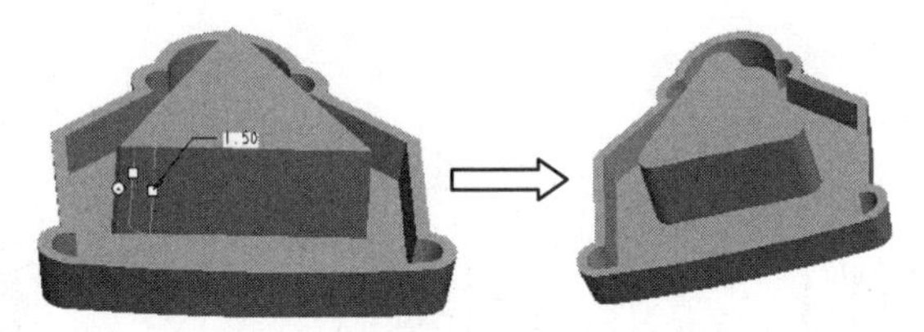

图 11-32 倒圆角处理

⑪ 接下来绘制圆柱体，绘制圆柱体时利用选取上一步三角形实体的边线折弯定位参考，圆直径为 8，距离三角形边线的距离为 1.85，拉伸高度为 3，结果如图 11-33 所示。

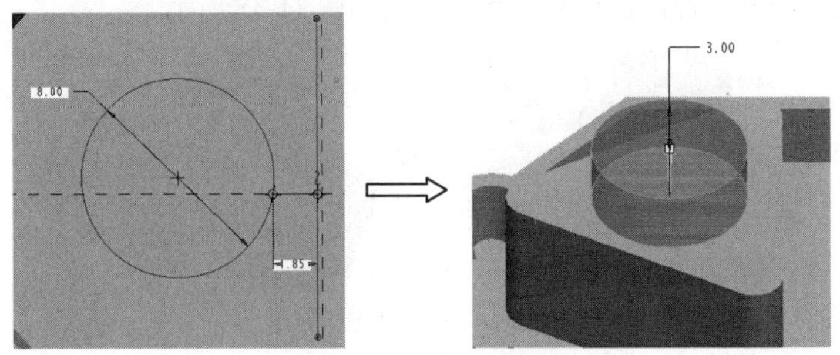

图 11-33 创建拉伸特征

⑫ 再使用【拉伸】工具，选取圆柱顶面作为草绘平面，进入草绘环境，使用选取上一步圆柱边线作为参照，绘制如图 11-34 所示的草图，完成后退出草绘环境。

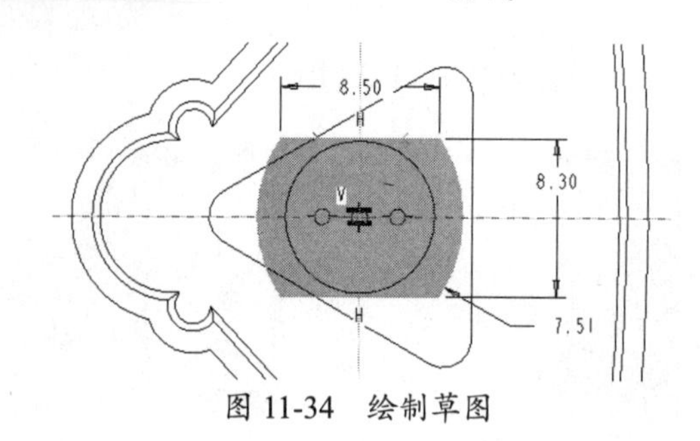

图 11-34 绘制草图

⑬ 退出草绘模式后，设置拉伸高度设置为 5.5，创建拉伸特征的结果如图 11-35 所示。

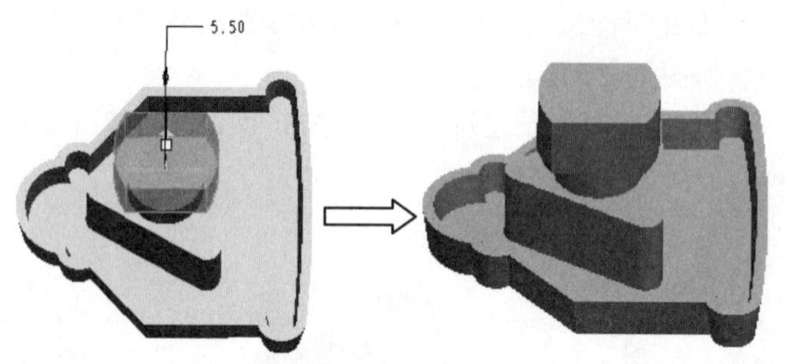

图 11-35 创建拉伸特征

⑭ 使用【拉伸】工具，选取圆台侧面作为草绘平面，进入草绘环境。首先定位左上角点的尺寸，如图 11-36 所示。同样使用□选取圆台左边线作为参照线，绘制完成后退出草绘环境。

⑮ 退出草绘模式后，设置拉伸高度为 2.5，最终结果如图 11-37 所示。

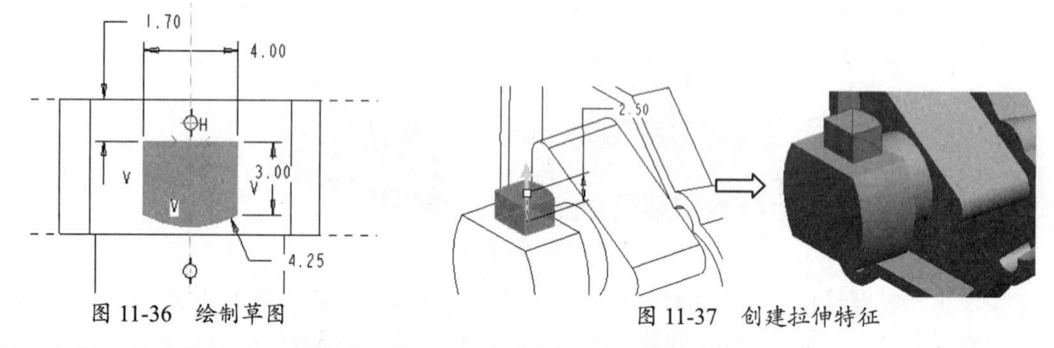

图 11-36 绘制草图

图 11-37 创建拉伸特征

⑯ 用相同的方法绘制下面的圆柱和柱台，结果如图 11-38 所示。

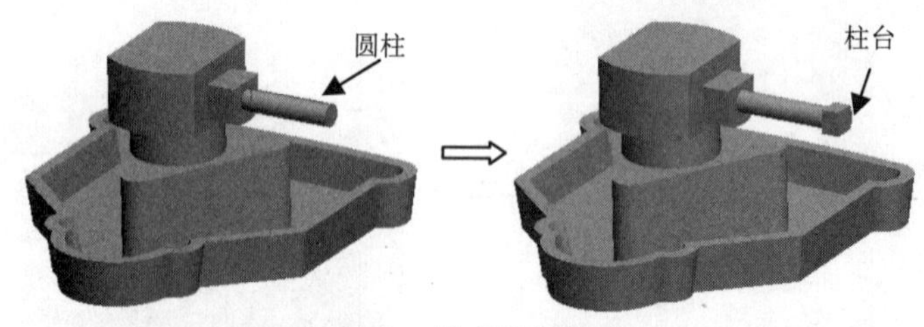

图 11-38 创建圆柱和柱台

⑰ 在模型树中将 3 个实体特征创建成组。

⑱ 利用【镜像】工具，以 FRONT 基准平面作为镜像平面，镜像上一步创建的组，结果如图 11-39 所示。

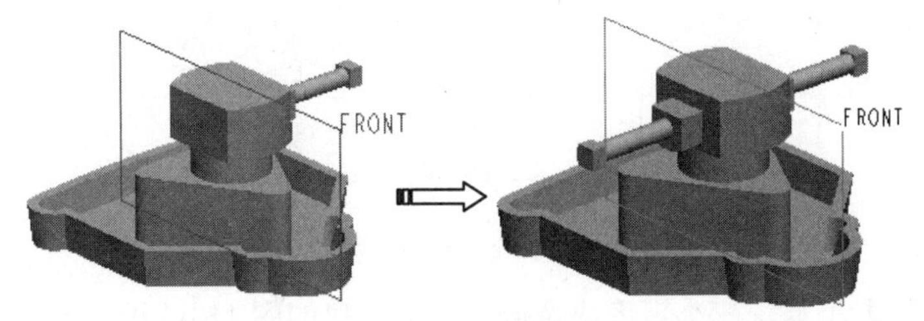

图 11-39 镜像特征

⑲ 单击【旋转】按钮，以 FRONT 作为草绘平面进入草绘模式，绘制如图 11-40 所示的图形，完成后退出草绘环境。

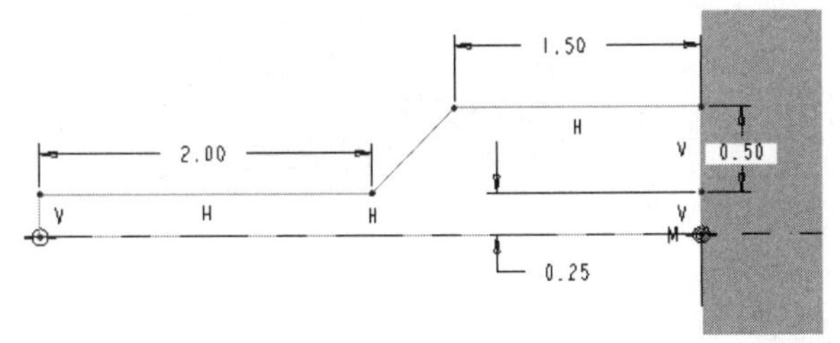

图 11-40 绘制草图

⑳ 设置旋转角度为 360 度，旋转结果如图 11-41 所示。

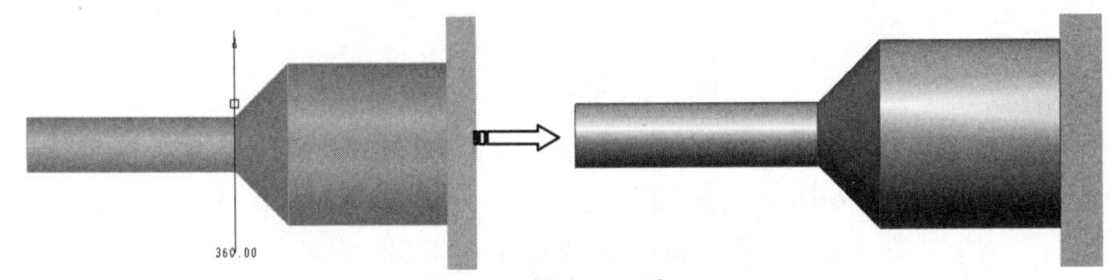

图 11-41 创建旋转特征

㉑ 选取顶上的小圆作为草绘平面进入草绘环境，绘制草图，完成后退出草绘模式。然后设置拉伸高度为 2.5，结果如图 11-42 所示。

㉒ 新建一个基准平面，以 RIGHT 基准平面作为参考，如图 11-43 所示。

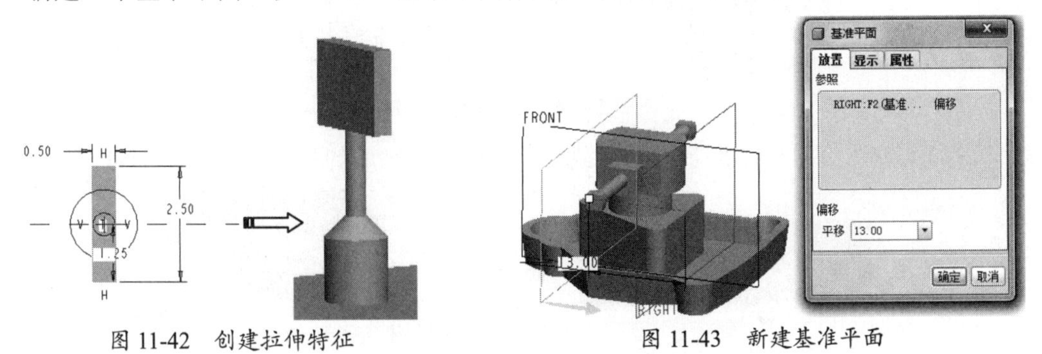

图 11-42 创建拉伸特征　　图 11-43 新建基准平面

㉓ 利用【拉伸】工具，以新建的 DTM1 为草绘平面，绘制如图 11-44 所示的草图。退出草绘模式后设置拉伸高度为 2。

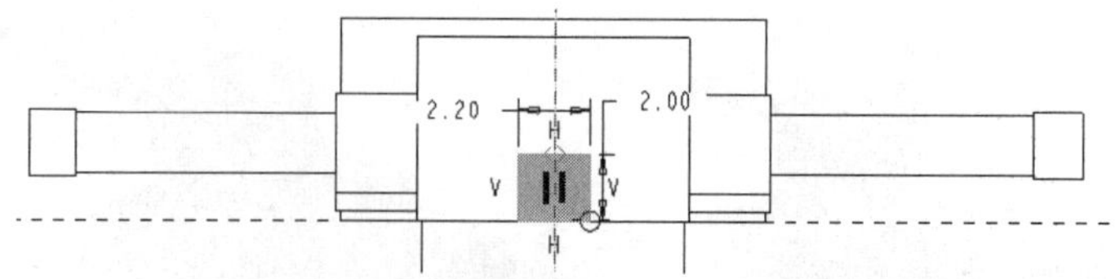

图 11-44　绘制矩形块拉伸特征的草图

㉔ 再利用【拉伸】工具，在小矩形块拉伸特征上创建如图 11-45 所示的深度为 1 的大矩形块特征。

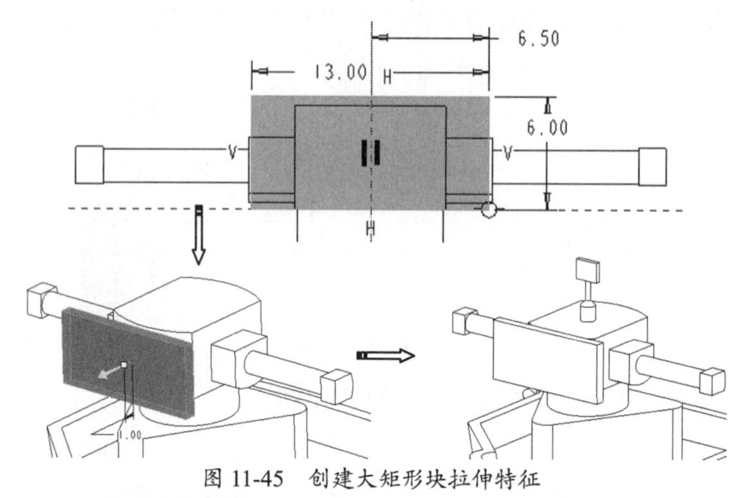

图 11-45　创建大矩形块拉伸特征

㉕ 在菜单栏中选择【插入】|【扫描】|【伸出项】命令，以钳座地面作为参照面进入草绘模式，绘制如图 11-46 所示的扫描轨迹。

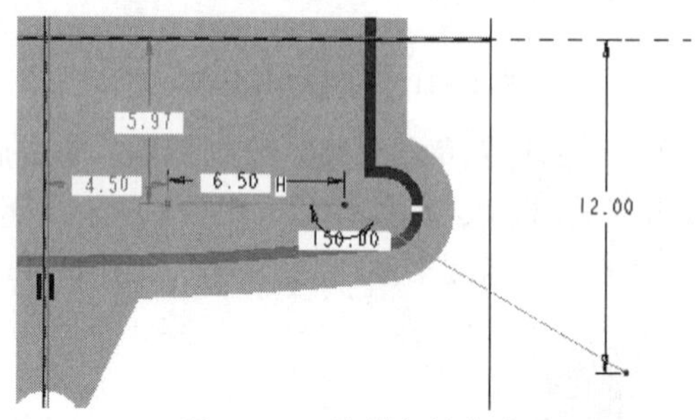

图 11-46　绘制扫描轨迹

㉖ 接着再绘制如图 11-47 所示的扫描截面，最后创建完成的扫描特征如图 11-47 所示。

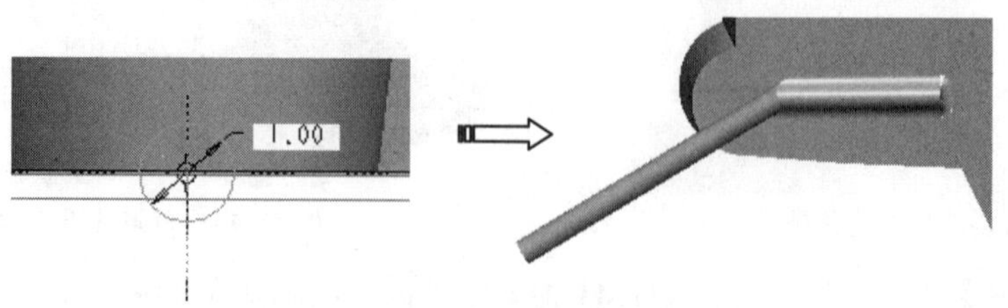

图 11-47　创建扫描特征

㉗ 使用【拉伸】工具，以钳座底面作为草绘平面进入草绘环境，绘制草图，退出草绘模式后设置拉伸深度为 1，创建完成的拉伸特征如图 11-48 所示。

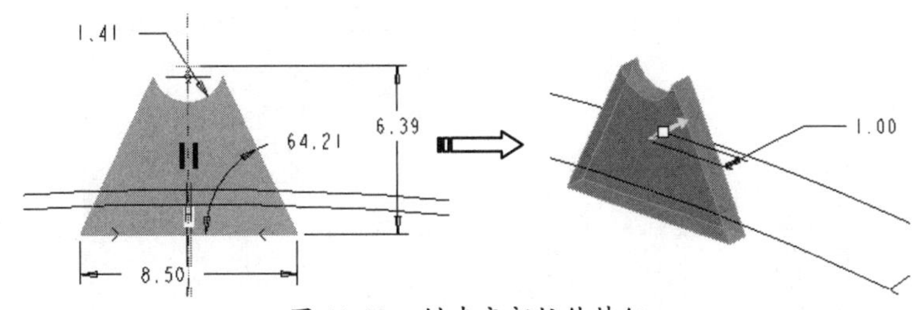

图 11-48 创建底部拉伸特征

㉘ 利用【镜像】命令，将上一步创建的扫描特征，以 FRONT 为参照平面镜像，镜像得到如图 11-49 所示的结果。

㉙ 到此，钳座绘制完成，结果如图 11-50 所示。

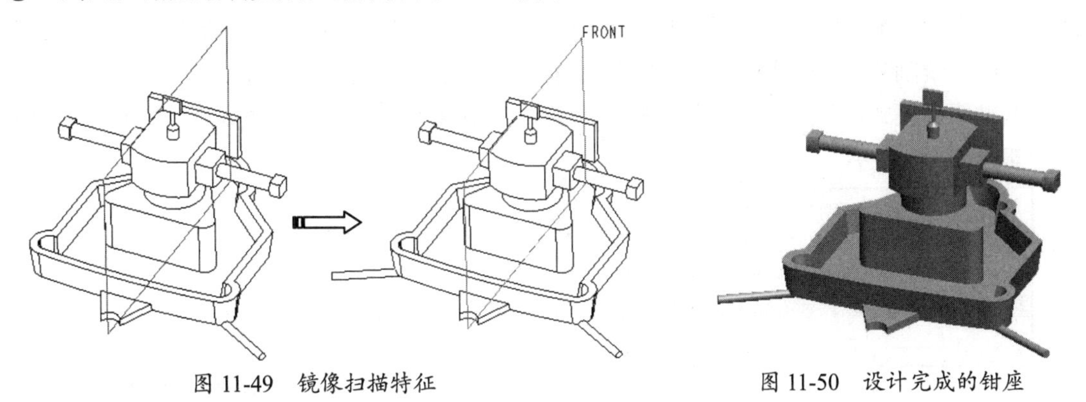

图 11-49 镜像扫描特征

图 11-50 设计完成的钳座

11.3 案例三：螺丝刀设计

“螺丝刀”是一种用来拧转螺丝钉以迫使其就位的工具，通常有一个薄楔形头，可插入螺丝钉头的槽缝或凹口内——亦称“改锥”。本例要设计的螺丝刀造型包括刀体部分和刀柄部分，如图 11-51 所示。

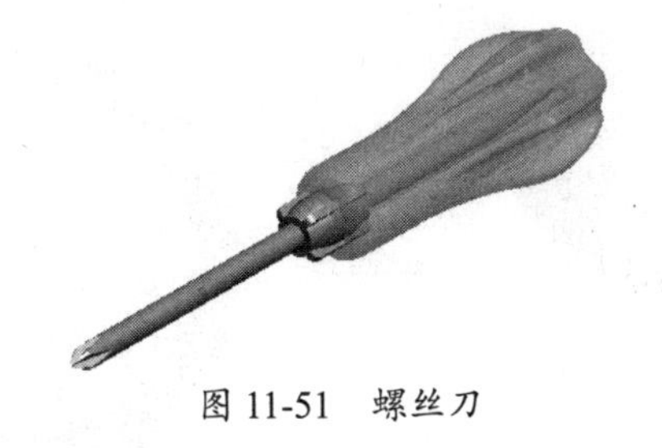
图 11-51 螺丝刀

1. 设计刀体

操作步骤

① 新建名为“luosidao”的组件文件。然后设置工作目录。

② 在右工具栏中单击【创建】按钮，然后创建名为“daoti”的元件文件，如图 11-52 所示。

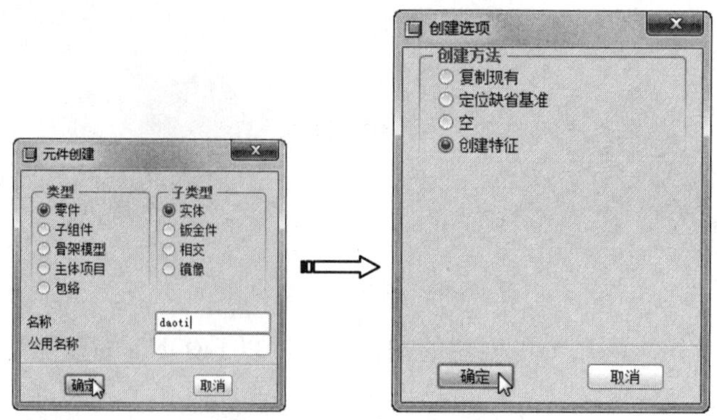

图 11-52　新建元件文件

③ 单击【旋转】按钮，打开【旋转】操控面板。然后选择 FRONT 基准平面进入草绘模式中，绘制如图 11-53 所示的旋转截面和旋转中心线（几何中心线）。

④ 退出草绘模式，保留操控面板中默认设置，单击【应用】按钮，完成旋转特征的创建，如图 11-54 所示。

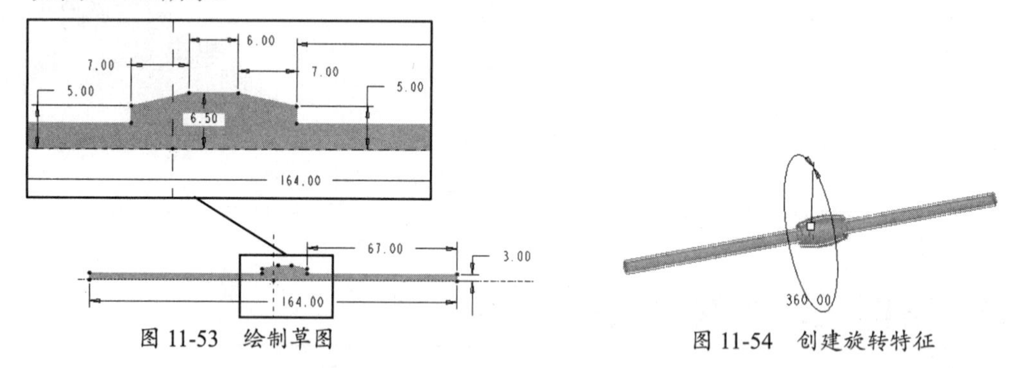

图 11-53　绘制草图

图 11-54　创建旋转特征

⑤ 使用【拉伸】工具，选择如图 11-55 所示的面作为草绘平面，然后进入草绘模式绘制拉伸截面。

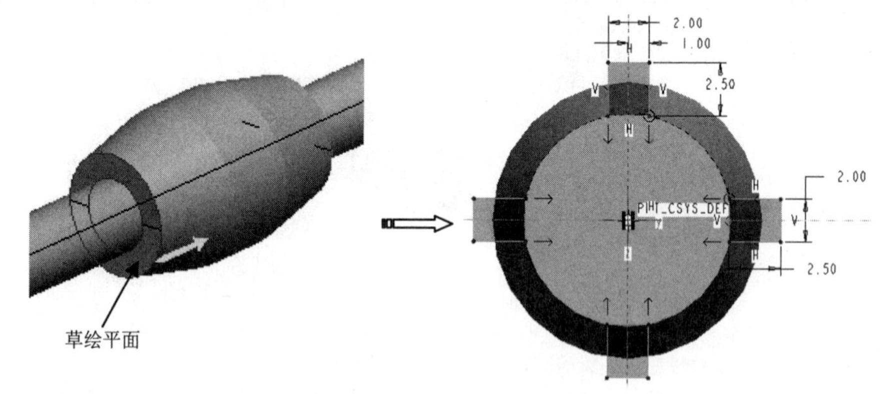

图 11-55　绘制拉伸截面

⑥ 退出草绘模式后设置拉伸类型及深度，如图 11-56 所示。单击【应用】按钮，完成拉伸特征的创建。

⑦ 在整个旋转特征的长端设计十字改锥特征。首先使用【边倒角】工具创建倒角特征，如图 11-57 所示。

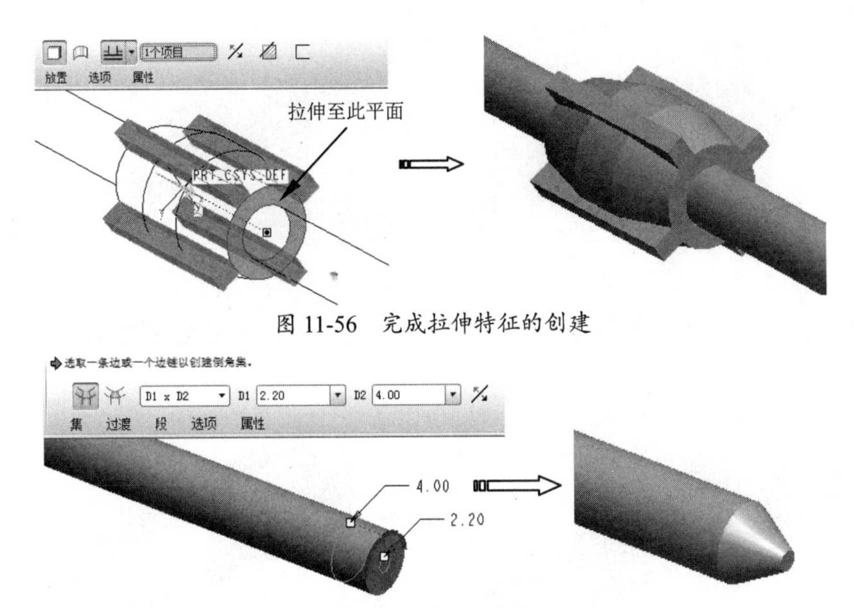

图 11-56 完成拉伸特征的创建

图 11-57 创建倒角特征

⑧ 使用【拉伸】工具，选择如图 11-58 所示的平面作为草绘平面，进入草绘模式后绘制拉伸截面。

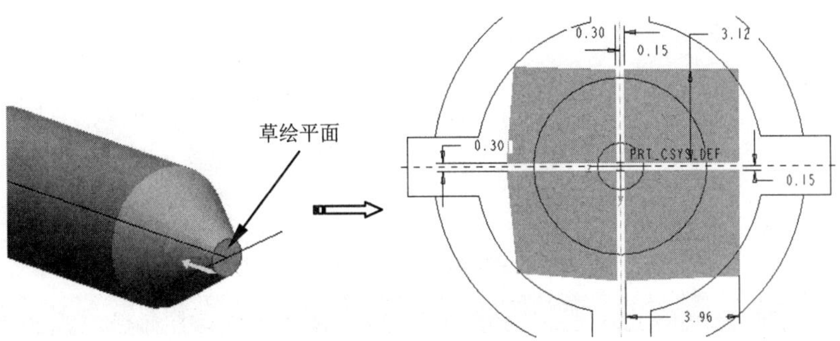

图 11-58 绘制拉伸截面

⑨ 退出草绘模式，在【拉伸】操控面板上设置拉伸深度为 17，并单击【切除材料】按钮，完成拉伸切除材料特征的创建，如图 11-59 所示。

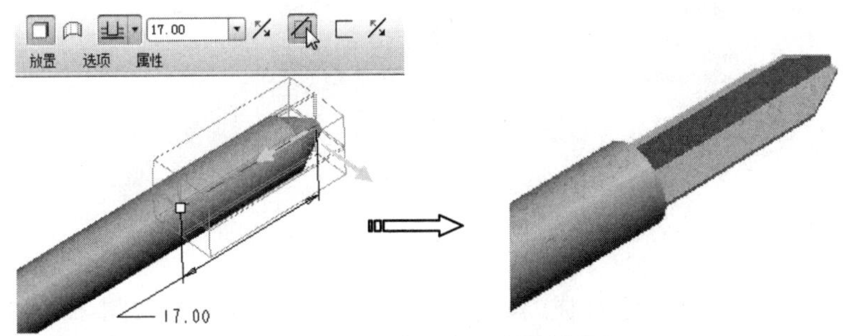

图 11-59 创建拉伸切除材料特征

⑩ 单击【拔模】按钮，打开【拔模】操控面板。然后选择拔模曲面和拔模枢轴，如图 11-60 所示。

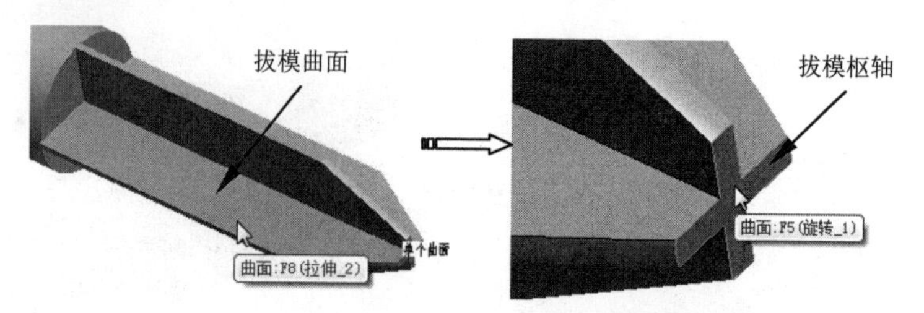

图 11-60 选择拔模曲面和拔模枢轴

⑪ 更改拖拉方向，输入拔模斜度为 10，最后单击【应用】按钮完成拔模，结果如图 11-61 所示。

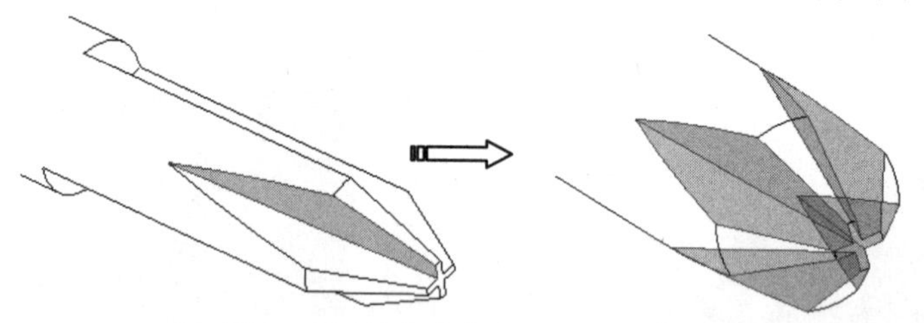

图 11-61 创建拔模

⑫ 同理，在其余 7 个曲面上也创建相同拔模斜度的特征，最终结果如图 11-62 所示。

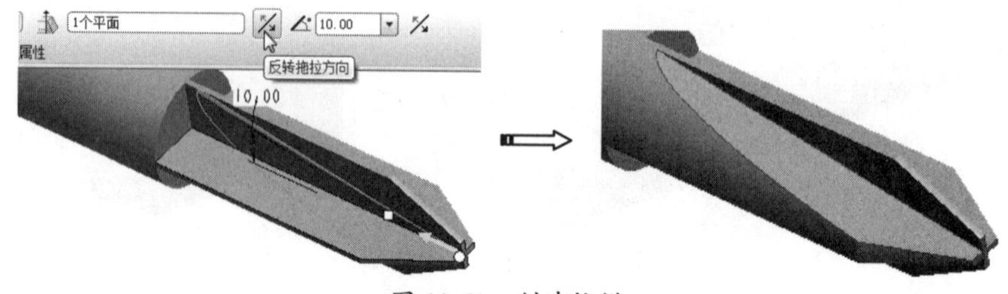

图 11-62 创建其余曲面的拔模特征

技巧点拨

可以按住 Ctrl 键一次性选择 2 个相邻曲面来创建 2 个曲面的拔模，如图 11-63 所示。

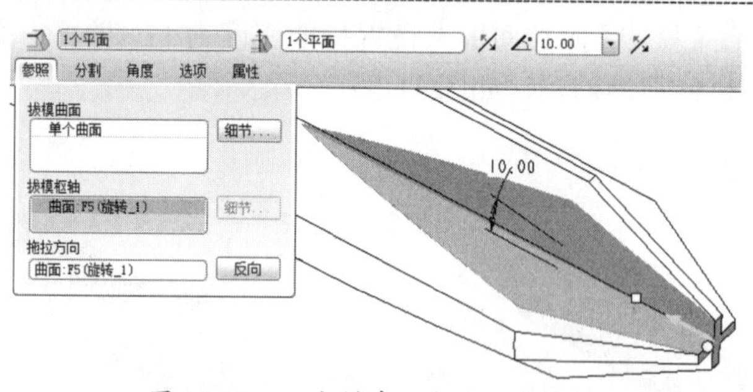

图 11-63 一次创建 2 个曲面的拔模

⑬ 再次将 8 个拔模后的曲面进行拔模，其中一个曲面的拔模操作如图 11-64 所示。然后按此方法创建其余曲面的拔模特征。

技巧点拨

在创建第 2 个拔模特征时，如果是以第 1 个拔模特征的曲面作为拔模枢轴，那么拔模斜度将是 14，而不是图 11-64 中的 7，如图 11-65 所示。以此类推，其余拔模特征也是如此。

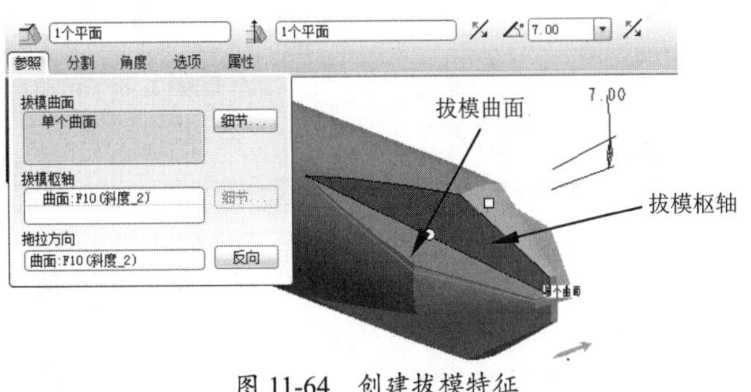

图 11-64 创建拔模特征

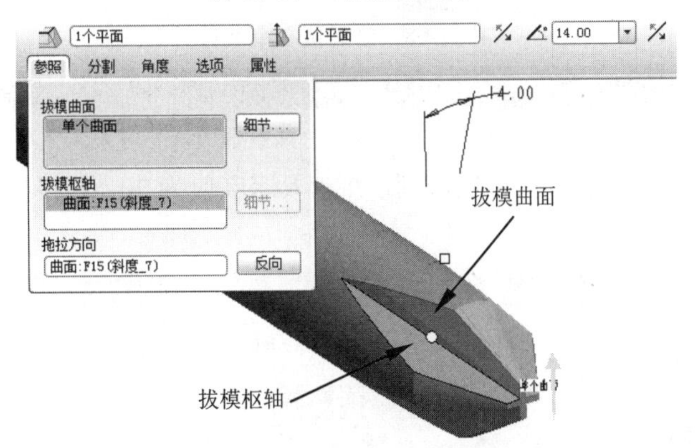

图 11-65 创建第 2 个拔模特征的拔模斜度

⑭ 下面设计"一"字形改锥特征。在另一端新建一个基准平面，如图 11-66 所示。

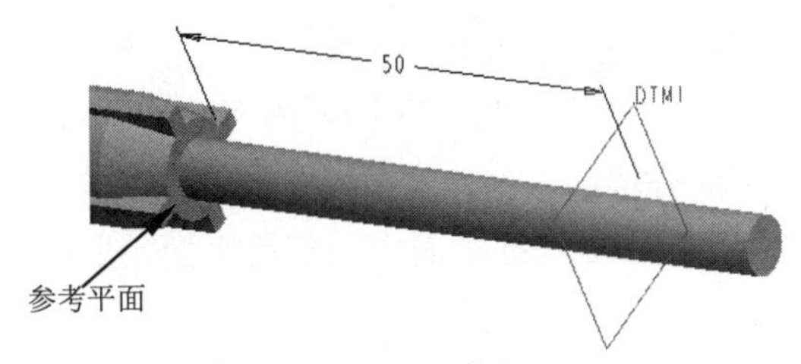

图 11-66 创建参考平面

⑮ 在菜单栏中执行【插入】|【混合】|【伸出项】命令，打开【混合选项】菜单管理器。选择如图 11-67 所示的命令及草绘平面，进入草绘模式中绘制 2 个截面。

⑯ 绘制 1 个截面后，执行右键快捷菜单【切换截面】命令再绘制第 2 个截面，如图 11-68 所示。

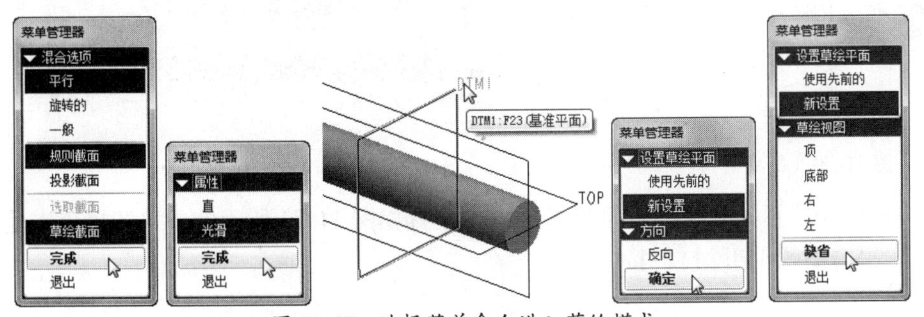

图 11-67 选择菜单命令进入草绘模式

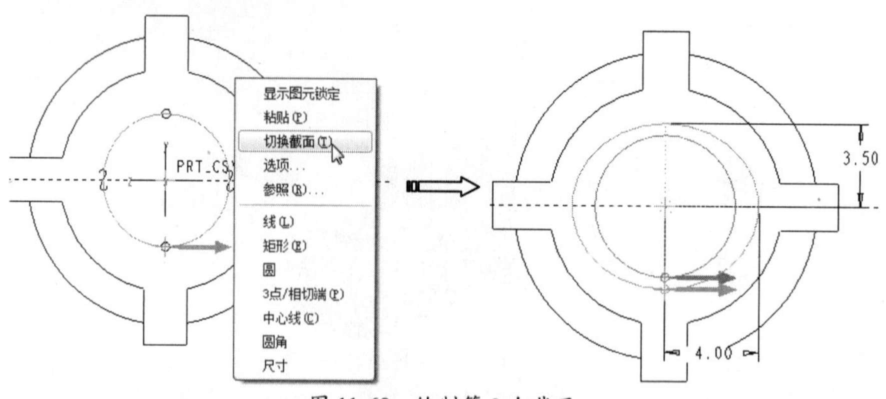

图 11-68 绘制第 2 个截面

技巧点拨

第 2 个截面必须打断，而且段数与起点方向与第 1 个截面相同，否则会生成扭曲的实体。

⑰ 退出草绘模式后，设置深度为“盲孔”，并输入深度值为 20，最终完成混合特征的创建，如图 11-69 所示。

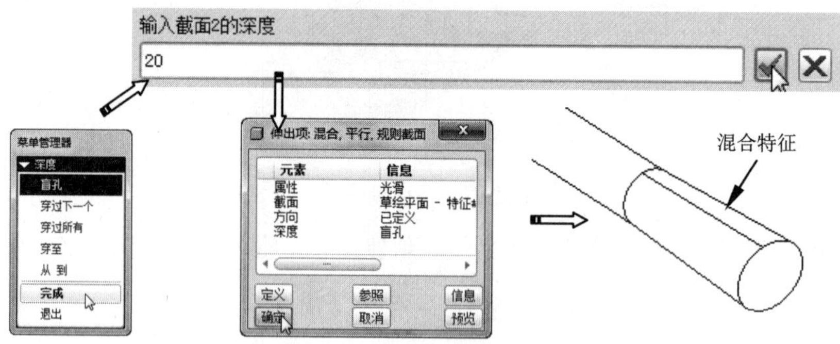

图 11-69 创建混合特征

⑱ 利用【圆角】命令，在混合特征上创建圆角，如图 11-70 所示。

⑲ 使用【拉伸】命令，选择 FRONT 基准平面作为草绘平面，进入草绘模式，绘制如图 11-71 所示的拉伸截面。

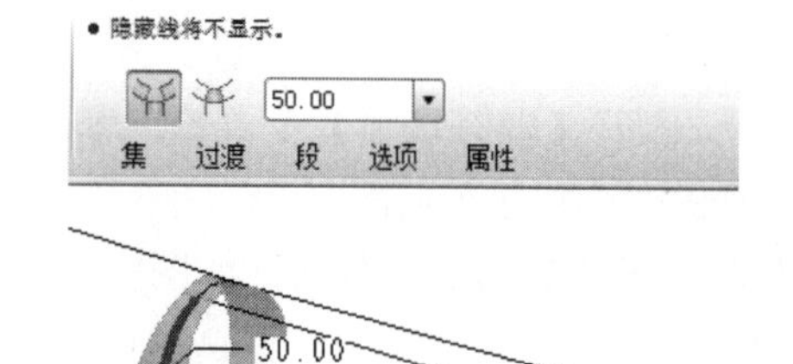

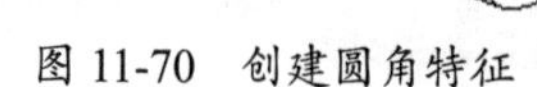

图 11-70 创建圆角特征

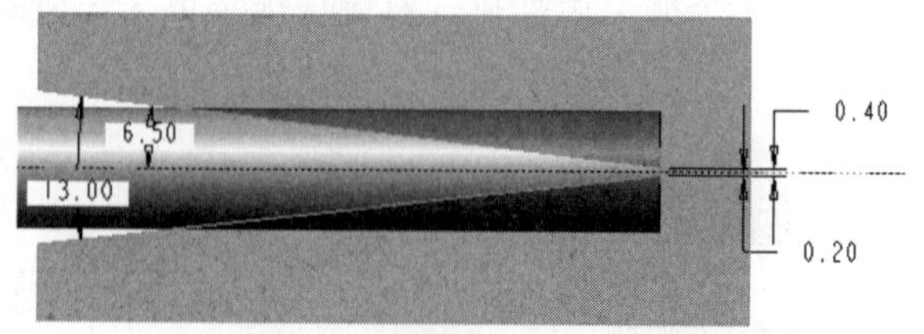

图 11-71 绘制拉伸截面

⑳ 退出草绘模式后，在【拉伸】操控面板中设置如图 11-72 所示的参数，再单击【应用】按钮，完成拉伸切除材料特征。

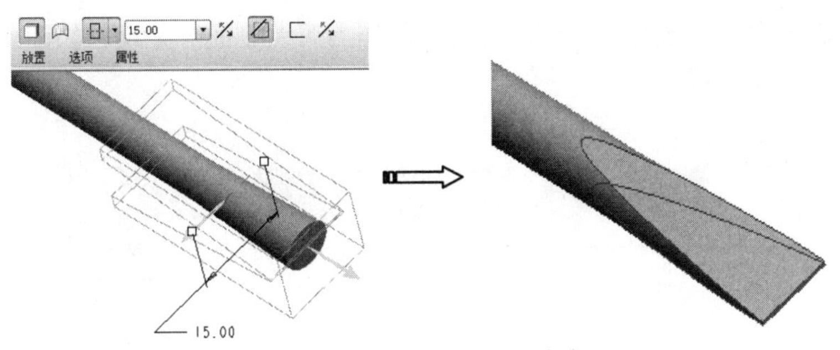

图 11-72　创建拉伸切除材料特征

㉑ 使用【拉伸】工具，在 TOP 基础平面上绘制草图，并完成拉伸切除材料特征的创建。结果如图 11-73 所示。

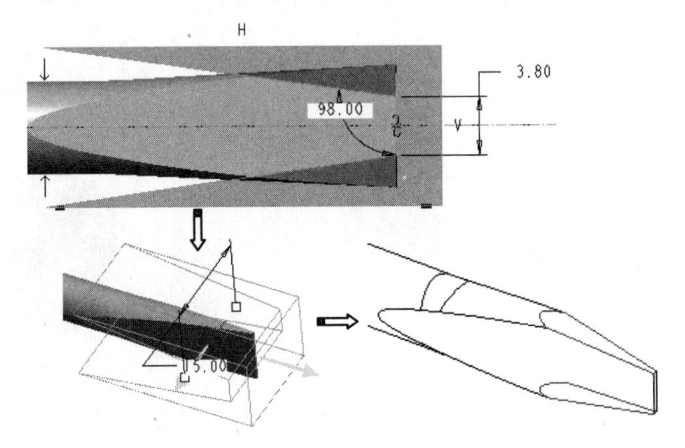

图 11-73　创建拉伸切除特征

㉒ 利用【倒圆角】命令，在刀体中间部位创建倒圆角特征，如图 11-74 所示。

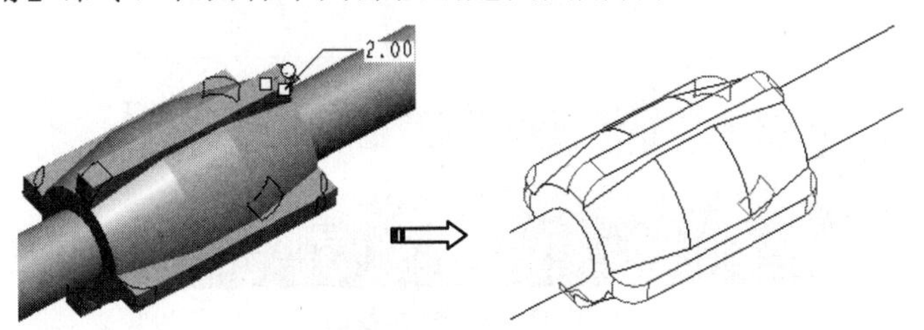

图 11-74　倒圆角

㉓ 最终设计完成的刀体如图 11-75 所示。

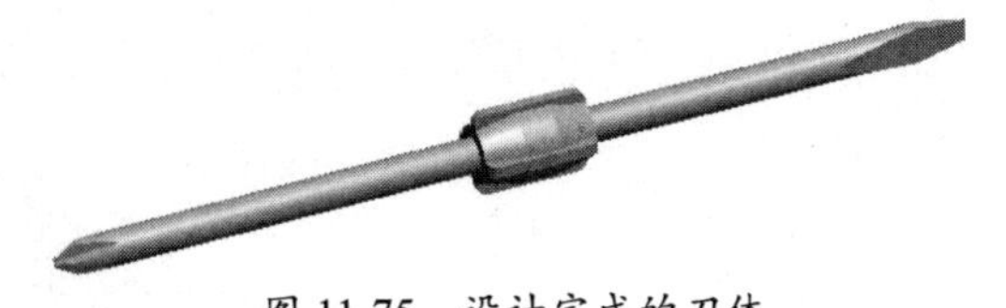

图 11-75　设计完成的刀体

2. 设计手柄

操作步骤

① 新建名为“shoubing”的元件文件，并进入到该元件的激活模式。

② 使用【旋转】命令，选择 FRONT 基准平面作为草绘平面，并绘制如图 11-76 所示的草图截面和几何中心线。

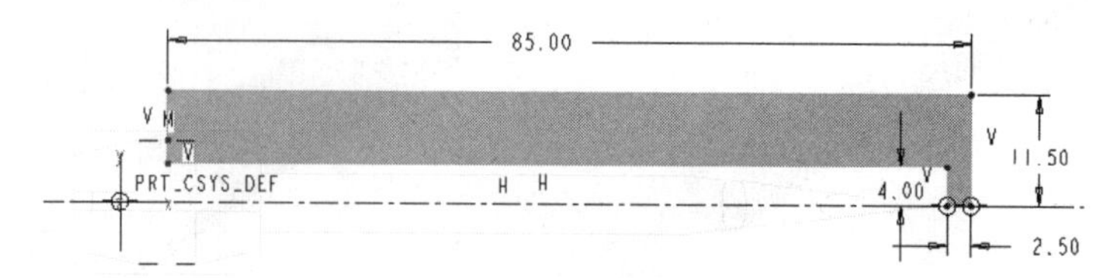

图 11-76 绘制草图

③ 退出草绘模式后，保留操控面板中默认的设置，单击【应用】按钮，完成旋转特征的创建，如图 11-77 所示。

④ 利用【倒圆角】命令，创建半径为 5 的倒圆角特征，如图 11-78 所示。

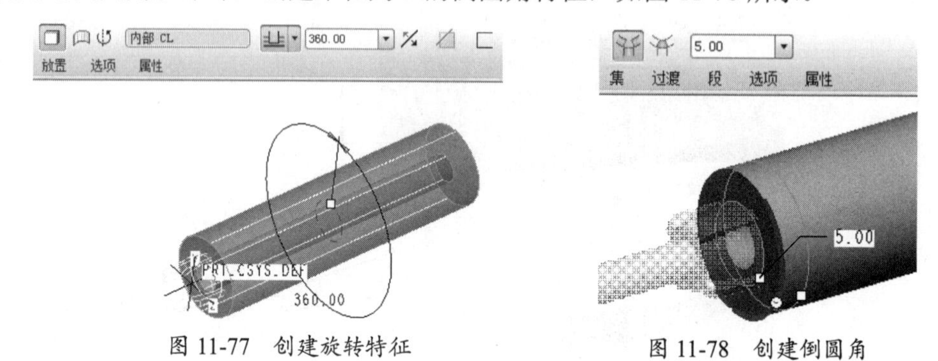

图 11-77 创建旋转特征　　图 11-78 创建倒圆角

⑤ 使用【拉伸】命令，选择 FRONT 基准平面作为草绘平面，进入草绘模式，绘制 11-79 所示的截面。

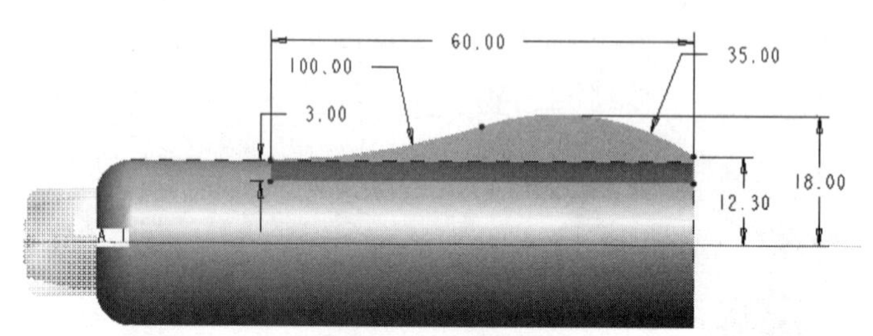

图 11-79 绘制截面

⑥ 退出草绘模式后，设置拉伸深度类型及深度值，单击【应用】按钮，完成拉伸曲面特征的创建，如图 11-80 所示。

⑦ 再利用【拉伸】命令，在 TOP 基准平面内草绘，并创建出如图 11-81 所示的拉伸曲面特征。

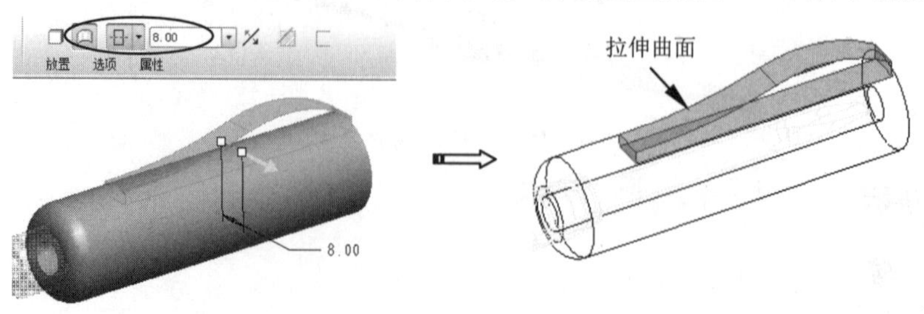

图 11-80 创建拉伸曲面 1

技巧点拨

如果是绘制开放的草绘轮廓，必须先在【拉伸】操控面板中单击【拉伸为曲面】按钮，才能创建拉伸曲面。

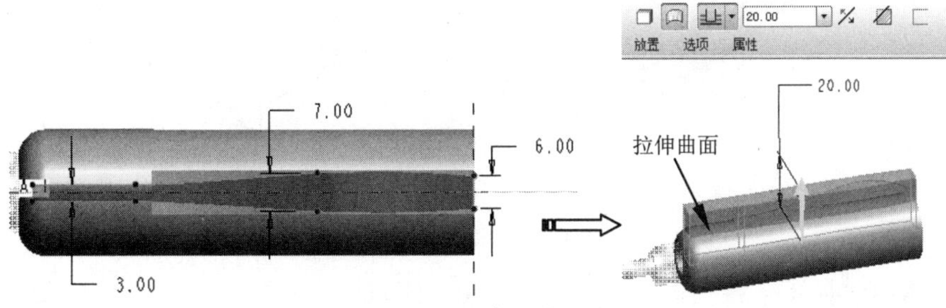

图 11-81 创建拉伸曲面 2

⑧ 选中 2 个拉伸曲面，然后在菜单栏中执行【编辑】|【合并】命令，打开【合并】操控面板。设置合并的方向后，单击【应用】按钮，完成曲面的合并，如图 11-82 所示。

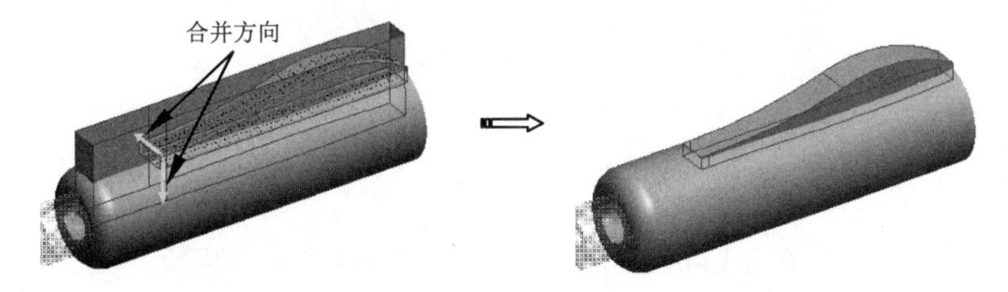

图 11-82 合并曲面

⑨ 将合并的曲面实体化。在菜单栏中执行【插入】|【扫描】|【切口】命令，然后选择如图 11-83 所示的菜单命令并绘制轨迹。

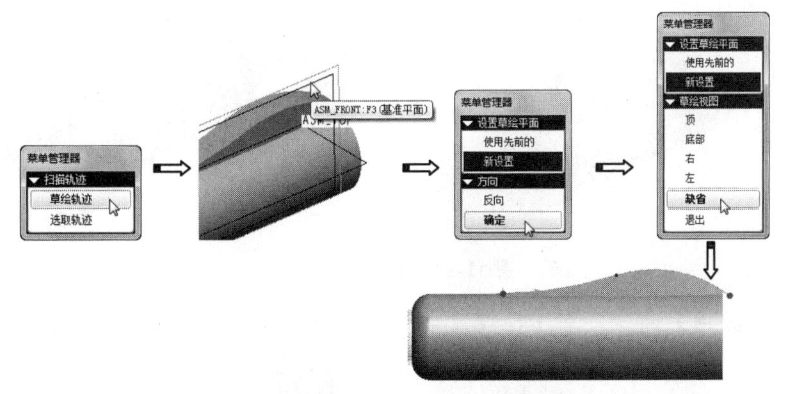

图 11-83 选择菜单命令并绘制轨迹

⑩ 随后再进入草绘模式，然后绘制如图 11-84 所示的扫描截面，完成后退出草绘模式。最后单击【切减扫描】对话框的【确定】按钮，完成扫描切口特征的创建。

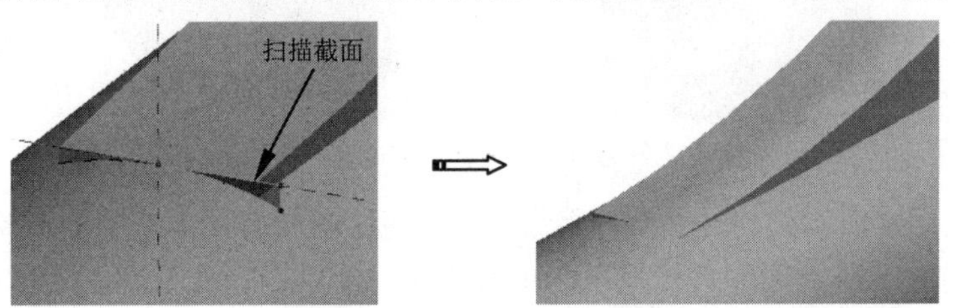

图 11-84 创建扫描切口特征

⑪ 同理，在对称的另一侧也创建相同的扫描切口特征。

⑫ 利用【倒圆角】命令，创建如图 11-85 所示的倒圆角特征。

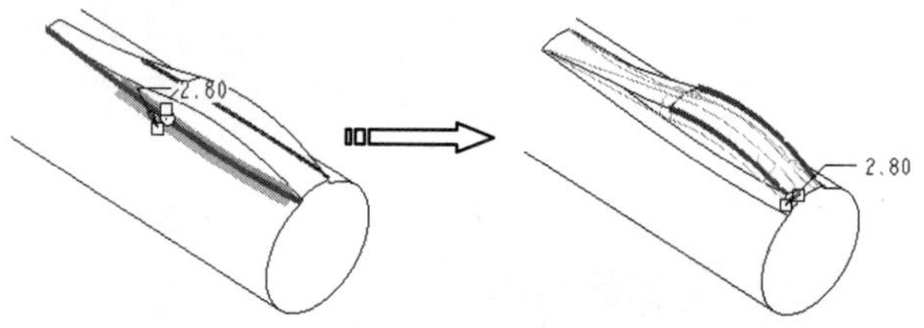

图 11-85　创建倒圆角

⑬ 在模型树中选择 4 个特征创建组，如图 11-86 所示。

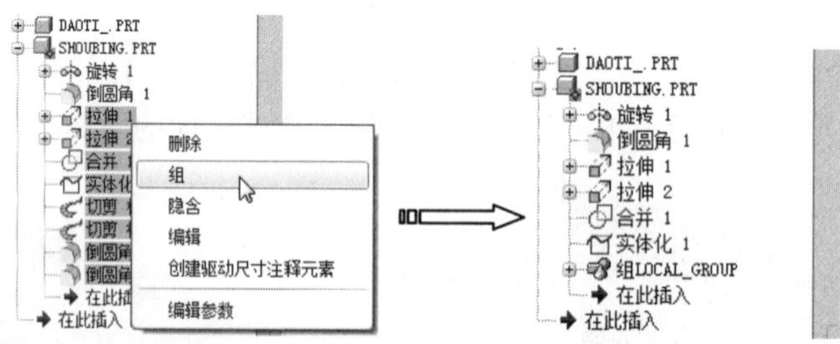

图 11-86　创建组

⑭ 选中创建的组，然后单击【阵列】按钮，打开【阵列】操控面板。以“轴”阵列方式，选择旋转特征的轴，然后设置阵列个数和角度，最后单击【应用】按钮完成阵列特征的设置，如图 11-87 所示。

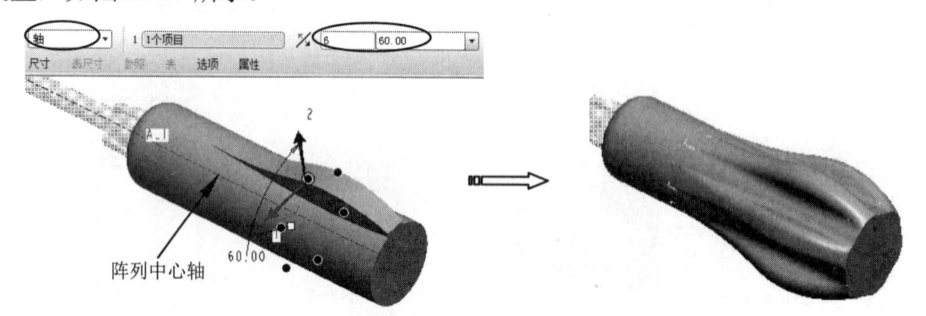

图 11-87　创建阵列特征

⑮ 再使用【倒圆角】命令，对手柄尾部进行倒圆角处理，如图 11-88 所示。

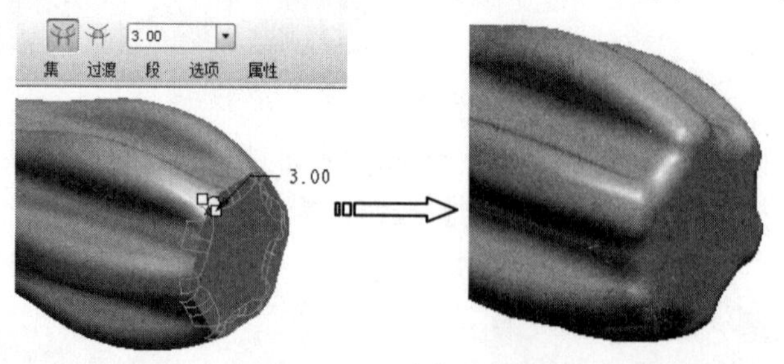

图 11-88　创建倒圆角

⑯ 选择如图 11-89 所示的刀体曲面进行复制、粘贴。在打开的【复制】操控面板的【选项】选项卡中选择【排除曲面并填充孔】单选按钮，然后选择孔轮廓，最后单击【应用】按钮，完成曲面的复制。

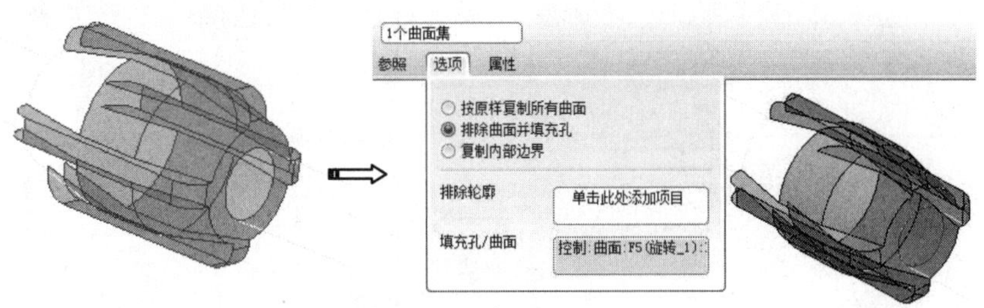

图 11-89 复制曲面

⑰ 选中复制的曲面，然后在菜单栏中执行【编辑】|【实体化】命令，在操控面板中单击【修剪】命令，再单击【应用】按钮，完成实体化修剪，结果如图 11-90 所示。

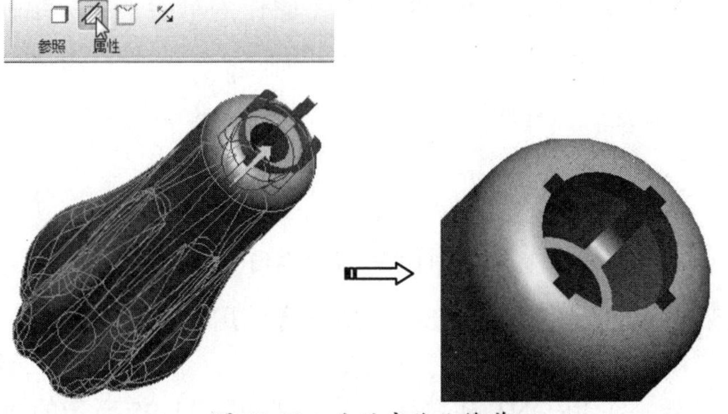

图 11-90 曲面实体化修剪

⑱ 至此，完成了整个螺丝刀的组件装配设计，如图 11-91 所示。

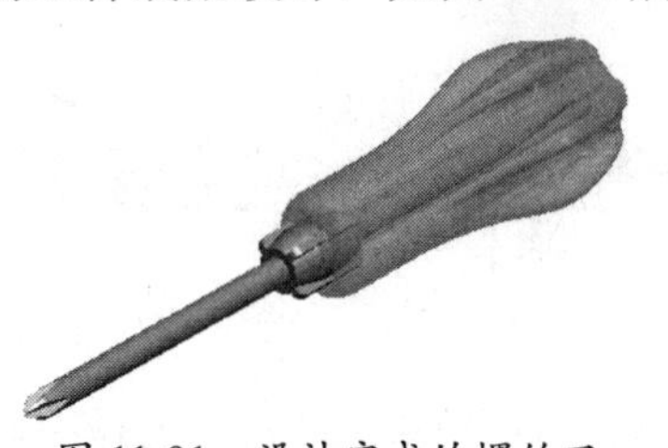

图 11-91 设计完成的螺丝刀

11.4 案例四：皇冠造型设计

造型设计过程中使用了拉伸、扫描混合、阵列、骨架折弯和环形折弯等造型设计的高级工具。下面详解设计过程。

11.4.1 设计主体

操作步骤

① 启动 Pro/E，然后创建工作目录。
② 单击【创建新对象】按钮，弹出【新建】对话框，然后新建名为“huangguan”的模型文件，如图 11-92 所示。

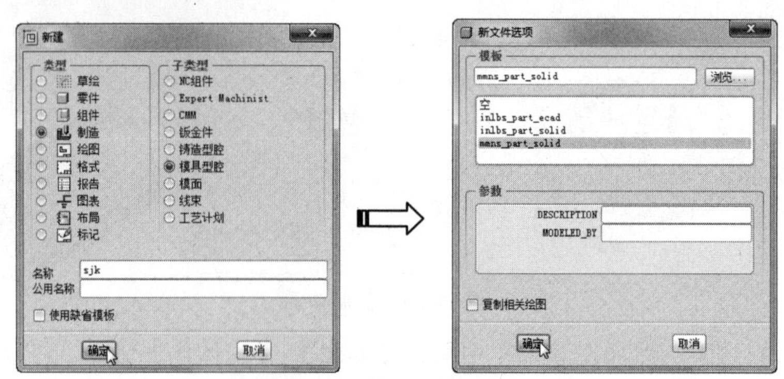

图 11-92　新建模型文件

③ 首先利用【拉伸】命令，选择 RIGHT 基准平面作为草绘平面，绘制如图 11-93 所示的草图。

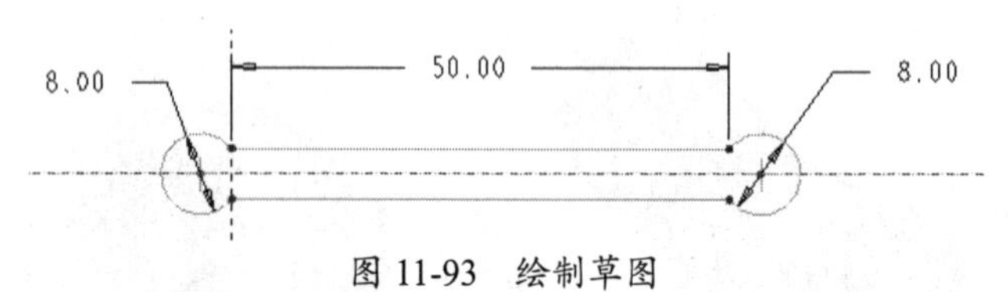

图 11-93　绘制草图

④ 退出草绘模式后，设置深度值为 628，再单击【应用】按钮，完成拉伸特征的创建，如图 11-94 所示。

⑤ 利用【草绘】工具，在 FRONT 基准平面上绘制如图 11-95 所示的曲线。

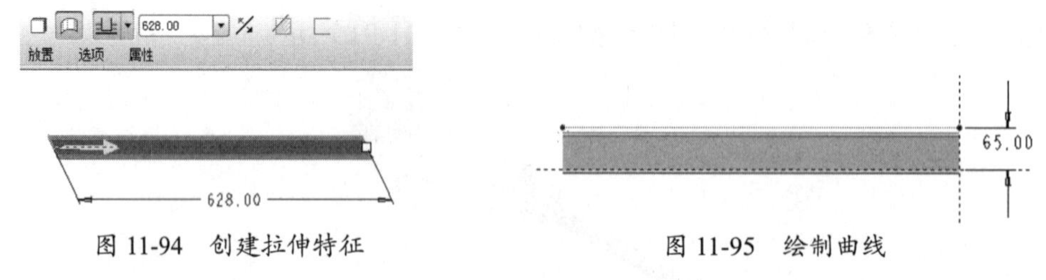

图 11-94　创建拉伸特征　　　　图 11-95　绘制曲线

⑥ 利用【可变截面扫描】工具，打开操控面板。选择绘制的曲线作为轨迹，如图 11-96 所示。

⑦ 单击【创建或编辑扫描剖面】按钮，进入草绘模式，绘制如图 11-97 所示的截面。

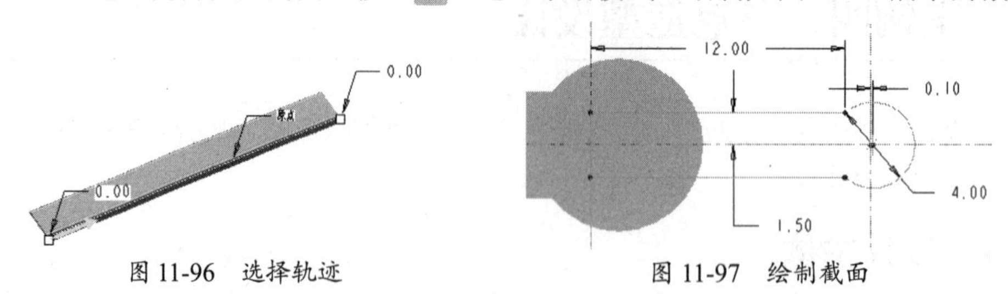

图 11-96　选择轨迹　　　　图 11-97　绘制截面

⑧ 将图 11-97 中的尺寸为 0.10 的标注设为驱动尺寸，添加的关系式如图 11-98 所示。

⑨ 退出草绘模式，单击【应用】按钮，完成可变扫描截面特征的创建，如图 11-99 所示。

⑩ 利用【平面】工具，选择拉伸特征的侧面作为参考，创建新基准平面 DTM1，如图 11-100 所示。

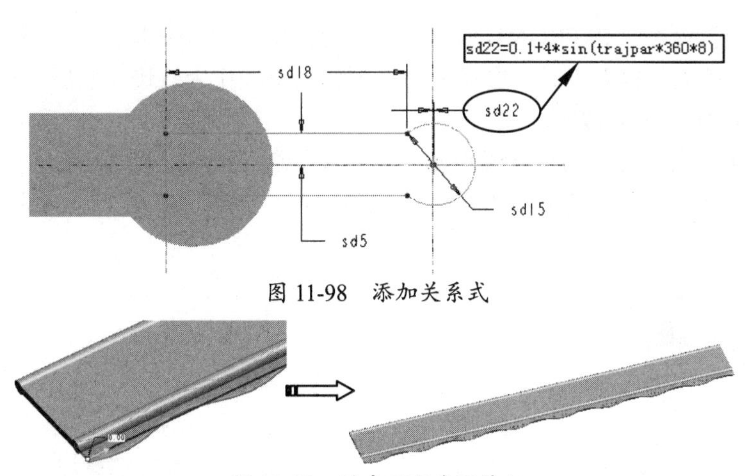

图 11-98 添加关系式

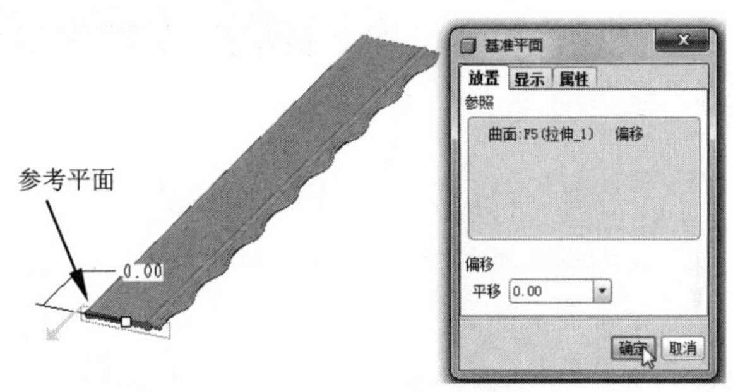

图 11-99 创建可变截面特征

图 11-100 创建基准平面

⑪ 在菜单栏中执行【插入】|【模型基准】|【图形】命令，为图形特征输入“G1”的名称，如图 11-101 所示。

图 11-101 输入图形的名称

⑫ 随后在弹出的草绘窗口中绘制如图 11-102 所示的草图。绘制完成后，单击【完成】按钮关闭窗口。

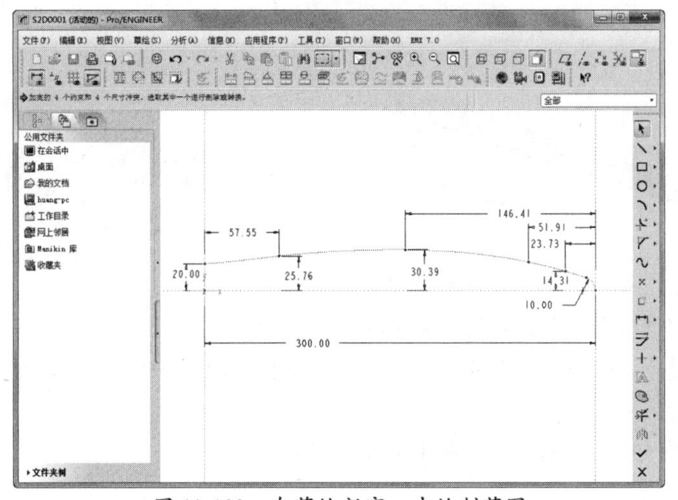

图 11-102 在草绘新窗口中绘制草图

⑬ 利用【草绘】命令，在 FRONT 基准平面上绘制如图 11-103 所示的直线。

⑭ 利用【可变截面扫描】工具，选择上一步创建的直线作为轨迹，然后进入草绘模式，绘制如图 11-104 所示的截面。

⑮ 将截面中标注为“20”的尺寸添加到关系式，如图 11-105 所示。

⑯ 退出草绘模式后，单击【应用】按钮，完成特征的创建，如图 11-106 所示。

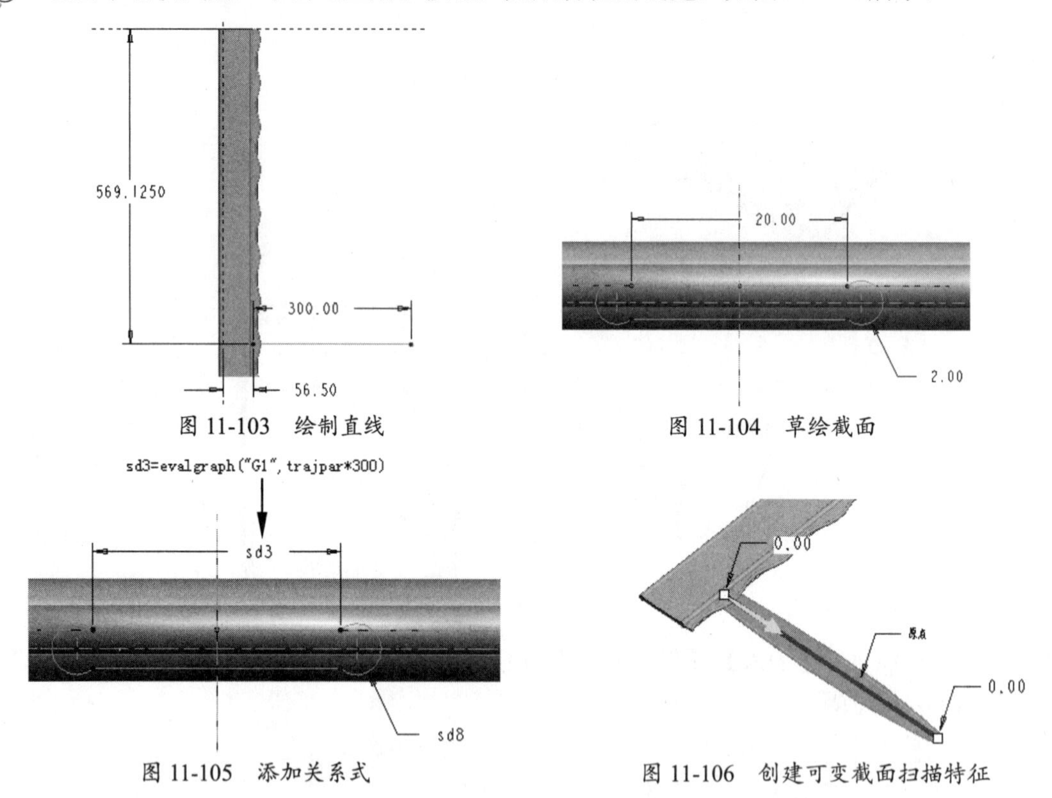

图 11-103 绘制直线

图 11-104 草绘截面

图 11-105 添加关系式

图 11-106 创建可变截面扫描特征

⑰ 选中可变截面扫描特征，然后将其阵列，【阵列】操控面板的设置与阵列结果如图 11-107 所示。

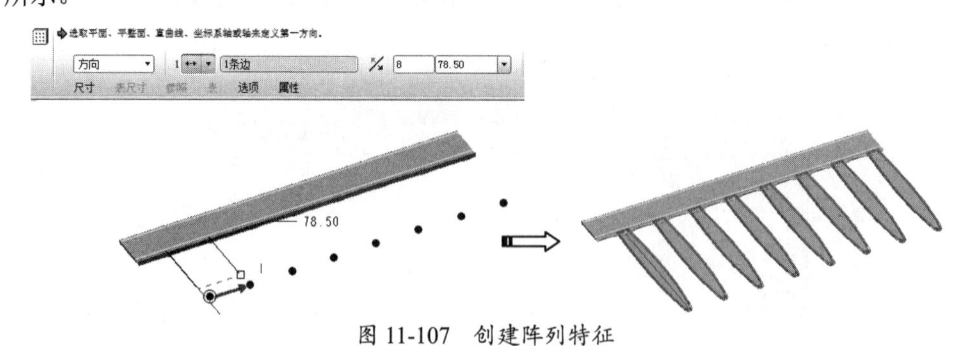

图 11-107 创建阵列特征

⑱ 利用【点】工具，创建如图 11-108 所示的基准点。

⑲ 利用【平面】工具，选中 TOP 基准平面和基准点作为参考，创建新基准平面 DTM2，如图 11-109 所示。

⑳ 随后再创建出如图 11-110 所示的 DTM3 基准平面。

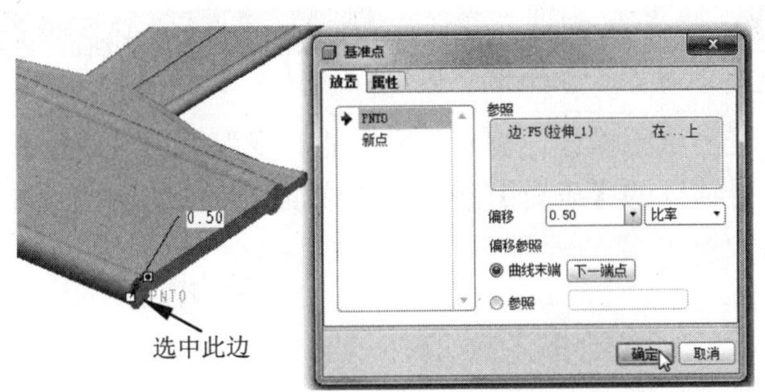

图 11-108 创建基准点

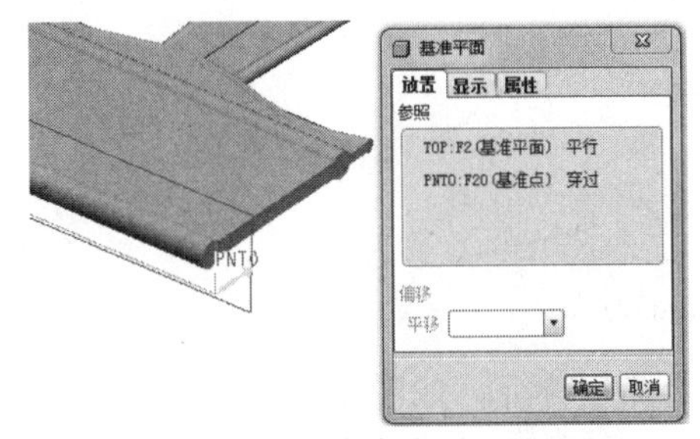

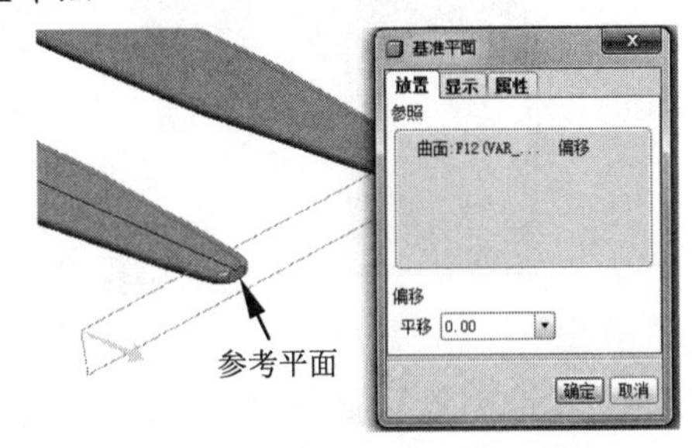

图 11-109 创建基准平面 DTM2

图 11-110 创建基准平面 DTM3

㉑ 在菜单栏中执行【插入】|【混合】|【伸出项】命令，弹出菜单管理器。然后选择如图 11-111 所示的菜单命令，进入草绘模式，草绘第 1 个截面。

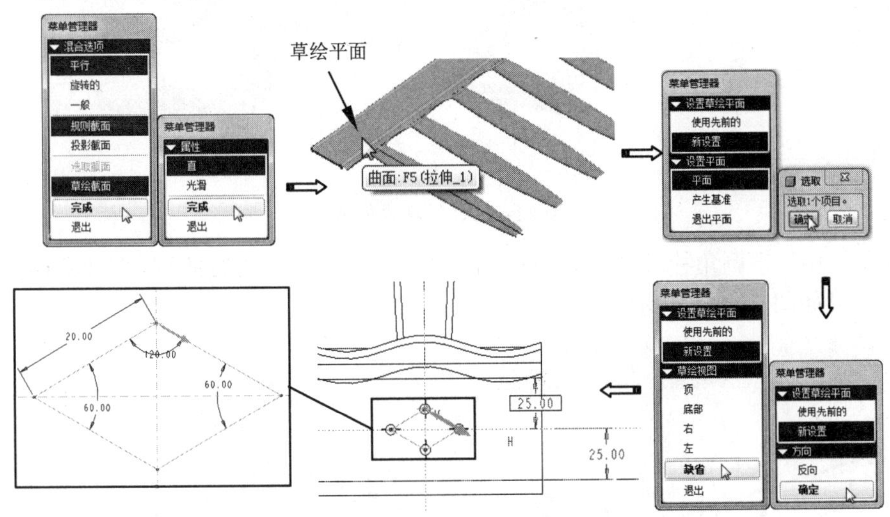

图 11-111 选择混合命令并草绘截面 1

㉒ 单击鼠标右键，选择【切换截面】命令，然后绘制第 2 个截面，如图 11-112 所示。

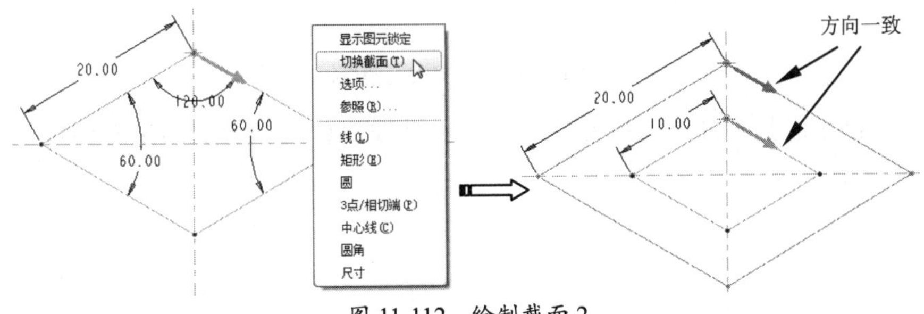

图 11-112 绘制截面 2

技巧点拨

绘制截面 2 时须注意与截面 1 的起始方向，两个截面的方向必须完全一致，否则生成的特征是扭曲的。

㉓ 截面绘制完成后退出草绘模式，输入截面 2 的深度为“3”，最后单击【曲面：混合，平行，规则截面】对话框的【确定】按钮，完成混合特征的创建，如图 11-113 所示。

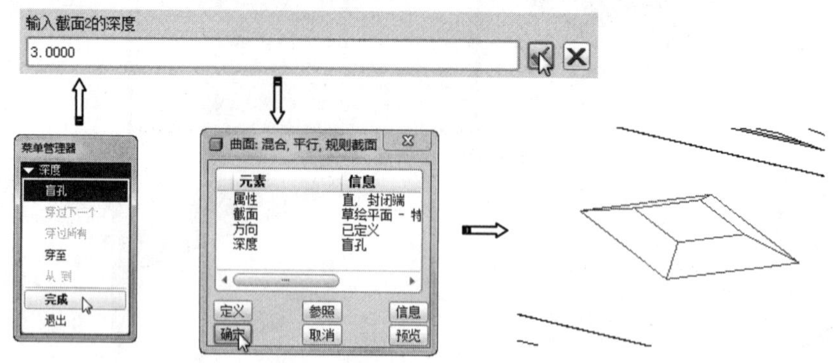

图 11-113 创建混合特征

㉔ 利用【边倒角】命令，在混合实体特征上创建边倒角特征，如图 11-114 所示。

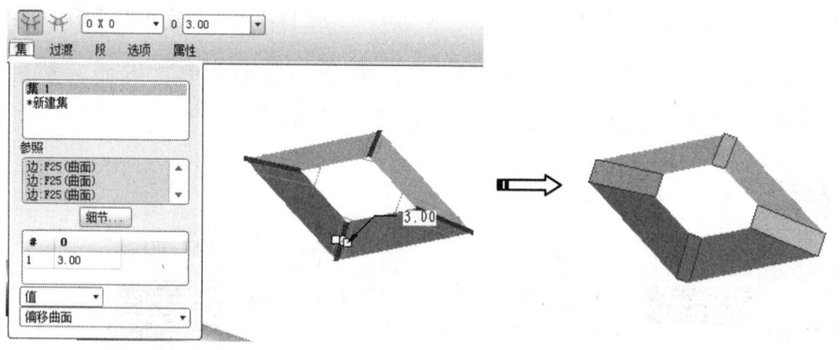

图 11-114 创建边倒角

㉕ 在模型树中，将倒角特征和混合特征创建成组，然后将组进行阵列，阵列的选项设置及阵列结果如图 11-115 所示。

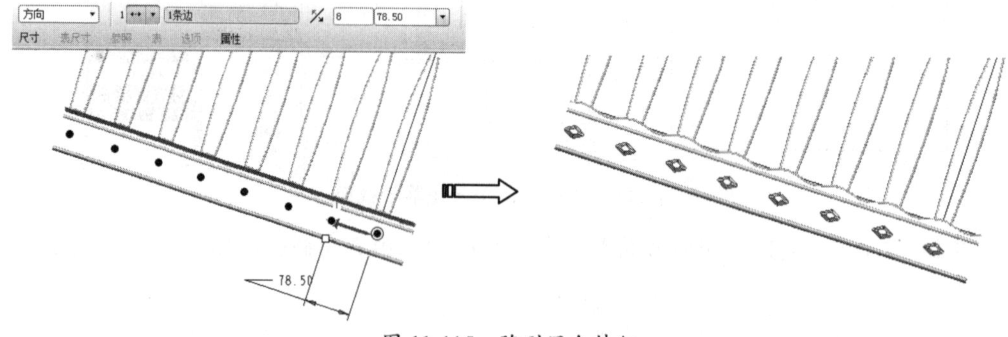

图 11-115 阵列混合特征

㉖ 利用【基准平面】工具，选择 DTM1 和草绘曲线 2 作为参考，创建 DTM5 基准平面，如图 11-116 所示。

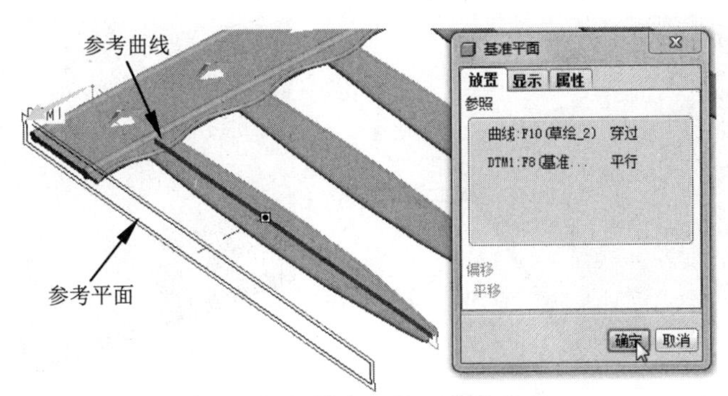

图 11-116　创建 DTM5 基准平面

㉗ 同理，再以 TOP 基准平面为偏移参考，创建 DTM6 基准平面，如图 11-117 所示。

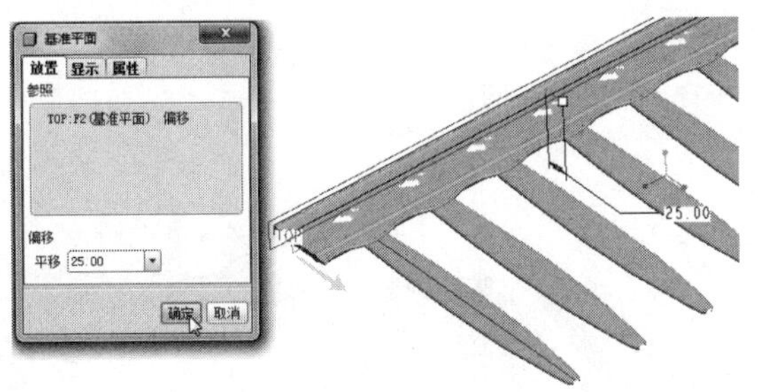

图 11-117　创建 DTM6 基准平面

㉘ 利用【旋转】工具，选择如图 11-118 所示的实体表面作为草绘平面，绘制直径为 5 的半圆形草图，并完成旋转特征的创建。

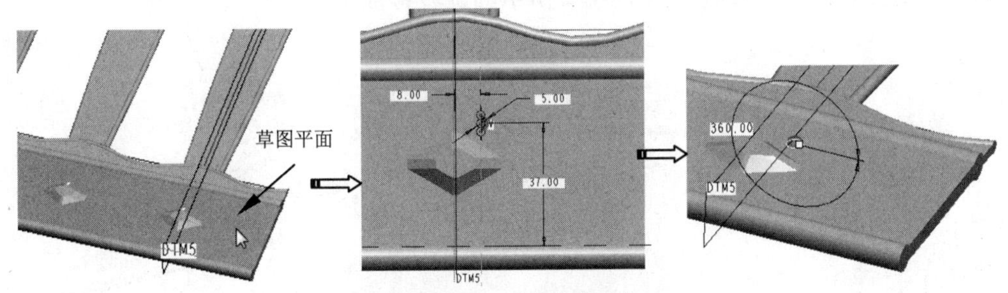

图 11-118　创建旋转特征

㉙ 利用【镜像】工具，选择 DTM6 基准平面为镜像平面，创建镜像特征，如图 11-119 所示。

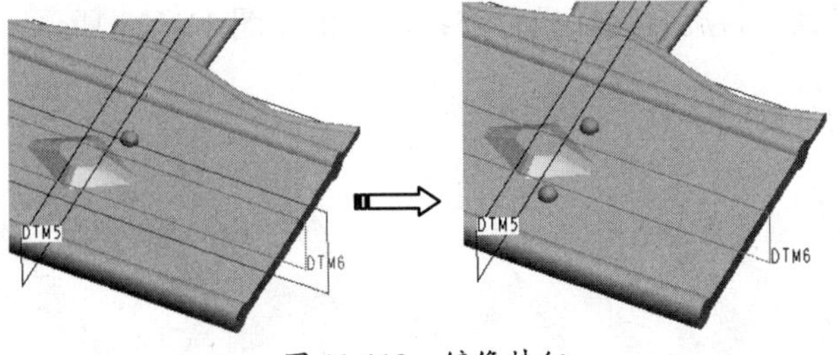

图 11-119　镜像特征

㉚ 选中已有的 2 个旋转特征，再整体镜像至 DTM5 基准平面的另一侧，结果如图 11-120 所示。

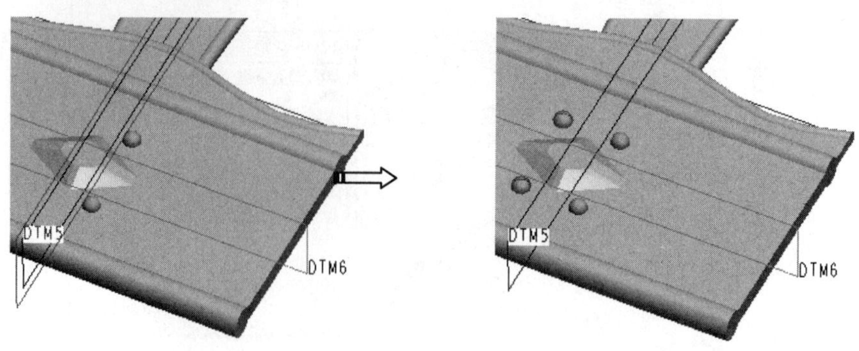

图 11-120　整体镜像

㉛ 将镜像前后的 4 个旋转特征创建成组。选中该组，然后将其阵列，阵列的选项设置与阵列结果如图 11-121 所示。

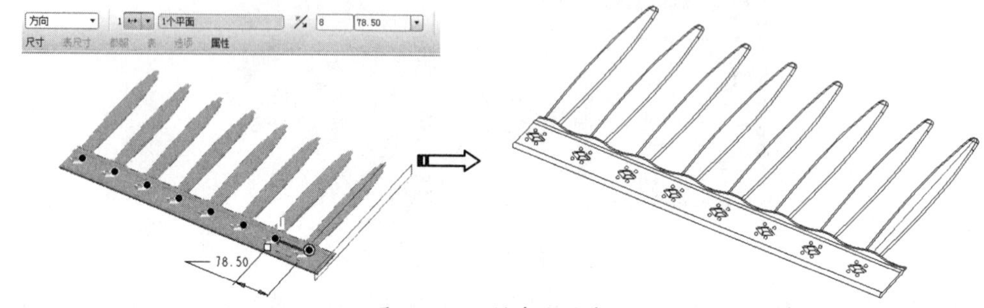

图 11-121　创建阵列特征

㉜ 利用【旋转】命令，创建如图 11-122 所示的旋转特征。

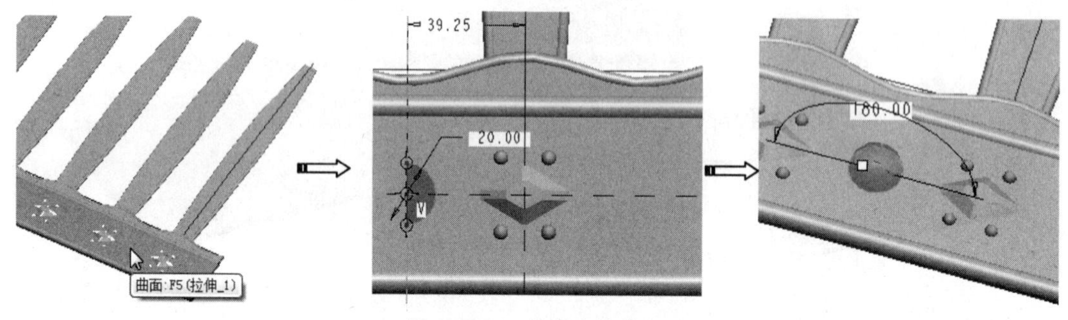

图 11-122　创建旋转特征

㉝ 利用【阵列】工具，将旋转特征进行阵列，结果如图 11-123 所示。

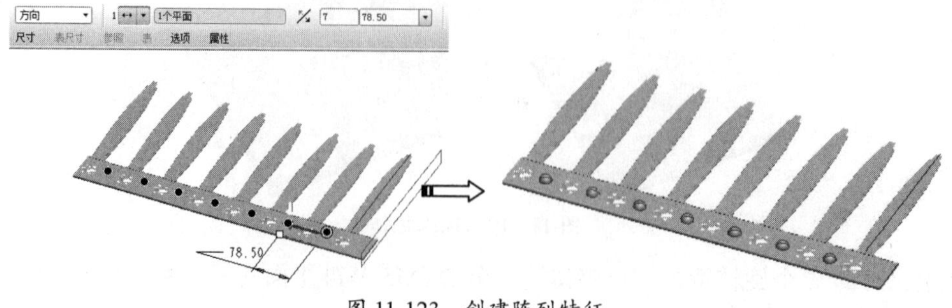

图 11-123　创建阵列特征

㉞ 利用【旋转】工具，在 DTM5 基准平面上绘制草图，然后创建出如图 11-124 所示的旋转特征。

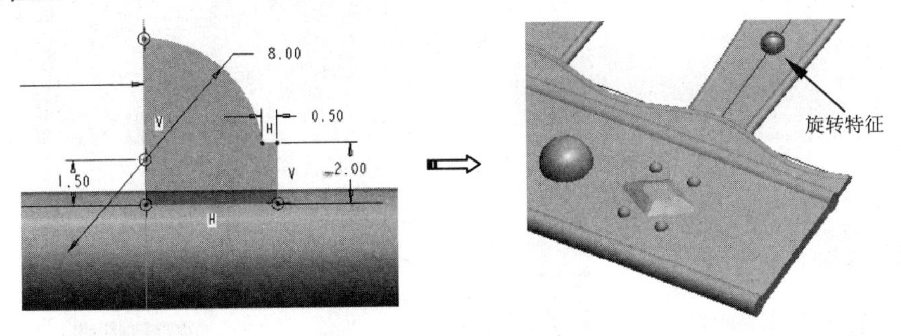

图 11-124 创建旋转特征

㉟ 然后利用【阵列】工具将其进行矩形阵列，结果如图 11-125 所示。

㊱ 利用【草绘】工具，绘制如图 11-126 所示的曲线 3。此曲线用作创建可变截面扫描特征的轨迹。

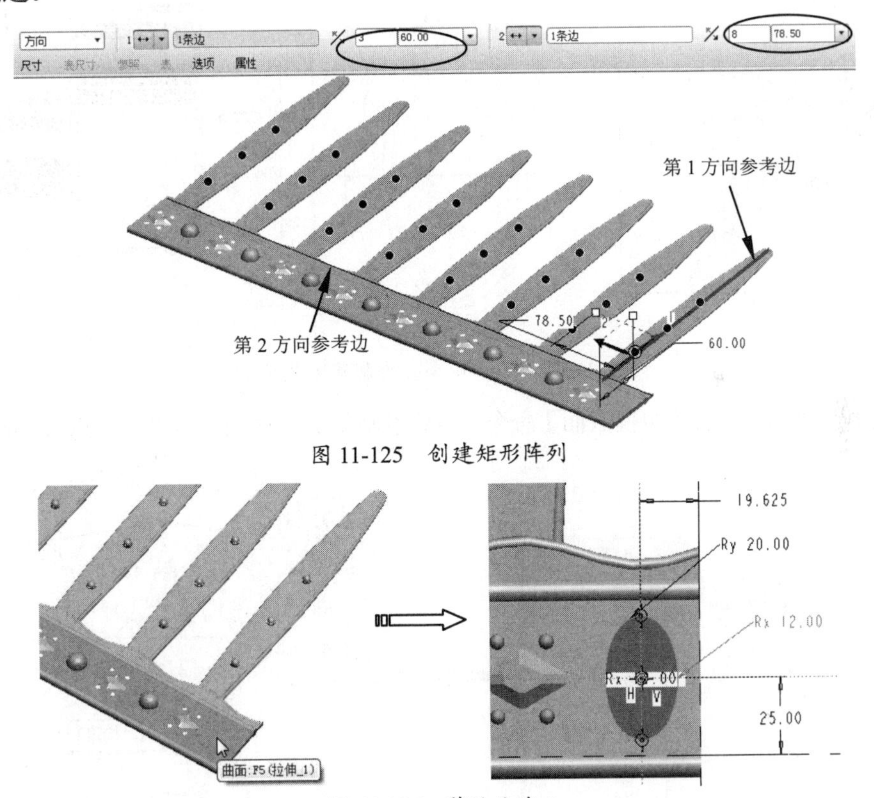

图 11-125 创建矩形阵列

图 11-126 草绘曲线 3

㊲ 利用【可变截面扫描】工具，选择曲线 3 作为轨迹，然后进入草绘模式，绘制如图 11-127 所示的截面。

㊳ 在菜单栏中执行【插入】|【混合】|【伸出项】命令，弹出菜单管理器。然后选择如图 11-128 所示的菜单命令，进入草绘模式绘制第 1 个草图截面。

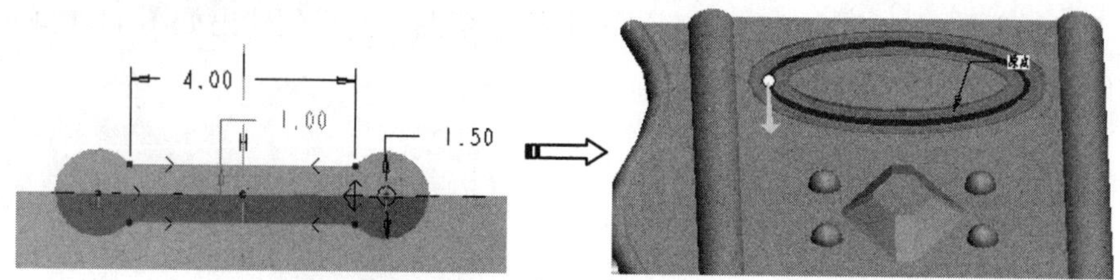

图 11-127 创建可变截面扫描特征

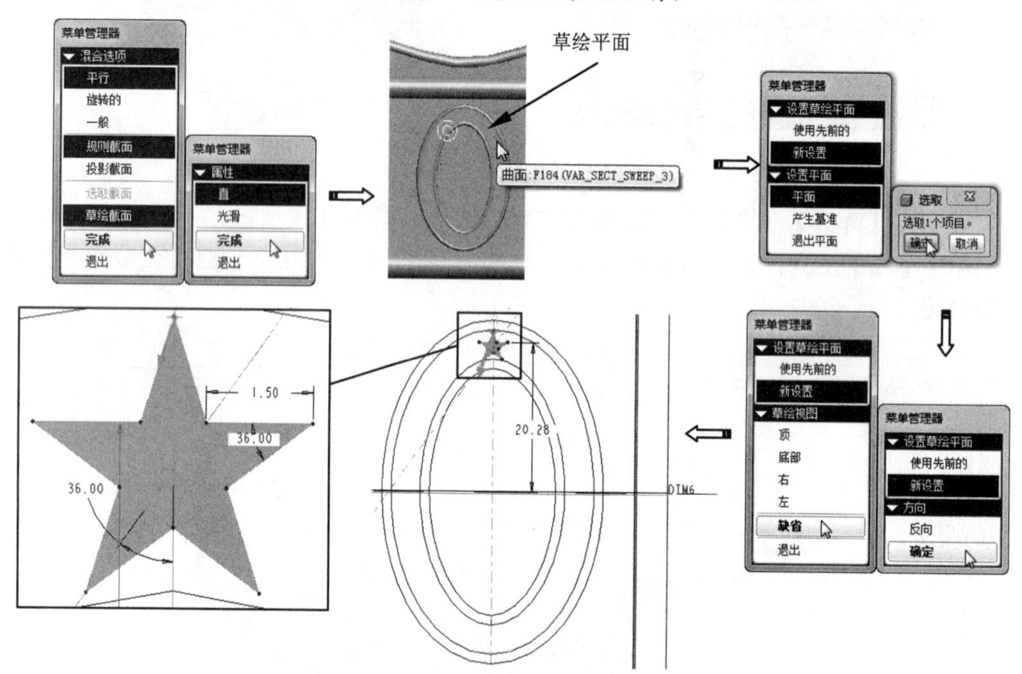

图 11-128 选择命令并绘制草图截面 1

㊴ 单击鼠标右键，选择【切换截面】命令，然后绘制第 2 个截面（创建草绘点），如图 11-129 所示。

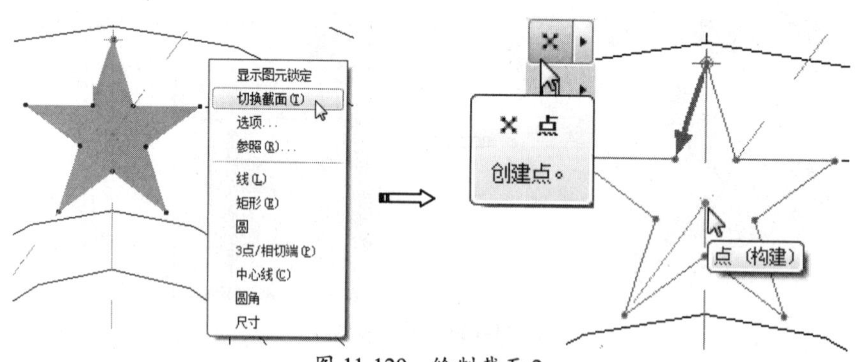

图 11-129 绘制截面 2

㊵ 截面绘制完成后退出草绘模式，输入截面 2 的深度为“2”，最后单击【曲面：混合，平行，规则截面】对话框的【确定】按钮，完成混合特征的创建，如图 11-130 所示。

㊶ 利用【阵列】工具将五角星混合特征阵列，如图 11-131 所示。

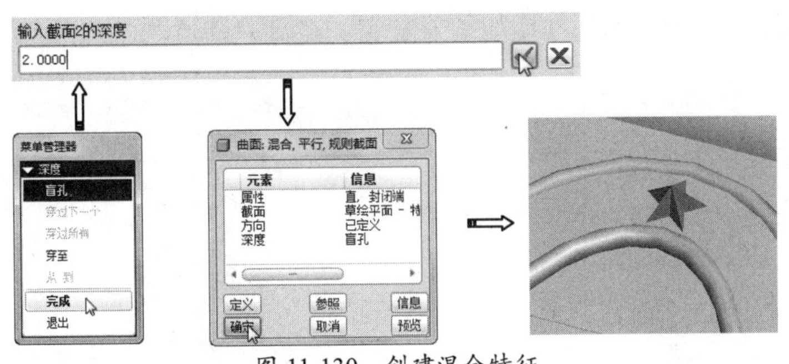

图 11-130　创建混合特征

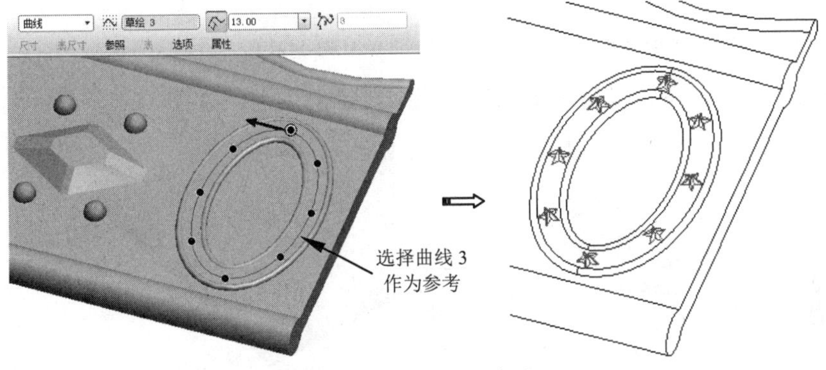

图 11-131　阵列五角星

技巧点拨

要编辑阵列成员间的间距或数目。需要先在操控面板中单击【输入阵列成员间的间距】按钮或【输入阵列成员间的数目】按钮，然后才能输入值。

㊷ 在菜单栏中执行【插入】|【模型基准】|【图形】命令，为图形特征输入“G2”的名称，如图 11-132 所示。

图 11-132　输入图形的名称

㊸ 随后在弹出的草绘窗口中绘制如图 11-133 所示的草图（1/4 椭圆）。绘制完成后，单击【完成】按钮，关闭窗口。

㊹ 利用【草绘】命令，在 DTM6 基准平面上绘制如图 11-134 所示的直线。

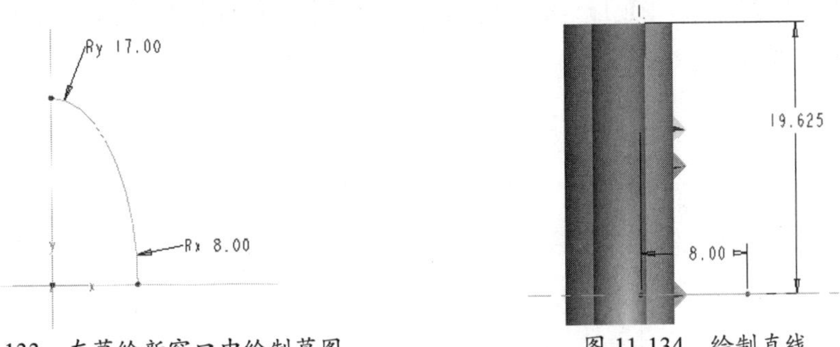

图 11-133　在草绘新窗口中绘制草图　　图 11-134　绘制直线

㊺ 利用【可变截面扫描】工具，选择上一步创建的直线作为轨迹，然后进入草绘模式绘制如图 11-135 所示的椭圆截面。

㊻ 将截面中标注为“20”的尺寸添加到关系式，如图 11-136 所示。

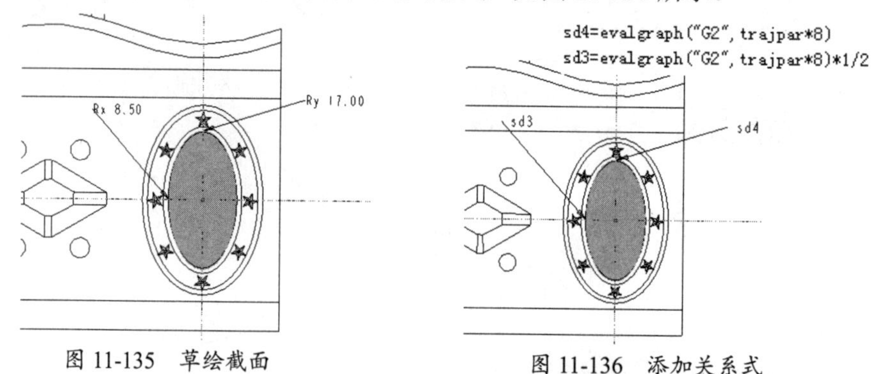

图 11-135 草绘截面　　图 11-136 添加关系式

㊼ 退出草绘模式后，单击【应用】按钮，完成特征的创建，如图 11-137 所示。

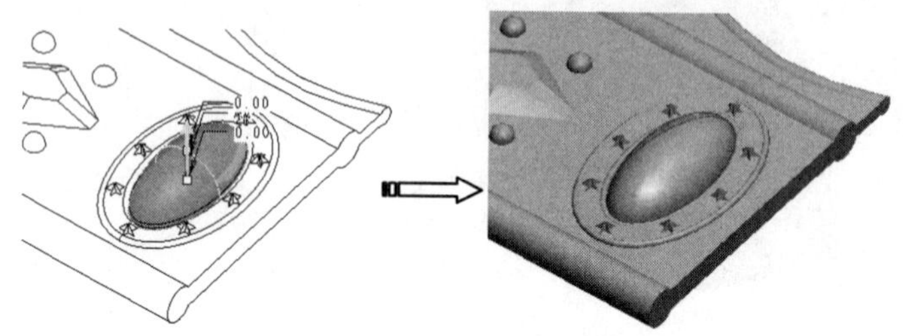

图 11-137 创建可变截面扫描特征

㊽ 利用【拉伸】工具，创建拉伸深度为 4 的拉伸特征，如图 11-138 所示。

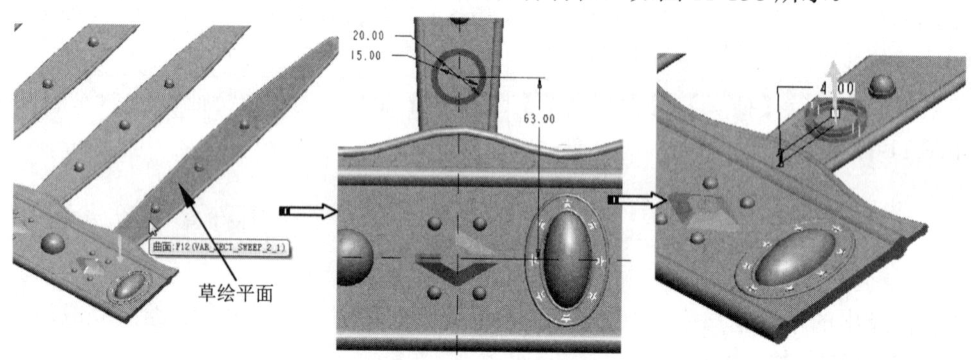

图 11-138 创建拉伸特征

㊾ 再利用【拉伸】工具，在上一步创建的拉伸特征上再创建出拉伸深度为 2 的拉伸特征，如图 11-139 所示。

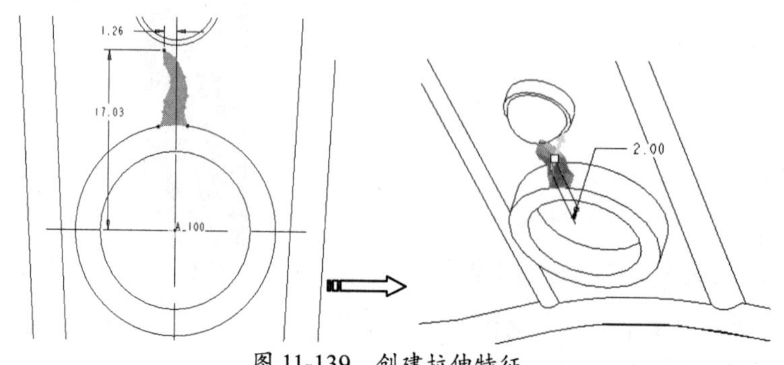

图 11-139 创建拉伸特征

㊿ 利用【阵列】工具，将此拉伸特征进行轴阵列，结果如图 11-140 所示。

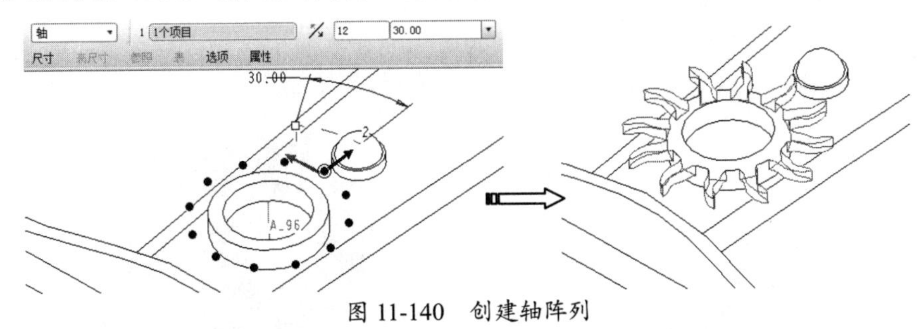

图 11-140　创建轴阵列

51 同理，再利用【阵列】工具，选中上一步创建的阵列，然后再进行阵列，结果如图 11-141 所示。

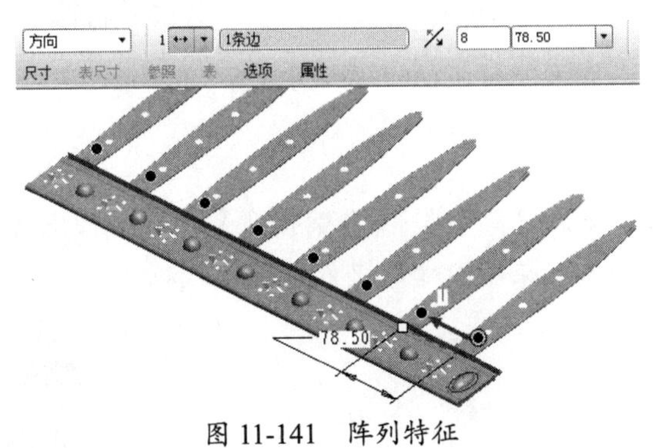

图 11-141　阵列特征

52 利用【旋转】工具，在 DTM5 基准平面上绘制如图 11-142 所示的草图，并完成旋转特征的创建。

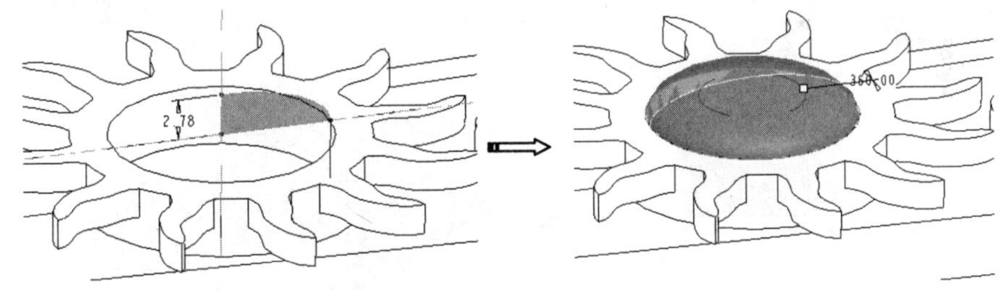

图 11-142　创建旋转特征

53 完成旋转特征的创建后，将旋转特征进行阵列，阵列参数设置与结果如图 11-143 所示。

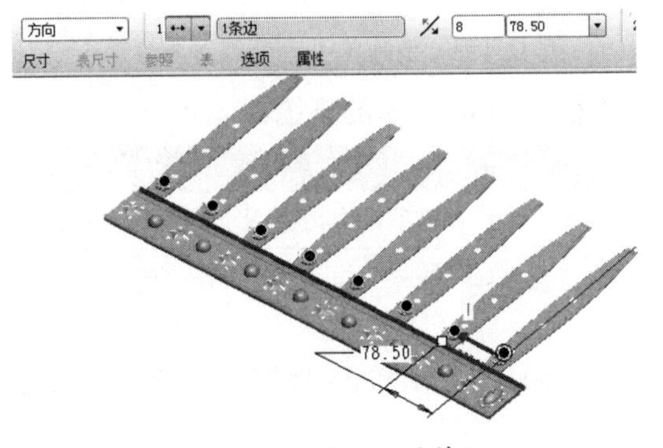

图 11-143　阵列旋转特征

11.4.2 创建折弯特征

完成了主体模型的创建后，接下来对主体模型创建骨架折弯和环形折弯，使其形成皇冠的基本形状，如图 11-144 所示。

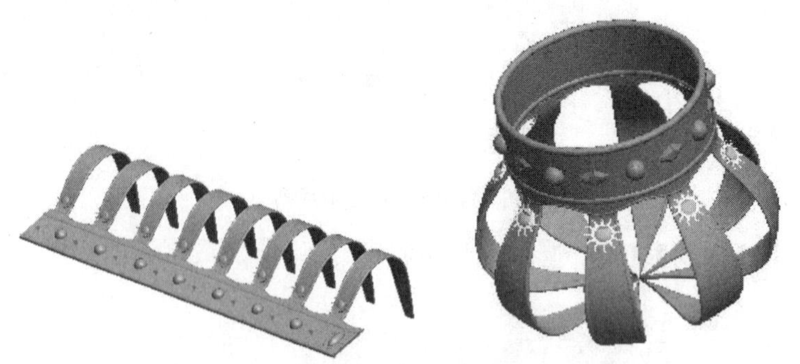

图 11-144 主体模型的骨架折弯和环形折弯

操作步骤

① 在菜单栏中执行【插入】|【高级】|【骨架折弯】命令，弹出【选项】菜单管理器。然后执行如图 11-145 所示的菜单命令，进入草绘模式。

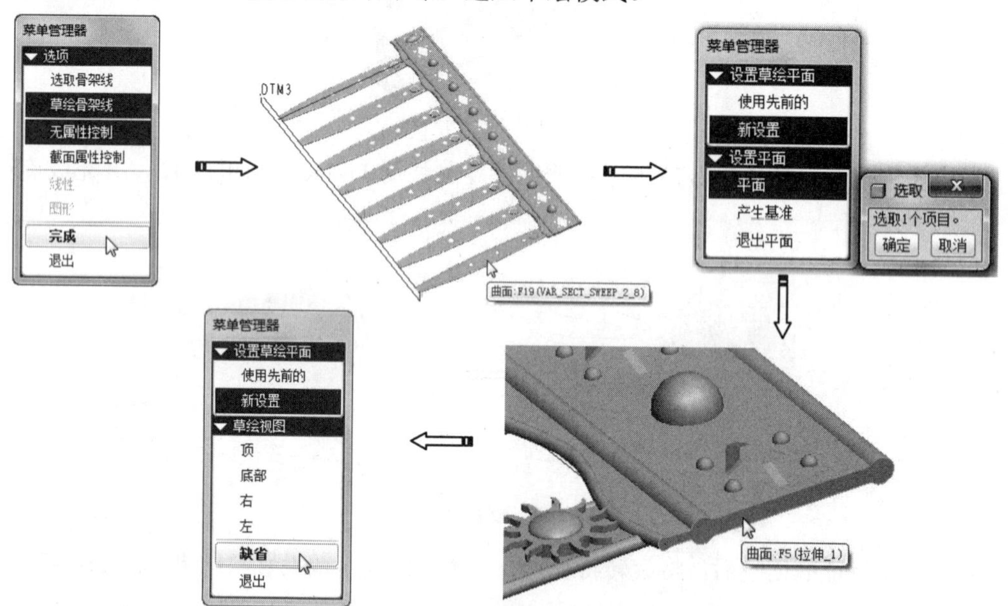

图 11-145 选择菜单命令进入草绘模式

② 进入草绘模式后绘制如图 11-146 所示的草图。

技巧点拨

草图的图元之间必须是相切连续的，否则不能成为折弯骨架线的参考。

③ 完成草绘后需要指定折弯量的平面——即整个折弯长度的范围。这里选择 DTM3 作为参考，如图 11-147 所示。

④ 选择定义折弯量的参考平面后，自动创建骨架折弯特征，结果如图 11-148 所示。